한솔아카데미가 답이다!
건축기사·건축산업기사 인터넷 강좌

한솔과 함께라면 빠르게 합격 할 수 있습니다.

단계별 완전학습 커리큘럼
기초핵심 – 정규이론과정 – 모의고사 – 마무리특강의 단계별 학습 프로그램 구성

기초핵심 (기초역학) ▶ **정규강의** (이론+문풀) ▶ **모의고사** (시험 2주전) ▶ **블랙박스 특강** (우선순위핵심)

건축기사·건축산업기사 유료 동영상 강의

구 분	과 목	담당강사	강의시간	동영상	교 재
필 기	건축계획	이병억	약 20시간		
	건축시공	한규대	약 43시간		
	건축구조	안광호	약 30시간		
	건축설비	오호영	약 20시간		
	건축법규	조영호	약 18시간		
	기사 과년도	과목별 교수님	약 50시간		
	산업기사 과년도	과목별 교수님	약 31시간		

• 유료 동영상강의 수강방법 : www.inup.co.kr

HANSOL INFO — 수험생이 알아야 할 출제경향

최근의 출제문제를 중심으로 분석한 출제빈도와 중요내용입니다.

과목	단원명	출제문항수	세부항목
건축계획	1. 총론	1	건축물을 만드는 과정, 모듈
	2. 주거건축	5(7)	단독주택, 농촌주택, 공동주택, 단지계획
	3. 상업건축	3(7)	사무소, 은행, 상점, 슈퍼, 백화점·쇼핑센타
	4. 교육시설	1(4)	학교, 도서관
	5. 숙박시설	1	호텔, 레스토랑
	6. 의료시설	2	병원
	7. 문화시설	3	극장, 영화관, 미술관
	8. 산업건축	1(2)	공장, 창고
	9. 건축환경	·	열환경, 시환경, 음환경
	10. 건축사	3	서양건축사, 한국건축사
계		20(20)	
건축시공	1. 총론	1.5	공사관련자, 계획 및 입찰, 계약서류, 공사계획
	2. 공정 및 품질관리	1	공정계획, N/W공정표, 품질계획
	3. 가설공사	1.5(1.1)	공통가설, 직접가설공사, 적산
	4. 토공사 및 기초공사	1.5(1.1)	지반조사, 터파기, 흙막이, 기초, 말뚝
	5. 철근콘크리트공사	4.5(4.8)	철근공사, 거푸집공사, 콘크리트공사, 적산
	6. 철골공사	1.5(1.1)	일반사항, 각종접합, 철골현장세우기, 적산
	7. 조적, 타일 및 테라코타공사	1.8(1.7)	벽돌, Block, 돌공사, 타일, 적산
	8. 목공사	1.4(1.1)	목재의 성질, 이음, 맞춤, 목재 제품
	9. 방수, 지붕 및 홈통공사	1.3(1.6)	방수공법의 종류, 비교, 아스팔트 방수
	10. 미장공사	1(1.3)	미장재료의 분류, 성질, 시공일반사항
	11. 기타공사	3(2.7)	창호 및 유리공사, 도장, 금속, 합성수지공사
계		20(20)	

건축계획

건축시공

과목	단원명	출제문항수	세부항목
건축구조	1. 건축구조역학	6~7	부정정차수, 지점반력, 전단력, 휨모멘트, 축방향력, 단면의 성질, 응력, 변형률, 단주 및 장주, 구조물의 변형, 부정정구조
	2. 철근콘크리트구조	7~9	보의 휨해석 및 전단해석, 기둥의 해석, 처짐 및 균열, 정착 및 이음, 슬래브, 기초 및 벽체
	3. 강구조	2~4	고력볼트접합, 용접접합, 인장재설계, 압축재설계, 휨재설계, 강합성구조, 주각, 강구조 처짐제한, 전단중심
	4. 일반구조	3~4	활하중, 조립식구조, 부등침하 및 연약지반에 대한 대책, 말뚝간격, 내진설계
계		20	

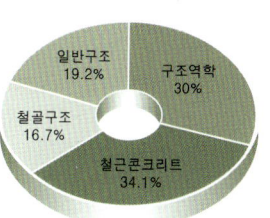

건축구조

과목	단원명	출제문항수	세부항목
건축설비	1. 위생설비	6~8	급수설비, 급탕설비, 배수통기설비, 오물정화설비, 소화설비, 가스설비, 배관용재료
	2. 냉난방설비	7~8	난방설비, 공조설비, 냉동설비
	3. 전기설비	5~8	강전설비, 조명설비, 약전설비, 승강운송설비
계		20	

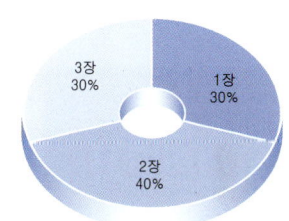

건축설비

과목	단원명	출제문항수	세부항목
건축법규	1. 총칙	2~3	건축물, 지하층, 건축 및 대수선, 내화구조 등, 적용의 완화
	2. 건축물의 건축	4~5	건축허가 및 신고, 가설건축물, 착공 및 사용승인, 공사감리, 허용오차, 건축물의 용도분류, 용도제한, 용도변경
	3. 건축물의 유지관리	0~1	건축지도원 자격·업무
	4. 건축물의 대지 및 도로	1~2	옹벽의 기술기준, 조경, 공개공지 설치, 도로, 대지와 도로와의 관계, 건축선
	5. 건축물의 구조 및 재료	2~3	구조내력의 확인, 지하층, 피난계단, 방화구획, 주요구조부의 제한
	6. 지역 및 지구 안의 건축물	2~3	면적 및 높이산정 산정기준, 대지의 분할, 건축물 높이제한, 일조권제한
	7. 건축설비	1~2	관계전문기술사 협력, 승강설비, 배연설비
	8. 특별건축구역	0~1	특별건축구역
	9. 보칙	0~1	건축분쟁조정
	10. 주차장법	4~6	주차구획, 주차전용 건축물, 노외 및 기계식 주차장 설비기준, 부설주차장
	11. 국토의 계획 및 이용에 관한 법률	3~1	용도지역, 지구, 구역구분, 도시·군 계획시설, 도시계획, 광역도시계획, 지구단위계획, 건폐율 및 용적율
계		20	

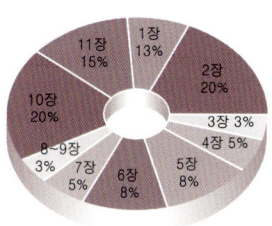

건축법규

- 건축법 : 65%
- 주차장법 : 20%
- 국계법 : 15%

200% 학습법

본 도서를 구매하신 분께 드리는 혜택

본 도서를 구매하신 후 홈페이지에 회원등록을 하시면 아래와 같은 학습 관리시스템을 이용하실 수 있습니다.

무료동영상 (4개월 제공)

건축기사 · 건축산업기사 합격은 출제경향 및 기출학습에서 갈린다

- 최근 3개년 기출문제 제공
- 2026년 대비 출제경향분석

전국 모의고사

건축기사 · 건축산업기사 시험일 2주전 실시 (세부일정은 인터넷 전용 홈페이지 참조)

- 전국 실전모의고사
- 건축기사 실기 동영상강좌 할인쿠폰
  모의고사 결과 상위 10% 이내 회원은 건축기사 실기 동영상강좌 30,000원 할인쿠폰

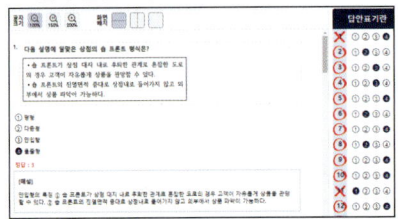

CBT 모의고사

건축기사 · 건축산업기사 CBT모의고사

- 건축기사 10회
  - CBT대비 기사 10회 실전테스트
    - CBT 건축기사 6회분(2023, 2024, 2025년 과년도)
    - CBT 건축기사 4회분(실전모의고사)
- 건축산업기사 10회
  - CBT대비 산업기사 10회 실전테스트
    - CBT 건축산업기사 6회분(2023, 2024, 2025년 과년도)
    - CBT 건축산업기사 4회분(실전모의고사)

[등록절차] 도서구매 후 뒷표지 회원등록 인증번호를 확인하세요.

모의고사 점수 변화 그래프 [☐ 건축기사   ☐ 건축산업기사]

[1. 건축계획   2. 건축시공   3. 건축구조]   [4. 건축설비   5. 건축법규]

※ 모의고사 회당 회차 풀이 후 점수를 빈칸에 기입한 후 점수만큼 그래프에 ●으로 표시하여 자신의 점수 변화를 확인하세요.

THE PASS

2026
건축기사·산업기사 시리즈

건축법규

기출문제 무료동영상
CBT 모의고사

5

한솔아카데미

HANSOLACADEMY

머리말

1. 건축관계법규 문항 출제 예상표

구 분	건축기사	건축산업기사
건축법	13~15	13~15
주차장법	3~4	5~6
국토의계획및이용에관한법	2~3	2~1
계	20	20

2. 본 교재는 법조문해설을 통하여 명시된 조항의 심층적 이해를 도모하고 출제예상문제해설에서 당해 법규정이 실제 시험에서 운용된 예를 제시함으로 적정한 학습방향을 제안합니다.

3. 따라서, 학습의 방향은 법조항에 대한 무조건적인 암기보다는 조문을 이해하고 실제의 문제를 풀 수 있는 학습의 양을 스스로 결정하는 것이 무엇보다 중요합니다.

4. 시험의 최종합격은 철저한 자기관리를 통해서만 이루어질 수 있다는 것을 명심하시어 성취의 날까지 체계적이고 지속적인 노력이 경주되어야만 하겠습니다.

5. 끝으로 출판에 성심을 다해주신 한솔아카데미의 편집부 모든 분께 감사드리며, 수험에 작은 보탬이 되길 진심으로 소원하며 내내 건강과 행운이 같이 하시길 기원 드립니다.

교재에 오류가 있다면 신속히 보완하여 더욱 좋은 책으로 거듭날 수 있도록 최선을 다하겠으며, 항상 조언을 부탁드립니다.

저자 드림

"한솔아카데미" 교재는 앞서갑니다.

교재구성 특징

각 항목별 단원에 학습방향을 두어 흐름을 파악할 수 있습니다.
본문에 들어가기전 핵심을 체크하면서 쉽고 간단하게 학습에 몰입할 수 있도록 해드립니다.

각 핵심문제를 통해서 시험의 유형을 파악할 수 있습니다.
본문내용의 흐름에 맞추어 핵심문제를 구성하여 핵심문제를 완벽하게 풀 수 있도록 해설을 명쾌하게 구성하였습니다.

각문제마다 출제비중을 알게 하였습니다
[15,21,22㈎] 출제횟수를 한눈에 파악할 수 있게 하여 출제경향을 파악할 수 있게 하였습니다.

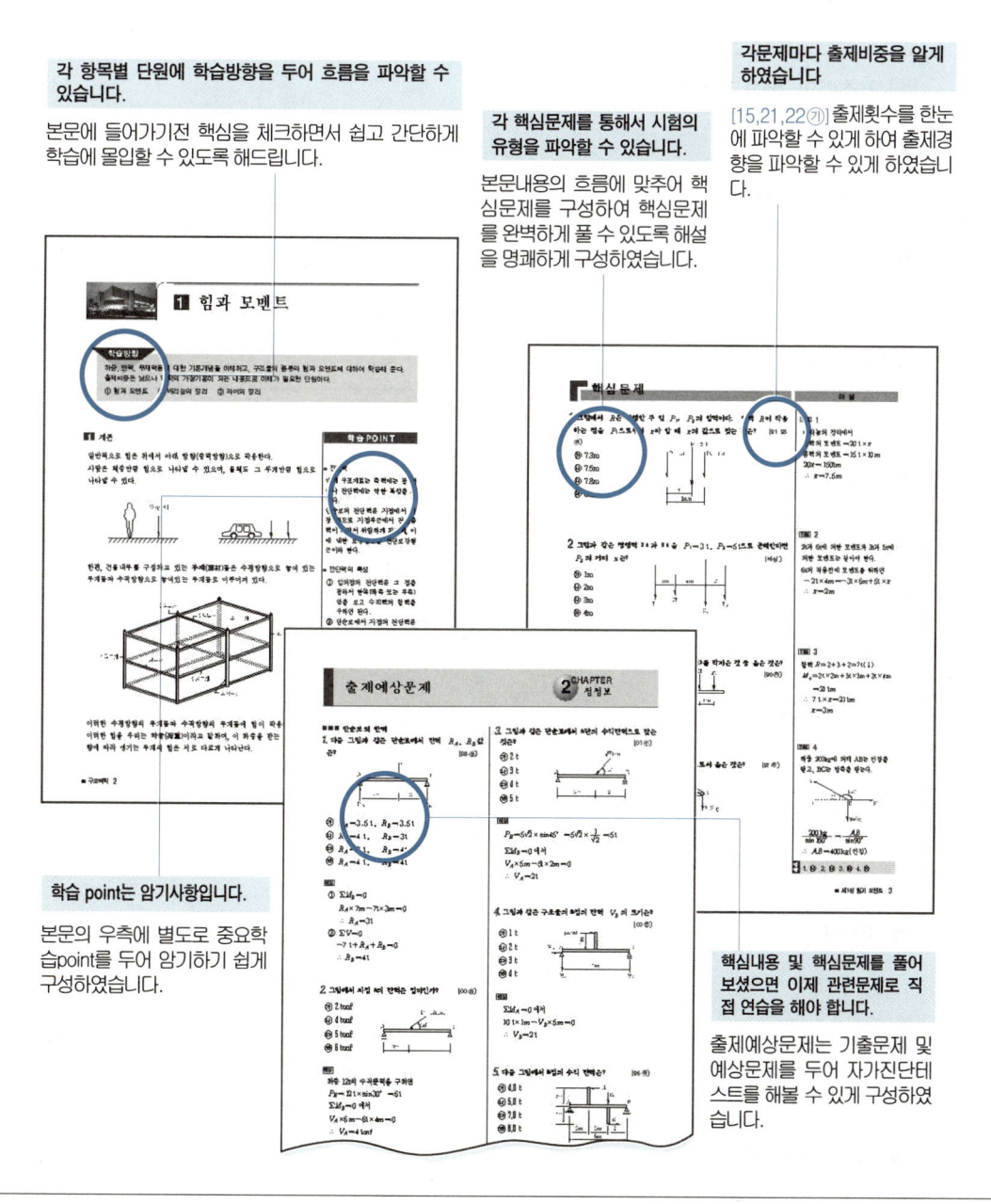

학습 point는 암기사항입니다.
본문의 우측에 별도로 중요학습point를 두어 암기하기 쉽게 구성하였습니다.

핵심내용 및 핵심문제를 풀어 보셨으면 이제 관련문제로 직접 연습을 해야 합니다.
출제예상문제는 기출문제 및 예상문제를 두어 자가진단테스트를 해볼 수 있게 구성하였습니다.

목 차

제1장 총 칙   3

1 건축법의 목적과 용어의 정의   4
- 출제예상문제   21
2 건축법의 적용   27
- 출제예상문제   33

제2장 건축물의 건축   35

1 적 용   36
- 출제예상문제   50
2 건축물의 용도   55
- 출제예상문제   78
3 절 차   82
- 출제예상문제   95

제3장 건축물의 유지관리   99

1 건축물의 유지·관리   100
- 출제예상문제   103

제4장 건축물의 대지 및 도로   105

1 대지의 조건   106
- 출제예상문제   113

2	조경 및 공개공지	115
■ 출제예상문제		122
3	대지와 도로	125
■ 출제예상문제		134

제5장 건축물의 구조 및 재료　　137

1	구조내력 등	138
■ 출제예상문제		152
2	피난규정	157
■ 출제예상문제		184
3	방화규정	191
■ 출제예상문제		206

제6장 지역 및 지구안의 건축물　　211

1	면적의 규제	212
■ 출제예상문제		228
2	높이의 규제	233
■ 출제예상문제		251

제7장 건축설비　　255

1	건축설비기준	256
■ 출제예상문제		263
2	승강설비 등	265
■ 출제예상문제		284

제8장 특별건축구역 등　　　　　　　　　　291

1 특별건축구역　　　　　　292
2 특별가로구역　　　　　　295
3 건축협정　　　　　　　　296
4 결합건축　　　　　　　　298
■ 출제예상문제　　　　　　302

제9장 보칙　　　　　　　　　　　　305

1 감독 등　　　　　　　　306
2 건축위원회　　　　　　　307
3 건축분쟁조정　　　　　　308
4 지역건축안전센터　　　　309
5 이행강제금　　　　　　　310
■ 출제예상문제　　　　　　313

제10장 주차장법　　　　　　　　　317

1 총 칙　　　　　　　　　318
■ 출제예상문제　　　　　　326
2 노상주차장　　　　　　　328
■ 출제예상문제　　　　　　332
3 노외주차장　　　　　　　333
■ 출제예상문제　　　　　　348
4 부설주차장　　　　　　　353
■ 출제예상문제　　　　　　365
5 기계식주차장　　　　　　369
■ 출제예상문제　　　　　　375

제11장 국토의 계획 및 이용에 관한 법   377

1 총 칙	378
■ 출제예상문제	398
2 광역도시계획 및 도시·군기본계획	402
■ 출제예상문제	408
3 도시·군관리계획	410
■ 출제예상문제	426
4 건축제한	430
■ 출제예상문제	435
5 개발행위의 허가 등	436
■ 출제예상문제	441

제2편 부 록 : 과년도 출제문제

■ 건축기사

1 2023 건축기사 과년도 출제문제	3
2 2024 건축기사 과년도 출제문제	17
3 2025 건축기사 과년도 출제문제	32

■ 건축산업기사

1 2023 건축산업기사 과년도 출제문제	47
2 2024 건축산업기사 과년도 출제문제	59
3 2025 건축산업기사 과년도 출제문제	71

제5과목

건축법규
(과년도 기출문제 분석수록)

총 칙 01
건축물의 건축 02
건축물의 유지관리 03
건축물의 대지 및 도로 04
건축물의 구조 및 재료 05
지역 및 지구안의 건축물 06
건축설비 07
특별건축구역 등 08
보칙 09
주차장법 10
국토의 계획 및 이용에 관한 법 11

제 1 장 총 칙

출제경향분석

- 총칙은 건축법의 목적, 용어의 정의, 적용범위 등에 관한 규정으로 건축법의 기본 바탕을 형성하는 단원으로 출제빈도 역시 매우 높다.
- 특히, 용어의 정의 중 건축물의 구분기준, 지하층, 내화구조, 건축, 건축법 적용에 대한 운용규정 등에 대해서는 중점적인 학습이 필요하다.
- 법규의 학습은 원칙적으로 암기를 기본으로 하는 것임에는 틀림없으나, 보다 쉽게 암기하는 방편으로는 법 기준의 제정 취지를 이해하고 관련되고 있는 실제 업무에 대비해 보는 것이 보다 효과적일 것이다.

세 부 목 차

1. 건축법의 목적과 용어의 정의
2. 건축법의 적용

1 건축법의 목적과 용어의 정의

학습방향

건축법 제2조인 용어의 정의는 건축법에 사용되고 있는 용어의 사전적 뜻풀이가 아니라 건축법의 적용범위를 기준하는 것이므로 단순한 암기보다는 용어의 정의를 통하여 법령의 제정취지를 이해하도록 한다.
- ◆ 건축물에 대한 건축·대수선 행위를 정확히 구분하여야 한다.
- ◆ 기초, 최하층바닥, 작은보 : 주요구조부에 속하지 않는다.
- ◆ 내화구조의 기준 ┌ 철골조 계단
  └ 철근콘크리트조 벽, 바닥 : 10cm 이상 (외벽 중 비내력벽 7cm 이상)

1 건축법의 목적과 구성체계

【1】 건축법의 목적

건축법은 건축물의 대지, 구조 및 설비의 기준과 건축물의 용도 등을 정하여 건축물의 안전, 기능, 환경 및 미관을 향상시키므로서 공공복리의 증진에 이바지함을 목적으로 한다.

(1) **목적** : 공공복리의 증진

(2) **규정내용** : 건축물의 대지, 구조, 설비, 용도

【2】 건축법의 구성체계

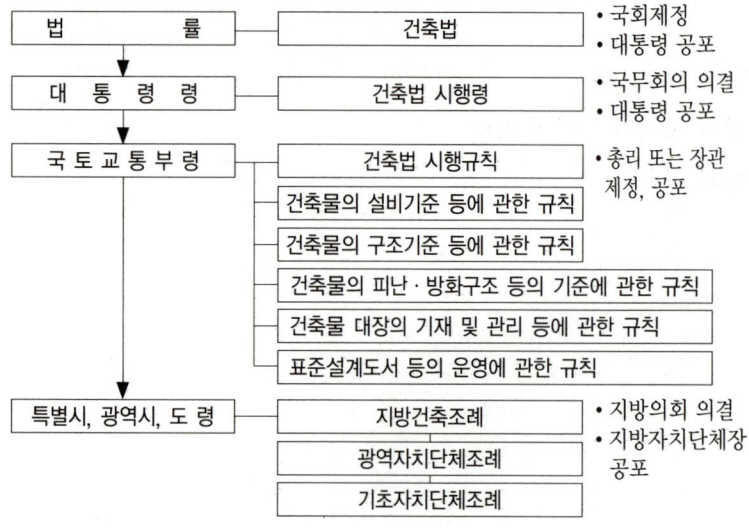

학습POINT

■ 건축법의 법률적 효력

건축법은 건축물의 건축공사, 대수선공사 및 사용용도를 제한하는 건축에 관한 기본법으로서 최저기준을 설정하고 있다.

따라서, 개인의 개별적 건축행위 일지라도 건축법이 규정하고 있는 기준에 어긋날 경우에는 이를 건축할 수 없다.

2 용어의 정의

【1】 건축물

1. 건축물	• 토지에 정착하는 공작물 중 ① 지붕과 기둥이 있는 것 ② 지붕과 벽이 있는 것 ③ ①, ②에 부속되는 대문, 담장 등의 시설물 • 지하나 고가에 설치하는 사무소, 공연장, 점포, 차고, 창고
2. 고층건축물	• 30층 이상이거나 건축물 높이 120m 이상인 건축물
3. 초고층 건축물	• 50층 이상이거나 건축물 높이 200m 이상인 건축물
4. 준초고층 건축물	• 고층건축물 중 초고층 건축물에 해당되지 않는 건축물 ① 건축물 층수 30층 이상 49층 이하인 것 ② 건축물 높이 120m 이상 200m 미만인 것
5. 다중이용건축물	• 16층 이상인 건축물 • 다음의 어느 하나에 해당되는 용도로 쓰는 바닥면적의 합계가 5,000m^2 이상인 건축물 ① 문화 및 집회시설(동물원, 식물원 제외) ② 종교시설 ③ 판매시설 ④ 여객용시설 ⑤ 종합병원 ⑥ 관광숙박시설
6. 준다중이용건축물	• 다중이용 건축물 외의 건축물로서 다음 각 목의 어느 하나에 해당하는 용도로 쓰는 바닥면적의 합계가 1,000m^2 이상인 건축물을 말한다. ① 문화 및 집회시설(동물원 및 식물원은 제외) ② 종교시설 ③ 판매시설 ④ 여객용시설 ⑤ 종합병원 ⑥ 교육연구시설 ⑦ 노유자시설 ⑧ 운동시설 ⑨ 관광숙박시설 ⑩ 위락시설 ⑪ 관광휴게시설 ⑫ 장례시설
7. 특수구조 건축물	• 내민구조 보, 차양 등이 외벽의 중심선으로부터 3m 이상 돌출된 건축물 • 기둥과 기둥사이의 거리가 20m 이상 건축물 • 무량판 구조인 층에서 기둥, 내력벽의 전체 단면적 중 기둥 단면적이 1/4 이상인 건축물 • 국토교통부장관이 고시하는 건축물
8. 한옥	「한옥 등 건축자산의 진흥에 관한 법률」에 따른 한옥을 말한다.
9. 결합건축	용적률을 개별대지마다 적용하지 아니하고, 2개 이상의 대지를 대상으로 통합적용하여 건축물을 건축하는 것
10. 부속건축물	같은 대지에서 주된 건축물과 분리된 부속용도의 건축물로서 주된 건축물을 이용 또는 관리하는 데에 필요한 건축물

■ 건축물
건축물은 토지에 기초하여 지붕을 기둥 또는 벽으로 지지한 공간물로써 건축법의 적용(건축법에 따른 건축허가를 받아 축조됨)을 받게 된다.

■ 무량판구조
보 없이 바닥판, 기둥으로 구성된 구조

■ 한옥의 정의 (한옥 등 건축자산의 진흥에 관한 법률)
"한옥"이란 주요 구조가 기둥·보 및 한식지붕틀로 된 목구조로서 우리나라 전통양식이 반영된 건축물 및 부속건축물을 말한다.

【2】거실

건축물안에서 거주·집무·작업·집회·오락 기타 이와 유사한 목적을 위하여 사용되는 방을 말한다.

1. 거실의 예	• 주거공간(침실, 거실, 부엌) • 의료시설의 병실 • 숙박시설의 객실 • 학교의 교실 • 판매공간 등 일정이용 목적으로 지속적으로 사용하는 공간
2. 비거실의 예	• 현관·복도·계단실·변소·욕실·창고·기계실 등과 같이 일시적으로 사용하는 공간

【3】지하층

(1) 지하층의 정의

당해층 바닥으로부터 가중 평균 지표면까지의 높이가 당해 층 높이의 1/2 이상인 층을 말한다.

■ 지하층의 정의

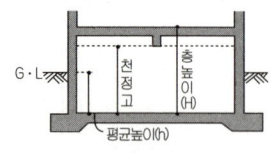

지하층의 인정조건
h(평균높이)≥1/2H

(2) 경사진 지표면의 산정

건축물 주위에 접하는 각 지표면 부분의 높이를 당해 지표면 부분의 수평거리에 따라 가중 평균한 높이의 수평면을 지표면으로 한다.

$$\left(\text{가중평균면} = \frac{\text{흙에 접한 건축물의 벽면적}}{\text{건축물 둘레 길이}}\right)$$

■■ 가중평균에 의한 지표면 산정에 따른 지하층의 판정 예

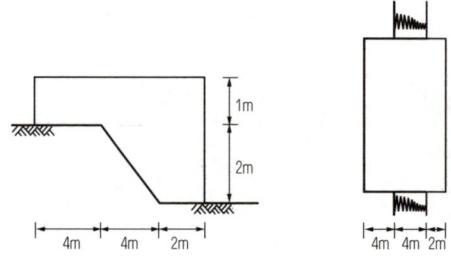

판정해설

① 층높이 H=3m
② 흙에 접한 벽면적 $A = (2 \times 20) + \left(\frac{8+4}{2} \times 2\right) \times 2 = 64 m^2$
③ 건축물 둘레길이 L = (4+4+2)×2+(20×2) = 60m
④ 가중평균 지표면 $h = \frac{64}{60} = 1.06m$

∴ 바닥으로부터 지표면까지의 높이(h)가 층높이(H)의 1/2 미만이므로 당해층은 지상층임.

【4】 발코니

(1) 정의
① 건축물의 내부와 외부를 연결하는 완충공간으로서 전망·휴식 등의 목적으로 건축물 외벽에 접하여 부가적으로 설치되는 공간을 말한다.
② 주택에 설치되는 발코니로서 국토교통부장관이 정하는 기준에 적합한 발코니는 필요에 따라 거실·침실·창고 등 다양한 용도로 사용할 수 있다.

(2) 거실 등으로의 용도 전환시 대피공간 설치기준

1) 단독주택의 발코니 설치 범위
외벽 중 2면 이내에 설치할 수 있다.

2) 발코니 대피공간의 설치
공동주택 중 아파트로서 4층 이상인 층의 각 세대가 2개 이상의 직통계단을 사용할 수 없는 경우에는 다음의 요건을 모두 갖춘 대피공간을 1개소 이상 설치하여야 한다.

1. 대피공간은 바깥의 공기와 접할 것
2. 대피공간은 실내의 다른 부분과 방화구획으로 구획될 것
3. 대피공간은 바닥면적은 인접세대와 공동으로 설치하는 경우에는 3m² 이상, 각 세대별로 설치하는 경우에는 2m² 이상일 것
4. 대피공간으로 통하는 출입문은 60분+ 방화문으로 한다.

예외 경량구조 또는 피난구를 설치한 경계벽이거나 바닥에 하향식 피난구를 설치한 경우에는 대피공간을 설치하지 아니할 수 있다.

3) 바닥면적 산정기준
대피공간의 바닥면적은 건축물의 각 층 또는 그 일부로서 벽의 내부선으로 둘러싸인 부분의 수평투영면적으로 한다.

【5】 건축설비

건축물의 기능유지를 위한 건축설비의 종류는 다음과 같다.

1. 전기, 전화, 초고속정보통신, 지능형홈네트워크, 가스, 급수, 배수, 오물처리설비
2. 배연, 환기, 난방, 냉방, 소화, 저수조
3. 굴뚝, 승강기, 피뢰침, 국기게양대, 공동시청안테나, 유선방송수신시설, 우편함, 방범시설

■ 방화문의 구분
① 60분+ 방화문
• 연기 및 불꽃차단시간 60분 이상
• 열차단시간 30분 이상
② 60분 방화문
• 연기 및 불꽃차단시간 60분 이상
③ 30분 방화문
• 연기 및 불꽃차단시간 30분 이상 60분 미만

■ 하향식 피난구
1. 유효 개구부 직경 60cm 이상
2. 비차열 1시간 이상
3. 상·하층 피난구의 수평거리 15cm 이상

■ 건축설비
셔터, 차양, 부엌은 건축설비가 아니다.

【6】 주요구조부

내력벽·기둥·바닥·보·지붕틀 및 주계단을 말한다.
다만, 사이기둥·최하층바닥·작은보·차양·옥외계단 기타 이와 유사한 것으로 건축물의 구조상 중요하지 아니한 부분을 제외한다.

주요구조부	그 림	제외되는 부분
내력벽		비내력벽
기둥		사이기둥
바닥		최하층 바닥
보		작은보
지붕틀		차양
주계단		옥외계단 등

■ 주요구조부와 구조내력상 주요한 부분의 구분

구 분	종 류	기능
주요 구조부	내력벽, 기둥, 바닥, 보 지붕틀, 주계단	방재
구조 내력상 주요한 부분	기초, 벽, 기둥, 바닥판, 지붕틀, 토대, 사재(가새, 버팀대, 귀잡이 등), 가로재(보, 도리)	구조 안전

※ 기초는 구조내력상 주요한 부분에 해당되나, 주요구조부는 아니다.

【7】 내화구조

화재에 견딜 수 있는 성능을 가진 다음의 구조를 말한다.

구분	철근콘크리트조 철골·철근콘크리트조	철골조		무근콘크리트조, 콘크리트블록조, 벽돌조, 석조, 기타구조
		피복재	피복두께	
① 벽	두께≥10cm	철망모르타르	4cm이상	• 철재로 보강된 콘크리트블록조, 벽돌조, 석조로서 철재에 덮은 콘크리트 블록 등의 두께가 5cm 이상인 것 • 벽돌조로서 두께가 19cm 이상인 것 • 고온·고압의 증기로 양생된 경량기포 콘크리트패널 또는 경량기포 콘크리트 블록조로서 두께가 10cm 이상인 것
		콘크리트블록 벽돌, 석재	5cm이상	
② 외벽 중 비내력벽	두께≥7cm	철망모르타르	3cm이상	• 철재로 보강된 콘크리트블록조·벽돌조·석조로서 철재에 덮은 콘크리트블록 등의 두께가 4cm 이상인 것 • 무근콘크리트조, 콘크리트블록조, 벽돌조 또는 석조로서 그 두께가 7cm 이상인 것
		콘크리트블록 벽돌, 석재	4cm이상	
③ 기둥 (작은 지름이 25cm 이상인 것)	≥25cm ≥25cm	철망모르타르	6cm이상	—
		철망모르타르 (경량골재사용)	5cm이상	
		콘크리트블록 벽돌, 석재	7cm이상	
		콘크리트	5cm이상	
④ 바닥	두께≥10cm	철망모르타르 콘크리트	5cm이상	• 철재로 보강된 콘크리트블록조, 벽돌조 또는 석조로서 철재에 덮은 콘크리트 블록 등의 두께가 5cm 이상인 것

■ 주요 내화구조의 기준

		내력벽	19cm 이상
• 벽	벽돌조	비내력벽	7cm 이상
	철근콘크리트조	내력벽	10cm 이상
		비내력벽	7cm 이상
• 기둥	철근콘크리트조	작은지름 25cm 이상	
• 계단	철골조	무조건 인정	

⑤ 보 (지붕틀 포함)	치수규제없음	철망모르타르	6cm이상	―
		철망모르타르 (경량골재사용)	5cm이상	
		콘크리트		
		철골조의 지붕틀(바닥으로부터 그 아래부분까지의 높이가 4m이상인 것에 한함)로서 바로 아래에 반자가 없거나 불연재료로 된 반자가 있는 것		
⑥ 지붕	치수규제없음	• 철재로 보강된 유리블록 또는 망입유리로 된 것		• 철재로 보강된 콘크리트블록조·벽돌조 또는 석조
⑦ 계단	치수규제없음	철골조 계단		• 철재로 보강된 콘크리트블록조·벽돌조 또는 석조 • 무근콘크리트조·콘크리트블록조·벽돌조 또는 석조

【8】 방화구조

화염의 확산을 막을 수 있는 성능을 가진 다음의 구조를 말한다.

구 조 부 분	방화구조의 기준
① 철망모르타르 바르기	바름두께가 2cm이상
② 석고판 위에 시멘트모르타르 또는 회반죽을 바른 것 ③ 시멘트모르타르 위에 타일을 붙인 것	두께의 합계가 2.5cm 이상
④ 심벽에 흙으로 맞벽치기 한 것	두께에 관계없이 인정
⑤ 한국산업표준이 정한 방화2급 이상에 해당되는 것	

■ 방화구조
내화구조는 부재의 단면재료에 따라 정의되나, 방화구조는 부재의 단면재료와는 관계없이 부재에 대한 마감기준으로 정의된다.

【9】 건축재료

(1) 내수재료

내수성을 가진 재료로써 벽돌, 자연석, 인조석, 콘크리트, 아스팔트, 도자기질 재료, 유리 기타 이와 유사한 내수성이 있는 재료

(2) 불연, 준불연, 난연재료

국토교통부장관이 정하는 기준에 적합한 재료

구 분	정 의
불연재료	콘크리트, 석재, 벽돌·기와, 철강, 알루미늄, 유리, 시멘트모르타르, 회 및 기타 이와 유사한 것
준불연재료	불연재료에 준하는 성질을 가진 재료
난연재료	불에 잘 타지 아니하는 성질을 가진 재료

【10】 건축

"건축"이란 다음과 같이 건축물을 신축, 증축, 개축, 재축 또는 이전하는 것을 말한다.

구 분	행위요소	도해(행위전 → 행위후)
① 신축	건축물이 없는 대지에 건축물 축조	건축물이 없는 대지 ⇨ 새로이 축조
	기존 건축물의 전부를 해체(멸실) 한 후 종전규모보다 크게 건축물 축조	기존건축물의 해체·멸실 ⇨ 종전보다 규모를 크게 축조
	부속건축물만 있는 대지에 새로이 주된 건축물 축조	① 부속건축물만 있는대지 ⇨ ① 주된건축물 축조 ②
② 증축	기존 건축물의 규모 증가	⇨ 규모 증가
	기존 건축물의 일부를 해체(멸실)한 후 종전규모보다 크게 건축물 축조	기존건축물 일부 해체·멸실 ⇨ 종전규모보다 크게 축조
	주된 건축물이 있는 대지에 새로이 부속건축물 축조	① 주된 건축물 ⇨ ① ② 부속건축물축조
③ 개축	기존건축물의 전부 또는 일부(내력벽·기둥·보·지붕틀 중 3이상이 포함되는 경우에 한함)를 해체하고 당해 대지안에 종전과 동일한 규모의 범위안에서 건축물을 다시 축조	인위적인 해체 ⇨ 종전과 동일규모이내로 다시축조
④ 재축	건축물이 천재지변이나 그 밖의 재해(災害)로 멸실된 경우 그 대지에 다음 각 목의 요건을 모두 갖추어 다시 축조하는 것을 말한다. 가. 연면적 합계는 종전 규모 이하로 할 것 나. 동(棟), 층수 및 높이는 다음의 어느 하나에 해당할 것 ① 동수, 층수 및 높이가 모두 종전 규모 이하일 것 ② 동수, 층수 또는 높이의 어느 하나가 종전 규모를 초과하는 경우에는 해당 동수, 층수 및 높이가 「건축법령」에 모두 적합할 것	천재지변에 의한 멸실 ⇨ 동일규모이내로 다시축조
⑤ 이전	기존 건축물의 주요구조부를 해체하지 않고 동일 대지내에서 건축물의 위치를 옮기는 행위	동일대지 내 기존 건축물 → 위치이동

■ 건축행위의 비교

① 신축과 증축
- 부속건축물만 있는 대지에 주된 건축물을 건축하는 것은 신축이다.
- 주된 건축물이 있는 대지에 부속건축물을 새로이 축조하는 것 또는 동일한 용도의 건축물을 새로이 축조하는 것은 증축이다.

② 신축과 개축
기존건축물의 전부를 해체한 후 종전 규모 범위내에서 새로이 축조하는 것은 개축이나 종전규모를 초과할 경우에는 신축이다.

③ 개축
내력벽, 기둥, 보, 지붕틀 중 3개 이상을 해체하고 종전의 규모내에서 다시 축조하는 행위이다.

【11】 결합건축

용적률을 개별대지마다 적용하지 아니하고 2개 이상의 대지를 대상으로 통합적용하여 건축물을 건축하는 행위

【12】 대수선

건축물의 방재적 기능에 손상을 일으킬 수 있는 주요구조부에 대한 수선변경공사와 외부형태 변경공사로 다음과 같다.

1. 내력벽을 증설·해체하거나 내력벽의 벽면적 30㎡ 이상 수선·변경
2. 기둥·보·지붕틀(한옥의 경우 서까래 제외)을 각각 증설·해체하거나 3개 이상 수선·변경
3. 방화벽·방화구획을 위한 바닥, 벽 및 주계단·피난계단·특별피난계단을 증설·해체하거나 수선 또는 변경하는 것
4. 다가구주택 및 다세대주택의 가구 및 세대간 경계벽을 증설·해체하거나 수선·변경하는 것
5. 다음에 해당되는 건축물의 외벽 마감재를 증설·해체하거나 벽면적 30㎡ 이상 수선·변경하는 것
   ① 3층 이상 건축물
   ② 높이 9m 이상 건축물
   ③ 의료시설, 교육연구시설, 노유자시설, 수련시설인 건축물
   ④ 상업지역(근린상업지역 제외) 안의 건축물 중
      - 용도바닥면적 2,000㎡ 이상인 근린생활시설, 문화 및 집회시설, 종교시설, 판매시설, 운동시설, 위락시설인 건축물
      - 공장으로부터 6m 이내의 건축물

■ 대수선의 인정여부

공사범위	판 정
내력벽 30㎡이상 수선변경	대수선
방화벽수선(규모와 관계없이)	대수선
방화구획벽 수선 (규모와 관계없이)	대수선
비내력벽수선 (규모와 관계없이)	대수선 아님
기둥 3개 수선변경	대수선
기둥1+보2개 수선변경	대수선 아님
기둥 1개 증설	대수선
보 2개 해체	대수선
기둥1+보1+지붕틀1 수선	개축

■ 대수선 판단기준 행위 구분
1. 증설·해체
2. 수선·변경

【13】 리모델링

건축물의 노후화 억제 또는 기능향상 등을 위하여 대수선·개축 또는 일부 증축하는 행위

【14】 실내건축

건축물의 실내를 안전하고 쾌적하며 효율적으로 사용하기 위한 다음의 행위

1. 내부공간을 칸막이로 구획
2. 벽·천장·바닥 및 반자틀 설치
3. 실내에 설치하는
   • 난간, 창호 및 출입문 설치
   • 전기, 가스, 급수, 배수, 환기시설 설치
   • 충돌, 끼임 등 사용자의 안전시설 설치

【15】 건축물의 유지관리

건축물의 소유자나 관리자가 사용승인된 건축물을 지속적으로 유지하기 위하여 건축물이 멸실될 때까지 관리하는 행위

【16】 기타 용어

구 분	정 의
① 건축주	• 건축물의 건축·대수선·건축설비의 설치 또는 공작물 등의 축조에 관한 공사를 발주하거나 현장 관리인을 두어 스스로 공사를 행하는 자
② 설계자	• 자기책임하에 (보조자의 조력을 받는 경우 포함) 설계도서를 작성하고 그 설계도서에 의도한 바를 해설하며 지도·자문하는 자
③ 공사감리자	• 자기책임하에 (보조자의 조력을 받는 경우 포함) 건축법이 정하는 바에 의하여 건축물·건축설비 또는 공작물이 설계도서의 내용대로 시공되고 있는지의 여부를 확인하고 품질관리·공사관리·안전관리 등에 대하여 지도·감독하는 자
④ 공사시공자	• 건설산업기본법에 의한 건설공사를 행하는 자
⑤ 제조업자	• 건축물의 건축·대수선·용도변경, 건축설비의 설치 또는 공작물의 축조 등에 필요한 건축자재를 제조하는 사람을 말한다.
⑥ 유통업자	• 건축물의 건축·대수선·용도변경, 건축설비의 설치 또는 공작물의 축조에 필요한 건축자재를 판매하거나 공사현장에 납품하는 사람을 말한다.
⑦ 관계전문 기술자	• 건축물의 구조·설비 등 건축물과 관련된 전문기술자격을 보유하고 설계 및 공사감리에 참여하여 설계자 및 공사감리자와 협력하는 자
⑧ 설계도서	1. 공사용 도면 2. 구조계산서 3. 시방서 4. 건축설비계산 관계서류 5. 토질 및 지질 관계서류 6. 기타 공사에 필요한 서류
⑨ 특별건축 구역	• 조화롭고 창의적인 건축물의 건축을 통하여 도시경관의 창출, 건설기술 수준 향상 및 건축관련 제도개선을 도모하기 위한 구역

핵심문제

■■■ 용어의 정의

1 다음 중 건축법에 규정되어 있지 아니한 것은?

① 난연재료
② 방수재료
③ 내화구조
④ 부속용도

해설 1
- 구조 기준 : 내화구조, 방화구조
- 재료 기준 : 내수재료, 불연재료, 준불연재료, 난연재료

2 다음의 초고층 건축물의 정의에 관한 기준 내용 중 ( )안에 알맞은 것은?

> "초고층 건축물"이란 층수가 (①)층 이상이거나 높이가 (②)미터 이상인 건축물을 말한다.

① ① 50, ② 150
② ① 50, ② 200
③ ① 60, ② 150
④ ① 60, ② 200

해설 2,3

1. 고층건축물	30층 이상이거나 120m 이상
2. 초고층 건축물	50층 이상이거나 200m 이상
3. 준초고층 건축물	고층건축물 중 초고층건축물이 아닌 건축물

3 건축법령상 준초고층 건축물의 정의로 옳은 것은?

① 고층건축물 중 초고층 건축물이 아닌 것
② 층수가 30층 이상이거나 높이가 120m 이상인 건축물
③ 층수가 40층 이상이거나 높이가 160m 이상인 건축물
④ 층수가 50층 이상이거나 높이가 200m 이상인 건축물

4 건축법령상 다중이용건축물에 해당되지 않는 것은? (단, 해당하는 용도로 쓰는 바닥면적의 합계가 5,000m^2인 건축물인 경우)

① 종교시설
② 판매시설
③ 업무시설
④ 의료시설 중 종합병원

해설 4,5 다중이용건축물
① 16층 이상인 건축물
② 문화 및 집회시설(동·식물원 제외), 판매시설, 종교시설, 운수시설 중 여객자동차터미널, 종합병원, 관광숙박시설의 용도에 쓰이는 바닥면적의 합계가 5,000m^2 이상인 건축물

5 건축법령상 다중이용건축물에 속하지 않는 것은?

① 층수가 16층인 판매시설
② 층수가 20층인 관광숙박시설
③ 종합병원으로 쓰는 바닥면적의 합계가 3,000m^2인 건축물
④ 종교시설로 쓰는 바닥면적의 합계가 5,000m^2인 건축물

정답 1. ② 2. ② 3. ① 4. ③ 5. ③

6 다음 중 건축법상 거실에 속하지 않는 것은?
① 주택의 침실
② 사무소의 사무실
③ 주택의 화장실
④ 공장의 작업장

해설 6
거실이란 거주, 집무, 작업 등의 사용으로 장시간 제공되는 방을 말하며, 현관, 복도, 계단, 기계실, 화장실, 욕실 등은 거실이 아니다.

7 다음의 건축법상 지하층의 정의에 대한 기준 내용 중 (　) 안에 알맞은 것은?

> "지하층"이란 건축물의 바닥이 지표면 아래에 있는 층으로서 바닥에서 지표면까지 평균높이가 해당 층 높이의 (　) 이상인 것을 말한다.

① 2분의 1　　② 3분의 1
③ 3분의 2　　④ 4분의 3

해설 7,8 지하층
건축물의 바닥이 지표면 아래에 있는 층으로서 그 바닥으로부터 지표면까지의 높이가 당해 층높이의 1/2 이상인 것

8 다음 중 지하층 규정을 바르게 나타낸 것은 어느 것인가?

① $h \geq \frac{2}{3} H$
② $h \geq \frac{1}{2} H$
③ $h \geq \frac{1}{3} H$
④ $h \leq \frac{1}{3} H$

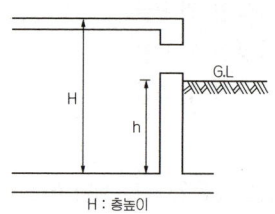
H : 층높이

9 건축법령상 다음과 같이 정의되는 용어는?

> 건축물의 내부와 외부를 연결하는 완충공간으로서 전망이나 휴식 등의 목적으로 건축물 외벽에 접하여 부가적(附加的)으로 설치되는 공간

① 테라스　　② 발코니
③ 베란다　　④ 부속용도

정답 6. ③　7. ①　8. ②　9. ②

■■■ 아파트 대피공간

10 다음 공동주택 중 아파트에 설치하는 대피공간에 관한 기준 내용이다. 밑줄 친 요건의 내용으로 옳은 것은?

> 공동주택 중 아파트로서 4층 이상인 층의 각 세대가 2개 이상의 직통계단을 사용할 수 없는 경우에는 발코니에 인접 세대와 공동으로 또는 각 세대별로 다음 각 호의 요건을 모두 갖춘 대피공간을 하나 이상 설치하여야 한다.

① 대피공간은 바깥의 공기와 접하지 않을 것
② 대피공간은 실내의 다른 부분과 방화구획으로 구획될 것
③ 대피공간의 바닥면적은 각 세대별로 설치하는 경우에는 최소 5m² 이상일 것
④ 대피공간의 바닥면적은 인접 세대와 공동으로 설치하는 경우에는 최소 5m² 이상일 것

11 공동주택 중 아파트로서 대피공간을 설치하여야 하는 경우, 대피공간의 바닥면적은 최소 얼마 이상이어야 하는가? (단, 각 세대별로 설치하는 경우)

① 1m² ② 2m²
③ 3m² ④ 4m²

■■■ 내화구조 등

12 다음 중 건축법상 주요구조부에 해당되는 것은?

① 지붕틀 ② 차양
③ 최하층바닥 ④ 작은보

13 다음 중 주요구조부에 속하지 않는 것은?

① 기둥 ② 지붕틀
③ 바닥 ④ 옥외 계단

14 철근콘크리트조인 경우 두께에 관계없이 내화구조로 인정되는 것은?

① 바닥
② 지붕
③ 내력벽
④ 외벽 중 비내력벽

해 설

[해설] **10** 대피공간 설치기준
1. 대피공간은 바깥의 공기와 접할 것
2. 대피공간은 실내의 다른 부분과 방화구획으로 구획될 것
3. 대피공간은 바닥면적은 인접세대와 공동으로 설치하는 경우에는 3m² 이상, 각 세대별로 설치하는 경우에는 2m² 이상일 것

[해설] **11** 대피공간 면적기준

각 세대별 설치	2m² 이상
인접세대와 공동설치	3m² 이상

[해설] **12, 13** 주요구조부
내력벽·기둥·바닥·보·지붕틀 및 주계단을 말한다. 다만, 사이기둥·최하층바닥·작은보·차양·옥외계단 기타 이와 유사한 것으로 건축물의 구조상 중요하지 아니한 부분을 제외한다.

[해설] **14** 내화구조 기준
1. 바닥 : 두께 10cm 이상
2. 내력벽 : 두께 10cm 이상
3. 외벽 중 비내력벽 : 두께 7cm 이상

정답 10. ② 11. ② 12. ① 13. ④ 14. ②

15 철골조인 경우 피복두께와 상관없이 내화구조로 인정될 수 있는 것은?
① 내력벽
② 기둥
③ 보
④ 계단

16 다음 중 내화구조가 아닌 것은?
① 작은 지름이 20cm인 철근콘크리트조 기둥
② 두께가 10cm인 철근콘크리트조 바닥
③ 철골조 계단
④ 철재로 보강된 망입유리로 된 지붕

17 외벽 중 비내력벽의 경우에 다음 중 내화구조가 아닌 것은?
① 철근콘크리트조로서 두께가 7cm인 것
② 무근콘크리트조로서 그 두께가 7cm인 것
③ 골구를 철골조로 하고 그 양면을 두께 4cm의 석재로 덮은 것
④ 철재로 보강된 콘크리트블록조로서 철재에 덮은 콘크리트블록의 두께가 3cm인 것

18 다음 중 두께에 관계없이 방화구조에 해당되는 것은?
① 석고판 위에 시멘트모르타르를 바른 것
② 심벽에 흙으로 맞벽치기한 것
③ 암면보온판 위에 석면시멘트판을 붙인 것
④ 시멘트모르타르 위에 타일을 붙인 것

19 다음 중 방화구조에 해당되지 않는 것은?
① 심벽에 흙으로 맞벽치기한 것
② 철망모르타르로서 그 바름두께가 1.5cm인 것
③ 시멘트모르타르 위에 타일을 붙인 것으로서 그 두께의 합계가 2.5cm인 것
④ 석고판위에 시멘트모르타르를 바른 것으로서 그 두께의 합계가 3cm인 것

해 설

해설 15 철골조의 내화구조 피복두께 기준
1. 내력벽 : 철망모르타르 4cm이상 또는 콘크리트블록, 벽돌, 석재 5cm 이상
2. 기둥 : 철망모르타르 6cm이상 또는 콘크리트 5cm이상 등
3. 보 : 철망모르타르 6cm이상 또는 콘크리트 5cm이상 등
4. 계단 : 내화피복과 관계없이 무조건 내화구조로 인정

해설 16
철근 콘크리트조 기둥은 작은 지름이 25cm 이상인 경우이다.

해설 17
철재보강 콘크리트블록조의 블록두께 : 4cm이상

해설 18 방화구조

구 조 부 분	방화구조의 기준
1. 철망모르타르 바르기	바름두께가 2cm이상
2. 석고판 위에 시멘트모르타르 또는 회반죽을 바른 것	두께의 합계가 2.5cm 이상
3. 시멘트모르타르 위에 타일을 붙인 것	
4. 심벽에 흙으로 맞벽치기한 것	두께에 관계없이 인정
5. 한국산업표준이 정한 방화2급 이상에 해당되는 것	

해설 19
철망모르타르 : 바름두께 2cm 이상인 것

정답 15. ④ 16. ① 17. ④ 18. ② 19. ②

■■■ 건축

20 다음 중 건축에 속하지 않는 것은?
① 대수선　　　　　　② 이전
③ 증축　　　　　　　④ 개축

해설 20
건축 : 신축, 증축, 개축, 재축, 이전

21 2동의 기존건축물을 해체하고 그 연면적과 동일하게 1동으로 건축할 경우의 행위는?
① 개축　　　　　　　② 증축
③ 이전　　　　　　　④ 재축

해설 21,22
- 신축 : 건축물을 해체하고 종전 규모보다 크게 새로이 축조함.
- 재축 : 천재지변 등에 의하여 멸실된 건축물을 종전범위내에서 다시 축조함.
- 개축 : 기존 건축물을 해체하고 종전규모 이하를 다시 축조함.

22 건축법령상 다음과 같이 정의되는 것은?

> 건축물이 천재지변이나 그 밖의 재해(災害)로 멸실된 경우 그 대지에 종전과 같은 규모의 범위에서 다시 축조하는 것

① 신축　　　　　　　② 증축
③ 재축　　　　　　　④ 개축

23 건축물의 주요구조부를 해체하지 아니하고 같은 대지의 다른 위치로 옮기는 것을 의미하는 것은?
① 증축　　　　　　　② 이전
③ 개축　　　　　　　④ 신축

해설 23
이전 : 기존 건축물의 주요구조부를 해체하지 않고 동일 대지내에서 건축물의 위치를 옮기는 행위

24 다음 중 개축에 해당하지 않는 것은? (단, 한옥이 아닌 경우)
① 기존 건축물의 전부를 해체하고 그 대지에 종전과 같은 규모의 범위에서 건축물을 다시 축조하는 것
② 기존 건축물의 내력벽, 기둥, 보를 해체하고 그 대지에 종전과 같은 규모의 범위에서 건축물을 다시 축조하는 것
③ 기존 건축물의 내력벽, 기둥을 해체하고 그 대지에 종전과 같은 규모의 범위에서 건축물을 다시 축조하는 것
④ 기존 건축물의 내력벽, 보, 지붕틀을 해체하고 그 대지에 종전과 같은 규모의 범위에서 건축물을 다시 축조하는 것

해설 24
개축은 기존건축물의 전부 또는 일부(내력벽·기둥·보·지붕틀 중 3 이상이 포함되는 경우에 한함)를 해체하고 당해 대지안에 종전과 동일한 규모의 범위안에서 건축물을 다시 축조하는 행위이다.

정답 20. ① 21. ① 22. ③ 23. ② 24. ③

25 기존 건축물의 내력벽, 기둥, 보를 해체하고 그 대지에 종전과 같은 규모의 범위에서 건축물을 다시 축조하는 건축 행위는?
① 신축
② 증축
③ 재축
④ 개축

26 다음은 건축법령상 증축의 정의 내용이다. (　)안에 포함되지 않는 것은?

> "증축"이란 기존 건축물이 있는 대지에서 건축물의 (　　)을/를 늘리는 것을 말한다.

① 층수
② 높이
③ 대지면적
④ 건축면적

■■■ 대수선

27 대수선의 범위에 해당하지 않는 것은?
① 기둥을 2개 이상 수선·변경하는 것
② 방화벽을 해체하여 수선하는 것
③ 내력벽의 벽면적을 30m² 이상 해체하여 수선하는 것
④ 다가구주택의 가구간 경계벽을 증설하는 것

28 다음 중 대수선에 속하지 않는 것은?
① 내력벽을 해체하는 것
② 방화구획을 위한 벽을 수선 또는 변경하는 것
③ 다세대주택의 세대 간 경계벽을 수선 또는 변경하는 것
④ 기존 건축물의 내력벽, 기둥, 보를 일시에 철거하고 그 대지에 종전과 같은 규모의 범위에서 건축물을 다시 축조하는 것

■■■ 리모델링

29 다음 중 건축법상 리모델링의 정의로 가장 알맞은 것은?
① 건축물의 노후화를 억제하거나 기능 향상 등을 위하여 대수선하거나 개축 또는 일부 증축하는 행위
② 건축물의 노후화를 억제하거나 기능 향상 등을 위하여 대수선하거나 개축 또는 재축하는 행위
③ 건축물의 노후화를 억제하거나 기능 향상 등을 위하여 대수선하거나 개축하는 행위
④ 건축물의 노후화를 억제하거나 기능 향상 등을 위하여 개축하거나 일부 증축하는 행위

해 설

해설 25
개축 : 내력벽, 기둥, 보, 지붕틀 중 3개 이상을 해체하고 종전규모 이하로 다시 축조하는 행위

해설 26
"증축"이란 기존 건축물이 있는 대지에서 건축물의 건축면적, 연면적, 층수 또는 높이를 늘리는 것을 말한다.

해설 27
기둥을 3개 이상 수선·변경하여야 한다.

해설 28
개축 : 기존건축물의 전부 또는 일부(내력벽·기둥·보·지붕틀 중 3개 이상이 포함되는 경우에 한함)를 철거하고 당해 대지안에 종전과 동일한 규모의 범위안에서 건축물을 다시 축조

해설 29
리모델링 행위 : 개축·일부 증축 및 대수선

정답 25. ④ 26. ③ 27. ① 28. ④ 29. ①

30 건축법상 건축물의 노후화를 억제하거나 기능 향상 등을 위하여 대수선하거나 개축 또는 일부 증축하는 행위로 정의되는 용어는?
① 재축　　　　　　② 재건축
③ 리빌딩　　　　　④ 리모델링

해설 30
1. 재건축 : 기존 건축물을 철거하고 다시 축조하는 것
2. 리빌딩(Rebiilding) : 개축에 해당하는 것

■■■ **실내건축**

31 건축법상 다음과 같이 정의되는 용어는?

> 건축물의 실내를 안전하고 쾌적하며 효율적으로 사용하기 위하여 내부 공간을 칸막이로 구획하거나 벽지, 천장재, 바닥재, 유리 등 대통령령으로 정하는 재료 또는 장식물을 설치하는 것

① 리모델링　　　　② 실내건축
③ 실내장식　　　　④ 실내디자인

■■■ **종합**

32 건축법령상 다음과 같이 정의되는 용어는?

> 건축물의 건축·대수선·용도변경, 건축설비의 설치 또는 공작물의 축조에 관한 공사를 발주하거나 현장 관리인을 두어 스스로 그 공사를 하는 자

① 건축주　　　　　② 건축사
③ 설계자　　　　　④ 공사시공자

해설 32
건축주 : 건축물의 건축, 대수선, 건축설비의 설치 또는 공작물 등의 축조에 관한 공사를 발주하는 자이다.

33 다음 중 건축법령에 따른 용어의 정의가 옳지 않은 것은?
① 고층건축물이란 층수가 30층 이상이거나 높이가 120m 이상인 건축물을 말한다.
② 리빌딩이란 건축물의 노후화를 억제하거나 기능향상 등을 위하여 대수선하거나 일부 증축하는 행위를 말한다.
③ 지하층이란 건축물의 바닥이 지표면 아래에 있는 층으로서 바닥에서 지표면까지 평균높이가 해당 층 높이의 2분의 1 이상인 것을 말한다.
④ 발코니란 건축물의 내부와 외부를 연결하는 완충공간으로서 전망이나 휴식 등의 목적으로 건축물 외벽에 접하여 부가적으로 설치되는 공간을 말한다.

해설 33
리빌딩은 개축을 의미한다.

정답　30. ④　31. ②　32. ①　33. ②

34 건축법령상 용어의 정의가 옳지 않은 것은?
① 증축이란 기존 건축물이 있는 대지에서 건축물의 건축면적, 연면적, 층수 또는 높이를 늘리는 것을 말한다.
② 재축이란 기존 건축물의 전부 또는 일부를 철거하고 그 대지에 종전과 같은 규모의 범위에서 건축물을 다시 축조하는 것을 말한다.
③ 지하층이란 건축물의 바닥이 지표면 아래에 있는 층으로서 바닥에서 지표면까지 평균높이가 해당 층 높이의 1/2 이상인 것을 말한다.
④ 한옥이란 기둥 및 보가 목구조방식이고 한식지붕틀로 된 구조로서 우리나라 전통양식이 반영된 건축물 및 그 부속건축물을 말한다.

해설 34
재축이란 자연재해로 인하여 건축물의 일부 또는 전부가 멸실된 경우 그 대지 안에 종전의 동일한 규모의 범위 안에서 다시 축조하는 것을 말한다.

35 다음 용어의 정의로 옳지 않은 것은?
① "대지"라 함은 공간정보의 구축 및 관리 등에 관한 법률에 의하여 각 필지로 구획된 토지를 말한다.
② "거실"이라 함은 건축물 안에서 주거, 집무, 작업, 집회, 오락 기타 이와 유사한 목적을 위하여 사용되는 방을 말한다.
③ "건축"이라 함은 건축물을 신축, 증축, 개축, 재축 또는 대수선하는 것을 말한다.
④ "내화구조"라 함은 화재에 견딜 수 있는 성능을 가진 구조로서 국토교통부령이 정하는 기준에 적합한 구조를 말한다.

해설 35
대수선은 주요구조부의 증설·해체 또는 수선·변경행위이며, 건축행위에는 신축, 증축, 개축, 재축, 이전이 해당된다.

36 다음 중 건축법에 사용되는 용어의 정의가 옳지 않은 것은?
① 초고층 건축물이란 층수가 50층 이상이거나 높이가 200m 이상인 건축물을 말한다.
② 거실이라 함은 건축물 안에서 거주, 집무, 작업, 집회, 오락, 그 밖에 이와 유사한 목적을 위하여 사용되는 방을 말한다.
③ 지하층이란 건축물의 바닥이 지표면 아래에 있는 층으로서 바닥에서 지표면까지 평균높이가 해당 층 높이의 2분의 1 이상인 것을 말한다.
④ 리모델링이란 건축물의 노후화를 억제하거나 기능 향상 등을 위하여 대수선하거나 개축 또는 재축하는 행위를 말한다.

해설 36
리모델링 : 대수선·개축 또는 일부 증축에 해당되는 행위

정답 34. ② 35. ③ 36. ④

출제예상문제

CHAPTER 1 1. 건축법의 목적과 용어의 정의

■■■ 건축법의 목적

1. 건축법의 규정내용이 아닌 것은?

① 건축물의 대지의 기준
② 건축물의 설비의 기준
③ 지역·지구내의 건축제한
④ 건축물의 용도

[해설] • 건축물의 대지·구조·설비의 기준과
• 건축물의 용도를 규정
※ 지역·지구내의 용도제한은 국토의 계획 및 이용에 관한 법에서 규정

2. 다음 중 건축법에 규정되어 있지 않은 용어의 정의는 어느 것인가?

① 부속용도
② 방수재료
③ 부속건축물
④ 내수재료

[해설] ① 부속용도 : 건축물의 주된용도의 기능에 필수적인 용도
② 부속건축물 : 주된 건축물과 분리된 부속용도의 건축물
③ 내수재료 : 인조석 등 내수성이 있는 재료로써 국토교통부령이 정하는 재료를 말한다.

■■■ 건축물

3. 다음 중 건축물에 속하지 않는 것은?

① 건축물에 부수된 담장
② 지하의 공작물에 설치하는 창고
③ 경복궁
④ 지하도

[해설] 경복궁도 건축물이다.
단, 법 제3조에 의하여(문화유산 등) 건축법을 적용하지 않는다.

4. 초고층 건축물에 해당되는 것은?

① 30층 이상인 건축물
② 50층 이상인 건축물
③ 건축물 높이 50m 이상인 건축물
④ 건축물 높이 100m 이상인 건축물

[해설] 초고층 건축물 : 50층 이상이거나 건축물 높이 200m 이상인 건축물

5. 다음의 고층 건축물의 정의에 관한 기준 내용 중 ( ) 안에 알맞은 것은?

> "고층 건축물"이란 층수가 (①)층 이상이거나 높이가 (②)m 이상인 건축물을 말한다.

① ① 30, ② 120
② ① 30, ② 200
③ ① 50, ② 150
④ ① 50, ② 200

[해설] ① 고층건축물 : 30층 이상, 120m 이상
② 초고층건축물 : 50층 이상, 200m 이상

6. 건축법상 한옥에 대한 기준 중 부적합한 것은?

① 한식 지붕틀 사용
② 목구조 방식의 기둥
③ 목구조 방식의 벽
④ 전통양식 반영

[해설] 기둥 및 보를 목구조방식으로 하여야 한다.

7. 층수가 15층인 건축물에서 건축법상 다중이용건축물에 해당되는 것은?

① 바닥면적의 합계가 3,000m^2 인 관광숙박시설
② 바닥면적의 합계가 5,000m^2 인 운동시설
③ 바닥면적의 합계가 3,000m^2 인 교육연구시설
④ 바닥면적의 합계가 5,000m^2 인 종합병원

해답 1. ③ 2. ② 3. ④ 4. ② 5. ① 6. ③ 7. ④

[해설] ① 16층 이상인 건축물
② 문화 및 집회시설(동·식물원 제외), 종교시설, 판매시설, 운수시설(여객용시설에 한한다), 종합병원, 관광숙박시설의 용도에 쓰이는 바닥면적의 합계가 5,000㎡ 이상인 건축물

8. 다음 중 준다중이용건축물에 해당되지 않는 것은?

① 용도바닥면적 1,000㎡ 인 전시장
② 용도바닥면적 2,000㎡ 인 종합병원
③ 용도바닥면적 3,000㎡ 인 운동시설
④ 용도바닥면적 4,000㎡ 인 업무시설

[해설] 용도바닥면적 1,000㎡ 이상 5,000㎡ 미만인 문화 및 집회시설 중 공연장, 집회장, 관람장, 전시장은 준다중이용건축물에 해당된다.

9. 다음의 건축물 중 특수구조 건축물의 기준에 해당되는 것은?

① 16층 이상의 건축물
② 30층 이상의 건축물
③ 경간 20m이상 건축물
④ 경간 30m이상 건축물

[해설] 특수구조건축물
1. 내민구조의 보, 차양 등의 길이가 3m이상인 건축물
2. 경간(기둥과 기둥사이의 거리) 20m이상인 건축물

■■■ 거 실

10. 다음 중 건축법상의 거실의 정의에 해당되지 않는 것은?

① 사무실
② 부엌
③ 화장실
④ 침실

[해설] 현관, 복도, 계단, 부속창고, 기계실, 화장실, 욕실 등은 거실이 아니다.

■■■ 지하층

11. 다세대 주택에 있어서 지하층이 될 수 있는 최소치는? (단, 바닥이 지표면 아래에 있는 층임)

① 바닥으로부터 지표면까지의 평균 높이가 당해 층 층고의 1/2
② 바닥으로부터 지표면까지의 평균 높이가 당해 층 층고의 1/3
③ 바닥으로부터 지표면까지의 평균 높이가 당해 층 층고의 1/4
④ 바닥으로부터 지표면까지의 평균 높이가 당해 층 층고의 2/3

12. 다음 그림은 업무시설 건축물에 있어서 지반에 접하는 층의 측면 전개도이다. 이중 지하층이 아닌 것은 어느 것인가? (단, 빗금친 부분은 지표면의 일부분을 표시한다.) (단위 : m)

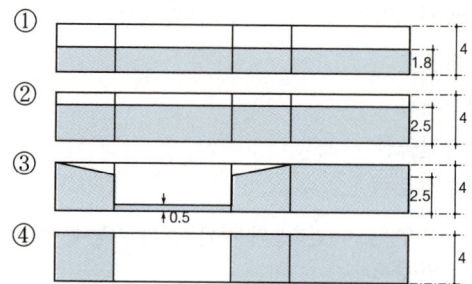

[해설] 1. 지하층은 당해층 바닥면으로부터 흙에 접한 건축물의 총 벽면적을 당해 벽길이의 합으로 나눈 가중평균에 의한 가상지표면까지의 높이가 당해 층 높이의 1/2 이상이면 지하층으로 인정된다.
2. ①의 경우 층높이의 1/2인 2m에 미치지 못하므로 지상층으로 확인한다.

■■■ 발코니

13. 건축법령상 아파트로서 4층 이상의 발코니에 인접세대와 공동으로 설치하는 대피공간에 관한 설명으로 가장 부적합한 것은?

① 대피공간은 바깥의 공기와 접하여야 한다.
② 대피공간은 실내의 다른 부분과 방화구획이 되어야 한다.

해답 8. ④ 9. ③ 10. ③ 11. ① 12. ① 13. ③

③ 대피공간의 바닥면적은 4m² 이상으로 하여야 한다.
④ 경계벽에 피난구를 설치한 경우 대피공간을 설치하지 아니할 수 있다.

[해설] 대피공간의 면적
- 각 세대별 설치의 경우 : 2m² 이상
- 인접세대와 공동으로 설치한 경우 : 3m² 이상

■■■ 건축설비

14. 다음 건축물에 설치하는 것 중 건축설비가 아닌 것은?

① 굴뚝
② 승강기
③ 공동시청안테나
④ 셔터

[해설] 건축설비
전기, 전화, 초고속정보통신, 지능형홈네트워크, 가스, 급수, 배수, 환기, 난방, 냉방, 배연, 오물처리시설, 굴뚝, 승강기, 피뢰침, 국기게양대, 공동시청 안테나, 유선방송수신시설, 우편함, 방범시설

■■■ 내화구조

15. 어떠한 보강으로도 기둥으로써 내화구조가 될 수 없는 구조는?

① 철근콘크리트구조
② 철골구조
③ 철골 철근콘크리트구조
④ 벽돌구조

[해설] 내화구조 기둥의 구조종별기준

철근콘크리트조	작은 직경 25cm 이상
철골조	6cm 이상의 철망모르타르 마감 등

16. 다음 내화구조에 관한 것 중 적합한 것은?

① 무근콘크리트조로 된 계단은 내화구조가 아니다.
② 철재로 보강된 유리블록 또는 망입유리로 된 지붕은 내화구조이다.
③ 철재의 양면을 두께 4cm 이상의 철망모르타르 또는 콘크리트
④ 작은 지름이 25cm 이상인 철골기둥으로서 두께 3cm 이상의 콘크리트로 덮은 것은 내화구조이다.

[해설] ① 무근콘크리트조는 계단에 한하여 내화구조로 인정이 된다.
③ 철재의 양면에 두께 5cm 이어야 한다.
④ 철골조 자체로는 인정받을 수 없으며, 재료별로 피복하는 두께가 기준두께 이상이어야 한다.

17. 그림과 같은 단면을 갖는 철근 콘크리트조 기둥 중 내화 구조로 볼 수 있는 것은?

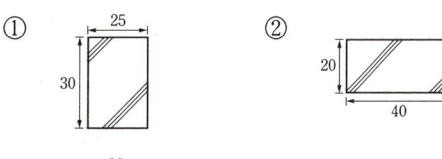

[해설] 철근콘크리트 기둥은 작은 지름이 25cm 이상 되어야 내화구조이다.

18. 다음 설명 중 내화구조에 해당되지 않는 것은?

① 철근콘크리트조의 기둥으로 작은 지름이 25cm 인 것
② 철근콘크리트조 또는 철골철근콘크리트조의 벽으로 두께가 10cm인 것
③ 철재의 바닥 양면을 두께 5cm의 철망모르타르 또는 콘크리트로 덮은 것
④ 철골보를 두께 4cm의 철망모르타르 또는 3cm의 콘크리트로 덮은 것

[해설] 철골보의 내화구조 기준(피복재기준)
- 철망 모르타르 - 6cm 이상
- 콘크리트 - 5cm 이상

해답 14. ④ 15. ④ 16. ② 17. ① 18. ④

■■■ 방화구조

19. 다음 중 두께에 관계없이 방화구조에 해당하는 것은?
① 시멘트모르타르 위에 타일 붙임
② 흙으로 맞벽치기한 심벽
③ 석고판 위에 시멘트모르타르 바름
④ 석고판 위에 회반죽 붙임

[해설] ①-두께의 합계가 2.5cm 이상
③-두께의 합계가 2.5cm 이상
④-두께의 합계가 2.5cm 이상

20. 다음 중 방화구조가 아닌 것은?
① 시멘트 모르타르위에 타일을 붙인 것으로 그 두께의 합계가 2.5cm 이상인 것
② 두께 2.5cm 이상으로 석고판 위에 회반죽을 바른 것
③ 철망 모르타르 바르기로서 그 바름두께가 1.5cm 인 것
④ 심벽에 흙으로 맞벽치기한 것

[해설] 철망모르타르 바름두께 2cm 이상인 것

■■■ 불연재료

21. 다음 건축재료 중 불연재료에 해당되지 않는 것은?
① 석고보오드
② 유리
③ 알루미늄
④ 벽돌

[해설] 불연재료 : 불에 타지 않는 성질을 가진 재료
- 콘크리트·석재·벽돌·기와·석면판·철강·알루미늄·유리·시멘트모르타르·회 등의 재료

■■■ 건 축

22. 다음 행위 중 건축법상의 '건축'에 속하지 않는 것은?
① 건축물을 이전하는 것
② 건축물을 개축하는 것
③ 건축물을 재축하는 것
④ 건축물을 대수선하는 것

[해설] 건축에는 신축, 증축, 개축, 재축, 이전이 해당된다.

23. 기존건축물의 일부를 해체하고 다시 축조하는 "개축"의 정의에서 일부의 해체부분에 관계가 없는 것은?
① 보
② 바닥
③ 내력벽
④ 지붕틀

[해설] 내력벽, 기둥, 보, 지붕틀 중 3개 이상 해체시 개축 행위임.

24. 다음 중 증축에 해당하지 않는 것은?
① 기존 건축물이 있는 대지에서 건축물의 건축면적을 늘리는 것
② 기존 건축물이 있는 대지에서 건축물의 연면적을 늘리는 것
③ 기존 건축물이 있는 대지에서 건축물의 높이를 늘리는 것
④ 기존 건축물이 있는 대지에서 건축물의 개구부 숫자를 늘리는 것

[해설] "증축"이란 기존 건축물이 있는 대지에서 건축물의 건축면적, 연면적, 층수 또는 높이를 늘리는 것을 말한다.

해답 19. ② 20. ③ 21. ① 22. ④ 23. ② 24. ④

25. 다음 용어 정의에서 틀린 것은?

① 기존 건물을 완전 해체하고 동일 대지에 동일 규모로 다시 축조하면 신축에 해당된다.
② 높이를 증가시키는 것도 증축에 해당된다.
③ 내력벽과 기둥, 보를 해체하고 동일 규모로 다시 축조하면 개축이 된다.
④ 건축물의 기능향상을 위하여 대수선·개축 또는 일부 증축을 할 때 리모델링이라고 한다.

해설 종전규모 범위내의 건축은 개축에 해당된다.

■■■ 대수선

26. 방화벽 또는 방화구획을 위한 바닥 및 벽을 해체하여 변경하는 행위는 어느 것인가?

① 신축
② 개축
③ 대수선
④ 용도변경

27. 다음 행위 중 대수선에 해당하지 않는 것은?

① 보와 기둥을 각각 3개 수선 또는 변경하는 것
② 지붕틀을 3개 해체하여 수선 또는 변경하는 것
③ 다가구주택 가구간 경계벽을 증설하는 것
④ 비내력벽의 벽면적을 30m² 해체하여 수선 또는 변경하는 것

해설 비내력벽은 주요구조부에 해당되지 않으며, 대수선에 해당되지 않는다.

28. 대수선과 관계없는 건축물의 구조부위는?

① 기초   ② 내력벽
③ 기둥   ④ 보

해설 대수선의 범위
내력벽·기둥 또는 보 중 어느 한 부재라도 증설·해체하거나 각각 3개 이상 수선·변경시에 대수선에 해당된다.

29. 다음 중 「건축법」상 대수선에 해당하는 것은?

① 벽을 해체하여 수선 또는 변경하는 것
② 방화벽 30m²의 면적을 수선 또는 변경하는 것
③ 지붕틀을 2개 이상 수선·변경하는 것
④ 경관지구 안에서 외부형태(담장을 포함)을 변경하는 것

해설 지붕틀의 증설·해체는 무조건 대수선이 되나, 수선변경은 3개 이상이어야 한다.

■■■ 리모델링

30. 다음의 행위 중 리모델링에 해당되는 것은?

건축물의 노후화 억제 또는 기능향상을 위한
(①), (②) 또는 (③) 행위

① ① 신축, ② 증축, ③ 개축
② ① 증축, ② 개축, ③ 재축
③ ① 증축, ② 개축, ③ 대수선
④ ① 증축, ② 재축, ③ 대수선

해설 리모델링 행위는 대수선, 개축 또는 일부 증축행위이다.

■■■ 건축관계자 등

31. 건축설비의 설치에 관한 공사를 발주하는 자의 용어는?

① 건축주
② 현장관리인
③ 공사시공자
④ 공사감리자

해설 건축주는 건축물의 건축, 대수선, 건축설비의 설치 또는 공작물 등의 축조에 관한 공사를 발주하거나 스스로 공사를 행하는 자를 말함.

해답 25. ① 26. ③ 27. ④ 28. ① 29. ② 30. ③ 31. ①

32. 설계도서에 포함되지 않는 것은?

① 구조계산서
② 건축설비계산 관계서류
③ 공정표
④ 토질 및 지질관계서류

[해설] 설계도서 : 공사용의 도면, 구조계산서, 시방서, 건축설비계산 관계서류, 토질 및 지질관계서류

33. 특별건축구역의 지정목적에 해당되지 않는 것은?

① 건설기술 수준향상
② 건축관련제도개선
③ 도시경관의 창출
④ 도시기능의 향상

[해설] 특별건축구역
조화롭고 창의적인 건축물의 건축을 통하여 기술, 제도 및 도시경관을 창출하고자 국토교통부장관이 지정한 지역

34. 다음 기술 중 옳은 것은?

① 건축물에 설치하는 우편함은 건축설비가 아니다.
② 건축물에 설치된 굴뚝은 건축설비가 아니다.
③ 건축물이 없는 대지 주위의 담은 건축물에 속하지 않는다.
④ 작업을 위해 사용하는 방은 거실에 속하지 않는다.

[해설] 우편함, 굴뚝은 건축설비이다.

35. 건축법령에 관한 내용 중 옳지 않은 것은?

① 방화구조는 화염의 확산을 막을 수 있는 성능의 구조이다.
② 철골조 계단은 피복없이 내화구조로 볼 수 있다.
③ 공사시공자라 함은 허가대상 건축물의 건설공사를 행하는 자를 말한다.
④ 방화구획상의 내력벽을 $30m^2$ 미만이 되게 수선 또는 변경시의 경우도 대수선이다.

[해설] 공사시공자는 허가대상에 관계없이 건설산업기본법에 의한 건설공사를 행하는 자를 말함.

해답   32. ③   33. ④   34. ③   35. ③

2 건축법의 적용

> **학습방향**
>
> 건축법은 건축물에 대해서 적용되나, 건축물의 성격, 건축물의 소재지 등에 따라 건축법의 적용범위가 달리 운용되고 있음을 확인하여야 한다.
> ◆ 문화유산 등의 건축물 : 건축법이 작용되지 않는다.
> ◆ 수면 위의 건축물 등 : 건축법의 규정을 완화받을 수 있다.
> ◆ 도시지역 이외의 지역내 건축물 : 건축법의 일부규정이 제외된다.
> ◆ 일정규모가 넘는 공작물 : 건축법의 일부규정이 적용된다.

【1】 건축법의 적용

건축법은 건축물에 대하여 적용하게 되나 다음과 같은 조건에 있어서는 적용의 기준을 달리한다.

(1) 건축법이 적용되지 않는 건축물

다음에 해당되는 건축물은 건축법의 적용을 받지 않는다.

1. 지정·임시지정 문화유산, 천연기념물, 명승, 시·도자연유산, 임시자연유산자료
2. 철도·궤도 선로부지 안에 있는 운전보안시설·보행시설·플랫폼·급수·급탄·급유시설
3. 고속도로 통행료 징수시설
4. 컨테이너를 이용한 간이 창고(산업집적활성화 및 공장설립에 관한 법률에 의한 공장의 용도로만 사용되는 건축물의 대지안에 설치하는 것으로서 이동이 용이한 것에 한한다)
5. 하천구역 내의 수문조작실

(2) 건축법의 일부규정이 적용되지 않는 건축물

도시지역 또는 지구단위계획구역 이외의 지역에 있어서 동 또는 읍에 속하지 않는 지역에 위치하는 건축물에 대해서는 다음과 같이 건축법의 일부규정을 적용하지 않는다.

건축물의 소재지		적용제외규정
1. 도시지역 2. 지구단위계획구역 에 속하지 않는 지역	동 또는 읍 이외의 지역	• 대지와 도로와의 관계 • 도로의 지정 폐지 또는 변경
	인구 500인 미만인 섬의 지역	• 건축선의 지정 • 건축선에 의한 건축제한 • 방화지구내의 건축물 • 대지의 분할제한

학습POINT

■ 건축법이 전부 적용되는 지역
- 도시지역
- 지구단위계획구역
- 동 또는 읍의지역
  (섬의 경우 인구 500인 이상)

■ 국토의 계획 및 이용에 관한 법에 의한 용도지역
① 도시지역
② 관리지역
③ 농림지역
④ 자연환경 보전지역

[2] 적용의 완화

(1) 완화의 대상

건축주, 설계자, 공사시공자 또는 공사감리자가 그 업무를 수행함에 있어서 건축법을 적용하는 것이 매우 불합리하다고 인정되는 다음과 같은 대지 또는 건축물에 대하여는 건축법의 기준을 완화하여 적용할 것을 허가권자에게 요청할 수 있다.

1. 수면위에 건축하는 건축물 등 대지의 범위를 설정하기 곤란한 경우
2. 거실이 없는 통신시설 및 기계·설비시설인 경우
3. 31층 이상인 건축물(공동주택 제외)과 발전소 및 제철소 및 운동시설 등 특수용도의 건축물
4. 전통사찰, 전통한옥 등 전통문화의 보존을 위하여 시·도조례로 정한 지역의 건축물
5. 사용승인을 얻은 후 15년 이상 경과되어 리모델링이 필요한 건축물인 경우 등

■ 적용완화 절차

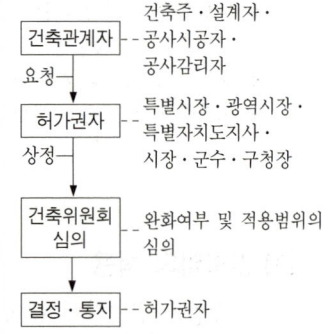

(2) 리모델링에 대비한 특례

리모델링이 용이한 구조의 공동주택에 대하여는 다음의 기준을 완화한다.

공동주택의 구조	적용기준		
1. 각 세대는 인접한 세대와 수직 또는 수평방향으로 통합하거나 분할할 수 있을 것 2. 구조체에서 건축설비, 내부마감재료 및 외부마감재료를 분리할 수 있을 것 3. 개별세대 안에서 구획된 실의 크기, 개수 또는 위치 등을 변경할 수 있을 것	법 제56조	건축물의 용적률	·120/100의 범위에서 완화적용 가능
	법 제60조	건축물의 높이제한	
	법 제61조	일조 등의 확보를 위한 건축물의 높이제한	

(3) 부유식 건축물의 특례

1) 부유식 건축물의 정의

공유 수면 위에 고정된 인공대지를 설치하고 그 위에 설치한 건축물

2) 부유식 건축물에 대한 특례

부유식 건축물에 대해서는 다음과 같이 건축법 기준을 적용하지 않는다.

조 항	적용특례
1. 대지의 안전	오수의 배출 및 처리기준은 적용
2. 토지굴착부분에 대한 조치 등	미적용 (대지와 도로와의 관계기준은 부유식건축물의 출입에 지장이 없는 경우만 적용하지 않는다.)
3. 대지의 조경	
4. 공개공지 등의 확보	
5. 대지와 도로와의 관계	
6. 건축선	
7. 건축선에 의한 건축제한	

【3】일정규모가 넘는 공작물에 대한 건축법 적용

(1) 적용대상

1. 높이 2m를 넘는 옹벽·담장	
2. 높이 4m를 넘는 장식탑·기념탑·첨탑·광고탑·광고판	
3. 높이 5m를 넘는 태양에너지 발전설비	
4. 높이 6m를 넘는 굴뚝, 골프연습장 등의 운동시설을 위한 철탑 및 주거지역·상업지역안에 설치하는 통신용 철탑	
5. 높이 8m를 넘는 고가수조	
6. 높이 8m 이하인 기계식주차장 및 철골조립식주차장으로서 외벽이 없는 것 (단, 위험방지를 위한 난간높이 제외)	
7. 바닥면적 30m²를 넘는 지하대피호	
8. 건축조례로 정하는 제조시설·저장시설(시멘트의 저장용 사일로 포함)·유희시설, 건축물 구조에 심대한 영향을 줄 수 있는 중량물	

(2) 공작물에 대한 건축법의 적용

건축법상 인위적인 구조물은 건축물과 공작물로 구분되며, 건축물로 분류되면 건축법을 적용받게 된다.

다만, 건축법 제3조에 의거된 문화유산 등에 대해서는 건축물임에도 불구하고 건축법을 적용하지 않으며, 법 제83조에 의거된 일정규모가 넘는 공작물에 대해서는 건축물이 아님에도 불구하고 건축법의 일부 규정을 적용하게 된다.

1. 건축물	건축법 적용
2. 문화유산 등	건축법 적용제외
3. 83조공작물	건축법의 일부규정 적용

(3) 건폐율, 용적률 등의 적용

1. 건폐율	적용(기계식주차장 등 제외)
2. 용적률	적용받지 않는다.
3. 높이제한	적용
4. 일조권	높이 4m 넘는 광고탑, 광고판 및 8m이하 주차장에만 적용

핵심문제

해 설

■■■ 적용

1 다음 중 건축법이 적용되는 건축물은?
① 역사
② 고속도로 통행료 징수시설
③ 철도의 선로 부지에 있는 플랫폼
④ 임시지정 문화유산

[해설] **1,2** 건축법이 적용되지 않은 건축물의 범위
1. 지정·임시지정 문화유산, 천연기념물 등
2. 철도 선로부지내에 있는 운전보안시설 플랫폼
3. 고속도로 통행료 징수시설
4. 컨테이너를 이용한 간이창고
5. 하천구역내의 수문조작실

2 다음 중 건축법에 적용을 받는 건축물에 속하는 것은?
① 실내낚시터
② 고속도로 통행료 징수시설
③ 철도의 선로 부지에 있는 플랫폼
④ 임시지정 천연기념물

3 다음 건축법 중 일부규정이 적용되지 않는 구역은 어느 것인가?
① 읍 또는 동
② 읍에 속하는 섬으로서 인구 500인 이상인 지역
③ 국토의 계획 및 이용에 관한 법의 규정에 의한 농림지역
④ 국토의 계획 및 이용에 관한 법의 규정에 의한 도시지역

[해설] **3** 건축법의 일부규정이 적용되지 않는 지역

도시지역 또는 지구단위계획구역 이외의 지역	동 또는 읍이외의 지역
	인구 500인 미만인 섬의 지역

4 다음 중 건축기준의 적용완화대상이 아닌 건축물은?
① 수면위에 건축하는 건축물
② 거실이 없는 통신시설
③ 31층의 공동주택
④ 전통한옥 보존을 위해 시·도 조례로 정한 지역내 건축물

[해설] **4**
31층 이상의 건축물 중 공동주택은 적용완화 대상건축물에서 제외됨.

■■■ 적용의 특례

5 공동주택의 건축허가 신청시 건축물의 용적률에 대한 기준을 완화하여 적용받을 수 있는 리모델링이 쉬운 구조에 해당하지 않는 것은?
① 개별 세대 안에서 구획된 실의 크기를 변경할 수 없을 것
② 각 세대는 인접한 세대와 수평 방향으로 통합하거나 분할할 수 있을 것
③ 각 세대는 인접한 세대와 수직 방향으로 통합하거나 분할할 수 있을 것
④ 구조체에서 건축설비, 내부 마감재료 및 외부 마감재료를 분리할 수 있을 것

[해설] **5** 공동주택 리모델링이 쉬운 구조의 범위
1. 각 세대는 인접한 세대와 통합하거나 분할할 수 있을 것
2. 구조체에서 건축설비, 마감재료를 분리할 수 있을 것
3. 개별 세대안에서 실의 크기, 위치 등을 변경할 수 있을 것

정답 1. ① 2. ① 3. ③ 4. ③ 5. ①

6 다음은 건축법상 리모델링에 대비한 특례 등에 관한 내용이다. 밑줄 친 기준 내용에 속하지 않는 것은?

> 리모델링이 쉬운 구조의 공동주택의 건축을 촉진하기 위하여 공동주택을 대통령령으로 정하는 구조로 하여 건축허가를 신청하면 <u>제56조, 제60조 및 제61조</u>에 따른 기준을 100분의 120의 범위에서 대통령령으로 정하는 비율로 완화하여 적용할 수 있다.

① 건축물의 건폐율
② 건축물의 용적률
③ 건축물의 높이 제한
④ 일조 등의 확보를 위한 건축물의 높이 제한

[해설] 6
건축물의 건폐율 : 건축법 제55조

7 다음은 건축법상 리모델링에 대비한 특례 등에 관한 기준 내용이다. (　) 안에 알맞은 것은?

> 리모델링이 쉬운 구조의 공동주택의 건축을 촉진하기 위하여 공동주택을 대통령령으로 정하는 구조로 하여 건축허가를 신청하면 제56조, 제60조 및 제61조에 따른 기준을 (　)의 범위에서 대통령령으로 정하는 비율로 완화하여 적용할 수 있다.

① 100분의 110
② 100분의 120
③ 100분의 140
④ 100분의 150

■■■ 공작물 축조신고

8 공작물을 축조하고자 하는 경우 시장·군수·구청장에게 신고를 하여야 하는 공작물의 기준으로 부적합한 것은?

① 높이 4m를 넘는 광고판
② 바닥면적 20m²를 넘는 지하대피호
③ 높이 4m를 넘는 기념탑
④ 높이 8m를 넘는 고가수조

[해설] 8
바닥면적의 합계 30m² 넘는 지하대피호

9 건축물과 분리하여 공작물을 축조하고자 하는 경우 시장·군수·구청장에게 신고를 하여야 하는 공작물의 기준으로 옳지 않은 것은?

① 높이 2m를 넘는 옹벽 또는 담장
② 높이 4m를 넘는 굴뚝
③ 높이 4m를 넘는 장식탑·기념탑
④ 높이 8m를 넘는 고가수조

[해설] 9
굴뚝 등 높이 6m를 넘는 것은 시장·군수·구청장에게 신고하여야 한다.

정답 6. ① 7. ② 8. ② 9. ②

10 일반주거지역 안에서 일조 등의 확보를 위하여 건축법령상 높이제한을 적용받는 공작물은 다음 사항 중 어느 것인가?

① 높이 2m를 넘는 기념탑
② 높이 4m를 넘는 광고탑
③ 높이 6m를 넘는 장식탑
④ 높이 8m를 넘는 고가수조

해 설

해설 10
법 제61조인 일조권에 의한 높이제한은 높이 4m를 넘는 광고탑, 광고판과 높이 8m 이하 주차장에 한하여 적용한다.

정답 10. ②

출제예상문제

CHAPTER 1
2. 건축법의 적용

■■■ 건축법의 적용

1. 건축법을 적용하는 건축물은?

① 가지정 문화재
② 전통건조물
③ 고속도로 통행료 징수시설
④ 컨테이너로 된 간이창고

[해설] 건축법 적용 제외 건축물
① 지정, 임시지정 문화유산
② 지정, 임시지정 천연기념물, 명승, 시·도자연유산
③ 철도 또는 궤도의 선로 부지안에 있는
 • 운전보안시설
 • 철도선로의 상하를 횡단하는 보행시설
 • 플랫폼
 • 당해철도 또는 궤도사업용 급수, 급탄 및 급유시설
④ 고속도로 통행료 징수시설
⑤ 컨테이너를 이용한 간이창고(공장의 용도로만 사용)
⑥ 하천구역 내 수문조작실

2. 건축법의 규정내용을 전부 적용하는 지역으로서 옳은 것은?

① 관리지역　　② 농림지역
③ 지구단위계획구역　　④ 자연환경보전지역

[해설] 건축법 전부 적용지역
 • 도시지역, 지구단위계획구역
 • 동 또는 읍의 지역(섬의 경우 인구 500인 이상)

3. 국토의 계획 및 이용에 관한 법에 의한 용도지역 중 농림지역의 면(面)지역에서 건축물을 건축하고자 할 때 건축법령에서 규정한 다음 사항 중 적용해야 하는 규정은 어느 것인가?

① 대지와 도로의 관계
② 건축선의 지정
③ 대지의 분할제한
④ 건축물의 구조안전의 확인

[해설] 적용제외 조항
 • 대지와 도로와의 관계
 • 도로의 지정·폐지 또는 변경
 • 건축선의 지정
 • 건축선에 의한 건축제한
 • 방화지구안의 건축물
 • 대지의 분할제한

■■■ 적용의 완화

4. 리모델링이 용이한 구조로 설계된 공동주택에 대한 완화규정에 해당되지 않는 것은?

① 건폐율
② 용적률
③ 건축물의 높이제한
④ 일조 등의 확보를 위한 건축물의 높이제한

[해설] 용적률, 건축물의 높이제한, 일조 등의 확보를 위한 건축물의 높이제한에 대하여 기준값의 120% 범위내에서 완화적용할 수 있다.

5. 건축법령상 공동주택의 경우 일부 건축기준을 완화받을 수 있는 리모델링이 쉬운 구조의 요건이 아닌 것은?

① 각 세대는 인접한 세대와 수직 또는 수평방향으로 통합하거나 분할할 수 있을 것
② 구조체에서 건축설비, 내·외부 마감재료를 분리할 수 있을 것
③ 개별 세대 안에서 구획된 실의 크기, 개수 또는 위치 등을 변경할 수 있을 것
④ 계단실과 승강기실을 분리하는 구조일 것

[해설] 리모델링이 용이한 공동주택 구조기준

① 각 세대는 인접한 세대와 수직 및 수평으로 전체 또는 부분 통합을 할 수 있을 것
② 구조체와 건축설비, 내부 마감재료와 외부 마감재료는 분리할 수 있을 것
③ 개별 세대 안에서 구획된 실의 크기, 개수 또는 위치 등을 변경할 수 있을 것

해답　1. ②　2. ③　3. ④　4. ①　5. ④

6. 건축법에 따른 부유식 건축물에 대해서 적용되는 기준은?

① 대지의 안전
② 대지와 도로와의 관계
③ 건축선에 의한 건축제한
④ 건축물의 유지·관리

[해설] 부유식 건축물에 대한 배제조항
1. 대지의 안전기준
   (오수의 배출 및 처리기준은 적용함)
2. 토지굴착부분에 대한 조치 등
3. 대지의 조경
4. 공개공지 등의 확보
5. 대지와 도로와의 관계
6. 건축선
7. 건축선에 의한 건축제한

■■■ 공작물에 대한 건축법의 적용

7. 건축법의 일부 규정을 적용받는 공작물의 범위의 기준에 가장 부적합한 것은?

① 높이 4m가 넘는 장식탑
② 높이 4m가 넘는 기념탑
③ 높이 8m가 넘는 고가수조
④ 높이 6m가 넘는 기계식주차장

[해설] 기계식주차장의 경우 난간높이를 제외한 높이 8m 이하

8. 높이가 6m인 다음의 공작물을 축조하는 경우 시장 등에게 신고하여야 하는 것은?

① 주거지역 통신용 철탑
② 광고탑
③ 고가수조
④ 굴뚝

[해설] • 굴뚝·통신용 철탑 등은 6m를 넘는 경우 해당
• 광고탑, 광고판은 4m를 넘는 경우임

해답 6. ④ 7. ④ 8. ②

제2장 건축물의 건축

출제경향분석

- 제2장은 건축물의 건축시 필요한 행정규제 적용대상과 집행절차의 기준을 정하고 있으므로 실무적으로도 매우 중요한 단원이다.
- 시험에 있어서도 출제빈도가 높은 부분이며, 출제의 유형은 건축허가, 신고의 대상과 절차기준 및 이에 부수되는 법률적 효력에 대한 이해의 정도를 측정하고 있다.
- 따라서, 본 단원은 학습할 때에는 건축물을 건축하고자 할 때의 절차를 건축주 입장에서 생각하여 하나의 줄거리를 만들고 그에 기준되는 사항들을 정리하다 보면 의외로 쉽게 정복될 수도 있다.

세부목차

1. 적용
2. 건축물의 용도
3. 절차

1 적 용

학습방향

건축법의 적용은 건축물의 건축, 대수선 및 용도변경 행위에 대한 시장·군수 등의 허가 또는 신고대상을 기준하고 있다.
따라서, 건축물의 건축은 건축법의 기준에 적합한 행위에 대해서만 인정된다.

◆ 용도변경에 대한 행정절차
  • 오름차순 변경 : 허가
  • 내림차순 변경 : 신고
  • 동일한 항내 변경 : 건축물대장 기재변경 신청
◆ 도지사의 사전승인 규모 : 21층 이상, 연면적 합계 100,000m² 이상(3/10 이상 증축 포함)
◆ 도시·군계획시설 부지내의 가설건축물의 설치제한 : 4층 이상이 아닐 것, 3년 이내 존치, 철근콘크리트조 외의 구조
◆ 재해복구용 가설건축물(신고) 등의 건축법 적용 : 법 제4장 내지 7장의 기준과 공사감리를 제외

1 사전결정

【1】사전결정신청

신 청	시 기	내 용	비 고
건축허가대상 건축물의 건축주	건축허가 신청전	1. 해당 대지에 건축하는 것이 이 법이나 관계법령에서 허용되는지 여부 2. 이 법 또는 관계법령에 따른 건축기준 및 건축제한, 그 완화에 관한 사항 등을 고려하여 해당 대지에 건축가능한 건축물의 규모 3. 건축허가를 받기 위하여 신청자가 고려하여야 할 사항	사전결정신청자는 - 건축위원회심의 - 교통영향평가를 동시에 신청할 수 있음

【2】사전결정통지

허가권자는 사전결정일부터 7일 이내에 사전결정 신청자에게 사전결정 내용을 송부하여야 한다.

【3】사전결정의 효력상실

사전결정신청자는 사전결정 통지받은 날부터 2년 이내에 건축허가를 신청하여야 하며, 2년 이내에 건축허가를 신청하지 아니하는 경우에는 사전결정의 효력이 상실된다.

학습POINT

2 건축허가

【1】건축허가 대상

(1) 특별자치도지사 등의 허가대상

건축물을 건축 또는 대수선하고자 하는 자는 특별자치시장, 특별자치도지사, 시장, 군수, 구청장의 허가를 받아야 한다.

(2) 특별시장·광역시장의 허가대상

대상지역	허가권자	규 모	예 외
특별시 광역시	특별시장 광역시장	• 21층 이상 건축물 • 연면적의 합계가 100,000m² 이상인 건축물 • 연면적의 3/10 이상의 증축으로 인하여 층수가 21층 이상으로 되거나 연면적의 합계가 100,000m² 이상인 건축물의 건축	• 공장 • 창고 • 지방건축위 심의를 거친 건축물(초고층 건축물 제외)

■ 특별시·광역시에 소재하는 연면적의 합계 100,000m² 이상인 공장의 허가권자 : 구청장(도지사의 사전승인대상에서도 제외된다)

■■ 연면적과 연면적 합계의 구분
① 연면적 : 하나의 건축물에 있어서 각 층(지하층과 지상층) 바닥면적의 합
② 연면적의 합계 : 동일 대지안에 2동 이상의 건축물이 있을시 각각의 건축물에 대한 연면적의 합

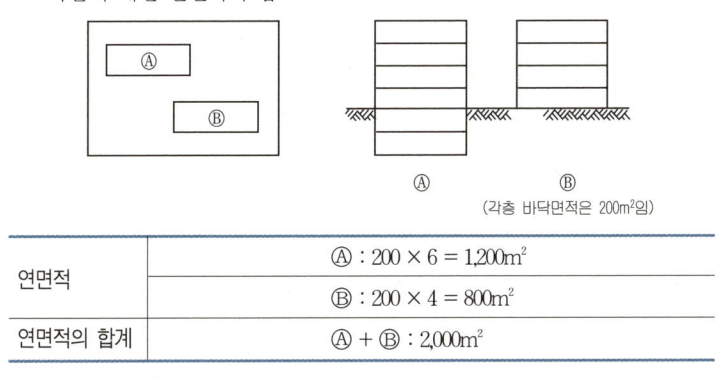

(각층 바닥면적은 200m²임)

연면적	Ⓐ : 200 × 6 = 1,200m²
	Ⓑ : 200 × 4 = 800m²
연면적의 합계	Ⓐ + Ⓑ : 2,000m²

(3) 사전승인

1) 사전승인 대상

다음 건축의 경우 시장·군수는 허가를 하기에 앞서 도지사의 승인을 받아야 한다.

① 대규모 건축물인 경우

건축물의 소재지	건축물의 규모		예 외
특별시·광역시 이외의 지역	층 수	21층 이상인 건축물	• 공장 • 창고 • 지방건축위 심의를 거친 건축물(초고층 건축물 제외)
	연면적합계	연면적 합계가 100,000m² 이상인 건축물	
	증 축	연면적 3/10 이상의 증축으로 인하여 21층이상 또는 연면적 합계가 100,000m² 이상되는 건축물	

② 환경보호에 저촉되는 경우

대 상 지 역	건축물 용도	건축물 규모
• 자연환경 또는 수질보호를 위해 도지사가 공고한 구역	• 공동주택 • 일반음식점 • 일반업무시설 • 숙박시설 • 위락시설	• 3층 이상 또는 연면적 합계 1,000m² 이상
• 주거환경 또는 교육환경의 보호가 필요하여 도지사가 공고한 구역	• 위락시설 • 숙박시설	-

2) 사전승인 절차

■ 사전승인처리 최대기간 : 80일

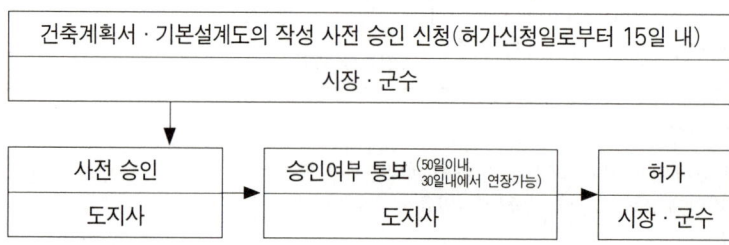

3) 제출도서

① 건축계획서
   설계설명서, 구조계획서, 지질조사서, 시방서

② 기본설계도서

건축	투시도, 평면도, 입면도, 단면도, 내외 마감표, 주차장 평면도
설비	건축설비도, 소방설비도, 상·하수도 계통도

■ 건축계획서 중 설계설명서의 내용
1. 공사개요
2. 사전조사사항
3. 건축계획(배치, 평면, 입면, 동선, 주차계획 등)
4. 시공방법
5. 개략공정계획
6. 주요설비계획
7. 주요자재 사용계획

[2] 건축허가신청

① 건축물의 건축 또는 대수선 허가(가설건축물의 경우를 포함)를 받고자 하는 자는 관계서류를 허가권자에게 제출해야 한다.
   예외 방위산업시설은 설계자의 확인으로 관계서류에 갈음할 수 있다.

② 허가신청서식의 범위
 1. 허가신청서
 2. 토지권리관계증명서
 3. 사전결정서
 4. 결합건축협정서
 5. 허가신청에 필요한 기본설계도서

■ 허가신청서 설계도서 범위
1. 사전결정을 받은 경우 : 건축계획서, 배치도 제외
2. 표준설계도서의 경우 : 건축계획서, 배치도만 제출

■■ 건축허가 신청에 필요한 설계도서

도서의 종류	축척	표시하여야 할 사항
① 건축계획서	임의	1. 개요(위치·대지면적 등) 2. 지역·지구 및 도시계획사항 3. 건축물의 규모(건축면적·연면적·높이·층수 등) 4. 건축물의 용도별 면적 5. 주차장 규모 6. 에너지절약계획서(해당건축물에 한한다) 7. 노인 및 장애인 등을 위한 편의시설 설치계획서(관계법령에 의하여 설치의무가 있는 경우에 한한다)
② 배치도	임의	1. 축척 및 방위 2. 대지에 접한 도로의 길이 및 너비 3. 대지의 종·횡단면도 4. 건축선 및 대지경계선으로부터 건축물까지의 거리 5. 주차동선 및 옥외주차계획 6. 공개공지 및 조경계획
③ 평면도	임의	1. 1층 및 기준층 평면도 2. 기둥·벽·창문 등의 위치 3. 방화구획 및 방화문의 위치 4. 복도 및 계단의 위치 5. 승강기의 위치
④ 입면도	임의	1. 2면 이상의 입면계획 2. 외부마감재료 3. 간판 및 건물번호판 설치계획
⑤ 단면도	임의	1. 종·횡단면도 2. 건축물의 높이, 각층의 높이 및 반자높이
⑥ 구조도 (구조안전확인 또는 내진설계 대상 건축물)	임의	1. 구조내력상 주요한 부분의 평면 및 단면 2. 주요부분의 상세도면 3. 구조안전 확인서
⑦ 구조계산서 (구조안전확인 또는 내진설계 대상 건축물)	임의	1. 구조계산서 목록표 2. 구조내력상 주요한 부분의 응력 및 단면 산정 과정 3. 내진설계의 내용(지진에 대한 안전 여부 확인 대상 건축물)
⑧ 소방설비도	임의	「소방시설설치유지 및 안전관리에 관한 법률」에 따라 소방관서의 장의 동의를 얻어야 하는 건축물의 해당소방 관련 설비

■ 공작물 축조신고서 제출도서
1. 축조신고서
2. 배치도
3. 구조도

【3】 대지 소유권의 확보
① 건축허가를 받으려는 자는 당해 대지의 소유권을 건축허가 신청전에 확보하여야 한다.
② 노후화된 건축물 등의 신축·개축·재축 및 리모델링을 하기 위하여 건축물 및 해당 대지의 공유자 수의 100분의 80 이상의 동의를 얻고 동의한 공유자의 지분 합계가 전체 지분의 100분의 80 이상인 경우도 가능하다.

【4】 건축물의 안전영향평가

(1) 평가대상
1. 초고층 건축물
2. 건축물 한동의 연면적이 10만㎡ 이상이며 16층 이상인 건축물

(2) 평가항목
1. 해당 건축물에 적용된 설계 기준 및 하중의 적정성
2. 해당 건축물의 하중저항시스템의 해석 및 설계의 적정성
3. 지반조사 방법 및 지내력(地耐力) 산정결과의 적정성
4. 굴착공사에 따른 지하수위 변화 및 지반 안전성에 관한 사항
5. 그 밖에 건축물의 안전영향평가를 위하여 국토교통부장관이 필요하다고 인정하는 사항

■ 평가기한
안전영향평가기관은 건축물 안전영향평가를 의뢰받은 날부터 30일 이내에 평가결과를 허가권자에게 제출하여야 한다. 단, 20일 연장 가능

(3) 비용부담
허가권자는 안전영향평가의 평가 비용을 건축주에게 부담하게 한다.

【5】 건축허가의 불허

대상 건축물	불허이유	절 차
1. 위락시설 또는 숙박시설인 경우	당해 대지에 건축하고자 하는 건축물의 용도 규모 또는 형태가 주거환경, 또는 교육환경 등 주변 환경을 감안할 때 부적합하다고 인정하는 경우	허가권자는 건축위원회를 심의를 거쳐 건축허가를 하지 않을 수 있다.
2. 방재지구 및 자연재해위험개선지구 등 상습 침수(우려)지역인 경우	일부공간을 주거용 또는 거실로 설치하는 것이 부적합하다고 인정하는 경우	

【6】 건축허가의 취소

건축허가의 취소사유	절 차
1. 허가 후 2년(공장의 경우 : 3년)이내 착공하지 아니한 경우 (단, 정당한 사유가 있다고 인정하는 경우에는 1년간 연장가능)	허가권자가 청문 절차없이 허가취소한다.
2. 공사의 완료가 불가능하다고 인정한 경우	
3. 착공신고 전에 경매 등으로 건축주가 대지의 소유권을 상실한 때부터 6개월이 경과한 후 착공이 불가능하다고 판단되는 경우	

비고 건축위원회 심의결과 통지를 받은 날로부터 2년 이내에 건축허가신청이 없으면 건축위원회 심의효력은 상실된다.

■ 건축허가의 유효기간

원칙	2년
최대	3년

3 건축신고

(1) 건축신고 대상

다음에 해당하는 건축물은 허가대상건축물이라 하더라도 특별자치시장, 특별자치도지사, 시장·군수·구청장에게 신고함으로서 건축허가를 받은 것으로 본다.

① 바닥면적 합계가 85m² 이내의 증축·개축 또는 재축. (다만, 3층 이상 건축물인 경우에는 증축·개축 또는 재축하려는 부분의 바닥면적의 합계가 건축물 연면적의 10분의 1 이내인 경우로 한정한다.)

② 읍·면지역에서 농·수산업에 필요한 다음 건축물의 건축

건 축 물	규 모
• 창고	연면적 200m² 이하
• 축사, 작물재배사	연면적 400m² 이하
• 종묘배양시설	
• 화초 및 분재 등의 온실	

③ 「국토의 계획 및 이용에 관한 법률」에 의한 관리지역·농림지역 또는 자연환경보전지역 안에서 연면적 200m² 미만이고 3층 미만인 건축물의 건축 (다만, 지구단위계획구역, 방재지구 및 붕괴위험지역 안에서의 건축을 제외한다.)

④ 연면적 200m² 미만이고 3층 미만인 건축물의 대수선

■ 건축허가와 건축신고의 차이
건축허가(법 제11조)와 건축신고(법 제14조)는 법률적 효과(건축물 축조권리 회복, 타법의 의제, 허가의 취소 등)는 같으나, 건축허가는 신청된 건축물이 관계법령에 위반된 경우 행정청(허가권자)이 불허가처분을 할 수 있는데 비하여 건축신고는 거부를 할 수 없다.

⑤ 기타 소규모 건축물로서 다음에 해당하는 건축물

1. 연면적 합계 100m² 이하인 건축물	
2. 건축물의 높이를 3m 이하의 범위안에서 증축하는 건축물	
3. 표준설계도서에 의한 건축물 중 조례로 정한 건축물	
4. 국토의 계획 및 이용에 관한 법에 의한 공업지역 안의	2층 이하로서 연면적 합계 500m² 이하인 공장
5. 산업입지 및 개발에 관한 법률에 의한 산업단지 안의	
6. 국토의 계획 및 이용에 관한 법에 의한 지구단위계획구역(산업·유통형에 한한다)내 산업촉진지구안의	

(2) 신고처리 기한 통지

시장, 군수 등은 신고를 받은 날로부터 5일 이내에 신고수리여부 등을 신고인에게 통지하여야 한다. 다만, 심의·협의 등이 필요한 경우 신고수리여부 등을 20일 이내에 통지할 수 있다.

(3) 건축신고의 취소

건축신고일부터 1년 이내에 착공하지 아니하면 신고의 효력은 취소된다. (1년의 범위 안에서 연장가능)

4 허가 · 착공제한

【1】제한사유

제한권자	제 한 사 유
1. 국토교통부장관	1. 국토관리상 특히 필요하다고 인정한 경우 2. 주무장관이 국방·국가유산보존·환경보존·국민경제상 특히 필요하다고 요청하는 경우
2. 시·도지사	지역계획 또는 도시·군계획상 특히 필요하다고 인정하는 경우(국토교통부장관에게 보고)

■ 허가·착공 제한기간

원칙	2년
최대	3년

■ 상습침수 우려지역
허가권자는 건축위원회 심의를 거쳐 건축허가를 거부할 수 있다.
1. 방재지구
2. 자연재해위험 개선지구
   (상습가뭄 재해지구 제외)

【2】제한절차

국토교통부장관이나 시·도지사는 주민의견 청취 후 건축위원회의 심의를 거쳐 제한할 수 있다.

【3】제한방법

1. 제한기간 2년 이내로 하되 연장은 1회에 한하여 1년 이내로 할 것
2. 제한목적을 상세히 할 것
3. 대상구역의 위치·면적·구역경계 등을 상세히 할 것
4. 대상건축물의 용도를 상세히 할 것

【4】제한에 대한 조치

시·도지사가 시장·군수·구청장의 건축허가를 제한한 경우 즉시 국토교통부장관에게 보고하여야 하며, 보고를 받은 국토교통부장관은 제한의 내용이 과도하다고 인정하는 경우 그 해제를 명할 수 있다.

5 허가·신고사항의 변경

【1】설계변경에 대한 재허가 또는 재신고의 행정절차

설계변경 행위	절차구분
① 바닥면적의 합계가 85m²를 초과하는 부분에 대한 신축·증축·개축에 해당하는 경우	재허가대상
② 상기 ①이 아닌 기타의 경우	재신고대상
③ 신고로서 허가를 갈음한 건축물 중 연면적이 신고로서 허가에 갈음할 수 있는 규모안에서의 변경	재신고대상
④ 건축주, 설계자, 공사시공자 또는 공사감리자를 변경하는 경우	재신고대상
⑤ 건축(신축·증축·개축·재축·이전), 대수선 또는 용도변경에 해당하지 않는 변경	건축주 임의

■ 용어해설
- A이거나 B : A값과 B값 중 최대값을 기준으로 한다.
- A이고 B : A값과 B값 중 최소값을 기준으로 한다.
- 초과, 넘는, 미만 : 기준 숫자를 포함하지 않는다.
- 이하, 이상, 이내 : 기준 숫자를 포함한다.

【2】사용승인 신청시 일괄신고의 범위

일괄변경 신고대상	조 건
① 변경되는 부분의 바닥면적의 합계가 50m² 이하로서 다음의 요건을 모두 갖춘 경우 ㉮ 변경되는 부분의 높이가 1m 이하이거나 전체높이의 1/10 이하일 것 ㉯ 위치변경 범위가 1m 이내일 것 ㉰ 신고에 의한 건축물인 경우 변경 후 건축허가 규모가 아닐 것	건축물의 동수나 층수를 변경하지 아니하는 경우에 한함
② 변경되는 부분이 연면적 합계의 1/10 이하인 경우 (연면적이 5,000m² 이상인 경우 각층 바닥면적이 50m² 이하인 경우로 한다)	건축물의 동수나 층수를 변경하지 아니하는 경우에 한함
③ 대수선에 해당하는 경우	-
④ 변경되는 부분의 높이가 1m 이하이거나 전체 높이의 1/10 이하인 경우	건축물의 층수를 변경하지 아니하는 경우에 한함
⑤ 변경되는 부분의 위치가 1m 이하인 경우	-

> ■■ 연면적 1,000m²인 건축물의 허가변경 규모로 사용승인신청시 신고할 수 있는 최대 규모의 산정 예
> ① 바닥면적의 합계 50m² 이하
> ② $1,000 \times \frac{1}{10} = 100m^2$ 이하
> ∴ ①, ② 값 중 최대값인 100m² 이하

6 가설건축물

【1】허가대상 가설건축물

특별자치시장, 특별자치도지사, 시장, 군수, 구청장은 도시·군계획시설 또는 도시·군계획시설 예정지에 있어서 가설건축물의 건축을 허가할 수 있다.

(1) 설치기준

1. 철근콘크리트조 또는 철골철근콘크리트조가 아닐 것
2. 존치기간은 3년 이내일 것(단, 도시·군계획사업이 시행될 때까지 기간연장 가능)
3. 4층 이상이 아닐 것
4. 전기, 수도, 가스 등 새로운 간선공급설비의 설치를 요하지 아니할 것
5. 공동주택, 판매시설, 운수시설 등의 분양을 목적으로 건축하는 건축물이 아닐 것
6. 국토의 계획 및 이용에 관한 법률 규정에 의한 도시·군계획시설부지에서의 개발행위에 적합할 것

비고 존치기간 연장 신청 : 존치기간 만료 14일전까지 하여야 함.

(2) 건축법 적용의 제외

법 적용제외 대상	적용되지 않는 규정
도시·군계획 예정도로 안에 건축하는 경우	법45조(도로의 지정 폐지 또는 변경) 법46조(건축선의 지정) 법47조(건축선에 의한 건축제한)

【2】신고대상 가설건축물

(1) 축조 및 기간의 연장신고

① 재해복구·흥행·전람회·공사용가설건축물 등의 가설건축물을 축조하고자 하는 자는 그 건축물의 존치기간을 정하여 특별자치시장, 특별자치도지사, 시장·군수·구청장에게 신고하여야 한다.

■ 가설건축물의 비교 (허가대상 및 신고대상)

	허가대상 가설건축물	신고대상 가설건축물
대상	도시·군계획시설 또는 도시·군계획시설예정지에 설치하는 건축물(도시·군계획사업의 지장이 없는 범위 내)	재해복구·흥행, 전람회·공사용가설건축물 등 제한된 용도의 건축물

■ 규제의 재검토
국토교통부장관은 가설건축물에 대하여 3년마다 타당성을 검토하여 개선 등의 조치를 하여야 한다.

■ 가설건축물 축조신고서식
1. 가설건축물 축조신고서
2. 배치도
3. 평면도

신고를 받은 시장 등은 신고를 받은 날로부터 5일 이내에 신고수리 여부를 신고인에게 통지하여야 한다.
② 신고한 가설건축물의 존치기간을 3년 이내로 하되 연장하고자 하는 자는 존치기간 만료 7일 전에 시장 등에게 신고하여야 한다.
③ 시장 등은 존치기간 만료일 30일전까지 건축주에게 존치기간 만료일을 통지하여야 한다.

(2) 신고대상

1. 재해가 발생한 구역 또는 그 인접구역으로서 특별자치도지사 및 시장·군수·구청장이 지정하는 구역안에서 일시 사용을 위하여 건축하는 것
2. 특별자치도지사 및 시장·군수·구청장이 도시미관이나 교통소통에 지장이 없다고 인정하는 농수산물 직거래용 가설점포, 가설전람회장 등
3. 공사에 필요한 규모의 범위 안의 공사용 가설건축물 및 공작물
4. 전시를 위한 견본주택 등
5. 조립식구조로 된 경비용에 쓰이는 가설건축물로서 연면적이 $10m^2$ 이하인 것
6. 조립식경량구조로 된 외벽이 없는 임시자동차차고
7. 컨테이너, 폐차량으로 된 임시사무실·임시창고·임시숙소(건축물의 옥상에 설치하는 것 제외)
8. 도시지역 중 주거지역·상업지역·공업지역에 건축하는 농·어업용 비닐하우스로서 연면적 $100m^2$ 이상인 것
9. 연면적 $100m^2$ 이상인 간이축사용·가축운동용·가축 비가림용 비닐하우스·천막구조의 건축물
10. 농·어업용 고정식 온실 등

■ 신고대상 건축물은 법4장(공개공지 제외), 5장, 6장, 7장 및 법25조(공사감리) 등의 규정을 적용하지 않는다.

■ 법4장~7장
• 법4장
 건축물의 대지 및 도로
• 법5장
 건축물의 구조 및 재료
• 법6장
 지역 및 지구안의 건축물
• 법7장
 건축설비

핵 심 문 제

■■■ 건축허가

1 특별시 또는 광역시에 소재하는 다음 건축물 중 특별시장 또는 광역시장의 건축허가 대상은?

① 41층의 사무소 건축물
② 연면적 90,000m²의 공동주택
③ 연면적 90,000m²의 공장 건축물
④ 20층의 사무소 건축물

해설 1,2 특별시장, 광역시장허가대상

규 모	예외
• 21층이상 건축물 • 연면적의 합계가 100,000m² 이상인 건축물 • 연면적의 3/10이상의 증축으로 인하여 층수가 21층 이상으로 되거나 연면적의 합계가 100,000m² 이상으로 되는 건축물의 건축	공장, 창고 등

2 건축물을 특별시나 광역시에 건축하려는 경우 특별시장이나 광역시장의 허가를 받아야 하는 대상 건축물의 규모 기준은?

① 층수가 21층 이상이거나 연면적의 합계가 100,000m² 이상인 건축물
② 층수가 21층 이상이거나 연면적의 합계가 300,000m² 이상인 건축물
③ 층수가 41층 이상이거나 연면적의 합계가 100,000m² 이상인 건축물
④ 층수가 41층 이상이거나 연면적의 합계가 300,000m² 이상인 건축물

3 건축허가신청에 필요한 기본설계도서에 속하지 않는 것은?

① 건축계획서
② 투시도
③ 배치도
④ 구조도

해설 3 기본설계도서
1. 건축계획서 2. 배치도
3. 평면도   4. 입면도
5. 단면도   6. 구조도
7. 시방서   8. 구조계산서
9. 소방설비도 10. 건축설비도
11. 토지굴착 및 옹벽도

4 다음 중 건축허가신청에 필요한 기본설계도서에 해당되지 않는 것은?

① 시방서
② 공정표
③ 소방설비도
④ 토지굴착 및 옹벽도

해설 4
공정표는 시공자가 작성하여 감리자의 확인을 받아야 한다.

5 건축허가신청에 필요한 설계도서 중 건축계획서에 표시하여야 할 사항에 속하지 않는 것은?

① 주차장 규모
② 지역·지구 및 도시계획사항
③ 건축물의 용도별 면적
④ 공개공지 및 조경계획

해설 5 건축계획서 표시내용
1. 개요(위치, 대지면적 등)
2. 지역·지구 및 도시·군계획 사항
3. 건축물의 규모(건축면적, 연면적, 층수, 높이 등)
4. 건축물의 용도별 면적
5. 주차장 규모
6. 에너지절약계획서(해당건축물에 한한다.)

 정답 1.① 2.① 3.② 4.② 5.④

6 건축허가신청에 필요한 기본설계도서 중 배치도에 표시하여야 할 사항이 아닌 것은?

① 대지의 종·횡단면도
② 주차동선 및 옥외주차계획
③ 1층 및 기준층 평면도
④ 대지에 접한 도로의 길이 및 너비

7 건축허가신청에 필요한 기본설계도서 중 배치도에 표시하여야 할 사항에 속하지 않는 것은?

① 축척 및 방위
② 대지의 종·횡단면도
③ 방화구획 및 방화문의 위치
④ 대지에 접한 도로의 길이 및 너비

8 대형건축물의 건축허가 사전승인신청시 제출도서 중 설계설명서에 표시하여야 할 사항에 해당하지 않는 것은?

① 시공방법
② 동선계획
③ 개략공정계획
④ 각부 구조계획

9 건축허가를 하기 전에 건축물의 구조안전과 인접 대지의 안전에 미치는 영향 등을 평가하는 건축물 안전영향평가를 실시하여야 하는 대상 건축물 기준으로 옳은 것은?

① 층수가 6층 이상으로 연면적 1만 제곱미터 이상인 건축물
② 층수가 6층 이상으로 연면적 10만 제곱미터 이상인 건축물
③ 층수가 16층 이상으로 연면적 1만 제곱미터 이상인 건축물
④ 층수가 16층 이상으로 연면적 10만 제곱미터 이상인 건축물

■■■ 건축신고

10 다음 중 허가 대상 건축물이라 하더라도 건축신고를 함으로써 건축허가를 받은 것으로 보는 경우에 속하지 않는 것은?

① 연면적이 300m² 미만이고 4층 미만인 건축물의 대수선
② 바닥면적의 합계가 85m² 이내의 증축
③ 바닥면적의 합계가 85m² 이내의 개축
④ 연면적의 합계가 100m² 이하인 건축물의 건축

해 설

해설 6,7

■ 배치도 표시내용
- 축척 및 방위
- 대지에 접한 도로의 길이 및 너비
- 대지의 종·횡단면도
- 건축선 및 대지경계선으로부터 건축물까지의 거리
- 주차동선 및 옥외주차계획
- 공개공지 및 조경계획

■ 1층 및 기준층 평면도는 기본설계도서 중 평면도의 내용이다.

해설 8 설계설명서의 내용
1. 공사개요   2. 사전조사사항
3. 건축계획(배치, 평면, 동선 등 포함)
4. 시공방법   5. 개략공정계획
6. 주요설비계획
7. 주요자재 사용계획

참고 수질환경보호 등에 의한 사전승인의 경우에는 1,2,3,5,6의 내용에 한한다.

해설 9 평가대상
1. 초고층 건축물
2. 건축물 한동의 연면적이 10만m² 이상이며 16층 이상인 건축물

해설 10 신고대상 건축물
1. 바닥면적의 합계 85m² 이내의 증축, 개축, 재축
2. 연면적 200m² 미만이고 3층 미만인 건축물의 대수선 등

정답 6. ③ 7. ③ 8. ④ 9. ④ 10. ①

11 건축물의 건축 시 허가대상 건축물이라 하더라도 미리 특별자치시장·특별자치도지사 또는 시장·군수·구청장에게 국토교통부령으로 정하는 바에 따라 신고를 하면 건축허가를 받은 것으로 보는 소규모 건축물의 연면적 기준은?

① 연면적의 합계가 100㎡ 이하인 건축물
② 연면적의 합계가 150㎡ 이하인 건축물
③ 연면적의 합계가 200㎡ 이하인 건축물
④ 연면적의 합계가 300㎡ 이하인 건축물

[해설] 11 건축신고 대상
1. 연면적의 합계가 100㎡ 이하인 건축물
2. 높이 3m 이하의 범위에서 증축하는 건축물
3. 표준설계도서에 의하여 건축하는 건축물 등

12 건축허가 대상 건축물이라 하더라도 건축신고를 함으로써 건축허가를 받은 것으로 볼 수 있는 경우에 속하지 않는 것은?

① 바닥면적의 합계가 85㎡ 이내의 증축
② 바닥면적의 합계가 85㎡ 이내의 개축
③ 바닥면적의 합계가 85㎡ 이내의 재축
④ 바닥면적의 합계가 85㎡ 이내의 신축

[해설] 12
바닥면적의 합계 85㎡ 이내인 증축·개축·재축인 경우 신고로 대신할 수 있다.

13 다음 중 허가 대상 건축물이라 하더라도 건축신고를 하면 건축허가를 받는 것으로 보는 경우에 속하지 않는 것은?

① 건축물의 높이를 4m 증축하는 건축물
② 연면적의 합계가 80㎡인 건축물의 건축
③ 연면적이 150㎡이고 2층인 건물의 대수선
④ 2층 건축물로서 바닥면적의 합계 80㎡를 증축하는 건축물

[해설] 13
높이 3m 이하의 증축인 경우 신고 대상이다.

14 다음은 건축신고와 관련된 기준 내용이다. ( )안에 알맞은 것은?

> 건축신고를 한 자가 신고일로부터 ( ) 이내에 공사에 착수하지 아니하면 그 신고의 효력은 없어진다.

① 30일 ② 6월
③ 1년   ④ 3년

[해설] 14 건축허가 또는 건축신고 효력의 취소
• 건축허가: 허가일로부터 2년 이내
• 건축신고: 신고일로부터 1년 이내
• 연장: 각각 1년 이내 가능

정답 11. ① 12. ④ 13. ① 14. ③

■■■ 가설건축물

15 특별자치시장·특별자치도지사·시장·군수·구청장이 도시·군계획시설 또는 도시·군계획시설예정지에서 건축을 허가할 수 있는 가설건축물의 기준으로 옳지 않은 것은?

① 철근콘크리트조 또는 철골철근콘크리트조 일 것
② 존치기간은 3년 이내일 것
③ 3층 이하일 것
④ 전기·수도·가스 등 새로운 간선공급설비의 설치를 요하지 아니할 것

16 허가 대상 가설건축물로서 존치기간을 연장하려는 가설 건축물의 건축주는 존치기간 만료일 몇 일 전까지 허가를 신청하여야 하는가?

① 7일
② 14일
③ 21일
④ 30일

17 다음의 가설건축물과 관련된 기준 내용 중 밑줄 친 대통령령으로 정하는 용도의 가설건축물에 해당하지 않는 것은?

> 재해복구, 흥행, 전람회, 공사용 가설건축물 등 대통령령으로 정하는 용도의 가설건축물을 축조하려는 자는 존치기간, 설치기준 및 절차에 따라 특별자치시장·특별자치도지사 또는 시장·군수·구청장에게 신고한 후 착공하여야 한다.

① 전시를 위한 견본 주택
② 연면적 50m^2인 간이 축사용 비닐하우스
③ 공사에 필요한 규모의 공사용 가설건축물
④ 조립식 경량구조로 된 외벽이 없는 임시 자동차 차고

해 설

해설 15
가설건축물의 설치기준 철근콘크리트조, 철골철근콘크리트조가 아니어야 한다.

해설 16 가설건축물 존치기간 연장신청기한
- 허가 대상 가설건축물 : 기한만료 14일 전
- 신고 대상 가설건축물 : 기한만료 7일 전

해설 17
간이 축사용 비닐하우스의 경우에는 연면적 100m^2 이상이어야 한다.

정답 15. ① 16. ② 17. ②

출제예상문제

1. 적용

■■■ 사전결정

1. 사전결정제도에 관한 설명 중 옳지 않은 것은?
① 건축허가대상 건축물에 대하여 건축허가 신청 전에 건축허가여부를 사전 결정하기 위한 제도이다.
② 사전결정신청은 당해 시장, 군수, 구청장에게 하여야 한다.
③ 사전결정통지에 따른 허가신청은 통지일로부터 2년 이내에 하여야 한다.
④ 사전결정에 따라서 농지법에 의한 농지전용허가가 있는 것으로 본다.

[해설] 사전결정신청은 허가권자에게 한다.

■■■ 건축허가

2. 다음 중 건축허가에 관한 권한이 없는 자는?
① 특별시장   ② 광역시장
③ 도지사   ④ 시장·군수·구청장

[해설] 특별자치도(제주도)도지사는 허가권자이나 자치도 이외의 도지사는 건축허가권자가 아니라 일정한 시장, 군수의 허가에 관한 사전승인권만 있다.

3. 건축물을 특별시 또는 광역시에 건축하고자 하는 경우 특별시장 또는 광역시장의 허가를 받아야 하는 건축물의 기준으로 옳은 것은?
① 층수가 21층 이상이거나 연면적의 합계가 10만 m²이상인 건축물
② 층수가 21층 이상이거나 연면적의 합계가 20만 m²이상인 건축물
③ 층수가 31층 이상이거나 연면적의 합계가 10만 m²이상인 건축물
④ 층수가 31층 이상이거나 연면적의 합계가 20만 m²이상인 건축물

[해설]

규 모	예외
• 21층이상 건축물 • 연면적의 합계가 10만m² 이상인 건축물 • 연면적의 3/10이상의 증축으로 인하여 층수가 21층 이상으로 되거나 연면적의 합계가 10만m² 이상으로 되는 건축물의 건축	공장, 창고

4. 다음 도지사의 건축허가 사전승인을 받지 않아도 되는 것은?
① 25층의 사무실
② 30층의 아파트
③ 연면적 20,000m²의 호텔
④ 연면적 100,000m²의 병원

[해설] 사전승인 대상 건축물의 규모

승인 대상건축물의 규모	승인권자	허가권자
① 21층 이상 건축물 ② 연면적 합계 10만m²이상 건축물 (공장, 창고 등 제외) *연면적 3/10 이상의 증축으로 인하여 21층 이상이 되거나 연면적 합계 10만m²이상으로 되는 경우 포함. ③ 주거 또는 교육환경 보호구역내 위락시설, 숙박시설 ④ 자연환경 또는 수질보호구역내 공동주택, 숙박시설 등으로서 3층이상 또는 연면적 합계 1,000m²이상인 건축물	도지사	시장·군수

5. 연면적 합계 100,000m² 이상인 건축물은 건축허가에 앞서 도지사의 승인을 얻어야 하는데 그 수속은 누가 해야 하는가?
① 건축주
② 건축사
③ 시장 또는 군수
④ 구조 기술사

[해설] 시장, 군수가 도지사에게 사전승인 신청을 하여야 한다.

해답 1.② 2.③ 3.① 4.③ 5.③

■■■ 허가신청서식

6. 건축허가 신청에 필요한 기본설계도서가 아닌 것은?
① 건축계획서
② 공정표
③ 배치도
④ 입면도

해설 기본설계도서
① 건축계획서   ② 배치도   ③ 평면도
④ 입면도   ⑤ 단면도 등

7. 건축허가신청에 필요한 기본설계도서 중 배치도에 표시하여야 할 사항이 아닌 것은?
① 주차동선 및 옥외주차계획
② 승강기의 위치
③ 공개공지 및 조경계획
④ 축척 및 방위

해설 배치도 표시 내용
① 축척 및 방위
② 대지에 접한 도로의 길이 및 너비
③ 대지의 종·횡단면도
④ 건축선 및 대지경계선으로부터 건축물까지의 거리
⑤ 주차동선 및 옥외주차계획
⑥ 공개공지 및 조경계획

8. 건축허가신청에 필요한 기본설계도서 중 건축계획서에 포함되어야 할 사항이 아닌 것은?
① 지역·지구 및 도시·군계획사항
② 에너지절약계획서
③ 공개공지 및 조경계획
④ 주차장 규모

해설 건축허가 신청 때 건축계획서에 표시해야 할 사항
① 개요(위치, 대지면적 등)
② 지역·지구 및 도시·군계획 사항
③ 건축물의 규모(건축면적, 연면적, 층수, 높이 등)
④ 건축물의 용도별 면적
⑤ 주차장 규모
⑥ 에너지절약계획서(해당건축물에 한한다.)
⑦ 노인 및 장애인 등을 위한 편의시설

9. 시장·군수가 건축허가 전 도지사에게 사전승인을 얻고자 할 때의 제출도서 중 건축계획서에 포함되지 않는 것은?
① 설계설명서
② 구조계획서
③ 시방서
④ 설비계획서

해설 • 건축계획서에는 설계설명서, 구조계획서, 지질조사서, 시방서가 포함됨.
• 설비계획서는 기본설계도서에 포함.

10. 시장·군수가 도지사의 사전승인을 위하여 제출하는 건축계획서 중 구조계획서의 내용이 아닌 것은?
① 사전조사사항
② 구조재료의 특성
③ 건축구조성능
④ 설계근거기준

해설 건축계획서의 주요내용

① 설계설명서	• 공사개요 • 건축계획 • 개략공정계획 • 주요자재 사용계획	• 사전조사사항 • 시공방법 • 주요설비계획
② 구조계획서	• 설계근거기준 • 하중조건분석적용 • 각부 구조계획 • 구조안전검토	• 구조재료의 성질 및 특성 • 구조의 형식선정계획 • 건축구조성능

11. 옹벽 등 공작물을 축조하고자 하는 자가 신고시 특별자치시장·특별자치도지사·시장·군수·구청장에게 제출해야 하는 서류가 아닌 것은?
① 축조신고서
② 건축계획서
③ 배치도
④ 구조도

해설 공작물 축조신고서식
1. 축조신고서
2. 배치도
3. 구조도

해답 6. ② 7. ② 8. ③ 9. ④ 10. ① 11. ②

■■■ **건축허가 신청시기**

12. 건축법에 따른 건축허가 신청시 건축물의 노후화로 구조적 결함이 있는 경우 건축물 및 해당 대지의 전체 공유자 수 및 지분합계에 대한 최소 동의수는?

① 95%   ② 90%
③ 80%   ④ 70%

해설 건축물 및 해당 대지의 공유자 수의 80% 이상의 동의를 얻고 동의한 공유자의 지분합계가 전체 지분의 80% 이상인 경우 허가신청을 할 수 있다.

13. 건축법령상 건축물의 안전영향평가에 관한 설명으로 가장 부적합한 것은?

① 건축물의 안전영향평가는 건축허가를 하기 전에 건축물의 구조안전과 인접 대지의 안전에 미치는 영향 등을 평가하는 것이다.
② 고층 건축물은 안전영향평가 의무대상이 아니다.
③ 연면적이 5만제곱미터인 건축물은 안전영향평가 대상이다.
④ 안전영향평가 결과는 건축위원회의 심의를 거쳐 확정한다.

해설 안전영향평가 대상

| 1. 초고층 건축물 |
| 2. 연면적 10만m² 이상으로서 16층 이상인 건축물 |

■■■ **건축허가거부**

14. 주거 또는 교육환경에 위해하여 건축위원회 심의를 거쳐 건축허가를 거부할 수 있는 건축물에 해당되는 것은?

① 위락시설
② 판매시설
③ 운수시설
④ 의료시설

해설 위락시설 및 숙박시설은 건축허가를 거부할 수 있다.

15. 건축위원회의 심의를 거쳐 건축허가를 거부할 수 있는 대상으로 옳게 조합된 것은?

① 위락시설	② 숙박시설
③ 업무시설	④ 방재지구
⑤ 방화지구	⑥ 자연재해위험개선지구

① ①, ②, ④, ⑤   ② ①, ②, ④, ⑥
③ ①, ③, ④, ⑤   ④ ①, ③, ④, ⑥

해설 건축허가 거부 대상 건축물
① 위락시설, 숙박시설
② 방재지구, 자연재해위험개선지구 등 상습 침수(우려)지역

■■■ **건축신고**

16. 건축신고로 허가를 받은 것으로 보는 소규모 건축물이 아닌 것은?

① 연면적 합계 100m² 이하인 건축물
② 1개층을 증축하는 건축물
③ 표준설계도서에 의하여 건축하는 건축물로서 조례로 정한 건축물
④ 공업지역 안에서 건축하는 2층 이하인 건축물로서 연면적의 합계가 500m² 이하인 공장

해설 건축신고
1. 바닥면적의 합계가 85m² 이하 증축, 개축, 재축
2. 읍·면지역에서 농·수산업에 필요한 다음의 건축물에 대한 건축 또는 대수선

용 도	규 모
㉠ 창고	연면적 200m² 이하
㉡ 축사, 작물재배사 등	연면적 400m² 이하

3. 연면적 200m² 미만이며 3층 미만인 건축물의 대수선
4. 연면적 합계 100m² 이하인 건축물 등

17. 다음 중 건축신고만으로 건축할 수 없는 것은?

① 국토의 계획 및 이용에 관한 법에 의한 지구단위계획구역안에 연면적 100m²인 건축물
② 바닥면적 합계 80m²로 증축하는 건축물
③ 건축물의 높이 4m로 증축하는 건축물
④ 읍·면지역안에서 연면적 300m²인 농업용 축사

해설 높이 3m 이하의 범위내에서 증축인 경우 해당

해답   12. ③   13. ③   14. ①   15. ②   16. ②   17. ③

18. 다음 건축물을 건축시 허가를 받아야 하는 것은?

① 연면적 합계가 100m²인 건축물의 신축
② 3층 미만이며 연면적 200m² 미만인 건축물의 대수선
③ 신고한 건축물로서 바닥면적의 합계가 85m²를 초과하는 부분의 증축
④ 건축주의 명의 변경

[해설] 증축, 개축, 재축의 신고규모 : 바닥면적의 합계 85m²이하

■■■ 건축허가의 제한

19. 다음 중 건축허가 제한의 조건에 관한 기술 중 틀린 것은?

① 제한목적을 상세히 할 것
② 제한기간은 2년으로 하되, 제한기간의 연장은 1회에 한하여 1년 이내로 할 것
③ 대상건축물의 구조방식을 상세히 할 것
④ 대상구역의 위치, 면적, 구역경계 등 필요한 사항을 할 것

[해설] 건축허가 제한의 방법
국토교통부장관 및 시·도지사가 시장·군수·구청장의 허가를 제한하고자 하는 경우에는 다음 각호에 적합하여야 한다.
① 제한기간은 2년 이내로 하되 연장은 1회에 한하여 1년 이내로 할 것
② 제한목적을 상세히 할 것
③ 대상구역의 위치, 면적, 구역경계 등을 상세히 할 것
④ 대상건축물의 용도를 상세히 할 것

20. 국토교통부장관이 시장·군수의 건축허가를 제한하고자 할 경우 최장 얼마까지 할 수 있는가?

① 1년 이내
② 2년 이내
③ 3년 이내
④ 4년 이내

[해설] 허가제한기간은 2년을 원칙으로 하되 1년의 범위 내에서 연장할 수 있다.

21. 다음 중 국토교통부장관이 주무부장관이 특히 필요하다고 인정하여 요청하는 경우 허가권자의 건축허가를 제한할 수 없는 것은?

① 문화유산보존
② 국방
③ 국민경제
④ 지역계획

[해설] 건축허가의 제한
① 국토교통부장관이 허가권자의 건축허가 제한
  ㉠ 국토관리상 특히 필요하다고 인정한 경우
  ㉡ 주무장관이 국방, 문화유산보존, 환경보전, 국민경제상 특히 필요하다고 요청하는 경우
② 시·도지사가 시장·군수·구청장의 건축허가 제한 지역계획 또는 도시·군계획상 특히 필요하다고 인정하는 경우

■■■ 허가·신고사항의 변경

22. 높이 30m로 허가된 건축물의 허가사항변경으로 사용승인시 신고할 수 있는 최대높이는?

① 0.5m
② 1m
③ 2m
④ 3m

[해설] 1m 이하 또는 허가높이의 1/10값 중 최대값

23. 건축주가 허가를 받았거나 신고를 한 사항을 변경하고자 하였을 때 허가·신고사항의 변경에 대한 기술 중 틀린 것은?

① 바닥면적의 합계가 85m²를 초과하는 부분에 대한 개축은 허가를 받는다.
② 건축주를 변경하는 경우에는 허가를 받는다.
③ 건축물의 동수나 층수의 변경 없이 연면적 합계의 1/10 변경일 경우 사용승인 시 일괄 신고한다.
④ 건축물의 층수 변경 없이 변경되는 높이가 1m 이하인 경우 사용승인 시 일괄 신고한다.

[해설] 건축주 변경은 허가권자에게 신고하여야 한다.

해답 18. ③   19. ③   20. ③   21. ④   22. ④   23. ②

■■■ 가설건축물

24. 도시·군계획시설 또는 도시·군계획시설 예정지에 건축을 허가할 수 있는 가설건축물의 기준으로 옳은 것은?

① 2층 이하일 것
② 조적식 구조 이외의 구조일 것
③ 공동주택, 판매 및 영업시설 등으로서 분양을 목적으로 건축하는 건축물일 것
④ 존치기간은 3년 이내일 것

[해설] 허가대상 가설건축물 설치기준
1. 철근콘크리트조 또는 철골철근콘크리트조가 아닐 것
2. 존치기간은 3년 이내일 것 (단, 도시·군 계획사업이 시행될 때까지 기간연장 가능)
3. 층수는 3층 이하일 것
4. 전기, 수도, 가스 등 새로운 간선공급설비의 설치를 요하지 아니할 것
5. 공동주택, 판매시설, 운수시설 등의 분양을 목적으로 건축하는 건축물이 아닐 것
6. 국토의 계획 및 이용에 관한 법에 의한 도시·군계획시설부지에서의 개발행위의 규정에 적합할 것

25. 도시·군계획 예정도로안에 건축허가를 받아서 가설건축물을 건축하고자 할 때 다음 건축법령의 규정 중 적용하지 않아도 되는 것은?

① 대지안의 안전 등
② 대지안의 공지
③ 건축물의 높이제한
④ 건축선의 지정

[해설] 허가대상 가설건축물의 건축법 적용 제외규정

적용제외대상	제외조항
도시·군계획 예정도로안에 가설건축물을 건축하는 경우	• 도로의 지정, 폐지 또는 변경 • 건축선의 지정 • 건축선에 의한 건축제한

26. 건축물의 존치기간을 정하여 착공 전에 시장등에게 신고하여 건축할 수 있는 임시적인 가설건축물에 속하지 않는 것은?

① 연면적이 50m^2인 농업용 비닐하우스
② 조립식 경량구조로 된 외벽이 없는 임시자동차차고
③ 전람회용 가설건축물
④ 공사용 가설건축물

[해설] 연면적 100m^2 이상인 농어업용 비닐하우스

해답 24. ④ 25. ④ 26. ①

2 건축물의 용도

학습방향

◆ 건축물의 용도분류는 건축법을 적용하는데 있어서 필요한 분류이므로 일반적인 의미와 다를 수 있으므로 주의하여야 한다. 예를 들어 세차장은 자동차관련시설이다. 주유소에 설치된 기계식 세차설비는 위험물저장 및 처리시설이다.
◆ 국토의 계획 및 이용에 관한 법률 규정에 따른 용도지역안에서의 건축제한 규정을 연관하여 확인한다.
◆ 용도변경에 대한 행정절차상의 허가와 신고대상을 정확히 구분 확인하여야 한다.

1 건축물의 용도

"건축물의 용도"라 함은 건축법에서 건축물의 종류를 유사한 구조·이용목적 및 형태별로 분류한 것으로서 30개군으로 나누어져 있다.

【1】용도 분류

용 도	세 분	독립된 주거형태	필로티 예외적용
1. 단독주택 (가정어린이집, 공동생활가정, 지역아동센터 및 노인복지 주택을 제외한 노인복지시설 등 포함)	① 단독주택	–	–
	② 다중주택	학생 또는 직장인 등의 다수인이 장기간 거주할 수 있는 구조로 된 주택으로서 주택으로 쓰이는 바닥면적의 합계 660㎡이하, 3개층 이하인 것	독립된 주거형태가 아닐 것(각 실별로 욕실은 설치할 수 있으나 취사시설은 설치하지 아니한다.)
	③ 다가구주택	• 주택으로 쓰이는 층수(지하층을 제외)가 3개층 이하 • 주택으로 쓰이는 바닥면적의 합계가 660㎡(부설주차장 바닥면적 제외) 이하 • 19세대 이하가 거주할 수 있는 주택	1층 바닥면적의 전부 또는 일부를 필로티구조로 하여 주차장으로 사용하고 나머지 부분을 주택외의 용도로 사용하는 경우 해당층을 주택의 층수에서 제외
	④ 공관	–	–
2. 공동주택 (가정어린이집, 공동생활가정, 지역아동센터 및 노인복지 주택을 제외한 노인복지시설, 소형	① 아파트	주택으로 쓰이는 층수가 5개층 이상인 주택	1층 전부를 필로티구조로하여 주차장으로 사용하는 경우에는 필로티부분을 층수에서 제외
	② 연립주택	• 주택으로 쓰이는 1개동의 바닥면적(부설주차장 면적 제외)의 합계가 660㎡를 초과 • 층수가 4개층 이하인 주택	

학습POINT

■ 가정보육시설
개인이 가정 또는 그에 준하는 곳에서 설치·운영하는 시설
- 보육시설 : 보호자가 근로 또는 질병 기타 사정으로 영유아를 보호하기 어려운 경우에 보호자의 위탁을 받아 영유아를 보육하는 시설(영유아 보육법 참조)

■ 주택의 규모기준

	구 분	규모기준
단독주택	다중주택	• 주택으로 쓰이는 바닥면적의 합계 660㎡ 이하 • 3개층 이하
	다가구주택	• 동(棟)당 바닥면적의 합계 660㎡ 이하 • 3개층 이하 • 19세대 이하 거주
공동주택	아파트	• 5개층 이상
	연립주택	• 4개층 이하 • 동(棟)당 용도바닥면적의 합계 660㎡ 초과
	다세대주택	• 4개층 이하 • 동(棟)당 용도바닥면적의 합계 660㎡ 이하
	기숙사	

주택을 포함하며, 지하층을 주택의 층수에서 제외한다.)	③ 다세대 주택	• 주택으로 쓰이는 1개동의 바닥면적(부설주차장 면적 제외)의 합계가 660m² 이하 • 층수가 4개층 이하인 주택	1층 바닥면적의 전부 또는 일부를 필로티구조로 하여 주차장으로 사용하고 나머지 부분을 주택외의 용도로 사용하는 경우 해당층을 주택의 층수에서 제외
	④ 기숙사	1. 일반기숙사 학교 또는 공장 등의 학생 또는 종업원 등을 위하여 사용되는 것으로서 1개동의 공동취사시설이용세대수가 전체의 50%이상인 것 2. 임대형 기숙사 • 공공주택사업자, 임대사업자만이 사용 • 사용규모 : 20실 이하 • 공동취사시설 이용세대수 : 전체 세대수의 50% 이상	-
3. 제1종 근린생활 시설	① 이용원・미용원・목욕장・세탁소(공장이 부설된 것을 제외)		
	② 의원・치과의원・한의원・침술원・접골원・조산원・안마원・산후조리원		
	③ 마을회관・마을공동작업소・마을공동구판장 기타 이와 유사한 것	-	
	④ 변전소・양수장・정수장・대피소・공중화장실 기타 이와 유사한 것		
	⑤ 지역아동센터・도시가스배관시설		
	⑥ 금융업소, 사무소, 부동산중개사무소, 결혼상담소, 출판사 등	용도바닥면적의 합계 30m² 미만인 것	
	⑦ 휴게음식점・제과점	용도바닥면적의 합계 300m² 미만인 것	
	⑧ 탁구장・체육도장	용도바닥면적의 합계 500m² 미만인 것	
	⑨ 지역자치센터・파출소・지구대・소방서・우체국・전기자동차충전소・통신용시설・방송국・보건소・공공도서관・건강보험공단 기타 이와 유사한 것	용도바닥면적의 합계 1,000m² 미만인 것	
	⑩ 일용품(서적・식품・잡화・의류・완구・건축자재・의약품)등의 소매점		
4. 제2종 근린생활 시설	① 일반음식점・기원・독서실・사진관・표구점		
	② 안마시술소・노래연습장・총포판매소	-	
	③ 장의사・동물병원・동물미용실・동물위탁관리시설		
	④ 단란주점	용도바닥면적의 합계 150m² 미만인 것	

■ 용도바닥면적에 따른 용도분류

용도	용도바닥면적의 합계	분류
수퍼마켓, 일용품점	1000m²미만	1종 근린생활시설
	1000m²이상	판매시설
휴게음식점	300m²미만	1종 근린생활시설
	300m²이상	2종 근린생활시설
소방서	1000m²미만	1종 근린생활시설
	1000m²이상	업무시설
테니스장, 당구장등	500m²미만	2종 근린생활시설
	500m²이상	운동시설
공연장	500m²미만	2종 근린생활시설
	500m²이상	문화 및 집회시설
학원	500m²미만	2종 근린생활시설
	500m²이상	교육연구시설
단란주점	150m²미만	2종 근린생활시설
	150m²이상	위락시설
다중생활시설 (고시원)	500m²미만	2종 근린생활시설
	500m²이상	숙박시설
사무소	30m²미만	1종 근린생활시설
	500m²미만	2종 근린생활시설
	500m²이상	업무시설

4. 제2종 근린생활 시설	⑤ 휴게음식점·제과점으로서 제1종 근린생활시설에 해당하지 아니한 것		용도바닥면적의 합계 300m² 이상인 것
	⑥ 종교집회장·공연장이나 비디오물감상실·비디오물소극장		용도바닥면적의 합계 500m² 미만인 것
	⑦ 청소년 게임제공업소, 복합유통게임제공업소 등		
	⑧ 학원	자동차학원, 무도학원, 원격통신학원 제외	
	⑨ 교습소	자동차교습, 무도교습, 원격통신교습 제외	
	⑩ 직업훈련소	운전·정비관련 직업훈련소 제외	
	⑪ 테니스장·체력단련장·에어로빅장·볼링장·당구장·실내낚시터·골프연습장·물놀이형시설 기타 이와 유사한 것		
	⑫ 금융업소, 사무소, 부동산중개업사무소, 결혼상담소 등의 소개업소, 출판사 기타 이와 유사한 것		
	⑬ 제조업소, 수리점 기타 이와 유사한 것		
	⑭ 다중생활시설 (고시원)		
	⑮ 자동차영업소		용도바닥면적의 합계 1,000m² 미만인 것
	⑯ 서점으로서 제1종 근린생활에 해당하지 아니한 것		용도바닥면적의 합계 1,000m² 이상인 것
5. 문화 및 집회시설	① 공연장	극장·영화관·연예장·음악당·서커스장·비디오물 감상실·비디오물 소극장 기타 이와 유사한 것	용도바닥면적의 합계가 500m² 이상인 것
	② 집회장	예식장·공회당·회의장·마권장외발매소·마권전화투표소 기타 이와 유사한 것	
	③ 관람장	경마장·경륜장·경정장·자동차경기장 기타 이와 유사한 것 및 체육관·운동장	관람석의 용도바닥면적의 합계가 1,000m² 이상인 것
	④ 전시장	박물관·미술관·과학관·문화관·체험관·기념관·산업전시장·박람회장 기타 이와 유사한 것	–
	⑤ 동·식물원	동물원, 식물원, 수족관 기타 이와 유사한 것	–
6. 종교시설	① 종교집회장	교회·성당·사찰·기도원·수도원·수녀원·제실·사당, 기타 이와 유사한 것	용도바닥면적의 합계가 500m² 이상인 것
	② 봉안당	종교집회장 안에 설치한 것	–

7. 판매시설	① 도매시장		그 안에 있는 근린생활시설을 포함
	② 소매시장	유통산업발전법에 의한 대규모점포 기타 이와 유사한 것	
	③ 상점	제1종 근린생활시설 중 일용품 등의 용도(서점 제외)	용도바닥면적의 합계 1,000㎡ 이상인 것
	④ 청소년게임제공업의 시설, 복합유통게임제공업소 등		용도바닥면적의 합계 500㎡ 이상인 것
8. 운수시설	① 여객자동차터미널		–
	② 철도시설		–
	③ 공항시설		–
	④ 항만시설		–
9. 의료시설	① 병원	종합병원·병원·치과병원·한방병원·정신병원 및 요양병원를 말함	–
	② 격리병원	전염병원·마약진료소 기타 이와 유사한 것	–
10. 교육연구 시설 (제2종 근린생활시설에 해당하는 것 제외)	① 학교(유치원·초등학교·중학교·고등학교·전문대학·대학·대학교 기타 이에 준하는 각종학교를 말함)		–
	② 교육원(연수원 기타 이와 유사한 것)		–
	③ 직업훈련소		운전 및 정비관련 직업훈련소 제외
	④ 학원·교습소		자동차 및 무도 제외
	⑤ 연구소		–
	⑥ 도서관		–
11. 노유자 시설	① 아동관련시설	어린이집·아동복지시설, 그 밖에 이와 유사한 것	–
	② 노인복지시설		–
	③ 그 밖에 다른 용도로 분류되지 아니한 사회복지시설 및 근로복지시설		–
12. 수련 시설	① 생활권 수련시설(청소년수련관·청소년문화의 집·청소년특화시설, 그 밖에 이와 유사한 것)		–
	② 자연권 수련시설(청소년수련원·청소년야영장, 그 밖에 이와 유사한 것		–
	③ 유스호스텔		
	④ 야영장시설		용도바닥면적의 합계 300㎡ 이상인 것
13. 운동 시설	① 탁구장·체육도장·테니스장·체력단련장·에어로빅장·볼링장·당구장·실내낚시터·골프연습장·놀이형시설 등		용도바닥면적의 합계 500㎡ 이상인 것

■ 주요용도분류

1. 의원·한위원 : 1종 근린생활시설
2. 병원 : 의료시설
3. 동물병원 : 2종 근린생활시설
4. 장의사 : 2종 근린생활시설
5. 장례식장 : 장례시설
6. 자동차학원 : 자동차 관련시설
7. 무도학원 : 위락시설
8. 독서실 : 2종 근린생활시설
9. 유스호스텔 : 수련시설
10. 오피스텔(사무소형)
    - 500㎡ 미만 : 2종 근린생활시설
    - 500㎡ 이상 : 업무시설
11. 야영장
    - 300㎡ 미만 : 야영장시설
    - 300㎡ 이상 : 수련시설
12. 서점
    - 1,000㎡ 미만 : 1종 근린생활시설
    - 1,000㎡ 이상 : 2종 근린생활시설

13. 운동시설	② 체육관		관람석이 없거나 관람석의 바닥면적이 1,000㎡ 미만인 것
	③ 운동장(육상·구기·볼링·수영·스케이트·로울러스케이트·승마·사격·궁도·골프장 등과 이에 부수되는 건축물)		
14. 업무시설	① 공공업무시설	국가 또는 지방자치단체의 청사 및 외국공관의 건축물	용도바닥면적의 합계 1,000㎡ 이상인 것
	② 일반업무시설	금융업소, 사무소, 결혼상담소, 출판사, 신문사, 오피스텔 기타 이와 유사한 것	용도바닥면적의 합계 500㎡ 이상인 것
15. 숙박시설	① 일반 숙박시설(호텔, 여관 및 여인숙), 생활숙박시설		
	② 관광숙박시설(관광호텔, 수상관광호텔, 한국전통호텔, 가족호텔, 호스텔, 소형호텔, 의료관광호텔 및 휴양콘도미니엄)		-
	③ 다중생활시설(고시원)		용도바닥면적의 합계 500㎡ 이상인 것
	④ 기타 위의 시설과 유사한 것		-
16. 위락시설	① 단란주점		용도바닥면적의 합계 150㎡ 이상인 것
	② 유흥주점과 이와 유사한 것		
	③ 유원시설업의 시설 기타 이와 유사한 것		
	④ 카지노영업소		-
	⑤ 무도장과 무도학원		
17. 공장	물품의 제조·가공(염색, 도장, 표백, 재봉, 건조, 인쇄 등을 포함한다.) 또는 수리에 계속적으로 이용되는 건축물		-
18. 창고시설	① 창고(물품저장시설로서 냉장·냉동창고를 포함)		
	② 하역장		-
	③ 물류터미널		
	④ 집배송시설		
19. 위험물 저장 및 처리시설	① 주유소(기계식 세차설비 포함) 및 석유판매소		
	② 액화석유가스충전소(기계식 세차설비 포함)		
	③ 위험물제조소·저장소·취급소		
	④ 액화가스취급소·판매소		-
	⑤ 유독물 보관·저장·판매시설		
	⑥ 고압가스 충전·저장·판매소		
	⑦ 도료류 판매소		
	⑧ 도시가스제조시설		
	⑨ 화학류저장소		

20. 자동차 관련시설 (건설기계관련 시설을 포함)	① 주차장	-
	② 세차장	
	③ 폐차장	
	④ 검사장	
	⑤ 매매장	
	⑥ 정비공장	
	⑦ 운전학원·정비학원(운전 및 정비관련 직업훈련소 포함)	
	⑧ 차고 및 주기장	
	⑨ 전기자동차충전소	
21. 동물 및 식물관련 시설	① 축사	양잠·양봉·양어시설 및 부화장 등 포함
	② 가축시설(가축용운동시설·인공수정센터·관리사·가축용 창고·가축시장·동물검역소·실험동물사육시설 기타 이와 유사한 것)	-
	③ 도축장	-
	④ 도계장	-
	⑤ 작물재배사	-
	⑥ 종묘배양시설	-
	⑦ 화초 및 분재 등의 온실	-
	⑧ 동물 및 식물과 관련된 시설	동·식물원 제외
22. 자원순환 관련시설	① 하수 등 처리시설	-
	② 고물상	
	③ 폐기물처분시설, 폐기물 재활용시설 및 폐기물감량화시설	
23. 교정시설	① 교정시설	구치소·교도소·보호감호소 포함
	② 갱생보호시설, 소년원, 소년분류심사원	-
24. 국방·군사시설	국방·군사시설	-
25. 방송통신 시설	① 방송국	방송프로그램 제작시설 및 송신·수신·중계시설을 포함
	② 전신전화국	-
	③ 촬영소	-
	④ 통신용 시설	-
	⑤ 데이터센터	-

26. 발전시설	발전소	집단에너지 공급시설을 포함
27. 묘지관련 시설	① 화장시설	-
	② 봉안당(종교시설에 해당하는 것을 제외)	종교집회장 내의 봉안당 제외
	③ 묘지와 자연장지에 부수되는 건축물	-
	④ 동물화장시설, 동물건조장시설 및 동물전용의 납골시설	-
28. 관광휴게 시설	① 야외음악당	-
	② 야외극장	-
	③ 어린이회관	-
	④ 관망탑	-
	⑤ 휴게소	-
	⑥ 공원·유원지 또는 관광지에 부수되는 시설	-
29. 장례시설	① 장례식장(의료시설의 부수시설 제외)	-
	② 동물 전용의 장례식장	
30. 야영장 시설	관리동, 화장실, 샤워실, 대피소, 취사시설 등 포함	용도 바닥면적합계 300m² 미만인 것

【2】 부속용도 등

(1) 부속용도

건축물의 주된 용도의 기능에 필수적인 용도로서 다음과 같다.
① 건축물의 설비·대피 및 위생 기타 이와 유사한 시설의 용도
② 사무·작업·집회·물품저장·주차 기타 이와 유사한 시설의 용도
③ 구내식당·직장어린이집·구내운동시설 등 종업원 후생복리시설 및 구내소각시설 기타 이와 유사한 시설의 용도
④ 관계법령에서 주된 용도의 부수시설로 설치할 수 있도록 규정하고 있는 시설의 용도

(2) 부속건축물

동일한 대지안에서 주된 건축물과 분리된 부속용도의 건축물로서 주된 건축물의 이용 또는 관리에 필요한 건축물

2 용도지역 안에서의 건축물의 건축제한

국토의 계획 및 이용에 관한 법률규정에 의한 용도지역안에서의 건축물 용도에 관한 규정은 대통령령과 도시·군계획조례에 의하여 허용되는 용도시설이 제한되고 있으며, 대통령령에 의한 용도지역내 허용되는 건축물의 용도는 다음과 같다.

(1) 전용주거지역안에서 건축할 수 있는 건축물 (허용)

제1종 전용주거지역	제2종 전용주거지역
가. 단독주택(다가구주택 제외) 나. 제1종 근린생활시설 중 가목 내지 사목의 건축물(당해 용도에 쓰이는 바닥면적의 합계가 1,000㎡ 미만인 것에 한한다)	가. 단독주택 나. 공동주택 다. 제1종 근린생활시설 (당해 용도에 쓰이는 바닥면적의 합계가 1,000㎡ 미만인 것에 한한다)

■ 제1종 근린생활시설 중 가목~사목 건축물
  가. 용도바닥면적 1,000㎡ 미만 소매점
  나. 용도바닥면적 300㎡ 미만 휴게음식점, 제과점
  다. 이용원, 미용원, 목욕장, 세탁소
  라. 의원, 한의원, 조산원, 안마원, 산후조리원 등
  마. 용도바닥면적 500㎡ 미만 탁구장, 체육도장
  바. 용도바닥면적 1,000㎡ 미만 지역자치센터, 지구대, 소방서, 보건소 등
  사. 마을회관, 마을공동구판장, 지역아동센터 등

(2) 일반주거지역안에서 건축할 수 있는 건축물 (허용)

제1종 일반주거지역	제2종 일반주거지역	제3종 일반주거지역
(4층 이하의 건축물에 한한다) 가. 단독주택 나. 공동주택(아파트를 제외함) 다. 제1종 근린생활시설 라. 유치원·초등학교·중학교 및 고등학교 마. 노유자시설	가~마. 제1종 일반주거지역에서 허용되는 시설 (아파트 포함) 바. 종교시설	

(3) 준주거지역안에서 건축할 수 없는 건축물 (금지)

가. 제2종 근린생활시설 중 단란주점
나. 판매시설 중 일반게임제공업시설
다. 의료시설 중 격리병원
라. 숙박시설
마. 위락시설
바. 공장
사. 위험물 저장 및 처리 시설 중 시내버스차고지 외의 지역에 설치하는 액화석유가스 충전소 및 고압가스 충전소·저장소
아. 자동차관련시설 중 폐차장
자. 동물 및 식물관련시설 중 축사·도축장·도계장
차. 자원순환관련시설
카. 묘지관련시설

(4) 상업지역안에서 건축할 수 없는 건축물 (금지)

중심상업지역	일반상업지역	근린상업지역	유통상업지역
가. 단독주택(다른용도와 복합된 것은 제외한다) 나. 공동주택 다. 숙박시설 중 일반숙박시설 및 생활숙박시설 라. 위락시설 마. 공장 바. 위험물 저장 및 처리시설 중 시내버스 차고지 외의 지역에 설치하는 액화석유가스 충전소 및 고압가스 충전소·저장소 사. 자동차관련시설 중 폐차장 아. 동물 및 식물관련시설 자. 자원순환관련시설 차. 묘지관련시설	가. 숙박시설 중 일반숙박시설 및 생활숙박시설 나. 위락시설 다. 공장 라. 위험물 저장 및 처리시설 중 시내버스 차고지 외의 지역에 설치하는 액화석유가스 충전소 및 고압가스 충전소·저장소 마. 자동차 관련시설 중 폐차장 바. 동물 및 식물관련시설 중 동물관련시설 사. 자원순환관련시설 아. 묘지관련시설	가. 의료시설 중 격리병원 나. 숙박시설 중 일반숙박시설 및 생활숙박시설 다. 위락시설 라. 공장 마. 위험물저장 및 처리시설 중 시내버스 차고지외의 지역에 설치하는 액화석유가스 충전소 및 고압가스 충전소·저장소 바. 자동차관련 시설 중 폐차장 사. 동물 및 식물관련시설 중 동물관련시설 아. 자원순환관련시설 자. 묘지관련시설	가. 단독주택 나. 공동주택 다. 의료시설 라. 숙박시설 중 일반숙박시설 및 생활숙박시설 마. 위락시설 바. 공장 사. 위험물저장 및 처리시설 중 시내버스 차고지외의 지역에 설치하는 액화석유가스 충전소 및 고압가스 충전소·저장소 아. 동물 및 식물관련시설 자. 자원순환관련시설 차. 묘지관련시설

> [비고] 공원, 녹지 등으로 주거지역과 차단되거나 주거지역으로부터 도시·군계획조례로 정하는 거리 밖에 있는 대지에서는 위락시설, 일반숙박시설 및 생활숙박시설의 건축이 가능하다.

(5) 공업지역안에서 건축할 수 있는 건축물 (허용, 준공업지역 금지)

전용공업지역	일반공업지역	준공업지역
가. 제1종 근린생활시설 나. 제2종 근린생활시설 　[300m² 이상 휴게음식점, 제과점 및 일반음식점, 독서실, 단란주점, 안마시술소, 노래연습장 제외] 다. 공장 라. 창고시설 마. 위험물저장 및 처리시설 바. 자동차관련시설 사. 자원순환 처리시설 아. 발전시설	가. 제1종 근린생활시설 나. 제2종 근린생활시설 　[단란주점 및 안마시술소 제외한다] 다. 판매시설 라. 운수시설 마. 공장 바. 창고시설 사. 위험물저장 및 처리시설 아. 자동차관련시설 자. 자원순환 처리시설 차. 발전시설	다음의 시설을 건축할 수 없다. 가. 위락시설 나. 묘지관련시설

(6) 녹지지역안에서 건축할 수 있는 건축물 (허용)

4층 이하의 건축물에 한한다.

보전녹지지역	생산녹지지역	자연녹지지역
가. 초등학교 나. 창고시설 다. 국방·군사시설 라. 교정시설	가. 단독주택 나. 제1종 근린생활시설 다. 유치원·초등학교 라. 노유자시설 마. 수련시설 바. 운동시설 중 운동장 사. 창고 아. 위험물저장 및 처리시설중 액화석유가스충전소 및 고압가스충전·저장소 자. 동물 및 식물관련시설(동물관련시설 제외) 차. 국방·군사시설 카. 교정시설 타. 방송통신시설 파. 발전시설 하. 야영장시설	가. 단독주택 나. 제1종 근린생활시설 다. 제2종 근린생활시설(일반음식점, 단란주점 및 안마시술소 등은 제외한다) 라. 의료시설(종합병원·병원·치과병원 및 한방병원 제외) 마. 교육연구시설 　(직업훈련소 및 학원 제외) 바. 노유자시설 사. 수련시설 아. 운동시설 자. 창고 차. 동물 및 식물관련시설 카. 자원순환 처리시설 타. 국방·군사시설 파. 교정시설 하. 방송통신시설 거. 발전시설 너. 묘지관련시설 더. 관광휴게시설 러. 장례식장 머. 야영장시설

(7) 관리지역안에서 건축할 수 있는 건축물 (허용, 계획관리지역 금지)
4층 이하의 건축물에 한한다.

관리지역	보전관리지역	생산관리지역	계획관리지역
가. 단독주택 나. 제1종 근린생활시설(휴게음식점 및 제과점을 제외한다) 다. 의료시설(종합병원·병원·치과병원 및 한방병원을 제외한다) 라. 교육연구시설 중 동호 가목 및 나목과 바목에 해당하는 것 마. 노유자시설 바. 수련시설 사. 운동시설 중 운동장 아. 공장 자. 창고시설(농업·임업·축산업·수산업용에 한한다) 차. 동물 및 식물관련시설 카. 자원순환 처리시설 타. 교정 및 국방·군사시설 파. 방송통신시설 하. 발전시설 거. 장례식장	가. 단독주택 나. 초등학교 다. 교정시설 라. 국방·군사시설	가. 단독주택 나. 제1종 근린생활시설중 1,000m² 미만 소매점·변전소·통신용시설 다. 초등학교 라. 운동시설 중 운동장 마. 창고시설 바. 동물 및 식물관련시설 중 식물관련 시설에 해당하는 것 사. 국방·군사시설 아. 교정시설 자. 발전시설	다음의 시설을 건축할 수 없다. 가. 4층을 초과하는 모든 건축물 나. 공동주택 중 아파트 다. 휴게음식점 및 제과점 라. 일반음식점·단란주점 마. 판매시설(용도바닥면적의 합계가 3,000m² 미만인 경우 제외) 바. 업무시설 사. 숙박시설 아. 위락시설 자. 공장

(8) 농림지역 · 자연환경보전지역 안에서 건축할 수 있는 건축물 (허용)

농림지역	자연환경보전지역
가. 단독주택 중 농어가주택 나. 제1종 근린생활시설 중 공중화장실·대피소·변전소·정수장 등 다. 초등학교 라. 창고시설(농업·임업·축산업·수산업용에 한한다) 마. 동물 및 식물관련시설 중 식물관련시설에 해당하는 것 바. 발전시설	가. 단독주택 중 농어가주택 나. 초등학교

3 건축물의 대지가 지역 등에 걸치는 경우

시 또는 군지역에 있어서 도시기능 유지를 위하여 국토교통부장관 등은 국토의 계획 및 이용에 관한 법에 의한 도시·군관리계획으로 지역 또는 지구를 결정할 수 있다.

【1】적용의 원칙

대지가 2개 이상의 지역 등에 걸치는 경우에 있어서는 건축물 및 대지전체에 대하여 그 대지의 과반이 속하는 지역, 지구 또는 구역안의 건축제한을 적용한다.

> [예외] 녹지지역과 걸쳐진 경우에는 걸쳐진 면적에 관계없이 각각의 지역에 관한 규정을 적용한다.

■■ 용도제한 기준의 적용

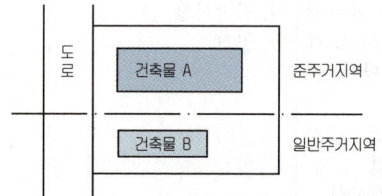

• 대지와 건축물 A, B 모두에 대하여 준주거지역에 의한 건축제한을 적용한다.

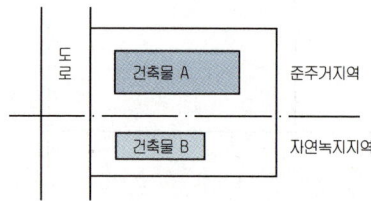

• 건축물 A는 준주거지역, 건축물 B는 자연녹지지역에 의한 건축제한을 적용한다.

【2】적용의 예외

건축물의 일부가 방화지구에 걸치는 경우에는 방화지구에 걸친 건축물 전부에 대하여 방화지구 제한을 적용한다.

> [예외] 방화벽 축조의 경우 방화벽 경계 이후의 부분은 그러하지 아니한다.

■ 국토의 계획 및 이용에 관한 법에 의한 지역, 지구의 종류

① 용도지역

주거 지역	1종전용주거지역
	2종전용주거지역
	1종일반주거지역
	2종일반주거지역
	3종일반주거지역
	준 주거지역
상업 지역	중심상업지역
	일반상업지역
	근린상업지역
	유통상업지역
공업 지역	전용공업지역
	일반공업지역
	준공업지역
녹지 지역	보전녹지지역
	생산녹지지역
	자연녹지지역

② 용도지구
1. 경관지구
2. 고도지구
3. 방화지구
4. 방재지구
5. 보호지구
6. 취락지구
7. 개발진흥지구
8. 특정용도제한지구
9. 복합용도지구
10. 그 밖에 대통령령으로 정하는 지구

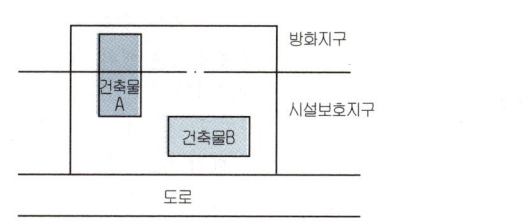

■■ 건축제한 기준의 적용

건축물 A에 대해서만 방화지구 건축제한 기준 적용
(건축물 B는 시설보호지구 건축제한 적용)

■ 방화지구 제한 적용 부분

방화지구에 건축물의 일부가 걸쳤을 경우에는 건축물에 대해서만(대지 제외) 방화지구제한을 적용한다. 특히 경계에 면하여 방화벽을 축조하였을 경우에는 그 이후의 부분은 그러하지 않다.

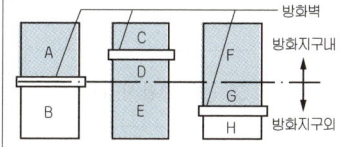

░ 부분은 방화지구내 건축제한을 받는 부분임

【3】 적용신청

대지가 지역·지구·구역에 걸치는 경우 관련규정에 적용을 받고자 하는 자는 당해 대지의 지역·지구 또는 구역별 면적과 적용받고자 하는 지역, 지구 또는 구역에 관한 사항을 허가권자에게 제출하여야 한다.

4 용도변경

(1) 용도변경절차

사용승인을 얻은 건축물의 용도변경은 다음과 같이 특별자치시장, 특별자치도지사, 시장, 군수, 구청장의 허가 또는 신고대상 행위와 임의적인 자유변경행위로 구분한다.

분 류	시설군	절 차
① 자동차 관련 시설군	• 자동차 관련 시설	1. 허가대상 : 상위군(오름차순)에 해당하는 용도로 변경하는 행위 2. 신고대상 : 하위군(내림차순)에 해당하는 용도로 변경하는 행위 3. 건축물대장 기재변경 신청 : 동일한 시설군내에서 용도를 변경하는 행위
② 산업등의 시설군	• 운수시설 • 창고시설 • 공장 • 위험물저장 및 처리시설 • 자원순환 관련시설 • 묘지관련시설 • 장례시설	
③ 전기통신시설군	• 방송통신시설 • 발전시설	
④ 문화 및 집회 시설군	• 문화 및 집회시설 • 종교시설 • 위락시설 • 관광휴게시설	

⑤ 영업시설군	• 판매시설 • 운동시설 • 숙박시설 • 다중생활시설	1. 허가대상 : 상위군(오름차순) 에 해당하는 용도 로 변경하는 행위
⑥ 교육 및 복지시설군	• 의료시설 • 교육연구시설 • 노유자시설 • 수련시설 • 야영장시설	2. 신고대상 : 하위군(내림차순) 에 해당하는 용도 로 변경하는 행위
⑦ 근린생활시설군	• 1종 및 2종 근린생활시설 (다중생활시설 제외)	3. 건축물대장 기재 변경 신청 : 동일한 시설군내 에서 용도를 변경
⑧ 주거업무시설군	• 단독, 공동주택 • 업무시설 • 교정시설 • 국방·군사시설	하는 행위
⑨ 기타 시설군	• 동물 및 식물관련시설	

■■ 용도변경에 따른 절차 구분

용도변경 사항	건축물 항목 분류 (상기1항의 분류체계상)	판 정
1종 근린생활시설 → 업무시설	⑦ → ⑧	신고(내림차순)
의료시설 → 공장	⑥ → ②	허가(오름차순)
숙박시설 → 판매시설	⑤ → ⑤	임의(건축물대장 기재 변경신청)

(2) 용도변경에 대한 적용법령의 기준

용도변경 행위는 법42조(대지안의 조경), 48조(구조내력 등), 55조(건폐율) 등의 규정을 준용하나 사용승인과 건축물의 설계에 대한 기준은 다음과 같이 준용한다.

준용법령	용도변경 범위
법22조 (건축물의 사용승인)	허가 또는 신고대상인 용도변경하는 부분의 바닥면적 합계가 100㎡ 이상인 용도변경의 사용승인
법23조 (건축물의 설계)	허가대상인 용도변경하고자 하는 부분의 바닥면적 합계가 500㎡ 이상인 용도변경의 설계 (단, 1층인 축사를 공장으로 용도변경시 제외)

(3) 복수용도의 인정

① 건축주는 건축물의 용도를 복수로 하여 허가, 신고 및 용도변경을 신청할 수 있다.

② 허가권자는 ①항의 신청이 용도변경 분류절차 중 같은 시설군 내에서 (다른 시설군간의 경우에는 건축위원회의 심의를 거쳐야 함) 적법한 경우 허용할 수 있다.

핵 심 문 제

■■■ 용도분류

1 건축법의 용도분류상 단독주택에 속하는 것은?
① 공관
② 다세대주택
③ 연립주택
④ 기숙사

2 다음 중 건축법상 공동주택에 속하지 않는 것은?
① 아파트
② 연립주택
③ 다중주택
④ 다세대주택

3 공동주택 중 아파트는 주택으로 쓰는 층수가 최소 몇 개층 이상인 주택을 의미하는가? (단, 층수 산정시 1층 전부를 필로티 구조로 하여 주차장으로 사용하는 경우에는 필로티 부분은 층수에서 제외)
① 4
② 5
③ 7
④ 11

4 건축법상 다가구주택의 용어정의에 해당되지 않는 것은?
① 주택으로 쓰이는 층수(지하층을 제외)가 3개층 이하일 것
② 19세대 이하가 거주할 수 있을 것
③ 1개동의 주택으로 쓰이는 바닥면적의 합계가(부설 주차장 면적을 제외)가 660m² 이하일 것
④ 독립된 주거의 형태가 아닐 것

5 다음은 건축법령상 다세대주택의 정의이다. ( )안에 알맞은 것은?

> 주택으로 쓰는 1개 동의 바닥면적 합계가 (㉠) 이하이고, 층수가 (㉡) 이하인 주택(2개 이상의 동을 지하주차장으로 연결하는 경우에는 각각의 동으로 본다.)

① ㉠ 330m², ㉡ 3개 층
② ㉠ 330m², ㉡ 4개 층
③ ㉠ 660m², ㉡ 3개 층
④ ㉠ 660m², ㉡ 4개 층

해 설

해설 1
- 단독주택 : 단독주택, 다중주택, 다가구주택, 공관
- 공동주택 : 아파트, 연립주택, 다세대주택, 기숙사

해설 2
다중주택, 다가구주택은 단독주택에 해당된다.

해설 3
아파트 : 주택으로 쓰이는 층수가 5개층 이상인 공동주택

해설 4 다가구 주택
1. 주택으로 쓰이는 층수(지하층을 제외한다)가 3개층 이하일 것. 다만, 1층 전부 또는 일부를 필로티 구조로 하여 주차장으로 사용하는 경우에는 피로티부분을 층수에서 제외한다.
2. 1개 동의 주택으로 쓰이는 바닥면적(부설 주차장 면적을 제외한다)의 합계가 660m² 이하일 것
3. 19세대 이하가 거주할 수 있는 것

해설 5,6
1. 연립주택 : 4개층 이하 660m² 초과
2. 다세대주택 : 4개층 이하 660m² 이하

정답 1.① 2.③ 3.② 4.④ 5.④

6 건축법령상 연립주택의 정의로 알맞은 것은?
① 주택으로 쓰는 층수가 5개 층 이상인 주택
② 주택으로 쓰는 1개 동의 바닥면적 합계가 660m² 이하이고, 층수가 4개 층 이하인 주택
③ 주택으로 쓰는 1개 동의 바닥면적 합계가 660m²를 초과하고, 층수가 4개 층 이하인 주택
④ 1개 동의 주택으로 쓰이는 바닥면적의 합계가 330m² 이하이고 주택으로 쓰는 층수가 3개층 이하인 주택

7 다음 중 용도별 건축물의 종류가 옳지 않게 연결된 것은?
① 단독주택 - 공관
② 공동주택 - 기숙사
③ 의료시설 - 치과병원
④ 제1종 근린생활시설 - 일반음식점

해설 **7**
일반음식점 - 제2종 근린생활시설

8 건축법령상 건축물과 해당 건축물의 용도가 옳게 연결된 것은?
① 의원 - 의료시설
② 도매시장 - 판매시설
③ 유스호스텔 - 숙박시설
④ 장례식장 - 묘지 관련 시설

해설 **8**
① 의원 : 제1종 근린생활시설
③ 유스호스텔 : 수련시설
④ 장례식장 : 장례시설

9 각 용도별 건축물의 종류가 옳지 않은 것은?
① 의료시설 : 치과병원
② 제1종 근린생활시설 : 동물병원
③ 문화 및 집회시설 : 자동차 경기장
④ 판매시설 : 상점

해설 **9**
동물병원 : 제2종 근린생활시설

10 다음 중 제2종 근린생활시설에 속하는 것은?
① 독서실 ② 유치원
③ 우체국 ④ 이용원

해설 **10** 건축물의 용도
② 유치원 - 교육연구시설
③ 우체국 - 제1종 근린생활시설
④ 이용원 - 제1종 근린생활시설

11 다음 중 건축법상 의료시설에 해당하는 것은?
① 동물병원 ② 마약진료소
③ 조산원 ④ 치과의원

해설 **11**
• 동물병원
 - 제2종 근린생활시설
• 조산원, 치과의원
 - 제1종 근린생활시설

정답 6. ③ 7. ④ 8. ② 9. ② 10. ①
11. ②

12 종교시설 중 종교집회장에 설치하는 봉안당의 용도는?
① 장례식장
② 종교시설
③ 묘지관련시설
④ 제2종 근린생활시설

13 다음 중 건축물의 용도분류상 문화 및 집회시설에 속하는 것은?
① 야외극장
② 산업전시장
③ 어린이회관
④ 청소년 수련원

14 다음 중 건축법상 운수시설에 속하지 않는 것은?
① 여객자동차터미널
② 하역장
③ 철도시설
④ 항만시설

15 다음 중 건축법령상 숙박시설에 해당하지 않는 것은?
① 여관
② 가족호텔
③ 유스호스텔
④ 휴양콘도미니엄

16 다음 중 건축물의 용도상 자동차 관련 시설에 해당하지 않는 것은?
① 주유소의 기계식 세차설비
② 정비학원
③ 매매장
④ 폐차장

17 건축물과 해당 건축물의 용도의 연결이 옳지 않은 것은?
① 주유소 - 자동차 관련 시설
② 야외음악당 - 관광휴게시설
③ 촬영소 - 방송통신시설
④ 일반음식점 - 제2종 근린생활시설

해 설

해설 12
봉안당은 묘지관련시설에 해당하나 종교시설에 설치하는 봉안당은 종교시설로 분류된다.

해설 13
- 야외극장, 어린이극장 : 관광휴게시설
- 청소년수련원 : 수련시설

해설 14
하역장 : 창고시설

해설 15
유스호스텔 : 수련시설

해설 16
주유소의 기계식 세차설비
- 위험물 저장 및 처리시설

해설 17
① 주유소(기계식 세차설비 포함)
- 위험물 저장 및 처리시설

정답 12. ② 13. ② 14. ② 15. ③ 16. ① 17. ①

18 건축법상 건축물과 해당 건축물의 용도의 연결이 옳지 않은 것은?
① 도서관 - 교육연구시설
② 운전학원 - 자동차 관련 시설
③ 안마시술소 - 제2종 근린생활시설
④ 식물원 - 동물 및 식물 관련 시설

19 아래 시설 가운데 동일한 건축물내 바닥면적 합계기준이 500m² 미만일 때만 제2종 근린생활시설에 속하는 것은?
① 종교집회장
② 휴게음식점
③ 의약품도매점
④ 노래연습장

20 다음 중 해당 용도에 사용되는 바닥면적의 합계에 의해 용도 분류가 다르게 되지 않는 것은?
① 종교집회장
② 치과병원
③ 골프연습장
④ 휴게음식점

21 건축법령에 따른 건축물의 용도 구분에 속하지 않는 것은?
① 영업시설
② 교정시설
③ 자원순환 관련 시설
④ 동물 및 식물 관련 시설

22 다음 중 건축법상 건축물의 용도 구분에 속하지 않는 것은? (단, 대통령령으로 정하는 세부 용도는 제외)
① 공장
② 교육시설
③ 묘지 관련 시설
④ 자원순환 관련 시설

해 설

해설 18
식물원 - 문화 및 집회시설

해설 19 2종 근린생활시설의 범위
② 휴게음식점
③ 의약품

1,000m² 미만	1종 근린생활시설
1,000m² 이상	판매시설

④ 노래연습장 : 1종근린생활시설

해설 20
① 종교집회장 : 500m² 미만(2종근린생활시설), 이상(종교시설)
③ 골프연습장 : 500m² 미만(2종근린생활시설), 이상(운동시설)
④ 휴게음식점 : 300m² 미만(1종근린생활시설), 이상(2종근린생활시설)

해설 21
영업시설은 근거없음.

해설 22
교육연구시설임.

정답 18. ④ 19. ① 20. ② 21. ①
22. ②

■■■ 건축제한

23 다음 중 제1종 전용주거지역 안에서 건축할 수 있는 건축물에 속하지 않는 것은?
① 단독주택 중 단독주택
② 다중주택
③ 아파트
④ 공관

해설 23
제1종 전용주거지역은 단독주택 중심의 양호한 주거환경조성을 목적으로 하며, 건축물의 층수는 4층 이하이다. (아파트 : 5층 이상의 건축물)

24 국토의 계획 및 이용에 관한 법률상 제2종 전용주거지역에서 건축할 수 있는 건축물에 속하지 않는 것은?
① 단독주택
② 종교시설(당해 용도에 쓰이는 바닥면적의 합계가 2,000m² 미만인 것)
③ 공동주택
④ 제1종 근린생활시설(당해 용도에 쓰이는 바닥면적의 합계가 1,000m² 미만인 것)

해설 24 용도지역 내의 허용 건축

제1종전용주거지역	1. 단독주택 2. 1,000m² 미만의 1종 근린생활시설
제2종전용주거지역	상기 1, 2 이외에 공동주택

25 제1종 일반주거지역안에서 건축할 수 있는 건축물에 속하지 않는 것은?
① 아파트
② 고등학교
③ 초등학교
④ 노유자시설

해설 25
공동주택 중 아파트는 건축이 제한된다.

26 국토의 계획 및 이용에 관한 법률상 제2종 일반주거지역 안에서 건축할 수 있는 건축물에 해당하지 않는 것은?
① 숙박시설
② 종교시설
③ 노유자시설
④ 제1종 근린생활시설

해설 26 2종 일반주거지역내 허용 건축물
1. 단독주택
2. 공동주택
3. 제1종 근린생활시설
4. 유치원·초등학교·중학교 및 고등학교
5. 노유자시설
6. 종교시설
* 관람장을 제외한 문화 및 집회시설은 조례로 건축가능

27 다음 중 준주거지역안에서 건축할 수 있는 건축물은? (단, 도시계획조례가 정하는 건축물은 제외)
① 위락시설
② 묘지관련시설
③ 단란주점
④ 교육연구시설

해설 27 준주거지역안에서 건축할 수 없는 건축물
1. 단란주점
2. 격리병원
3. 위락시설
4. 숙박시설
5. 묘지관련시설 등

정답 23. ③ 24. ② 25. ① 26. ①
27. ④

해 설

28 준주거지역안에서 건축할 수 있는 건축물에 해당하지 않는 것은? (단, 건축법령에 따른 건축물임)
① 위락시설
② 종교시설
③ 운동시설
④ 수련시설

해설 28
위락시설은 원칙적으로 상업지역안에서 허용되는 시설이다.

29 다음 중 아파트를 건축할 수 없는 용도지역은?
① 준주거지역
② 제1종 일반주거지역
③ 제2종 전용주거지역
④ 제3종 일반주거지역

해설 29
제1종 일반주거지역은 4층 이하의 건축물 건축이 가능하다. (아파트 : 주택으로 쓰이는 층이 5개층 이상)

■■■ **적용기준**

30 하나의 대지가 녹지지역과 그 밖의 용도지역·용도지구 또는 용도구역에 걸쳐있는 경우 적용기준으로 옳은 것은? (단, 녹지지역의 건축물이 방화지구에 걸쳐 있지 않은 경우)
① 특별시·광역시·시 또는 군이 조례에 의한다.
② 녹지지역의 건축물 및 토지에 관한 규정을 적용한다.
③ 각자의 용도지역·용도지구 또는 용도구역의 건축물 및 토지에 관한 규정을 적용한다.
④ 그 대지 중 가장 넓은 면적이 속하는 용도지역·용도지구 또는 용도구역의 건축물 및 토지에 관한 규정을 적용한다.

해설 30
하나의 대지가 2개 이상의 용도지역 등에 걸치는 경우에는 대지면적의 과반이 속한 용도지역 등의 기준을 적용하나 녹지지역과 걸치는 경우에는 그 면적과 관계없이 각각의 용도지역 기준을 적용한다.

31 건축물이 2가지 이상의 지역·지구에 걸치는 경우 건축물에 대해서 면적 배분에 관계없이 그 지역·지구의 규정을 적용받는 지역 또는 지구는?
① 상업지구
② 주거지역
③ 경관지구
④ 방화지구

해설 31 방화지구에 걸치는 건축물
건축물이 방화지구에 걸치는 경우에는 그 건축물에 대하여 방화지구안의 건축물 및 대지 등에 관한 규정을 적용한다.

정답 28. ① 29. ② 30. ③ 31. ④

■■■ 용도변경

32 건축법상 건축물의 용도변경시 분류된 시설군이 아닌 것은?

① 영업시설군
② 문화 및 집회시설군
③ 공업시설군
④ 주거 업무시설군

33 다음 중 용도변경과 관련된 시설군과 해당 시설군에 속하는 건축물의 용도의 연결이 옳지 않은 것은?

① 산업 등 시설군 - 운수시설
② 전기통신시설군 - 발전시설
③ 문화집회시설군 - 판매시설
④ 교육 및 복지시설군 - 의료시설

34 건축물의 용도변경과 관련된 시설군 중 영업 시설군에 속하지 않는 건축물의 용도는?

① 판매시설
② 운동시설
③ 업무시설
④ 숙박시설

35 건축물의 용도변경과 관련된 시설군 중 산업 등 시설군에 속하지 않는 건축물의 용도는?

① 장례시설
② 발전시설
③ 창고시설
④ 자원순환 관련 시설

36 용도변경과 관련된 시설군 중 교육 및 복지시설군에 속하지 않는 것은?

① 의료시설
② 수련시설
③ 종교시설
④ 노유자시설

해 설

해설 32, 33, 34

시설군	용도군
자동차관련시설군	자동차관련시설
산업등시설군	1. 운수시설 2. 창고시설 3. 공장 4. 위험물저장 및 처리시설 5. 자원순환 처리시설 6. 묘지관련시설 7. 장례시설
전기통신시설군	방송통신시설 2 발전시설
문화집회시설군	1. 문화 및 집회시설 2. 종교시설 3. 위락시설 4. 관광휴게시설
영업시설군	1. 판매시설 2. 운동시설 3. 숙박시설 4. 다중생활시설
교육 및 복지시설군	1. 의료시설 2. 교육연구시설 3. 노유자시설 4. 수련시설 5. 야영장시설
근린생활시설군	1. 제1종 근린생활시설 2. 제2종 근린생활시설
주거업무시설군	1. 단독주택 2. 공동주택 3. 업무시설 4. 교정시설 5. 국방·군사시설
기타 시설군	1. 동물 및 식물관련시설

해설 35
발전시설은 전기통신시설군에 속한다.

해설 36 교육 및 복지시설군
1. 의료시설
2. 교육연구시설
3. 노유자시설
4. 수련시설

정답 32. ③ 33. ③ 34. ③ 35. ②
36. ③

37 다음 중 용도변경시 허가를 받아야 하는 경우에 해당하지 않는 것은?

① 주거업무시설군에 속하는 건축물은 용도를 근린생활시설군에 해당하는 용도로 변경하는 경우
② 문화 및 집회시설군에 속하는 건축물의 용도를 영업시설군에 해당하는 용도로 변경하는 경우
③ 전기통신시설군에 속하는 건축물의 용도를 산업 등의 시설군에 해당하는 용도로 변경하는 경우
④ 교육 및 복지시설군에 속하는 건축물의 용도를 문화 및 집회시설군에 해당하는 용도로 변경하는 경우

38 다음 중 신고대상에 속하는 용도변경은?

① 영업시설군에서 문화 및 집회시설군으로의 용도변경
② 근린생활시설군에서 주거업무시설군으로의 용도변경
③ 산업 등의 시설군에서 자동차관련시설군으로의 용도변경
④ 교육 및 복지시설군에서 전기통신시설군으로의 용도변경

39 다음의 용도변경 중 허가대상에 속하는 것은?

① 위락시설에서 판매시설로의 용도변경
② 교육연구시설에서 제2종 근린생활시설로의 용도변경
③ 판매시설로서 교육연구시설로의 용도변경
④ 제1종 근린생활시설에서 위락시설의 용도변경

40 다음 중 허가 대상에 속하는 용도 변경은?

① 종교시설을 단독주택으로 변경
② 종교시설을 교육연구시설로 변경
③ 숙박시설을 업무시설로 변경
④ 제2종 근린생활시설을 숙박시설로 변경

41 용도변경시 신고를 하여야 하는 대상은?

① 단독주택을 교회로 용도변경
② 학교를 전시장으로 용도변경
③ 업무시설을 여관으로 용도변경
④ 노유자시설을 제2종 근린생활시설로 용도변경

해 설

[해설] **37, 38, 39, 40**
용도변경 절차기준

분류	절차
① 자동차 관련시설군	1. 허가대상 상위군 (오름차순)에 해당하는 용도로 변경하는 행위
② 산업등의 시설군	
③ 전기통신시설군	
④ 문화 및 집회시설군	2. 신고대상 하위군 (내림차순)에 해당하는 용도로 변경하는 행위
⑤ 영업시설군	
⑥ 교육 및 복지시설군	
⑦ 근린생활시설군	3. 건축물대상 기재변경 신청 동일한 시설군내에서 용도를 변경하는 행위
⑧ 주거업무시설군	
⑨ 기타시설군	

[해설] **38**
① 영업시설군(⑤항)
→ 문화 및 집회시설군(④항)
③ 산업등의 시설군 (②항)
→ 자동차관련시설군(①항)
④ 교육 및 복지시설군(⑥항)
→ 전기통신시설군(③항)

[해설] **39**
판매시설은 영업시설군에 해당한다.

[해설] **40**
• 종교시설(문화 및 집회시설군)
→ 단독주택(주거업무시설군) : 신고
• 종교시설 → 교육연구시설군 : 신고
• 숙박시설(영업시설군) → 업무시설(주거업무시설) : 신고

정답 37. ② 38. ② 39. ④ 40. ④
41. ④

출제예상문제

CHAPTER 2
2. 건축물의 용도

■■■ 용도분류

1. 건축법의 용도 분류상 단독주택에 속하는 것은?
① 기숙사　　　② 공관
③ 다세대 주택　④ 연립주택

[해설] • 단독주택
　① 단독주택　② 다가구주택
　③ 다중주택　④ 공관

• 공동주택
　① 아파트　② 다세대주택
　③ 연립주택　④ 기숙사

2. 다음 중 공동주택에 속하지 않는 것은?
① 아파트　　② 다가구주택
③ 연립주택　④ 다세대주택

3. 제1종 근린생활시설에 속하는 기준 내용 중 (　) 안에 들어갈 말로 적합한 것은?

> 휴게음식점 · 제과점으로서 동일한 건축물 안에서 당해용도에 쓰이는 바닥면적의 합계가 (　　) 미만인 것

① 100m²　② 200m²
③ 300m²　④ 400m²

4. 건축법령상 제2종 근린생활시설에 해당하지 아니하는 것은?
① 일반음식점
② 안마시술소
③ 치과의원
④ 동물병원

[해설] 의원, 치과의원, 한의원, 접골원, 조산소는 제1종 근린생활시설임.

5. 다음 중 교정시설에 속하지 않는 것은?
① 교도소
② 소년원
③ 감화원
④ 군사시설

[해설] 군사시설 - 국방 · 군사시설

6. 건축법상 문화 및 집회시설의 용도분류에 따른 관계가 잘못된 것은?
① 공연장 - 극장
② 집회장 - 예식장
③ 관람장 - 경마장
④ 동 · 식물원 - 화초 및 분재 등의 온실

[해설] 화초 및 분재 등의 온실 - 동물 및 식물관련시설

7. 다음 시설 중 건축법상의 숙박시설에 해당되지 않는 것은?
① 유스호스텔
② 가족호텔
③ 휴양 콘도미니엄
④ 수상관광호텔

[해설] 숙박시설
　① 일반숙박시설 : 호텔, 여관, 여인숙
　② 관광숙박시설 : 관광호텔, 가족호텔, 수상관광호텔, 휴양콘도미니엄, 한국전통호텔
　※ 유스호스텔은 수련시설에 해당된다.

8. 건축물의 용도 분류 기준 중 의료시설이 아닌 것은?
① 의원　　② 한방병원
③ 요양소　④ 마약진료소

[해설] 의원 : 제1종 근린생활시설

해답　1.②　2.②　3.③　4.③　5.④　6.④　7.①　8.①

9. 건축물의 용도분류에 대한 연결이 옳은 것은?

① 철도역사, 공항시설 - 운수시설
② 장례식장 - 묘지관련시설
③ 유스호스텔 - 숙박시설
④ 의원 - 의료시설

해설
- 장례식장 – 장례시설
- 유스호스텔 – 수련시설
- 의원 – 제1종 근린생활시설

10. 다음 건축물의 용도분류상 관계가 잘못된 것은?

① 공관 - 단독주택
② 요양병원 - 의료시설
③ 동·식물원 - 동물 및 식물 관련 시설
④ 여객자동차터미널 - 운수시설

해설 동·식물원은 문화 및 집회시설이다.

11. 다음 중 용도 분류가 잘못 연결된 것은?

① 공관 - 단독주택
② 기숙사 - 공동주택
③ 바닥면적이 500㎡인 보건소 - 제1종 근린생활시설
④ 바닥면적이 500㎡인 교회 - 제2종 근린생활시설

해설 용도 바닥면적에 따른 종교 집회장(교회, 성당, 사찰 등)의 용도 분류

집회장	500㎡ 미만	제2종 근린생활시설
	500㎡ 이상	종교시설

12. 건축물에 따른 용도의 연결이 옳지 않은 것은?

① 예식장 - 문화 및 집회시설
② 다중생활시설 - 교육연구시설
③ 다세대주택 - 공동주택
④ 항만시설 - 운수시설

해설 다중생활시설(고시원)은 바닥면적의 합계가 500㎡ 미만이면 제2종 근린생활시설, 500㎡ 이상이면 숙박시설에 해당한다.

13. 다음 중 바닥면적의 합계와 관계없이 제1종 근린생활시설로 볼 수 있는 것은?

① 휴게음식점 ② 수퍼마켓
③ 마을 공동구판장 ④ 탁구장

해설

휴게음식점	300㎡ 미만	1종 근린생활시설
	300㎡ 이상	2종 근린생활시설
수퍼마켓	1,000㎡ 미만	1종 근린생활시설
	1,000㎡ 이상	판매시설
탁구장	500㎡ 미만	2종 근린생활시설
	500㎡ 이상	운동시설
집회장	500㎡ 미만	2종 근린생활시설
	500㎡ 이상	종교시설

■■■ 용도지역안의 건축제한

14. 아파트를 건축할 수 있는 지역으로 적합한 것은?

① 1종 전용주거지역
② 2종 전용주거지역
③ 유통상업지역
④ 보전녹지지역

15. 다음의 건축물 중 준공업지역에서 건축할 수 없는 것은?

① 숙박시설 ② 위락시설
③ 판매시설 ④ 업무시설

해설 준공업지역에서 건축할 수 없는 건축물
1. 위락시설
2. 묘지관련시설
3. 기타 조례로 정하는 시설

16. 건축법 시행령에 따라 모든 지역에서 건축이 가능한 용도는 어느 것인가?

① 제1종 근린생활시설
② 제2종 근린생활시설
③ 공공용시설
④ 종교집회장

해답 9. ① 10. ③ 11. ④ 12. ② 13. ③ 14. ② 15. ② 16. ①

■■■ 대지가 지역·지구·구역에 걸칠 때의 조치

17. 건축물의 대지가 서로 다른 지역·지구에 걸치는 경우 과반에 속하는 지역·지구의 규정을 적용받지 않고 각각의 지역·지구의 규정을 적용받는 곳은?

① 경관지구
② 위락지구
③ 녹지지역
④ 중심상업지역

18. 그림과 같은 대지 및 건축물에 관한 기술 중 맞는 것은?

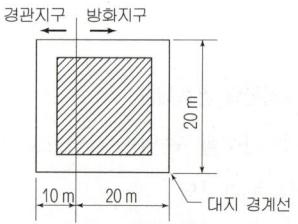

① 건축물 및 대지의 전부에 대하여 경관지구에 관한 규정을 적용한다.
② 건축물 전부에 대하여 방화지구에 관한 규정을 적용한다.
③ 건축물에 한하여 경관지구에 관한 규정을 적용한다.
④ 대지에 한하여 방화지구에 관한 규정을 적용한다.

■■■ 용도변경

19. 건축물의 용도변경을 위한 시설군의 조합으로 가장 부적당한 것은?

① 산업등의 시설군 - 자동차 관련시설
② 문화 및 집회 시설군 - 종교시설
③ 영업시설군 - 숙박시설
④ 교육 및 복지시설군 - 의료시설

[해설] 용도변경 절차기준

분류	시설군	절차
① 자동차 관련시설군	자동차 관련 시설	1. 허가대상 상위군(오름차순)에 해당하는 용도로 변경하는 행위 2. 신고대상 하위군(내림차순)에 해당하는 용도로 변경하는 행위 3. 건축물대상 기재변경 신청 동일한 시설군 내에서 용도를 변경하는 행위
② 산업등의 시설군	운수시설 창고시설 공장 위험물 저장 및 처리시설 자원순환 처리시설 묘지관련시설 장례식장	
③ 전기통신시설군	방송통신시설 발전시설	
④ 문화 및 집회시설군	문화 및 집회시설 종교시설 위락시설 관광휴게시설	
⑤ 영업시설군	판매시설 운동시설 숙박시설 다중생활시설	
⑥ 교육 및 복지시설군	의료시설 교육연구시설 노유자시설 수련시설 야영장시설	
⑦ 근린생활시설군	근린생활시설	
⑧ 주거업무시설군	단독, 공동주택 업무시설 교정시설 국방·군사시설	
⑨ 기타시설군	동물 및 식물관련시설	

20. 다음 중 건축물의 용도변경시 분류된 시설군이 아닌 것은?

① 영업시설군
② 문화 및 집회시설군
③ 공업시설군
④ 주거업무시설군

21. 건축물의 용도변경규정 적용시 영업 시설군에 속하지 않는 것은?

① 판매시설
② 운동시설
③ 숙박시설
④ 위락시설

해답 17. ③ 18. ② 19. ① 20. ③ 21. ④

22. 건축물의 용도변경시 법의 준용에 대한 설명이 옳지 않은 것은?

① 용도변경하고자 하는 부분의 바닥면적의 합계가 100m² 이상인 용도변경시 사용승인을 받는다.
② 용도변경하고자 하는 부분의 바닥면적의 합계가 500m² 이상인 용도변경의 설계는 건축사에 의한 설계가 이루어져야 한다.
③ 용도변경시 건축물의 공사감리규정을 따른다.
④ 용도변경시 건축신고의 제한규정을 따른다.

[해설] 용도변경은 공사감리 대상이 아니다.

해답 22. ③

3 절 차

> **학습방향**
>
> 건축법의 절차는 허가 또는 신고된 건축물에 대한 착공신고부터 건축사의 설계, 공사감리 및 사용승인에 대한 운영기준을 정하고 있다.
> 따라서, 허가 또는 신고된 건축공사의 착공으로부터 사용승인까지의 절차와 적법한 시공을 위한 건축설계 및 공사감리에 대한 기준을 충분히 이해하도록 한다.
> ◆ 착공신고시 흙막이 구조도면 제출대상 : 지하 2층 이상의 지하층 설치
> ◆ 감리자가 지정되지 않은 건축물의 사용승인서 교부 : 접수일로부터 7일 이내 사용승인 검사 후 교부
> ◆ 다중이용건축물의 공사감리권한 : 건설엔지니어링사업자(건축감리전문회사, 종합감리전문회사)
> ◆ 허용오차의 극값 : 최대치(건폐율 : 0.5%), 최소치(벽체 및 바닥판 두께 등 : 3%)

1 착공신고 등

【1】 착공신고

다음과 같은 건축물의 건축주는 공사착수전에 허가권자에게 공사계획을 신고하여야 한다.

구 분	내 용	비 고
① 대상	1. 건축허가 대상(법 제11조) 2. 건축신고대상(법 제14조) 3. 가설건축물 축조허가 대상(법 제20조 제1항)	• 신고대상 가설건축물, 용도변경신고시 착공신고대상에서 제외 • 건축물의 철거신고시 착공예정일을 기재한 경우에는 철거신고로 착공신고를 대신한다.
② 의무자 및 시기	건축주가 공사착수 전 허가권자에게 공사계획을 신고	
③ 첨부서류 및 도서	1. 건축관계자 상호간의 계약서 사본(해당사항의 경우) 2. 시방서, 실내마감도, 건축설비도, 토지굴착 및 옹벽도(공장의 경우) 3. 보험증서 또는 공제증서 사본 4. 흙막이 구조 도면(지하 2층 이상의 지하층을 설치하는 경우) 5. 구조안전확인서	

학습POINT

【2】 안전관리 예치금

1. 대상	연면적 1,000m² 이상으로서 조례가 정하는 건축물
2. 예치금	허가권자는 대상건축물의 착공신고시 건축주에게 건축공사비의 1% 범위안에서 예치하게 할 수 있다.
3. 예치금의 반환이율	은행, 체신관서 등 금융기관에 예치한 경우의 안전관리예치금에 대하여 적용하는 이율로 산정한 이자를 포함하여 반환하여야 한다.
4. 예치금의 산정 등	예치금의 산정·예치방법 및 반환 등에 관하여 필요한 사항은 당해 지방자치단체의 조례로 정한다.

2 사용승인

【1】 건축물의 사용승인

① 건축주는 건축공사 완료 후 건축물을 사용하려면 감리완료보고서와 공사완료도서를 첨부하여 허가권자에게 사용승인신청을 하여야 한다.
② 건축주의 사용승인신청에 대하여 허가권자는 신청 접수일로부터 7일 이내에 감리비용지불 확인 후 사용승인검사를 실시하여 검사에 합격한 후 즉시 사용승인서를 교부한다.
③ 하나의 대지에 2이상의 건축물을 건축하는 경우 동별공사를 완료한 경우를 사용승인신청을 할 수 있다.
④ 건축주는 원칙적으로 사용승인을 얻은 후에 그 건축물을 사용하거나 사용하게 할 수 있다.
(단, 기간내에 사용승인서를 교부하지 않거나, 임시사용승인의 경우 제외)

■ 사용승인을 받지 않는 건축
① 공용건축물(국가 등이 건축하는 건축물)
② 바닥면적 100m² 미만의 용도변경
③ 신고대상 가설건축물

【2】 임시사용승인

구 분	내 용
1. 대 상	• 사용승인서를 교부받기전에 공사가 완료된 부분 • 식수 등 조경에 필요한 조치를 하기에 부적합한 시기에 건축공사가 완료된 건축물
2. 기 간	• 2년 이내 (다만, 허가권자는 대형건축물 또는 암반공사 등으로 인하여 공사기간이 장기간인 건축물에 대하여는 그 기간을 연장할 수 있음)
3. 신 청	• 건축주가 임시사용승인 신청서를 허가권자에게 제출
4. 승 인	• 신청받은 날 부터 7일 이내에 임시사용승인서를 신청인에 교부

3 건축설계

【1】건축사설계 대상

다음과 같이 정하는 지역, 용도, 규모 및 구조의 건축물의 건축 등을 위한 설계는 건축사가 아니면 이를 할 수 없다.

건축사 설계 대상	예 외
① 건축허가 대상 건축물 ② 건축신고 대상 건축물 ③ 「주택법」에 따른 리모델링 건축물 ④ 허가대상 가설건축물 ⑤ 500㎡ 이상인 허가대상 용도변경	① 바닥면적의 합계가 85㎡미만의 증축·개축 또는 재축 ② 연면적이 200㎡미만이고 층수가 3층 미만인 건축물의 대수선 ③ 읍, 면지역에서 연면적 200㎡ 이하 창고, 농막과 400㎡ 이하인 축사, 재배사, 종묘재배시설, 화초 및 분재 등의 온실 ④ 신고대상 가설건축물 ⑤ 표준설계도서, 특수공법

■ 설계도서
공사용 도면과 구조계산서 및 시방서, 건축설비계산관계서류, 토질 및 지질관계서류, 기타 공사에 필요한 서류를 말함

■ 서명날인
설계자는 당해 설계가 건축법 및 관계법령의 규정에 적합하게 작성되었는지를 확인한 후 그 설계도서에 서명날인하여야 함

【2】설계도서의 작성기준

국토교통부장관이 정하여 고시하는 설계도서 작성기준에 따라 작성하여야 한다. (단, 특수공법으로서 건축위원회 심의를 거친 경우는 제외)

4 건축시공

【1】성실시공의무 등

① 공사시공자는 건축주와의 계약에 따라 성실하게 공사를 수행하여야 하며, 공사현장의 위해방지 조치를 하여야 한다.

② 건축법 및 기타 관계법령의 규정에 적합하게 건축하여 건축주에게 인도하여야 한다.
③ 공사현장에 설계도서를 비치하여야 한다.
④ 건축공사를 착수한 경우에는 공사현장에 건축허가 표지판을 설치하여야 한다.

【2】상세시공도면의 작성

공사시공자는 다음의 경우 상세시공도면을 작성하여 공사를 하여야 한다. 이 경우 공사감리자의 확인을 받아야 한다.

1. 공사시공자가 당해 공사를 함에 있어 필요하다고 인정하는 경우
2. 공사감리자로부터 상세시공도면의 요청을 받은 경우

■ 상세시공도면의 작성
연면적의 합계가 5,000㎡ 이상의 건축공사에 있어 공사감리가 필요하다고 인정하는 경우에는 공사시공자로 하여금 상세시공도면을 작성하도록 요청할 수 있다.

【3】사진 및 동영상보관

1. 촬영의무 건축물	• 다중이용건축물 • 특수구조건축물 • 건축물의 하층부가 필로티 등의 구조로서 상층부와 다른 구조형식인 3층 이상의 건축물	
2. 촬영의무자	공사시공자	
3. 촬영시기	• 다중이용건축물	감리중간보고서 작성 및 방화구획 설치 공사시
	• 특수구조건축물	매층마다 상부슬래브 배근완료시
		매층마다 주요구조부 조립완료시
	• 3층 이상의 필로티 형식 건축물	기둥 또는 벽체 철근 배치 완료시 — 상층부와 구조형식이 다른 하층부 부재
		보 또는 슬래브 철근 배치 완료시
	• 내화채움구조의 메우는 시공 완료 시	
	• 댐퍼시공 완료 시	
4. 제출절차	• 시공자가 공사감리자에게 제출 • 감리자는 감리중간보고서 및 감리완료보고서 제출시 건축주에게 제출 • 건축주는 사용승인신청시 허가권자에게 제출	

【4】공사현장의 위해방지

공사시공자는 건축물의 시공 또는 해체시 산업안전보건에 관한 법령에 따른 위해방지 조치를 하여야 한다.

【5】건축주 직접 시공(현장관리인 지정)

① 다음과 같은 건축물에 대해서 건축주는 공사현장관리를 위하여 건설기술자 1명을 현장관리인으로 지정하고 직접 시공할 수 있다.

1. 연면적 $200m^2$ 이하인 주거용 건축물로서 공동주택, 다중주택, 다가구주택, 공관 이외의 건축물
2. 연면적 $200m^2$ 이하인 기타 건축물 등

② 현장관리인은 건축주의 승낙을 받지 아니하고는 정당한 사유 없이 그 공사현장을 이탈하여서는 아니된다. (무단이탈의 경우 과태료 50만원 이하 부과)

5 공사감리

【1】공사감리대상

(1) 건축주의 감리자 지정

건축주는 건축허가를 받아야 하는 건축물에 대해서는 공사감리자를 지정하여 공사감리를 하게 하여야 한다.

감리자의 자격	해당건축물의 용도·규모·구조	예 외
① 건축사	1. 건축허가를 받아야 하는 건축물 2. 사용승인후 15년 이상 경과되어 리모델링을 하는 건축물	• 용도변경 • 신고대상 건축물 • 신고대상 가설건축물 • 공작물
② 건설엔지니어링 사업자	다중이용건축물을 건축하는 경우	• 건설기술진흥법 규정에 의하여 건설사업관리 기술인을 배치하는 경우에는 건축사를 공사감리자로 지정할 수 있다.

■ 표준설계도서 또는 특수공법의 건축물
건축사설계대상에서는 제외되나 공사감리는 적용받는다.

■ 다중이용건축물
① • 문화 및 집회시설(동·식물원 제외)
　• 판매시설·여객용시설·종교시설·종합병원
　• 관광숙박시설
　- 위 용도에 쓰이는 바닥면적의 합계가 5,000m² 이상인 건축물
② 16층 이상인 건축물

[비고] 건설엔지니어링사업자 : 종합감리전문회사, 건축감리전문회사

(2) 허가권자에게 의한 공사감리자 지정

허가권자는 다음의 건축물에 대해서 해당 건축물의 설계에 참여하지 아니한 자 중에서 공사감리자를 지정하여야 한다.

1. 연면적 200m² 이하인 건축물(단독주택, 농업용 등에 사용되는 창고, 작업장, 축사, 양어장 제외)로서 건축주가 직접 시공하는 건축물
2. 아파트, 연립주택, 다세대주택, 다중주택, 다가구주택(복합용도 건축물 포함)

[예외] 다음 각 호의 어느 하나에 해당하는 건축물의 건축주가 허가권자에게 신청하는 경우에는 해당 건축물을 설계한 자를 공사감리자로 지정할 수 있다.

1. 「건설기술진흥법」 따른 신기술을 적용하여 설계한 건축물
2. 「건축서비스산업 진흥법」에 따른 역량있는 건축사가 설계한 건축물
3. 설계공모를 통하여 설계한 건축물

＊허가권자는 신청일로부터 7일 이내에 결정 통지하여야 한다.

【2】 공사감리자의 업무처리 절차

구 분	내 용	비 고
① 건축주에게 통지	-	-
② 시공자에게 시정 또는 재시공 요청	• 건축법 또는 관계법령에 위반된 사항을 발견한 경우 • 공사시공자가 설계도서대로 공사를 하지 아니하는 경우	-
③ 시공자에게 공사 중지요청	• 공사시공자가 시정 또는 재시공하지 아니하는 경우(서면으로 공사중지요청)	• 공사중지요청을 받은 공사시공자는 정당한 사유가 없는 한 즉시 공사를 중지하여야 한다.
④ 위법사항의 보고 (공사감리자가 허가권자에게)	• 공사시공자가 시정·재시공 또는 공사중지요청에 따르지 아니하는 경우	• 명시한 기간이 만료되는 날부터 7일이내에 위법건축공사보고서를 허가권자에게 제출한다.

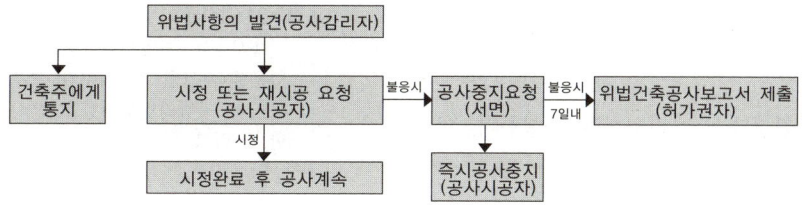

【3】 감리보고서의 제출

(1) 감리보고서 작성 및 제출

건축주는 건축물의 사용승인을 신청하는 때에 중간감리보고서와 감리완료보고서를 공사감리자로부터 받아 허가권자에게 제출하여야 한다.

(2) 감리중간보고서의 제출시기

구 조	공 정	공사의 진도
• 철근콘크리트조 • 철골철근콘크리트조 • 조적조 • 보강콘크리트 블록조	기초공사	기초철근 배치를 완료한 때
	지붕공사	지붕슬라브 배근을 완료한 때
	5층이상 건축물	지상 5개층마다 상부슬래브 배근을 완료한 때
	특수구조 건축물에 해당되는 지하층	상부슬래브 배근을 완료한 때
• 철골조	기초공사	기초 철근배치를 완료한 경우
	지붕공사	지붕철골 조립을 완료한 경우
	3층이상 건축물	지상 3개층마다 또는 높이 20m마다 주요구조부의 조립을 완료한 경우
• 기타구조	기초공사	거푸집 또는 주춧돌 설치를 완료한 때

【4】 공사감리자의 감리업무

1. 공사시공자가 설계도서에 적합하게 시공하는지 여부 확인
2. 공사시공자가 사용하는 건축자재가 기준에 적합한지 여부 확인
3. 건축물 및 대지가 관계법령에 적합하도록 시공자 및 건축주 지도
4. 시공계획 및 공사관리의 적정여부 확인
5. 공사현장의 안전관리 지도
6. 공정표 검토
7. 상세시공도면의 검토·확인
8. 구조물의 위치와 규격의 적정여부 검토·확인
9. 품질시험의 실시여부 및 시험성과 검토·확인
10. 설계변경의 적정여부 검토·확인
11. 수급인의 하도급 적법성 및 건설기술인 배치에 관한 확인
12. 기타 공사감리계약으로 정하는 사항

[비고] 특수구조건축물, 고층건축물이 감리중간보고서 작성시기에 다다른 때마다 공사감리자는 건축구조기술사의 협력을 받아야 한다.

■ 감리보고서 내용
1. 건축공사감리 점검표
2. 별지 제21호서식의 공사감리일지
3. 공사추진 실적 및 설계변경 종합
4. 품질시험성과 총괄표
5. 자재의 사용총괄표
6. 공사현장 사진 및 동영상
7. 공사감리자가 제출한 의견 및 자료 등

■ 감리보고서의 제출

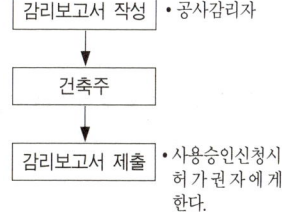

■ 공사감리자의 업무행태
1. 확인
2. 지도
3. 검토

【5】공사감리방법

(1) 일반공사감리
수시 또는 필요한 때 공사현장에서 감리업무를 수행한다.

(2) 건축사보 등의 현장상주감리
다음에 해당하는 공사감리는 해당 건축사보 등이 해당 공사기간동안 각각 공사현장에서 감리업무를 수행해야 한다.

상주공사 감리대상건축물	감리인원 및 감리기간	건축사보 등의 자격
1. 바닥면적의 합계 5,000m² 이상의 건축공사(축사, 작물재배사 제외) 2. 연속된 5개층(지하층을 층수에 삽입) 이상으로서 바닥면적의 합계 3,000m² 이상의 건축공사 3. 아파트의 건축공사 4. 준다중이용건축물 건축공사	• 건축분야 건축사보 등 1인 이상 - 전체공사기간동안 상주 • 토목, 전기, 기계분야 건축사보 등 1인이상 - 각 분야별 해당공사 기간 동안 상주	건축사보 등은 건축공사의 설계·시공·시험·검사·공사감독 또는 감리업무 등에 2년 이상 종사한 경력이 있는 자
5. 공장 건축공사 6. 깊이 10m 이상 토지굴착공사 7. 높이 5m 이상 옹벽공사	• 건축 또는 안전관리분야 건축사보 등 1인 이상 - 마감재료 설치공사기간 동안 상주 • 건축 또는 토목분야 건축사보 등 1인 이상 - 해당 공사기간 상주	

(3) 건축사보 등의 배치현황 보고
공사현장에 건축사보 등을 두는 공사감리자는 다음의 기간내에 건축사보 등의 배치현황을 허가권자에게 제출하여야 한다.

구 분	내 용
1. 최초의 건축사보 등을 배치하는 경우	착공예정일로부터 7일
2. 건축사보 등의 배치에 관한 변경철수가 있는 경우	변경·철수된 날부터 7일
3. 허가권자는 건축사보 등의 배치현황을 대한건축사협회에 송부하여야 함.	
4. 대한건축사협회는 건축사보 등의 배치현황을 관리하여야 하며, 이중배치 등이 발견시 이를 시·도지사에게 통보하여야 함.	

【6】건축주와의 관련
① 공사감리자는 건축주가 지정한다.
② 건축주는 건축시공자·공사감리자를 변경한 때 또는 건축주가 변경된 경우에는 변경한 날부터 7일 이내에 허가권자에게 제출하여야 한다.
③ 건축주는 착공신고시 감리계약서를 허가권자에게 제출하여야 하며, 사용승인신청시 감리비용을 지불하여야 한다.

■ 공사감리권
건축사보는 건축사의 공사감리업무를 보조할 뿐 어떠한 경우라도 공사감리업무권한을 행사할 수 없다.

■ 건축사보 등
1. 건축사보
2. 기술사사무소 또는 건설기술용역사업자 등에 소속된 해당 분야 기술계 자격자
3. 건설사업관리 수행 자격자

6 건축관계자 변경신고

내 용		신고자	기 타
① 건축 또는 대수선에 관한 허가를 받거나 신고한 자의 변동사항	• 건축 또는 대수선 중인 건축물을 양수한 경우	양수인	• 신고자는 허가권자에게 그 사실이 발생한 날로부터 7일 이내에 건축관계자 변경신고서를 제출 • 공사시공자 및 공사감리자의 변경은 변경한 날로부터 7일 이내에 신고
	• 허가를 받거나 신고를 한 건축주가 사망한 경우	상속인	
	• 허가를 받거나 신고를 한 법인이 다른 법인과 합병을 한 경우	법인	
② 설계자, 공사시공자 및 공사감리자의 변경		건축주	

7 허용오차

대지의 측량(측량, 수로조사 및 지적에 관한 법률에 의한 측량제외) 과정과 건축물의 건축에 있어 부득이하게 발생하는 오차의 허용범위는 다음과 같다.

【1】 대지관련 건축기준의 허용오차

항 목	허용되는 오차의 범위
1. 건축선의 후퇴거리	3% 이내
2. 인접대지 경계선과의 거리	
3. 인접건축물과의 거리	
4. 건폐율	0.5% 이내(단, 건축면적 5m²를 초과할 수 없다)
5. 용적률	1% 이내(단, 연면적 30m²를 초과할 수 없다.)

【2】 건축물관련 건축기준의 허용오차

항 목		허용되는 오차의 범위
1. 건축물의 높이	2% 이내	1m를 초과할 수 없다.
2. 출구너비		-
3. 반자높이		-
4. 평면길이		• 건축물 전체길이는 1m를 초과할 수 없다. • 벽으로 구획된 각실은 10cm를 초과할 수 없다.
5. 벽체두께	3% 이내	
6. 바닥판 두께		

> ■■ 연면적 10,000m²인 건축물의 최대 허용오차의 범위
> ① 30m² 이하
> ② 연면적의 1%인 100m² 이하
> ∴ ①값과 ②값 중 최소값인 30m² 이하이다.

■ 용어해설
• 이상, 이하, 이내 : 기준 숫자를 포함한다.
• 미만, 초과, 넘는 : 기준 숫자를 포함하지 않는다.

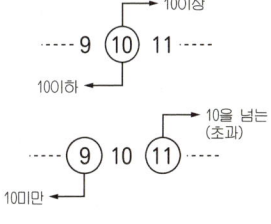

핵심문제

■■■ 착공신고

1 건축법상 건축물의 공사를 착수하고자 하는 건축주가 착공신고를 해야 하는 대상은?

① 건축물의 건축신고를 한 건축물에 한하여
② 건축물의 건축허가를 받은 건축물에 한하여
③ 건축물의 건축허가를 받거나 신고를 한 건축물
④ 건축사의 설계를 받은 건축물

[해설] **1** 착공신고대상
1. 건축허가 대상(법 제11조)
2. 건축신고대상(법 제14조)
3. 가설건축물 축조허가 대상(법 제20조제1항)

2 착공신고를 할 때에 흙막이 구조도면 제출대상의 기준으로 맞는 것은?

① 지하 2층 이상의 지하층을 설치하는 경우
② 지하 3층 이상의 지하층을 설치하는 경우
③ 지표면으로부터 3m 이상의 지하를 굴착하는 경우
④ 지표면으로부터 5m 이상의 지하를 굴착하는 경우

[해설] **2**
흙막이 구조도면의 제출 : 지하 2층 이상의 지하층을 설치하는 경우에 한함.

■■■ 사용승인

3 건축물의 사용승인 신청은 언제 하여야 하는가?

① 공사완료후
② 공사완료후 3일 이내
③ 공사완료후 7일 이내
④ 공사완료전 7일 이내

[해설] **3**
건축주는 허가 또는 신고를 받은 건축물의 공사완료 후 허가권자에게 사용승인을 신청한다.

4 다음은 건축물의 사용승인에 관한 기준 내용이다. ( ) 안에 알맞은 것은?

> 건축주가 허가를 받았거나 신고를 한 건축물의 건축공사를 완료한 후 그 건축물을 사용하려면 공사감리자가 작성한 감리완료보고서와 국토교통부령으로 정하는 (   )를 첨부하여 허가권자에게 사용승인을 신청하여야 한다.

① 사용승인서
② 공사완료도서
③ 표준설계도서
④ 감리중간보고서

정답 1. ③ 2. ① 3. ① 4. ②

5 다음은 사용승인신청과 관련된 기준 내용이다. (　) 안에 알맞은 것은?

> 허가권자는 사용승인신청을 받은 경우에는 그 신청서를 받은 날부터 (　) 이내에 사용 승인을 위한 현장검사를 실시하여야 한다.

① 3일　　　　　　　　② 5일
③ 7일　　　　　　　　④ 10일

■■■ 공사감리

6 공사감리자가 공사시공자에게 상세시공도면의 작성을 요청할 수 있는 대상건축물의 연면적의 합계는 몇 m² 이상인가?

① 2,000m² 이상　　　　② 3,000m² 이상
③ 4,000m² 이상　　　　④ 5,000m² 이상

[해설] 6 상세시공도면 작성요청
연면적 합계 5,000m² 이상의 공사감리자는 공사시공자로 하여금 상세시공도면을 작성하도록 요청할 수 있다.

7 다음과 같은 경우 지정하여야 하는 공사감리자는?

> • 공사감리자를 지정하여 공사감리를 하게 하는 경우
> • 건축법 제11조에 따라 건축허가를 받아야 하는 건축물(법 제14조에 따른 건축신고 대상 건축물은 제외)을 건축하는 경우

① 건축사　　　　　　　② 공사시공자
③ 건축시공기술사　　　④ 건설기술용역업자

[해설] 7 공사감리자의 자격

감리자의 자격	해당건축물의 용도·규모·구조
① 건축사	1. 건축허가를 받아야 하는 건축물 2. 사용승인후 15년 이상 경과되어 리모델링을 하는 건축물
② 건설기술 용역업자	다중이용건축물을 건축하는 경우

8 공사 감리 대상 건축물 중 옳지 않은 것은?

① 바닥 면적의 합계 200m² 이상의 건축 공사
② 바닥 면적의 합계 150m² 이상의 대수선 공사
③ 3층 이상인 건축물의 건축
④ 국토교통부장관이 건축사 사무소 개설자에게 조사 업무를 행하게 한 건축물의 건축 공사

[해설] 8
②항은 건축신고 대상이며, 신고대상 대수선은 공사감리대상이 아님

9 공사감리에 관한 내용 중 옳지 않은 것은?

① 감리자는 시공자가 관계법령을 위반할 경우 공사중지 요청을 할 수 있다.
② 감리자는 공사완료시에 감리완료 보고서를 허가권자에게 제출하여야 한다.
③ 감리자는 감리일지를 기록, 유지하여야 한다.
④ 공사감리자는 시공자가 시정요청을 받아들이지 않을 경우 허가권자에게 보고하여야 한다.

[해설] 9
감리중간보고서, 감리완료보고서는 감리자가 건축주에게 제출하며, 사용승인신청시 건축주가 허가권자에게 제출한다.

정답 5. ③　6. ④　7. ①　8. ②　9. ②

10 공사감리자가 수행하여야 하는 감리 업무에 해당하지 않는 것은? (단, 기타 공사감리계약으로 정하는 사항은 제외)

① 상세시공도면의 검토·확인
② 공사현장에서의 안전관리의 지도
③ 설계변경의 적정여부의 검토·확인
④ 공사금액의 적정여부의 검토·확인

해 설

해설 10
시공계획, 공정표 등 공사에 관한 내용은 공사감리업무가 되나 공사 금액 적정성 여부, 내역서 등 비용에 관한 사항은 공사시공자와 건축주 사이의 직접 확인사항이다.

11 건축법령에 따른 공사감리자의 수행 업무가 아닌 것은?

① 공정표의 검토
② 상세시공도면의 작성
③ 공사현장에서의 안전관리의 지도
④ 시공계획 및 공사관리의 적정여부의 확인

해설 11
상세시공도면은 공사시공자가 작성하여야 한다.

12 공사감리자가 건축주에게 중간감리보고서를 제출하여야 할 시기가 아닌 것은?

① 5층 이상 건축물인 경우 지상 5개 층마다 상부슬래브 배근을 완료한 때
② 지붕슬래브배근을 완료한 때
③ 기초공사시 철근배치를 완료한 때
④ 최하층 슬래브 배근을 완료한 때

해설 12,13 중간감리보고서 제출시기

공정	공사의 진도
기초공사	기초철근 배치를 완료한 때
지붕공사	지붕슬라브 배근을 완료한 때
5층이상 건축물	지상 5개층마다 상부슬래브 배근을 완료한 때

*철골조의 경우 : 지상 3개층마다 또는 높이 20m마다

13 다음은 공사감리에 관한 기준 내용이다. 밑줄 친 "공사의 공정이 대통령령으로 정하는 진도에 다다른 경우"에 속하지 않는 것은? (단, 건축물의 구조가 철근콘크리트조인 경우)

> 공사감리자는 국토교통부령으로 정하는 바에 따라 감리일지를 기록·유지하여야 하고, <u>공사의 공정(工程)이 대통령령으로 정하는 진도에 다다른 경우</u>에는 감리중간보고서를 작성하여 건축주에게 제출하여야 한다.

① 지붕슬래브배근을 완료한 경우
② 기초공사 시 철근배치를 완료한 경우
③ 기초공사에서 주춧돌의 설치를 완료한 경우
④ 지상 5개 층마다 상부 슬래브배근을 완료한 경우

정답 10. ④ 11. ② 12. ④ 13. ③

14 건축분야의 건축사보 1인 이상을 전체 공사기간 동안, 토목·전기 또는 기계분야의 건축사보 1인 이상을 각 분야별 해당 공사기간 동안 각각 공사현장에서 감리 업무를 수행하게 하여야 하는 대상 건축공사의 기준에 속하지 않는 것은?

① 바닥면적의 합계가 5,000m²이상인 건축공사
② 건축물의 층수가 4층 이상인 건축공사
③ 연속된 5개층 이상으로서 바닥면적의 합계가 3,000m²이상인 건축공사
④ 아파트의 건축공사

■■■ 허용오차

15 건축물의 건축을 함에 있어 용적률의 경우 건축법에서 허용되는 오차의 범위 기준은?

① 0.5% 이내(연면적 20m²를 초과할 수 없다.)
② 0.5% 이내(연면적 30m²를 초과할 수 없다.)
③ 1% 이내(연면적 20m²를 초과할 수 없다.)
④ 1% 이내(연면적 30m²를 초과할 수 없다.)

16 대지 및 건축물관련 건축허용오차 범위로 옳지 않은 것은?

① 출구 너비 - 2% 이내
② 건축선의 후퇴거리 - 2% 이내
③ 반자높이 - 2% 이내
④ 바닥판 두께 - 3% 이내

17 다음 중 건축기준의 허용오차 범위(%)가 가장 큰 항목은?

① 건폐율
② 용적률
③ 평면길이
④ 건축선의 후퇴거리

18 다음 중 대지 및 건축물 관련 건축기준의 허용오차(백분률)가 가장 적은 것은?

① 건폐율
② 용적률
③ 반자높이
④ 벽체두께

해설

해설 14

상주공사 감리 대상건축물	감리인원 및 감리기간
㉠ 바닥면적의 합계 5,000m² 이상의 건축공사 ㉡ 연속된 5개층(지하층을 층수에 포함) 이상으로서 바닥면적의 합계 3,000m²이상의 건축공사 ㉢ 아파트의 건축공사 ㉣ 준다중이용건축물 건축공사	• 건축 분야 건축사보 1인 이상 - 전체공사기간동안 상주 • 토목, 전기, 기계 분야 건축사보 1인 이상 - 각 분야별 해당 공사 기간동안 상주

해설 15 허용오차

항 목	허용되는 오차의 범위
1. 건축선의 후퇴거리	3% 이내
2. 인접대지 경계선과의 거리	
3. 인접건축물과의 거리	
4. 건폐율	0.5% 이내(단, 건축면적 5m²를 초과할 수 없다.)
5. 용적률	1% 이내(단, 연면적 30m²를 초과할 수 없다.)

해설 16
건축선의 후퇴거리 - 3%이내

해설 17 허용오차 범위

항 목	허용오차
1. 건축물의 높이	2% 이내
2. 출구너비	
3. 반자높이	
4. 평면길이	
5. 벽체두께	3% 이내
6. 바닥판 두께	

해설 18 허용오차
1. 건폐율 : 0.5%
2. 용적률 : 1%
3. 반자높이 : 2%
4. 벽체두께 : 3%

정답 14. ② 15. ④ 16. ② 17. ④ 18. ①

19 건축물 관련 건축기준의 허용오차의 범위가 2% 이내가 아닌 것은?

① 출구너비
② 반자높이
③ 평면길이
④ 벽체두께

20 대지 및 건축물관련 건축기준의 허용오차 범위에 대한 설명으로 옳지 않은 것은?

① 건축선의 후퇴거리는 3% 이내이다.
② 건축물의 벽체 두께는 3% 이내이다.
③ 건축물의 높이는 1m를 초과할 수 없다.
④ 건축물의 평면 길이는 0.5m를 초과할 수 없다.

21 건축물의 높이가 60m인 건축물의 건축에 있어 부득이하게 발생하는 건축물의 높이에 대한 최대 건축허용오차는 어느 것인가?

① ± 0.5m 이내
② ± 1.0m 이내
③ ± 1.2m 이내
④ ± 1.8m 이내

해 설

해설 **19**
벽체두께의 허용오차 : 3%

해설 **20**
건축물의 평면길이는 전체길이의 2% 이내로써 1m를 초과할 수 없다.

해설 **21**
건축물 높이에 대한 허용오차는 다음 값 중 작은 값으로 한다.
1. 높이의 2% 이내 : 60×0.02=1.2m
2. 1m 이하

정답 19. ④ 20. ④ 21. ②

출제예상문제

CHAPTER 2 — 3. 절차

■■■ 착공신고 등

1. 다음 중 건축물의 착공신고에 관한 기술 중 틀린 것은?

① 착공신고 대상 건축물은 허가 또는 신고를 한 건축물이다.
② 건축허가 후 1년 이내 공사에 착수하지 않을 때는 착공연기신청서를 제출해야 한다.
③ 지하2층 이상의 지하층을 설치하는 경우 흙막이 구조도면을 제출해야 한다.
④ 토지굴착공사시 지하구조물에 영향을 줄 우려가 있는 착공신고는 당해 지하매설물 관리기관에 토지굴착에 관한 사항을 통보해야 한다.

[해설] 착공신고 등
① 착공신고 대상
건축허가를 받거나 신고를 한 건축물의 공사를 착수하고자 하는 건축주는 허가권자에게 그 공사계획을 신고하여야 한다. (건축물의 철거를 신고한 때에 착공예정일을 기재한 경우는 예외)
② 신고절차
건축주는 건축허가후 2년 이내에 공사에 착수하지 않을 경우에는 착공연기 신청서를 허가권자에게 제출하여야 한다.

■■■ 건축물 사용승인

2. 건축물의 사용승인에 관한 기술에서 기준에 맞지 않는 것은?

① 사용승인신청시는 감리자의 감리완료보고서를 첨부하여야 한다.
② 건축물에 대한 사용승인신청을 받은 때에는 당해 신청을 접수한 날부터 5일 이내에 사용승인을 위한 검사를 하여야 한다.
③ 임시사용의 승인기간은 2년 이내로 한다.
④ 신고를 하여 건축한 건축물의 사용승인 신청서에는 배치 및 평면이 표시된 현황도면을 첨부하여야 한다.

[해설] 건축물의 사용승인
① 대상건축물 : 건축허가를 받았거나 건축신고를 한 건축물의 건축공사 완료후
  * 하나의 대지에 2 이상의 건축물을 건축할 때 동별공사를 완료한 경우를 포함한다.
② 사용승인신청
건축주는 공사감리자가 작성한 감리완료보고서를 첨부(공사감리자를 지정한 경우에 한함.)하여 허가권자에게 사용승인을 신청해야 한다.
③ 사용승인서 교부 : 허가권자는 사용승인신청서를 접수한 경우 7일 이내에 사용승인검사를 실시한 후 사용승인서를 교부해야 한다.

3. 건축법령상 건축물의 사용승인 신청자는 누구인가?

① 건축사　　　　② 건축주
③ 공사감리자　　④ 공사시공자

[해설] 건축주는 건축공사 완료시 사용승인신청을 허가권자에게 하여야 한다.

4. 건축물의 임시사용승인의 기간은 원칙적으로 얼마인가?

① 6개월　　　　② 1년
③ 2년　　　　　④ 3년

[해설] 임시사용승인기간은 2년 이내로 하되 대형건축물 등의 경우에 있어서는 연장할 수 있다.

■■■ 건축사 설계

5. 다음 중 반드시 건축사가 설계하여야 하는 건축물은?

① 연면적의 합계가 150m²인 단독주택
② 연면적 100m²으로서 2층인 건축물의 대수선
③ 표준설계도서에 의한 건축물
④ 전시용 견본주택

해답　1.② 2.② 3.② 4.③ 5.①

[해설] 건축신고대상 건축물도 원칙적으로 건축사 설계를 하여야 하나, 연면적 200m² 미만으로서 3층 미만인 건축물의 대수선은 건축사설계대상이 아니다.

■■■ 건축시공

6. 다음 중 공사시공자가 수행하여야 할 업무의 범위로 옳은 것은?

① 착공신고 제출
② 사용승인 신청
③ 상세시공도면 작성
④ 공사감리보고서 작성

[해설] 상세시공도면 작성요청
연면적 합계 5,000m² 이상의 공사감리자는 공사시공자로 하여금 상세시공도면을 작성하도록 요청할 수 있다.

■■■ 공사감리

7. 다음 중 공사 감리를 실시해야 하는 것은?

① 층수가 3층인 건축물의 신축
② 연면적이 100m²인 대수선
③ 바닥면적의 합계 80m²인 개축
④ 연면적이 4,000m²인 용도 변경

[해설] 공사감리 대상

감리자의 자격	해당건축물의 용도·규모·구조	예 외
① 건축사	1. 건축허가를 받아야 하는 건축물	• 용도변경 • 신고대상 건축물 • 공작물
	2. 사용승인을 받은 후 15년이 경과되어 리모델링을 하는 건축물	
② 건설기술 용역업자	다중이용건축물을 건축하는 경우 [예외] 건설기술진흥법 규정에 의하여 감리원을 배치하는 경우에는 건축사를 공사감리자로 지정할 수 있다.	

8. 건축법에 따른 허가권자의 감리자 지정 대상 건축물에 해당되지 않는 건축물은? (연면적 200m²임)

① 단독주택
② 아파트
③ 연립주택
④ 다세대주택

[해설] 주거용 건축물 중 연면적 200m² 이하인 단독주택(시행령 별표1 제1호 가목)의 경우에만 건축주가 직접 감리자를 지정할 수 있다.

9. 공사감리자가 수행하여야 하는 감리업무가 아닌 것은?

① 공사시공자가 설계도서에 따라 적합하게 시공하는지의 여부 확인
② 공사시공자가 사용하는 건축자재가 기준에 적합한 건축자재인지 여부의 확인
③ 공사현장에서의 건설안전교육의 실시여부의 확인
④ 공정표의 검토

[해설] 공사감리자의 감리업무
① 공사시공자가 설계도서에 적합하게 시공하는지 여부 확인
② 공사시공자가 사용하는 건축자재가 기준에 적합한지 여부 확인(품질시험의 실시여부 및 시험성과의 검토, 확인)
③ 건축물 및 대지가 관계 법령에 적합하도록 시공자 및 건축주 지도
④ 시공계획 및 공사관리의 적정여부 확인
⑤ 공사현장의 안전관리 지도
⑥ 공정표 검토
⑦ 상세시공도면의 검토, 확인
⑧ 구조물의 위치와 규격의 적정여부 검토, 확인
⑨ 설계변경 적정여부 검토, 확인
⑩ 기타 공사감리계약으로 정하는 사항

해답 6. ③ 7. ① 8. ① 9. ③

10. 건축법령상 공사감리자가 건축주에게 감리중간보고서를 작성하여 제출하여야 하는 공정의 진도로서 가장 부적합한 것은?

① 철근콘크리트조인 경우로서 기초공사 시 철근배치를 완료한 경우
② 저적조인 경우로서 지붕슬래브배근을 완료한 경우
③ 철근콘크리트조인 경우로서 지상 5개 층마다 상부 슬래브배근을 완료한 경우
④ 철골조인 경우로서 지상 5개 층마다 또는 높이 30m마다 주요구조부의 조립을 완료한 경우

해설 철골조 구조의 건축물의 경우에는 지상 3개층마다 또는 높이 20m마다 주요구조부의 조립을 완료한 경우이다.

11. 공사현장에서 공사기간동안 건축사보가 상주하면서 감리업무를 수행해야 하는 상주공사감리 대상 건축공사가 아닌 것은?

① 각층 바닥면적이 1,000m² 5층 관람집회시설
② 아파트의 건축공사
③ 각층 바닥면적이 500m²이고 10층인 판매시설
④ 각층 바닥면적이 2,000m²이고 2층인 의료시설

해설

상주공사감리 대상건축물	감리인원 및 감리기간
㉠ 바닥면적 5,000m²이상의 건축 등 공사 ㉡ 연속된 5개층 이상으로서 바닥면적의 합계 3,000m² 이상의 건축 등 공사 ㉢ 아파트의 건축공사 ㉣ 준다중이용건축물건축공사	• 건축 분야 건축사보 1인 이상-전체 공사 기간동안 상주 • 토목, 전기, 기계 분야 건축사보 1인 이상-각 분야별 해당 공사 기간동안 상주

12. 공사감리자가 공사시공자에게 상세시공도면을 작성하도록 요청할 수 있는 규정의 기준은?

① 거실바닥면적의 합계가 5,000m² 이상인 경우
② 바닥면적의 합계가 5,000m² 이상인 경우
③ 연면적이 5,000m² 이상인 경우
④ 연면적의 합계가 5,000m² 이상인 경우

해설 상세시공도면 작성요청 : 연면적의 합계 5,000m²이상인 건축공사의 공사감리자는 공사시공자로 하여금 상세시공도면을 작성하도록 요청할 수 있다.

■■■ 허용오차

13. 일반주거지역안에서 건축물을 건축한 결과 다음과 같은 오차가 발생하였다. 다음 중 건축 허용오차로서 틀린 것은?

① 건폐율 : 0.5%
② 용적률 : 1%
③ 건축물의 높이 : 2%
④ 건축선의 후퇴거리 : 5%

해설 허용오차
① 대지관련 건축기준의 허용오차

항 목	허용되는 오차의 범위
㉮ 건축선의 후퇴거리	3% 범위
㉯ 인접대지 경계선과의 거리	
㉰ 인접건축물과의 거리	
㉱ 건폐율	0.5% 이내(단, 건축면적 5m²를 초과할 수 없다.)
㉲ 용적률	1% 이내(단, 연면적 30m²를 초과할 수 없다.)

② 건축관련 건축기준의 허용오차

항 목	허용되는 오차의 범위	
㉮ 건축물 높이	2% 이내	1m를 초과할 수 없다.
㉯ 출구너비		-
㉰ 반자높이		-
㉱ 평면길이		• 건축물 전체길이는 1m를 초과할 수 없다. • 벽으로 구획된 각실은 10cm를 초과할 수 없다.
㉲ 벽체두께	3% 이내	
㉳ 바닥판두께		

해답 10. ④ 11. ④ 12. ④ 13. ④

14. 대지관련 건축기준의 허용오차 범위인 %가 가장 작은 항목은?

① 용적률
② 건폐율
③ 건축선의 후퇴거리
④ 인접건축물과의 거리

[해설] • 건폐율 : 0.5% 이내
• 용적률 : 1% 이내
• 건축선의 후퇴거리 : 3% 이내
• 인접건축물과의 거리 : 3% 이내

15. 대지관련 건축기준의 허용오차로서 건폐율과 인접 건축물과의 거리규정이 바르게 기술된 것은?

	건폐율	인접건축물과의 거리
①	0.5% 이내	1% 이내
②	0.5% 이내	3% 이내
③	1% 이내	1% 이내
④	1% 이내	3% 이내

16. 용적률의 기준에서 연면적이 10,000m^2일 때 건축기준의 허용오차는 몇 m^2까지인가?

① 10m^2
② 20m^2
③ 30m^2
④ 50m^2

[해설] 용적률의 허용오차-1% 이내(연면적 30m^2를 초과할 수 없다.)
① 10,000m^2 × 0.01 = 100m^2
② 연면적 30m^2를 초과할 수 없다.
①, ②에 의하여 30m^2 이다.

17. 건축물의 시공과정에서 건축물의 높이가 100m일 때 허용되는 높이오차의 한계는 몇 m 이내인가?

① 0.5m   ② 1.0m
③ 1.5m   ④ 2.0m

[해설] 2% 이내로서 최고 1m 이내임.

■■■ 공용건축물의 특례

18. 공용건축물을 건축하고자 할 때 다음 사항 중 생략하여도 되는 것은?

① 착공신고
② 사용승인
③ 설계도서 제출
④ 공사감리자 선정

[해설] 국가 또는 지방자치단체가 관할 허가권자와 협의한 건축물에 대해서는 사용승인의 규정을 적용하지 아니한다. (다만, 건축물의 공사가 완료된 경우에는 지체 없이 허가권자에게 이를 통보해야 한다.)

해답   14. ②   15. ②   16. ③   17. ②   18. ②

제3장 건축물의 유지관리

출제경향분석

3장은 법 구성 내용이 작은 까닭으로 쉽게 정리하여야 한다. 건축지도원의 자격과 업무범위 및 건축물대장에 관한 기준을 확인한다.

세부목차

1. 건축물의 유지·관리

1 건축물의 유지·관리

> **학습방향**
> 건축물의 유지관리에 관한 기준은 「건축물관리법」으로 이관(2020.5.1) 되었으므로 본 장에서는 건축지도원에 관한 사항과 건축물대장 기준을 살펴보도록 한다.
> ◆ 건축지도원의 업무 : 건축신고(법14조)된 건축물의 시공관리 및 위법사항 확인

1 건축지도원

특별자치시장·특별자치도지사·시장·군수·구청장은 건축법 또는 건축법의 규정에 의한 명령이나 처분에 위반하는 건축물의 발생을 예방하고 적법한 유지·관리를 지도하기 위해 대통령령으로 정한 기준에 따라 건축지도원을 지정할 수 있다.

1. 자격	• 특별자치시, 특별자치도 또는 시·군·구에 근무하는 건축직렬 공무원 • 건축에 관한 학식이 풍부한 자로서 조례에 정하는 자격을 갖춘 자
2. 업무	• 건축신고를 한 건축물의 시공지도와 위법시공여부 확인, 지도 및 단속 • 건축물의 대지, 높이 및 형태, 구조안전, 화재안전, 건축설비등이 법령에 적합하게 유지관리 되는지의 확인, 지도 및 단속 • 허가·신고를 하지 않고 건축하거나 용도변경한 건축물의 단속

2 건축물대장

【1】건축물대장의 기재 및 보관의 목적

특별자치시장·특별자치도지사·시장·군수·구청장은 다음의 목적을 위하여 건축물대장을 영구 보관하여야 한다.

1. 건축물의 소유, 이용상태를 확인
2. 건축정책의 기초자료로 활용

학습POINT

■ 건축물대장이라 함은 건축물의 소재지, 구조, 용도, 층수, 건축물 연면적, 대지면적, 허가연월일, 사용승인연월일, 등재연월일 등 건축물 및 대지의 일반사항과 소유자주소, 성명 등 소유권에 관한 사항 및 건축물의 이용상태 등을 기재하여 확인하거나 건축정책자료로 활용하기 위한 것이다.

【2】건축물대장의 기재 및 보관 대상

① 건축물의 사용승인서를 교부한 경우
② 건축허가 대상건축물(신고대상 건축물 포함)외의 건축물의 공사를 완료한 후 기재의 요청이 있는 경우
③ 건축물대장의 신규 및 변경등록 신청이 있는 경우(집합건축물의 소유 및 관리규정에 의함)
④ 건축물의 소유자가 건축물관리대장 기타 이와 유사한 공부를 법에 의한 건축물대장으로서의 이기신청이 있는 경우(단, 법 시행일전에 법령 등의 규정에 적합하게 건축되고 유지관리된 건축물에 한함)
⑤ 기재내용이 변경이 필요한 경우로서 국토교통부령으로 정하는 경우

■ 건축물대장의 종류

구 분	1동 건축물의 소유권
• 일반 건축물대장	1인
• 집합 건축물대장	2인이상

【3】건축물대장의 작성단위

건축물 1동을 단위로 하여 동일대지내의 각 건축물마다 작성한다.
예외 부속건축물은 주건축물에 포함하여 작성

3 등기촉탁

1. 등기촉탁자	특별자치시장·특별자치도지사·시장·군수·구청장
2. 등기촉탁 사유	건축물대장의 기재내용 중 • 지번의 변동 • 행정구역 명칭의 변동 • 해체 및 멸실신고 • 사용승인 내용 중 건축물의 면적, 구조, 용도 및 층수의 변경
3. 담당기관	관할 등기소

■ 촉탁이라 함은 어떤 일을 남에게 부탁하여 맡기는 것을 이름한다. 즉, 지번등의 변동이 있을 경우 등기촉탁을 하면 자동적으로 건축물대장의 기재내용이 변경되어 효율적 행정의 효과를 기대할 수 있다.

핵 심 문 제

■■■ 건축지도원

1 건축지도원에 관한 내용으로 틀린 것은?

① 건축지도원은 특별자치시·특별자치도 또는 시·군·구에 근무하는 건축직렬의 공무원과 건축에 관한 학식이 풍부한 자 중에서 지정한다.
② 건축지도원의 자격과 업무 범위는 건축조례로 정한다.
③ 건축설비가 법령 등에 적합하게 유지·관리되고 있는지 확인·지도 및 단속한다.
④ 허가를 받지 아니하거나 신고를 하지 아니 하고 건축하거나 용도변경한 건축물을 단속한다.

해설 1
건축지도원의 업무는 대통령령(시행령)에 따른다.

2 건축지도원의 업무가 아닌 것은?

① 건축허가를 받고 건축중에 있는 건축물의 시공계획 및 공사관리의 지도
② 건축설비 등이 법령에 적합하게 유지·관리되고 있는지의 확인·지도 및 단속
③ 신고를 하지 아니하고 용도변경한 건축물의 단속
④ 허가를 받지 아니하고 건축하는 건축물의 단속

해설 2 건축지도원의 업무
- 건축신고를 한 건축물의 시공지도와 위법시공여부 확인, 지도, 단속
- 건축설비, 피난설비 등이 법령에 적합하게 유지관리 되는지를 확인, 지도, 단속
- 허가·신고를 하지 않고 건축하거나 용도변경한 건축물의 단속

정답 1. ② 2. ①

출제예상문제

3 CHAPTER 건축물의 유지 · 관리

■■■ 건축지도원

1. 건축지도원의 업무가 아닌 것은?
① 건축허가를 받고 건축 중에 있는 건축물의 시공계획 및 공사관리의 지도
② 건축설비 등이 법령에 적합하게 유지·관리되는지의 확인·지도 및 단속
③ 신고를 하지 아니하고 용도변경한 건축물의 단속
④ 신고를 하지 아니하고 건축하는 건축물의 단속

[해설] 건축허가를 받은 건축물의 시공지도는 건축직 공무원의 고유업무사항이다.

2. 건축지도원에 관한 기술 중 옳지 않은 것은?
① 건축지도원의 자격은 특별자치시·특별자치도 또는 시·군·구에 근무하는 건축 직렬의 공무원과 건축에 관한 학식이 풍부한 자로 지정한다.
② 건축신고를 하고 건축 중에 있는 건축물의 시공지도와 위법시공여부의 확인·지도 및 단속한다.
③ 건축설비 및 피난시설 등이 법령 등에 적합하게 유지·관리되고 있는지의 확인·지도 및 단속한다.
④ 허가를 받지 아니하거나 신고를 하지 아니하고 건축하거나 용도 변경한 건축물을 철거한다.

[해설] 건축지도원의 업무범위
① 건축신고를 하고 건축 중에 있는 건축물의 시공지도와 위법시공여부의 확인·지도 및 단속
② 건축설비 및 피난시설 등이 법령 등에 적합하게 유지·관리하고 있는지의 확인·지도 및 단속
③ 허가를 받지 아니하거나 신고를 하지 아니하고 건축하거나 용도 변경한 건축물의 단속
④ 건축지도원의 지정절차·보수기준 등에 관하여 필요한 사항은 건축 조례로 정한다.
  * 위법 건축물의 철거는 허가권자의 고유업무내용이다.

3. 건축지도원에 관한 내용 중 옳지 않은 것은?
① 건축지도원은 허가를 받지 아니하거나 신고를 하지 아니하고 건축하거나 용도변경한 건축물의 단속을 한다.
② 건축지도원은 특별자치시장·특별자치도지사·시장·군수·구청장이 지정한다.
③ 건축지도원의 자격 및 업무범위는 국토교통부령으로 정한다.
④ 건축설비 및 피난시설 등이 법령에 의해 적합하게 유지 관리되고 있는지의 확인·지도 및 단속한다.

[해설] 건축지도원의 업무는 대통령령, 자격은 건축조례로 정한다.

해답 1. ① 2. ④ 3. ③

MEMO

제4장 건축물의 대지 및 도로

출제경향분석

4장은 기술규정 중 그 내용적 범위가 가장 적으면서도 통상 시험에 있어서의 출제빈도는 상당히 높은 부분이다. 건축법상 대지로의 인정 조건인 대지의 안정성과 독립성 및 건축선의 의의가 주된 내용이며, 특히 대지의 안전성에 있어서의 옹벽 축조시의 기술규정과 대지내 조경기준 공개공지 설치. 또한, 대지의 독립성 확보를 위한 대지와 도로와의 관계 및 건축선에 대한 규정을 중점적으로 학습하여야만 한다.

세부목차

1. 대지의 조건
2. 조경 및 공개공지
3. 대지와 도로

1 대지의 조건

학습방향

건축물의 건축이 가능한 대지로 인정 받기 위한 조건기준으로써, 손궤(무너짐)의 우려가 있을 경우에는 석축 등의 옹벽을 축조하여야 하며, 대지는 공간정보의 구축 및 관리 등에 관한 법률에 의한 필지를 기본단위로 한다.
- ◆대지의 범위 : 필지를 기본단위로 하되 예외가 인정된다.
- ◆옹벽의 설치대상 : 높이 1m 이상으로서 경사도 1 : 1.5 이상 (높이 3m 이상 → 콘크리트 옹벽)
- ◆석축 윗 가장자리로부터 건축물 외벽까지의 띄움거리 :

규모(층)	1층	2층	3층이상
띄움거리	1.5m	2m	3m

1 대지

[1] 대지의 정의

건축물의 건축이 가능한 토지로서 공간정보의 구축 및 관리 등에 관한 법률에 의하여 각 필지로 나눈 토지를 기본단위로 한다.

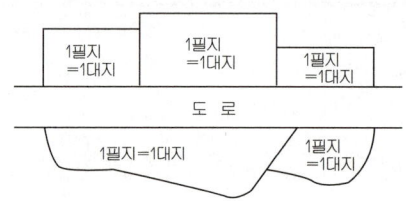

[2] 대지의 예외적 인정범위

(1) 2필지 이상을 하나의 대지로 보는 경우

① 하나의 건축물을 2필지 이상에 걸쳐 건축하는 경우에는 그 건축물이 건축되는 각 필지의 토지를 합한 토지
- (예1)의 경우 – A+B+C
- (예2)의 경우 – A+B

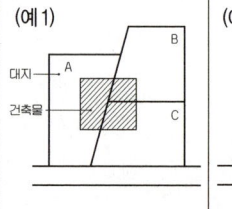

학습POINT

■ 건축법상의 대지(垈地)와 공간정보의 구축 및 관리등에 관한 법률상의 대(垈)의 구분

공간정보의 구축 및 관리등에 관한 법률상의 대(垈)라 함은 토지의 사용목적에 따라 정한 지목을 말하며 건축법상의 대지(垈地)는 건축법상의 기준조건이 충족되어 건축행위가 이루어질 수 있는 토지 범위를 말한다.

■ 건축법상의 대지구성조건의 기준
① 대지의 안전등(법30조)
② 토지 굴착부분에 대한 조치 (법31조)
③ 대지와 도로와의 관계(법33조)
④ 대지의 분할제한(법49조)

■ 공간정보의 구축 및 관리등에 관한 법률상의 용어
① 지번지역(地番地域) : 지번을 설정하는 단위지역, 리, 동을 원칙으로 함
② 지목(地目) : 토지의 주된 사용목적에 따라 토지의 종류를 구분, 표시하는 명칭
③ 필지(筆地) : 하나의 지번이 붙어있는 토지의 등록단위
④ 지번(地番) : 토지에 붙이는 번호

② 합병이 불가능한 경우 중 다음에 해당하는 경우에는 그 합병이 불가능한 필지의 토지를 합한 토지
1. 각 필지의 지번지역이 서로 다른 경우
   (예1) A+B
2. 각 필지의 도면이 축척이 다른 경우
   (예2) A+B
3. 상호 인접하고 있는 필지로서 각 필지의 지반이 연속되지 아니한 경우
   (예3) A+B

예외 토지의 소유자가 서로 다르거나 소유권외의 권리관계가 서로 다른 경우 : 하나의 대지로 보지 않는다.
(예4) A , B 별개의 대지임

③ 도시·군계획시설에 해당되는 건축물을 건축하는 경우에는 당해 도시·군계획시설이 설치되는 일단의 토지
A+B+C

④ 사업계획승인을 얻어 주택과 그 부대시설 및 복리시설을 건축하는 경우에는 주택단지
A+B+C+D

⑤ 도로의 지표하에 건축하는 건축물의 경우에는 허가권자가 당해 건축물이 건축되는 토지로 정하는 토지

⑥ 사용승인을 신청시 2이상의 필지를 하나의 필지로 합필할 것을 조건으로 하여 건축허가를 하는 경우에는 그 합필대상이 되는 토지
A+B

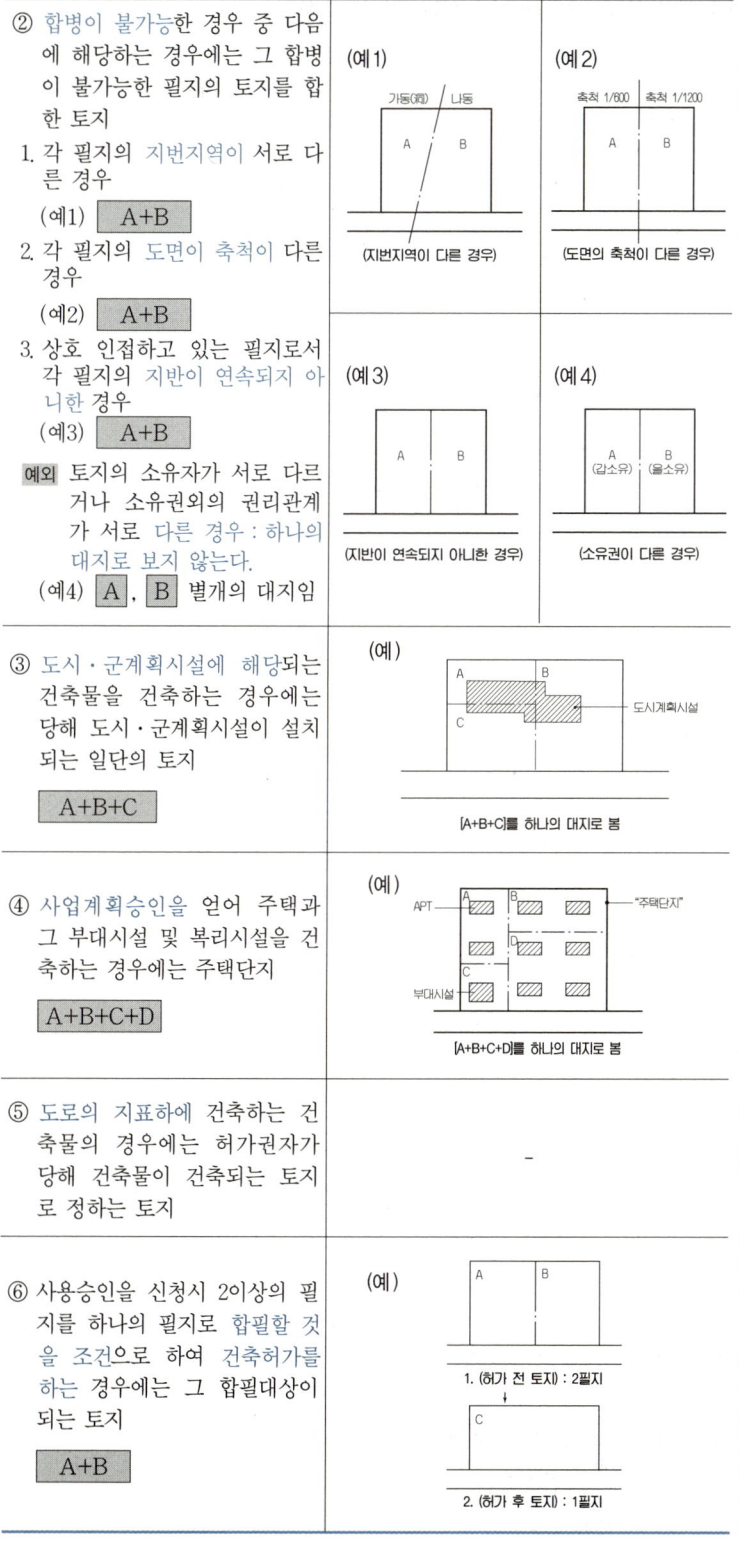

■ 지목일람표

지 목	지목부호
1. 전	전
2. 답	답
3. 과수원	과
4. 목장용지	목
5. 임야	임
6. 광천지	광
7. 염전	염
8. 대	대
9. 공장용지	장
10. 학교용지	학
11. 주차장	차
12. 주유소용지	주
13. 창고용지	창
14. 도로	도
15. 철도용지	철
16. 제방	제
17. 하천	천
18. 구거	구
19. 유지	유
20. 양어장	양
21. 수도용지	수
22. 공원	공
23. 체육용지	체
24. 유원지	원
25. 종교용지	종
26. 사적지	사
27. 묘지	묘
28. 잡종지	잡

(2) 1필지 이상의 일부를 하나의 대지로 보는 경우 2필지 이상을 하나의 대지로 보는 경우

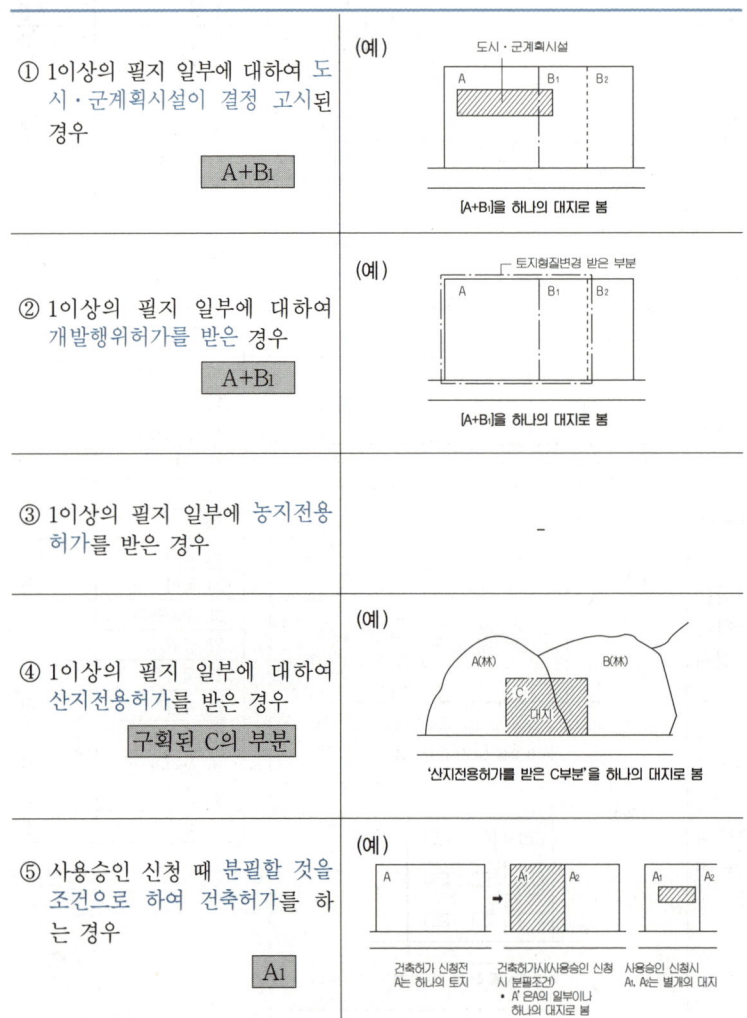

① 1이상의 필지 일부에 대하여 도시·군계획시설이 결정 고시된 경우
A+B₁

② 1이상의 필지 일부에 대하여 개발행위허가를 받은 경우
A+B₁

③ 1이상의 필지 일부에 농지전용허가를 받은 경우

④ 1이상의 필지 일부에 대하여 산지전용허가를 받은 경우
구획된 C의 부분

⑤ 사용승인 신청 때 분필할 것을 조건으로 하여 건축허가를 하는 경우
A₁

2 대지의 안전 등

【1】대지의 안전

① 대지는 이와 인접하는 도로면보다 낮아서는 아니된다.
  예외 대지안의 배수에 지장이 없거나 건축물의 용도상 방습의 필요가 없는 경우
② 습한토지, 물이 나올 우려가 많은 토지 또는 쓰레기 기타 이와 유사한 것으로 매립된 토지에 건축물을 건축하는 경우에는 성토, 지반의 개량 기타 필요한 조치를 하여야 한다.

■ 대지란 하나의 필지를 기본으로 하여 건축법에서 요구하는 대지의 인정조건(대지의 안전, 대지의 분할제한 등)에 충족되어 건축물의 건축이 가능한 일단의 토지이다.

③ 대지에는 빗물 및 오수를 배출하거나 처리하기 위하여 필요한 하수관, 하수구, 저수탱크 기타 이와 유사한 시설을 하여야 한다.

【2】옹벽의 설치

손궤의 우려가 있는 토지에 대지를 조성할 경우 옹벽의 설치 등 필요한 조치를 하여야 함.

예외 건축사 또는 건축구조기술사에 의하여 당해 토지의 구조안전이 확인된 경우 제외

① 성토·절토하는 부분의 경사도가 1 : 1.5 이상으로서 높이가 1m 이상인 부분에는 옹벽을 설치하여야 한다.
② 높이 2m 이상인 옹벽의 경우에는 콘크리트구조로 하여야 한다.
단, 옹벽에 관한 기술적 기준에 적합한 경우에는 그러하지 않다.
③ 옹벽의 외벽면에는 옹벽의 지지 또는 배수를 위한 시설외의 구조물이 밖으로 튀어나오지 않아야 한다.

【3】옹벽에 관한 기술적 기준

■ 돌쌓기방식 등
- 멧쌓기 : 돌쌓기 등에서 모르타르를 쓰지않고 쌓는 방법
- 찰쌓기 : 돌쌓기 등에서 맞댐면에 모르타르를 사춤하여 쌓는 방법
  - 멧쌓기에 비해 견고함

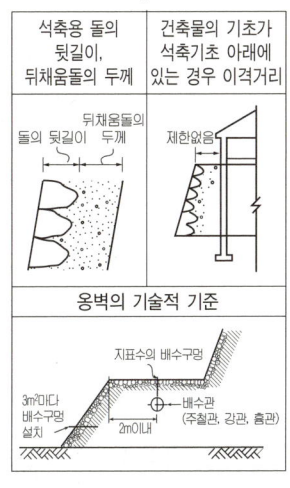

옹벽의 기술적 기준

구 분	내 용				
① 모든 옹벽의 기술 기준	1. 옹벽의 윗가장자리로부터 안쪽으로 2m 이내에 묻는 배수관은 주철관, 강관 또는 흄관으로 하고 이음부분에는 물이 새지 않도록 할 것				
	2. 옹벽에는 3m²마다 하나 이상의 배수구멍을 설치하여야 하고, 옹벽의 윗가장자리로부터 2m 이내에서의 지표수는 지상으로 또는 배수관으로 배수하여 옹벽의 구조상 지장이 없도록 할 것				
	3. 성토부분의 높이는 대지의 안전 등에 지장이 없는 한 인접대지의 지표면보다 0.5m 이상 높게 하지 아니할 것 - 다만, 절토에 의하여 조성된 대지 등 시장·군수·구청장이 지형조건상 부득이하다고 인정되는 경우에는 그러하지 아니하다.				
② 석축의 기술 기준	1. 옹벽의 경사도	방식\높이	1.5m까지	3m까지	5m까지
		멧쌓기	1 : 0.30	1 : 0.35	1 : 0.40
		찰쌓기	1 : 0.25	1 : 0.30	1 : 0.35
	2. 석축용돌의 뒷길이 및 뒷채움돌의 두께	부위\높이	1.5m까지	3m까지	5m까지
		돌의 뒷길이	30cm 이상	40cm 이상	50cm 이상
		뒷채움돌의 두께 상부	30cm 이상	30cm 이상	30cm 이상
		뒷채움돌의 두께 하부	40cm 이상	50cm 이상	50cm 이상

② 석축의 기술 기준	3. 옹벽의 윗가장자리로부터 건축물의 외벽면까지의 거리	건축물의 층수	1층	2층	3층 이상
		띄우는 거리	1.5m 이상	2m 이상	3m 이상
		그림 상세			

■ 깊이 10m 이상 또는 높이 5m 이상의 옹벽 등의 공사를 수반하는 토지굴착 등에 관하여는 국가기술자격법에 의한 토목분야기술사의 협력을 받아야 함

【4】 토지굴착 부분 등에 대한 조치

구 분	내 용
① 위험발생의 방지조치 (대지를 조성하거나 건축공사에 수반하는 토지를 굴착하는 경우)	지하에 묻은 수도관·하수도관·가스관 또는 케이블 등이 토지굴착으로 인하여 파손되지 아니하도록 할 것
	건축물 및 공작물에 근접하여 토지를 굴착하는 경우에는 그 건축물 및 공작물의 기초 또는 지반의 구조내력의 약화를 방지하고 급격한 배수를 피하는 등 토지의 붕괴에 의한 위해를 방지하도록 할 것
	토지를 깊이 1.5m 이상 굴착하는 경우의 조치 • 흙막이 설치 • 토질에 따른 경사파기
	공사시공자는 대지를 조성하거나 건축공사에 수반하는 토지를 굴착하는 경우에는 그 굴착부분에 대하여 필요한 조치를 한 후 당해 공사현장에 그 사실을 게시하여야 함.
	허가권자는 토지굴착부분 등의 조치를 위반한 자에 대하여 그 의무이행에 필요한 조치를 명할 수 있다.
② 환경의 보전을 위한 조치 (성토부분, 절토부분 또는 되메우기를 하지 아니하는 굴착부분의 비탈면으로서 옹벽을 설치하지 않는 부분)	배수를 위한 수로는 돌 또는 콘크리트를 사용하여 토양의 유실을 막을 수 있도록 할 것
	높이가 3m를 넘는 경우에는 높이 3m 이내마다 그 비탈면적의 1/5 이상에 해당하는 면적의 단을 만들 것 예외 허가권자가 그 비탈면의 토질·경사도 등을 고려하여 붕괴의 우려가 없다고 인정하는 경우에는 제외
	비탈면에는 토양의 유실방지와 미관의 유지를 위하여 나무 또는 잔디를 심어야 한다. 단서 나무 또는 잔디를 심는 것으로는 비탈면의 안전을 유지할 수 없는 경우, 돌붙이기를 하거나 콘크리트 블록 격자 등의 구조물을 설치하여야 한다.

■ 토질에 따른 경사파기

토 질	경사도
• 경암	1 : 0.5
• 연암	1 : 1.0
• 암괴 또는 호박돌이 섞인 점성토	1 : 1.5
• 모래	1 : 1.8
• 모래질흙, 사력질흙, 암괴 또는 호박돌이 섞인 모래질흙, 점토, 점성토	1 : 1.2

■ 환경보전 조치

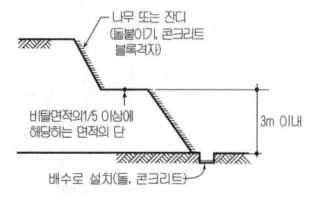

핵심문제

■■■ 대지의 범위

1 건축법상 '대지'의 범위를 결정하는 가장 기본적인 요소는?
① 토지의 위치
② 토지의 지목
③ 토지의 형태
④ 토지의 필지

해설 1
하나의 대지는 하나의 필지로 구획함을 원칙으로 한다.

2 건축법상 2 이상의 필지를 하나의 대지로 할 수 있는 토지가 아닌 것은?
① 각 필지의 지번지역이 서로 다른 경우
② 토지의 소유자가 다르고 소유권 외의 권리관계는 같은 경우
③ 각 필지의 도면의 축척이 다른 경우
④ 상호 인접하고 있는 필지로서 각 필지의 지반이 연속되지 아니한 경우

해설 2
당해 토지에 대한 소유권을 포함한 권리관계가 동일인에게 귀속되어 있을 때 2개 이상의 필지를 하나의 대지로 인정할 수 있다.

3 하나 이상의 필지의 일부를 하나의 대지로 할 수 있는 토지 기준에 해당하지 않는 것은?
① 도시·군계획시설이 결정·고시된 경우 그 결정·고시된 부분의 토지
② 농지법에 따른 농지전용허가를 받은 경우 그 허가받은 부분의 토지
③ 국토의 계획 및 이용에 관한 법률에 따른 지목변경허가를 받은 경우 그 허가받은 부분의 토지
④ 산지관리법에 따른 산지전용허가를 받은 경우 그 허가받은 부분의 토지

해설 3
국토의 계획 및 이용이 관한 법률로는 도시·군계획시설 사업지가 해당된다.

■■■ 대지의 안전

4 대지의 안전과 위생상 지장이 없도록 규정하고 있는 대지의 안전에 관한 규정 중 옳지 않은 것은?
① 대지는 배수에 지장이 없도록 하고 인접한 도로면보다 낮아서는 안된다.
② 습한 토지, 출수의 우려가 많은 토지, 쓰레기 등으로 메운 토지는 성토·지반개량·말뚝박기 등을 하여 내력상 지장이 없어야 한다.
③ 손궤의 우려가 있는 토지에 대지를 조성하여서는 아니된다.
④ 대지에 하수관·하수구·유수 탱크 등의 시설을 하여야 한다.

해설 4
손궤의 우려가 있는 토지에 대지를 조성할 경우 옹벽의 설치 등 필요한 조치를 하거나 기타 필요한 조치를 하여야 함.

정답 1. ④ 2. ② 3. ③ 4. ③

5 석축위에 4층 건축물을 건축한 옆의 그림에서 x의 최소거리는 얼마인가?

① 1m
② 2m
③ 3m
④ 4m

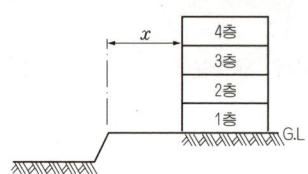

해설 5
석축인 옹벽의 윗 가장자리로부터 건축물의 외벽면까지 띄워야 하는 거리는 건축물의 층수가 3층 이상인 경우는 3m로 한다.

6 대지 조성시 안전조치를 하여야 할 사항 중 틀린 것은?

① 성토 또는 절토하는 부분의 경사도 1 : 1.5 이상으로서 높이가 1m 이상인 부분에는 옹벽을 설치할 것
② 건축물의 층수가 3층일 때 석축인 옹벽의 윗가장자리로부터 건축물의 외벽면까지 2m 이상을 띄울 것
③ 옹벽의 윗가장자리부터 안쪽으로 2m 이내에 묻는 배수관은 주철관, 강관 또는 흄관으로 할 것
④ 옹벽에는 3㎡마다 1개 이상의 배수구멍을 설치할 것

해설 6
3층 이상의 건축물 외벽은 석축 윗 가장자리로부터 3m 이상 띄워야 한다.

7 환경보전을 위한 필요 조치사항으로 굴착부분의 비탈면 높이가 3m를 넘는 높이의 비탈면에는 높이 3m 이내마다 단을 만들어 주어야 한다. 이 때 단의 넓이 기준으로 옳은 것은?

① 비탈면적의 1/3이상
② 비탈면적의 1/4이상
③ 비탈면적의 1/5이상
④ 비탈면적의 1/6이상

해설 7 비탈면 조치
① 높이가 3m 넘는 경우에는 3m 이내마다 비탈면적의 1/5 이상에 해당하는 면적의 단을 만들 것
② 비탈면에는 토양의 유실방지와 미관의 유지를 위하여 나무 또는 잔디를 심을 것
③ 배수를 위한 수로는 돌 또한 콘크리트를 사용하여 토양의 유실을 막을 수 있도록 할 것

8 다음 중 토질에 따른 경사도가 가장 큰 것은?

① 연암
② 암괴 또는 호박돌이 섞인 점성토
③ 모래질흙
④ 점토

해설 8 토지에 따른 경사도
(수직 : 수평)

토 질	경사도
경암	1:0.5
연암	1:1
모래	1:1.8
모래질 흙	1:1.2
사력질흙, 암괴 또는 호박돌이 섞인 모래질 흙	1:1.2
점토, 점성토	1:1.2
암괴 또는 호박돌이 섞인 점성토	1:1.5

정답 5. ③ 6. ② 7. ③ 8. ①

출제예상문제

CHAPTER 4
1. 대지의 조건

■■■ 대 지

1. 건축법에서 대지의 용어를 정의한 취지로 적당한 것은?

① 대지의 안전을 위해
② 건축법을 적용하는 대지의 범위를 정하기 위해
③ 대지의 방화 및 피난을 위해
④ 대지 소유자의 권리를 위해

[해설] 법령상의 용어의 정의는 당해법을 적용시킬 수 있는 한계범위의 설정이다.

2. 건축법상에서도 2개 이상의 필지를 하나의 대지로 볼 수 없는 것은?

① 각 필지의 지번 지역이 서로 다른 경우
② 필지의 소유자가 다르고 소유권외의 권리 관계는 같은 경우
③ 각 필지의 도면의 축척이 다른 경우
④ 인접 필지로서 지반이 연속되지 않은 경우

[해설] 대지
2이상의 필지를 하나의 대지로 보는 토지(대통령령이 정하는 토지)
1. 하나의 건축물을 2필지 이상에 걸쳐 건축하는 경우에는 건축되는 각 필지의 토지를 합한 토지
2. 공간정보의 구축 및 관리등에 관한 법률 규정에 의하여 합병이 불가능한 경우 중 다음에 해당하는 경우로서 그 합병이 불가능한 필지의 토지를 합한 토지
   ㉠ 각 필지의 지번, 지역이 서로 다른 경우
   ㉡ 각 필지의 도면의 축척이 다른 경우
   ㉢ 상호 인접하고 있는 필지로서 각 필지의 지반이 연속되지 아니한 경우
   [예외] 토지의 소유자가 서로 다르거나 소유권외의 권리 관계가 서로 다른 경우에는 하나의 대지로 보지 않는다.

3. 건축법령상 1이상의 필지의 일부를 하나의 대지로 할 수 있는 경우가 아닌 것은?

① 하천점용허가를 받은 경우 그 허가받은 부분의 토지
② 사용승인을 신청하는 때에 분필할 것을 조건으로 하여 건축허가를 하는 경우 그 분필대상이 되는 부분의 토지
③ 도시·군계획시설이 결정·고시된 경우 그 결정·고시가 있는 부분의 토지
④ 산지전용허가를 받은 경우 그 허가받은 부분의 토지

[해설] 1이상의 필지의 일부를 하나의 대지로 인정하는 경우
① 건축물 사용승인 신청시 분필할 것을 조건으로 건축허가를 하는 경우 그 분필대상이 되는 부분의 토지
② 1이상의 필지 일부에 대하여 도시·군계획시설이 결정·고시가 있는 부분의 토지
③ 1이상의 필지 일부에 대하여 개발행위를 받은 부분의 토지
④ 1이상의 필지 일부에 대하여 농지전용허가를 받은 부분의 토지
⑤ 1이상의 필지 일부에 대하여 산지전용허가를 받은 부분의 토지

■■■ 대지의 안전등

4. 대지를 조성할 때 조치하여야 할 사항 중 부적합한 것은?

① 성토 또는 절토하는 부분의 경사도가 1 : 1.25 이상으로서 높이 1m 이상인 부분에는 옹벽을 설치할 것
② 옹벽의 높이가 2m 이상인 경우에는 이를 콘크리트구조로 할 것
③ 옹벽의 외벽면에는 이의 지지 또는 배수를 위한 시설외의 구조물은 밖으로 튀어 나오게 설치하지 아니할 것

해답 1.② 2.② 3.① 4.①

④ 옹벽의 구조 및 시공방법의 조치는 국토교통부령이 정하는 기준에 의할 것

해설 성토 또는 절토하는 부분의 경사도가 1 : 1.5 이상으로서 1m 이상인 부분에 옹벽을 설치함.

5. 대지의 안전에 관한 기술 중 틀린 것은?
① 습한 토지는 성토 또는 지반의 개량 등 필요한 조치를 하여야 한다.
② 성토하는 부분의 경사도가 1:1.5 이상으로서 높이가 1m 이상인 부분에는 옹벽을 설치하여야 한다.
③ 옹벽에는 3m² 마다 하나 이상의 배수구멍을 설치하여야 한다.
④ 대지는 반드시 인접하는 도로면보다 높아야 한다.

해설 대지는 인접하는 도로면 보다 낮아서는 안된다. 다만, 배수에 지장이 없는 경우에는 예외로 한다.

■■■ 옹벽에 관한 기술적 기준

6. 그림과 같이 석축으로 조정된 대지상에 건축물을 건축하고자 할 때에 건축물에서 석축연단까지의 최소거리(d)는 얼마인가?
① 1.5m
② 2m
③ 2.5m
④ 3m

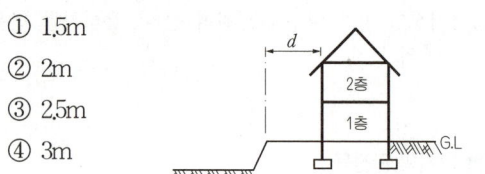

해설 석축인 옹벽의 윗 가장자리로부터 건축물의 외벽면까지 띄워야 하는 거리는 다음 표와 같이 한다. 단, 건축물의 기초가 석축의 기초 이하에 있는 경우는 예외로 한다.

건축물의 층수	띄는 거리(D)
1층	1.5m 이상
2층	2m 이상
3층 이상	3m 이상

7. 석축 또는 콘크리트 옹벽에 설치하는 배수구 설치 기준으로 옳은 것은?
① 0.5m²당 1개소 이상
② 1m²당 1개소 이상
③ 3m²당 1개소 이상
④ 5m²당 1개소 이상

8. 석축인 옹벽의 경사도 기준 중 가장 부적합한 것은?
① 높이 1.5m의 멧쌓기는 1 : 0.30
② 높이 3m의 멧쌓기는 1 : 0.35
③ 높이 1.5m의 찰쌓기는 1 : 0.25
④ 높이 5m의 찰쌓기는 1 : 0.30

해설 석축인 옹벽의 경사도

구 분	1.5m까지	3m까지	5m까지
1. 멧쌓기	1 : 0.30	1 : 0.35	1 : 0.40
2. 찰쌓기	1 : 0.25	1 : 0.30	1 : 0.35

■■■ 토지굴착

9. 깊이 1.5m 이상을 굴착하는 경우 토질에 따른 경사도의 관계가 옳지 않은 것은?
① 연암 1 : 0.5
② 모래 1 : 1.8
③ 점토 1 : 1.2
④ 모래질흙 1 : 1.2

해설 토질에 따른 경사도

토 질	경사도
• 경암	1 : 0.5
• 연암	1 : 1.0
• 암괴 또는 호박돌이 섞인 점성토	1 : 1.5
• 모래	1 : 1.8
• 모래질흙 • 사력질흙 • 암괴, 또는 호박돌이 섞인 모래질흙 • 점토, 점성토	1 : 1.2

해답 5. ④ 6. ② 7. ③ 8. ④ 9. ①

2 조경 및 공개공지

학습방향

대지면적 200m² 이상인 일정한 조건의 대지에는 대통령령으로 정하고 있는 기준에 따라 조경을 확보하여야 한다.
또한, 특정한 지역내에서 요구되는 공개공지는 일반인들도 이용할 수 있는 도심내 소공원의 의미라 할 수 있다.
따라서, 조경과 공개공지에 대한 설치대상과 설치면적에 관한 기준을 정확히 확인하여야 한다.

- ◆ 조경설치 대상 : 대지면적 200m² 이상
- ◆ 조경 기준 적용 대상지역 : 도시지역 및 지구단위계획구역
- ◆ 공개공지 설치 대상건축물의 규모 : 바닥면적의 합계 5,000m² 이상
- ◆ 공개공지 면적 : 대지면적의 10% 범위안에서 조례로 정함

1 대지의 조경

【1】 대지안의 조경대상

구 분		내 용
① 원 칙	전용면적	대지면적 200m² 이상
	적용기준	건축주는 건축물의 용도 및 건축물의 규모에 따라 건축조례가 정하는 기준에 따라 설치하여야 한다.

② 예 외		1. 국토의 계획 및 이용에 관한 법에 의한 농림지역, 자연환경보전지역, 관리지역(지구단위계획제외) 건축물
		2. 녹지지역에 건축하는 건축물
		3. 공장
		  • 5,000m² 미만인 대지에 건축하는 경우
		  • 연면적의 합계가 1,500m² 미만인 경우
		  • 산업단지안에 건축하는 경우
		4. 대지에 염분이 함유되어 있는 경우
		5. 건축물의 용도 특성상 조경 조치를 하기가 곤란하거나 불합리한 경우로서 건축조례가 정하는 건축물
		6. 축사
		7. 가설건축물
		8. 연면적의 합계가 1,500m² 미만인 물류시설
		  (주거지역, 상업지역에 건축하는 것은 제외)
		9. 건축조례로 정하는 다음의 건축물
		  • 관광지, 관광단지 또는 관광·휴양형지구단위계획구역 내 관광시설
		  • 전문휴양시설, 종합휴양업시설
		  • 골프장

학습POINT

■ 조경면적의 설치대상

대지면적 200m² 이상인 도시지역과 지구단위계획구역안에 위치하는 대지에 건축하는 경우

■ 녹지지역의 종류
1. 자연녹지지역
2. 생산녹지지역
3. 보전녹지지역

■ 지역에 따른 물류시설의 조경 설치 기준

연면적의 합계	소재지역	설치 기준
1500m² 이상	모든지역	조례
	주거·상업지역	시행령 및 조례
1500m² 미만	주거·상업 외 지역	제외

[2] 대지내 조경설치면적의 기준

조경설치면적은 아래표에 의하되 건축조례에서 더 완화적용하는 경우 조례에 의한다.

대상건축물	조경기준(대지면적 기준)
① 공장 ② 물류시설 **예외** 주거지역, 상업지역에 건축하는 물류시설은 제외한다.	• 연면적 합계 2,000m² 이상 : 10% 이상 • 연면적 합계 1,500m² 이상~2,000m² 미만 : 5% 이상
③ 공항시설	• 10% 이상 - 대지면적에서 활주로·유도로·계류장·착륙대 등 항공기의 이·착륙시설에 이용한 면적을 제외한 면적을 기준으로 한다.
④ 대지면적 200m² 이상~300m² 미만인 대지에 건축하는 건축물	• 10% 이상
⑤ 철도의 건설 및 철도시설 유지관리에 관한 법률에 의한 역시설	• 10% 이상 - 대지면적에서 선로·승강장 등 철도운행에 이용되는 시설의 면적을 제외한다.

■ 공장 및 물류시설의 조경면적 비율

```
          연면적              연면적
          >1500m²≤           >2000m²≤
   ◀━━━━━━●━━━━━━━━━━━●━━━━━━▶
   예외           5%            10%
```

[3] 옥상조경면적의 인정기준

1. 건축물의 옥상에 조경을 한 경우	옥상조경면적의 2/3를 대지안의 조경면적으로 산정한다.
2. 대지안의 조경면적으로 산입되는 옥상조경 최대인정면적	전체 조경면적의 50% 이내로 한다.

■ 옥상조경면적의 인정

옥상조경면적의 2/3를 대지안의 조경면적으로 인정하되, 기준면적의 1/2을 초과할 수 없다.
따라서, 기준면적의 1/2은 반드시 지표면에 설치하여야 한다.

사례 조경면적 1,000m²을 기준으로 한 조경면적의 배분설치

법에서 요구하는 조경면적의 기준이 1,000m²일 때 A경우, B경우로 옥상조경면적을 설치했을 경우 지표면에 확보하여야 할 조경면적은 각각 다음과 같다.

구 분	A의 경우	B의 경우
① 옥상조경면적	600m²	900m²
② 지표면 조경으로의 환산면적	600×2/3=400m²	900×2/3=600≦500m²
③ 지표면 조경면적	600m²	500m²
④ 실제조경면적	1,200m²(①+③)	1,400m²(①+③)
⑤ 법에 의해 인정되는 조경면적	1,000m²(②+③)	1,000m²(②+③)

2 공개공지의 확보

【1】공개공지 확보대상

다음의 용도 및 규모의 건축물은 일반이 사용할 수 있도록 소규모 휴식시설 등의 공개공지를 설치하여야 한다.

대상지역	용 도	규 모
• 일반주거지역 • 준주거지역 • 상업지역 • 준공업지역 • 특별자치시장·특별자치도지사·시장·군수·구청장이 도시화의 가능성이 크거나 노후 산업단지의 정비가 필요하다고 인정하여 지정·공고하는 지역	• 문화 및 집회시설 • 판매시설(농·수산물 유통시설은 제외) • 업무시설 • 숙박시설 • 종교시설 • 운수시설(여객용시설만 해당)	용도바닥면적의 합계 5,000m² 이상
	• 다중이 이용하는 시설로서 건축조례가 정하는 건축물	

■ 공개공지 설치목적
일반이 사용할 수 있는 소규모 휴식시설인 공개공지 또는 공개공간을 설치하여 상업지역 등의 환경을 쾌적하게 조성하기 위함

【2】공개공지 설치기준

(1) 공개공지 확보면적

대지면적의 10% 범위안에서 건축조례로 정한다.

(2) 공개공지에 확보해야 하는 시설

① 공개공지 또는 공개공간에는 긴의자·파고라 등 공중이 이용할 수 있는 시설로서 건축조례가 정하는 시설을 설치하여야 한다.
② 공개공지는 필로티의 구조로 설치할 수 있다.
③ 연간 60일 이내의 기간 동안 문화행사 등을 할 수 있다.

【3】건축기준의 완화

① 공개공지를 설치한 대지내 건축물에 대해서는 아래의 범위안에서 건축조례가 정하는 바에 의한다.

법 제56조	• 용적률	당해지역에 적용되는 용적률의 1.2배 이하
법 제60조	• 건축물 높이제한	당해건축물에 적용되는 높이기준에 1.2배 이하

② 공개공지 설치대상건축물(주택법의 사업계획승인대상인 공동주택〈주상복합 제외〉을 제외한다)이 아니더라도 설치기준에 적합하에 공개공지 등을 설치한 경우 완화규정을 준용한다.

핵심문제

■■■ 대지의 조경

1 다음은 대지의 조경에 관한 기준 내용이다. ( ) 안에 알맞은 것은?

> 면적의 ( ) 이상인 대지에 건축을 하는 건축주는 용도지역 및 건축물의 규모에 따라 해당 지방자치단체의 조례로 정하는 기준에 따라 대지에 조경이나 그 밖에 필요한 조치를 하여야 한다.

① 100㎡ ② 150㎡
③ 180㎡ ④ 200㎡

2 대지안의 조경대상 중 제외되는 규정이 아닌 것은?

① 축사
② 농림지역안의 건축물
③ 상업지역에 건축하는 건축물
④ 산업단지 안의 공장

3 대지에 조경 등의 조치를 하여야 하는 건축물은? (단, 면적이 200㎡ 이상인 대지에 건축을 하는 경우)

① 축사
② 연면적의 합계가 1,200㎡인 공장
③ 면적이 4,500㎡인 대지에 건축하는 공장
④ 관리지역(지구단위계획구역으로 지정된 지역)의 건축물

4 대지면적 200㎡, 연면적 500㎡인 건축물의 조경면적으로 가장 적당한 것은?

① 대지면적의 5%를 조경면적으로 하였다.
② 연면적의 10%를 조경면적으로 하였다.
③ 건축물 옥상에만 30㎡의 조경을 하였다.
④ 대지에 10㎡, 옥상에 15㎡의 조경을 하였다.

5 대지안의 조경 등의 조치를 하여야 하는 건축물은? (단, 대지면적이 200㎡ 이상인 경우)

① 연면적의 합계가 1,200㎡인 공장
② 면적 4,500㎡인 대지에 건축하는 공장
③ 전용주거지역에 건축하는 건축물
④ 자연녹지지역에 건축하는 건축물

해 설

해설 1
조경대상 : 대지면적 200㎡ 이상

해설 2
도시지역 중 녹지지역안의 건축물은 제외규정에 해당되나 주거, 상업, 공업지역은 원칙적으로 적용대상이 된다.

해설 3
조경기준은 원칙적으로 도시지역(녹지지역 제외)과 지구단위계획구역에 대하여 적용된다.

해설 4
• 대지면적의 10% 이상을 조경면적으로 설치하여야 하며 이중 50%는 지표면에 조경하고 나머지를 옥상조경으로 설치할 수 있다.
• 옥상조경면적은 지표조경면적을 차감한 면적의 2/3으로 조경면적을 설치하여야 한다.

해설 5 조경설치 대상에서 제외되는 경우
1. 녹지지역에 건축하는 건축물
2. 공장
   • 5,000㎡ 미만인 대지에 건축하는 경우
   • 연면적의 합계가 1,500㎡ 미만인 경우
   • 산업단지안에 건축하는 경우
3. 대지에 염분이 함유되어 있는 경우 등

정답 1. ④ 2. ③ 3. ④ 4. ④ 5. ③

6 면적이 5,000m²인 대지에 연면적의 합계가 2,000m²인 공장을 건축하려고 한다. 이 경우 확보하여야 할 최소 조경 면적은?

① 200m²
② 300m²
③ 400m²
④ 500m²

[해설] **6** 조경면적
$A = 5{,}000 \times 0.1 = 500m^2$

7 대지안의 조경면적에서 옥상조경기준에 관한 내용으로 옳은 것은?

① 옥상조경면적의 2/3를 인정하되 전체조경면적의 60/100을 초과할 수 없다.
② 옥상조경면적의 1/2를 인정하되 전체조경면적의 50/100을 초과할 수 없다.
③ 옥상조경면적의 2/3를 인정하되 전체조경면적의 50/100을 초과할 수 없다.
④ 옥상조경면적의 1/3를 인정하되 전체조경면적의 50/100을 초과할 수 없다.

[해설] **7, 8**
옥상조경면적은 법 기준 전체 조경면적의 1/2를 초과할 수 없다. (초과면적은 법 기준면적으로 인정하지 않는다.)

8 대지안의 조경면적으로 산정하는 옥상 조경면적은 전체조경면적의 몇 %를 초과하지 못하는가?

① 20%
② 30%
③ 40%
④ 50%

9 대지면적이 500m²인 건축물의 옥상에 관련 기준에 따라 조경을 한 경우, 옥상 조경면적 중 대지의 조경 면적으로 산정되는 면적은? (단, 조경 설치기준은 대지면적의 10%이며 옥상 조경면적은 30m²이다.)

① 10m²
② 15m²
③ 20m²
④ 25m²

[해설] **9**
1. 조경면적 : $500 \times 0.1 = 50m^2$
2. 옥상조경면적 = $30 \times \dfrac{2}{3}$
   $= 20m^2 < 25m^2$

10 대지면적이 600m²이고 조경면적이 대지면적의 15%로 정해진 지역에 건축물을 신축할 경우, 옥상에 조경을 90m² 시공하였다면, 지표면의 조경면적은 최소 얼마 이상이어야 하는가?

① 0m²
② 30m²
③ 45m²
④ 60m²

[해설] **10**
1. 조경면적 = $600 \times 0.15 = 90m^2$
2. 옥상조경면적 = $90m^2 \times \dfrac{2}{3}$
   $= 60m^2 > 45m^2$

옥상조경면적은 2/3를 인정하되 조경면적의 1/2을 넘지 못한다. 따라서, 실제적인 옥상조경면적은 45m²이다.
3. 지표면의 조경면적
   $= 90m^2 - 45m^2 = 45m^2$

정답 6. ④ 7. ③ 8. ④ 9. ③ 10. ③

11 건축물의 옥상에 60m²의 옥상조경을 설치하고 대지에 100m²의 조경을 설치한 경우 조명면적으로 산정 받을 수 있는 전체 조경면적은? (단, 이 건축물에 설치하여야 하는 조경면적은 100m² 이다.)

① 130m²
② 140m²
③ 150m²
④ 160m²

■■■ 공개공지

12 건축법상 일반이 사용할 수 있도록 대통령령으로 정하는 기준에 따라 소규모 휴식시설 등의 공개공지 또는 공개공간을 설치하여야 하는 대상지역에 속하지 않는 것은? (단, 특별자치시장·특별자치도지사 또는 시장·군수·구청장이 도시화의 가능성이 크다고 인정하여 지정·공고하는 지역 제외)

① 준주거지역
② 준공업지역
③ 전용주거지역
④ 일반주거지역

13 건축법령상 일반주거지역, 준주거지역, 상업지역 또는 준공업지역의 환경을 쾌적하게 조성하기 위하여 대지에 공개공지 또는 공개공간을 확보하여야 하는 대상 건축물에 속하지 않는 것은? (단 건축조례로 정하는 건축물 제외)

① 숙박시설로서 해당 용도로 쓰는 바닥면적의 합계가 5,000m² 이상인 건축물
② 의료시설로서 해당 용도로 쓰는 바닥면적의 합계가 5,000m² 이상인 건축물
③ 업무시설로서 해당 용도로 쓰는 바닥면적의 합계가 5,000m² 이상인 건축물
④ 종교시설로서 해당 용도로 쓰는 바닥면적의 합계가 5,000m² 이상인 건축물

14 바닥면적의 합계가 5,000m²이상인 건축물의 용도로서 다음 중 공개공지를 확보하지 않아도 되는 것은?

① 의료시설
② 업무시설
③ 판매시설
④ 문화 및 집회시설

해 설

해설 11 조경면적의 산정기준
1. 지표면 산정(100% 인정)
  ∴ $A_1 = 100m^2$
2. 옥상조경(법 요구조건의 50% 이하의 범위내에서 옥상조경면적의 2/3 인정)
  ∴ $A_2 = 60 \times \frac{2}{3} = 40m^2 < 100 \times 10.5$
3. 전체조경면적(A)
  $A = A_1 + A_2 = 100 + 40 = 140m^2$

해설 12 공개공지 설치 대상지역
1. 일반주거지역
2. 준주거지역
3. 상업지역
4. 준공업지역
5. 특별자치시장·특별자치도지사·시장·군수·구청장이 도시화의 가능성이 크거나 노후 산업단지의 정비가 필요하다고 인정하여 지정·공고하는 지역

해설 13,14 공개공지, 공개공간 설치대상

용도	규모
• 문화 및 집회시설 • 판매시설(농·수산물 유통시설은 제외) • 업무시설 • 숙박시설 • 종교시설 • 운수시설 (여객용시설만 해당)	용도바닥면적의 합계 5,000m² 이상
• 다중이 이용하는 시설로서 건축조례가 정하는 건축물	

정답 11. ② 12. ③ 13. ② 14. ①

15 공개공지 설치면적을 건축조례로 정할 수 있는 최대면적은 대지면적의 몇 %인가?

① 5%
② 10%
③ 15%
④ 20%

해설 15
대지면적의 10% 범위안에서 조례로 정한다.

16 공개공지 등의 확보에 대한 기술 중 옳지 않은 것은?

① 연면적의 합계가 5,000m² 이상인 업무시설은 공개공지를 확보해야 한다.
② 일반주거지역은 소규모 휴식시설의 공개공지를 확보해야 한다.
③ 연면적의 합계가 5,000m² 이상인 숙박시설은 공개공간을 확보해야 한다.
④ 전용공업지역은 소규모 휴식시설의 공개공지 또는 공개공간을 설치해야 한다.

해설 16
준공업지역에서 휴식을 위한 공개공지 또는 공개공간을 설치한다.

17 공개공지를 확보한 경우 건축법규정에 의한 높이제한이 30m일 때, 당해 건축물에 적용되는 높이기준이 얼마까지 완화될 수 있는가?

① 30m 이하
② 33m 이하
③ 36m 이하
④ 39m 이하

해설 17 공개공지 확보에 따른 건축법 적용의 완화

법 제56조	• 용적률	당해지역에 적용되는 용적률의 1.2배 이하
법 제60조	• 건축물 높이제한	당해건축물에 적용되는 높이기준에 1.2배 이하

따라서, 건축물의 완화높이 H ≦ 30 × 1.2 = 36m 이다.

정답 15. ② 16. ④ 17. ③

출제예상문제

CHAPTER 4
2. 조경 및 공개공지

■■■ 대지의 조경

1. 대지안의 조경에 관한 기준 중 틀린 것은?
① 설치대상은 연면적 200m² 이상 건축물이다.
② 자연녹지지역은 설치대상에서 제외된다.
③ 옥상부분의 조경면적의 3분의 2에 해당하는 면적을 대지안의 조경면적으로 산정할 수 있다.
④ 국토교통부장관은 식재기준, 조경시설물의 종류 등 조경에 필요한 사항을 고시할 수 있다.

[해설] 대지안의 조경대상

구분		기준
① 원칙	적용면적	대지면적 200m² 이상
	적용기준	건축주는 용도지역 및 건축물의 규모에 따라 건축조례가 정하는 기준

② 예외		1. 녹지지역에 건축하는 건축물
		2. 공장
		  • 5,000m² 미만인 대지에 건축하는 경우
		  • 연면적의 합계가 1,500m² 미만인 경우
		  • 산업단지안에 건축하는 경우
		3. 대지에 염분이 함유되어 있는 경우
		4. 건축물의 용도 특성상 조경 조치를 하기가 곤란하거나 불합리한 경우로서 건축조례가 정하는 건축물
		5. 축사
		6. 가설건축물
		7. 연면적의 합계가 1,500m²미만인 물류시설 (주거지역·상업지역에 건축하는 것은 제외)
		8. 건축조례로 정하는 관광시설, 골프장 등
		9. 국토이용관리법에 의한 도시지역 또는 지구단위계획구역 이외의 지역내건축물

2. 면적이 200m² 이상이 되는 대지안에 식수 등 조경시설 설치에 관한 기준에서 설치의무 대상이 되는 것은?
① 녹지지역안에 건축하는 연면적 200m²의 주택
② 5,000m²되는 대지에 건축하는 공장
③ 연면적 400m²의 축사
④ 염분이 함유되어 있는 대지에 건축하는 경우

[해설] 대지면적 5,000m² 미만인 경우에 제외된다.

3. 대지 면적이 500m²인 경우 신축시 조경을 하지 않아도 되는 건축물은?
① 학교   ② 공장
③ 장례식장   ④ 교도소

[해설] 공장의 경우 조경설치 예외대상
• 대지면적 5,000m² 미만인 대지에 건축하는 경우
• 연면적 합계 1,500m² 미만인 경우
• 산업단지안에서 건축하는 경우

4. 다음 건축물 중 대지안의 조경을 해야 하는 것은?
① 3,500m²인 대지에 건축하는 공장
② 연면적의 합계가 1,500m²인 공장
③ 생산녹지지역에 건축하는 건축물
④ 축사

[해설] 연면적의 합계 1,500m² 이상인 공장은 조경대상임

5. 대지안의 조경에 있어 조경 등의 조치를 아니할 수 있는 건축물이 아닌 것은?
① 면적 5,000m² 미만인 대지에 건축하는 공장
② 연면적의 합계가 1,500m² 미만인 공장
③ 연면적의 합계가 2,000m² 미만인 물류시설로서 국토교통부령이 정하는 것
④ 자연녹지지역에 건축하는 건물

[해설] 연면적의 합계 1,500m² 미만인 물류시설을 주거지역·상업지역 이외의 지역에 건축할 때 조경기준에서 제외된다.

6. 대지면적이 500m²일 때 옥상에 조경을 한 경우 조경면적으로 인정받을 수 있는 최대면적은? (단, 조경설치 기준은 대지면적의 10%로 한다.)
① 15m²   ② 20m²
③ 25m²   ④ 30m²

해답 1.① 2.② 3.② 4.② 5.③ 6.③

[해설] 조경기준면적($500m^2 \times \frac{1}{10} = 50m^2$)의 50% 이하까지는 옥상조경으로 할 수 있다.

7. 의무적으로 하여야 하는 조경면적이 300m²인 건축물의 옥상에 법으로 인정받을 수 있는 최대한도의 조경을 설치하고자 한다. 이 면적은 얼마인가?

① 150m² ② 200m²
③ 225m² ④ 300m²

[해설] 조경의무면적의 1/2을 인정
$300 \div 2 = 150m^2$
$150 \times \frac{3}{2} = 225m^2$(옥상조경)

8. 대지면적 5,000m²에 연면적 합계 2,000m²인 공장건축시 최소 조경면적은? (조례규정은 무시한다.)

① 설치할 필요가 없다.
② 200m²
③ 250m²
④ 500m²

[해설] 조경면적기준
당해 지방자치단체의 조례에 의하되 다음의 경우에 적용될 값이 조례의 기준값보다 더 완화되는 경우에는 다음값 이상으로 한다.

대상건축물	조경기준(대지면적 기준)
① 공장 ② 물류시설 [예외] ・주거지역, 상업지역에 건축하는 물류시설	・연면적 합계 2,000m² 이상 : 10% 이상 ・연면적 합계 1,500m² 이상 ~2,000m² 미만 : 5% 이상
③ 공항시설(항공법)	・10% 이상 ・대지면적에서 활주로・유도로・계류장・착륙 등 항공기의 이・착륙시설에 이용하는 면적을 제외한 면적을 기준으로 한다.
④ 대지면적 200m² 이상 ~ 300m² 미만인 대지에 건축하는 건축물	・10% 이상
⑤ 철도법의 역시설	・10% 이상

따라서, 대지면적의 10% 이상의 조경면적을 필요로 한다.

9. 다음과 같은 조건에 있는 건축물이 지상에 설치하여야 하는 조경 면적은 최소 얼마 이상이어야 하는가?

[조 건]
・대지면적 : 300m²
・옥상 조경면적 : 30m²
・조경설치면적 기준 : 대지면적의 10% 이상

① 10m² ② 15m²
③ 20m² ④ 30m²

[해설] 조경면적 산정
1. 법기준 조경면적 (A)
   $A = 300 \times 0.1 = 30m^2$
2. 옥상조경면적의 인정 (A_1)
   옥상조경면적의 $\frac{2}{3}$를 대지안의 조경면적으로 산정하되 법기준 조경면적(전체면적)의 50% 이내로 한다.
   $A_1 = 30 \times \frac{2}{3} \leq 30 \times 0.5 = 15m^2$
3. 지표조경면적 (A_2)
   $A_2 = A - A_1 = 30 - 15 = 15m^2$

■■■ **공개공지의 확보**

10. 바닥면적의 합계가 5,000m² 이상인 건축물의 용도로서 공개공지를 확보하지 않아도 되는 것은?

① 위락시설
② 업무시설
③ 판매시설
④ 숙박시설

[해설] 공개공지 확보대상 지역 및 건축물

대상지역	공개공지확보 대상건축물
・일반주거지역 ・준주거지역 ・상업지역 ・준공업지역 ・특별자치시장・특별자치도지사 및 시장・군수・구청장이 도시화의 가능성이 크다고 지정, 공고하는 지역	・다음의 건축물 대지에는 공개공지, 공개공간을 확보하여야 한다. 1. 용도바닥면적 합계 5,000m² 이상인 ・문화 및 집회시설 ・판매시설(농수산물 유통시설 제외) ・업무시설 ・숙박시설 ・종교시설 ・운수시설 2. 다중이 이용하는 시설로서 건축조례가 정하는 건축물

해답 7. ③ 8. ④ 9. ② 10. ①

11. 공개공지를 확보하여야 하는 대상 건축물 기준에 속하지 않는 것은? (단, 연면적의 합계가 5,000m² 인 경우)

① 문화 및 집회시설 ② 종교시설
③ 운수시설 ④ 수련시설

12. 공개공지 확보를 의무적으로 하지 아니할 수 있는 건축물은?

① 용도바닥면적의 합계가 4,000m²인 판매시설
② 용도바닥면적의 합계가 5,000m²인 문화 및 집회시설
③ 용도바닥면적의 합계가 6,000m²인 숙박시설
④ 용도바닥면적의 합계가 5,000m²인 업무시설

[해설] 문화 및 집회시설 등의 용도로 쓰이는 바닥면적 합계 5,000m² 이상인 경우 공개공지를 설치한다.

13. 공개공지를 확보해야 하는 대상지역이 아닌 것은 어느 것인가?

① 일반주거지역
② 준주거지역
③ 일반공업지역
④ 준공업지역

■■■ 공개공지 설치기준

14. 공개공지의 확보 등에 대한 다음 기술 중 가장 부적당한 것은?

① 공개공지의 면적은 대지면적의 10% 이하의 범위안에서 건축조례로 정한다.
② 문화 및 집회시설이나 업무시설은 지상층의 바닥면적의 합계가 5,000m² 이상인 경우 공개공지를 확보하여야 한다.
③ 용적률은 기준의 1.2배 이하의 범위안에서 건축조례로 정하여 완화할 수 있다.
④ 공개공지에는 파고라 등을 설치하여 공중이 이용할 수 있는 시설을 설치한다.

[해설] 문화 및 집회시설이나 업무시설, 숙박시설, 판매시설(농·수산물 유통시설을 제외)의 용도바닥면적 합계 5,000m² 이상인 경우 공개공지를 확보해야 한다.

■■■ 건축기준의 완화

15. 공개공지 확보시 법60조의 규정에 의한 높이제한의 완화규정은 당해높이 기준의 몇 배 이하인가?

① 1.1배 이하
② 1.2배 이하
③ 1.5배 이하
④ 1.8배 이하

[해설] 공개공지 설치에 따른 건축기준의 완화

조 항	완 화 범 위
1. 건폐율	시행령에 구체적 기준이 없다
2. 용적률	당해지역의 1.2배 이하
3. 건축물의 높이제한	당해 건축물에 적용되는 높이의 1.2배 이하

16. 공개공지의 설치시 건축물에 적용되는 건축법의 완화규정은?

① 건폐율
② 용적률
③ 대지면적의 최소 한도
④ 대지안의 공지

해답 11. ④ 12. ① 13. ③ 14. ② 15. ② 16. ②

3 대지와 도로

학습방향

대지로의 출입을 위하여 대지는 건축법에서 정의한 도로(자동차전용도로 등은 제외)에 일정기준 이상을 접하여야 한다.
특히, 대지와 도로사이에서 정해지는 건축선의 지정과 건축선에 의한 건축제한에 관한 기준은 건축법 규정 중 가장 중요한 규정 중 하나이다.

- ◆ 대지가 도로에 접하는 길이(접도규정) : 2m이상
  (연면적의 합계 2,000m²이상 : 너비 6m 이상 도로에 4m 이상)
- ◆ 도로의 기준폭 :

	통과도로	4m
막다른 도로	$\ell < 10m$	2m
	$10m \leq \ell < 35m$	3m
	$\ell \geq 35m$	6m

※ 건축선은 원칙적으로 도로경계선으로 한다.

- ◆ 건축선의 제한에서 벗어나는 범위 : 지표하 부위, 도로 노면으로부터 4.5m 초과 부위에 설치하는 창문의 개폐 범위

1 대지와 도로와의 관계

【1】 대지가 도로에 접하는 길이의 원칙

건축물의 대지는 2m 이상을 도로(자동차 전용도로 제외)에 접하여야 한다.

[예외] 1. 당해 건축물의 출입에 지장이 없다고 인정되는 경우
2. 건축물 주위에 광장·공원·유원지 등과 관계법령에 의하여 건축이 금지되고 공중의 통행에 지장이 없다고 인정한 공지에 접한 경우
3. 농지법에 따른 농막을 건축하는 경우

【2】 대지가 도로에 접하는 길이의 강화

연면적의 합계가 2,000m² 이상인 건축물(공장인 경우 3,000m² 이상)의 대지는 너비 6m 이상의 도로(자동차 전용도로 제외)에 4m 이상을 접하여야 한다.

[예외] 축사, 작물재배사, 조례로 정하는 건축물의 경우

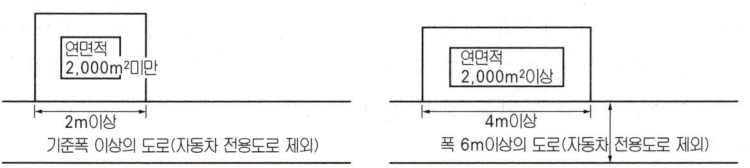

학습POINT

■ 막다른 도로의 경우
대지가 막다른 도로에 접한 경우에는 막다른 도로의 길이에 따른 기준너비를 확보한 도로에 일정폭을 접하여야 한다.

2 도로

【1】도로의 정의

"도로"라 함은 보행 및 자동차 통행이 가능한 너비 4m 이상의 도로로서 다음에 해당하는 도로 또는 그 예정도로를 말한다.
1. 국토의 계획 및 이용에 관한 법 등 법령에 의하여 신설 또는 변경에 관한 고시가 된 도로
2. 건축허가시 또는 건축신고시 특별시장·광역시장·특별자치시장·도지사 및 시장·군수·구청장이 그 위치를 지정한 도로

■ 건축법상의 도로
- 보행이 불가능한 자동차 전용도로, 고속도로는 도로로 인정하지 않는다.
- 도시·군관리계획 등에 의하여 그 위치가 고시된 예정도로도 도로로 인정한다.

【2】조건에 따른 도로의 인정

(1) 차량통행을 위한 도로의 설치가 곤란한 경우

지형적 조건으로 차량통행을 위한 도로의 설치가 곤란하여 특별자치시장·특별자치도지사 또는 시장·군수·구청장이 그 위치를 지정·공고하는 구간내의 너비 3m 이상 (길이가 10m 미만인 막다른 도로인 경우에는 너비 2m 이상)인 도로

(2) 막다른 도로의 경우

막다른 도로의 길이	도로의 너비
10m 미만	2m 이상
10m 이상 35m 미만	3m 이상
35m 이상	6m(도시지역이 아닌 읍·면지역에서는 4m) 이상

■■ 도로의 기준 폭

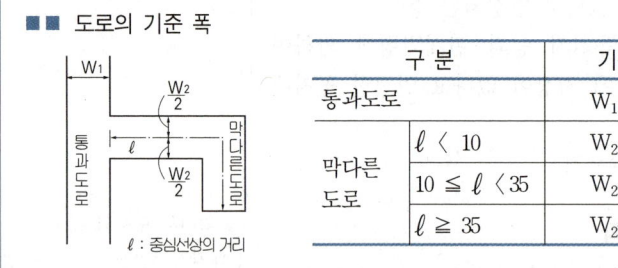

(단위 : m)

구 분		기준폭
통과도로		$W_1 \geq 4$
막다른 도로	$\ell < 10$	$W_2 \geq 2$
	$10 \leq \ell < 35$	$W_2 \geq 3$
	$\ell \geq 35$	$W_2 \geq 6$

ℓ : 중심선상의 거리

3 허가권자의 도로지정·폐지 또는 변경

① 허가권자는 이해관계인의 동의를 얻어 건축법 11조(허가) 및 14조(신고)의 적용시 도로를 지정·폐지 또는 변경할 수 있다.
② 허가권자는 도로의 지정시 이해관계인의 동의를 얻기 곤란한 경우에는 건축위원회의 심의를 받아 지정할 수 있다.

■ 도로대장의 기재
허가권자는 도로를 지정 또는 변경한 경우에는 도로관리대장에 기재하고 관리하여야 한다.

4 건축선의 지정

【1】건축선의 지정

건축선(도로에 접한 부분에 있어서 건축물을 건축할 수 있는 선)은 원칙적으로 대지와 도로의 경계선으로 한다.

【2】소요너비에 미달되는 도로의 건축선

조 건	건 축 선	도 해
① 도로 양쪽에 대지가 있을 때	미달되는 도로의 중심선에서 소요너비의 1/2 수평거리를 후퇴한 선	
② 도로의 반대쪽에 경사지·하천·철도·선로부지 등이 있을 때	경사지 등이 있는 쪽의 도로경계선에서 소요너비에 필요한 수평거리를 후퇴한 선	

■ 도로경계선과 건축선의 구분

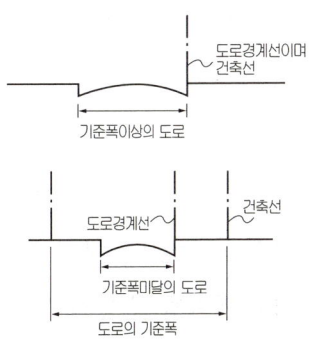

※ 건축선은 원칙적으로 도로경계선으로 하나 기준폭 미달인 도로, 교차도로 등에서는 건축선 지정의 기준을 달리한다.

【3】도로모퉁이에서의 건축선

교차되는 너비 8m 미만인 도로의 모퉁이에 위치한 대지의 도로 모퉁이부분의 건축선은 도로경계선의 교차점으로부터 도로경계선에 따라 다음 표에 의한 거리를 후퇴한 2점을 연결한 선으로 한다.

(단위 : m)

도로의 교차각	교차되는 도로의 너비	8 > D ≧ 6	6 > D ≧ 4
90° 미만	8 > W ≧ 6	4m	3m
	6 > W ≧ 4	3m	2m
90° 이상 120° 미만	8 > W ≧ 6	3m	2m
	6 > W ≧ 4	2m	2m

*D : 당해 도로의 너비
*W : 교차되는 도로의 너비

■ 건축선의 위치와 관련이 있는 사항
 ① 대지면적의 산정
 ② 출입구 또는 창문의 구조
 ③ 건축물과 담장의 위치

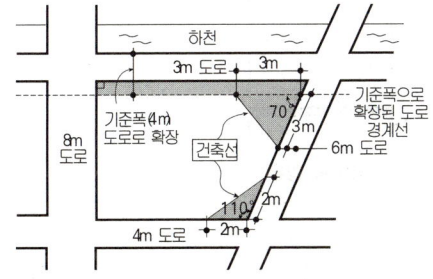

※ 하천에 면한 폭 3m인 현황도로는 통과도로로서의 기준폭인 4m를 확보한 연후에 도로모퉁이에서의 건축선 기준을 운용하여야 한다.

【4】 지정건축선

① 특별자치시장, 특별자치도지사, 시장, 군수, 구청장은 도시지역안에서는 4m의 범위안에서 건축선을 따로 정할수 있다.
② 특별자치시장, 특별자치도지사 및 시장, 군수, 구청장이 건축선을 따로 지정하고자 하는 때에는 미리 그 내용을 30일 이상 공고하여야 한다.
③ 공고한 내용에 대하여 의견이 있는 자는 공고기간 내에 특별자치시장, 특별자치도지사 및 시장, 군수 또는 구청장에게 의견을 제출할 수 있다.

5 건축선에 의한 건축제한

【1】 건축물 및 담장 : 건축선의 수직면을 넘어서는 안된다.

단서 지표하에서는 예외

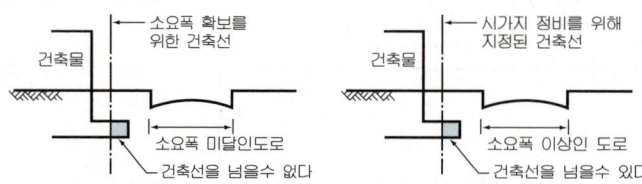

【2】 출입구 · 창문 등의 구조

도로면으로부터 높이 4.5m 이하에 있는 출입구 · 창문 등의 구조물은 개폐시에 건축선의 수직면을 넘는 구조로 할 수 없다.

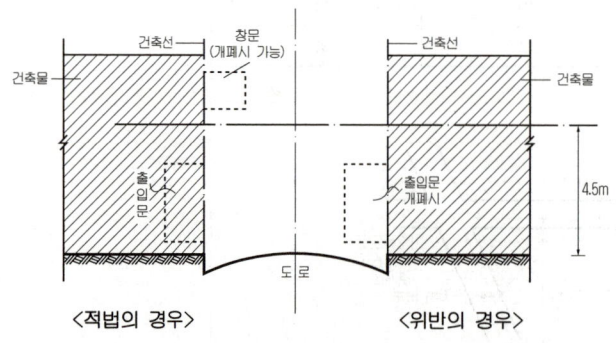

■ 대지면적과 토지면적
① 대지면적
건축법상의 대지조건에 충족되어 대지면적 산정기준에 의거한 건축가능면적으로서 건폐율, 용적율 등의 적용기준면적이 된다.
② 토지면적
토지대장에 등재된 면적으로서 건축유무에 관계없이 지적상 1필지로 구획된 현황면적이다.
③ 면적의 비교

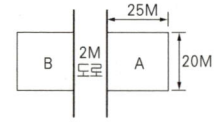

- Ⓐ토지면적 : 25×20m²
- Ⓐ대지면적 : 24×20m²
  (대지면적 산정기준에 의거 기준도로폭(4m)을 확보)

■ 대지와 도로와의 관계
대지가 접하는 도로가 기준폭에 미달된 경우에는 도로의 기준폭을 먼저 확보한 뒤에 남은 면적을 대지면적으로 한다. (법 제4장 건축선의 지정 참고)

핵 심 문 제

■■■ 도로의 정의

1 다음 중 건축법상의 도로를 볼 수 없는 것은?
① 도로법에 의한 고속도로
② 사도법에 의하여 신설 또는 변경에 관한 고시가 된 도로
③ 국토의 계획 및 이용에 관한 법률에서 신설에 관한 고시가 된 도로
④ 건축허가시 시장이 그 위치를 지정·공고한 도로

2 다음 중 건축법상 유형에 따른 도로의 최소 너비 기준으로 옳지 않은 것은?
① 보행과 자동차 통행이 가능한 도로 : 4m
② 막다른 도로의 길이가 10m 미만인 도로 : 2m
③ 막다른 도로의 길이가 10m 이상 35m 미만인 도로 : 3m
④ 막다른 도로의 길이가 35m 이상인 도로 : 5m (도시지역이 아닌 읍·면 지역인 경우)

3 막다른 도로의 길이가 10m인 경우, 이 도로가 건축법상 도로이기 위한 최소 너비는?
① 1.5m
② 2m
③ 3m
④ 6m

4 다음과 같이 도로의 폭이 3m일 경우, 도로 중심선으로부터 건축선까지의 거리로 옳은 것은?
① a, b는 각각 1.2m
② a, b는 각각 1.5m
③ a, b는 각각 2m
④ a, b는 각각 3m

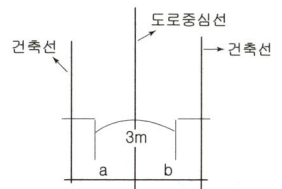

■■■ 대지와 도로와의 관계

5 건축물의 대지는 원칙적으로 최소 얼마 이상이 도로에 접하여야 하는가? (단, 자동차만의 통행에 사용되는 도로는 제외)
① 1m
② 1.5m
③ 2m
④ 3m

해 설

[해설] **1**
건축법상 도로는 보행 및 자동차 통행이 가능한 구조이어야 한다.

[해설] **2**
도시지역이 아닌 읍·면지역에서의 막다른 도로의 길이가 35m 이상인 경우 당해도로의 최소폭은 4m 이상이다.

[해설] **3** 막다른 도로의 기준폭

막다른 도로의 길이	기 준 폭
10m 미만	2m이상
35m 미만	3m이상
35m 이상	6m(도시지역이 아닌 읍,면지역 4m)이상

[해설] **4** 통과 도로의 폭
1. 도로의 폭은 4m 이상이어야 한다.
2. 소요 폭에 미달되는 도로의 건축선은 도로 중심선으로부터 해당 소요너비의 1/2에 상당하는 수평거리를 후퇴한 선을 건축선으로 한다.

[해설] **5** 접도규정

막다른 도로의 길이	당해도로의 소요너비
10m 미만	2m이상
10m 이상 35m미만	3m이상
35m 이상	6m이상(4m이상)

정답 1. ① 2. ④ 3. ③ 4. ③ 5. ③

6 대지와 도로의 관계에 관한 기준으로 옳지 않은 것은?

① 건축물의 대지는 2m 이상을 도로(자동차만의 통행에 사용되는 도로를 제외)에 접하여야 한다.
② 건축물의 주변에 광장같은 공지로서 허가권자가 인정한 것의 경우 건축물의 대지는 2m 이상을 도로에 접하지 않아도 된다.
③ 건축물의 주변에 공원같은 공지로서 허가권자가 인정한 것의 경우 건축물의 대지는 2m 이상을 도로에 접하지 않아도 된다.
④ 연면적의 합계가 2,000m² 이상인 건축물의 대지는 너비 6m 이상의 도로에 3m이상 접하여야 한다.

7 다음의 대지와 도로와의 관계에 관한 기준 내용 중 ( ) 안에 알맞은 것은?

> 연면적 합계가 2,000m² 이상인 건축물의 대지는 너비 (①) 이상의 도로에 (②) 이상 접하여야 한다.

① ① 8m, ② 6m   ② ① 8m, ② 4m
③ ① 6m, ② 4m   ④ ① 4m, ② 2m

8 다음의 대지와 도로의 관계에 관한 기준 내용 중 ( ) 안에 알맞은 것은?

> 연면적의 합계가 2천 제곱미터(공장인 경우에는 3천 제곱미터) 이상인 건축물(축사, 작물 재배사, 그 밖에 이와 비슷한 건축물로서 건축조례로 정하는 규모의 건축물은 제외한다)의 대지는 너비 (㉠) 이상의 도로에 (㉡) 이상 접하여야 한다.

① ㉠ 4m, ㉡ 2m   ② ㉠ 6m, ㉡ 4m
③ ㉠ 8m, ㉡ 6m   ④ ㉠ 8m, ㉡ 4m

■■■ **건축선**

9 도로 모퉁이 대지에서 건축선에 관한 규정이 적용되지 않는 경우는?

① 교차하는 2개의 도로의 폭이 각각 6m, 7m일 경우
② 도로의 교차 내각이 110° 미만일 때
③ 교차하는 2개의 도로의 폭이 각각 8m, 9m일 경우
④ 교차하는 2개의 도로의 폭이 4m, 6m일 경우

해 설

해설 6,7,8
연면적의 합계로 2,000m² 이상인 건축물(공장의 경우에는 3,000m² 이상)의 대지는 너비 6m 이상의 도로에 4m 이상 접하여야 함.

해설 9 도로 모퉁이에서의 건축선 교차각 120° 미만으로서 교차되는 도로의 폭이 각각 4m 이상 8m 미만의 도로에서만 적용된다.

정답 6. ④ 7. ③ 8. ② 9. ③

10 너비 8m 미만인 도로의 모퉁이에 위치한 대지의 도로모퉁이 부분의 건축선은 그 대지에 접한 도로경계선의 교차점으로부터 도로경계선에 따라 다음의 표에 따른 거리를 각각 후퇴한 두 점을 연결한 선으로 한다. ( )안의 숫자로 옳은 것은? (단, 도로의 교차각이 90°미만인 경우)

해당 도로의 너비 6m 이상 8m 미만	교차되는 도로의 너비
(㉠)m	6m 이상 8m 미만
(㉡)m	4m 이상 6m 미만

① ㉠ 2, ㉡ 2 ② ㉠ 3, ㉡ 2
③ ㉠ 3, ㉡ 3 ④ ㉠ 4, ㉡ 3

해 설

해설 10,11,12,13

도로모퉁이에서의 건축선

도로의 교차각	교차되는 도로의 너비	8>D≧6	6>D≧4
90° 미만	8>W≧6	4m	3m
	6>W≧4	3m	2m
90°이상 120°미만	8>W≧6	3m	2m
	6>W≧4	2m	2m

• D : 당해 도로의 너비
• W : 교차되는 도로의 너비

11 도로의 너비가 각각 7m이고 그 교차각이 90도인 도로 모퉁이에 위치한 대지의 도로 모퉁이 부분의 건축선은 대지에 접한 도로경계선의 교차점으로부터 도로경계선을 따라 각각 얼마를 후퇴하여야 하는가?

① 후퇴하지 않는다. ② 2m
③ 3m ④ 4m

12 그림과 같은 도로 모퉁이에서 건축선의 후퇴길이 "a"는?

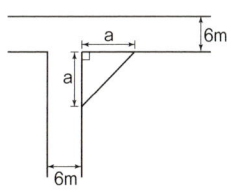

① 2m ② 3m
③ 4m ④ 5m

13 그림과 같은 대지의 도로 모퉁이 부분의 건축선으로서 도로 경계선의 교차점에서의 거리 "A"로 옳은 것은?

① 1m
② 2m
③ 3m
④ 4m

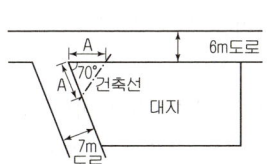

정답 10. ④ 11. ③ 12. ② 13. ④

14 건축선에 관련된 내용 중 옳은 것은?

① 소요너비에 미달하는 도로에서는 도로경계선에서 소요너비의 2분의 1에 상당하는 수평거리를 후퇴한 선으로 한다.
② 지상뿐만 아니라 지표하의 건축물도 건축선의 수직면을 넘어서는 아니된다.
③ 도로의 모퉁이에 있어서는 국토교통부령이 정하는 선을 건축선으로 한다.
④ 도로면으로부터 높이 4.5m 이하에 있는 출입구, 창문 기타 이와 유사한 구조물은 개폐시에 건축선의 수직면을 넘는 구조로 하여서는 아니된다.

15 건축법상 대지와 도로 및 건축선에 관한 설명 중 가장 부적당한 것은?

① 연면적의 합계 2,000m² 이상인 건축물의 대지는 너비 6m 이상의 도로에 4m 이상 접하여야 한다.
② 특별자치도지사·시장·군수 또는 구청장은 도시지역안의 대지에 도로경계선에서 2m 떨어져 건축선을 지정할 수 있다.
③ 특별자치도지사·시장·군수 또는 구청장은 지구단위계획구역안의 대지에 도로경계에서 5m 떨어져 건축선을 따로 지정할 수 있다.
④ 건축물 및 담장의 지상부분은 건축선의 수직면을 넘어서는 안된다.

16 시장·군수·구청장이 국토의 계획 및 이용에 관한 법률에 따른 도시지역에서 건축선을 따로 지정할 수 있는 최대 범위는?

① 2m
② 3m
③ 4m
④ 6m

17 건축선에 관한 내용으로 옳지 않은 것은?

① 건축물 및 담장은 건축선의 수직면을 넘어서는 아니된다.
② 도로와 접한 부분에 있어서 건축물을 건축할 수 있는 선은 대지와 도로의 경계선으로 한다.
③ 소요너비에 미달되는 너비의 도로의 경우에는 그 경계선으로부터 당해 소요너비의 2분의 1에 상당하는 수평거리를 후퇴한 선을 건축선으로 한다.
④ 도로면으로부터 높이 4.5m 이하에 있는 출입구·창문 기타 이와 유사한 구조물은 개폐시에 건축선의 수직면을 넘는 구조로 하여서는 아니된다.

해 설

해설 14
① : 도로경계선 – 도로중심선
② : 지표하는 건축물은 제외
③ : 국토교통부령 – 대통령령

해설 15, 16
도시지역에서의 건축선은 도로경계에서 4m이내의 범위에서 후퇴하여 따로 지정할 수 있다.

해설 17
도로의 기준폭에 미달되는 경우에는 당해도로의 중심선으로부터 소요너비의 1/2을 후퇴한다.

정답 14. ④ 15. ③ 16. ③ 17. ③

18 다음은 건축선에 따른 건축제한에 관한 기준 내용이다. ( ) 안에 알맞은 것은?

> 도로면으로부터 높이 ( ) 이하에 있는 출입구, 창문, 그 밖에 이와 유사한 구조물은 열고 닫을 때 건축선의 수직면을 넘지 아니하는 구조로 하여야 한다.

① 1.5m
② 3m
③ 4.5m
④ 6m

해설 18 건축선에 의한 건축제한
도로면으로부터 높이 4.5m 이하에 있는 출입구·창문 등의 구조물은 개폐시에 건축선의 수직면을 넘는 구조로 할 수 없다.

19 건축선에 관한 내용으로 옳은 것은?

① 소요너비에 미달되는 너비의 도로인 경우에는 그 중심선으로부터 당해 소요너비에 상당하는 수평거리를 후퇴한 선으로 한다.
② 지상 및 지표하의 건축물은 건축선의 수직면을 넘어서는 아니된다.
③ 도로면으로부터 높이 5.0m 이하에 있는 창문은 개폐시 건축선의 수직면을 넘어서는 아니된다.
④ 6m 도로가 직각으로 교차하는 도로모퉁이에서의 건축선은 3m씩 후퇴한 2점을 연결한 선으로 한다.

해설 19
① 도로의 중심선으로부터 소요너비의 1/2에 상당하는 수평거리를 후퇴한 선
② 지상부분의 건축물 및 담장은 건축선을 넘을 수 없다.
③ 도로면으로부터 4.5m 이하인 부분은 창문 개폐시에도 건축선을 넘을 수 없다.

정답 18. ③ 19. ④

출제예상문제

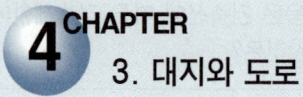

■■■ 도 로

1. 건축법상 도로의 규정으로 옳지 않은 것은?

① 너비 4m 이상의 보행 및 자동차 통행이 가능한 도로
② 막다른 도로의 길이가 10m인 너비 2m의 막다른 도로
③ 도로법의 규정에 의하여 신설의 고시가 된 도로
④ 건축 허가시 시장 또는 군수가 위치를 지정한 도로

2. 막다른 도로의 길이가 10m일 때 도로너비의 기준으로 옳은 것은?

① 2m
② 3m
③ 4m
④ 6m

[해설] 막다른 도로의 너비

막다른 도로의 길이	당해도로의 소요너비
① 10m 미만	2m
② 10m 이상 35m 미만	3m
③ 35m 이상	6m (도시지역이 아닌 읍·면지역은 4m)

3. 도시지역이 아닌 읍에 있는 길이 35m인 막다른 도로의 너비는 최소 얼마 이상으로 하여야 하는가?

① 2m
② 3m
③ 4m
④ 6m

■■■ 대지와 도로와의 관계 등

4. 대지와 도로와의 관계에 영향을 주지 아니하는 것은?

① 건축물의 연면적
② 건축물의 용도
③ 건축물의 대지가 도로에 접하는 부분의 길이
④ 건축물의 대지가 접하는 도로의 너비

[해설] 용도와는 무관함

5. 연면적의 합계가 2,000m² 이상인 건축물의 대지에 접하는 도로의 너비와 접하는 길이가 맞게 표현된 것은?

	도로의 너비	접하는 길이
㉮	6m 이상	4m 이상
㉯	4m 이상	4m 이상
㉰	4m 이상	2m 이상
㉱	2m 이상	2m 이상

■■■ 건축선

6. 다음 중 건축선에 관한 기술 중 틀린 것은?

① 도로와 접합부분에 있어서 건축물을 건축할 수 있는 선
② 대지와 도로의 경계선
③ 소요너비 이상인 도로의 양쪽에 대지가 있는 경우 도로중심선에서 소요너비의 1/2의 수평거리를 후퇴한 선
④ 시장 등의 시가지안에서 환경정비를 위해 필요하다고 인정하여 지정한 선

[해설] 건축선의 지정
① 건축선이란 도로에 접한 부분에 있어서 건축물을 건축할 수 있는 선으로 대지와 도로의 경계선으로 한다.
② 소요너비에 미달되는 건축선

해답 1.② 2.② 3.③ 4.② 5.① 6.③

대지와 도로와의 관계	건축선의 중심
도로 양쪽에 대지가 있을 때	도로의 중심선에서 각 소요너비의 1/2의 수평거리를 후퇴한 선
도로의 반대쪽에 경사지, 하천, 철도, 선로부지 등이 있을 때	경사지 등이 있는 쪽의 도로경계선에서 소요너비에 상당하는 수평거리를 후퇴한 선

7. 그림과 같은 대지의 도로 모퉁이 부분의 건축선으로서 도로 경계선의 교차점에서의 거리 a로 맞는 것은?

① 1m
② 2m
③ 3m
④ 4m

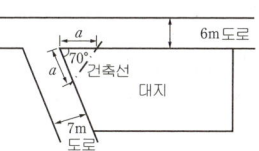

[해설] 도로 모퉁이에서의 건축선

교차되는 너비 8m 미만인 도로의 모퉁이에 위치한 대지의 도로 모퉁이 부분의 건축선은 도로경계선의 교차점으로부터 도로경계선에 따라 다음 표에 의한 거리를 각각 후퇴한 2점을 연결한 선으로 한다.

도로의 교차각	교차되는 도로의 너비	8>D≥6	6>D≥4
90° 미만	8>W≥6	4m	3m
	6>W≥4	3m	2m
90° 이상 120° 미만	8>W≥6	3m	2m
	6>W≥4	2m	2m

※ D : 당해 도로의 너비
　 W : 교차되는 도로의 너비

8. 도로의 폭이 각각 6m씩 되는 2개의 도로가 90°로 교차하는 모퉁이 대지에서 건축선에 의하여 공제되는 대지면적은 몇 m²인가?

① 2m²
② 3m²
③ 4.5m²
④ 8m²

[해설] 도로모퉁이에서의 건축선 지정

도로의 교차각	교차되는 도로의 너비	8>D≥6	6>D≥4
90° 미만	8>W≥6	4m	3m
	6>W≥4	3m	2m
90° 이상 120° 미만	8>W≥6	3m	2m
	6>W≥4	2m	2m

• D : 당해 도로의 너비
• W : 교차되는 도로의 너비

∴ 공제면적 $A = 3 \times 3 \times \dfrac{1}{2} = 4.5 m^2$

9. 도로모퉁이에 위치한 대지내에 자동적으로 정해지는 건축선에 관한 사항 중 옳지 않은 것은?

① 도시지역내에서만 적용되는 규정이다.
② 폭 4m 미만의 도로와 교차하는 경우에는 적용하지 않는다.
③ 폭 8m를 넘는 도로와 교차하는 경우에는 적용하지 않는다.
④ 교차각이 120° 이상인 경우에는 적용하지 않는다.

[해설] 도시지역, 2종지구단위계획구역, 읍 또는 동지역에서 적용되는 규정이다.

10. 도시지역내에서 허가권자가 건축선을 따로 지정할 수 있는 최대의 범위는?

① 2m 이내
② 3m 이내
③ 4m 이내
④ 5m 이내

[해설] 건축선의 후퇴지정

지 역	건축선 범위
도시지역	4m 이내

■■■ **건축선에 의한 건축제한**

11. 건축물의 출입구·창문 등은 개폐시라 할지라도 돌출할 수 없는 기준선이 있다. 그 기술로 적합한 것은?

① 지반면으로부터 높이 4m이하/도로경계선의 수직면
② 지반면으로부터 높이 4.5m이하/도로경계선의 수직면
③ 도로면으로부터 높이 4m이하/건축선의 수직면
④ 도로면으로부터 높이 4.5m이하/건축선의 수직면

[해설] 건축선에 의한 건축제한
① 건축물 및 담장은 건축선의 수직면을 넘어서는 안된다.
　[예외] 지표하의 부분은 제외
② 도로면으로부터 높이 4.5m 이하에 있는 출입구·창문 등의 구조물은 개폐시 건축선의 수직면을 넘은 구조로 해서는 안된다.

해답　7. ④　8. ③　9. ①　10. ③　11. ④

12. 건축선에 관한 내용으로 옳지 않은 것은?

① 건축물 및 담장은 건축선의 수직면을 넘어서는 아니된다. (다만, 지표하의 부분은 그러하지 아니하다.)
② 도로와 접한 부분에 있어서 건축물을 건축할 수 있는 선은 대지와 도로의 경계선으로 한다.
③ 소요너비에 미달되는 너비의 도로의 경우에는 그 경계선으로부터 당해 소요너비의 1/2에 상당하는 수평거리를 후퇴한 선을 건축선으로 한다.
④ 도로면으로부터 높이 4.5m 이하에 있는 출입구·창문 기타 이와 유사한 구조물은 개폐시에 건축선의 수직면을 넘는 구조로 하여서는 아니된다.

[해설] 당해도로의 중심선으로 부터 소요너비의 1/2이상을 각각 후퇴하여야 한다.

■■■ 종 합

13. 다음 건축선의 지정에 대한 설명 중 옳지 않은 것은?

① 노면으로부터 4.5m에 있는 창문은 건축물을 넘어 개폐할 수 없다.
② 폭 6m 미만인 막다른 도로에 접한 대지에서의 건축선은 도로 길이에 따라 다르다.
③ 폭 10m 이상인 도로에 접한 대지에도 도로경계선 외에 따로 건축선의 지정이 있을 수 있다.
④ 도로 폭이 3m 이상일 때 건축선은 도로의 경계선으로 한다.

[해설] 기준폭을 확보한 도로에 있어서 건축선은 도로의 경계선으로 한다.

14. 건축물의 대지 및 도로에 관한 설명이 잘못된 것은?

① 높이가 3m인 옹벽의 구조는 콘크리트로 하여야 한다.
② 연면적이 200m² 이상인 건축물을 건축하는 경우 대지안의 조경을 하여야 한다.
③ 연면적이 2,000m² 이상인 건축물의 대지는 원칙적으로 너비 6m 이상인 도로에 접하여야 한다.
④ 도로면으로부터 높이 4.5m 이하에 있는 창문은 개폐시에 건축선의 수직면을 넘는 구조로 할 수 없다.

[해설] 대지면적이 200m² 이상인 대지에 건축물을 건축하는 경우 조경의무 규정 적용

해답 12. ③ 13. ④ 14. ②

제5장 건축물의 구조 및 재료

출제경향분석

법 5장의 내용은 구조내력, 피난규정, 방화규정 및 지하층을 포함한 거실 부위별 제한기준으로 구성되어 있으며, 자격시험에서도 상당한 비중을 차지하는 부분이다.
특히, 피난규정에 있어서 계단과 관련되는 기준, 방화규정에 있어서의 주요구조부에 대한 제한 또는 방화구획은 거의 해마다 문제가 출제되고 있다해도 과언이 아니다.
이처럼 출제비중이 높은 부분임에도 불구하고, 건축법 5장은 그 구성이 다른 부분과 달리 암기하여야 할 사항도 많고 적용의 기준을 이해하는 데에도 많은 노력이 소요되므로 수험생입장에서도 상대적으로 소홀히 취급되는 경향이 있다.
따라서, 고득점을 목표로 한 수험생이라면 피난규정 중 계단의 설치기준 방화규정에 대한 정확한 구별, 지하층 구조제한 기준 등은 반드시 이해하여야만 한다.

세부 목차

1. 구조내력 등
2. 피난규정
3. 방화규정

1 구조내력 등

학습방향

건축물의 안전확인을 위한 구조설계에 대한 기준과 거실과 관련된 반자높이, 채광 및 환기, 간막이벽의 제한, 지하층의 구조기준 등에 대한 정확한 구분이 필요하다.

- ◆ 구조기술사 등의 구조안전협력대상 : 6층, 경간 20m, 다중이용건축물 등
- ◆ 200m² 이상 관람실 또는 집회실 반자높이 : 4m(노대 : 2.7m) 이상
- ◆ 채광창 면적 : 바닥면적 1/10 이상, 환기창 면적 : 바닥면적 1/20 이상
- ◆ 지하층의 설비 : 거실바닥면적 1,000m² 이상(환기설비), 바닥면적 300m² 이상(급수전)
- ◆ 지하층 비상탈출구의 크기 : 0.75m(유효너비)×1.5m(유효높이)

1 구조내력

건축물은 고정하중, 적재하중, 풍압, 지진 기타의 진동 및 충격 등에 안전한 구조를 가져야 한다.

따라서, 일정규모이상의 건축물을 건축하거나 대수선하는 경우에 건축물에 작용하는 하중에 대한 안전여부를 구조계산을 통하여 사전에 구조안전에 대한 확인을 필요로 한다.

【1】구조계산에 의한 구조안전 확인 대상 건축물

다음에 해당하는 건축물의 건축주는 착공신고시 설계자로부터 받은 구조안전확인서를 허가권자에게 제출하여야 한다.

구 분	구조계산을 요하는 건축물
1. 연면적	200m²(목구조의 경우 500m²) 이상(창고, 축사, 작물재배사 제외)
2. 층 수	2층 이상(기둥과 보가 목재인 목구조의 경우 3층 이상)
3. 건축물높이	13m 이상
4. 처마높이	9m 이상
5. 경 간	10m 이상
6. 단독주택 및 공동주택	
7. 국가적 문화유산으로서 보존가치가 있는 연면적 합계 5,000m² 이상인 박물관, 기념관 등	
8. 한쪽 끝은 고정되고 다른 끝은 지지되지 아니한 구조로 된 보, 차양 등이 외벽의 중심선으로부터 3m 이상 돌출된 건축물	
9. 무량판 구조인 기둥, 내력벽의 전체 단면적 중 기둥 단면적이 1/4 이상인 건축물	
10. 중요도「특」또는「1」인 건축물	
11. 특수한 설계, 시공 등이 필요한 건축물로서 국토교통부장관이 고시하는 건축물	
예외 표준설계도서에 따른 건축물	

학습POINT

■ 경간(Span)
- 기둥과 기둥사이의 거리
- 내력벽과 내력벽사이의 거리

■ 건축물의 규모제한
 주요구조부가 비보강 조적조인 건축물의 최대 허용규모
1. 지붕높이 15m 이하
2. 처마높이 11m 이하
3. 층수 3층 이하

■■ 지진구역

1. 지진구역의 구분

건축물의 구조기준 등에 관한 규칙 별표10 (지진구역 및 지진계수)

지진구역		행정구역	지진구역계수
I	시	서울특별시, 부산광역시, 인천광역시, 대구광역시, 대전광역시, 광주광역시, 울산광역시, 세종특별자치시	0.22g
	도	경기도, 강원도 남부[주1], 충청북도, 충청남도, 전라북도, 전라남도, 경상북도, 경상남도	
II	도	강원도 북부[주2], 제주도	0.14g

비고
주1) 강원도 남부: 강릉시, 동해시, 삼척시, 원주시, 태백시, 영월군, 정선군
주2) 강원도 북부: 속초시, 춘천시, 고성군, 양구군, 양양군, 인제군, 철원군, 평창군, 화천군, 홍천군, 횡성군

2. 중요도 및 중요도계수

건축물의 구조기준 등에 관한 규칙 별표11

중요도(중요도계수)	건축물의 용도 및 규모
특 (1.5)	1. 연면적 1,000m² 이상인 위험물 저장 및 처리 시설·국가 또는 지방자치단체의 청사·외국공관·소방서·발전소·방송국·전신전화국·국가 또는 지방자치단체의 데이터센터 2. 종합병원, 수술시설이나 응급시설이 있는 병원
1 (1.2)	1. 연면적 1,000m² 미만인 위험물 저장 및 처리시설·국가 또는 지방자치단체의 청사·외국공관·소방서·발전소·방송국·전신전화국·중요도(특)에 해당하지 않는 데이터센터 2. 연면적 5,000m² 이상인 공연장·집회장·관람장·전시장·운동시설·판매시설·운수시설(화물터미널과 집배송시설은 제외함) 3. 아동관련시설·노인복지시설·사회복지시설·근로복지시설 4. 5층 이상인 숙박시설·오피스텔·기숙사·아파트·교정시설 5. 학교 6. 수술시설과 응급시설 모두 없는 병원, 기타 연면적 1,000m² 이상인 의료시설로서 중요도(특)에 해당하지 않는 건축물
2 (1.0)	1. 중요도 (특), (1), (3)에 해당하지 않는 건축물
3 (1.0)	1. 농업시설물, 소규모창고 2. 가설구조물

비고
중요도(특)에 해당하는 데이터센터는 국가 또는 지방자치단체가 구축이나 운영에 관한 권한 또는 업무를 위임·위탁한 데이터센터를 포함한다.

【2】 건축구조 기술사 협력대상 건축물

대 상		구조계산자의 자격
1. 6층이상 건축물		
2. 특수구조건축물	경간 20m 이상 건축물	구조기술사의 협력을 받아 설계자가 구조확인을 하여야 한다.
	보, 차양 등의 내민길이 3m 이상 건축물	
	무량판 구조인 기둥, 내력벽의 전체 단면적 중 기둥 단면적이 1/4 이상인 건축물	
3. 다중이용건축물		
4. 준다중이용건축물		
5. 3층 이상인 필로티 형식의 건축물		
6. 지진구역 1의 중요도 「특」인 건축물		

【3】 내진능력 공개

다음에 해당되는 건축물을 건축하고자 하는 자는 사용승인을 받는 즉시 건축물의 내진능력을 공개하여야 한다.

1. 2층 이상인 건축물(목구조의 경우 3층)
2. 연면적 200㎡ 이상인 건축물(목구조의 경우 500㎡)
3. 【1】 구조안전확인서 제출대상 건축물 중 3호부터 11호까지에 해당되는 건축물

2 건축물의 부위별 제한

【1】 거실의 시설기준

(1) 거실반자 높이

거실의 용도		반자높이	예외규정
모든 건축물		2.1m 이상	공장, 창고시설, 위험물 저장 및 처리시설, 동물 및 식물관련시설, 자원 순환관련시설, 묘지관련시설은 제외
• 문화 및 집회시설(전시장, 동·식물원 제외) • 종교시설 • 장례식장 • 유흥주점	바닥면적 200㎡ 이상인 • 관람실 • 집회실	4.0m 이상 ※ 노대 밑부분은 2.7m 이상	기계환기장치를 설치한 경우는 예외

■ 다중이용건축물
1. 16층 이상 건축물
2. 문화 및 집회시설(동·식물원 제외), 판매시설, 종교시설, 여객용시설, 종합병원, 관광숙박시설의 용도에 쓰이는 바닥면적의 합계가 5,000㎡ 이상인 건축물

■ 준다중이용건축물
(용도바닥면적 1,000㎡ 이상인)
1. 문화 및 집회시설(동물원 및 식물원은 제외)
2. 종교시설
3. 판매시설
4. 여객용시설
5. 종합병원
6. 교육연구시설
7. 노유자시설
8. 운동시설
9. 관광숙박시설
10. 위락시설
11. 관광휴게시설
12. 장례시설

■ 내진등급의 설정
국토교통부장관은 지진으로부터 건축물의 구조 안전을 확보하기 위하여 국토교통부령에 따른 내진등급을 설정하여야 한다.

내진등급	건축물 중요도
특	특
I	1
II	2 및 3

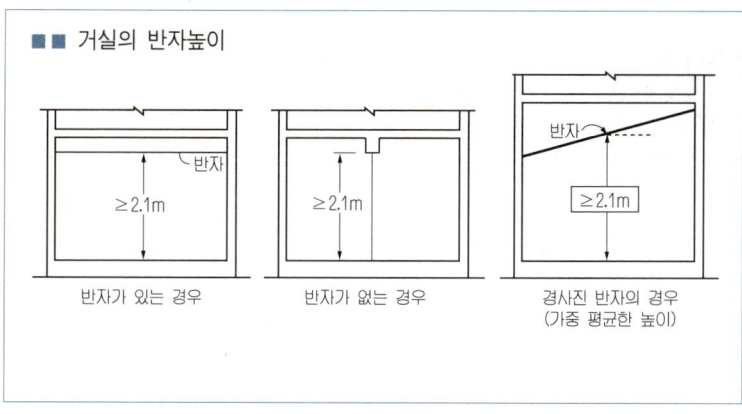

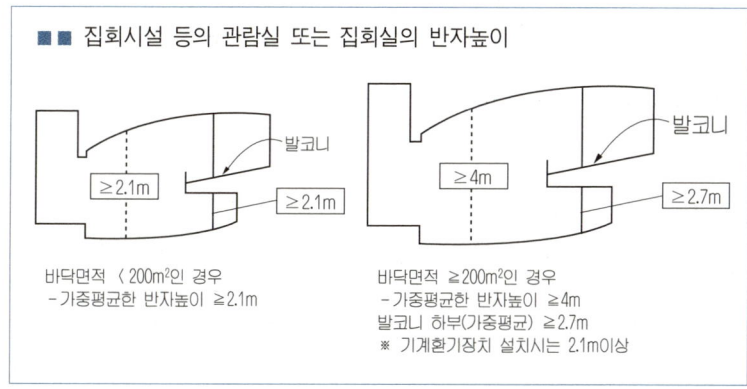

(2) 채광 및 환기

건축물의 용도	구 분	창문등의 면적	예 외
• 주택의 거실 • 학교의 교실 • 의료시설의 병실 • 숙박시설의 객실	채광	거실바닥면적의 1/10 이상	기준조도 이상의 조명장치를 설치한 경우
	환기	거실바닥면적의 1/20 이상	기계환기장치 및 중앙관리방식의 공기조화설비를 설치하는 경우

[비고] 수시로 개방할 수 있는 미닫이로 구획된 2개의 거실은 거실의 채광 및 환기를 위한 규정을 적용함에 있어서 이를 1개의 거실로 본다.

(3) 방습 및 내수재료

구 분	기 준
• 목조바닥(최하층)	지표면상 45cm 이상
• 목욕장의 욕실 • 일반음식점, 휴게음식점의 조리장 • 숙박시설의 욕실	바닥 및 안벽 1m까지 내수재료 사용

■ 거실의 용도에 따른 조도기준

거실의 용도구분		조도구분	바닥의 85cm의 수평면의 조도(룩스)
1. 거주	독서, 식사, 조리		150
	기타		70
2. 집무	설계, 제도, 계산		700
	일반사무		300
	기타		150
3. 작업	검사시험, 정밀검사, 수술		700
	일반작업, 제조, 판매		300
	포장, 세척		150
	기타		70
4. 집회	회의		300
	집회		150
	공연, 관람		70
5. 오락	오락일반		150
	기타		30
기타 명시되지 아니한 것			1란 내지 5란에 유사한 기준을 적용함

(4) 배연설비 설치

건축물의 용도	규 모	설치장소
• 문화 및 집회시설, 종교시설, 판매시설, 운수시설, 의료시설 • 연구소, 아동관련시설, 노인복지시설, 유스호스텔 • 운동시설, 업무시설, 숙박시설, 위락시설, 관광휴게시설, 장례식장 • 제2종 근린생활시설 중 300m²이상인 공연장, 종교집회장, 인터넷컴퓨터게임시설 제공업소와 다중생활시설(고시원)	6층 이상인 건축물	거실
• 요양병원, 정신병원, 산후조리원 • 노인요양시설, 장애인 거주시설, 장애인의료재활시설	모든 건축물	

예외 피난층의 거실은 제외한다.

(5) 안전시설 설치

오피스텔 거실 바닥으로부터 높이 1.2m 이하 부분에 여닫을 수 있는 창문에는 추락방지용 안전시설을 설치하여야 한다.

【2】경계벽 및 층간바닥 등의 구조제한

(1) 경계벽 및 칸막이벽의 구조

경계벽 및 칸막이벽의 차음구조는 다음과 같다.

예외 공동주택 세대간의 경계벽은 주택건설기준 등에 관한 규정에서 정한다.

대상 건축물	구획되는 부분	벽의 구조 및 설치방법
① 공동주택(기숙사 제외) ② 다가구주택	각 세대간 또는 가구간의 경계벽 (발코니 부분은 제외)	차음구조 및 내화구조로 하고, 이를 지붕 및 또는 바로 윗층의 바닥판까지 닿게 하여야 한다.
③ 기숙사의 침실 ④ 의료시설의 병실 ⑤ 학교의 교실 ⑥ 산후조리원 • 임산부실 • 신생아실 • 임산부와 신생아실	각 거실간의 경계벽	
⑦ 다중생활시설(2종근린생활시설)	호실간 경계벽	
⑧ 노인복지주택	세대간 경계벽	
⑨ 노인요양시설	호실간 경계벽	

(2) 층간바닥구조제한 대상

다음에 해당되는 층간 바닥(화장실 제외)은 국토교통부령의 기준에 따라 설치하여야 한다.

1. 단독주택 중 다가구주택
2. 공동주택(주택법 사업계획승인대상 제외)
3. 다중생활시설(고시원)
4. 오피스텔

■ 건축법에 의한 차음구조

• 철근콘크리트조 • 철골철근콘크리트조	두께 10cm 이상
• 무근콘크리트조 • 석조	두께 10cm 이상(마감두께 포함)
• 콘크리트 블록조 • 벽돌조	두께 19cm 이상

■ 주택법에 의한 차음구조 (주택건설기준)

• 철근콘크리트조 · 철골철근콘크리트조	두께 15cm 이상(마감두께 포함)
• 무근콘크리트조 · 콘크리트블럭조 · 벽돌조 · 석조	두께 20cm 이상(마감두께 포함)
• PC조	두께 12cm 이상

【3】 차면시설

인접대지경계선으로 부터 직선거리 2m 이내에 이웃주택의 내부가 보이는 창문 등을 설치하는 경우에는 차면시설을 설치하여야 한다.

【4】 건축물의 범죄예방

구 분	구조기준
1. 아파트, 연립주택, 다세대주택, 다가구주택	안전한 생활환경을 위하여 국토교통부장관이 고시한 기준에 따라 건축하여야 한다.
2. 1종근린생활시설 중 일용품 판매 소매점	
3. 문화 및 집회시설(동·식물원 제외)	
4. 교육연구시설(연구소, 도서관 제외)	
5. 노유자시설	
6. 수련시설	
7. 다중생활시설(고시원)	
8. 오피스텔	

【5】 지하층

(1) 지하층의 구조기준

바닥면적 규모	구조기준
1. 거실 바닥면적 50m² 이상인 층	직통계단 외에 피난층 또는 지상으로 통하는 비상탈출구 및 환기통 설치 예외 직통계단이 2이상 설치되어 있는 경우
2. 거실바닥면적 50m² 이상인 • 2종 근린생활시설 　(공연장, 단란주점, 당구장, 노래연습장) • 문화 및 집회시설 　(예식장, 공연장) • 수련시설 　(생활권수련시설, 자연권수련시설) • 숙박시설 　(여관, 여인숙) • 위락시설 　(단란주점, 주점영업) • 다중이용업	직통계단을 2개소 이상 설치
3. 거실 바닥면적의 합계가 1,000m² 이상인 층	환기설비 설치
4. 층바닥면적 1,000m² 이상인 층	피난층 또는 지상으로 통하는 직통계단을 방화구획으로 구획하는 각 부분마다 1이상의 피난계단 또는 특별피난계단 설치
5. 층 바닥면적 300m² 이상인 층	식수공급을 위한 급수전을 1개소 이상 설치

■■ 지하층의 구조

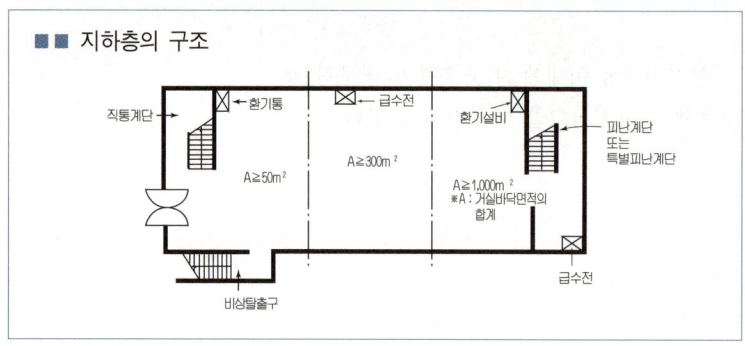

(2) 비상탈출구의 구조기준

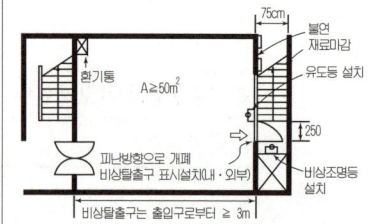

■ 비상탈출구의 구조

비상탈출구	구조기준
1. 비상탈출구의 크기	유효너비 0.75m 이상으로 하고, 유효높이는 1.5m 이상으로 할 것
2. 비상탈출구의 구조	피난방향으로 열리도록 하고, 실내에서 항상 열 수 있는 구조로 하며, 내부 및 외부에는 비상탈출구 표시를 할 것
3. 비상탈출구의 설치	출입구로부터 3m 이상 떨어진 곳에 설치할 것
4. 지하층의 바닥으로부터 비상탈출구의 하단까지가 높이 1.2m 이상이 되는 경우	벽체에 발판의 너비가 20cm 이상인 사다리를 설치할 것
5. 피난통로의 유효너비	0.75m 이상으로 하고, 피난통로의 실내에 접하는 부분의 마감과 그 바탕은 불연재료로 할 것

예외 주택인 건축물에 대해서는 적용하지 않는다.

(3) 지하층의 거실 설치제한

다음의 건축물 지하층에는 거실을 설치할 수 없다. 단, 조례로 정하는 침수위험, 피난, 주거안전 등의 기준에 적합한 경우에는 제외한다.

1. 단독주택	
2. 공동주택	
3. 방재지구	건축물
4. 자연재해위험개선지구(상습 가뭄재해지구 제외)	

핵심문제

■■■ **구조안전**

1 구조기준 및 구조계산에 따라 구조의 안전을 확인하여야 하는 건축물의 기준으로 옳지 않은 것은?

① 층수 : 2층 이상　　② 높이 : 12m 이상
③ 처마높이 : 9m 이상　　④ 연면적 : 200m² 이상

2 건축물의 건축주가 착공신고를 할 때, 해당 건축물의 설계자로부터 받은 구조안전의 확인서류를 허가권자에게 제출하여야 하는 대상 건축물 기준으로 옳지 않은 것은? (단, 허가대상 건축물인 경우)

① 높이가 11m 이상인 건축물
② 처마높이가 9m 이상인 건축물
③ 국토교통부령으로 정하는 지진구역 안의 건축물
④ 기둥과 기둥 사이의 거리가 10m 이상인 건축물

3 다음 중 건축물을 건축하거나 대수선하는 경우에 지진에 대한 안전여부를 확인하여야 하는 대상 건축물을 기준 내용으로 옳지 않은 것은?

① 높이가 10m 이상인 건축물
② 연면적이 200m² 이상인 건축물
③ 층수가 2층 이상인 건축물
④ 국가적 문화유산을 보존할 가치가 있는 박물관, 기념관으로서 연면적의 합계가 5,000m² 이상인 건축물

4 다음 중 구조기술사 등의 협력을 받아 구조의 안전을 확인하여야 하는 대상 건축물은?

① 연면적이 500m²인 건축물
② 기둥과 기둥 사이의 거리가 20m인 건축물
③ 높이가 21m인 건축물
④ 층수가 5층인 건축물

5 바닥면적합계 5,000m² 이상으로 사용되는 문화 및 집회시설 중 구조안전확인 시 건축구조기술사의 협력대상에 해당되지 않는 것은?

① 동물원
② 공연장
③ 집회장
④ 관람장

해 설

[해설] 1 구조계산에 의한 구조안전 확인 대상 건축물

구 분	구조계산을 요하는 건축물
1. 연면적	200m² 이상
2. 층수	2층 이상
3. 건축물높이	13m 이상
4. 처마높이	9m 이상
5. 경간	10m 이상

[해설] 2
건축물 높이 13m 이상인 건축물

[해설] 3 지진에 대한 안전확인 대상 건축물
- 2층 이상 건축물
- 연면적 200m² 이상 건축물(창고, 축사, 작물재배사, 표준설계도서 건축물 제외)
- 건축물 높이 13m 이상인 건축물
- 국가적 문화유산으로서 보존가치가 있는 연면적 합계 5,000m² 이상인 박물관, 기념관 등
- 국토교통부령이 정하는 지진구역 안의 건축물 등

[해설] 4 건축구조기술사의 협력을 받아 구조안전을 확인해야 하는 건축물
1. 6층 이상
2. 경간 20m 이상
3. 다중이용건축물
4. 준다중이용건축물
5. 내민구조의 차양길이가 3m 이상인 건축물
6. 3층 이상인 필로티 형식의 건축물
7. 무량판 구조인 층 기둥단면적 1/4 이상인 건축물
8. 지진구역1의 안의 중요도「특」인 건축물

[해설] 5
바닥면적합계 5,000m² 이상인 문화 및 집회시설 중 동·식물원은 다중이용건축물에 속하지 아니한다.

정답 1. ② 2. ① 3. ① 4. ② 5. ①

6 사용승인을 받는 즉시 건축물의 내진능력을 공개하여야 하는 대상 건축물의 층수 기준은? (단, 목구조 건축물의 경우이며 기타의 경우는 고려하지 않는다.)

① 2층 이상
② 3층 이상
③ 6층 이상
④ 16층 이상

해설 **6** 목구조 건축물의 내진능력 공개대상
1. 층수 : 3층 이상
2. 연면적 : 500m² 이상

■■■ 반자높이

7 공동주택의 거실에 설치하는 반자의 높이는 최소 얼마 이상으로 하여야 하는가?

① 2.1m
② 2.4m
③ 2.7m
④ 4.0m

8 위락시설 중 유흥주점의 용도에 쓰이는 건축물의 관람실로서 그 바닥면적이 200m² 이상인 것의 반자의 높이는 얼마 이상이어야 하는가? (단, 노대의 아랫부분의 높이가 아니며, 기계환기장치를 설치하지 않은 경우임)

① 2.1m 이상
② 2.7m 이상
③ 3.3m 이상
④ 4.0m 이상

해설 **8,9**
200m² 이상 관람실·집회실의 반자높이 4m 이상 (노대아랫부분 : 2.7m 이상)

9 문화 및 집회시설 중 집회장의 용도에 쓰이는 건축물의 집회실로서 그 바닥면적이 200m² 이상인 경우, 반자 높이는 최소 얼마 이상이어야 하는가? (단, 기계환기장치를 설치하지 않은 경우)

① 1.8m
② 2.1m
③ 2.7m
④ 4.0m

10 관람실 또는 집회실로서 그 바닥면적이 200m² 이상인 것의 반자높이를 4m 이상 설치하여야 하는 용도가 아닌 것은?

① 공연장
② 장례식장
③ 공항시설
④ 유흥주점

해설 **10**
문화 및 집회시설, 종교시설, 장례식장, 유흥주점으로 쓰이는 건축물의 관람실 또는 집회실로서 바닥면적이 200m² 이상 - 4m 이상(기계환기장치를 설치한 경우는 예외로 함.)

정답 6. ② 7. ① 8. ④ 9. ④ 10. ③

■■■ 채광

11 거실의 채광 기준 적용 대상에 해당되지 않는 곳은?

① 종교시설의 집회장
② 숙박시설의 객실
③ 의료시설의 병실
④ 기숙사의 침실

12 다음 중 채광을 위하여 거실에 설치하는 창문 등의 면적이 그 거실의 바닥면적의 1/10 미만이어도 가능한 것은? (단, 규정에 의한 조도 이상의 조명장치를 설치하지 않은 경우)

① 의료시설의 병실
② 숙박시설의 로비
③ 학교의 교실
④ 단독주택의 거실

13 환기를 위하여 단독주택의 거실에 설치하는 창문 등의 면적은 그 거실의 바닥면적의 최소 얼마 이상이어야 하는가?

① 1/5
② 1/10
③ 1/15
④ 1/20

14 교육연구시설 중 학교 교실의 바닥면적이 400m²인 경우, 이 교실에 채광을 위하여 설치하여야 하는 창문의 최소 면적은? (단, 창문으로만 채광을 하는 경우)

① 10m²
② 20m²
③ 30m²
④ 40m²

15 바닥면적이 500m²인 학교의 교실에서 환기를 위하여 설치하는 창문 등의 면적은 최소 얼마 이상으로 하여야 하는가? (단, 기계환기장치 및 중앙관리방식의 공기조화설비를 설치하지 않은 경우)

① 10m²
② 20m²
③ 25m²
④ 30m²

해 설

해설 11 채광 및 환기대상
주택의 거실, 학교의 교실, 의료시설의 병실, 숙박시설의 객실

해설 12
채광규정은 숙박시설의 객실에 대하여 적용된다.

해설 13
단독주택거실의 창문최소크기
• 채광 : 바닥면적의 $\frac{1}{10}$
• 환기 : 바닥면적의 $\frac{1}{20}$

해설 14
채광창의 면적은 바닥면적의 1/10 이상으로 한다.
∴ $A \geq 400 \times 1/10 = 40m^2$

해설 15
환기창의 면적은 거실바닥면적의 $\frac{1}{20}$ 이상으로 한다.
∴ $A = 500 \times \frac{1}{20} = 25m^2$

정답 11. ① 12. ② 13. ④ 14. ④ 15. ③

■■■ 차음구조 등

16 경계벽 및 칸막이벽의 설치를 차음구조의 대상으로 하여야 하는 대상건축물은?

① 아파트 세대내 칸막이벽
② 병원의 진료실내 칸막이벽
③ 숙박시설의 객실간의 칸막이벽
④ 사설학원의 교실 칸막이벽

17 가구·세대 등 간 소음 방지를 위하여 건축물의 층간바닥(화장실 바닥은 제외)을 국토교통부령으로 정하는 기준에 따라 설치하여야 하는 대상 건축물에 속하지 않는 것은?

① 단독주택 중 다중주택
② 업무시설 중 오피스텔
③ 숙박시설 중 다중생활시설
④ 제2종 근린생활시설 중 다중생활시설

18 다음 중 거실에 관한 기술 중 틀린 것은?

① 거실의 반자높이는 2.1m 이상이어야 한다.
② 숙박시설의 객실에 채광을 위한 창문 등의 면적은 그 거실바닥면적의 1/10 이상으로 한다.
③ 거실에 설치하는 환기를 위한 창문 등의 면적은 거실바닥면적의 1/20 이상으로 한다.
④ 최하층 거실바닥이 목조인 경우에는 그 바닥높이는 지표면으로부터 60cm 이상으로 한다.

19 바닥으로부터 높이 1m까지의 안벽의 마감을 내수재료로 하지 않아도 되는 것은?

① 아파트의 욕실
② 숙박시설의 욕실
③ 제1종 근린생활시설 중 휴게음식점의 조리장
④ 제2종 근린생활시설 중 휴게음식점의 조리장

20 건축물의 거실에 국토교통부령으로 정하는 기준에 따라 배연설비를 하여야 하는 대상 건축물의 용도에 속하지 않는 것은? (단, 6층 이상인 건축물의 경우)

① 공동주택   ② 판매시설
③ 숙박시설   ④ 위락시설

해 설

해설 16 차음구조 대상

| 1. 공동주택(기숙사 제외) |
| 2. 다가구주택 |
| 3. 기숙사의 침실 |
| 4. 의료시설의 병실 |
| 5. 학교의 교실 |
| 6. 숙박시설의 객실 |

해설 17 층간바닥구조제한 대상

| 1. 단독주택 중 다가구주택 |
| 2. 공동주택(주택법 사업계획승인대상 제외) |
| 3. 다중생활시설(고시원) |
| 4. 오피스텔 |

해설 18 방습조치
건축물의 최하층에 있는 거실의 바닥이 목조인 경우에는 그 바닥높이를 지표면으로부터 45cm 이상으로 해야 한다.

해설 19 바닥 및 안벽 1m까지 내수재료 사용
- 목욕장의 욕실
- 일반음식점, 휴게음식점의 조리장
- 숙박시설의 욕실

해설 20 배연설비 설치 대상 건축물
문화 및 집회시설, 의료시설, 판매시설, 숙박시설, 위락시설, 업무시설, 연구소 등

정답 16. ③ 17. ① 18. ④ 19. ①
20. ①

21 6층 이상인 건축물에 배연설비를 설치하도록 규정한 것이 아닌 것은?

① 가족호텔의 객실
② 관광휴게시설의 관망탑
③ 학교의 교실
④ 의료시설의 병실

해설 21
6층 이상인 건축물의 거실에 설치하는 배연설비기준에 학교는 속하지 않는다.

22 건축물에 설치하는 굴뚝에 관한 기준으로 옳지 않은 것은?

① 굴뚝의 옥상 돌출부는 지붕면으로부터의 수직거리를 1m이상으로 할 것
② 굴뚝의 상단으로부터 수평거리 1m이내에 다른 건축물이 있는 경우에는 그 건축물의 처마보다 1.5m이상 높게 할 것
③ 금속제 또는 석면제 굴뚝으로서 건축물의 지붕속·반자위 및 가장 아랫바닥밑에 있는 굴뚝의 부분은 금속외의 불연재료로 덮을 것
④ 금속제 또는 석면제 굴뚝은 목재 기타 가연재료로부터 15cm이상 떨어져서 설치할 것

해설 22
굴뚝의 상단으로부터 수평거리 1m 이내에 다른 건축물이 있는 경우에는 그 건축물의 처마보다 1m이상 높게 한다.

23 다음의 창문 등의 차면시설에 관한 기준 내용 중 ( )안에 들어갈 말로 알맞은 것은?

> 인접대지경계선으로부터 직선거리 ( ) 이내에 이웃주택의 내부가 보이는 창문 등을 설치하는 경우에는 차면시설을 설치하여야 한다.

① 1m
② 2m
③ 3m
④ 4m

24 범죄예방 기준에 따라 건축하여야 하는 대상 건축물에 속하지 않는 것은?

① 수련시설
② 업무시설 중 오피스텔
③ 숙박시설 중 일반숙박시설
④ 공동주택 중 세대수가 500세대인 아파트

해설 24,25 범죄예방 대상 건축물

1. 아파트, 연립, 다세대, 다가구
2. 1종 근린생활시설 중 일용품 판매 소매점
3. 문화 및 집회시설(동·식물원 제외)
4. 교육연구시설(연구소, 도서관 제외)
5. 노유자시설
6. 수련시설
7. 다중생활시설(고시원)
8. 오피스텔

25 국토교통부장관이 정한 범죄예방 기준에 따라 건축하여야 하는 대상 건축물에 속하지 않는 것은?

① 수련시설
② 교육연구시설 중 도서관
③ 업무시설 중 오피스텔
④ 숙박시설 중 다중생활시설

정답 21. ③ 22. ② 23. ② 24. ③ 25. ②

■■■ 지하층

26 다음은 건축물에 설치하는 지하층의 구조에 대한 설명이다. 이 중 적당하지 않은 것은?

① 직통계단이 하나이고 거실바닥면적이 50m² 이상인 층에는 직통계단 외에 피난층 또는 지상으로 통하는 비상탈출구를 설치하여야 한다.
② 바닥면적이 500m²를 넘는 층에는 직통계단을 피난계단 또는 특별피난계단으로 하여야 한다.
③ 바닥면적이 1,000m²를 넘는 층에는 피난층 또는 지상으로 통하는 직통계단을 방화구획으로 구분되는 각 부분마다 1개소 이상 설치하여야 한다.
④ 거실의 바닥면적의 합계가 1,000m² 이상인 층에는 환기설비를 설치하여야 한다.

27 다음 중 건축물에 설치하는 지하층의 구조에 대한 기준 내용으로 옳지 않은 것은?

① 거실의 바닥면적이 50m² 이상인 층에는 직통계단외에 피난층 또는 지상으로 통하는 비상탈출구 및 환기통을 설치할 것
② 바닥면적이 1,000m² 이상인 층에는 피난층 또는 지상으로 통하는 직통계단을 규정에 의해 방화구획으로 구획되는 각 부분마다 1개소 이상 설치할 것
③ 거실의 바닥면적의 합계가 500m² 이상인 층에는 환기설비를 설치할 것
④ 지하층의 바닥면적이 300m² 이상인 층에는 식수공급을 위한 급수전을 1개소 이상 설치할 것

28 건축물의 지하층 중 직통계단 외에 피난층 또는 지상으로 통하는 비상탈출구 및 환기통을 설치하여야 하는 층의 거실바닥 면적 기준은? (단, 직통계단이 2개소 이상 설치되어 있는 경우 제외)

① 33m² 이상
② 50m² 이상
③ 85m² 이상
④ 100m² 이상

해 설

해설 26
피난계단, 특별피난계단 설치 : 바닥면적이 1,000m²를 넘는 층에는 피난층 또는 지상으로 통하는 직통계단을 방화구획으로 구획되는 각 부분마다 1개소 이상 설치하되 이를 피난계단 또는 특별피난계단의 구조로 할 것

해설 27
지하층 환기설비 :
거실바닥면적이 1,000m² 이상인 층

정답 26. ② 27. ③ 28. ②

29 다음은 건축물에 설치하는 지하층의 구조 및 설비에 관한 기준 내용이다. ( ) 안에 알맞은 것은?

> 거실의 바닥 면적이 ( ) 이상인 층에는 직통계단외에 피난층 또는 지상으로 통하는 비상탈출구 및 환기통을 설치할 것. 다만, 직통계단이 2개소 이상 설치되어 있는 경우에는 그러하지 아니하다.

① 30m²
② 50m²
③ 80m²
④ 100m²

30 지하층의 비상탈출구에 관한 기준 중 비상탈출구의 유효너비와 유효높이 기준으로 옳은 것은? (단, 주택의 경우 제외)

① 유효너비 0.5m 이상, 유효높이 1.75m 이상
② 유효너비 0.75m 이상, 유효높이 1.5m 이상
③ 유효너비 1.5m 이상, 유효높이 1.75m 이상
④ 유효너비 1.75m 이상, 유효높이 1.5m 이상

31 건축물의 지하층에 비상탈출구를 설치하여야 하는 경우, 설치되는 비상탈출구에 관한 기준 내용으로 옳지 않은 것은? (단, 주택이 아닌 경우)

① 비상탈출구의 유효너비는 0.75m 이상으로 할 것
② 비상탈출구의 유효높이는 1.5m 이상으로 할 것
③ 비상탈출구는 출입구로부터 3m 이상 떨어진 곳에 설치할 것
④ 비상탈출구의 문은 피난방향으로 열리도록 하고, 실내에서 비상시에만 열 수 있는 구조로 할 것

해 설

해설 31
비상탈출구는 실내에서 항상 열 수 있는 구조로 하여야 한다.

정답 29. ② 30. ② 31. ④

출제예상문제

CHAPTER 5
1. 구조내력 등

■■■ 구조안전의 확인

1. 국토교통부령이 정하는 구조기준 및 구조계산에 따라 그 구조의 안전을 확인하여야 하는 기준으로 옳지 않은 것은?

① 층수가 2층 이상인 건축물
② 연면적이 1,000m² 이상인 건축물
③ 높이가 13m 이상인 건축물
④ 처마높이가 9m 이상인 건물

[해설] 구조계산에 의해 구조의 안전을 확인해야 하는 건축물 (건축사에 의해 작성되며, 허가신청시 구조계산서 첨부)
① 층수 2층 이상
② 연면적 200m²이상
③ 높이 13m 이상
④ 처마높이 9m 이상(3층 미만 건축물도 해당)
⑤ 경간(span : 기둥과 기둥사이의 거리, 기둥이 없는 경우는 내력벽과 내력벽 사이의 거리) 10m 이상 등

2. 지진에 대한 안전여부 확인대상 건축물의 기준이 아닌 것은?

① 6층 이상인 건축물
② 연면적 200m² 이상인 건축물
③ 국토교통부장관이 정하는 지진구역안의 건축물
④ 국가적 문화유산으로서의 보존가치가 있는 박물관기념관으로 연면적 합계가 5,000m² 이상인 건축물

[해설] 2층 이상인 건축물에 해당

3. 다음의 건축물 중 국가기술자격법에 의한 구조기술사의 협력을 받아 구조의 안전을 확인하여야 하는 건축물은?

① 5층인 건축물
② 경간이 20m인 건축물
③ 연면적이 500m²인 건축물
④ 높이가 21m인 건축물

[해설] 건축구조기술사의 협력을 받아 구조안전을 확인해야 하는 건축물
1. 6층 이상
2. 경간 20m 이상
3. 다중이용건축물
4. 준다중이용건축물
5. 내민구조의 차양길이가 3m 이상인 건축물 등

4. 건축법령상 사용승인을 받는 즉시 건축물의 내진능력을 공개하여야 하는 경우로 가장 부적합한 것은?

① 2층 이상인 건축물
② 1층이고 200제곱미터 미만인 단독주택
③ 바닥면적이 5천 제곱미터인 건축물
④ 건축물의 중요도를 고려하여 대통령령으로 정하는 건축물

[해설] 내진능력 공개대상
1. 2층 이상인 건축물
2. 연면적 200m² 이상인 건축물 등

■■■ 반자높이

5. 거실의 반자높이 확보규정대상 건축물 및 용도로서 옳은 것은?

① 공장의 작업실
② 납골당의 안치실
③ 창고의 물품저장실
④ 박람회장의 전시실

[해설] 공장, 창고, 위험물저장 및 처리시설, 동물 및 식물 관련시설, 자원순환관련시설, 묘지관련시설 제외

6. 거실 반자높이의 최소치로서 맞는 것은?

① 2.1m 이상
② 2.3m 이상
③ 2.4m 이상
④ 3.0m 이상

해답 1.② 2.① 3.② 4.② 5.④ 6.①

[해설] 거실의 반자높이
① 일반 용도의 거실 - 2.1m 이상
② 문화 및 집회시설(전시장, 동·식물원 제외), 종교시설, 장례식장 유흥주점 용도로 쓰이는 건축물의 관람실 또는 집회실로서 바닥면적이 200m² 이상인 것 - 4m 이상(기계환기장치를 설치한 경우는 예외로 함.)
③ '②'의 노대 아래 부분 - 2.7m 이상

7. 기계환기장치를 설치하지 아니한 경우에 바닥면적이 200m²인 아래의 거실에 반자높이를 4m 이상으로 하여야 하는 것은?

① 전시장 ② 공연장
③ 동물원 ④ 식물원

[해설] 거실의 반자높이 4m 이상인 건축물의 용도
문화 및 집회시설(전시장, 동·식물원 제외), 종교시설, 장례식장, 유흥주점의 용도로 쓰이는 건축물의 관람실 또는 집회실로서 바닥면적의 합계 200m² 이상인 것

8. 객석 바닥면적 250m²인 관람시설의 최소 반자높이는 (A)m이고, 노대 아래 부분의 높이는 (B)m 이상이어야 한다. ( )안에 맞는 것은?

① A : 2.7, B : 4.0
② A : 3.0, B : 4.0
③ A : 4.0, B : 2.7
④ A : 4.0, B : 3.0

■■■ 채광 및 환기

9. 국토교통부령이 정하는 기준에 따라 거실의 채광 및 환기를 위한 창문 등의 설비를 설치하지 않아도 되는 곳은?

① 학교의 교실
② 오피스텔의 거실
③ 숙박시설의 객실
④ 의료시설의 병실

[해설] 채 광
- 단독주택, 공동주택의 거실, 교육연구시설 중 학교의 교실, 의료시설의 병실, 숙박시설의 객실의 용도
- 오피스텔은 업무시설에 해당된다.

10. 초등학교 교실의 유효채광면적의 바닥면적에 대한 최저 기준은?

① 1/5
② 1/7
③ 1/8
④ 1/10

11. 거실의 채광 및 환기에 관한 규정으로 옳은 것은?

① 교육연구시설 중 학교의 교실에는 채광 및 환기를 위한 창문 등 또는 설비를 설치하여야 한다.
② 채광을 위하여 거실에 설치하는 창문 등의 면적은 그 거실의 바닥면적의 1/20 이상이어야 한다.
③ 환기를 위하여 거실에 설치하는 창문 등의 면적은 그 거실의 바닥면적의 1/10 이상이어야 한다.
④ 채광 및 환기의 규정을 적용함에 있어서 수시로 개방할 수 있는 미닫이로 구획된 2개의 거실은 이를 2개의 거실로 본다.

[해설] ② 채광창 면적 : 바닥면적의 1/10 이상
③ 환기창 면적 : 바닥면적의 1/20 이상
④ 2개의 미닫이로 구획된 거실은 하나의 거실로 인정

12. 바닥면적이 350m²인 병실에서 채광을 위한 최소 면적으로 옳은 것은?

① 70m²   ② 50m²
③ 35m²   ④ 17.5m²

[해설] $350 \times \frac{1}{10} = 35m^2$

13. 사무소 건축물로서 사무소의 최소한의 조도는 얼마를 확보해야 하는가? (단, 바닥으로부터 85cm 부분 기준)

① 70룩스
② 150룩스
③ 300룩스
④ 700룩스

해답 7. ② 8. ③ 9. ② 10. ④ 11. ① 12. ③ 13. ③

[해설] 거실의 용도에 따른 조도 기준

거실의 용도 구분		조도 구분 바닥의 85cm의 수평면의 조도 (룩스)
1. 거주	독서, 식사, 조리	150
	기타	70
2. 집무	설계, 제도, 계산	700
	일반 사무	300
	기타	150
3. 작업	검사시험, 정밀검사, 수술	700
	일반 작업, 제조, 판매	300
	포장, 세척	150
	기타	70
4. 집회	회의	300
	집회	150
	공연, 관람	70
5. 오락	오락, 일반	150
	기타	30
기타 명시되지 아니한 것		1란 내지 5란에 유사한 기준을 적용함.

■■■ 내수재료

14. 욕실의 벽면마감을 내수재료로 해야 하는 바닥면으로 부터의 최소높이로 옳은 것은?

① 1m
② 1.2m
③ 1.5m
④ 2m

[해설] 내수재료의 마감

제1종 근린생활시설 중 일반목욕장의 욕실, 제2종 근린생활시설 중 일반음식점, 휴게음식점의 조리장, 숙박시설의 욕실 바닥과 그 바닥으로부터 높이 1m까지 안벽의 마감은 내수재료로 하여야 한다.

■■■ 배연설비

15. 배연설비 설치 해당 건축물로서 배연설비를 하지 않아도 되는 부위는?

① 최상층 거실
② 피난층 거실
③ 방화구획이 설치된 경우
④ 채광창이 설치되어 있는 부위

[해설] 배연설비설치대상

건축물의 용도	규 모	설치장소
• 문화 및 집회시설, 종교시설, 판매시설, 운수시설, 의료시설 • 연구소, 아동관련시설, 노인복지시설, 유스호스텔 • 운동시설, 업무시설, 숙박시설, 위락시설, 관광휴게시설, 장례식장, 고시원(2종 근린생활시설)	6층 이상인 건축물	거실

16. 다음 중 6층 이상인 건축물의 거실에 반드시 배연설비의 설치를 하여야 하는 건축물의 용도가 아닌 것은?

① 도서관
② 숙박시설
③ 위락시설
④ 아동관련시설

[해설] 도서관은 교육연구시설로 적용대상에 포함되지 않는다.

■■■ 차음구조 등

17. 다음 중 건축물에 국토교통부령이 정하는 기준에 따라 칸막이벽을 설치하지 않아도 되는 것은?

① 교육연구시설 중 학교의 교실
② 의료시설의 병실
③ 공동주택의 각 세대간
④ 숙박시설의 객실간

[해설] 경계벽 및 칸막이벽의 구조

대상 건축물	구획되는 부분	벽의 구조 및 설치방법
① 공동주택 (기숙사 제외) ② 다가구주택	각 세대간 또는 가구간의 경계벽(발코니 부분은 제외)	차음구조 및 내화구조로 하고, 이를 지붕 밑 또는 바로 윗층의 바닥판까지 닿게 하여야 한다.
③ 기숙사의 침실 ④ 의료시설의 병실 ⑤ 학교의 교실 ⑥ 숙박시설의 객실	각 거실간의 칸막이벽	

※ 공동주택 세대간 경계벽은 주택법 규정을 적용한다.

해답   14. ①   15. ②   16. ①   17. ③

18. 국토교통부장관이 정하는 기준에 따라 층간바닥을 설치하여야 하는 건축물에 해당되지 않는 것은?

① 오피스텔
② 다중생활시설
③ 다가구주택
④ 다중주택

[해설] 층간바닥구조제한 적용대상
1. 단독주택 중 다가구주택
2. 공동주택(주택법 사업계획승인대상 제외)
3. 다중생활시설
4. 오피스텔

19. 건축법령상 국토교통부장관이 정하여 고시하는 범죄예방 기준에 따라 건축해야 하는 건축물로 가장 부적합한 것은?

① 공동주택 중 아파트
② 제1종 근린생활시설 중 일용품을 판매하는 소매점
③ 교육연구시설 중 도서관
④ 업무시설 중 오피스텔

[해설] 범죄예방 대상 건축물

1. 아파트, 연립, 다세대, 다가구
2. 1종근린생활시설 중 일용품 판매 소매점
3. 문화 및 집회시설(동·식물원 제외)
4. 교육연구시설(연구소, 도서관 제외)
5. 노유자시설
6. 수련시설
7. 다중생활시설(고시원)
8. 오피스텔

■■■ 지하층의 설치

20. 지하층의 바닥면적이 몇 m² 이상일 때 식수공급을 위한 급수전을 1개 이상 설치하여야 하는가?

① 100m²
② 200m²
③ 300m²
④ 500m²

[해설] 식수공급을 위한 급수전 설치 : 지하층의 바닥면적이 300m² 이상인 층에는 1개 이상의 급수전을 설치할 것

21. 건축물에 설치하는 지하층의 구조 및 설비기준은 거실바닥면적의 합계가 얼마 이상인 층에 환기설비를 설치하도록 되어 있는가?

① 400m² 이상
② 600m² 이상
③ 1,000m² 이상
④ 1,500m² 이상

[해설] 환기설비 - 거실바닥면적의 합계 1,000m² 이상인 층

22. 지하층의 구조에 대한 설명 중 의무규정에 해당하지 아니하는 것은?

① 거실의 바닥면적합계가 1,000m²인 지하층에 환기설비를 설치하였다.
② 바닥면적이 200m²인 지하층에 식수공급을 위한 급수전을 설치하였다.
③ 바닥면적이 50m²인 지하층에 직통계단과 비상탈출구 및 환기통을 설치하였다.
④ 비상탈출구의 유효너비는 0.75m로 하고, 유효높이를 1.5m로 하였다.

[해설] 급수전은 300m² 이상일 경우 설치한다.

23. 지하층의 비상탈출구에 관한 설명이 잘못된 것은?

① 비상탈출구의 유효높이는 1.5m 이상으로 한다.
② 비상탈출구는 출입구로부터 3m 이상 떨어진 곳에 설치한다.
③ 비상탈출구에서 피난층 또는 지상으로 통하는 복도나 직통계단까지 이르는 피난 통로의 유효너비는 0.75m 이상으로 한다.
④ 비상탈출구의 문은 실외에서 항상 열 수 있는 구조로 한다.

[해설] 피난방향으로 열리도록 하고 실내에서 항상 열 수 있는 구조로 하며 내부 및 외부에는 비상 탈출구 표시를 할 것

해답 18. ④ 19. ③ 20. ③ 21. ③ 22. ② 23. ④

24. 지하층의 구조 및 설비의 기준에 대한 설명으로 옳은 것은?

① 바닥면적이 30m² 이상인 층에는 직통계단외에 피난층 또는 지상으로 통하는 비상탈출구 및 환기통을 설치할 것
② 지하층의 바닥면적이 200m² 이상인 층에는 식수공급을 위한 급수전을 1개소 이상 설치할 것
③ 비상탈출구의 유효너비는 0.7m 이상을 하고, 유효높이는 1.8m 이상으로 할 것(주택 제외)
④ 비상탈출구는 출입구로부터 3m 이상 떨어진 곳에 설치할 것(주택 제외)

[해설] • 비상탈출구의 설치 : 50m² 이상
 • 급수전 설치 : 300m² 이상
 • 비상탈출구 크기 : 0.75m×1.5m

25. 건축물에 설치하는 지하층의 구조 및 설비에 관한 기준 내용으로 옳은 것은?

① 거실의 바닥면적이 40m²를 넘는 층에는 직통계단외에 지상으로 통하는 비상탈출구 및 환기통을 설치하여야 한다.
② 제2종 근린생활시설 중 공연장의 용도에 쓰이는 층으로서 그 층의 거실의 바닥면적의 합계가 40m² 이상인 건축물에는 직통계단을 최소 3개소 이상 설치하여야 한다.
③ 지하층의 바닥면적이 300m² 이상인 층에는 식수공급을 위한 급수전을 1개소 이상 설치하여야 한다.
④ 거실의 바닥면적의 합계가 500m² 이상인 층에는 환기설비를 설치하여야 한다.

[해설] ① 비상탈출구 등의 설치대상 : 층 바닥면적 50m² 이상인 경우
② 피난계단의 추가설치대상 : 층 바닥면적 1,000m² 이상인 경우
③ 환기설비 설치대상 : 거실바닥면적 1,000m² 이상인 경우

해답 24. ④   25. ③

2 피난규정

학습방향

거실로부터 복도로의 출구설치 기준과 계단에 관한 기준을 중시하여야 한다. 특히, 계단과 관련된 규정은 보행거리에 따른 설치기준, 피난계단의 구조제한을 각각 구분하여 정확히 정리해 두어야 한다.

◆ 300m² 이상 관람실:

관람실 출구	1.5m 이상의 출구 2개소 이상 설치
옥외로의 출구	주출구 외 비상탈출구 등 2개소 이상 설치

◆ 계단설치에 대한 보행거리 기준 : 30m 이하 (내화구조 : 50m, 16층 이상 공동주택 : 40m)
◆ 피난계단의 출입구 및 계단폭 : 0.9m 이상
◆ 16층 이상인 갓복도식 공동주택의 계단구조 : 피난계단 또는 특별피난계단
◆ 피난용 옥상광장의 설치 : 5층 이상의 층의 용도 - 문화 및 집회시설(전시장, 동·식물원 제외), 종교시설, 판매시설, 장례식장, 유흥주점

1 거실로부터 복도로의 출구설치

【1】 문화 및 집회시설 등의 출구 방향

제 한 용 도	제 한 기 준
• 2종근린생활시설 중 300m²이상인 공연장, 종교집회장 • 문화 및 집회시설(전시장, 동·식물원 제외) • 종교시설 • 장례시설 • 위락시설	관람실 또는 집회실의 바깥쪽 출구로 쓰이는 문은 안여닫이로 해서는 안된다.

■■ 관람실 등의 실내로부터의 출구방향

학습POINT

■ 피난규정의 정의
건축법에 있어서의 피난규정은 건축물에 화재가 발생했을 경우 건축물내에 있는 사람을 화재로부터 안전한 장소로 대피시키기 위한 피난경로상의 공간을 확보하겠다는 취지이며, 건축물에 발생된 화재로부터의 피난경로는 다음과 같다.

구 분	피난규정이 적용되는 공간
지상으로의 경로	거실→출구→복도→계단→피난층→출구→지상
옥상광장으로의 경로	거실→출구→복도→계단→옥상광장

■ 제2종근린생활시설 중 해당용도로 쓰는 바닥면적의 합계가 각각 300m² 이상인 공연장·종교집회장은 피난규정 적용이 강화되는 시설에 포함된다.

■ 문화 및 집회시설
1. 공연장   2. 집회장
3. 관람장   4. 전시장
5. 동물원   6. 식물원

【2】공연장 개별 관람실의 출구기준

대 상	제 한 기 준	
개별 관람실 바닥면적 300m² 이상	출구설치	2개소 이상
	출구유효너비	최소 1.5m이상
	출구유효너비의 합계	$\dfrac{관람석\ 바닥면적(m^2)}{100m^2} \times 0.6m$ 이상

■■ 바닥면적 400m²인 관람실 출구의 최소폭

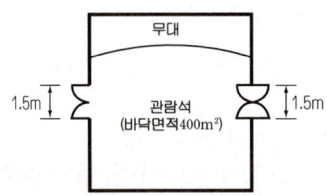

① 출구는 최소 2개를 설치하여야 한다.
② 출구폭의 합은 바닥면적 100m²당 0.6m이므로 계산상 출구하나의 폭은 $400 \times \dfrac{0.6}{100} \div 2 = 1.2m$이다.
③ 출구 하나의 최소폭은 1.5m 이상으로 하여야 한다.

2 복도

【1】 복도의 설치

복도에 대한 설치기준은 공연장에 대해서만 적용되며, 그 설치기준은 공연장의 관람실 바닥면적에 따라 그 설치위치가 제한되나 당해 복도 폭에 대한 기준은 별도기준【2】에 따른다.

구 분	복도위치	도 해
① 공연장 개별관람실(바닥면적이 300m²이상인 경우)의 바깥쪽	양쪽 및 뒷쪽에 각각 복도를 설치할 것	
② 하나의 층에 개별관람실(바닥면적이 300m²미만인 경우)을 2개소 이상 연속하여 설치하는 경우	관람실의 바깥쪽의 앞쪽과 뒷쪽에 각각 복도를 설치할 것	

【2】복도의 너비

구 분	양옆에 거실이 있는 복도	그 밖의 복도
1. 유치원·초등학교 ·중학교·고등학교	2.4m 이상	1.8m 이상
2. 공동주택·오피스텔	1.8m 이상	1.2m 이상
3. 당해 층 거실의 바닥면적 200m² 이상인 경우	1.5m 이상 (의료시설의 복도는 1.8m 이상)	1.2m 이상
4. 공연장·집회장 관람장·전시장 종교집회장 아동관련시설 노인복지시설 생활권 수련시설 유흥주점 장례식장	해당층에서 해당용도로 쓰는 바닥면적의 합계에 따른 복도의 폭 • 500m² 미만 : 1.5m 이상 • 1,000m² 미만 : 1.8m 이상 • 1,000m² 이상 : 2.4m 이상	

3 계 단

【1】직통계단의 설치

(1) 직통계단의 설치기준

1) 보행거리에 의한 직통계단의 설치

피난층이 아닌 층에서 거실 각 부분으로부터 피난층 또는 지상으로 통하는 직통계단(경사로 포함)에 이르는 보행거리는 다음과 같이 유지되어야 한다.

구 분		보 행 거 리
1. 원칙		30m이하
2. 주요구조부가 내화구조 또는 불연재료로 된 건축물(지하층에 설치한 바닥면적의 합계 300m² 이상인 공연장, 집회장, 관람장, 전시장 제외)	일반적인 경우	50m이하
	공동주택의 16층 이상층인 경우	40m이하
	자동화생산시설의 자동식 소화설비공장인 경우	75m이하 (무인화공장 : 100m이하)

2) 2개소 이상의 직통계단 설치대상

다음에 해당하는 용도 및 규모의 건축물에는 피난층 또는 지상으로 통하는 직통계단(경사로 포함)을 보행거리에 의한 설치기준에 적합한 상태에서 최소한 2개이상 설치해야 한다.

건축물의 용도	해당부분	바닥면적 합계
1. • 2종근린생활시설 중 공연장, 종교집회장 • 문화 및 집회시설(전시장, 동·식물원 제외) • 종교시설 • 장례식장 • 유흥주점	해당층의 관람석 또는 집회실	200m² 이상

■ 계단의 구조
피난규정의 기준에 적합한 계단이란 피난층이 아닌 층으로부터 피난층 또는 지상으로 연속적으로 연결된 직통계단이어야 하며 직통계단은 일반계단, 피난계단, 특별피난계단으로 분류된다.

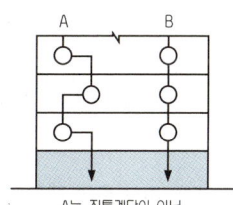

A는 직통계단이 아님

■ 피난층
피난층이란 지상으로 직접 통할 수 있는 층으로서 지형상 조건에 따라서는 하나의 건축물에 피난층이 2이상 있을 수도 있다.

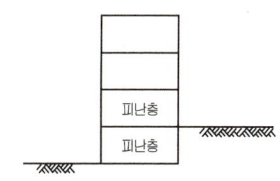

2. • 다중주택 • 다가구주택 • 학원, 독서실 • 입원실이 있는 정신과 의원 • 판매시설 • 운수시설 • 의료시설 • 장애인의료재활시설 • 장애인거주시설 • 아동관련시설 · 노인복지시설 • 유스호스텔 • 숙박시설		3층 이상으로서 당해 용도로 쓰 이는 거실	200㎡ 이상
3. 지하층		해당층의 거실	200㎡ 이상
4. 공동주택(층당 4세대 이하인 것을 제외), 오피스텔		해당층의 거실	300㎡ 이상
5. 앞의 1, 2, 4에 해당하지 않는 용도		3층이상의 층으로 해당층의 거실	400㎡ 이상

[비고] 초고층 건축물에는 지상층으로부터 최대 30개층마다 직통계단과 직접 연결되는 피난안전구역을 설치하여야 한다.

(2) 옥외피난계단의 추가설치

3층 이상의 층(피난층은 제외)으로서 다음의 용도로 쓰이는 층의 경우에는 직통계단 외에 해당층으로부터 지상으로 통하는 옥외피난계단을 별도로 설치해야 한다.

건축물의 용도	설 치 대 상 (당해층의 거실면적 기준)
• 공연장 • 주점영업	• 바닥면적 합계가 300㎡ 이상인 층
• 집회장	• 바닥면적 합계가 1,000㎡ 이상인 층

(3) 5층 이상 층의 전용계단 추가 설치

다음에 해당되는 건축물은 5층 이상의 층에서만 사용되는 피난계단 또는 특별피난계단을 설치하여야 한다.

대 상	설 치 기 준
5층 이상의 층을 다음의 용도로 해당 용도 바닥면적 합계 2,000㎡를 넘는 경우 1. 전시장, 동·식물원 2. 판매시설 3. 운동시설 4. 위락시설 5. 운수시설 중 여객용시설 6. 수련시설 중 생활권수련시설 7. 관광휴게시설 중 다중이 이용하는 시설	해당 용도바닥면적 합계 2,000㎡ 이내마다 1개소 이상

■ 보행거리의 산정
피난층이 아닌 각층의 거실로부터 직통계단에 이르는 거리이다.

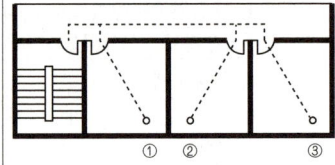

■ 초고층건축물의 규모
1. 50층 이상
2. 200m 이상

■ 옥외피난계단 설치 대상

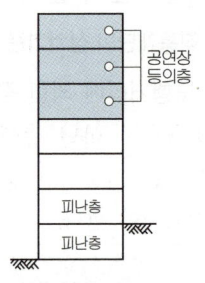

【2】계단의 구조선택

피난규정에서 요구하는 계단은 직통계단이나 당해 건축물의 층수 등에 따라서 설치된 직통계단의 구조를 피난 또는 특별피난계단의 구조로 구분하여 설치한다.

(1) 직통계단을 피난계단 또는 특별피난계단으로 설치하여야 하는 경우

설치층의 위치	예	외
• 5층 이상의 층 • 지하 2층 이하의 층	내화구조 또는 불연재료 건축물의 5층이상의 층이	바닥면적의 합계가 200m²이하인 경우
		바닥면적 200m²마다 방화구획이 되어 있는 경우

※ 판매시설의 용도로 쓰이는 층으로부터의 직통계단은 1개소 이상 특별피난계단으로 설치하여야 한다.

(2) 직통계단을 특별피난계단으로 설치하여야 하는 경우

설치층의 위치	예 외
• 11층 이상인 층(공동주택은 16층 이상) • 지하 3층 이하인 층	• 갓 복도식 공동주택은 제외 • 지하층 바닥면적 400m² 미만인 층은 층수산정에서 제외

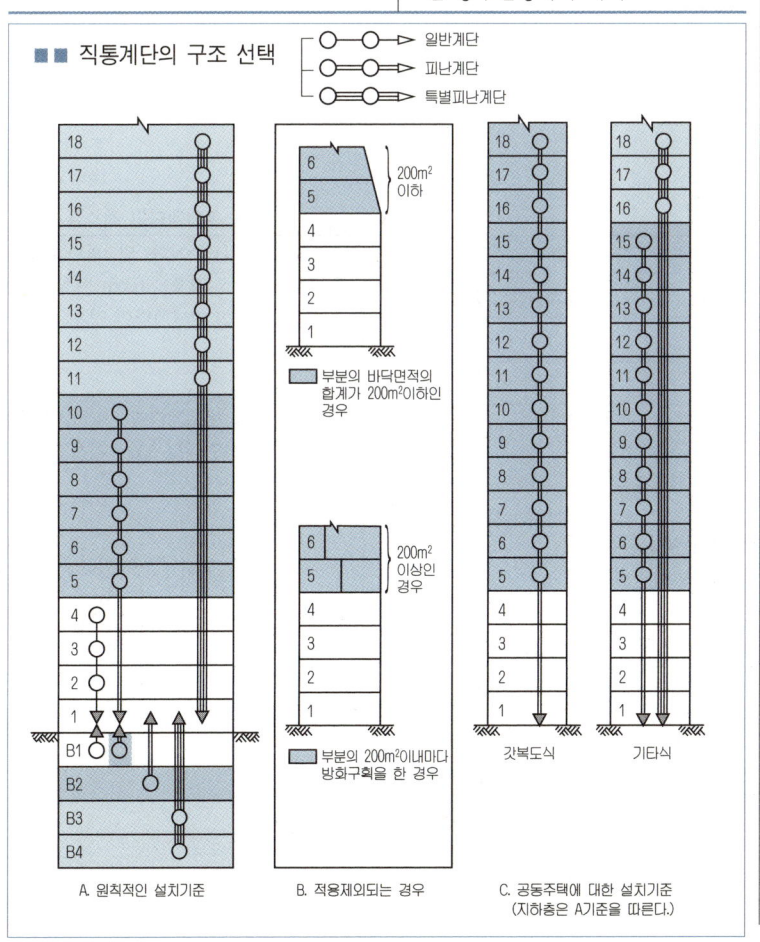

■■ 직통계단의 구조 선택

A. 원칙적인 설치기준 B. 적용제외되는 경우 C. 공동주택에 대한 설치기준 (지하층은 A기준을 따른다.)

【3】 계단의 구조제한

계단참, 계단폭, 단너비 등에 대한 구조제한은 연면적 200m²를 초과하는 건축물에 설치하는 복도 및 계단에 대해서만 적용하되, 승강기 기계실용 계단, 망루용 계단 등 특수한 용도로 쓰이는 계단에는 적용하지 않는다.

(1) 계단참 등에 대한 구조제한

대 상		설치기준
1. 계단참	높이가 3m를 넘는 계단	높이 3m 이내마다 너비 1.2m 이상의 계단참을 설치할 것
2. 난간	높이 1m를 넘는 계단 및 계단참	양옆에는 난간(벽 또는 이에 대치되는 것을 포함한다)를 설치할 것
3. 중간난간	너비가 3m를 넘는 계단	계단의 중간에 너비 3m이내마다 난간을 설치할 것. 예외 계단의 단 높이가 15cm이하이고, 단너비가 30cm이상인 경우 예외
4. 계단의 유효높이 (계단의 바닥마감면으로부터 상부 구조체의 하부마감면까지의 연직방향의 높이)		2.1m 이상

(2) 계단폭 등에 대한 구조제한

(단위 : cm)

계단의 종류		계단 및 계단참의 폭	단높이	단너비
① 초등학교		150 이상	16 이하	26 이상
② 중·고등학교		150 이상	18 이하	26 이상
③ 문화 및 집회시설 ④ 판매시설 ⑤ 기타 이와 유사한 용도에 쓰이는 건축물 ⑥ 윗층의 거실 바닥면적의 합계가 200m² 이상 ⑦ 거실 바닥면적의 합계가 100m² 이상인 지하층		120 이상	-	-
⑧ 준초고층건축물	공동주택	120 이상	-	-
	기 타	150 이상	-	-
⑨ 기타의 계단인 경우		60 이상	-	-

비고 돌음계단의 단너비는 그 좁은 너비의 끝부분으로 부터 30cm 위치에서 측정한다.

■ 옥외계단의 최소폭
① 주계단 및 피난계단이 아닌 경우 : 60cm 이상
② 피난계단인 경우 : 90cm 이상

■ 돌음계단의 단너비 측정위치 : 안쪽의 30cm 지점

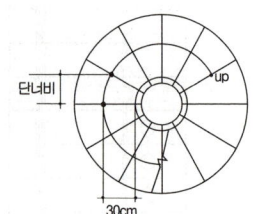

(3) 노유자 등을 위한 손잡이 설치

구 분	내 용
1. 용 도	• 공동주택(기숙사 제외) • 제1종 근린생활시설 • 제2종 근린생활시설 • 문화 및 집회시설 • 판매시설 • 의료시설 • 노유자시설 • 종교시설 • 운수시설 • 업무시설 • 숙박시설 • 위락시설 • 관광휴게시설
2. 대 상	• 주계단 • 피난계단 • 특별피난계단
3. 부 위	• 계단에 설치하는 난간 및 바닥
4. 구 조	• 아동의 이용에 안전하고 • 노약자 및 신체장애인의 이용에 편리한 구조
5. 손잡이의 설치기준	• 최대지름이 3.2cm 이상 3.8cm 이하인 원형 또는 타원형으로 할 것 • 손잡이는 벽 등으로부터 5cm 이상 떨어지도록 하고, 계단으로부터의 높이는 85cm가 되도록 할 것 • 계단이 끝나는 수평부분에서의 손잡이는 바깥쪽으로 30cm 이상 나오도록 할 것

(4) 피난계단

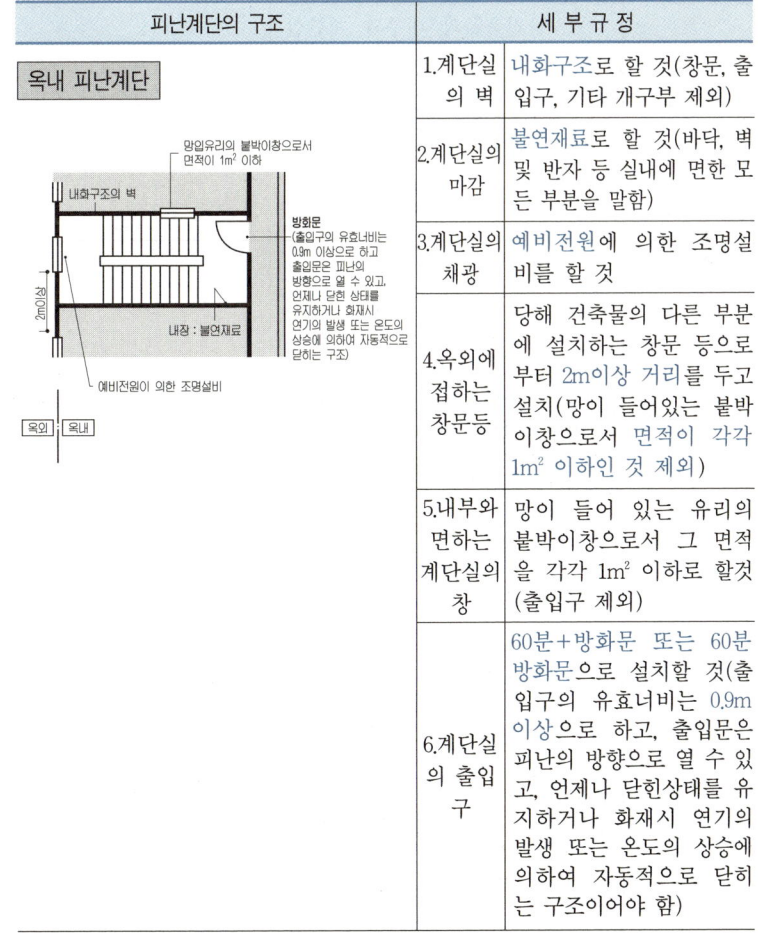

피난계단의 구조	세 부 규 정
1. 계단실의 벽	내화구조로 할 것(창문, 출입구, 기타 개구부 제외)
2. 계단실의 마감	불연재료로 할 것(바닥, 벽 및 반자 등 실내에 면한 모든 부분을 말함)
3. 계단실의 채광	예비전원에 의한 조명설비를 할 것
4. 옥외에 접하는 창문등	당해 건축물의 다른 부분에 설치하는 창문 등으로부터 2m 이상 거리를 두고 설치(망이 들어있는 붙박이창으로서 면적이 각각 1m² 이하인 것 제외)
5. 내부와 면하는 계단실의 창	망이 들어 있는 유리의 붙박이창으로서 그 면적을 각각 1m² 이하로 할것(출입구 제외)
6. 계단실의 출입구	60분+방화문 또는 60분 방화문으로 설치할 것(출입구의 유효너비는 0.9m 이상으로 하고, 출입문은 피난의 방향으로 열 수 있고, 언제나 닫힌상태를 유지하거나 화재시 연기의 발생 또는 온도의 상승에 의하여 자동적으로 닫히는 구조이어야 함)

■ 방화문의 종류

구 분	연기·불꽃 차단시간	열차단시간
60분+방화문	60분 이상	30분 이상
60분 방화문	60분 이상	-
30분 방화문	30분 이상 60분 미만	-

피난계단의 구조		세 부 규 정
옥외 피난계단 (그림)	7.계단의 구조	내화구조로 하고 피난층 또는 지상까지 직접 연결 되도록 할 것
	1.계단의 위치	계단실의 출입구 이외의 창문(망이 들어있는 유리의 붙박이창으로서 그 면적이 각각 1m² 이하인 것 제외) 등으로부터 2m 이상의 거리를 두고 설치
	2.계단실의 출입구	60분+방화문 또는 60분 방화문을 설치할 것
	3.계단의 유효너비	0.9m 이상으로 할 것
	4.계단의 구조	내화구조로 하고 지상까지 직접연결 되도록 할 것

(5) 특별피난계단

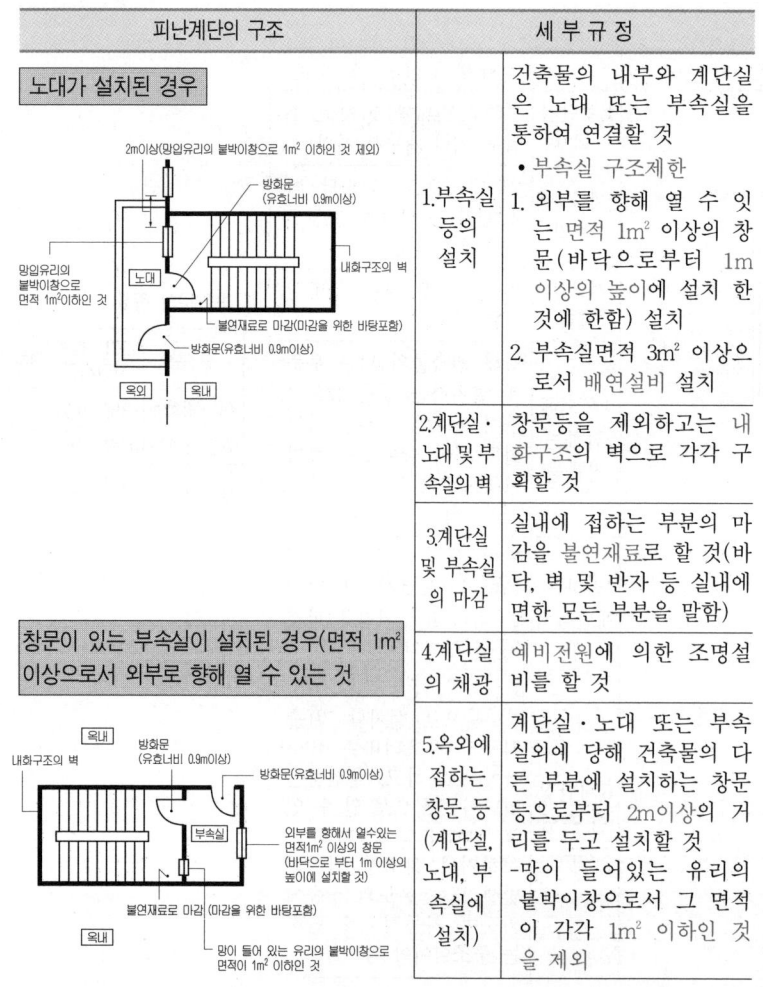

피난계단의 구조		세 부 규 정
노대가 설치된 경우 (그림)	1.부속실 등의 설치	건축물의 내부와 계단실은 노대 또는 부속실을 통하여 연결할 것 • 부속실 구조제한 1. 외부를 향해 열 수 있는 면적 1m² 이상의 창문(바닥으로부터 1m 이상의 높이에 설치 한 것에 한함) 설치 2. 부속실면적 3m² 이상으로서 배연설비 설치
	2.계단실·노대 및 부속실의 벽	창문등을 제외하고는 내화구조의 벽으로 각각 구획할 것
	3.계단실 및 부속실의 마감	실내에 접하는 부분의 마감을 불연재료로 할 것(바닥, 벽 및 반자 등 실내에 면한 모든 부분을 말함)
창문이 있는 부속실이 설치된 경우(면적 1m² 이상으로서 외부로 향해 열 수 있는 것) (그림)	4.계단실의 채광	예비전원에 의한 조명설비를 할 것
	5.옥외에 접하는 창문 등 (계단실, 노대, 부속실에 설치)	계단실·노대 또는 부속실외에 당해 건축물의 다른 부분에 설치하는 창문 등으로부터 2m이상의 거리를 두고 설치할 것 -망이 들어있는 유리의 붙박이창으로서 그 면적이 각각 1m² 이하인 것을 제외

6. 내부와 면하는 계단실의 실내측의 창	노대 또는 부속실에 접하는 부분외에는 건축물의 내부와 접하는 창문등을 설치하지 아니할 것	
7. 계단실과 부속실에 면하는 창	망이 들어 있는 유리의 붙박이창으로서 그 면적을 각각 1m² 이하로 할 것	
8. 노대 및 부속실의 실내측의 창	계단실외의 건축물의 내부와 접하는 창문등을 설치하지 아니할 것 -출입구 제외	
9. 출입구에 설치하는 문	건축물 내부에서 노대, 부속실로	60분+방화문 또는 60분 방화문을 설치할 것
	노대, 부속실에서 계단실로	60분+방화문, 60분 방화문 또는 30분 방화문을 설치할 것
10. 출입구의 너비	유효너비는 0.9m 이상으로 할 것	
11. 계단의 구조	내화구조로 하고, 피난층 또는 지상까지 직접 연결되도록 할 것	

비고 ※ 피난계단 또는 특별피난계단은 돌음계단으로 하여서는 안된다.
　　※ 옥상광장을 설치하여야 하는 건축물의 피난계단 또는 특별피난계단은 당해 건축물의 옥상광장으로 통하도록 설치하여야 함.

■ 옥상광장의 설치대상
5층 이상의 층이 다음의 용도에 쓰이는 경우
- 문화 및 집회시설(전시장 및 동·식물원 제외)
- 종교시설
- 판매시설
- 장례식장
- 유흥주점

(6) 계단에 대체되는 경사로

계단을 대체하여 설치하는 경사로는 다음표의 기준에 적합하도록 설치해야 한다.

구 분	구조기준
1. 경사도	1 : 8 이하
2. 재료마감	표면을 거친면으로 하거나 미끄러지지 않는 재료로 할 것
3. 설치기준 및 구조	상기 계단에 대한 구조제한 기준을 준용한다.

【4】 피난안전구역의 설치기준

(1) 설치대상

건축물의 피난·안전을 위하여 고층건축물 중간층에 다음과 같이 대피공간(피난안전구역)을 설치하여야 한다.

구 분	설치기준
1. 초고층 건축물	지상층으로부터 최대 30개층 마다 1개소 이상
2. 준초고층 건축물	해당 건축물 전체 층수의 1/2에 해당하는 층으로부터 상하 5개층 이내에 1개소 이상

참고 1. 고층건축물 : 30층 이상이거나 높이가 120m 이상인 건축물
  2. 초고층건축물 : 50층 이상이거나 높이가 200m 이상인 건축물
  3. 준초고층건축물 : 고층건축물 중 초고층건축물이 아닌 건축물

(2) 구조기준

1. 피난안전구역은 해당 건축물의 1개층을 대피공간으로 하며, 대피에 장애가 되지 아니하는 범위에서 기계실, 보일러실, 전기실 등 건축설비를 설치하기 위한 공간과 같은 층에 설치할 수 있다. 이 경우 피난안전구역은 건축설비가 설치되는 공간과 내화구조로 구획하여야 한다.
2. 피난안전구역에 연결되는 특별피난계단은 피난안전구역을 거쳐서 상·하층으로 갈 수 있는 구조로 설치하여야 한다.
3. 피난안전구역의 바로 아래층 및 윗층은 단열재를 설치할 것. 이 경우 아래층은 최상층에 있는 거실의 반자 또는 지붕 기준을 준용하고, 윗층은 최하층에 있는 거실의 바닥 기준을 준용할 것
4. 피난안전구역의 내부마감재료는 불연재료로 설치할 것
5. 건축물의 내부에서 피난안전구역으로 통하는 계단은 특별피난계단의 구조로 설치할 것
6. 비상용 승강기는 피난안전구역에서 승하차 할 수 있는 구조로 설치할 것
7. 피난안전구역에는 식수공급을 위한 급수전을 1개전 이상 설치하고 예비전원에 의한 조명설비를 설치할 것
8. 관리사무소 또는 방재센터 등과 긴급 연락이 가능한 경보 및 통신시설을 설치할 것
9. 피난안전구역의 높이는 2.1m 이상일 것
10. 피난안전구역의 면적은 (피난안전구역 윗층 재실자수×0.5)×0.28m^2이상일 것
11. 피난안전구역에는 배연설비를 설치할 것

■ 거실의 단열재 설치기준은 반자, 지붕 기준이 바닥기준보다 강화된다. 결국 피난안전구역의 아래층 단열시공이 윗층보다 강화 적용된다.

(3) 고층건축물에 대한 기준 강화

1) 피난안전구역의 설치 등

고층건축물에는 대통령령으로 정하는 바에 따라 피난안전구역을 설치하거나 대피공간을 확보한 계단을 설치하여야 한다.

2) 기준의 강화

고층건축물의 화재예방 및 피해경감을 위하여 국토교통부령으로 정하는 바에 따라 건축법의 다음 기준을 강화하여 적용할 수 있다.

1. 건축물의 구조(법 제48조)
2. 건축물의 피난시설 및 용도제한 등(법 제49조)
3. 건축물의 내화구조와 방화벽(법 제50조)

4 건축물의 바깥쪽으로의 출구설치 등

【1】 피난층에서의 보행거리

피난층의 계단 및 거실로 부터 가장 가까운 건축물 바깥쪽으로의 출구에 이르는 보행거리는 다음과 같다.

■ 피난층에서의 보행거리 산정

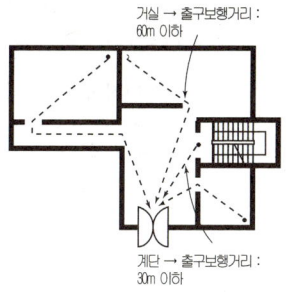

대상건축물	구 분	원 칙	주요구조부가 내화구조 불연재료일 경우
① 문화 및 집회시설(전시장, 동·식물원 제외) ② 판매시설 ③ 국가 또는 지방자치단체의 청사 ④ 장례시설 ⑤ 위락시설 ⑥ 학교 ⑦ 종교시설 ⑧ 연면적 5,000m^2 이상인 창고시설 ⑨ 300m^2 이상인 공연장, 종교집회장, 인터넷컴퓨터게임시설 제공업소 ⑩ 승강기를 설치해야 하는 건축물	계단으로 부터 옥외로의 출구에 이르는 보행거리	30m 이하	50m 이하 (16층이상 공동주택 : 40m)
	거실으로부터 옥외로의 출구에 이르는 보행거리 (피난에 지장이 없는 출입구가 있는 것을 제외)	60m 이하	100m 이하 (16층이상 공동주택 : 80m)

【2】 바깥쪽으로의 출구설치 기준

구 분	설치대상	설 치 기 준
1. 출구의 개폐방향	• 문화 및 집회시설(전시장, 동·식물원 제외) • 장례시설 • 위락시설 • 종교시설	안여닫이로 해서는 안된다.
2. 출구수	• 관람실 바닥면적의 합계 300m^2 이상인 집회장, 공연장	건축물 바깥쪽으로의 주된 출구외에 보조출구 또는 비상구를 2개소이상 설치
3. 옥외로의 출구의 유효너비의 합계	• 판매시설	$\dfrac{\text{해당용도로 쓰이는 바닥면적이 최대인 층의 바닥면적}}{100m^2} \times 0.6m$ 이상
4. 회전문		• 계단이나 에스컬레이터로부터 2m 이상 이격 • 회전문과 문틀 사이간격 등 ┬ 문과 문틀 5cm 이상 └ 문과 바닥 3cm 이하 • 회전문 길이 140cm 이상 • 회전속도 : 분당 회전수 - 8회 이하

【3】 대지안의 통로

(1) 대지안의 통로

1) 통로의 설치

• 건축물의 바깥쪽으로의 주된 출구 ─┐
• 피난·특별피난계단 ──────────┘ 으로부터 도로, 공지로 통하는 통로를 설치하여야 한다.

2) 통로의 유효폭

대 상	통로 폭
1. 단독주택	0.9m 이상
2. 바닥면적합계 500m² 이상인 • 문화 및 집회시설 • 의료시설 • 종교시설 • 위락시설 • 장례시설	3m 이상
3. 기타	1.5m 이상

비고 필로티 내 통로의 길이가 2m 이상인 경우 자동차진입억제용 말뚝 등을 설치하여야 한다.

(2) 소화통로의 설치

다중이용건축물, 준다중이용건축물 또는 11층 이상인 건축물은 소방자동차의 접근이 가능한 통로를 당해 대지내에 설치하여야 한다.
예외 당해대지가 소방자동차의 접근이 가능한 도로 또는 공지에 직접 접한 경우

5 옥상광장 등의 설치

【1】 난간설치

옥상광장 또는 2층이상인 층에 있는 노대 등의 주위에는 높이 1.2m 이상의 난간을 설치하여야 한다.
예외 당해 노대 등에 출입할 수 없는 구조는 제외

【2】 옥상광장의 설치대상

다음에 해당되는 건축물은 피난용 옥상광장을 설치하여야 한다.

층위치	용 도
5층 이상의 층	• 300m² 이상인 공연장·종교집회장·인터넷 컴퓨터 게임시설 제공업소 • 문화 및 집회시설(전시장, 동·식물원 제외) • 종교시설 • 판매시설 • 장례시설 • 주점영업

【3】 피난계단, 특별피난계단의 옥상광장으로의 연결

옥상광장을 설치하는 건축물의 피난, 특별피난계단은 피난층 뿐만 아니라 옥상광장으로도 통하게 하여야 한다.

【4】자동개폐장치 출입문 설치대상

다음에 해당하는 건축물은 옥상으로 통하는 출입문에 비상문 자동개폐장치를 설치하여야 한다.

1. 옥상광장 설치대상 건축물
2. 피난용도 광장을 옥상에 설치하는 다중이용건축물 및 연면적 1,000m² 이상인 공동주택

【5】헬리포트 등의 설치

(1) 설치대상

11층 이상인 건축물로서 11층 이상의 층의 바닥면적 합계가 10,000m² 이상인 건축물의 옥상에는 헬리포트를 설치하거나 헬리콥터를 통하여 인명 등을 구조할 수 있는 공간을 확보하여야 한다.
단, 경사지붕 건축물인 경우에는 경사지붕 아래에 대피공간을 설치한다.

■ 헬리포트의 설치기준

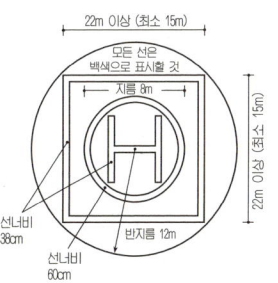

(2) 헬리포트 설치기준

① 헬리포트의 길이와 너비는 각각 22m 이상으로 할 것
  예외 옥상의 길이와 너비가 22m 이하인 경우에는 15m까지 감축가능
② 헬리포트의 중심에서 반경 12m 이내에는 헬리콥터 이착륙에 장애가 되는 건축물, 공작물 또는 난간 등을 설치하지 않을 것
  예외 난간벽으로서 높이 1.2m 이하는 예외 → 삭제〈2003.1.6〉
③ 헬리포트의 주위한계선 - 백색으로 너비 38cm로 할 것
④ 헬리포트의 중앙부분에는 지름 8m의 ⒽOutside표지를 백색으로 하되 "H"표지의 선너비는 38cm, "O"표지의 선너비는 60cm로 할 것

(3) 인명구조공간 설치기준

① 직경 10m 이상의 구조공간 확보할 것
② (2)의 ④기준을 적용할 것

(4) 경사지붕 대피공간 설치기준

1. 대피공간의 면적은 지붕 수평투영면적의 1/10 이상일 것
2. 특별피난계단 또는 피난계단과 연결되도록 할 것
3. 출입구·창문을 제외한 부분은 해당 건축물의 다른 부분과 내화구조의 바닥 및 벽으로 구획할 것
4. 출입구는 유효너비 0.9m 이상으로 하고, 그 출입구에는 60분+방화문 또는 60분 방화문을 설치할 것
5. 내부마감재료는 불연재료로 할 것
6. 예비전원으로 작동하는 조명설비를 설치할 것
7. 관리사무소 등과 긴급 연락이 가능한 통신시설을 설치할 것

[6] 소방관 진입창의 설치

① 2층 이상 11층 이하인 층에 각각 1개소 이상 설치할 것.
　이 경우 소방관이 진입할 수 있는 창의 가운데에서 벽면 끝까지의 수평거리가 40m 이상인 경우에는 40m 이내마다 소방관이 진입할 수 있는 창을 추가로 설치하여야 한다.
② 소방차 진입로 또는 소방차 진입이 가능한 공터에 면할 것.
③ 창문의 가운데에 지름 20cm 이상의 역삼각형을 야간에도 알아볼 수 있도록 빛 반사 등으로 붉은색으로 표시할 것.
④ 창문의 한쪽 모서리에 타격지점을 지름 3cm 이상의 원형으로 표시할 것.
⑤ 창문의 크기

| 1. 폭 90cm 이상 |
| 2. 높이 1m 이상 |
| 3. 창 하단 위치는 바닥면적에서 80cm 이내 |

⑥ 다음 각 목의 어느 하나에 해당하는 유리를 사용할 것

| 1. 플로트판유리로서 그 두께가 6mm 이하인 것 |
| 2. 강화유리 또는 배강도유리로서 그 두께가 5mm 이하인 것 |
| 3. 1 또는 2에 해당하는 유리로 구성된 이중 유리 |
| 4. 1 또는 2에 해당하는 유리로 구성된 삼중유리(두께 50마이크로미터 이하의 비산방지 필름 부착가능) |

[7] 지하층과 피난층 사이에의 개방공간 설치

(1) 설치대상

규 모	용 도
바닥면적 합계 3,000m² 이상	지하층에 설치한 • 공연장　　• 집회장 • 관람장　　• 전시장

(2) 설치기준

지하층 각층에서 건축물 밖으로 피난하여 옥외계단 또는 경사로 등을 이용하여 피난층으로 대피할 수 있도록 천장이 개방된 외부공간을 설치하여야 한다.

[8] 장애인 거주시설의 안전

대상 건축물	안전시설
1. 요양병원 2. 정신병원 3. 노인요양시설 4. 장애인 거주시설 5. 장애인의료재활시설	다음의 시설 중 하나를 피난층 이외의 층에 설치한다. • 대피공간(각층마다 별도의 방화구획) • 거실에 접하여 설치된 노대 등 • 연결복도 또는 연결통로 　(계단을 이용하지 않고 지상 또는 인접건물로 피난할 수 있는 형태)

핵 심 문 제

■■■ 출구

1 건축물의 관람실 또는 집회실로부터 바깥쪽으로의 출구로 쓰이는 문을 안여닫이로 하여서는 안되는 건축물은?

① 위락시설
② 수련시설
③ 문화 및 집회시설 중 전시장
④ 문화 및 집회시설 중 동·식물원

2 문화 및 집회시설 중 공연장의 개별관람실 출구에 관한 기준 내용으로 옳지 않은 것은? (단, 개별관람실의 바닥면적이 300m² 이상인 경우)

① 관람실별로 2개소 이상 설치할 것
② 각 출구의 유효너비는 1.5m 이상일 것
③ 바깥쪽으로의 출구로 쓰이는 문은 안여닫이로 할 것
④ 개별관람실 출구의 유효너비 합계는 개별 관람실의 바닥면적 100m² 마다 0.6m의 비율로 산정한 너비 이상으로 할 것

3 공연장의 개별관람실 바닥 면적이 600m²일 때 출구의 유효너비의 합계는 최소 얼마 이상이어야 하는가?

① 3.6m   ② 3.0m
③ 2.6m   ④ 2.0m

4 개별관람실 바닥면적이 1,500m²인 공연장의 관람실 출구의 유효너비를 2.0m로 하는 경우에 출구는 몇 개소 이상이 필요하는가?

① 3개소
② 4개소
③ 5개소
④ 6개소

5 공연장의 개별 관람실의 바닥면적이 330m²인 경우, 개별 관람실에 설치한 출구의 유효너비의 합계는 최소 얼마 이상이어야 하는가?

① 1.5m
② 1.8m
③ 2.4m
④ 3.0m

해 설

해설 1 출구 제한 대상 건축물
• 문화 및 집회시설 (전시장, 동·식물원 제외)
• 종교시설
• 2종근린생활시설 중 300m² 이상인 공연장, 종교집회장
• 장례시설
• 위락시설

해설 2
바깥쪽으로의 출구는 안여닫이로 하여서는 안된다.

해설 3
$$L = 0.6 \times \frac{600}{100} = 3.6m$$

해설 4

1. 출입구의 폭(b)
$$\frac{1,500}{100} \times 0.6 = 9m$$

2. 출입구의 수(n)
$$\frac{9}{2} = 4.5 ≒ 5개소$$

해설 5
출구의 유효폭은 바닥면적 100m²당 0.6m 이상으로 최소 2개 이상의 출구로써 출구 하나의 최소폭은 1.5m 이상으로 하여야 한다.

1. 출구 유효폭의 너비 합
$$L = 330 \times \frac{0.6}{100} = 1.98m$$

2. 출구 최소개소 : 2개소
∴ 출구의 유효너비 최소값
: 1.5m × 2 = 3m

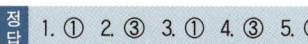

정답 1.① 2.③ 3.① 4.③ 5.④

6 개별관람실의 바닥면적이 800m²인 공연장의 관람실으로부터의 출구를 다음과 같이 설치하였을 때 옳지 않은 것은?

① 각 출구의 유효너비를 1.6m로 하였다.
② 각 출구의 유효너비의 합계를 4.5m로 하였다.
③ 관람실별로 2개소 이상 설치하였다.
④ 출구는 모두 바깥여닫이로 하였다.

7 문화 및 집회시설 중 공연장의 개별 관람실의 바닥면적이 600m²인 경우, 개별 관람실에 설치하는 출구에 관한 설명으로 옳은 것은?

① 3개소 이상 설치하여야 한다.
② 출구는 안여닫이로 하여야 한다.
③ 각 출구의 유효너비는 1.8m 이상으로 하여야 한다.
④ 출구의 유효너비의 합계는 3.6m 이상으로 하여야 한다.

■■■ 복도

8 연면적이 200m²를 초과하는 건축물에 설치하는 복도의 유효너비는 최소 얼마 이상으로 하여야 하는가? (단, 건축물은 초등학교이며, 양옆에 거실이 있는 복도의 경우)

① 1.2m
② 1.5m
③ 1.8m
④ 2.4m

9 오피스텔에 설치하는 복도의 유효너비는 최소 얼마 이상이어야 하는가? (단, 건축물의 연면적은 300제곱미터이며, 양옆에 거실이 있는 복도의 경우이다.)

① 1.2m
② 1.8m
③ 2.4m
④ 2.7m

10 문화 및 집회시설 중 공연장의 관람실과 접하는 복도의 유효너비는 최소 얼마 이상으로 하여야 하는가? (단, 당해 층의 바닥면적의 합계가 400m²인 경우)

① 1.2m
② 1.5m
③ 1.8m
④ 2.4m

해 설

해설 6 공연장 개별 관람실의 출구유효너비의 합계(l) :

$$l = \frac{관람석\ 바닥면적(m^2)}{100m^2} \times 0.6m$$

$$= \frac{800}{100} \times 0.6 = 4.8m\ 이상$$

해설 7 300m² 이상 개별관람실 출구기준
1. 2개소 이상의 출구 설치
2. 출구유효너비는 1.5m 이상
3. 출구유효너비의 합은 관람석 바닥면적 100m²당 0.6m 이상
  따라서, 출구유효너비의 합(B)

$$\geq \frac{600}{100} \times 0.6 = 3.6m$$

4. 출구는 안여닫이로 할 수 없다.

해설 8, 9 복도의 기준너비

구 분	양옆에 거실이 있는 복도	그 밖의 복도
1. 유치원·초등학교·중학교·고등학교	2.4m 이상	1.8m 이상
2. 공동주택·오피스텔	1.8m 이상	1.2m 이상
3. 당해 층 거실의 바닥면적 200m² 이상인 경우	1.5m 이상 (의료시설의 복도는 1.8m 이상)	1.2m 이상

해설 10 공연장 바닥면적 합계에 따른 복도의 유효너비
① 500m² 미만 : 1.5m 이상
② 1,000m² 미만 : 1.8m 이상
③ 1,000m² 이상 : 2.4m 이상

정답 6. ② 7. ④ 8. ④ 9. ② 10. ②

■■■ 계단의 설치

11 주요구조부가 내화구조 또는 불연재료로 된 15층의 아파트의 경우 거실의 각 부분으로부터 직통계단까지의 최대 보행거리는?

① 30m
② 40m
③ 50m
④ 60m

12 다음의 직통계단의 설치에 관한 기준 내용 중 밑줄 친 "다음 각 호의 어느 하나에 해당하는 용도 및 규모의 건축물"의 기준 내용으로 옳지 않은 것은?

> 법 제49조제1항에 따라 피난층 외의 층이 <u>다음 각 호의 어느 하나에 해당하는 용도 및 규모의 건축물</u>에는 국토교통부령으로 정하는 기준에 따라 피난층 또는 지상으로 통하는 직통계단을 2개소 이상 설치하여야 한다.

① 지하층으로서 그 층 거실의 바닥면적의 합계가 200m² 이상인 것
② 종교시설의 용도로 쓰는 층으로서 그 층에서 해당 용도로 쓰는 바닥면적의 합계가 200m² 이상인 것
③ 숙박시설의 용도로 쓰는 3층 이상의 층으로서 그 층의 해당 용도로 쓰는 거실의 바닥면적의 합계가 200m² 이상인 것
④ 업무시설 중 오피스텔의 용도로 쓰는 층으로서 그 층의 해당 용도로 쓰는 거실의 바닥면적의 합계가 200m² 이상인 것

13 건물의 피난층 외의 층으로부터 통하는 직통계단을 2개소이상 설치해야 하는 것은?

① 피난층 외의 층이 층당 4세대인 공동주택의 용도에 쓰이는 층으로서 그 층의 당해 용도에 쓰이는 거실의 바닥면적의 합계가 300m²인 것
② 피난층 외의 층이 영화관의 용도에 쓰이는 2층으로서 그 층의 관람석의 바닥면적의 합계가 200m²인 것
③ 피난층 외의 층이 병원의 용도에 쓰이는 2층으로서 그 층의 당해 용도에 쓰이는 거실의 바닥면적의 합계가 200m²인 것
④ 피난층 외의 층이 아동관련시설의 용도에 쓰이는 2층으로서 그 층의 당해용도에 쓰이는 거실의 바닥면적의 합계가 200m²인 것

해 설

해설 11 직통계단의 설치기준

원 칙	완 화
보행거리 30m	주요구조부가 내화구조인 경우 : 50m 이하 (단, 공동주택 16층 이상층인 경우 : 40m 이하)

해설 12, 14
오피스텔 : 해당층 거실 300m² 이상

해설 13
① 공동주택 : 층당 4세대 이하인 경우 제외
③, ④ 병원·아동관련시설 : 3층 이상으로서 200m² 이상인 경우

정답 11. ③ 12. ④ 13. ②

14 피난층 이외 층으로서 피난층 또는 지상으로 통하는 직통계단을 2개소 이상 설치하여야 하는 대상기준으로 옳지 않은 것은?

① 지하층으로서 그 층 거실의 바닥면적의 합계가 200m² 이상인 것
② 종교시설의 용도로 쓰는 층으로서 그 층에서 해당 용도로 쓰는 바닥 면적의 합계가 200m² 이상인 것
③ 판매시설의 용도로 쓰는 3층 이상의 층으로서 그 층의 해당 용도로 쓰는 거실의 바닥면적의 합계가 200m² 이상인 것
④ 업무시설 중 오피스텔의 용도로 쓰는 층으로서 그 층의 해당 용도로 쓰는 거실의 바닥면적의 합계가 200m² 이상인 것

15 건축물의 3층 이상인 층(피난층은 제외한다)으로서 직통계단 외에 그 층으로부터 지상으로 통하는 옥외피난계단을 따로 설치하여야 하는 대상기준으로 옳은 것은?

① 문화 및 집회시설 중 공연장의 용도로 쓰는 층으로서 그 층 거실의 바닥면적의 합계가 200m² 이상인 것
② 위락시설 중 주점영업의 용도로 쓰는 층으로서 그 층 거실의 바닥면적의 합계가 300m² 이상인 것
③ 문화 및 집회시설 중 집회장의 용도로 쓰는 층으로서 그 층 거실의 바닥면적의 합계가 500m² 이상인 것
④ 문화 및 집회시설 중 집회장의 용도로 쓰는 층으로서 그 층 거실의 바닥면적의 합계가 200m² 이상인 것

[해설] 15 옥외피난계단의 설치기준
3층 이상의 층(피난층제외)으로서 다음의 경우인 층

건축물의 용도	설치대상 (당해층의 거실면적 기준)
• 공연장 • 주점영업	• 바닥면적 합계가 300m² 이상인 공연·무도 등 용도의 층
• 집회장	• 바닥면적 합계가 1,000m² 이상인 집회용도의 층

16 각 층의 바닥면적이 6,000m²인 6층의 문화 및 집회시설 중 전시장을 건축하는 경우에 5층 이상의 층에서만 전용으로 사용하게 하는 피난계단 또는 특별피난계단은 최소 몇 개소가 필요하는가?

① 1개소
② 2개소
③ 3개소
④ 4개소

[해설] 16
2,000m²를 넘는 2,000m²마다 1개소의 비율로 추가설치한다.
따라서, 추가계단의 설치개소(N)
$N = \dfrac{6,000 - 2,000}{2,000} = 2개소$

■■■ 계단의 구조선택

17 반드시 특별 피난계단을 설치하여야 하는 층에 관한 기술로서 적당하지 않은 것은?

① 판매시설의 판매장으로서 5층 이상의 층
② 일반 건축물로서 11층 이상의 층
③ 지하 3층 이하의 층
④ 집회장의 층으로서 5층 이상의 층

[해설] 17
판매시설로 5층 이상의 층일 경우에는 설치되는 피난계단 중 하나는 반드시 특별피난계단의 구조로 하여야 한다.

정답 14. ④ 15. ② 16. ② 17. ④

18 다음의 피난계단의 설치와 관련된 기준 내용 중 ( )안에 알맞은 것은?

> 건축물의 ( ) 이상인 층(바닥면적의 400m² 미만인 층은 제외한다)으로부터 피난층 또는 지상으로 통하는 직통계단은 특별피난계단으로 설치하여야 한다.

① 6층 ② 11층
③ 16층 ④ 21층

해설 18, 19 직통계단을 피난계단 또는 특별피난계단으로 설치하여야 하는 경우

설치층의 위치	비 고
• 5층 이상의 층 • 지하 2층 이하의 층 • 지하1층으로서 5층 이상의 계단과 연결된 지하1층의 계단	판매시설의 용도로 쓰이는 층으로부터의 직통계단은 1개소 이상 특별피난계단으로 설치하여야 한다.

19 다음의 피난계단의 설치와 관련된 기준 내용 중 ( )안에 알맞은 것은?

> 5층 이상 또는 지하 2층 이하인 층에 설치하는 직통계단은 피난계단 또는 특별피난계단으로 설치하여야 하는데, ( )의 용도로 쓰는 층으로부터의 직통계단은 그 중 1개소 이상을 특별피난계단으로 설치하여야 한다.

① 의료시설 ② 교육연구시설
③ 숙박시설 ④ 판매시설

20 다음은 피난계단의 설치에 관한 기준 내용이다. ( ) 안에 알맞은 것은? (단, 갓복도식 공동주택 제외)

> 공동주택의 (㉠)층 이상인 층(바닥면적이 400m² 미만인 층은 제외한다) 또는 지하 (㉡)층 이하인 층(바닥면적이 400m² 미만인 층은 제외한다.)으로부터 피난층 또는 지상으로 통하는 직통계단은 특별피난계단으로 설치하여야 한다.

① ㉠ 11, ㉡ 3 ② ㉠ 11, ㉡ 5
③ ㉠ 16, ㉡ 3 ④ ㉠ 16, ㉡ 5

해설 20 직통계단을 특별피난계단으로 설치하여야 하는 경우

설치층의 위치	예외
• 11층 이상인 층 (공동주택은 16층 이상) • 지하 3층 이하인 층	• 갓 복도식 공동주택은 제외 • 바닥면적 400㎡ 미만인 층은 층 수산정에서 제외

■■■ 계단의 구조

21 연면적 200m²를 초과하는 초등학교에 설치하는 계단 및 계단참의 유효너비는 최소 얼마 이상으로 하여야 하는가?

① 60cm
② 120cm
③ 150cm
④ 180cm

해설 21, 22
계단높이 3m 이내마다 너비 1.2m 이상의 계단참을 설치한다.
단, 초·중·고등학교의 경우 1.5m 이상으로 한다.

정답 18. ② 19. ④ 20. ③ 21. ③

22 다음 중 계단에 관한 기술 중 틀린 것은?

① 높이가 3m를 넘는 계단은 높이 3m이내마다 너비 0.9m이상의 계단참을 설치하여야 한다.
② 높이가 1m를 넘는 계단 및 계단참의 양옆에는 난간을 설치하여야 한다.
③ 너비가 3m를 넘는 계단에는 계단의 중간에 너비 3m이내마다 난간을 설치하여야 한다.
④ 돌음계단의 단너비는 그 좁은 너비의 끝부분으로부터 30cm 위치에서 측정한다.

23 계단의 설치 기준으로 옳은 것은?

① 계단을 대체하여 설치하는 경사로는 그 경사도가 1:8을 넘어야 하며, 표면을 거친 면으로 미끄러지지 아니하는 재료로 마감하여야 한다.
② 모든 공동주택의 주계단·피난계단 또는 특별피난계단에 설치하는 난간 및 바닥은 아동의 이용에 안전하고 노약자 및 신체장애인의 이용에 편리한 구조로 하여야 한다.
③ 업무시설의 주계단·피난계단 또는 특별피난계단에 설치하는 난간 손잡이는 벽 등으로부터 5cm이상 떨어지도록 하고, 계단으로부터의 높이는 85cm가 되도록 한다.
④ 돌음계단의 단너비는 그 넓은 너비의 끝부분으로부터 30cm의 위치에서 측정한다.

24 계단 및 복도의 설치기준에 관한 설명으로 틀린 것은?

① 높이가 3m를 넘은 계단에는 높이 3m 이내마다 유효너비 120cm 이상의 계단참을 설치할 것
② 거실 바닥면적의 합계가 100m² 이상인 지하층에 설치하는 계단인 경우 계단 및 계단참의 유효너비는 120cm 이상으로 할 것
③ 계단을 대체하여 설치하는 경사로의 경사도는 1:6을 넘지 아니할 것
④ 문화 및 집회 시설 중 공연장의 개별 관람실(바닥면적이 300m² 이상인 경우)의 바깥쪽에는 그 양쪽 및 뒤쪽에 각각 복도를 설치할 것

해 설

해설 **23**
① 경사도는 1 : 8 이하
② 공동주택 중 기숙사는 제외
④ 좁은쪽 끝부분으로부터 30cm 떨어진 위치에서 단너비를 측정

해설 **24**
경사도는 1 : 8 이하

정답 22. ① 23. ③ 24. ③

■■■ **피난계단**

25 건축물의 내부에 설치하는 피난계단의 구조에 관한 기술 중 옳지 않은 것은?

① 계단실의 실내에 접하는 부분의 마감은 불연재료 또는 준불연재료로 할 것
② 계단실의 바깥쪽과 접하는 창문 등은 당해 건축물의 다른 부분에 설치하는 창문등으로 부터 2m 이상의 거리를 두고 설치할 것
③ 건축물의 내부와 접하는 계단실의 창문 등은 망이 들어 있는 유리의 붙박이창으로서 그 면적을 각각 1m² 이하로 할 것
④ 건축물의 내부에서 계단실로 통하는 출입구의 유효너비는 0.9m이상으로 할 것

해설 25
계단실의 실내에 접하는 부분(바닥 및 반자등 실내에 면한 모든 부분을 말한다)의 마감(마감을 위한 바탕을 포함한다)은 불연재료로 할 것

26 건축물의 내부에 설치하는 피난계단의 경우 건축물의 내부에서 계단실로 통하는 출입구의 유효너비는 최소 얼마 이상으로 하여야 하는가?

① 0.75m
② 0.9m
③ 1.0m
④ 1.2m

해설 26
출입구의 유효너비는 90cm 이상으로 한다.

27 건축물의 내부에 설치하는 피난계단의 구조에 관한 기준 내용으로 옳지 않은 것은?

① 계단의 유효너비는 0.9m 이상으로 할 것
② 계단실의 실내에 접하는 부분의 마감은 불연재료로 할 것
③ 계단은 내화구조로 하고 피난층 또는 지상까지 직접 연결되도록 할 것
④ 건축물의 내부에서 계단실로 통하는 출입구의 유효너비는 0.9m 이상으로 할 것

해설 27
내부 피난계단에 대한 유효너비는 법으로 정한 것이 없다.

28 건축물의 바깥쪽에 설치하는 피난계단의 구조에 관한 기준 내용으로 옳지 않은 것은?

① 계단의 유효너비는 0.9m 이상으로 할 것
② 계단실에는 예비전원에 의한 조명설비를 할 것
③ 계단은 내화구조로 하고 지상까지 직접 연결되도록 할 것
④ 건축물의 내부에서 계단으로 통하는 출입구에는 60+방화문 또는 60분방화문을 설치할 것

해설 28
예비전원에 의한 조명설치기준은 제한되지 않는다.(옥내피난계단은 적용됨)

정답 25. ① 26. ② 27. ① 28. ②

29 건축물의 바깥쪽에 설치하는 피난계단의 구조에서 피난층으로 통하는 직통계단의 최소유효 너비 기준이 옳은 것은?

① 0.7m 이상
② 0.8m 이상
③ 0.9m 이상
④ 1.0m 이상

■■■ **특별피난계단**

30 특별피난계단의 구조에 관한 기준 내용으로 옳지 않은 것은?

① 계단은 내화구조로 하되, 피난층 또는 지상까지 직접 연결되도록 할 것
② 계단실 및 부속실의 실내에 접하는 부분의 마감은 불연재료로 할 것
③ 출입구의 유효너비는 0.85m 이상으로 하고 피난 반대방향으로 열 수 있을 것
④ 계단실에는 노대 또는 부속실에 접하는 부분 외에는 건축물의 내부와 접하는 창문 등을 설치하지 아니할 것

31 특별피난계단의 구조에 관한 기준 내용으로 옳지 않은 것은?

① 계단실에는 예비전원에 의한 조명설비를 할 것
② 계단은 내화구조로 하되, 피난층 또는 지상까지 직접 연결되도록 할 것
③ 출입구의 유효너비는 0.9m 이상으로 하고 피난의 방향으로 열 수 있을 것
④ 계단실의 노대 또는 부속실에 접하는 창문은 그 면적을 각각 3m² 이하로 할 것

32 특별피난계단의 구조에 관한 기준 내용으로 옳지 않은 것은?

① 출입구는 피난의 방향으로 열 수 있을 것
② 출입구의 유효너비는 0.9m 이상으로 할 것
③ 계단은 내화구조로 하되, 피난층 또는 지상까지 직접 연결되도록 할 것
④ 노대 및 부속실에는 계단실의 내부와 접하는 창문 등을 설치하지 아니할 것

해 설

[해설] **30** 특별피난계단의 출입문의 구조
- 유효너비 : 0.9m 이상
- 개폐방향 : 피난의 방향
- 내부 → 노대, 부속실 : 60분+방화문, 60분 방화문
- 노대·부속실 → 계단실 : 60+방화문, 60분 방화문, 30분 방화문

[해설] **31, 32**
노대 및 부속실에는 계단실외에 건축물의 내부와 접하는 창문 등을 설치할 수 없으나 계단실과 면하는 벽에는 망입유리 창면적 1m² 이하까지 허용된다.

정답 29.③ 30.③ 31.④ 32.④

■■■ 피난안전구역

33 다음은 건축물의 피난·안전을 위하여 건축물 중간층에 설치하는 대피공간인 피난안전구역에 관한 기준 내용이다. ( )안에 알맞은 것은?

> 초고층 건축물에는 피난층 또는 지상으로 통하는 직통계단과 직접 연결되는 피난안전구역을 지상층으로부터 최대 ( )층마다 1개소 이상 설치하여야 한다.

① 10개
② 20개
③ 30개
④ 40개

34 피난안전구역의 설치와 관련된 기준 내용으로 옳지 않은 것은?
① 피난안전구역의 높이는 최소 2.7m 이상이어야 한다.
② 피난안전구역의 내부마감재료는 불연재료로 설치하여야 한다.
③ 건축물의 내부에서 피난안전구역으로 통하는 계단은 특별피난계단의 구조로 설치하여야 한다.
④ 피난안전구역에 연결되는 특별피난계단은 피난안전구역을 거쳐서 상·하층으로 갈 수 있는 구조로 설치하여야 한다.

35 피난안전구역의 설치에 관한 기준 내용으로 옳지 않은 것은?
① 피난안전구역의 내부마감재료는 불연재료로 설치할 것
② 피난안전구역에는 식수공급을 위한 급수전을 1개소 이상 설치할 것
③ 비상용 승강기는 피난안전구역에서 승하차 할 수 있는 구조로 할 것
④ 건축물의 내부에서 피난안전구역으로 통하는 계단은 피난계단의 구조로 설치할 것

36 건축물의 피난·안전을 위하여 건축물 중간층에 설치하는 대피공간인 피난안전구역의 면적 산정식으로 옳은 것은?
① (피난안전구역 위층의 재실자 수×0.5)×0.12m^2
② (피난안전구역 위층의 재실자 수×0.5)×0.28m^2
③ (피난안전구역 위층의 재실자 수×0.5)×0.33m^2
④ (피난안전구역 위층의 재실자 수×0.5)×0.45m^2

해 설

해설 33 피난안전구역의 설치

1. 초고층 건축물	지상층으로부터 최대 30개 층 마다 1개소 이상
2. 준초고층 건축물	해당 건축물 전체 층수의 1/2에 해당하는 층으로부터 상하 5개층 이내에 1개소 이상

해설 34
피난안전구역 거실반자높이는 2.1m 이상이어야 한다.

해설 35
건축물의 내부에서 피난안전구역으로 통하는 계단은 특별피난계단의 구조로 설치하여야 한다.

정답 33. ③ 34. ① 35. ④ 36. ②

■■■ 출입구

37 건축물로부터 바깥쪽으로 나가는 출구를 국토교통부령으로 정하는 기준에 따라 설치하여야 하는 대상 건축물에 속하지 않는 것은?
① 종교시설
② 의료시설 중 종합병원
③ 교육연구시설 중 학교
④ 문화 및 집회시설 중 관람장

38 다음과 같은 조건에서 피난층에 설치하는 건축물의 바깥쪽으로의 출구의 유효너비의 합계는 최소 얼마 이상으로 하여야 하는가?

- 판매 및 영업시설 중 상점
- 상점의 용도에 쓰이는 바닥면적이 최대인 층에 있어서의 당해 용도의 바닥면적 500m²

① 1.5m
② 2.0m
③ 2.5m
④ 3.0m

39 건축물의 출입구에 설치하는 회전문에 관한 기준 내용으로 옳지 않은 것은?
① 회전문과 문틀 사이의 간격은 5cm 이상으로 할 것
② 회전문과 바닥 사이의 간격은 5cm 이하로 할 것
③ 계단이나 에스컬레이터로부터 2m 이상의 거리를 둘 것
④ 회전문의 회전속도는 분당회전수가 8회를 넘지 않도록 할 것

40 건축물의 출입구에 설치하는 회전문의 설치기준으로 옳지 않은 것은?
① 계단이나 에스컬레이터로부터 2m 이상의 거리를 둘 것
② 회전문의 회전속도는 분당회전수가 15회를 넘지 아니하도록 할 것
③ 출입에 지장이 없도록 일정한 방향으로 회전하는 구조로 할 것
④ 회전문의 중심축에서 회전문과 문틀 사이의 간격을 포함한 회전문 날개 끝부분까지의 길이는 140cm 이상이 되도록 할 것

해 설

해설 37 건축물 옥외출구 제한 대상
다음에 해당하는 건축물의 옥외로의 출구는 국토교통부령에 정하는 바에 따라 피난층 거실로부터 일정 거리 이내에 설치하여야 한다.
1. 문화 및 집회시설
 (전시장, 동·식물원 제외)
2. 종교시설
3. 판매시설
4. 국가 또는 지방자치단체의 청사
5. 장례시설
6. 위락시설
7. 학교
8. 연면적 5,000m² 이상인 창고시설
9. 300m² 이상인 공연장·종교집회장·인터넷컴퓨터게임시설제공업소
10. 승강기를 설치해야 하는 건축물

해설 38
출구유효너비 합(A) ≥ $\frac{500}{100} \times 0.6 = 3m$

해설 39
회전문과 바닥 사이의 간격은 3cm 이하

해설 40
② 회전문의 회전속도는 분당 회전수를 8회 이하로 제한하고 있다.

정답 37. ② 38. ④ 39. ② 40. ②

41 건축물의 출입구에 설치하는 회전문은 계단이나 에스컬레이터로부터 최소 얼마 이상의 거리를 두어야 하는가?

① 1m　　　　　　② 1.5m
③ 2m　　　　　　④ 3m

■■■ 경사로 설치 등
42 건축물의 피난층 또는 피난층의 승강장으로부터 건축물의 바깥쪽에 이르는 통로에 경사로를 설치하여야 되는 것은?

① 교육연구시설 중 학교
② 연면적이 3,000m²인 판매시설
③ 연면적이 3,000m²인 운수시설
④ 제2종 근린생활시설

[해설] **42** 경사로 설치대상 건축물
1. 연면적 5,000m²인 판매시설, 운수시설
2. 제1종 근린생활시설
3. 학교
4. 청사 및 외국공관
5. 승강기 설치대상 건축물

43 건축물의 대지 안에는 그 건축물 바깥쪽으로 통하는 주된 출구와 지상으로 통하는 피난계단 및 특별피난계단으로부터 도로 또는 공지로 통하는 통로를 설치하여야 하는데, 이 통로의 유효 너비는 최소 얼마 이상이어야 하는가? (단, 바닥면적의 합계가 500m² 이상인 문화 및 집회시설의 경우)

① 1m　　　　　　② 2m
③ 3m　　　　　　④ 4m

[해설] **43** 대지 내 통로 너비 기준
1. 단독주택 : 0.9m 이상
2. 바닥면적합계 500m² 이상인 문화 및 집회시설, 의료시설, 종교시설, 위락시설, 장례시설 : 3m 이상
3. 기타 : 1.5m 이상

■■■ 옥상광장
44 다음의 옥상광장 등의 설치에 관한 기준 내용 중 ( ) 안에 알맞은 것은?

> 옥상광장 또는 2층 이상인 층에 있는 노대나 그 밖에 이와 비슷한 것의 주위에는 높이 ( ) 이상의 난간을 설치하여야 한다. 다만, 그 노대 등에 출입할 수 없는 구조인 경우에는 그러하지 아니하다.

① 1.0m　　　　　② 1.2m
③ 1.5m　　　　　④ 1.8m

[해설] **44**
옥상난간의 높이 : 1.2m

정답 41. ③　42. ①　43. ③　44. ②

45 다음의 옥상광장의 설치에 관한 기준 내용 중 (   )안에 들어갈 수 없는 건축물의 용도는?

> 5층 이상인 층이 (   )의 용도로 쓰는 경우에는 피난용도로 쓸 수 있는 광장을 옥상에 설치하여야 한다.

① 숙박시설
② 종교시설
③ 판매시설
④ 장례시설

해설 45, 46
5층 이상의 층이 문화 및 집회시설(전시장, 동·식물원 제외), 종교시설, 판매시설, 장례시설, 주점영업의 용도로 쓰는 경우에는 피난용도로 쓸 수 있는 광장을 옥상에 설치하여야 한다.

46 피난용도로 쓸 수 있는 광장을 옥상에 설치하여야 하는 대상에 속하지 않는 것은?

① 5층 이상인 층이 종교시설의 용도로 쓰는 경우
② 5층 이상인 층이 판매시설의 용도로 쓰는 경우
③ 5층 이상인 층이 장례시설의 용도로 쓰는 경우
④ 5층 이상인 층이 문화 및 집회시설 중 전시장의 용도로 쓰는 경우

47 다음은 헬리콥터 착륙장의 설치 기준 중 부적합한 것은?

① 옥상의 난간벽 높이 1.2m까지는 장애물로 인정하지 않는다.
② 10층 이상인 건축물에는 헬리콥터 착륙장을 설치하여야 한다.
③ 착륙대의 길이×폭은 22m×22m (단, 옥상이 이보다 작을시에는 15m까지 감할 수 있다.)
④ 착륙대 중심으로부터 반경 12m 내에는 장애물이 없어야 한다.

해설 47 헬리포트 설치
11층 이상인 건축물로서 11층 이상의 층의 바닥면적의 합계가 10,000m² 이상인 건축물(평지붕에 한한다.)의 옥상에 설치할 것

48 건축물의 경사지붕 아래에 설치하여야 하는 대피 공간에 관한 기준 내용으로 옳지 않은 것은?

① 특별피난계단 또는 피난계단과 연결되도록 할 것
② 관리사무소 등과 긴급 연락이 가능한 통신 시설을 설치할 것
③ 대피공간의 면적은 지붕 수평투영면적의 10분의 1 이상일 것
④ 대피공간에 설치하는 창문 등은 망이 들어 있는 유리의 붙박이창으로서 그 면적을 각각 1m² 이하로 할 것

해설 48 대피공간 설치기준
1. 대피공간의 면적은 지붕 수평투영면적의 1/10 이상일 것
2. 특별피난계단 또는 피난계단과 연결되도록 할 것
3. 출입구·창문을 제외한 부분은 해당 건축물의 다른 부분과 내화구조의 바닥 및 벽으로 구획할 것
4. 출입구는 유효너비 0.9m 이상으로 하고, 그 출입구에는 60분+방화문 또는 60분 방화문을 설치할 것
5. 내부마감재료는 불연재료로 할 것
6. 예비전원으로 작동하는 조명설비를 설치할 것
7. 관리사무소 등과 긴급 연락이 가능한 통신시설을 설치할 것

정답 45. ① 46. ④ 47. ② 48. ④

■■■ 개방공간

49 다음은 지하층과 피난층 사이의 개방공간 설치에 관한 기준 내용이다. ( ) 안에 알맞은 것은?

> 바닥면적의 합계가 ( ) 이상인 공연장·집회장·관람장 또는 전시장을 지하층에 설치하는 경우에는 각 실에 있는 자가 지하층 각 층에서 건축물 밖으로 피난하여 옥외 계단 또는 경사로 등을 이용하여 피난층으로 대피할 수 있도록 천장이 개방된 외부 공간을 설치하여야 한다.

① 1,000m²
② 2,000m²
③ 3,000m²
④ 4,000m²

해 설

49. ③

출제예상문제

CHAPTER 5
2. 피난규정

■■■ 복도로의 출구 등

1. 건축물의 관람실 또는 집회실로부터 바깥쪽으로의 출구로 쓰이는 문을 안여닫이로 하여서는 안되는 건축물은?

① 위락시설
② 전시장
③ 동・식물원
④ 청소년 수련관

[해설] 거실로부터 복도로의 출구 설치

제한 용도	제한 기준
• 문화 및 집회시설 (전시장, 동・식물원 제외) • 종교시설 • 장례시설 • 위락시설	관람실 또는 집회실의 바깥쪽 출구로 쓰이는 문은 안여닫이로 해서는 안된다.

2. 문화 및 집회시설에서 공연장의 각층 관람실의 각 출구 최소한의 유효폭은? (단, 바닥면적이 300m² 이상인 것에 한함.)

① 1m 이상
② 1.5m 이상
③ 2m 이상
④ 2.5m 이상

[해설] 각 출구의 유효 폭은 1.5m 이상일 것

3. 각층의 관람실의 바닥면적이 900m²인 공연장에 다음과 같이 각 층별 출구를 설치하였다. 기준에 부적합하게 설명된 것은?

① 각 출구의 유효너비를 1.6m 이상으로 하였다.
② 각 층별 출구의 유효너비의 합계를 5.0m로 하였다.
③ 각 층별로 4곳에 출구를 설치하였다.
④ 출구에 쓰이는 문은 바깥 여닫이로 한다.

[해설] $900 \times \frac{0.6}{100} = 5.4m$

■■■ 복 도

4. 용도바닥면적 500m²인 공연장의 최소 복도의 너비는?

① 1.2m 이상
② 1.5m 이상
③ 1.8m 이상
④ 2.4m 이상

[해설] 복도의 너비

제한 용도	제한 기준
공연장・집회장 관람장・전시장 종교집회장 아동관련시설 노인복지시설 생활권 수련시설 주점영업 장례시설	당해층 바닥면적의 합계에 따른 복도의 폭 : • 500m² 미만 : 1.5m 이상 • 1,000m² 미만 : 1.8m 이상 • 1,000m² 이상 : 2.4m 이상

5. 다음 각 용도의 거실에 대한 복도의 폭으로 부적당한 것은?

① 오피스텔(중복도) : 1.8m 이상
② 의료시설(중복도) : 1.8m 이상
③ 고등학교(갓복도) : 1.8m 이상
④ 아파트(갓복도) : 1.8m 이상

[해설] 복도의 폭

구 분	양옆에 거실이 있는 복도	그밖의 용도
유치원・초등학교・ 중학교・고등학교	2.4m 이상	1.8m 이상
공동주택・오피스텔	1.8m 이상	1.2m 이상
당해 층 거실의 바닥면적 합계가 200m² 이상인 경우	1.5m 이상(의료시설의 복도는 1.8m 이상)	1.2m 이상

■■■ 계단의 설치

6. 건축물에 설치하여야 하는 직통계단의 개소(個所) 수를 결정하는데 필요한 요소가 아닌 것은?

① 건축물의 보행거리
② 건축물의 용도
③ 건축물의 층수
④ 건축물의 위치

해답   1. ①   2. ②   3. ②   4. ③   5. ④   6. ④

해설 직통계단의 설치기준

원 칙	완 화
보행거리 30m	주요구조부가 내화구조인 경우 : 50m 이하 (단, 공동주택 16층 이상층인 경우 : 40m 이하)

7. 주요구조부가 내화구조 또는 불연재료로 된 건축물에 있어서는 직통계단까지의 보행거리로 맞는 것은?

① 30m 이하
② 40m 이하
③ 50m 이하
④ 60m 이하

8. 주요구조부가 내화구조인 15층의 아파트의 경우 거실의 각 부분으로부터 계단까지의 보행거리의 최대치는?

① 30m
② 40m
③ 50m
④ 60m

9. 건축물의 피난층외의 층으로부터 피난층으로 통하는 직통계단을 2개소 이상 설치해야 하는 것은?

① 공동주택의 용도에 쓰이는 층으로서 그 층의 당해 용도에 쓰이는 거실(층당 4세대인 5층 공동주택)의 바닥면적의 합계가 300m²인 것
② 영화관의 용도에 쓰이는 2층으로서 그 층의 관람석의 바닥면적의 합계가 200m²인 것
③ 병원의 용도에 쓰이는 2층으로서 그 층의 당해 용도에 쓰이는 거실의 바닥면적의 합계가 200m²인 것
④ 아동관련시설의 용도에 쓰이는 2층으로서 그 층의 당해용도에 쓰이는 거실의 바닥면적의 합계가 200m²인 것

해설 건축물의 피난층이 아닌 층에서 피난층 또는 지상으로 통하는 직통계단을 2개소 이상 설치해야 하는 경우

피난층 외의 층의 용도	해당부분	바닥면적합계
• 문화 및 집회시설(전시장, 동·식물원 제외) • 종교시설 • 주점영업 • 장례시설	해당층의 관람석 또는 집회실	200m²이상
• 판매시설 • 운수시설 • 의료시설 • 다중주택·다가구주택 • 학원·독서실 • 아동관련시설·노인복지시설 • 유스호스텔 • 숙박시설 • 장례식장 등	3층 이상으로서 당해 용도로 쓰이는 거실	
• 지하층	해당층의 거실	
• 공동주택(층당 4세대 이하제외) • 오피스텔	해당층의 거실	300m²이상
• 상기 1, 2, 4에 해당하지 않는 용도	3층 이상의 층으로 해당층의 거실	400m²이상

10. 피난층외의 층이 국토교통부령이 정하는 기준에 따라 피난층 또는 지상으로 통하는 직통계단을 2개소 이상 설치하여야 하는 건축물의 용도와 규모로 틀린 것은?

① 위락시설 중 주점영업의 용도에 쓰이는 층으로서 그 층의 집회실의 바닥면적의 합계가 200m² 이상인 것
② 유스호스텔의 용도에 쓰이는 3층 이상의 층으로서 그 층의 당해 용도에 쓰이는 거실의 바닥면적의 합계가 200m² 이상인 것
③ 지하층으로서 그 층의 거실의 바닥면적의 합계가 200m² 이상인 것
④ 업무시설 중 오피스텔의 용도에 쓰이는 층으로서 그 층의 당해 용도에 쓰이는 거실의 바닥면적의 합계가 200m² 이상인 것

해설 ④ - 300m² 이상

해답 7. ③ 8. ③ 9. ② 10. ④

■■■ 계단의 추가설치

11. 집회의 용도에 쓰이는 건축물은 바닥면적의 합계가 얼마 이상인 경우에 옥외피난계단을 설치하는가?

① 300m² 이상   ② 600m² 이상
③ 1,000m² 이상   ④ 1,500m² 이상

[해설]
피난층을 제외한 3층 이상의 층	공연장, 주점영업	300m² 이상
	집회장	1,000m² 이상

12. 다음 중 옥외피난계단을 설치하여야 하는 대상기준 내용과 가장 관계가 먼 것은?

① 건축물 용도   ② 층수
③ 거실의 바닥면적   ④ 연면적

[해설] 옥외피난계단의 추가 설치대상
공연장, 주점영업	바닥면적 합계가 300m² 이상인 공연·무도 등 용도의 층
집회장	바닥면적 합계가 1,000m² 이상인 집회용도의 층

■■■ 계단의 구조선택

13. 건축물의 7층에서 피난층으로 통하는 직통계단 중 반드시 1개소 이상을 특별피난계단으로 설치하여야 하는 당해 층의 용도는?

① 판매시설
② 숙박시설
③ 문화 및 집회시설
④ 업무시설

[해설] 피난계단의 설치기준
직통계단의 구조	층의 위치	예외
피난계단 또는 특별피난계단	• 5층이상 • 지하2층이하	• 주요구조부가 내화구조, 불연재료로 된 건축물로서 5층이상의 층의 바닥면적 합계가 200m²이하이거나 200m² 이내마다 방화구획이 된 경우는 제외
판매시설로 쓰이는 층으로부터의 직통계단은 1개소이상 특별피난계단으로 설치해야 한다.		
특별피난계단	• 11층이상 (공동주택은 16층이상) • 지하3층이하	• 갓복도식 공동주택은 제외 • 바닥면적 400m² 미만인 층은 제외

14. 건축물의 직통계단 또는 피난계단 설치에 관한 설명이 잘못된 것은?

① 직통계단은 거실의 각 부분으로부터 계단에 이르는 보행거리를 원칙적으로 30m 이하가 되게 한다.
② 판매시설의 용도에 쓰이는 3층 이상의 층으로서 그 층의 당해 용도에 쓰이는 거실의 바닥면적의 합계가 200m² 이상인 경우에는 피난층으로 통하는 직통계단을 2개소 이상 설치한다.
③ 5층 이상 또는 지하2층 이하의 층에 설치하는 직통계단은 피난계단으로 설치하여야 한다.
④ 건축물의 주요구조부가 내화구조로 되어 있는 경우 5층 이상의 층의 바닥면적의 합계가 200m² 인 경우에 특별피난계단을 설치하여야 한다.

[해설] ④의 경우에는 일반계단(직통계단)설치가 가능하다.

■■■ 계단의 구조제한

15. 계단의 양쪽에 벽 등이 있어 난간이 없는 경우에 손잡이를 설치하여야 하는 건축물의 용도가 아닌 것은?

① 호텔
② 신문사
③ 장례식장
④ 도매시장

[해설] 노유자용손잡이 대상 건축물
· 공동주택(기숙사 제외)
· 제1종 근린생활시설
· 제2종 근린생활시설
· 문화 및 집회시설
· 판매시설
· 의료시설
· 노유자시설(아동관련시설 및 노인복지시설과 다른 용도로 분류되지 않은 사회복지시설 및 근로복지시설에 한함)
· 업무시설
· 숙박시설
· 위락시설
· 관광휴게시설

해답 11. ③   12. ④   13. ①   14. ④   15. ③

16. 계단에 대체되는 경사로의 물매는?

① 1/5 이하
② 1/7 이하
③ 1/8 이하
④ 1/10 이하

[해설] 계단에 대체되는 경사로
① 계단에 대체되는 경사로의 물매는 1/8 이하로 한다.(지체 부자유자용은 폭 1.2m 이상으로 1/12 이하로 한다.)
② 경사로의 표면은 거친면으로 하거나 미끄러지지 아니하는 재료로 마감할 것

17. 건축법상의 계단의 설치기준에 관한 설명으로 옳지 않은 것은?

① 높이가 3m를 넘은 계단에는 높이 3m이내마다 너비 1.2m 이상의 계단참을 설치할 것
② 거실의 바닥면적의 합계가 100m² 이상인 지하층의 계단인 경우에는 계단 및 계단참의 너비는 120cm 이상으로 할 것
③ 계단을 대체하여 설치하는 경사로의 경사도는 1:8을 넘지 아니할 것
④ 공연장의 개별 관람석 바닥면적이 300m² 이상인 경우 그 관람석 바깥쪽에는 복도를 설치할 것

[해설] 관람석의 양쪽 및 뒷쪽에 각각 복도를 설치할 것

■■■ 피난계단의 구조제한

18. 5층 호텔 옥내피난계단을 그림과 같이 설계하였을 때 법규상 틀린 것은? (단, 벽은 내화구조이다.)

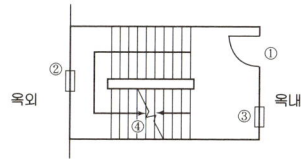

① ①은 60분 방화문
② ②는 개구부의 면적 3m²의 채광상 유효한 창
③ ③은 개구부의 면적 1m×1m의 면적을 갖는 보통유리를 끼운 붙박이창
④ ④은 피난층까지 통하는 내화구조의 계단으로서 계단폭은 150cm

[해설] 옥내에 면하는 벽에 설치하는 창은 1m²이하의 철재 망입 붙박이 창으로 하여야 한다.

19. 옥외피난계단에 관한 사항 중 옳지 않은 것은?

① 계단의 유효너비를 0.9m로 하였다.
② 계단으로 통하는 출입구에 60분+방화문을 설치하였다.
③ 옥외피난계단은 직통계단의 설치와는 관계없다.
④ 계단은 내화구조 또는 방화구조로 하여야 한다.

[해설] • 라 – 방화구조는 해당안됨
• 계단은 내화구조로 하고 지상 또는 피난층까지 직접 연결되도록 할 것

■■■ 특별피난계단의 구조제한

20. 다음 중 특별피난계단의 구조 기준 중 적합치 않은 것은?

① 배연설비가 있는 부속실을 통해 계단실로 연결된다.
② 계단실 및 부속실에는 반드시 채광이 될 수 있는 창문이 있어야 한다.
③ 노대 및 부속실에는 계단실외의 건축물의 내부와 접하는 창문 등(출입구 제외)을 설치 안 한다.
④ 출입구의 유효너비는 0.9m 이상으로 한다.

[해설] 계단실에는 노대 또는 부속실에 접하는 부분외에는 건축물 내부에 접하는 창문, 출입문을 설치하지 말 것

21. 특별피난계단의 구조에 관한 내용으로 옳지 않은 것은?

① 계단은 내화구조로 하되, 피난층 또는 지상까지 직접 연결되도록 할 것

해답 16. ③ 17. ④ 18. ③ 19. ④ 20. ② 21. ②

② 계단실에는 노대 또는 부속실에 접하는 부분 외에는 건축물의 내부와 접하는 창문을 설치할 것
③ 계단실 및 부속실의 벽 및 반자로서 실내에 접하는 부분의 마감은 불연재료로 할 것
④ 출입구의 유효너비는 0.9m 이상으로 할 것

[해설] 건축물의 내부와 접하는 창문을 설치할 수 없다.

■■■ 피난안전구역

22. 건축법상 초고층 건축물의 피난 안전구역은 최소 몇 개 층마다 설치해야 하는가?

① 10층　　　② 20층
③ 30층　　　④ 40층

[해설] 초고층 건축물
　지상층으로부터 최대 30개층마다 직통계단과 직접 연결되는 피난안전구역을 설치하여야 한다.

23. 지하 12층, 지상 80층인 건축물에 설치하여야 하는 피난안전구역의 최소 개소는?

① 1개소　　　② 2개소
③ 3개소　　　④ 4개소

[해설] 초고층건축물(50층 이상 또는 200m 이상)은 지상층 30개층마다 피난안전구역(N)을 설치하여야 한다.
∴ N = 80 ÷ 30 = 2.6 ≒ 3개소

24. 건축법상 고층건축물에 대한 피난안전구역 기준 중 부적합한 것은?

① 준초고층건축물에서는 해당건축물 전체 층수를 1/2에 해당하는 층으로부터 상하 5개층 이내에 1개소 이상 설치하여야 한다.
② 피난안전구역은 해당 건축물의 1개층으로 하여야 한다.
③ 피난 안전구역의 내부마감재료는 불연재료 또는 준불연재료로 하여야 한다.
④ 피난안전구역으로 통하는 계단은 특별피난계단으로 하여야 한다.

[해설] 내부마감재료는 불연재료로 하여야 한다.

25. 피난안전구역의 구조 및 설비 기준으로 옳지 않은 것은?

① 피난안전구역에는 식수공급을 위한 급수전을 1개소 이상 설치
② 피난안전구역의 면적은 (피난안전구역 윗층의 재실자 수×0.5)×0.28m^2 이상일 것
③ 피난안전구역의 높이는 1.8m 이상일 것
④ 피난안전구역 윗층은 최하층에 있는 거실바닥 기준의 단열재를 설치할 것

[해설] 피난안전구역의 높이는 2.1m 이상일 것

■■■ 옥외로의 출구

26. 피난층 거실로부터 옥외로의 출구까지 보행거리로 옳은 것은? (단, 건축물의 주요구조부는 내화구조이며, 업무시설이다.)

① 30m　　　② 40m
③ 80m　　　④ 100m

[해설] 피난층에서의 보행거리 등

대상		피난층에서의 보행거리			
		계단→옥외출구		거실→옥외출구	
		내화구조 또는 불연재료(주요구조부)	기타	내화구조 또는 불연재료	기타
건축물의 용도	1. 문화 및 집회시설 (전시장 및 동·식물원 제외) 2. 판매시설 3. 장례시설 4. 국가 또는 지방자치단체의 청사 5. 위락시설 6. 연면적이 500m^2 이상인 창고시설 7. 학교 8. 승강기를 설치하여야 하는 건축물	50m 이하	30m 이하	100m 이하	60m 이하
공동주택	15층 이하	50m 이하	30m 이하	100m 이하	60m 이하
	16층 이상	40m 이하	30m 이하	80m 이하	60m 이하

해답　22. ③　23. ③　24. ③　25. ③　26. ④

27. 각층 바닥면적 2,000m²인 5층 백화점 피난층에 설치하는 옥외로의 출구의 유효폭 합계로서 맞는 것은?

① 3m
② 6m
③ 10m
④ 12m

[해설] 판매시설의 피난층에 설치하는 출구 유효폭

$$\text{출구 유효폭} \geq \frac{\text{당해용도 최대층의 바닥면적} \times 0.6}{100\text{m}^2}$$

따라서, $\frac{2,000\text{m}^2}{100\text{m}^2} \times 0.6\text{m} = 12\text{m}$

28. 건축물의 바깥쪽으로의 주된 출구로부터 공지로 통하는 통로의 최소폭 기준 중 옳지 않은 것은?

① 업무시설 - 1.5m 이상
② 단독주택 - 0.9m 이상
③ 공동주택 - 3m 이상
④ 의료시설 - 3m 이상

[해설] 공동주택 : 1.5m 이상

29. 건축법령상 설치해야 하는 "대지 안의 피난 및 소화에 필요한 통로"의 유효너비가 가장 좁은 것은?

① 바닥면적의 합계가 1,000m² 이상인 숙박시설
② 바닥면적의 합계가 500m² 이상인 위락시설
③ 바닥면적의 합계가 1,000m² 이상인 의료시설
④ 바닥면적의 합계가 500m² 이상인 종교시설

[해설] 대지안의 통로

대 상	통로 폭
1. 단독주택	0.9m 이상
2. 바닥면적합계 500m² 이상인 · 문화 및 집회시설 · 의료시설 · 종교시설 · 위락시설 · 장례시설	3m 이상
3. 기타	1.5m 이상

■■■ **옥상광장 등**

30. 5층 이상의 층으로 옥상광장 설치와 관련있는 용도의 건축물은?

① 전시장
② 여객자동차터미널
③ 교회 (단, 제2종근린생활시설이 아님)
④ 다중생활시설 (단, 제2종근린생활시설이 아님)

[해설] 옥상광장의 설치
5층 이상의 층이 다음의 용도에 쓰이는 경우
1. 문화 및 집회시설(전시장 및 동·식물원 제외)
2. 판매시설
3. 장례시설
4. 주점영업
5. 종교시설

31. 건축법령상 옥상광장 등의 설치에 대한 설명으로 가장 부적합한 것은?

① 옥상광장의 주위에는 높이 1.2m 이상의 난간을 설치하여야 한다.
② 5층 이상인 층이 위락시설 주점영업 또는 장례식장의 용도로 쓰는 경우에는 피난용도로 쓸 수 있는 광장을 옥상에 설치하여야 한다.
③ 층수가 11층 이상인 건축물로서 11층 이상인 층의 바닥면적의 합계가 10,000m² 이상인 평지붕 건축물의 옥상에는 헬리포트를 설치하여야 한다.
④ 층수가 11층 이상인 건축물로서 11층 이상인 층의 바닥면적의 합계가 10,000m² 이상인 건축물이 경사지붕인 경우에는 별도의 대피공간은 확보하지 않아도 된다.

[해설] 11층 이상층 바닥면적합계 10,000m² 이상인 경우
┌ 평지붕 : 헬리포트 설치
└ 경사지붕 : 대피공간 설치

해답 27. ④ 28. ③ 29. ① 30. ③ 31. ④

32. 건축물의 옥상에 설치하는 헬리포트의 설치기준에 관한 기술 중 틀린 것은?

① 헬리포트 중심에서 반경 12m 이내에는 장애물이 없을 것
② 헬리포트 주위한계선은 선 너비 38cm로 된 백색으로 표시할 것
③ 헬리포트 중앙에는 ⒣표시를 백색으로 할 것
④ 헬리포트의 길이와 너비는 각각 20m 이상일 것

[해설] 헬리포트의 길이와 너비는 각각 22m 이상으로 할 것
단, 건축물의 옥상바닥의 길이와 너비가 각각 22m 이하인 경우에는 헬리포트 길이와 너비를 각각 15m까지 감축할 수 있다.

33. 11층 이상의 건축물로서 경사지붕아래 설치하여야 하는 대피공간에 관한 기준 중 부적당한 것은?

① 대피공간의 면적은 지붕 수평투영면적의 1/10 이상일 것
② 출입구의 유효너비는 1.2m 이상일 것
③ 출입구는 60분+방화문 또는 60분 방화문으로 구획할 것
④ 내부마감재료는 불연재료로 할 것

[해설] 출입구의 유효너비는 0.9m 이상으로 한다.

■■■ 개방공간

34. 지하층에 바닥면적 3,000m² 이상의 특정용도시설을 설치하는 경우 지하층 각층에서 건축물 밖으로 피난하여 옥외계단 또는 경사로 등을 이용하여 피난층으로 대피할 수 있도록 천장이 개방된 외부공간을 설치하여야 하는 바, 이에 해당되지 않는 시설은?

① 공연장　　② 전시장
③ 동물원　　④ 집회장

[해설] 개방공간 설치대상

규 모	용 도
바닥면적 합계 3,000m² 이상	지하층에 설치한 공연장, 집회장, 관람장, 전시장

해답　32. ④　33. ②　34. ③

3 방화규정

> **학습방향**
>
> 방화규정은 건축물에서 발생한 화재가 급속히 다른 부위로 확산되는 것을 방지하기 위한 기준이다.
> 따라서, 건축물의 용도에 따라 주요구조부를 내화구조로 하여야 하는 기준과 방화구획에 관한 기준을 정확히 학습하여야 하며, 내부마감재료에 관한 기준은 부위에 따른 사용재료 정도를 구분한다.
>
> ◆ 주요구조부의 내화구조 : 2,000㎡ 이상 공장, 3층이상, 지하층이 있는 건축물 (단, 단독주택 등 제외)
> ◆ 내화구조 건축물의 방화구획 :
>
> | 층구획 | 지하층, 지상 층마다 |
> |---|---|
> | 면적구획 | 1,000㎡ |
> | 층과 면적의 합성구획 | 11층 이상 부분은 200㎡(불연재료 마감시 500㎡) |
>
> ◆ 방화벽의 개구부 : 60분+방화문 또는 60분 방화문(2.5m×2.5m 이하)
> ◆ 방화지구내 연소우려가 있는 개구부 처리기준 : 방화문, 드렌쳐, 2mm 이하의 금속망 등
> ◆ 내부마감재료제한의 예외 : 내화구조 건축물로서 200㎡ 이내마다 방화구획 설치시

1 방화에 장애가 되는 용도의 제한

【1】용도제한의 원칙

동일한 건축물 안에 공동주택의 시설과 위락시설 등의 시설을 함께 설치할 수 없다.

공동주택 등	위락시설 등	예 외	공장주택등과 위락시설등의 필요조치
• 공동주택 • 의료시설 • 아동관련시설 • 노인복지시설 • 장례시설 • 산후조리원 (제1종 근린생활시설)	• 위락시설 • 위험물저장 및 처리시설 • 공장 • 자동차정비공장	1. 기숙사와 공장이 같은 건축물 2. 중심상업지역·일반상업지역 또는 근린상업지역에서 도시 및 주거환경정비법에 의한 재개발사업을 시행하는 경우 3. 공동주택과 위락시설이 같은 초고층 건축물에 있는 경우 4. 지식산업센터와 직장어린이집	1. 출입구는 서로 그 보행거리가 30m 이상되도록 설치 2. 내화구조의 바닥 및 벽으로 구획하여 차단(출입통로포함) 3. 서로 이웃하지 않게 배치할 것 4. 건축물의 주요구조부를 내화구조로 할 것 5. • 거실의 벽 및 반자가 실내에 면하는 부분의 마감 - 불연재료·준불연재료·난연재료 • 복도·계단 그밖의 통로의 벽 및 반자가 실내에 면하는 부분의 마감 - 불연재료 또는 준불연재료

> **학습POINT**
>
> ■ 용도제한의 판정
>
> | 동일 건축물내의 용도 | 판정 |
> |---|---|
> | 의료시설-공동주택 | 허용 |
> | 위락시설-정비공장 | 허용 |
> | 의료시설-위락시설 | 불가 |

【2】용도제한의 강화

다음의 용도시설은 어떠한 경우라도 같은 건축물 안에 설치할 수 없다.

1. 아동관련시설, 노인복지시설	도소매시장
2. 공동주택, 다가구주택, 다중주택, 조산원, 산후조리원	다중생활시설(2종 근린생활시설인 다중생활시설의 경우)

2 주요구조부를 내화구조로 하여야 하는 건축물

건축물의 용도와 규모에 따라 당해 건축물의 주요구조부와 지붕은 내화구조로 하여야 하는 기준으로, 건축물에 화재발생시 우려되는 화재열로 인한 건축물의 붕괴를 방지하기 위함이다.

건축물의 용도	당해 용도의 바닥면적합계	비 고
① • 문화 및 집회시설, 300㎡이상인 공연장·종교집회장 (전시장 및 동·식물원 제외) • 종교시설 • 장례시설 • 주점영업 ┘ 관람실·집회실	200㎡ 이상	옥외 관람석의 경우에는 1,000㎡ 이상
② • 전시장 및 동·식물원 • 판매시설 • 운수시설 • 수련시설 • 체육관 및 운동장 • 위락시설(주점영업 제외) • 창고시설 • 위험물 저장 및 처리시설 • 자동차 관련시설 • 방송국·전신전화국 및 촬영소 • 화장시설, 동물화장시설 • 관광휴게시설	500㎡ 이상	-
③ • 공 장	2,000㎡ 이상	화재로 위험이 적은 공장으로서 주요구조부가 불연재료가 된 2층 이하의 공장은 예외
④ 건축물의 2층이 • 다중주택·다가구주택 • 공동주택 • 제1종 근린생활시설 (의료의 용도에 쓰이는 시설에 한한다) • 제2종 근린생활시설 중 다중생활시설(고시원) • 의료시설 • 아동관련시설, 노인복지시설 및 유스호스텔 • 오피스텔 • 숙박시설 • 장례시설	400㎡ 이상	-
⑤ • 3층 이상 건축물 • 지하층이 있는 건축물 예외 2층 이하인 경우는 지하층 부분에 한함	모든 건축물	단독주택(다중.다가구 제외), 동물및식물관련시설, 발전소 교도소 및 소년원 또는 묘지관련시설(화장시설, 동물화장시설 제외)은 예외

예외 1. 연면적이 50㎡ 이하인 단층의 부속건축물로서, 외벽 및 처마 밑면을 방화구조로 한 것
2. 무대의 바닥

■ 주요구조부가 내화구조인 건축물

구 분	바닥면적의 합계	비 고
• 관람실 • 집회실	200㎡ 이상	옥외관람석 1,000㎡ 이상
• 공장	2,000㎡ 이상	
• 3층이상 • 지하층이 있는 건축물	무조건	단독주택 동·식물관련시설 교도소, 감화원 묘지관련시설은 제외

※ 묘지관련시설 중 화장장은 내화구조 제한에 적용된다.

3 방화구획

【1】주요구조부가 내화구조 또는 불연재료인 건축물의 방화구획

(1) 방화구획 적용대상

주요구조부가 내화구조 또는 불연재료로 된 건축물로서 연면적이 1,000m²를 넘는 것은 내화구조의 바닥, 벽 및 방화문(자동방화 셔터 포함)으로 구획하여야 한다.

> 예외 원자로 및 관계시설은 원자력안전법이 정하는 바에 의한다.

(2) 방화구획기준

건축물의 규모		구 획 기 준	
① 10층 이하의 층		바닥면적 1,000m²(3,000m²) 이내마다 구획	• 내화구조의 바닥, 벽 및 60분+방화문 또는 60분 방화문(자동화 셔터 포함)으로 구획한다. • ( )안의 면적은 스프링클러 등 자동식 소화설비를 설치한 때임.
② 11층 이상의 층	실내마감이 불연재료의 경우	바닥면적 500m²(1,500m²) 이내마다 내화구조벽으로 구획	
	실내마감이 불연재료가 아닌 경우	바닥면적 200m²(600m²) 이내마다 내화구조벽으로 구획	
③ 지상층		매층마다 구획(면적에 무관)	
④ 지하층			
⑤ 필로티의 부분을 주차장으로 사용하는 경우 그 부분과 건축물의 다른 부분을 구획			

(3) 방화구획의 구조

구 분		구 조 기 준
1. 벽체 및 바닥		내화구조
2. 출입구 방화문	60분+방화문	• 항상 닫힌 상태로 유지 • 연기 또는 불꽃을 감지하여 자동으로 닫히는 구조로 할 것
	60분 방화문	
3. 자동방화셔터		방화문으로부터 3m 이내에 별도로 설치할 것
4. 급수관, 배전관 등에 관통하는 경우		• 급수관·배전관과 방화구획과의 틈을 내화 채움성능 구조로 메울 것
5. 환기·난방·냉방시설의 풍도가 관통하는 경우		관통부분 또는 이에 근접한 부분에 다음의 댐퍼를 설치할 것 • 국토교통부장관이 정하는 비차열성능 및 방연성능 등의 기준에 적합할 것 • 화재로 인한 연기 또는 불꽃을 감지하여 자동적으로 닫히는 구조

(4) 방화구획기준의 완화

다음에 해당하는 건축물의 부분에는 방화규획의 규정을 적용하지 않거나 그 사용에 지장을 초래하지 않는 범위에서 규정을 완화하여 적용할 수 있다.

■ 방화구획에 영향을 주는 요소
① 건축물의 층수
② 지하층
③ 바닥면적
④ 실내마감재료
⑤ 자동식 소화설비 유무

■ Damper
순환하는 공기의 방향·속도·양을 조절하기 위하여 Duct 내에 설치된 장치

■ 방화문의 구분

구 분	연기·불꽃 차단시간	열차단시간
60분+방화문	60분 이상	30분 이상
60분 방화문	60분 이상	-
30분 방화문	30분 이상 60분 미만	

① 문화 및 집회시설(동·식물원을 제외), 종교시설, 장례시설, 운동시설의 용도에 쓰이는 거실	• 시선 및 활동공간의 확보를 위하여 불가피한 부분
② 물품의 제조, 가공 및 운반 등에 필요한 부분	• 대형기기 설비의 설치, 운영을 위하여 불가피한 부분
③ 계단실 부분, 복도 또는 승강기의 승강장 및 승강로 부분	• 당해 건축물의 다른 부분과 방화구획으로 구획된 부분
④ 건축물의 최상층 또는 피난층	• 대규모 회의장, 강당, 스카이라운지, 로비 또는 피난안전구역 등의 용도에 사용하는 부분으로서 당해 용도로서의 사용을 위하여 불가피한 부분
⑤ 복층형인 공동주택	• 세대 안의 층간 바닥부분
⑥ 주요 구조부가 내화구조 또는 불연재료로 된 주차장 부분	
⑦ 건축물의 1층과 2층의 일부를 동일한 용도로 바닥면적합계 500m² 이하로 사용하며 그 건축물의 다른 부분과 방화구획으로 구획된 부분	
⑧ 단독주택, 동물 및 식물관련시설·국방·군사시설 중 집회, 체육, 창고 등에에 쓰이는 건축물	

【2】 주요구조부가 내화구조 또는 불연재료가 아닌 건축물의 방화구획

(1) 방화구획 적용대상

주요구조부가 내화구조 또는 불연재료가 아닌 연면적 1,000m² 이상인 건축물은 방화벽 등으로 방화구획을 하여야 한다.

(2) 방화구획기준

1. 바닥면적 1,000m² 미만마다 방화벽으로 구획한다.
   예외 ㉮ 주요구조부가 내화구조이거나 불연재료인 건축물
   ㉯ 단독주택, 동물 및 식물관련시설, 교도소, 감화원, 화장장을 제외한 묘지관련시설
   ㉰ 구조상 방화벽으로 구획할 수 없는 창고시설
2. 외벽 및 처마밑의 연소우려가 있는 부분은 방화구조로 해야 한다.
3. 지붕은 불연재료로 한다.

(3) 방화벽의 구조기준

구 분	구 조 기 준
1. 방화벽의 구조	• 내화구조로서 자립할 수 있는 구조 • 양쪽 끝과 위쪽 끝을 건축물의 외벽면 지붕면으로 부터 0.5m 이상 튀어나오게 할 것
2. 방화벽 출입문	• 60분+방화문 또는 60분 방화문 • 크기 : 2.5m×2.5m • 항상 닫힌 상태로 유지 • 연기 또는 불꽃을 감지하여 자동적으로 닫히는 구조

■ 목조건축물 등의 규모제한

구분	목조	조적식 구조 (보강블럭구조 제외)
높이	13m 미만	13m 미만(15m)
처마높이	9m 미만	9m 미만(11m)
연면적	3,000m² 미만	무제한

※ ( )안은 3층 이하이고 내력벽으로 둘러쌓인 부분의 면적이 40m² 이하로서 관계규정에 적합한 경우의 건축가능한 높이임.

■ 방화벽의 설치

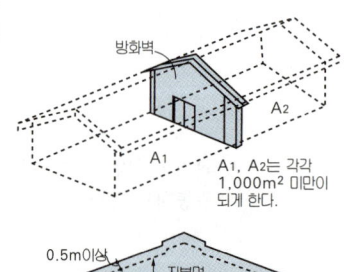

A₁, A₂는 각각 1,000m² 미만이 되게 한다.

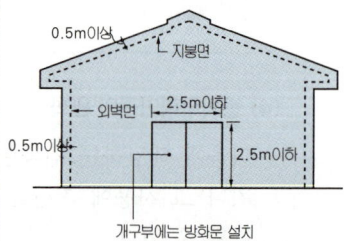

개구부에는 방화문 설치

(4) 연소할 우려가 있는 부분

기 준	1층	2층 이상 층
• 인접대지 경계선 • 도로중심선 • 동일대지내에 2동이상 건축물의 상호 외벽간의 중심선(단, 마주보는 건축물의 연면적 합계가 500m² 이하인 경우에는 하나의 건축물로 본다)	3m 이내 부분	5m 이내 부분

예외 공원, 광장, 하천의 공지나 수면 또는 내화구조의 벽등에 접하는 부분은 제외

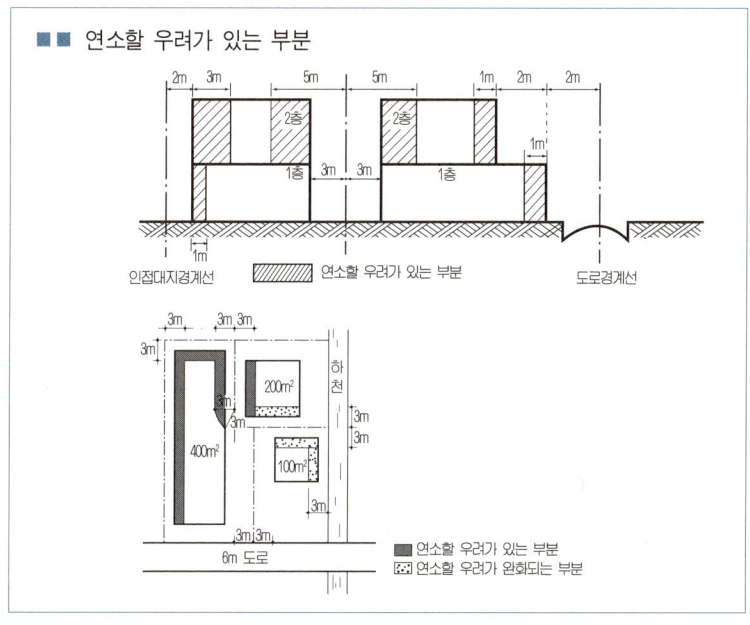

■ 외벽이 내화구조인 경우 연소의 우려는 없다.
  - 내화구조 외벽의 기준두께

철근콘크리트조	10cm 이상
벽돌조	19cm 이상

4 방화지구안의 건축물

【1】 건축물의 구조제한

대 상	구조제한
1. 주요구조부 및 외벽	내화구조로 하여야 한다. 예외 • 연면적이 30m² 미만인 단층부속건축물로서 외벽 및 처마면이 내화구조 또는 불연재료로 된 것 • 주요구조부가 불연재료로 된 도매시장
2. 지붕	내화구조가 아닌 것은 불연재료로 해야 한다.
3. 연소할 우려가 있는 부분의 창문	인접대지경계선에 접하는 외벽에 설치하는 창문 등으로서 연소할 우려가 있는 부분에는 다음의 기준에 적합한 방화설비를 설치해야 한다. • 60분+방화문 또는 60분 방화문 • 소방법령의 기준에 적합하게 창문 등에 설치하는 드렌쳐 • 내화구조나 불연재료로 된 벽·담장 등의 방화설비 • 환기구멍에 설치하는 불연재료로 된 방화카바 또는 그물눈 2mm 이하인 금속망

■ 방화지구
방화지구는 도시의 화재 및 기타의 재해의 위험예방을 위하여 국토의 계획 및 이용에 관한 법에 의한 도시·군관리계획으로 국토교통부장관 등이 지정하는 용도지구이다.

【2】 공작물의 구조제한

대 상		구 조 제 한
• 간판, 광고탑, 공작물	지붕 위의 것	공작물의 주요부를 불연재료로 하여야 한다.
	높이 3m 이상의 것	

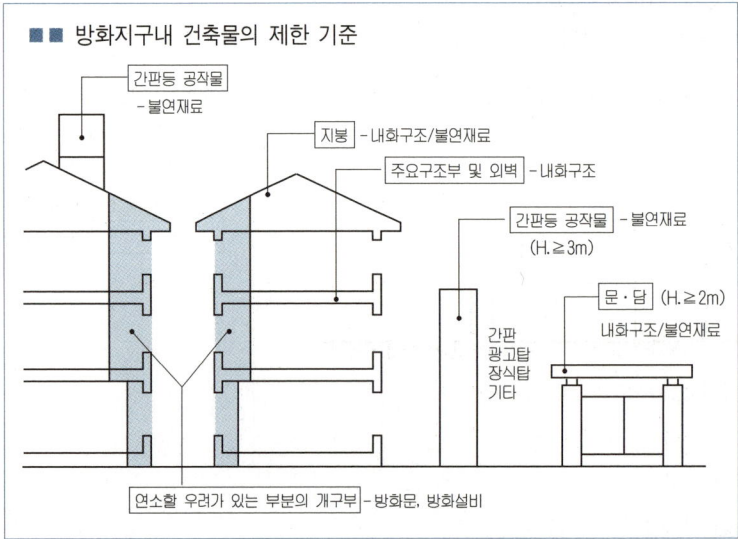

■■ 방화지구내 건축물의 제한 기준

【3】 방화문의 성능

구 분	연기・불꽃 차단시간	열 차단시단
① 60분+방화문	60분 이상	30분 이상
② 60분 방화문	60분 이상	-
③ 30분 방화문	30분 이상 60분 미만	

5 건축물의 마감재료

【1】 건축물의 내부 마감재료의 제한

마감재료 선정에 대한 제한기준은 화재시 발생하는 유독가스로 인한 피해를 예방하기 위한 기준으로서 다음과 같이 적용한다.

(1) 적용대상건축물

구분	건축물의 용도	당해용도 바닥면적의 합계
1.	• 다중주택 • 다가구주택 • 공동주택	
2.	2종근린생활시설 중 • 공연장 • 종교집회장 • 인터넷컴퓨터게임시설제공업소 • 학원 • 독서실	면적에 관계없이 적용

■ 내부 마감재료의 제한

구 분		마감재료
지상층	거실	불연, 준불연, 난연
	통로	불연, 준불연
지하층	거실・통로	불연, 준불연

※ 공연장 등의(본문표 ⑤)
　 거실 : 불연, 준불연

	• 당구장 • 다중생활시설(고시원)	
3.	• 위험물저장 및 처리시설 • 자동차관련시설 • 발전시설 • 방송통신시설 • 공장 • 창고시설	
4.	• 문화 및 집회시설 • 종교시설 • 판매시설 • 운수시설 • 의료시설 • 학교 • 학원 • 노유자시설 • 수련시설 • 오피스텔 • 숙박시설 • 위락시설 • 장례시설	면적에 관계없이 적용
5.	• 5층 이상의 건축물	500㎡ 이상
예외	☐ 주요구조부가 내화구조 또는 불연재료로 된 건축물로서 그 거실의 바닥면적 200㎡ 이내마다 방화구획되어 있는 건축물 ☐ 내장제한 규정에서의 거실의 바닥면적산정시 스프링클러 기타 이와 유사한 자동식 소화설비를 설치한 부분의 바닥면적을 제외한 부분으로 한다. ☐ 내부마감재료라함은 건축물 내부의 천장, 반자, 벽(칸막이벽 포함) 기둥 등에 부착되는 마감재료를 말한다.	

■ 내부마감재료의 예외규정
주요구조부가 내화구조 또는 불연재료인 건축물로서
1. 스프링쿨러 등 자동소화설비 설치시
2. 바닥면적 200㎡ 이내마다 방화구획 시

(2) 내부마감재료 적용기준

적용부위	마감재의 사용여부		
	불연재료	준불연재료	난연재료
거실	○	○	○
통로(복도, 계단)	○	○	×

【2】건축물의 외부 마감재료의 제한

(1) 대상
다음 건축물의 외벽에 사용하는 마감재료와 외벽에 설치하는 창호는 방화성능기준에 적합하여야 한다.

1. 상업지역(근린상업지역 제외)의 건축물	• 1종근린생활시설 • 2종근린생활시설 • 문화 및 집회시설 • 종교시설 • 판매시설 • 운동시설 • 위락시설	용도바닥면적합계 2,000m² 이상인 건축물
	• 공장(화재 위험이 적은 공장 제외)에서 6m 이내에 위치한 건축물	
2. 의료시설, 교육연구시설, 노유자시설, 수련시설인 건축물		
3. 공장, 창고시설, 위험물저장 및 처리시설, 자동차관련시설인 건축물		
4. 3층 이상 건축물		
5. 높이 9m 이상 건축물		
6. 1층의 전부 또는 일부를 필로티 구조로 설치하여 주차장으로 쓰는 건축물		

(2) 외벽 마감재료 제한
불연재료 또는 준불연재료로 마감한다.

(3) 외벽 창호제한
① 대상
인접대지경계선으로부터 1.5m 이내의 창호
② 제한
비차열 20분 이상의 방화유리창으로 설치한다.

【3】바닥마감
욕실, 화장실, 목욕장 등의 바닥마감재는 미끄러움을 방지할 수 있도록 국토교통부령으로 정하는 기준에 적합하여야 한다.

【4】마감재료의 기준
내부마감재료는 방화상 지장이 없는 재료로서 다중이용시설등의 실내공기질관리법에 따른 실내공기질 유지기준 및 권고기준을 고려하고 관계 중앙행정기관의 장과 협의하여 국토교통부령이 정하는 기준에 의한 것으로 한다.

6 실내건축

다중이용 건축물 또는 분양 건축물의 내부공간을 구획하거나 내장재 또는 장식물을 설치하는 경우 방화에 지장이 없고 사용자의 안전에 문제가 없는 구조 및 재료로 시공하여야 한다.

【1】대상 건축물

1. 다중이용 건축물
2. 건축물의 분양에 관한 법률 제3조에 따른 다음의 건축물
   - 분양하는 부분의 바닥면적이 3,000㎡ 이상인 건축물
   - 30실 이상인 오피스텔(일반업무시설)
   - 주택외의 시설과 주택을 동일 건축물로 짓는 건축물 중 주택외 용도의 바닥면적의 합계가 3,000㎡ 이상인 것
   - 바닥면적의 합계가 3,000㎡ 이상으로서 임대 후 분양전환을 조건으로 임대하는 것
3. 휴게음식점, 제과점

【2】실내건축의 구조·시공방법 등의 기준

1. 실내에 설치하는 칸막이는 피난에 지장이 없고, 구조적으로 안전할 것
2. 실내에 설치하는 벽, 천장, 바닥 및 노출반자틀은 방화에 지장이 없는 재료를 사용할 것
3. 바닥마감재료는 미끄럼을 방지할 수 있는 재료를 사용할 것
4. 실내에 설치하는 난간, 창호 및 출입문은 방화에 지장이 없고, 구조적으로 안전할 것
5. 실내에 설치하는 전기·가스·급수(給水)·배수(排水)·환기시설은 누수·누전 등 안전사고가 없는 재료를 사용하고, 구조적으로 안전할 것
6. 실내의 돌출부 등에는 충돌, 끼임 등 안전사고를 방지할 수 있는 완충재료를 사용할 것

> 비고 실내건축의 구조·시공방법 등에 관한 세부사항은 국토교통부장관이 정하여 고시한다.

【3】실내건축 설치의 검사

특별자치시장·특별자치도지사 또는 시장·군수·구청장은 실내건축이 적정하게 설치 및 시공되었는지를 검사하여야 한다. 이 경우 검사대상 건축물과 주기는 건축조례로 정한다.

7 건축(복합)자재의 품질관리

【1】 복합자재의 정의
「복합자재」란 불연재료인 양면철판 또는 이와 유사한 재료와 불연재료가 아닌 심재(心材)로 구성된 마감재료를 말한다.

【2】 복합자재 품질관리서의 제출
① 복합자재를 유통하는 자는 복합자재 품질관리서를 공사시공자에게 제출하여야 한다.
② 공사시공자는 제출받은 복합자재품질관리서와 공급받은 제품의 일치여부를 확인한 후 해당 복합자재품질관리서를 공사감리자에게 제출하여야 한다.
③ 공사감리자는 제출받은 복합자재품질관리서를 공사감리완료보고서에 첨부하여 건축주에게 제출하여야 하며, 건축주는 건축물의 사용승인을 신청할 때에 이를 허가권자에게 제출하여야 한다.

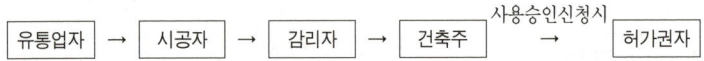
유통업자 → 시공자 → 감리자 → 건축주 —사용승인신청시→ 허가권자

■ 품질관리서 제출대상 자재
1. 복합자재
2. 외벽마감단열재
3. 방화문
4. 자동방화셔터
5. 방화댐퍼
6. 내화구조
7. 내화채움 성능구조

【3】 복합자재의 난연성분 분석시험
① 건축자재의 제조업자·유통업자는 「과학기술분야 정부출연연구기관 등의 설립·운영 및 육성에 관한 법률」에 따른 한국건설기술연구원 등에 난연, 차열, 차염성능 분석시험 등을 의뢰하여야 한다.
② 복합자재에 대한 난연성능 분석시험, 난연성능기준, 시험수수료 등 필요한 사항은 국토교통부령으로 정한다.

■ 난연성능 시험기관
1. 한국건설기술연구원
2. 건설엔지니어링 사업자
3. 국가표준기본법에 따른 시험·검사기관

핵 심 문 제

■■■ 용도제한

1 동일 건축물내에서 같이 사용할 수 있는 용도의 조합으로 가장 적당한 것은?

① 공장 – 기숙사
② 의료시설 – 위락시설
③ 공동주택 – 노유자시설
④ 아동관련시설 – 소매시장

해설 1
- 의료시설, 노유자시설, 공동주택
- 위락시설, 위험물 저장 및 처리시설, 공장, 자동차 정비공장

2 방화와 관련하여 같은 건축물에 함께 설치할 수 없는 것은?

① 의료시설과 업무시설 중 오피스텔
② 위험물 저장 및 처리시설과 공장
③ 위락시설과 문화 및 집회시설 중 공연장
④ 공동주택과 제2종 근린생활시설 중 다중생활시설

해설 2 용도제한의 강화
다음의 용도시설은 어떠한 경우라도 같은 건축물 안에 설치할 수 없다.

아동관련시설, 노인복지시설	도·소매시장
공동주택, 다가구주택, 다중주택, 조산원	다중생활시설 (2종근린생활시설인 경우.)

3 다음과 같은 건축물 안에 공동주택과 위락시설을 함께 설치하고자 하는 경우에 관한 기준 내용이다. (   )안에 알맞은 것은?

> 공동주택의 출입구와 위락시설의 출입구는 서로 그 보행거리가 (   ) 이상이 되도록 설치할 것

① 10m
② 20m
③ 30m
④ 50m

해설 3
각각의 출입구는 보행거리 30m 이상이 되도록 설치하여야 한다.

4 같은 건축물 안에 공동주택과 위락시설을 함께 설치하고자 하는 경우에 관한 기준 내용으로 옳지 않은 것은?

① 건축물의 주요 구조부를 내화구조로 할 것
② 공동주택과 위락시설은 서로 이웃하도록 배치할 것
③ 공동주택과 위락시설은 내화구조로 된 바닥 및 벽으로 구획하여 서로 차단할 것
④ 공동주택의 출입구와 위락시설의 출입구는 서로 그 보행거리가 30m 이상이 되도록 설치할 것

해설 4
공동주택과 위락시설은 서로 이웃하지 말 것

정답 1. ③ 2. ④ 3. ③ 4. ②

■■■ **주요구조부의 내화구조제한**

5 문화 및 집회시설의 용도로 쓰는 건축물로서 관람실 또는 집회실의 바닥면적의 합계가 최소 얼마 이상인 경우 주요 구조부를 내화구조로 하여야 하는가? (단, 전시장 및 동·식물원 제외)
① 200m²
② 400m²
③ 500m²
④ 600m²

6 주요구조부를 내화구조로 해야 하는 대상건축물 기준으로 옳지 않은 것은?
① 장례식장의 용도에 쓰이는 건축물로서 관람실 및 집회실의 바닥면적의 합계가 200m² 이상인 것
② 문화 및 집회시설 중 전시장의 용도에 쓰이는 건축물로서 그 용도에 쓰이는 바닥면적의 합계가 400m² 이상인 것
③ 공장의 용도에 쓰이는 건축물로서 그 용도에 사용하는 바닥면적의 합계가 2,000m² 이상인 것
④ 건축물의 2층이 단독주택 중 다중주택의 용도에 쓰이는 건축물로서 그 용도에 쓰이는 바닥면적의 합계가 400m² 이상인 것

7 건축물의 주요구조부를 내화구조로 하여야 하는 대상 건축물에 속하지 않는 것은?
① 공장의 용도로 쓰는 건축물로서 그 용도로 쓰는 바닥면적의 합계가 500m²인 건축물
② 판매시설의 용도로 쓰는 건축물로서 그 용도로 쓰는 바닥면적의 합계가 500m²인 건축물
③ 창고시설의 용도로 쓰는 건축물로서 그 용도로 쓰는 바닥면적의 합계가 500m²인 건축물
④ 문화 및 집회시설 중 전시장의 용도로 쓰는 건축물로서 그 용도로 쓰는 바닥면적의 합계가 500m²인 건축물

8 주요구조부를 내화구조로 해야 하는 대상건축물 기준으로 옳지 않은 것은?
① 장례시설의 용도로 쓰는 건축물로서 집회실의 바닥면적의 합계가 200m² 이상인 것
② 판매시설의 용도로 쓰는 건축물로서 그 용도로 쓰는 바닥면적의 합계가 500m² 이상인 것
③ 운수시설의 용도로 쓰는 건축물로서 그 용도로 쓰는 바닥면적의 합계가 500m² 이상인 것
④ 문화 및 집회시설 중 전시장의 용도로 쓰는 건축물로서 그 용도로 쓰는 바닥면적의 합계가 400m² 이상인 것

해 설

해설 5 주요구조부에 대한 내화구조 적용대상
문화 및 집회시설
- 공연장, 집회장, 관람실 : 200m² 이상
- 전시장, 동물원, 식물원 : 500m² 이상

해설 6
주요구조부를 내화구조로 하여야 하는 대상 건축물
문화집회시설
- 공연장, 집회장, 관람실 : 용도바닥면적 200m² 이상
- 전시장, 동·식물원 : 용도바닥면적 500m² 이상

해설 7
공장 : 2,000m² 이상인 건축물

해설 8 문화 및 집회시설
- 공연장, 집회장, 관람장
  - 300m² 이상
- 전시장, 동·식물원
  - 500m² 이상

정답 5. ① 6. ② 7. ① 8. ④

■■■ 방화구획

9 방화구획의 설치기준으로서 옳지 않은 것은?
① 10층 이하의 층은 바닥면적 1,000m² 이내마다 구획한다.
② 11층 이상의 층은 바닥면적 200m² 이내마다 구획한다.
③ 냉방시설의 풍도가 방화구획을 관통하는 댐퍼는 철재로서 철판의 두께가 1.5mm 이상으로 한다.
④ 4층 이상의 층과 지하층은 층마다 구획한다.

10 다음 중 방화구획에 관한 설명이 잘못된 것은?
① 방화구획의 개구부에는 60분+방화문 또는 60분 방화문을 설치한다.
② 지하층은 바닥면적 100m² 이내마다 구획한다.
③ 10층 이하의 층은 바닥면적 1,000m² 이내마다 구획한다.
④ 11층 이상의 층은 바닥면적 200m² 이내마다 구획한다.

11 15층인 건축물에서 12층의 방화구획에 관한 기술 중 맞는 것은?
① 실내마감재가 불연재료가 아닌 경우는 바닥면적 200m² 이내마다 구획한다.
② 실내마감재가 불연재료인 경우는 바닥면적 600m² 이내마다 구획한다.
③ 바닥면적 1,000m² 이내마다 구획한다.
④ 스프링클러를 설치한 경우에는 바닥면적 3,000m² 이내마다 구획한다.

12 건축법규에서 용도상 불가피하여 방화구획을 적용하지 아니하거나 완화하여 적용할 수 있는 건축물의 기준으로 틀린 것은?
① 문화 및 집회시설(동·식물원을 제외한다), 종교시설, 장례시설 또는 운동시설의 용도에 쓰이는 거실로서 시선 및 활동공간의 확보를 위하여 불가피한 부분
② 단독주택, 동물 및 식물관련시설 또는 군사시설(집회, 체육, 창고 등의 용도로 사용되는 시설에 한한다)에 쓰이는 건축물
③ 주요구조부가 내화구조 또는 불연재료로 된 건축물로서 스프링클러 또는 자동식 소화설비를 설치한 건축물
④ 복층형인 공동주택의 세대안의 층간 바닥부분

해 설

해설 9
모든 지상층과 지하층은 층마다 구획한다.

해설 10
지하층(10층 이하의 층)은 바닥면적 1,000m² 이내마다 내화구조의 벽으로 구획한다.

해설 11 11층 이상의 층
- 바닥면적 200m² 이내마다 구획(자동식소화설비 설치시 600m²마다)
- 불연재료 마감시 바닥면적 500m² 이내마다(자동식소화설비 설치시 1,500m² 이내마다)

해설 12
자동식소화설비를 설치한 건축물의 경우에는 방화구획의 기준면적을 완화받을 수 있을 뿐이지 방화구획 규정(기술적규정)이 배제되지는 않는다.

정답 9. ④ 10. ② 11. ① 12. ③

13 다음 방화구획의 설치에 관한 기준을 적용하지 아니하거나 그 사용에 지장이 없는 범위에서 완화하여 적용할 수 있는 건축물의 부분에 해당되지 않는 것은?

> 주요구조부가 내화구조 또는 불연재료로 된 건축물로서 연면적이 1천 제곱미터를 넘는 것은 내화구조로 된 바닥·벽 및 방화문으로 구획하여야 한다.

① 복층형 공동주택의 세대별 층간 바닥 부분
② 주요구조부가 내화구조 또는 불연재료로 된 주차장
③ 계단실 부분·복도 또는 승강기의 승강로 부분으로서 그 건축물의 다른 부분과 방화구획으로 구획된 부분
④ 문화 및 집회시설 중 동물원의 용도로 쓰는 거실로서 시선 및 활동 공간의 확보를 위하여 불가피한 부분

해설 13
방화구획의 배제 또는 완화대상 중에 문화 및 집회시설의 경우 동물원·식물원은 포함되지 않는다.

■■■ **방화벽**

14 다음의 대규모 건축물의 방화벽에 관한 기준내용 중 ( ) 안에 공통으로 들어갈 내용은?

> 연면적 ( ) 이상인 건축물은 방화벽으로 구획하되, 각 구획된 바닥면적의 합계는 ( ) 미만이어야 한다.

① 500m²
② 1,000m²
③ 1,500m²
④ 3,000m²

15 건축물에 설치하는 방화벽의 구조에 관한 기준 내용으로 옳은 것은?
① 내화구조로서 홀로 설 수 있는 구조이어야 한다.
② 방화벽에 설치하는 출입문의 너비는 2.7m 이하로 하여야 한다.
③ 방화벽에 설치하는 출입문의 높이는 2.7m 이하로 하여야 한다.
④ 방화벽이 양쪽 끝과 위쪽 끝을 건축물의 외벽면 및 지붕면으로부터 최소 0.7m 이상 튀어나오게 하여야 한다.

해설 15 방화벽 기준
• 출입구의 크기 : 너비×높이 = 2.5m×2.5m 이하
• 돌출 높이 : 벽 및 지붕으로부터 0.5m 이상

16 방화벽의 구조기준 내용으로 옳지 않은 것은?
① 내화구조로서 홀로 설 수 있는 구조일 것
② 방화벽의 양쪽 끝과 위쪽 끝을 건축물의 외벽면 및 지붕면으로부터 0.5m 이상 튀어 나오게 할 것
③ 방화벽에 설치하는 출입문에는 강화유리문을 설치할 것
④ 방화벽에 설치하는 출입문의 너비 및 높이는 각각 2.5m 이하로 할 것

해설 16
방화벽의 출입구는 60분+방화문 또는 60분 방화문으로 설치한다.

정답 13. ④ 14. ② 15. ① 16. ③

■■■ 방화지구 등

17 방화지구 안에서 주요구조부가 불연재료로 된 건축물로서 주요구조부 및 외벽을 내화구조로 하지 아니할 수 있는 건축물은?

① 단독주택
② 도매시장
③ 금융업소
④ 청소년수련관

해설 17
방화지구내 건축물의 주요구조부 및 외벽은 내화구조로 하여야 하나, 연면적 30m² 미만인 단층 부속 건축물과 도매시장은 예외이다.

18 거실의 바닥면적의 합계가 5,000m²인 아파트에서 내부마감재료로 적합치 않은 것은?

① 거실의 벽 - 난연재료
② 복도의 벽 - 준불연재료
③ 계단의 벽 - 준불연재료
④ 통로의 벽 - 난연재료

해설 18 내부 마감재료의 제한

구 분		마감재료
지상층	거실	불연, 준불연, 난연
	통로	불연, 준불연
지하층	거실·통로	불연, 준불연

정답 17. ② 18. ④

출제예상문제

CHAPTER 5
3. 방화규정

■■■ 용도상 규제

1. 공동주택에 병설할 수 없는 용도는?

① 격리병원　　② 도매시장
③ 무도학원　　④ 업무시설

[해설] 공동주택 등과 병설할 수 없는 시설
위락시설, 위험물 저장 및 처리시설, 공장, 자동차관련 시설(정비공장)

■■■ 주요구조부의 내화구조

2. 주요구조부를 내화구조로 하지 않아도 되는 건축물은?

① 옥내 관람실 바닥면적의 합계가 300㎡인 문화 및 집회시설
② 관광휴게시설의 용도에 쓰이는 건축물로서 그 용도에 쓰이는 바닥면적의 합계가 600㎡인 건축물
③ 공장의 용도에 쓰이는 건축물로서 그 용도에 쓰이는 바닥면적의 합계가 1,500㎡인 건축물
④ 건축물의 2층이 숙박시설의 용도에 쓰이는 건축물로서 그 용도에 쓰이는 바닥면적의 합계가 500㎡인 건축물

[해설] 전시장 및 동·식물원 : 바닥면적의 합계 500㎡ 이상

3. 다음 건축물 중 주요구조부를 내화구조로 하여야 하는 것은?

① 위락시설 중 주점영업의 바닥면적이 200㎡인 것
② 숙박시설의 바닥면적이 300㎡인 것
③ 관광휴게시설의 바닥면적이 400㎡인 것
④ 공장의 바닥면적이 500㎡인 것

[해설] ② 숙박시설 - 400㎡ 이상
③ 관광휴게시설 - 500㎡ 이상

④ 공장 - 2,000㎡ 이상

4. 주요구조부를 내화구조로 하지 않아도 되는 용도의 건축물은?

① 바닥면적의 합계가 500㎡인 체육관
② 바닥면적의 합계가 2,000㎡인 공장
③ 연면적 50㎡ 이하인 무대의 바닥
④ 바닥면적의 합계가 200㎡인 집회장

[해설] 주요구조부를 내화구조로 하지 않을 수 있는 건축물
① 연면적인 50㎡ 이하인 단층의 부속건축물로서, 외벽 및 처마 밑면을 방화구조로 한 것
② 무대바닥

■■■ 방화구획

5. 다음은 방화구획에 관한 기준 중 부적당한 것은?

① 바닥면적의 합이 1,000㎡ 이내마다 구획해야 한다.
② 자동식 소화설비를 설치할 경우에는 바닥면적은 2/3를 감한 면적으로 산출한다.
③ 11층 이상 모든 건물의 경우에는 모든 층은 바닥면적 300㎡ 이내마다 구획한다.
④ 모든 지상층과 지하층에 있어서는 층마다 구획한다.

[해설] 방화구획의 기준

건축물의 규모	구획기준		비고
• 10층이하의 층	바닥면적 1,000㎡(3,000㎡) 이내마다 구획		( )안의 면적은 스프링클러 등 자동식 소화설비를 설치한 때임
• 지상층 • 지하층	매층마다 구획		
• 11층 이상의 층	실내마감이 불연재료의 경우	바닥면적 500㎡(1,500㎡) 이내마다 구획	
	실내마감이 불연재료가 아닌 경우	바닥면적 200㎡(600㎡) 이내마다 구획	

해답　1. ③　2. ③　3. ①　4. ③　5. ③

6. 방화구획의 설치의무대상 중 완화적용 받을 수 없는 것은?

① 장례시설
② 건축물의 최상층
③ 동·식물원
④ 군사시설인 체육관

[해설] 문화 및 집회시설은 사용용도의 불가피성에 의하여 방화구획의 적용을 완화받을 수 있으나 동·식물원은 예외적으로 방화구획을 적용하여야 한다.

■■■ 방화벽

7. 목조 건축물의 외벽 및 처마밑의 연소 우려가 있는 부분을 방화구조로 하고, 지붕을 불연재료로 해야하는 목조건축물의 규모 기준은?

① 연면적 500m² 이상
② 연면적 1,000m² 이상
③ 연면적 1,500m² 이상
④ 연면적 2,000m² 이상

[해설] 방화구획대상

주요구조부가 내화구조, 불연재료인 건축물	연면적 1,000m² 초과
상기 이외의 건축물(목조등)	연면적 1,000m² 이상

8. 대규모 건축물의 방화벽에 관한 기술 중 부적합한 것은?

① 내화구조로서 홀로 설 수 있는 구조로 한다.
② 방화벽의 양단 및 상단은 외벽면 및 지붕면으로부터 0.5m 이상 튀어 나와야 한다.
③ 방화벽에 설치한 개구부의 폭 및 높이는 각각 2.5m 이하로 해야 한다.
④ 방화벽에 설치하는 개구부에는 차열제한기준을 적용하지 않는다.

[해설] 방화벽의 구조
 ① 내화구조로서 홀로 설 수 있는 구조일 것.
 ② 방화벽의 양쪽끝과 위쪽끝을 건축물의 외벽면 및 지붕면으로부터 0.5m 이상 튀어 나오게 할 것.
 ③ 방화벽에 설치하는 출입문의 너비 및 높이는 2.5m 이하로 하고 갑종방화문을 설치할 것.
 ④ 방화구획의 구조 규정은 방화벽에 이를 준용한다.

■■■ 방화지구안의 건축물

9. 방화지구내의 건축물의 건축제한 사항 중 옳지 않은 것은?

① 방화지구내의 건축물은 주요구조부를 내화구조로 하여야 한다.
② 방화지구내의 건축물의 외벽은 비내력벽일지라도 내화규정을 적용받는다.
③ 지붕틀로서 내화구조가 아닌 것은 방화구조로 하여야 한다.
④ 방화지구내의 건축물의 외벽의 개구부로서 연소의 우려가 있는 부분은 방화문, 방화설비의 설치 등 필요한 조치를 하여야 한다.

[해설] 지붕틀로서 내화구조가 아닌 것은 불연재료로 하여야 함.

10. 인지 경계선에서 수평거리 3m 떨어진 개구부에 다음 조치를 하였는데 이중 부적합한 것은? (다만, 방화지구내임)

① 방화문 설치
② 드렌처 설치
③ 내화구조의 차단벽 설치
④ 스프링클러 설치

[해설] 스프링클러는 방화설비에 속하지 않는다.

11. 건축법령에 따른 방화문의 기준에 해당하지 않는 것은?

① 60분＋방화문
② 30＋방화문
③ 60분 방화문
④ 30분 방화문

[해설] 방화문의 구분

구 분	연기·불꽃 차단시간	열차단시간
60분+방화문	60분 이상	30분 이상
60분 방화문	60분 이상	-
30분 방화문	30분 이상 60분 미만	

해답 6. ③ 7. ② 8. ④ 9. ③ 10. ④ 11. ②

■■■ **건축물의 마감재료**

12. 내부마감재료 제한을 받는 내화구조인 판매시설에 대한 다음 설명 중 적합한 것은?

① 거실 바닥면적 200㎡ 이내마다 방화구획을 하면 규정을 받지 않는다.
② 스플링쿨러를 설치한 부분의 바닥면적은 이를 2/3로 본다.
③ 판매시설의 용도에 쓰이는 부분에 한하여 내장제한을 한다.
④ 모든 계단을 특별 피난계단의 구조로 하면 내장제한을 아니한다.

해설 ② 자동소화설비 설치면적은 모두 공제한다.
③ 거실뿐만 아니라 통로에 대해서도 제한한다.
④ 규정없음

13. 건축물의 내부마감재료의 선정기준이 옳게 연결된 것은?

① 판매시설 - 거실의 바닥면적의 합계가 200㎡ - 거실 - 난연재료
② 다중주택 - 3층 이상의 층에 거실 바닥면적의 합계가 200㎡ 이상인 건축물 - 복도 - 난연재료
③ 5층 이상 건축물 - 5층 이상의 층의 거실바닥면적 합계가 500㎡ 이상 - 계단 - 난연재료
④ 제2종근린생활시설(단란주점) - 규모에 관계없이 - 복도 - 난연재료

해설 마감재료의 선정기준
• 거실 - 불연·준불연·난연재료
• 통로(복도, 계단) - 불연·준불연재료

14. 외벽에 사용하는 마감재료 제한대상 건축물이 아닌 것은?

① 유통상업지역내 용도바닥면적 2,000㎡ 이상인 위락시설
② 중심상업지역내 용도바닥면적 2,000㎡ 이상인 판매시설
③ 근린상업지역내 용도바닥면적 2,000㎡ 이상인 종교시설
④ 일반상업지역내 공장에서 6m 이내에 위치한 건축물

해설 상업지역 중 근린상업지역내 종교시설은 외벽마감재료제한 규정이 적용되지 않는다.

15. 건축법령이 정한 기준에 따라 외부마감재를 불연재료 또는 준불연재료로 사용하는 건축물에 해당되는 것은?

① 2층 이상 건축물
② 3층 이상 건축물
③ 높이 5m 이상 건축물
④ 높이 8m 이상 건축물

해설 3층 이상 건축물 또는 높이 9m 이상 건축물이 해당된다.

■■■ **실내건축**

16. 방화에 지장이 없고 사용자의 안전에 문제가 없는 구조 및 재료로 실내건축을 하여야 하는 대상 건축물에 해당되지 않는 것은?

① 16층 이상의 건축물
② 용도바닥면적 5,000㎡인 공연장
③ 용도바닥면적 8,000㎡인 백화점
④ 용도바닥면적 10,000㎡인 도서관

해설 실내건축제한 대상 건축물
1. 다중이용건축물
2. 「건축물의 분양에 관한 법률」 제3조에 따른 건축물

17. 다중이용건축물에 대한 실내건축 시공방법 등의 기준 중 가장 부적합한 것은?

① 실내의 돌출부에는 안전사고를 방지할 수 있는 완충재료를 사용할 것
② 실내에 설치하는 전기·가스·급수 등의 시설은 안전사고가 없는 재료를 사용하고, 미관적으로 양호할 것

해답 12. ① 13. ① 14. ③ 15. ② 16. ④ 17. ②

③ 실내에 설치하는 칸막이는 피난에 지장이 없고, 구조적으로 안전할 것
④ 바닥 마감재료는 미끄럼을 방지할 수 있는 재료를 사용할 것

해설 실내에 설치하는 전기·가스·급수·배수·환기시설은 안전사고가 없는 재료를 사용하고, 구조적으로 안전할 것

18. 건축법에 따른 건축물의 마감재료 중 복합자재의 품질관리서에 기재할 내용으로 가장 적절한 것은?

① 난연 성능
② 단열 성능
③ 방수 성능
④ 방음 성능

해설 복합자재의 품질관리서는 당해 자재의 난연성능을 확인하도록 하여야 한다.

■■■종 합

19. 건축법령에 적합하게 기술된 것은?

① 학교 교실의 채광을 위한 창문 등의 면적은 그 거실 바닥면적의 1/20 이상이어야 한다.
② 기계 환기장치를 설치하고 바닥면적이 500m^2인 영화관의 반자 높이는 최소 4m 이상이어야 한다.
③ 높이 4m를 넘는 계단은 높이 4m 이내마다 너비 1.2m 이상의 계단참을 설치하여야 한다.
④ 의료시설인 병실간의 칸막이벽을 벽돌조로 축조하는 경우에는 그 두께를 19cm 이상으로 하여야 한다.

해설 ① 단독주택·공동주택의 거실, 학교의 교실, 의료시설의 병실, 숙박시설의 객실은 거실바닥면적의 1/10 이상 채광창을 설치해야 한다.
② 문화 및 집회시설(전시장, 동·식물원 제외), 장례식장, 주점영업의 용도에 쓰이는 건축물의 관람석, 집회실, 바닥면적 200m^2 이상인 것의 반자높이는 4m이상, 노대 밑부분은 2.7m이상

③ 높이 3m를 넘는 계단은 3m마다 너비 1.2m이상의 계단참을 설치해야 한다.

20. 건축법령에 관한 사항 중 옳은 것은?

① 방화구획기준적용시 5층 이상의 층과 지하층은 층마다 구획하여야 한다.
② 연면적 30m^2 미만의 단층부속건축물로서 외벽 및 처마면을 방화구조로 한 경우 방화지구내에 건축할 수 있다.
③ 11층 이상의 건축물로서 연면적이 10,000m^2 이상인 건축물에는 헬리포트를 설치하여야 한다.
④ 옥상광장을 설치하여야 하는 건축물의 피난계단·특별피난계단은 반드시 옥상으로 통하도록 하여야 한다.

해설 • ①-모든 지상층과 지하층
• ②-외벽 및 처마면을 내화구조 또는 불연재료로 한 것
• ③-11층 이상 부분의 바닥면적의 합계가 10,000m^2 이상인 건축물

해답 18. ① 19. ④ 20. ④

MEMO

제6장 지역 및 지구안의 건축물

출제경향분석

본장의 구성은 건축법 9장 보칙의 내용 중 면적 및 높이산정기준과 건축법 6장의 면적 및 높이규제에 관한 규정으로 구성되어 있으며 실제 자격시험에 있어서의 출제빈도가 상당히 높은 부분이다.

학습의 중요한 관건은 규정의 내용을 단순히 암기하는 것 보다는 규정을 직접적으로 적용하여 운용하는 계산적 과정을 연구하는 것이 합격에 도움을 주게 된다.

따라서, 조문에 대한 충분한 이해를 바탕으로 직접적으로 관련되는 문제를 많이 풀어보는 것이 중요하다.

세부목차

1. 면적의 규제
2. 높이의 규제

1 면적의 규제

> **학습방향**
>
> 면적의 규제와 관련된 내용은 면적산정의 기준과 대지의 분할제한기준 및 맞벽(연결통로)에 대한 제한기준으로 구성되어 있다. 학습의 범위에 있어서 대지면적 산정시 공제되는 도로부면적에 대한 기준은 법 제2조의 도로의 정의와 법 제46조인 건축선 지정과 관련된 사항이다.
>
> ◆ 대지면적 산정시 제외되는 도로부 면적부위 : 교차도로의 가각전제면적
>   기준폭 미달 도로에 있어서의 건축선 경계면적
>
> ◆ 대지분할면적의 극값 : 최대값(녹지지역, 200㎡), 최소값(주거지역, 60㎡)
> ◆ 맞벽의 기준 : 인접대지간의 벽과 벽사이가 50m 이내인 방화벽구조의 벽

1 면적의 산정

【1】대지면적

(1) 대지면적의 산정기준

대지면적이란 건축법상의 기준폭이 확보된 도로의 경계선과 인접대지 경계선으로 구획된 수평투영면적이다.

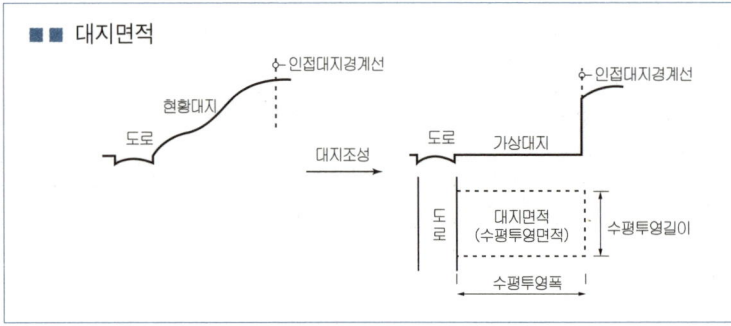

(2) 대지면적에서 제외되는 부분(그림 중 빗금친 부위)

① 기준폭이 미달된 도로에 접한 대지에 있어서는 도로의 기준폭을 확보하기 위하여 지정된 건축선과 도로 경계선 사이의 면적

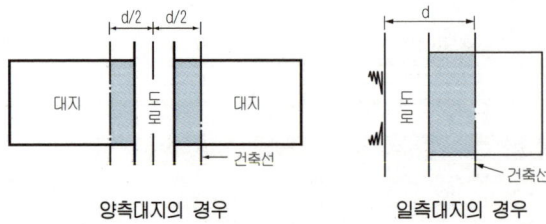

양측대지의 경우   일측대지의 경우

학습POINT

■ 대지면적
대지수평투영면적 - (건축선의 후퇴, 예정도로 등의 면적)

■ 도로의 기준폭(d)

구 분		막다른 도로의 길이	기준폭	차량통행이 불가능한 지형상 조건의 인정시
통과도로		-	4m	3m
막다른 도로		35m이상	6m (*4m)	3m
		10m이상 35m미만	3m	-
		10m미만	2m	-

※ ( )안의 숫자는 도시지역이 아닌 읍·면지역의 기준

② 교차하는 2개의 도로 모퉁이에 지정되는 건축선(가각전제선)과 도로경계선 사이의 면적

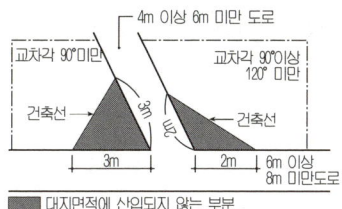

■ 도로모퉁이의 건축선이 정해지는 경우

도로의 교차각	교차되는 도로의 폭	8m미만 6m이상	6m미만 4m이상
90° 미만	8m미만 6m이상	4m	3m
	6m미만 4m이상	3m	2m
90° 이상 120° 미만	8m미만 6m이상	3m	2m
	6m미만 4m이상	2m	2m

③ 대지안에 도시·군계획시설인 도로·공원 등이 있는 경우 그 도시·군계획시설에 포함되는 대지면적

(3) 대지내 지정 건축선이 있는 경우의 대지면적

도시지역에 있어서는 도시미관을 위하여 기준폭이 확보된 도로일지라도 4m이내의 범위에서 대지내에 건축선을 지정할 수 있으며 이때의 도로경계선과 건축선 사이의 경계면적은 대지면적으로 인정한다.

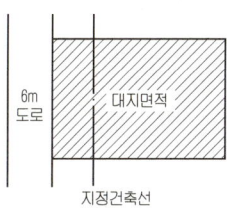

■■ 대지면적 산정의 예

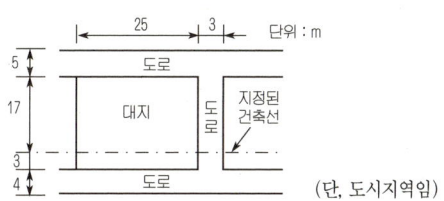
(단, 도시지역임)

해설 ① 폭 3m인 종도로 폭을 기준폭인 4m에 충족시키기 위하여 양측 대지쪽으로 0.5m씩 후퇴한다.
② 폭 4m와 폭 4m 도로가 90°에서 교차하고 폭 4m와 폭 5m 도로가 90°에서 교차하므로 가각전제에 의해 도로모퉁이에서 후퇴거리가 2m이다.
∴ 가각전제면적 = $(2m \times 2m \times \frac{1}{2}) \times 2 = 4m^2$

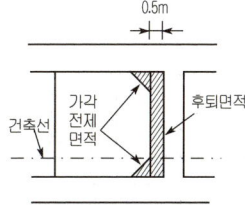

③ 대지면적 A : $(25-0.5) \times 20 - 4 = 486m^2$

[2] 건축면적

(1) 건축면적의 산정기준

건축물의 외벽(외벽이 없는 경우에는 외곽부분의 기둥)의 중심선으로 둘러싸인 부분의 수평투영면적으로 산정한다.

(2) 적용

① 이중벽인 경우는 벽체두께 합인 이중벽 전체두께의 중심선으로 하지만 태양열을 이용하는 주택과 외벽에 단열시공을 한 건축물은 내측 내력벽두께의 중심선으로 한다.

② 처마, 차양, 부연 등이 외벽의 중심선으로부터 수평거리 1m 이상 돌출된 경우에는 다음과 같이 돌출된 끝부분으로부터 일정거리를 후퇴한 선으로 구획된 면적으로 한다.

1. 전통사찰	4m
2. 축사	3m
3. 한옥, 공동주택의 자동차 충전시설	2m
4. 제로에너지건축물 인증 건축물	2m
5. 기타	1m

③ 창고의 내민구조로 된 돌출차양의 경우에는 다음의 값 중 작은 값을 건축면적으로 한다.

1. 해당 돌출차양을 제외한 창고의 건축면적의 10%를 초과하는 면적
2. 해당 돌출차양의 끝부분으로부터 6m 후퇴한 선으로 구획된 면적

(3) 건축면적 산정시 제외되는 부분

1. 지표면으로부터 1m 이하의 부분(창고 물품입출고 부분의 경우 1.5m 이하)
2. 다중이용업소의 비상구에 연결하는 폭 2m 이하의 옥외피난계단
3. 지상층에 설치한 보행통로 또는 차량통로
4. 지하주차장의 경사로
5. 지하층의 출입구 상부
6. 생활폐기물 보관시설
7. 장애인용 승강기·에스컬레이터·경사로·휠체어리프트
8. 매장 문화재 보호 및 전시에 전용되는 부분 등

■■ 건축면적 산정의 예

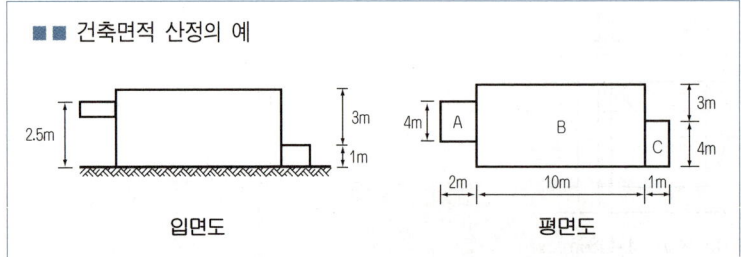

■ 외벽의 중심선

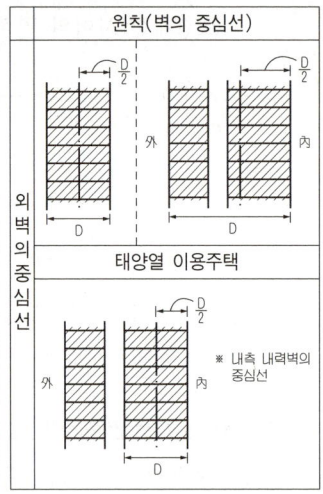

■ 건축면적

건축면적은 대지면적에 대한 건축물의 대지 점유면적의 비율이다. 즉, 대지내에 공지를 확보하기 위하여 건폐율을 규정할 목적으로 정의한 것이다.

[해설] • A부분 : 차양이 2m 돌출되었으므로 $4m \times (2m-1m) = 4m^2$
• B부분 : 건축물 중심선으로 둘러싸인 부분 $10m \times 7m = 70m^2$
• C부분 : 건축물의 높이가 지표면상 1m이므로 건축면적에서 제외
∴ 건축면적 = $4m^2$(차양부분) + $70m^2$(1층부분) = $74m^2$

(4) 건폐율 산정시 건축면적에서의 제외

다음 건축물의 건폐율을 산정할 때에는 지방 건축위원회의 심의를 통해 개방 부분의 상부에 해당되는 면적을 건축면적에서 제외할 수 있다.

1. 해당용도 바닥면적 합계 1,000㎡ 이상인	• 공연장, 관람장, 전시장 • 학교, 연구소, 도서관 • 생활권수련시설 • 공공업무시설
2. 지면과 접하는 저층의 일부를 높이 8m 이상으로 개방한	• 보행통로 • 공지

【3】 바닥면적

바닥면적은 건축면적과 달리 하나의 건축물 각 층의 외벽 또는 외곽 기둥의 중심선(아파트의 4층 이상층에 설치하는 대피공간은 벽의 내부선)으로 둘러싸인 수평투영면적이다.

(1) 바닥면적 산정기준

① 건축물의 각층 또는 그 일부로서 벽·기둥 기타 이와 유사한 구획의 중심선으로 둘러싸인 부분의 수평투영면적으로 산정한다.

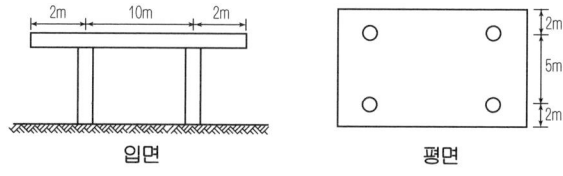

• 바닥면적 A = 10 × 5 = $50m^2$

② 벽, 기둥의 구획이 없는 건축물은 그 지붕 끝부분으로부터 수평거리 1m를 후퇴한 선으로 둘러싸인 수평투영면적을 바닥면적으로 한다.

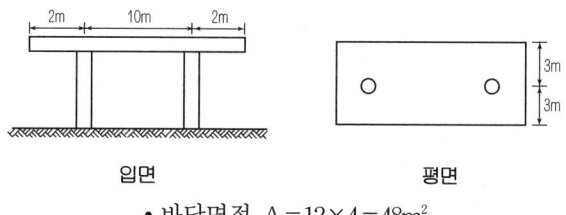

• 바닥면적 A = 12 × 4 = $48m^2$

③ 노대 등의 바닥면적
　난간등의 설치여부에 관계없이 노대 등의 면적에서 노대 등의 접한 가장 긴 외벽에 접한길이에 1.5m를 곱한 값을 공제한 면적을 바닥면적에 산입한다.

■ 노대 등의 면적
① 돌출길이가 1.5m 이내에서는 면적에 산입하지 않는다.
　즉, (a×b)-(b×1.5)이다.
② 노대 등의 내민 길이가 1.5m 이상 된다고 나머지 부분의 면적이 전부 삽입되는 것은 아니다. : 부정형의 노대인 경우

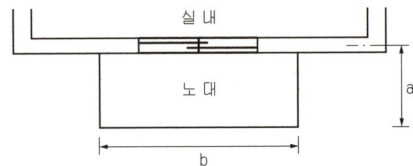

- 노대의 바닥면적 A = (a×b) - (b×1.5)

④ 필로티 등의 바닥면적
　필로티, 기타 이와 유사한 구조(벽면적의 1/2 이상이 당해 층의 바닥면에서 윗층 바닥아래면까지 공간으로 된 것)의 부분도 바닥면적에 산입되는 것이 원칙이나, 다만 당해 부분이 다음과 같은 용도에 전용되는 경우에는 이를 바닥면적에 산입하지 않는다.

1. 공중의 통행에 전용되는 경우
2. 차량의 통행, 주차에 전용되는 경우
3. 공동주택의 경우

■ 필로티의 인정범위

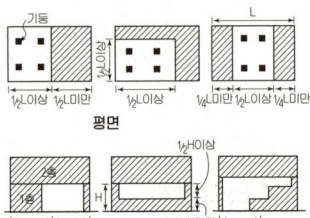

• 필로티로 인정　• 필로티로 불인정　• 필로티로 불인정

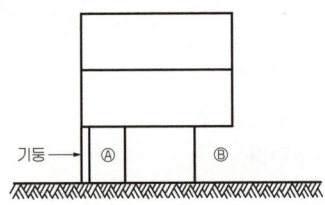

Ⓐ부분 : 바닥면적에 산입(단, 공중의 통행에 전용되는 경우 등에서는 제외)
Ⓑ부분 : 바닥면적에서 제외

(2) 바닥면적 산정시 제외되는 부분
① 승강기탑·계단탑·장식탑·건축물 내외에 설치하는 설비덕트·굴뚝·더스트슈트·층고 1.5m(경사진 형태인 경우 1.8m) 이하인 다락등
② 옥상, 옥외 또는 지하에 설치하는 물탱크·기름탱크·냉각탑·정화조·도시가스정압기 등의 설치를 위한 구조물
③ 지상층에서 지하 1층으로 내려가는 지하주차장의 경사로
④ 공동주택의 지상층에 설치한 기계실·전기실·어린이놀이터·조경시설·생활폐기물 보관시설
⑤ 1㎡ 이하의 건축물 내부에 설치하는 냉방설비 배기장치 전용 설치공간
⑥ 다중이용업소의 비상구에 연결하는 폭 1.5m 이하의 옥외피난계단
⑦ 리모델링시 외벽에 부가하여 마감재 등을 설치하는 부분

⑧ 장애인용 승강기, 에스컬레이터, 경사로, 승강장, 휠체어리프트 설치 부분
⑨ 매장 문화재 보호 및 전시에 전용되는 부분
⑩ 아파트 4층 이상층의 대피공간 또는 발코니에 하향식 피난구 등을 설치하는 경우, 당해 대피공간, 발코니 면적 중 다음과 같이 바닥면적에서 제외한다.

1. 인접세대와 공동으로 설치하는 경우 : $4m^2$
2. 각 세대별로 설치하는 경우 : $3m^2$

【4】 연면적

(1) 연면적 산정기준

연면적은 하나의 건축물의 각 층 바닥면적의 합계로 한다.
따라서 바닥면적 산정시 제외되는 부분은 연면적 산정시에도 제외된다.

(2) 용적률 산정시의 연면적 기준

지하층의 면적·주차용(당해 건축물의 부속용도인 경우) 면적, 고층 건축물의 피난안전구역의 면적 및 경사지붕 아래에 설치하는 대피공간의 면적을 제외한 바닥면적의 합계를 기준으로 한다.

■ 연면적의 합계
동일대지 내에 2동 이상의 건축물이 있는 경우 각각의 건축물에 대한 연면적을 합한 면적을 말한다.

■ 용적률 산정시 연면적에서 제외되는 부분
1. 지하층
2. 부속용도 주차장
3. 고층 건축물의 피난안전구역
4. 경사지붕의 대피공간

■ 고층건축물 범위
1. 초고층 건축물
 • 층수 50층 이상
 • 건축물 높이 200m 이상
2. 준초고층 건축물
 • 층수 30층 이상 49층 이하
 • 높이 120m 이상 200m 미만

2 면적의 규제

【1】 건폐율

건폐율은 대지면적에 대한 건축면적의 비율로서 대지내 건축규모를 제한하여 당해 대지의 일조, 채광, 화재시 연소의 차단, 피난 등의 공간을 확보하기 위한 건축물의 평면적 제한규정이다.

(1) 건폐율의 정의

$$건폐율 = \frac{건축면적 \binom{동일대지내 2동이상의 건축물이 있는}{경우에는 각 동의 건축면적 합계}}{대지면적} \times 100(\%)$$

(2) 지역별 건폐율의 기준

국토의 계획 및 이용에 관한 법률 제77조의 규정을 적용한다.

【2】 용적률

용적률은 대지면적에 대한 연면적의 비율로서 동일대지내에 2동 이상의 건축물이 있는 경우에는 각동의 연면적을 합한 면적을 기준으로 한다.

■ 건폐율 70/100인 경우의 최대 건축면적

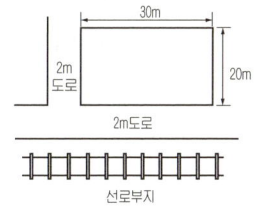

① 대지면적 = 토지면적 - 도로부 면적(도로의 기준폭 확보 및 가각전제)
 = (30×20) - {(1×20) + (2×30) + (2×2×1/2)}
 = $520m^2$
② 건축면적 = 대지면적 × 건폐율
 = 520×0.7 = $364m^2$

따라서, 용적률의 제한이란 건축물의 연면적의 규모를 제한함으로써 도시공간의 과밀화 방지와 당해 대지의 채광, 통풍 등을 위한 공간을 확보하기 위한 건축물의 입체적 제한규정이다.

연면적은 하나의 건축물의 각층 바닥면적의 합으로 산정되나 용적률 적용시에는 부속용도로 사용되는 주차장면적 등을 제외한 면적을 기준으로 한다.

(1) 용적률의 정의

$$용적률 = \frac{연면적의\ 합계(지하층\ 바닥면적과\ 주차장\ 등\ 제외)}{대지면적} \times 100(\%)$$

(2) 지역별 용적률의 기준

국토의계획 및 이용에 관한 법률 제78조의 규정을 적용한다.

【3】대지의 분할제한

(1) 대지의 분할규모

대지의 분할규모는 용도지역에 따라 다음의 범위안에서 건축조례로 정하는 지역별 분할규모 이상이어야 한다.

용 도 지 역	분 할 규 모
1. 주거지역	60m² 이상
2. 상업지역	150m² 이상
3. 공업지역	
4. 녹지지역	200m² 이상
5. 기타지역	60m² 이상

(2) 대지분할의 제한

건축물이 있는 대지는 다음의 기준에 미달되게 분할 할 수 없다.

① 대지와 도로의 관계
② 건폐율
③ 용적률
④ 대지안의 공지
⑤ 건축물의 높이제한
⑥ 일조 등의 확보를 위한 건축물의 높이제한

■ 용적률 산정

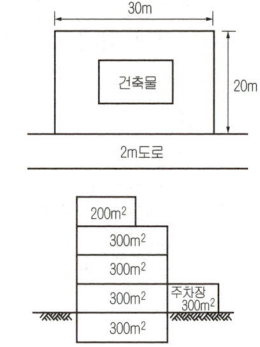

- 대지면적 $A_1 = 30 \times 19 = 570m^2$
- 용적률 산정시의 연면적
  $A_2 = 300 \times 3 + 200 = 1,100m^2$
  (지하층과 주차장 면저 제외)

$$\therefore 용적률 = \frac{1,100}{570} \times 100$$
$$= 192.98\%$$

■ 대지분할제한의 의의

대지의 분할제한 규정은 이전의 용도지역별 대지면적의 최소한도 규정을 폐지하여 소규모 필지(자투리 땅)일지라도 건폐율, 용적율 등 건축기준에 적합한 경우에는 건축물의 건축을 허용하나 건축물이 있는 대지를 소규모로 필지분할하는 것을 금지하려는 것이다.

따라서, 건축물이 있는 대지를 분할하여 각각에 건축물을 건축하고자 할 때에는 분할되는 최소면적이 지역에 따른 기준면적 이상이어야만 한다.

【4】 맞벽 건축 및 연결복도

(1) 맞벽 및 연결복도에 대한 특례

다음에 해당하는 경우에는 대지안의 공지·일조권 및 이웃대지경계선에서 띄우는 거리(민법242조) 규정을 적용하지 않는다.

맞벽건축	대상지역	• 상업지역 • 주거지역(소유자간 맞벽건축이 합의된 경우) • 건축협정구역 • 허가권자가 도시미관 또는 한옥의 보전·진흥을 위하여 건축조례로 정하는 구역
연결복도		건축물과 건축물을 연결하는 복도와 복도와 통로의 설치가능 (지역, 용도에 관계없음)

※ 민법 242조에서는 이웃대지 경계로부터 50cm 띄어 건축하도록 규정되어 있다.

(2) 맞벽등의 구조제한

1) 맞벽(대지경계선으로부터 50cm 이내인 벽)
   ① 주요구조부가 내화구조일 것
   ② 마감재료가 불연재료일 것
   ③ 맞벽건축을 할 때 맞벽 대상 건축물의 용도, 맞벽 건축물의 수 및 층수 등 맞벽에 필요한 사항은 건축조례로 정한다.

2) 연결복도 또는 연결통로

다음의 기준으로 하되 건축사 또는 건축구조기술사로부터 안전에 관한 확인을 받아야 한다.

구 분	기 준
1. 주요구조부	내화구조
2. 마감재료	불연재료
3. 너비 및 높이	각각 5m 이하일 것 예외 허가권자가 건축물의 용도나 규모 등을 고려할 때 원활한 통행을 위하여 필요하다고 인정하면 지방건축위원회의 심의를 거쳐 완화 적용 가능
4. 밀폐된 구조인 경우	벽면적의 1/10 이상이 되는 창문을 설치 예외 지하층으로서 환기설비를 설치하는 경우
5. 건축물과 복도 또는 통로의 연결부분	자동방화셔터 또는 방화문을 설치
6. 연결복도가 설치된 대지면적의 합계	「국토의 계획 및 이용에 관한 법률 시행령」 제55조에 따른 개발행위의 최대규모 이하일 것 예외 지구단위계획구역에서는 제외

■ 연결복도 아래부분에 도로가 위치하거나 타인의 토지를 건너갈 경우, 도로점용 허가 또는 토지소유자의 사용승락을 받아야 함.

■ 맞벽건축 인정의 의의

맞벽건축 등의 규정은 종전의 합벽건축을 맞벽(두벽의 사이가 50cm 미만인 경우 포함) 건축으로 용어를 변경하고 이웃건축물의 건축주와 합의한 경우 건축물과 건축물 사이에 연결복도의 설치를 가능하게 하여 건축물의 기능을 향상시키고 건축물 사용자의 편의를 증진시키고자 한다.

■ 방화벽의 구조
1. 내화구조로서 홀로 설 수 있는 구조일 것
2. 방화벽의 양쪽 끝과 윗쪽 끝을 건축물의 외벽면 및 지붕면으로부터 0.5m 이상 튀어나오게 할 것
3. 방화벽에 설치하는 출입문의 너비 및 높이는 각각 2.5m 이하로 하고, 당해 출입문에는 갑종방화문을 설치할 것

■ 맞벽과 연결복도의 설치 예
- 맞벽(부분)

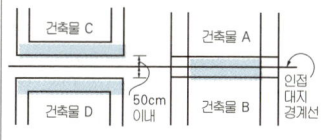

- 연결복도 설치(부분)

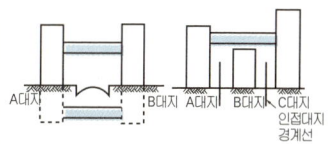

- 건축면적, 연면적 산정시 연결복도의 면적은 연결하는 두 건축물에 50%씩 배분되어야 한다.

【5】 대지안의 공지

(1) 건축선으로부터 건축물까지 띄어야 하는 거리 (최대거리 : 6m 이하)

대상 건축물	건축조례에서 정할 건축기준의 <u>최소범위</u>
1. 당해용도로 사용되는 바닥면적의 합계가 500m² 이상인 공장·창고로서 건축조례가 정하는 건축물	- 3m 이상 - 준공업지역 : 1.5m 이상 ※ 단, 전용공업지역 및 일반공업지역 또는 「산업입지 및 개발에 관한 법률」에 의한 산업단지는 제외
2. 당해용도로 사용되는 바닥면적의 합계가 1,000m² 이상인 판매시설, 숙박시설, 문화 및 집회시설, 종교시설 3. 다중이 이용하는 건출물로서 건축조례가 정하는 건축물	- 3m 이상
4. 공동주택	- 아파트 2m 이상 6m 이하 - 연립 2m 이상 5m 이하 - 다세대주택 1m 이상 4m 이하
5. 기타 건축조례가 정하는 건축물	- 1m 이상 - 한옥의 경우 ┌ 처마선 : 2m 이하 　　　　　　└ 외벽선 : 1m 이상 2m 이하

(2) 인접대지경계선으로부터 건축물까지 띄어야 하는 거리 (최대거리 : 6m 이하)

대상 건축물	건축조례에서 정할 건축기준의 범위
1. 전용주거지역(공동주택제외)	- 1m 이상 - 한옥의 경우 ┌ 처마선 : 2m 이하 　　　　　　└ 외벽선 : 1m 이상 2m 이하
2. 당해용도로 사용되는 바닥면적의 합계가 500m² 이상인 공장으로서 건축조례가 정하는 건축물	- 1.5m 이상 - 준공업지역 : 1m 이상 ※ 단, 전용공업지역 및 일반공업지역 또는 「산업입지 및 개발에 관한 법률」에 의한 산업단지는 제외
3. 당해용도로 사용되는 바닥면적의 합계가 1,000m² 이상인 판매시설, 숙박시설, 문화 및 집회시설, 종교시설 4. 다중이 이용하는 건출물로서 건축조례가 정하는 건축물	- 1.5m 이상 ※ 단, 상업지역은 제외
5. 공동주택	- 아파트 2m 이상 6m 이하 - 연립주택 1.5m 이상 5m 이하 - 다세대주택 0.5m 이상 4m 이하 ※ 단, 상업지역은 제외
6. 기타 건축조례가 정하는 건축물	- 0.5m 이상 - 한옥의 경우 ┌ 처마선 : 2m 이하 　　　　　　└ 외벽선 : 1m 이상 2m 이하

핵 심 문 제

해 설

■■■ 대지면적

1 다음 그림과 같은 대지의 건축법상 대지 면적은?

① 90m²
② 100m²
③ 110m²
④ 120m²

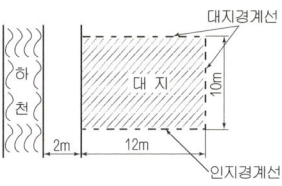

해설 1

A = (12 - 2) × 10 = 100m²

2 그림과 같은 두 도로가 직각으로 교차될 때 건폐율 산정에 적용되는 대지면적은? (단, 대지의 형태는 직사각형이다.)

① 538m²
② 595.5m²
③ 598m²
④ 600m²

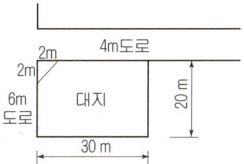

해설 2

90° 이상 당해 도로의 너비 6m 이상 8m 미만이고, 교차되는 도로의 너비는 4m 이상 6m 미만이므로 2m 이다.
따라서, 대지면적은
(30×20) - (2×2×1/2) = 598m²

■■■ 건축면적

3 면적의 산정방법 중 건축물의 외벽(외벽이 없는 경우에는 외곽 부분의 기둥)의 중심선으로 둘러싸인 부분의 수평투영면적으로 하는 것은?

① 연면적
② 대지면적
③ 건축면적
④ 거실면적

해설 3

1. 건축면적
건축물의 외벽(외벽이 없는 경우에는 외곽부분의 기둥)의 중심선으로 둘러싸인 부분의 수평투영면적으로 산정한다.
2. 바닥면적
건축물 각 층의 외벽 또는 외곽기둥의 중심선으로 둘러싸인 수평투영면적이다.

4 그림과 같은 건축물의 건축면적으로서 옳은 것은?

① 70m²
② 74m²
③ 78m²
④ 82m²

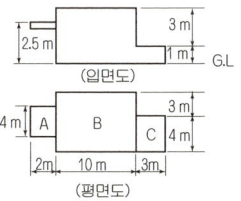

해설 4

1. A 부분 (2-1)×4 = 4m²
2. B 부분 10×7 = 70m²
3. C 부분은 1m 이하이므로 제외됨.
※ 건축면적 ㉠+㉡ = 4+70 = 74m²

5 그림과 같은 일반 건축물의 건축 면적은?

① 80m²
② 100m²
③ 120m²
④ 168m²

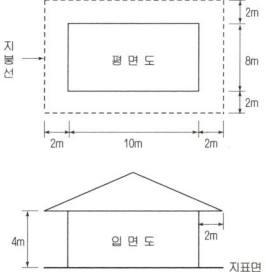

해설 5

건축면적 산정시 내민구조의 처마 등은 단부로부터 1m를 후퇴한 안목면적으로 산정한다.
∴ 건축면적(A) = {(2-1)+10+(2-1)}
　　　　　　× {(2-1)+8+(2-1)}
　　　　　= 12×10 = 120m²

정답 1.② 2.③ 3.③ 4.② 5.③

6 태양열을 주된 에너지원으로 이용하는 주택의 건축면적 산정시 기준이 되는 것은?

① 건축물 외벽의 외곽선
② 건축물 외벽의 전체 중심선
③ 건축물의 외벽 중 외측벽 중심선
④ 건축물의 외벽 중 내측 내력벽의 중심선

해설 6
이중벽인 경우는 벽체두께 합인 이중벽 전체두께의 중심선으로 하지만 태양열을 이용하는 주택은 내측 내력벽두께의 중심선으로 건축면적을 산정한다.

7 건축면적의 산정방법에 관한 내용으로 옳지 않은 것은?

① 건축면적은 건축물의 외벽의 중심선으로 둘러싸인 부분의 수평투영면적으로 한다.
② 지표면으로부터 1m이하에 해당되는 건축물의 부분은 건축면적 산정에서 제외된다.
③ 태양열을 주된 에너지원으로 이용하는 주택인 경우 그 건축면적의 산정방법은 건축물의 외벽 중 내측내력벽의 중심선을 기준으로 한다.
④ 건축물의 차양과 부연은 건축물의 건축면적 산정에서 제외된다.

해설 7
채양·처마·부연 경우에는 외벽의 중심선으로부터 수평거리 1m이상 돌출부분은 끝에서부터 1m(한옥의 경우에는 2m)후퇴한 나머지 부분만 건축면적에 산입한다.

8 다음은 건축면적에 산입하지 아니하는 경우에 관한 기준내용이다. ( ) 안에 알맞은 것은?

다음의 경우에는 건축면적에 산입하지 아니한다.
1) 지표면으로부터 (㉠) 이하에 있는 부분 (창고 중 물품을 입출고하기 위하여 차량을 접안시키는 부분의 경우에는 지표면으로부터 (㉡) 이하에 있는 부분)

① ㉠ 1m, ㉡ 1.5m
② ㉠ 1m, ㉡ 2m
③ ㉠ 1.2m, ㉡ 1.5m
④ ㉠ 1.2m, ㉡ 2m

해설 8,9
지표면으로부터 1m(물품접안부분 1.5m) 이하에 있는 부분의 경우 건축면적 산정에서 제외된다.

9 다음 중 건축면적에 산입하지 않는 대상 기준으로 옳지 않은 것은?

① 지하주차장의 경사로
② 지표면으로부터 1.8m 이하에 있는 부분
③ 건축물 지상층에 일반인이 통행할 수 있도록 설치한 보행통로
④ 건축물 지상층에 차량이 통행할 수 있도록 설치한 차량통로

정답 6. ④ 7. ④ 8. ① 9. ②

■■■ 바닥면적

10 바닥면적 산정시 포함되는 것은?

① 더스트 슈트
② 층고가 2.0m인 다락
③ 공동주택으로서 지상층에 설치한 기계실
④ 공동주택으로서 지상층에 설치한 어린이 놀이터

[해설] **10**
층고 1.5m(경사진 형태의 경우 1.8m) 이하인 다락방의 경우 바닥면적 산정에서 제외된다.

11 다음은 건축법령상 바닥면적 산정에 관한 기준 내용이다. ( )안에 포함되지 않는 것은?

> 공동주택으로서 지상층에 설치한 ( )의 면적은 바닥면적에 산입하지 아니한다.

① 기계실
② 탁아소
③ 조경시설
④ 어린이놀이터

[해설] **11**
공동주택의 지상층에 설치한 기계실·전기실·어린이놀이터·조경시설·생활폐기물 보관함의 경우 바닥면적에서 제외된다.

12 다음 중 바닥면적에 산입되는 것은?

① 층고가 1.5m인 다락방
② 다세대주택의 편복도
③ 공동주택의 필로티 부분
④ 공동주택의 지상층에 설치한 기계실

[해설] **12**
복도 및 계단 등 통로부분도 바닥면적에 포함된다.

13 건축물의 필로티 부분을 건축법령상의 바닥면적에 산입하는 경우에 속하는 것은?

① 공중의 통행에 전용되는 경우
② 차량의 주차에 전용되는 경우
③ 업무시설의 휴식공간으로 전용되는 경우
④ 공동주택의 놀이공간으로 전용되는 경우

[해설] **13**
바닥면적에서 제외되는 필로티의 사용범위 : 공중의 통행, 주차용, 공동주택의 경우

14 다음은 건축물의 바닥면적에 관한 기준 내용이다. ( ) 안에 알맞은 것은?

> 벽·기둥의 구획이 없는 건축물은 그 지붕 끝부분으로부터 수평거리 ( )m를 후퇴한 선으로 둘러싸인 수평투영면적으로 한다.

① 1
② 1.5
③ 1.8
④ 2

[해설] **14, 15**
벽, 기둥의 구획이 없는 건축물은 그 지붕 끝부분으로부터 수평거리 1m를 후퇴한 선으로 둘러싸인 수평투영면적을 바닥면적으로 한다.

정답 10.② 11.② 12.② 13.③ 14.①

15 건축물의 바닥면적 산정 기준에 대한 설명으로 옳지 않은 것은?
① 공동주택으로서 지상층에 설치한 어린이놀이터의 면적은 바닥면적에 산입하지 않는다.
② 필로티는 그 부분이 공중의 통행이나 차량의 통행 또는 주차에 전용되는 경우에는 바닥면적에 산입하지 아니한다.
③ 벽·기둥의 구획이 없는 건축물은 그 지붕 끝부분으로부터 수평거리 1.5m를 후퇴한 선으로 둘러싸인 수평투영면적을 바닥면적으로 한다.
④ 단열재를 구조체의 외기측에 설치하는 단열공법으로 건축된 건축물의 경우에는 단열재가 설치된 외벽 중 내측 내력벽의 중심선을 기준으로 산정한 면적을 바닥면적으로 한다.

16 다음은 건축물의 바닥면적 산정방법에 관한 기준내용이다. (　)안에 알맞은 것은?

> 주택의 발코니 등 건축물의 노대나 그 밖에 이와 비슷한 것(이하 "노대등"이라 한다)의 바닥은 난간등의 설치 여부에 관계없이 노대등의 면적에서 노대등이 접한 가장 긴 외벽에 접한 길이에 (　)를 곱한 값을 뺀 면적을 바닥면적에 산입한다.

① 0.5m ② 1.0m
③ 1.5m ④ 2.0m

[해설] 16
노대 면적에서 노대가 외벽에 접한 긴길이의 1.5배를 공제한다.

17 아래 공동주택의 평면도에서 발코니 면적은 바닥면적에 얼마나 삽입되는가?
① 바닥면적에 삽입되지 않는다.
② 1.35m²
③ 8.1m²
④ 3.6m²

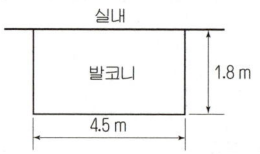

[해설] 17 발코니 면적
$4.5 \times (1.8 - 1.5) = 1.35 m^2$

18 건축물의 면적, 높이 및 층수 산정의 기본 원칙으로 옳지 않은 것은?
① 대지면적은 대지의 수평투영면적으로 한다.
② 연면적은 하나의 건축물 각 층의 거실면적의 합계로 한다.
③ 건축면적은 건축물의 외벽(외벽이 없는 경우에는 외곽 부분의 기둥)의 중심선으로 둘러싸인 부분의 수평투영면적으로 한다.
④ 바닥면적은 건축물의 각 층 또는 그 일부로서 벽, 기둥, 그 밖에 이와 비슷한 구획의 중심선으로 둘러싸인 부분의 수평투영면적으로 한다.

[해설] 18
연면적은 하나의 건축물 각 층(지하층 포함)의 바닥면적의 합계로 한다.

정답 15. ③ 16. ③ 17. ② 18. ②

19 건축물의 면적, 높이 등의 산정방법에 대한 설명 중 틀린 것은?
① 층고가 1.5m인 다락의 면적은 바닥면적에 산입하지 아니한다.
② 용적률 산정시 연면적에는 지하층의 면적과 지상층의 주차용으로 사용되는 면적을 제외한다.
③ 지하층은 건축물의 층수에 산입하지 아니한다.
④ 사무소 건물의 지상층에 설치한 기계실의 경우에는 당해 부분의 면적을 바닥면적에 산입하지 아니한다.

20 면적 등의 산정방법과 관련한 용어의 설명 중 틀린 것은?
① 대지면적은 대지의 수평 투영면적으로 한다.
② 건축면적은 건축물의 외벽의 중심선으로 둘러싸인 부분의 수평 투영면적으로 한다.
③ 용적률을 산정할 때에는 지하층의 면적을 포함하여 연면적을 계산한다.
④ 건축물의 높이는 지표면으로부터 그 건축물의 상단까지의 높이로 한다.

21 용적률을 산정할 때에 사용되는 연면적에 포함되는 것은?
① 지하층의 면적
② 초고층건축물에 설치하는 피난안전구역의 면적
③ 준초고층건축물에 설치하는 피난안전구역의 면적
④ 지상층의 주차용(해당 건축물의 부속용도가 아닌 경우)으로 쓰는 면적

■■■ 건폐율 · 용적률

22 건폐율에 대한 설명으로 가장 알맞은 것은?
① 대지면적에 대한 연면적의 비율
② 대지면적에 대한 바닥면적의 비율
③ 대지면적에 대한 건축면적의 비율
④ 대지면적에 대한 공지면적의 비율

23 건축법령상 용적률의 정의로 가장 알맞은 것은?
① 대지면적에 대한 연면적의 비율
② 연면적에 대한 건축면적의 비율
③ 대지면적에 대한 건축면적의 비율
④ 연면적에 대한 지상층 바닥면적의 비율

해 설

해설 19
지상층에 설치한 기계실, 어린이놀이터, 조경시설이 바닥면적에서 제외되는 건축물은 공동주택인 경우이다.

해설 20
용적률 산정시 지하층 바닥면적은 제외한다.

해설 21
부속용도로 쓰이는 지상층 주차장 면적인 경우 용적률 산정시 제외된다.

해설 22
$$건폐율 = \frac{건축면적}{대지면적} \times 100(\%)$$

해설 23
$$용적률 = \frac{연면적}{대지면적} \times 100(\%)$$

정답 19. ④ 20. ③ 21. ④ 22. ③
23. ①

24 면적이 500m²인 대지상에 다음과 같은 건축물을 2동(A, B동) 건축할 경우에 용적률의 산정이 옳은 것은 어느 것인가?

① 50%
② 160%
③ 240%
④ 320%

(단위 : m²)

구 분		A동	B동
건축면적		100	150
바닥면적의 합계	지상	200	600
	지하	100	300

■■■ 대지분할

25 건축물이 있는 대지의 분할 제한 조건과 관련이 없는 규정은?

① 대지와 도로의 관계
② 건축물의 피난시설·용도제한규정
③ 대지안의 공지
④ 일조등의 확보를 위한 건축물의 높이제한

26 건축물이 있는 대지의 최소분할 면적이 작은 것에서 큰 것 순으로 옳게 나열한 것은?

① 주거지역 - 상업지역 - 녹지지역
② 공업지역 - 주거지역 - 상업지역
③ 상업지역 - 녹지지역 - 주거지역
④ 상업지역 - 주거지역 - 공업지역

27 다음은 건축물이 있는 대지의 분할제한에 관한 기준 내용이다. 밑줄 친 "대통령령으로 정하는 범위" 기준으로 옳지 않은 것은?

> 건축물이 있는 대지는 <u>대통령령으로 정하는 범위</u>에서 해당 지방자치단체의 조례로 정하는 면적에 못 미치게 분할할 수 없다.

① 주거지역 : 100m² 이상
② 상업지역 : 150m² 이상
③ 공업지역 : 150m² 이상
④ 녹지지역 : 200m² 이상

해 설

[해설] 24
1. 용적률 산정시 지하층 면적은 제외함.
2. 대지에 2 이상의 건축물이 있는 경우 이들 연면적의 합계로 함.
따라서,
연면적 = 200 + 600 = 800m²
대지면적 500m²
$$용적률 = \frac{연면적}{대지면적} \times 100 = \frac{800}{500} \times 100 = 160\%$$

[해설] 25
건축물이 있는 대지는 다음의 기준에 미달되게 분할할 수 없다.
1. 대지와 도로의 관계
2. 건폐율
3. 용적률
4. 건축물의 높이제한
5. 일조 등의 확보를 위한 건축물의 높이제한
6. 대지안의 공지

[해설] 26, 27 대지의 최소분할 면적

주거지역	상업지역·공업지역	녹지지역
60m²	150m²	200m²

정답 24. ② 25. ② 26. ① 27. ①

■■■ 맞벽건축 등

28 인근 건축물과의 연결복도 또는 연결통로를 설치하는 경우 그 기준으로 옳지 않은 것은?

① 주요구조부가 내화구조일 것
② 마감재료가 불연재료일 것
③ 밀폐된 구조인 경우 바닥면적의 1/20 이상에 해당하는 면적의 환기창을 설치할 것
④ 너비 및 높이가 각각 5m 이하일 것

해설 28
환기창의 면적은 벽면적의 1/10 이상으로 한다.

29 다음의 대지안의 공지에 관한 기준 내용 중 ( ) 안에 알맞은 것은?

> 건축물을 건축하는 경우에는 「국토의 계획 및 이용에 관한 법률」에 따른 용도지역·용도지구, 건축물의 용도 및 규모 등에 따라 건축선 및 인접 대지경계선으로부터 ( )이내의 범위에서 대통령령으로 정하는 바에 따라 해당 지방자치단체의 조례로 정하는 거리 이상 띄워야 한다.

① 2m ② 4m
③ 6m ④ 8m

해설 29 공동주택에 대한 공지제한 기준
단위:m

구분	건축선으로부터의 띄움	인지경계선으로부터의 띄움	
아파트	2~6	2~6	상업지역제외
연립주택	2~5	1.5~5	
다세대주택	1~4	0.5~4	

정답 28. ③ 29. ③

출제예상문제

CHAPTER 6
1. 면적의 규제

■■■ 대지면적

1. 다음 중 대지면적에 산입되는 부분은?
① 예정도로의 부분
② 사도의 부분
③ 도로모퉁이에서 건축선과 도로경계선 사이의 부분
④ 시장·군수가 폭 4m 이상 도로에서 건축선을 별도 지정할 경우의 도로와 건축선 사이의 부분

[해설] 대지면적
① 대지의 수평투영면적으로 한다.
② 대지면적에서 제외되는 부분
 1. 예정도로의 부분
 2. 기준 폭 미달도로(통과도로 4m 미만, 막다른 도로 폭 2~6m 미만)의 건축선과 도로경계선 사이의 부분
 3. 교차도로의 가각정리되는 부분

도로의 교차각	교차되는 도로의 폭	8m미만 6m이상	6m미만 4m이상
90°미만	8m미만 6m이상	4m	3m
	6m미만 4m이상	3m	2m
90° 이상 120° 미만	8m미만 6m이상	3m	2m
	6m미만 4m이상	2m	2m

2. 그림과 같은 대지 조건인 경우 대지면적으로서 맞는 것은?
① 135m²
② 150m²
③ 157.5m²
④ 165m²

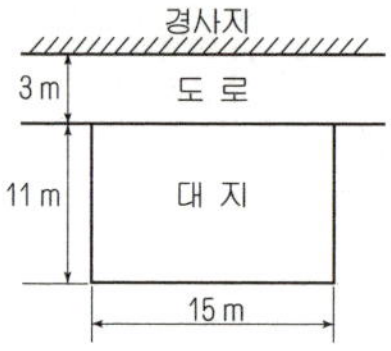

[해설] 대지면적 (11-1)×15=150m²

3. 그림과 같은 A 대지의 대지면적으로서 맞는 것은?
① 160m²
② 180m²
③ 190m²
④ 200m²

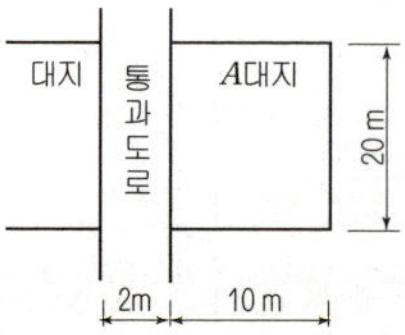

[해설] 대지면적 (10-1)×20=180m²

4. 그림과 같은 대지내 모퉁이 부분의 건축선까지의 거리 A로서 맞는 것은?
① 2m
② 3m
③ 4m
④ 5m

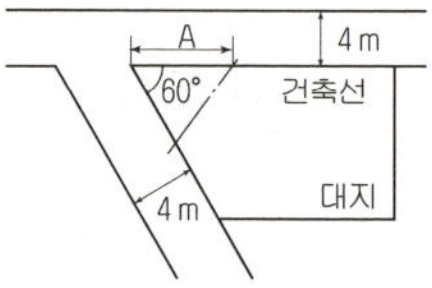

[해설] 도로의 교차각은 90° 미만으로 교차되는 도로의 너비 4m 이상 6m 미만이고, 당해 도로의 너비는 4m 이상 6m 미만이므로 교차점에서의 거리 A는 2m이다.

■■■ 건축면적

5. 외벽이 이중벽으로 된 태양열주택에서 건축면적의 선정기준이 되는 외벽의 중심선은?
① 외측벽의 중심선
② 공간부분의 중심선
③ 내측 내력벽의 중심선
④ 공간부분을 포함한 벽 전체 두께의 중심선

[해설] 태양열을 주된 에너지원으로 이용하는 주택의 건축면적은 건축물의 외벽 중 내측 내력벽의 중심선을 기준으로 한다.

6. 건축면적의 산정방법에 관한 기술 중 부적합한 것은?
① 건축면적은 건축물의 외벽의 중심선으로 둘러싸인 부분의 수평투영면적으로 한다.
② 태양열을 주된 에너지원으로 이용하는 주택인 경우 그 건축면적의 산정방법은 건축물의 외벽 중 내측내력벽의 중심선을 기준으로 한다.

해답 1.④ 2.② 3.② 4.① 5.③ 6.④

③ 지표면상 1m 이하에 해당되는 건축물의 부분은 건축면적산정에서 제외된다.
④ 건축물의 차양과 부연은 건축물의 건축면적 산정에서 제외된다.

[해설] 일반적 건축물의 차양과 부연이 그 끝부분으로부터 수평거리 1m를 후퇴한 선으로 둘러싸인 부분의 수평투영면적은 제외되고 건축면적에 산정된다.

7. 그림과 같은 건축물의 건축면적은?
① 200m²
② 210m²
③ 220m²
④ 230m²

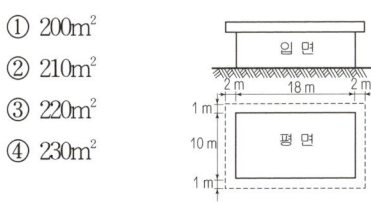

[해설] 처마, 차양, 부연의 돌출부로부터 1m 후퇴한 선이므로 건축면적은 10×(18+1+1) = 200m²

8. 다음과 같은 경우의 건축물의 건축면적이 옳게 산정된 것은?

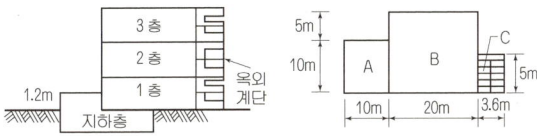

① 300m²   ② 313m²
③ 400m²   ④ 418m²

[해설] 건축면적
① A(지하층)부분 (지표면상 1m를 초과하므로)의 건축면적에 산입된다.
   10×10 = 100m²
② B부분의 건축면적
   15×20 = 300m²
③ C부분의 건축면적
   3.6m×5m = 18m² (옥외계단은 전부산입)
∴ 건축면적은 ①+②+③ = 100+300+18 = 418m²

■■■ **바닥면적**

9. 다음 중 바닥면적의 산정방법이 부적합한 것은?
① 벽·기둥이 없는 건축물에 있어서는 그 지붕 끝부분으로부터 수평거리 1m를 후퇴한 선으로 둘러싸인 수평 투영면적으로 한다.
② 공동주택이 아닌 경우 지상층에 설치한 기계실·어린이 놀이터·조경시설의 경우에는 당해 부분의 면적을 바닥면적에 산입하지 아니한다.
③ 필로티 기타 이와 유사한 구조(벽면적의 2분의 1 이상이 당해 층의 바닥면에서 위층 바닥 아래면까지 공간으로 된 것에 한한다.) 부분의 당해 부분이 공중의 통행 또는 차량의 통행·주차에 전용되는 경우와 공동주택의 경우에는 이를 바닥면적에 산입하지 아니한다.
④ 건축물의 지하에 설치하는 물탱크·기름탱크·냉각탑 정화조 기타 이와 유사한 것의 설치를 위한 구조물은 바닥면적에 산입하지 아니한다.

[해설] 공동주택의 지상층에 기계실 등을 설치한 경우 바닥면적에서 제외된다.

10. 바닥면적 산정시 포함되는 것은?
① 층고 1.5m인 다락
② 더스트슈트
③ 지상층에 설치하는 물탱크
④ 20층 아파트로서 지상층에 설치한 어린이놀이터

[해설] 승강기탑·계단탑·장식탑·다락(층고가 1.5m 이하인 것에 한한다.), 건축물의 외부 또는 내부에 설치하는 굴뚝·더스트슈트·설비덕트 기타 이와 유사한 것과 옥상·옥외 또는 지하에 설치하는 물탱크·기름탱크·냉각탑 정화조 기타 이와 유사한 것

11. 다음의 시설을 공동주택단지의 지상층에 설치한 경우 바닥면적에 산입되는 것은?
① 기계실   ② 어린이놀이터
③ 조경시설   ④ 탁아소

해답   7.①   8.④   9.②   10.③   11.④

[해설] 공동주택으로서 지상층에 설치한 기계실·전기실·어린이놀이터·조경시설의 경우에는 당해 부분의 면적을 바닥면적에 산입하지 아니한다.

12. 다락방이 바닥면적에서 제외되는 최대 층고는? (단, 경사지붕이 아님)

① 1.2m ② 1.5m
③ 1.8m ④ 2.1m

13. 다음 중 바닥면적의 산정방법에 있어 조건에 관계없이 예외규정이 인정되지 않는 부위는?

① 공동주택으로서 지상층에 설치한 어린이 놀이터
② 지상층에 설치한 물탱크
③ 공동주택으로서 지상층에 설치한 기계실
④ 공동주택의 피로티 부분

[해설] 물탱크 점유부위가 옥상·옥외·지하에 설치될 경우에 바닥면적 산정시 제외된다.

14. 건축물의 1층을 다음 용도로 사용하는 필로티의 경우 바닥면적에 산입되는 것은?

① 공중의 통행에 전용되는 경우
② 차량의 주차에 전용되는 경우
③ 휴게실로 사용하는 경우
④ 공동주택의 경우

[해설] 바닥면적에서 제외되는 필로티의 사용범위 : 공중의 통행, 주차용, 공동주택의 경우

■■■ **연면적**

15. 다음 그림의 건축물에 있어서 건축면적과 연면적이 올바르게 연결되어 있는 것은?

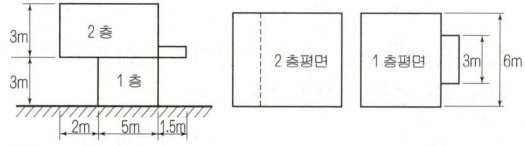

(건축면적)	(연면적)		(건축면적)	(연면적)
① 30m²,	72m²	②	43.5m²,	72m²
③ 42m²,	72.5m²	④	43.5m²,	76.5m²

[해설] 연면적
① 하나의 건축물의 각층 바닥면적의 합계로 본다.
② 용적률 산정시 연면적 산정 방법
 ① 동일 대지안에 2동 이상의 건축물이 있는 경우에는 그 연면적의 합계로 한다.
 ② 지하층 면적은 연면적에서 제외한다.
 ③ 지상층의 주차용(당해 부속용도에 한함.)으로 사용되는 면적은 연면적에서 제외한다.
따라서,
• 건축면적 (2+5)×6+(1.5−1)×3=43.5m²
• 연면적
 ㉠ 1층 바닥면적 : 5×6=30m²
 ㉡ 2층 바닥면적 : 7×6=42m²
 ∴ ㉠+㉡=30+42=72m²

16. 연면적 중 용적률 산정시 산입되는 면적은?

① 층고 1.5m 이하인 다락방
② 초고층건축물의 피난안전구역
③ 지상층에 설치한 어린이 놀이터
④ 지상층에 설치한 부설주차장

[해설] 연면적 중 용적률 산정시 제외되는 부분
① 바닥면적 산정에서 제외되는 부분
② 지하층
③ 지상층 ─ 부속용도 주차장
  ─ 초고층·준초고층 건축물의 피난안전구역
  ─ 경사지붕 아래 대피공간

■■■ **건폐율, 용적률**

17. 건폐율에 대한 설명 중 올바른 것은?

① 연면적의 대지면적에 대한 비율
② 바닥면적의 대지면적에 대한 비율
③ 건축면적의 대지면적에 대한 비율
④ 공지면적의 대지면적에 대한 비율

해답 12. ② 13. ② 14. ③ 15. ② 16. ③ 17. ③

18. 대지안에 건축가능한 건축면적을 산정하려면 아래의 어느 규정을 적용하여야 하는가?

① 건폐율
② 용적률
③ 대지의 분할규모
④ 대지안의 공지

해설 건폐율 : 대지면적에 대한 건축면적의 비율로 산정

19. 건축법상 용적률의 정의로 가장 알맞은 것은?

① 연면적에 대한 건축면적의 비율
② 대지면적에 대한 건축면적의 비율
③ 대지면적에 대한 연면적의 비율
④ 연면적에 대한 지상층 바닥면적의 비율

해설 용적률의 정의
대지면적에 대한 연면적(대지에 2 이상의 건축물이 있는 경우에는 이들 연면적의 합계)의 비율을 말한다.

20. 다음 중 용적률의 산정에 관한 기술로서 옳은 것은?

① 지하층 면적은 제외되지 않는다.
② 지상층에 있는 부속용도인 주차장으로 사용되는 면적은 제외되지 않는다.
③ 대지에 2 이상의 건축물이 있는 경우 각각에 대하여 연면적을 합산하여 용적률을 구한다.
④ 대지면적에 대한 건축물의 건축면적의 비율이다.

해설 용적률 산정시 연면적 산정방법
① 동일대지안에 2동 이상의 건축물이 있는 경우에는 그 연면적의 합계로 한다.
② 지하층 면적은 연면적에서 제외한다.
③ 지상층의 주차용(당해건축물의 부속용도에 한함)으로 사용되는 면적은 연면적에서 제외한다.

21. 다음 그림과 같은 대지에 최대한의 연면적을 가진 건축물을 건축하고자 한다. 층수는 지하는 1층(200m²), 지상은 5층으로 하고자 할 경우에 최대한 건축할 수 있는 연면적은 얼마인가? (단, 건폐율은 50%, 용적률은 200%이다.)

① 1,196m²
② 1,200m²
③ 1,396m²
④ 1,695m²

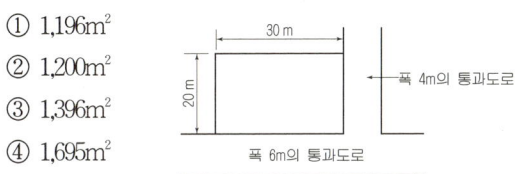

해설 연면적=지상층바닥면적의 합(용적율) + 지하층 바닥면적의 합
= (20×30-2) ×2+200=1,396m²

22. 대지면적 1,000m²의 대지에 1층 바닥면적 100m², 2층 바닥면적이 100m², 지하층 바닥면적 50m²인 건축물을 건축할 경우 용적률로서 맞는 것은?

① 10%
② 15%
③ 20%
④ 25%

해설 용적률=(100+100)÷100×100=20%

■■■ 대지의 분할 제한

23. 지역별 대지분할 제한 규정에서 틀리는 것은?

① 공업지역 : 100m² 이상
② 상업지역 : 150m² 이상
③ 주거지역 : 60m² 이상
④ 녹지지역 : 200m² 이상

해설 대지분할 제한
지역별 대지의 분할 제한 : 건축물이 있는 대지는 다음 표의 범위안에서 당해 지방자치단체조례가 정하는 면적에 미달되게 분할할 수 있다.

구 분	최소 분할면적
① 주거지역	60m²이상
② 상업지역	150m²이상
③ 공업지역	
④ 녹지지역	200m²이상
⑤ 상기 ①~④에 해당되지 않는 지역	60m²이상

해답 18. ① 19. ③ 20. ③ 21. ③ 22. ③ 23. ①

24. 건축물이 있는 대지를 분할할 수 있도록 한 규정이 아닌 것은?

① 일조 등의 확보를 위한 건축물의 높이제한
② 대지와 도로와의 관계
③ 지역 및 지구안에서의 건축물의 건축
④ 용적률

[해설] 건축물이 있는 대지는 다음 조항의 기준에 미달되게 분할할 수 없다.

| 대지와 도로의 관계 |
| 건폐율 |
| 용적률 |
| 건축물의 높이제한 |
| 일조 등의 확보를 위한 건축물의 높이제한 |
| 대지안의 공지 |

■■■ 맞벽건축 및 연결복도

25. 인근 건축물과의 연결복도 또는 연결통로를 설치하는 경우 그 기준으로 틀린 것은?

① 주요구조부가 방화구조일 것
② 마감재료가 불연재료일 것
③ 밀폐된 구조인 경우 벽면적의 10분의 1 이상에 해당하는 면적의 창문을 설치할 것
④ 너비가 5m 이하, 높이가 5m 이하일 것

[해설] 연결복도의 구조제한
1. 내화구조일 것
2. 마감재료가 불연재료일 것
3. 밀폐된 구조의 경우 벽면적 1/10 이상에 해당하는 창문을 설치할 것. 다만, 지하층으로서 환기설비를 설치하는 경우는 예외
4. 너비 및 높이가 각각 5m 이하일 것
5. 건축물과 복도 또는 통로의 연결부분에 자동방화셔터, 방화문을 설치할 것

26. 맞벽건축 및 연결복도에 관한 설명 중 가장 부적당한 것은?

① 상업지역에서는 건축조례로 정하는 구역에 한하여 맞벽건축을 할 수 있다.
② 연결복도는 건축사 또는 구조기술사의 안전확인이 필요하다.
③ 연결통로의 구조는 내화구조로 하여야 한다.
④ 건축물과 통로의 연결부분에는 자동방화셔터 또는 방화문을 설치하여야 한다.

[해설] 상업지역은 조례와 관계없이 맞벽건축을 할 수 있다.

■■■ 대지안의 공지

27. 건축선으로부터 건축물 외벽까지의 최소 띄움거리 제한 기준에 부적당한 것은?

① 준공업지역 내 용도바닥면적 800m²인 창고 - 3m 이상
② 용도바닥면적 1,500m²인 판매시설 - 3m 이상
③ 아파트 - 2m 이상
④ 다세대주택 - 1m 이상

[해설] 준공업지역내 공장-창고의 경우에는 1.5m 이상으로 한다.

해답 24. ③ 25. ① 26. ① 27. ①

2 높이의 규제

학습방향

높이의 규제와 관련된 내용은 높이산정의 기준과 도로에 의한 건축물 높이 및 일조권 제한기준으로 구성되어 있다.
도로에 의한 건축물 높이제한과 일조권 제한은 가장 기본이 되는 사항에 대한 학습이 필요하나, 건축물 높이와 관련된 규정은 예상문제 풀이 등을 통한 각각의 경우에 따른 적용기준을 정확히 구분하여야 한다.

◆ 도로에 의한 높이제한시 도로가 지표면보다 낮은 경우 : 고저차의 1/2만큼 상승한 면을 기준
◆ 건축물의 옥상부위에 대한 산정기준 :

거실로 사용될 때	바닥면적, 건축물 높이, 층수에 산입		
거실이외로 사용될 때	바닥면적 제외		
	건축면적의 1/8 이하	12m 초과 높이 산입	
		층수제외	
	건축면적의 1/8 초과	높이, 층수 산입	

◆ 지역 일조권 대상 : 전용주거, 일반주거지역 내 건축물
◆ 용도 일조권 대상 : 공동주택 (단, 일반상업, 중심상업지역 제외)
　　　　　　　※ 기숙사는 채광창에 의한 인접대지경계선까지의 용도일조권을 적용하지 않는다.

1 높이의 산정

【1】 건축물 높이

(1) 건축물 높이산정의 기준

1) 원칙

지표면으로부터 당해 건축물 상단까지의 높이로 한다.

다만, 건축물의 높이제한(법제60조)과 공동주택에 대한 일조권 제한(법제61조②항)을 적용함에 있어 건축물에 필로티가 설치되어 있는 경우에는 필로티 상단을 지표면으로 본다.

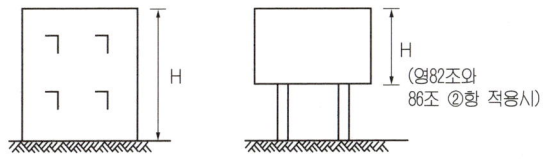

2) 지표면에 고저차가 있는 경우의 산정방법
① 건축물의 주위가 접하는 각 지표면 부분의 높이를 당해 지표면 부분의 수평거리에 따라 가중 평균한 높이의 수평면을 지표면으로 한다.

학습POINT

■ 건축물 높이산정시 기준면에 대한 정의
건축법에 의한 건축물의 높이를 산정하기 위한 기준은 당해 적용조항에 따라 다음과 같이 한다.

적용조항	높이산정의 기준
일반조항	건축물이 접하는 지표면으로부터 건축물 상단까지의 높이
법60조 (건축물 높이제한)	대지가 접하는 전면도로의 중심선으로부터 건축물 상단까지의 높이

가. 균등한 경사지표면의 경우

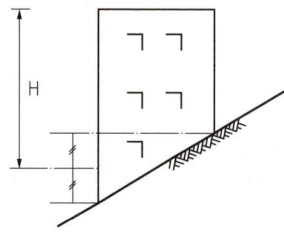

※ 고저차의 이등분선을 가상지표면으로 하여 높이를 산정한다.

나. 불균등한 경사지표면의 경우

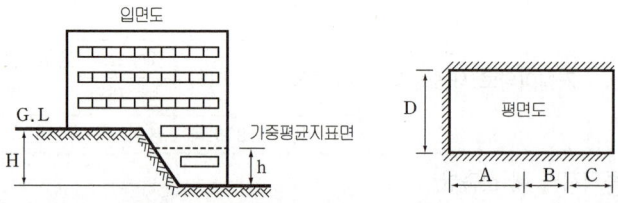

※ 건축물이 접하는 지표면에 대한 가중평균면을 가상지표면으로 하여 높이를 산정한다.

② 고저차가 3m를 넘는 경우에는 그 고저차 3m 이내 부분마다 지표면을 산정한다.

■ 가중평균면

$$\left(\frac{\text{건축물의 주위가 접하는}}{\text{각 지표면부분의 면적의 합}}\right)$$
지표면 부분의 수평거리의 합

3) 건축물 옥상부분의 높이산정기준
① 건축물 상단이 옥탑인 경우
  가. 옥탑을 거실의 용도로 사용하는 경우에는 건축물 높이에 산입된다.

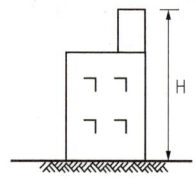

  나. 옥탑을 승강기탑, 계단탑, 망루, 장식탑 등으로 사용할 때에는 다음과 같이 한다.

구 분		높이산정의 기준
승강기탑 등의 수평투영면적의 합	건축면적의 1/8 초과	높이에 산입
	건축면적의 1/8 이하(주택법에 의한 사업계획승인 대상인 공동주택 중 세대별 전용면적이 85m² 이하인 경우에는 1/6)	12m를 넘는 부위만 높이에 산입

② 지붕마루장식, 굴뚝, 방화벽의 옥상돌출부 등의 돌출물과 벽면적의 1/2 이상이 공간으로 되어 있는 난간벽은 당해 건축물 높이에 산입하지 아니한다.

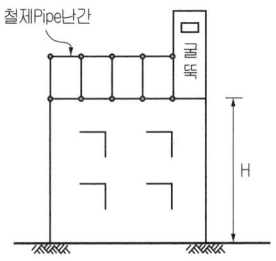

(2) 일조등의 확보를 위한 높이제한 규정(법61조)의 건축물 높이산정의 기준

1) 정북방향 규정(법제61조 ①) 적용의 경우

건축물 대지의 지표면과 인접 대지의 지표면 간의 고저차가 있는 경우에는 그 지표면의 평균 수평면을 지표면으로 본다.

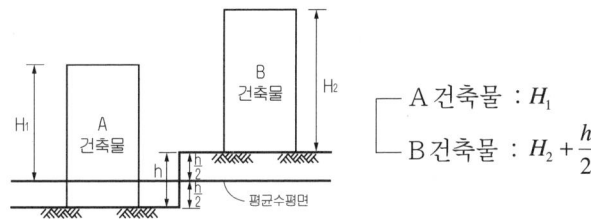

2) 공동주택 채광규정 등(법제61조 ②) 적용의 경우

① 인접대지간 고저차가 있는 경우

1. 높은 지표면 대지내 건축물 높이	인접대지간 지표면의 고저차의 이등분선을 가상지표면으로 하여 건축물의 상단까지를 높이로 한다.
2. 낮은 지표면 대지내 건축물 높이	당해 대지의 지표면을 기준으로 하여 건축물의 상단까지를 높이로 한다.

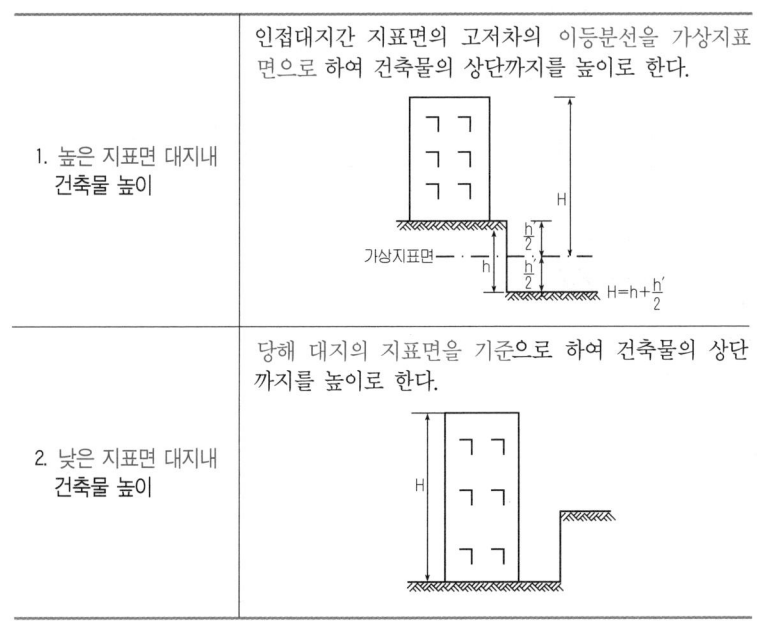

② 1층 전체를 필로티(건축물을 사용하기 위한 경비실, 계단실 등 포함)로 한 경우에 당해 필로티 부분은 건축물 높이에서 제외된다.

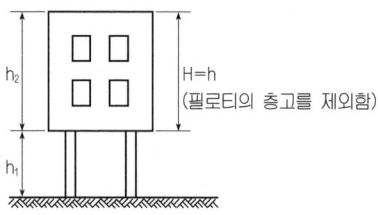

③ 복합용도(공동주택과 다른 용도 병용) 건축물의 경우

1. 전용주거지역 또는 일반주거지역 안의 건축물 : 당해 건축물의 지표면을 기준으로 한다. (법 제61조① 적용시)	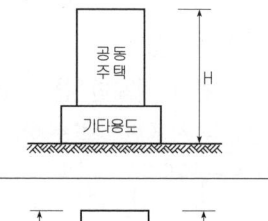
2. 전용주거지역, 일반주거지역 이외 지역 안의 건축물 : 공동주택의 가장 낮은 부분을 기준으로 한다. (법 제61조② 적용시)	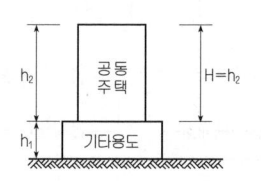

④ 동일대지내 고저차가 있는 경우의 인동간 간격 제한의 경우
건축물이 접하는 당해 지표면으로부터 건축물 상단까지의 높이로 한다.

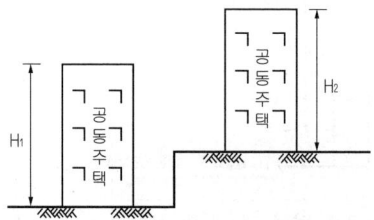

(3) 도로에 의한 건축물 높이(법60조 관련) 산정의 기준

1) 원칙

대지가 접한 <u>전면도로의 중심선으로부터</u> 당해 건축물 상단까지의 높이로 한다.

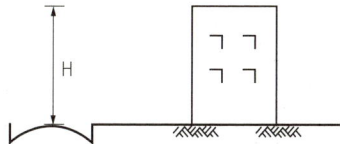

2) 전면도로가 지표면보다 높게 있는 경우

<u>당해 전면도로의 중심선으로부터 건축물 상단까지의 높이로 한다.</u>

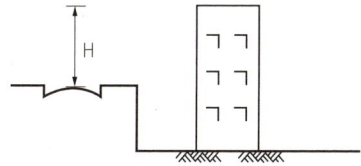

3) 전면도로가 지표면보다 낮게 있는 경우

전면도로의 중심선과 지표면과의 <u>고저차의 1/2의 높이만큼 올라온 위치를</u> 도로의 중심면으로 하여 건축물 상단까지를 높이로 한다.

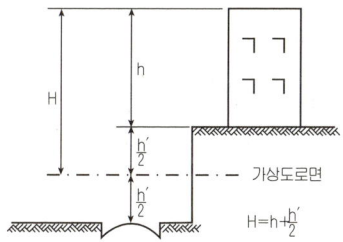

4) 전면도로가 경사도로인 경우

건축물과 접하는 부분의 전면도로의 <u>가중평균면을</u> 당해 도로의 중심면으로 하여 건축물 상단까지를 높이로 한다.

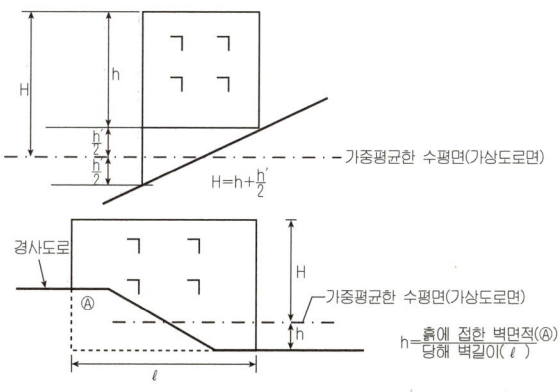

■ 건축물의 높이산정 예

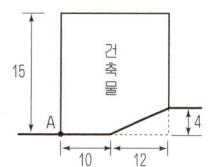

그림과 같이 전면도로에 고저차가 있는 도로의 노면에 접한 건축물의 높이는 전면도로폭에 의한 높이제한을 적용시킬 경우 이 건축물의 높이를 몇 m로 보아야 하는지 산정하여 보면

$\dfrac{(흙에\ 접한\ 면적)}{건축물의\ 길이}$ 에서

$\{(12×4)×1/2\} ÷ 22 = 1.09$이다.
즉, 이 건축물의 경우 A점에서 15m−1.09m=13.91m가 이 건축물의 높이가 된다.

【2】처마높이

지표면으로부터 건축물의 지붕틀 또는 이와 유사한 수평재를 지지하는 벽·깔도리 또는 기둥의 상단까지의 높이로 한다.

■ 처마높이 9m 이상인 건축물은 구조계산에 따라 그 구조의 안전을 확인하여야 한다.

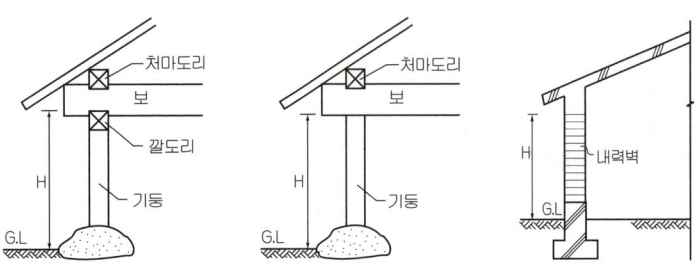

처마높이 : H=깔도리 상단까지   처마높이 : H=기둥 상단까지   처마높이 : H=내력벽 상단까지

【3】반자높이

(1) 반자높이의 기준

방의 바닥면으로부터 반자까지의 높이로 한다.

(2) 반자높이가 다른 부위가 있는 경우

방의 부피를 바닥면적으로 나눈 가중 평균높이를 반자높이로 한다.

■ 거실의 반자높이
① 일반용도의 거실 : 2.1m 이상
② 관람석·집회실로서 바닥면적이 200㎡ 이상인 것 : 4.0m 이상
③ "②"의 노대 아랫부분 : 2.7m 이상

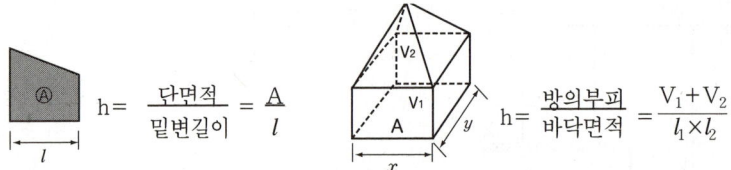

$$h = \frac{단면적}{밑변길이} = \frac{A}{l} \qquad h = \frac{방의부피}{바닥면적} = \frac{V_1 + V_2}{l_1 \times l_2}$$

【4】층 고

방의 바닥구조체 윗면으로부터 위층 바닥구조체의 윗면까지의 높이로 한다. 다만, 동일한 방에서 반자높이가 다른 부분이 있는 경우에는 그 각 부분의 반자의 면적에 따라 가중평균한 높이로 한다.

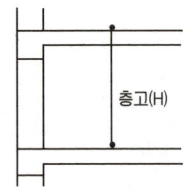

【5】층 수

(1) 층수 산정의 원칙
① 지상층의 층수만으로 산정한다.
② 층의 구분이 명확하지 않을 경우 건축물 높이 4m마다 1개층으로 한다.
③ 부분적으로 층수를 달리할 경우에는 그 중 가장 많은 층수로 산정한다.

(2) 옥탑층에 대한 층수 산정의 기준
① 거실의 용도로 사용하는 옥탑 등은 층수에 산입된다.
② 거실 이외의 용도로 쓰이는 옥상부분(승강기탑, 계단탑, 망루, 장식탑, 옥탑 등)의 수평투영면적의 합계가 건축면적의 1/8(주택법의 사업계획승인대상 공동주택 중 세대별 전용면적이 85m² 이하인 경우에는 1/6 이하)이하인 것은 층수에 산입에서 제외

2 높이의 규제

【1】건축물의 높이

(1) 건축물 높이의 지정
허가권자는 가로구역(도로로 둘러싸인 일단의 지역)을 단위로 하여 최고높이 지정기준에 따라 건축물의 높이를 지정할 수 있다.

(2) 지정기준
허가권자는 다음의 요건을 고려하여 가로구역별로 건축물의 높이를 지정·공고하여야 한다.

1. 도시·군관리계획 등의 토지이용계획
2. 해당 가로구역이 접하는 도로의 너비
3. 해당 가로구역의 상·하수도 등 시설의 수용능력
4. 도시미관 및 경관계획
5. 당해 도시의 장래발전계획

(3) 건축물 높이의 지정 절차
허가권자가 가로구역별로 건축물의 높이를 지정, 공고하고자 할 때에는 공고안을 작성하여 주민에게 공람을 거친후 건축위원회의 심의를 받는다.

(4) 건축물 높이의 완화
허가권자는 같은 가로구역의 건축물 높이를 조례로 정한 바에 따라 건축위원회의 심의를 거쳐 건축물 높이를 완화하여 적용할 수 있다.

■ 건축물높이의 지정 및 공고절차

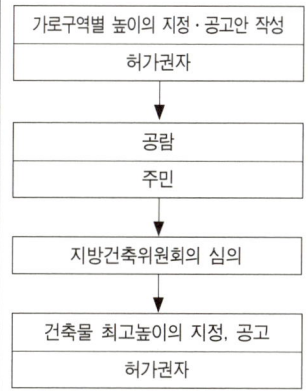

【2】 일조등의 확보를 위한 건축물의 높이제한

일조 등의 확보를 위한 건축물의 높이제한규정은 지역적 범위와 건축물의 용도에 따라 다음과 같이 구분된다.

(1) 전용주거지역, 일반주거지역안에서의 일조 등의 확보

일조 등의 확보를 위해 건축물의 각 부분을 정북방향의 인접대지경계선으로부터 다음의 범위안에서 건축조례가 정하는 거리 이상을 띄어 건축하여야 한다.

대 상	띄움거리의 기준(조례로 정함)
전용주거지역 일반주거지역 안의 건축물	높이 10m 이하인 부분 : 1.5m이상
	높이 10m를 초과하는 부분 : 인접대지경계선으로부터 당해건축물의 각 부분의 높이의 1/2이상
	예외 ① 다음 구역안에서 너비 20m 이상의 도로(녹지 등이 있는 경우 포함)에 접한 대지 상호간에 건축하는 경우 　1. 지구단위계획구역, 경관지구(국토의 계획 및 이용에 관한 법) 　2. 중점경관 관리구역(경관법) 　3. 특별가로구역(건축법) 　4. 도시미관향상을 위하여 허가권자가 지정, 공고하는 구역 ② 건축협정구역내 건축물 ③ 정북방향 인접대지가 전용주거지역, 일반주거지역이 아닌 경우

■ 일조 등의 확보시 건축물의 높이제한 관련사항
① 용도지역
② 정북방향
③ 인접대지경계선
④ 건축물의 높이
⑤ 연속일조시간
⑥ 띄우는 거리

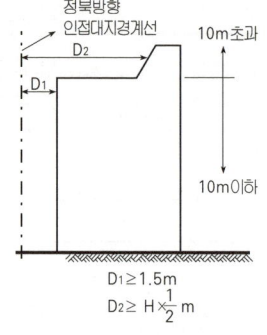

$D_1 \geq 1.5m$
$D_2 \geq H \times \dfrac{1}{2} m$

(2) 정남방향으로 일조기준을 적용하는 경우

다음에 해당하는 경우 전용주거지역, 일반주거지역 안에서의 일조등의 확보를 위한 정북방향의 인접대지경계선으로부터 띄우는 거리에도 불구하고 건축물의 높이를 정남방향의 인접대지경계선으로부터의 거리에 따라 상기 (1)에서 정하는 범위안에서 특별자치시장·특별자치도지사 및 시장·군수·구청장이 정하는 높이 이하로 할 수 있다.

1) 대상지역

1. 택지개발지구
2. 대지조성사업지구
3. 지역개발사업지역
4. 국가산업단지·일반산업단지, 도시첨단산업단지 및 농공단지
5. 도시개발구역
6. 정비구역
7. 정북방향으로 도로·공원·하천 등 건축이 금지된 공지에 접하는 대지
8. 정북방향으로 접하고 있는 대지의 소유자간 합의한 경우

2) 띄움거리 기준

특별자치시장, 특별자치도지사 또는 시장, 군수, 구청장은 다음의 범위안에서 정남방향 인접대지경계선까지의 띄움거리를 정하여 고시할 수 있다.

1. 높이 10m 이하인 부분	1.5m 이상
2. 높이 10m를 초과하는 부분	건축물 각 부분 높이의 1/2 이상

3) 지정절차

① 특별자치시장·특별자치도지사 또는 시장·군수·구청장은 건축물의 높이를 고시하고자 할 때에는 미리 당해지역 주민의 의견을 청취하여야 한다.
   예외 정남방향 인접대지경계선으로부터 띄어야 하는 대상지역 중 1~6에 해당하는 지역인 경우로서 건축위원회의 심의를 거친 경우를 제외
② 특별자치시장·특별자치도지사 또는 시장·군수·구청장은 주민의 의견을 청취하고자 할 때에는 30일간 그 내용을 공람시켜야 한다.

(3) 공동주택의 일조 등의 확보를 위한 높이제한

공동주택의 경우에는 상기 (1)의 규정에 적합하여야 하며 다음의 규정에 의한 높이의 범위안에서 건축조례가 정하는 높이 이하로 건축하여야 한다.
   예외 일반상업지역, 중심상업지역에 건축하는 공동주택을 제외

1) 채광을 위한 창문 등이 향하는 방향의 높이제한

공동주택(기숙사 제외)의 각 부분의 높이는 그 부분으로부터 채광을 위한 창문등이 있는 벽면으로부터 직각방향으로 인접대지경계선까지의 수평거리의 2배 이하

> [예외] 1. 근린상업지역, 준주거지역안의 건축물인 경우에는 4배 이하로 한다.
> 2. 다세대주택의 경우 1m이상으로서 조례로 정한 거리 이상을 띄운다.

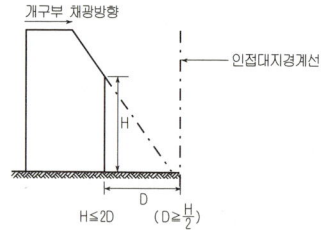

2) 동일대지내에서 건축물이 서로 마주보고 있는 경우(1동의 건축물의 각 부분이 서로 마주보고 있는 경우를 포함)의 높이제한

동일대지내에서 2동이상의 건축물이 서로 마주보고 있는 경우의 마주보는 건축물 각 부분사이의 거리는 다음의 규정에 의한 거리이상으로서 건축조례가 정하는 거리이상을 띄어 건축할 것

> [예외] 당해 대지안의 모든 세대가 동지일을 기준으로 9시에서 15시 사이에 2시간 이상을 계속하여 일조를 확보할 수 있는 거리 이상으로 할 수 있다.

제한부위	띄움거리 기준
① 마주보고 있는 외벽간 간격	채광을 위한 창문등이 있는 벽면으로부터 직각방향으로 건축물 각부분의 높이의 0.5배(도시형 생활주택 : 0.25배) 이상을 띄운다.
	마주보는 건축물 중 높은 건축물의 주된 개구부 방향이 낮은 건축물을 향하는 경우 10m와 낮은 건축물 높이의 0.5배(도시형 생활주택 : 0.25배) 중 큰 값으로 한다.
	부대시설 또는 복리시설이 마주보는 경우에는 부대시설 또는 복리시설 각 부분 높이의 1배 이상을 띄운다.
② 채광창(창넓이 0.5m² 이상의 창을 말한다)이 없는 벽면과 측벽이 마주보는 경우	외벽간의 거리를 8m 이상 띄운다.
③ 측벽과 측벽이 마주보는 경우 〈마주보는 측벽 중 1개의 측벽에 한하여 채광을 위한 창문 등이 설치되어 있지 아니한 바닥면적 3m² 이하의 발코니(출입을 위한 개구부를 포함한다)를 설치하는 경우를 포함한다.〉	외벽간의 거리를 4m 이상을 띄운다.

■ 인동간 간격(일조권)

1. 채광창벽	0.5H 이상
2. 채광창벽과 측벽	8m 이상
3. 측벽과 측벽	4m 이상

(4) 대지와 대지사이에 공원 등이 있는 경우

건축물의 일조 등의 확보를 위한 건축물 높이를 제한할 때 건축물을 건축하려는 대지와 다른 대지사이에 다음 각 호의 시설 또는 부지가 있는 경우에는 그 반대편의 대지경계선(공동주택의 경우에는 중심선)을 인접대지경계선으로 본다.

1. 대지와 대지사이에 공원, 도로, 철도, 하천, 광장, 공공공지, 녹지, 유수지, 자동차전용도로, 유원지가 있는 경우
2. 너비가 2m 이하인 대지
3. 대지분할제한기준면적 이하인 대지
4. 건축이 허용되지 아니하는 공지

■ 대지분할제한 기준면적
- 주거지역 : 60m² 이상
- 상업, 공업지역 : 150m² 이상
- 녹지지역 : 200m² 이상
- 기타지역 : 60m² 이상

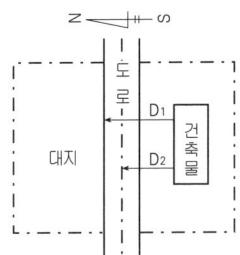

D₁ : 대지와 대지사이에 도로등이 있는 경우는 반대편 경계선
D₂ : 공동주택의 경우는 도로의 중심선

핵 심 문 제

해 설

■■■ 건축물 높이

1 그림과 같은 건축물의 높이는? (단, 망루부분의 수평투영면적은 당해 건축물 건축면적의 1/10 이다.)

① 19m
② 20m
③ 22m
④ 35m

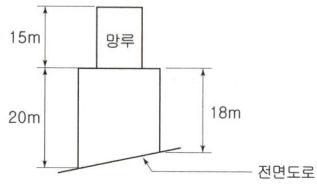

[해설] **1,2** 건축물의 높이(H) 산정
1. 건축물의 높이 : 지표면에서 건축물 상단까지의 높이로 한다. 지표면에 고저차가 있는 경우에는 건축물이 접하는 각 지표면 부분의 높이를 당해 지표면부분의 수평거리에 따라 가중 평균한 높이의 수평면을 지표면으로 본다.

$$\frac{20+18}{2} = 19m$$

2. 옥상부분의 바닥면적이 건축면적의 1/8 이하의 경우에는 12m를 넘는 부분은 높이에 산정한다.
   옥상부분의 높이 = 15 − 12 = 3m
   ∴ 건축물 높이(H) = 19 + 3 = 22m

2 다음은 건축물의 높이 산정법에 관한 기준 내용이다. (   )안에 알맞은 것은? (단, 공동주택이 아닌 경우)

> 건축물의 옥상에 설치되는 승강기탑·계단·망루·장식탑·옥탑 등으로서 그 수평투영면적의 합계가 해당 건축물 건축면적의 8분의 1 이하인 경우로서 그 부분의 높이가 (   )를 넘는 경우에는 그 넘는 부분만 해당 건축물의 높이에 산입한다.

① 4m   ② 6m
③ 10m   ④ 12m

3 그림과 같은 건축물의 높이로서 맞는 것은? (단, 망루부분 바닥면적은 당해 건축물의 건축면적이 1/10임.)

① 45m
② 35m
③ 33m
④ 30m

[해설] **3** 건축물의 높이(H) 산정
1. 건축물의 부분의 높이 = 30m
2. 망루의 수평투영면적의 합계가 건축면적의 1/8 이하이므로 망루의 높이 = 15 − 12 = 3m
   H = ① + ② = 30 + 3 = 33m

4 건축법령상 다음과 같은 건축물의 높이는? (단, 가로구역에서의 건축물의 높이 제한과 관련된 건축물의 높이)

① 6m
② 9m
③ 9.5m
④ 13m

[해설] **4** 건축물 높이제한(법 제60조) 적용기준
1. 건축물의 높이는 도로중심면으로부터 측정한다.
2. 도로 중심면이 대지 지표면보다 낮은 경우에는 당해 고저차의 1/2되는 위치에 도로 중심면이 있는 것으로 본다.
   ∴ 건축물 높이(H)
     = 6 + (7 × 1/2) = 9.5m

[정답] 1. ③ 2. ④ 3. ③ 4. ③

■■■ 법 61조(일조권 제한) 적용기준

5 건축법 제61조 제2항에 따른 높이를 산정할 때, 공동주택을 다른 용도와 복합하여 건축하는 경우 건축물의 높이 산정을 위한 지표면 기준은?

> **건축법 제61조(일조 등의 확보를 위한 건축물의 높이 제한)**
> ② 다음 각 호의 어느 하나에 해당하는 공동주택(일반상업지역과 중심상업지역에 건축하는 것은 제외한다)은 채광(採光) 등의 확보를 위하여 대통령령으로 정하는 높이 이하로 하여야 한다.
> 1. 인접 대지경계선 등의 방향으로 채광을 위한 창문 등을 두는 경우
> 2. 하나의 대지에 두 동(棟) 이상을 건축하는 경우

① 전면도로의 중심선
② 인접 대지의 지표면
③ 공동주택의 가장 낮은 부분
④ 다른 용도의 가장 낮은 부분

해설 5 복합용도 건축물의 경우
1. 전용주거지역 또는 일반주거지역 안의 건축물 : 당해 건축물의 지표면을 기준으로 한다. (법 제61조① 적용시)
2. 전용주거지역, 일반주거지역 이외 지역 안의 건축물 : 공동주택의 가장 낮은 부분을 기준으로 한다. (법 제61조② 적용시)

6 전용주거지역 및 일반주거지역을 제외한 지역에서 공동주택을 다른 용도와 복합하여 건축하는 경우에 건축물의 높이 산정을 위한 지표면은?

① 공동주택의 가장 낮은 부분의 지표면
② 공동주택의 가장 높은 부분의 지표면
③ 공동주택의 평균 지표면
④ 각 동의 지표면

해설 6 전용주거지역, 일반주거지역이 아닌 지역에서 공동주택을 다른 용도와 복합하여 건축하는 경우 건축물의 지표면 산정은 공동주택의 가장 낮은 부분을 지표면으로 본다.

■■■ 반자높이 등

7 그림과 같은 거실의 평균 반자 높이는? (단, 단위는 m)

① 4.3m
② 4.6m
③ 4.9m
④ 5.2m

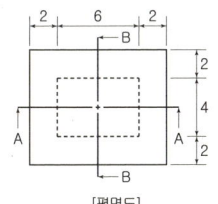
[평면도]
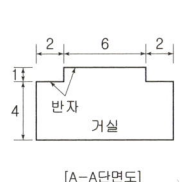
[A-A단면도]
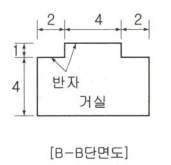
[B-B단면도]

해설 7
반자높이(H) = $\dfrac{\text{실내부피}}{\text{바닥면적}}$
H = {(10×8×4)}+(6×4×1)} ÷ (10×8) = 4.3m

8 그림과 같은 단면을 갖는 거실의 반자높이로서 옳은 것은?

① 3.0m
② 4.0m
③ 4.5m
④ 5.0m

해설 8
반자높이 = $\dfrac{\text{실의 단면적}(A)}{\text{실의 폭}(l)}$
(단면이 주어진 경우) = $\dfrac{(3+5) \times 5 \times \dfrac{1}{2} + 5 \times 5}{10}$
= 4.5m

정답 5. ③ 6. ① 7. ① 8. ③

9 한 방에서 층의 높이가 다른 부분이 있는 경우 층고 산정방법으로 옳은 것은?

① 가장 낮은 높이로 한다.
② 가장 높은 높이로 한다.
③ 각 부분 높이에 따른 면적에 따라 가중평균한 높이로 한다.
④ 가장 낮은 높이와 가장 높은 높이의 산술평균한 높이로 한다.

10 지표면으로부터 건축물의 지붕틀 또는 이와 비슷한 수평재를 지지하는 벽·깔도리 또는 기둥의 상단까지의 높이로 산정하는 것은?

① 층고
② 처마높이
③ 반자높이
④ 바닥높이

[해설] **10**
1. 층고 : 방의 바닥구조체 윗면으로부터 위층 바닥구조체 윗면까지의 높이
2. 반자높이 : 방의 바닥면으로부터 반자까지의 높이

■■■ **층수**

11 다음 그림의 층수는 몇 층인가?

① 6층
② 5층
③ 4층
④ 3층

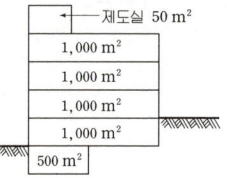

[해설] **11**
1. 지하층은 층수 산정에서 제외
2. 옥상부분에 있는 제도실은 건축면적의 1/8과 상관없이 거실로 이용되므로 층수에 산입된다.
따라서, 4층이다.

12 건축면적이 800m²인 건축물이 층수에 산입하지 않는 계단탑의 최대 수평투영면적은?

① 50m²　　② 80m²
③ 100m²　　④ 120m²

[해설] **12**
계단탑, 장식탑 등의 바닥면적의 합이 건축면적의 1/8 이하인 경우 층수에 산입되지 아니한다.
$A_1 \leq 800 \times 1/8 = 100m^2$

13 층수산정에 관한 내용 중 옳지 않은 것은?

① 지하층은 건축물의 층수에 산입하지 아니한다.
② 층의 구분이 명확하지 아니한 건축물은 당해 건축물의 높이 4m마다 하나의 층으로 산정한다.
③ 건축물의 부분에 따라 그 층수를 달리하는 경우에는 각 부분에 따라 평균한 층의 수를 층수로 한다.
④ 계단탑, 장식탑으로서 그 수평투영면적의 합계가 당해 건축물의 건축면적의 1/8 이하인 것은 건축물의 층수에 산입하지 않는다.

[해설] **13**
건축물의 부분에 따라 그 층수를 달리하는 경우에는 그 중 가장 많은 층수를 기준으로 한다.

정답　9. ③　10. ②　11. ③　12. ③　13. ③

14 층의 구분이 명확하지 않은 건축물의 층수 산정 방법으로 옳은 것은?

① 건축물의 높이 3m 마다 하나의 층으로 보고 층수를 산정한다.
② 건축물의 높이 4m 마다 하나의 층으로 보고 층수를 산정한다.
③ 건축물의 높이 4.5m 마다 하나의 층으로 보고 층수를 산정한다.
④ 건축물의 높이 5.5m 마다 하나의 층으로 보고 층수를 산정한다.

15 건축법령에 따른 건축물의 면적·높이 및 층수 산정의 기본 원칙으로 옳지 않은 것은?

① 건축면적은 건축선으로 둘러싸인 부분의 수평 투영면적으로 한다.
② 층고는 방의 바닥구조체 윗면으로부터 위층 바닥구조체의 윗면까지의 높이로 한다.
③ 처마높이는 지표면으로부터 건축물의 지붕틀 또는 이와 비슷한 수평재를 지지하는 벽·깔도리 또는 기둥의 상단까지의 높이로 한다.
④ 바닥면적은 건축물의 각 층 또는 그 일부로서 벽, 기둥, 그 밖에 이와 비슷한 구획의 중심선으로 둘러싸인 부분의 수평투영면적으로 한다.

16 건축물의 면적, 높이 및 층수 등의 산정 방법에 관한 설명으로 옳은 것은?

① 건축물의 높이 산정 시 건축물의 대지에 접하는 전면 도로의 노면에 고저차가 있는 경우에는 그 건축물이 접하는 범위의 전면 도로 부분의 수평거리에 다라 가중평균한 높이의 수평면을 전면도로면으로 본다.
② 용적률 산정 시 연면적에는 지하층의 면적과 지상층의 주차용으로 쓰는 면적을 포함시킨다.
③ 건축면적은 건축물의 내벽의 중심선으로 둘러싸인 부분의 수평투영면적으로 한다.
④ 건축물의 층수는 지하층을 포함하여 산정하는 것이 원칙이다.

■■■ **건축물 높이제한**

17 허가권자가 가로구역별 건축물의 높이 지정시 고려사항이 아닌 것은?

① 도시미관 및 경관계획
② 건축물의 이용계획
③ 당해도시의 장래 발전계획
④ 당해 가로 구역이 접하는 도로의 너비

해 설

해설 15
건축면적은 건축물 외벽(외벽에 갈음되는 외곽기둥)의 중심선으로 구획된 최대수평투영면적이다.

해설 16
② 용적률 산정시의 연면적에는 지하층 면적과 지상층 주차장 면적은 제외된다.
③ 건축면적은 외벽의 중심선으로 구획한다.
④ 지하층은 건축물 층수산정에 제외된다.

해설 17,18 높이 지정시 고려사항

1. 도시·군관리계획 등의 토지이용계획
2. 해당 가로구역이 접하는 도로의 너비
3. 해당 가로구역의 상·하수도 등 시설의 수용능력
4. 도시미관 및 경관계획
5. 당해 도시의 장래발전계획

정답 14. ② 15. ① 16. ① 17. ②

18 허가권자가 가로구역별로 건축물의 높이를 지정·공고할 때 고려하지 않아도 되는 사항은?

① 도시·군관리계획의 토지이용계획
② 해당 가로구역에 접하는 대지의 너비
③ 도시미관 및 경관계획
④ 해당 가로구역의 상수도 수용능력

해 설

■■■ 일조권 제한

19 다음은 일조 등의 확보를 위한 건축물의 높이제한에 관한 기준 내용이다. ( ) 안에 알맞은 것은?

> ( ) 안에서 건축하는 건축물의 높이는 일조등의 확보를 위하여 정북방향의 인접 대지 경계선으로부터의 거리에 따라 대통령령으로 정하는 높이 이하로 하여야 한다.

① 일반주거지역과 준주거지역
② 전용주거지역과 일반주거지역
③ 중심상업지역과 일반상업지역
④ 일반상업지역과 근린상업지역

해설 **19**
정북방향 일조권 제한은 전용주거지역과 일반주거지역 내의 건축물에 대하여 적용한다.

20 다음은 일조 등의 확보를 위한 건축물의 높이 제한에 관한 기준내용이다. ( ) 안에 알맞은 것은?

> 전용주거지역과 일반주거지역 안에서 건축하는 건축물의 높이는 일조 등의 확보를 위하여 ( )의 인접대지 경계선으로부터의 거리에 따라 대통령령으로 정하는 높이 이하로 하여야 한다.

① 정동방향
② 정서방향
③ 정남방향
④ 정북방향

해설 **20**
전용주거지역과 일반주거지역 내 건축물은 대통령령으로 정한 바에 따라 정북방향 인접대지경계선까지 건축조례가 정하는 일정거리를 띄워야 한다.

정답 18. ② 19. ② 20. ④

21 다음은 일조 등의 확보를 위한 건축물의 높이제한에 관한 기준내용이다. ( ) 안의 내용으로 옳은 것은?

> 전용주거지역이나 일반주거지역에서 건축물을 건축하는 경우에는 법 제61조 제1항에 따라 건축물의 각 부분을 정북(正北) 방향으로의 인접대지경계선으로부터 다음 각 호의 범위에서 건축조례로 정하는 거리 이상을 띄어 건축하여야 한다.
> 1. 높이 10m 이하인 부분 : 인접대지경계선으로부터 (㉠) 이상
> 2. 높이 10m를 초과하는 부분 : 인접대지경계선으로부터 해당 건축물 각 부분 높이의 (㉡) 이상

① ㉠ 1m
② ㉠ 1.5m
③ ㉡ 3분의 1
④ ㉡ 3분의 2

해설 21 정북방향 띄움거리 기준
1. 높이 10미터 이하인 부분 : 인접 대지경계선으로부터 1.5미터 이상
2. 높이 10미터를 초과하는 부분 : 인접 대지경계선으로부터 해당 건축물 각 부분 높이의 2분의 1 이상

22 일조 등의 확보를 위한 건축물의 높이 제한과 관련하여 일반주거지역에서 건축물을 건축하는 경우, 건축물의 높이 10m 이하인 부분은 정북방향으로의 인접 대지경계선으로부터 최소 얼마 이상의 거리를 띄어야 하는가? (단, 건축물의 미관 향상을 위한 경우는 제외)

① 1m
② 1.5m
③ 2m
④ 2.5m

해설 22 일조 등의 확보

1. 높이 10m 이하인 부분	1.5m 이상
2. 높이 10m를 초과하는 부분	인접대지경계선으로부터 당해건축물의 각 부분의 높이의 1/2 이상

23 전용주거지역 안에서 건축물을 건축하는 경우 일조 등의 확보를 위해 건축물의 각 부분을 정북방향으로의 인접대지 경계선으로부터 띄어야 할 거리의 기본 원칙으로 옳은 것은? (단, 공동주택이 아닌 경우)

① 높이 4m의 부분 : 1m 이상
② 높이 6m의 부분 : 2m 이상
③ 높이 8m의 부분 : 3m 이상
④ 높이 12m의 부분 : 6m 이상

24 다음 중 일반주거지역 안에서 일반업무시설을 건축할 경우 일조 등의 확보를 위한 건축물의 높이제한 사항에 맞지 않는 것은?

① 너비 15m 이상의 도로에 접했을 경우는 제한을 받지 않는다.
② 높이 10m를 초과하는 부분은 정북방향으로의 인접대지 경계선으로부터 당해 건축물의 각 부분의 높이의 2분의 1이상 띄어야 한다.
③ 높이 10m 이하인 부분은 정북방향으로의 인접대지 경계선으로부터 1.5m 이상 띄어야 한다.
④ 높이 4m 이하인 부분은 정북방향으로의 인접대지 경계선으로부터 1.5m 이상 띄어야 한다.

해설 24 너비 20m 이상의 도로에 접한 경우에 제한을 받지 아니한다.

정답 21. ② 22. ② 23. ④ 24. ①

25 정남방향의 인접 대지경계선으로부터의 거리에 따라 건축물의 높이를 제한할 수 있는 경우에 해당하지 않는 것은?

① 주택법에 따른 대지조성사업지구인 경우
② 도시개발법에 따른 도시개발구역인 경우
③ 택지개발촉진법에 따른 택지개발지구인 경우
④ 국토의 계획 및 이용에 관한 법률에 따른 농림지역인 경우

해 설

해설 25 정남방향 일조권 적용대상 지역

| 1. 택지개발지구 |
| 2. 대지조성사업지구 |
| 3. 지역개발사업지역 |
| 4. 국가산업단지·일반산업단지, 도시첨단산업단지 및 농공단지 |
| 5. 도시개발구역 |
| 6. 정비구역 |
| 7. 정북방향으로 도로·공원·하천 등 건축이 금지된 공지에 접하는 대지 |
| 8. 정북방향으로 접하고 있는 대지의 소유자간 합의한 경우 |

25. ④

출제예상문제

CHAPTER 6
2. 높이의 규제

■■■ 건축물 높이 산정

1. 400m²의 건축면적을 가진 건축물의 옥상 각 부분의 높이는 그림과 같다. 이 건축물의 건축법상 높이는 얼마인가? (단, ① 피뢰침의 높이 20m ② 망루의 면적 20m², 높이 14m ③ 계단실의 면적 7m², 높이 3m)

① 19m
② 21m
③ 33m
④ 39m

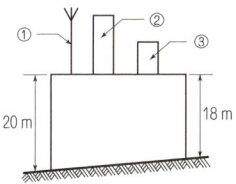

[해설] 건축물의 높이(H) 산정
① 건축물의 높이 : 지표면에서 건축물 상단까지의 높이로 한다. 지표면에 고저차가 있는 경우에는 건축물이 접하는 각 지표면 부분의 높이를 당해 지표면 부분의 수평거리에 따라 가중 평균한 높이의 수평면을 지표면으로 본다.
$\frac{20+18}{2} = 19m$
② 옥상부분의 바닥면적이 1/8(주택법 규정에 의한 사업계획승인 대상인 공동주택 중 세대별 전용면적이 85m²이하인 경우에는 6분의 1) 이하의 경우에는 12m를 넘는 부분은 높이에 산정한다.
옥상부분의 높이 = 14 - 12 = 2m
H = ① + ② = 19 + 2 = 21m

2. 다음 중 조건에 따라 건축물의 높이에 산입될 수 있는 것은?

① 방화벽의 옥상돌출부
② 굴뚝
③ 지붕마루장식
④ 난간벽

[해설] • ①, ②, ③ - 무조건 제외
• ④ - 1/2 이상이 공간으로 되어 있는 경우 제외

■■■ 건축물 높이제한(법60조)에 의한 높이

3. 건축물의 높이를 측정하고자 할 때 그 측정 기준이 되는 밑부분의 위치는? (단, 전면도로에 의한 건축물의 높이를 제한하는 경우이다.)

① 도로면의 중심선
② 도로경계선의 위치
③ 건축물의 지표면
④ 건축물의 1층 바닥면

4. 다음과 같은 건축물의 전면도로에 의한 높이제한 기준 적용높이로 옳은 것은?

① 10m
② 8m
③ 6m
④ 4m

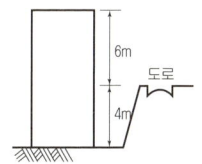

■■■ 일조권제한(법 제61조)에 의한 높이

5. 일반 주거지역내에서 정북방향 인접 대지와 고저차가 있는 그림과 같은 건축물의 A점까지의 건축물높이로서 맞는 것은?

① 5m
② 6.5m
③ 7m
④ 8m

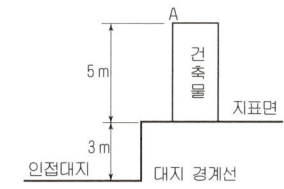

[해설] 건축물의 높이(H) 산정
건축물의 대지 지표면이 인접대지지표면보다 높은 경우에는 그 고저차의 1/2의 높이만큼 올라온 위치에 당해 지표면이 있는 것으로 본다.
① 건축물의 높이 : 5m
② 가상지표면 : $3 \times \frac{1}{2} = 1.5m$
H = ① + ② = 5m + 1.5m = 6.5m

해답   1. ②   2. ④   3. ①   4. ③   5. ②

6. 2동 이상의 공동주택을 건축하는 대지의 지표면에 고저차가 있는 경우 일조 등의 건축물의 높이 산정을 위한 지표면은 어느 것인가?

① 가장 낮은 부분의 지표면
② 가장 높은 부분의 지표면
③ 평균 지표면
④ 각 동의 지표면

7. 공동주택을 다른 용도와 복합하여 건축하는 경우 공동주택의 가장 낮은 부분을 지표면으로 하여 일조 등의 높이를 적용할 수 없는 지역은?

① 준공업지역   ② 일반주거지역
③ 준주거지역   ④ 근린상업지역

[해설] 전용주거지역, 일반주거지역이 아닌 지역에서 공동주택을 다른 용도와 복합하여 건축하는 경우 건축물의 지표면 산정시 공동주택의 가장 낮은 부분을 지표면으로 본다.

■■■ 반자높이

8. 다음 그림과 같은 거실의 반자높이는?

① 4m
② 3.8m
③ 3.6m
④ 3.5m

[해설] 반자높이(H) = $\dfrac{실의\ 단면적(A)}{실의\ 폭(l)}$

$= \dfrac{5 \times 4 - 2 \times (1 \times 1 \times 1/2)}{5} = 3.8m$

9. 그림과 같은 거실의 평균 반자높이는?

① 5.0m
② 4.6m
③ 4.5m
④ 4.3m

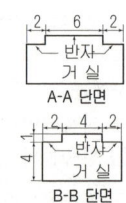

[해설] 반자높이(H)

$H = \dfrac{(8 \times 10 \times 4) + (6 \times 4 \times 1)}{8 \times 10} = 4.3$

■■■ 층수 등

10. 다음은 층수산정의 원칙 중 틀린 것은?

① 지하층은 층수 계산에서 제외
② 옥상층으로 건축면적의 1/8 이하인 경우 제외
③ 층의 구분이 명확치 않은 것은 4m마다 1개 층으로 산정함.
④ 건축물의 부분에 따라 층수가 다를 때는 도로에 인접 부분의 층수로 산정

[해설] 층수
① 거실 이외의 용도에 쓰이는 옥상부분(승강기탑, 계단탑, 망루, 장식탑, 옥탑 등)의 수평투영면적의 합계가 건축면적의 1/8(주택건설촉진법에 의한 사업계획승인대상 공동주택 중 세대별 전용면적이 85m² 이하인 경우는 1/6) 이하인 것은 층수에 산입하지 아니한다.
② 지하층은 층수에 산입하지 아니한다.
③ 층의 구분이 명확하지 아니한 건축물은 당해 건축물의 높이가 4m마다 하나의 층으로 산정한다.
④ 건축물의 부분에 따라 그 층수를 달리하는 경우에는 그 중 가장 많은 층수로 한다.

11. 건축법상 층의 구분이 명확하지 아니한 건축물의 층수를 산정함에 건축물의 높이 몇 미터마다 하나의 층으로 산정하는가?

① 2.4m   ② 3.0m
③ 4.0m   ④ 4.5m

12. 그림과 같은 건축물의 층수는? (단, 계단실의 수평투영면적은 건축면적의 1/6이다.)

① 6층
② 7층
③ 8층
④ 9층

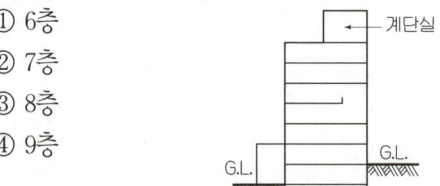

[해설] ① 지하층은 층수 산정에서 제외
② 건축면적의 1/8 이상이므로 계단실은 층수에 산정
따라서, 7층이다.

해답 6. ④ 7. ② 8. ② 9. ④ 10. ④ 11. ③ 12. ②

13. 다음 면적, 높이 등의 산정방법에 대한 설명 중 틀린 것은?

① 계단탑 및 옥상에 설치하는 물탱크는 바닥면적에 산입되지 아니한다.
② 용적률의 산정에 있어서는 지하층의 면적과 지상층의 주차용으로 사용되는 면적을 연면적에서 제외한다.
③ 지하 3층, 지상 6층 건축물의 층수는 9층이다.
④ 공동주택으로서 지상층에 설치한 기계실의 경우에는 당해부분을 바닥면적에 산입하지 아니한다.

[해설] 층수 산정에 지하층은 포함되지 않는다.

■■■ **건축물의 높이제한**

14. 가로구역별 건축물의 높이제한에 관한 설명 중 가장 부적당한 것은?

① 특별자치시장, 특별자치도지사 및 시장·군수·구청장은 가로구역을 단위로 건축물의 높이를 도시·군관리계획의 절차에 따라 지정·공고할 수 있다.
② 특별시장 또는 광역시장은 도시관리를 위하여 필요한 경우에는 그 높이를 특별시 또는 광역시의 조례로 정할 수 있다.
③ 특별자치시장, 특별자치도지사 및 시장·군수·구청장은 건축위원회의 심의를 거쳐 그 높이를 완화·적용할 수 있다.
④ 건축물의 높이 공고 전에 주민에게 공람한 후, 지방건축위원회의 심의를 거쳐야 한다.

[해설] 허가권자가 가로구역 단위의 건축물높이를 지정·공고할 때에는 건축법의 절차에 따라 지방건축위원회의 심의를 거쳐야 한다.

15. 허가권자가 가로구역별로 건축물의 높이를 지정하고자 할 때 고려하여야 할 사항이 아닌 것은?

① 도시·군관리계획 등의 토지이용계획
② 도시미관 및 경관계획
③ 장래도시인구 및 방재계획
④ 당해도시의 장래발전계획

[해설] 높이 지정기준
① 도시·군관리계획 등의 토지이용계획
② 당해 가로구역이 접하는 도로의 너비
③ 당해 가로구역의 상·하수도 등 시설의 수용능력
④ 도시미관 및 경관계획
⑤ 당해 도시의 장래발전계획

■■■ **일조등의 확보를 위한 건축물의 높이제한**

16. 일반주거지역내에서 그림과 같은 주택을 건축할 경우 인접대지경계선으로부터 띄어야 할 최소 거리 X는? (단, 9m 높이의 3층 주택임)

① 4.5m
② 3.0m
③ 1.5m
④ 0.5m

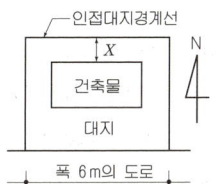

17. 일조 등의 확보를 위한 건축물의 높이제한에 있어서 관련이 없는 것은?

① 용도지역
② 건축물의 연면적
③ 정북방향 및 인접대지경계선
④ 건축물의 높이

[해설] 정북(정남)방향의 인접대지경계선으로부터 띄우는 거리

높이	인접대지 경계선으로부터 띄우는 거리
10m 이하인 부분	1.5m이상
10m를 초과하는 부분	당해 건축물 각 부분 높이의 1/2이상

[예외] 미관향상을 위한 너비 20m 이상의 도로 등에 접한 대지 상호간에 건축하는 건축물은 제외

해답 13. ③ 14. ① 15. ③ 16. ③ 17. ②

18. 정남방향의 인접대지 경계선으로부터 거리에 따라 건축물의 높이를 제한할 수 있는 지역, 지구, 구역이 아닌 것은?

① 국토의 계획 및 이용에 관한 법의 규정에 의한 농림지역
② 도시및주거환경정비법의 규정에 의한 정비사업구역
③ 택지개발촉진법의 규정에 의한 택지개발지구
④ 주택법의 규정에 의한 대지조성사업시행지구

해설 정남적용대상지역
1. 광역개발권역 및 개발촉진지역
2. 국가산업단지, 일반산업단지 및 농공단지
3. 도시개발구역
4. 주거환경개선지구 등

19. 일조 등의 확보를 위한 건축물의 높이제한에 관한 기술로서 적당하지 아니한 것은?

① 준주거지역내에서 공동주택과의 복합건축물의 경우, 공동주택의 가장 낮은 부분을 지표면으로 본다.
② 동일대지의 2동 이상의 공동주택에 있어서 그 대지 지표면에 고저차가 있는 경우 그 지표면의 평균 수평면을 높이 산정시의 지표면으로 본다.
③ 동일대지 안에서 2동 이상의 공동주택 측벽과 측벽이 마주보고 있을 경우 건축물 외벽간 거리는 4m 이상 띄운다.
④ 공동주택 각 부분의 높이는 채광을 위한 창문 등이 향하는 방향으로 인접대지 경계선까지의 수평거리의 2배 이하로 한다.

해설 동일대지 안의 2동 이상의 공동주택을 건축하는 경우에 그 대지의 지표면과 고저차가 있는 경우 : 각 동의 공동주택의 지표면을 건축물의 높이를 산정하기 위한 지표면으로 본다.

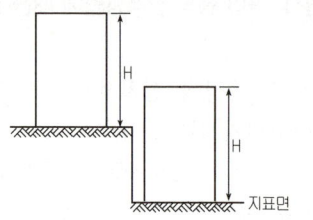
〈동일 대지내 2동 이상의 공동주택 축조인 경우〉

20. 동일한 대지 안에서 2동의 공동주택이 채광창이 없는 벽면과 측벽이 서로 마주보고 있을 때 일조등의 확보를 위해 건축조례에서 이들 사이를 서로 띄게 하는 최소 거리는?

① 4m ② 6m
③ 8m ④ 10m

해설 인동간 간격 규정

제 한 부 위	띄움거리 기준
• 인동간 간격	건축물 각 부분의 높이의 0.5배 이상을 띄운다.
• 채광창(창넓이 0.5m² 이상의 창을 말한다.)이 없는 벽면과 측벽이 마주보는 경우	8m이상을 띄운다.
• 측벽과 측벽이 마주보는 경우	4m 이상을 띄운다.

해답 18. ① 19. ② 20. ③

제 7 장 건축설비

출제경향분석

건축설비는 승강설비, 열손실방지와 각종설비 기준 등으로 구성되어 있으며, 조문의 기본적구성 체계는 설비대상 건축물과 해당설비의 설치 기술 기준 등으로 되어 있어, 수험생 입장에서는 대상 건축물의 범위를 암기하는 것에 많은 어려움이 따르는 것이 사실이나 대상건축물을 포기하는 것은 건축설비 규정의 1/2을 포기하는 것과 같다는 점을 인식하여 소홀함이 없어야 한다.

세부목차

1. 건축설비기준
2. 승강설비 등

1 건축설비기준

학습방향

국토교통부령에 의한 건축설비기준의 적용범위에 전기설비가 포함되지 않는다는 사항과 건축허가신청시 에너지절약계획서를 제출하여야 하는 대상 및 관계전문기술자의 협력을 받아야 하는 대상에 대한 정확한 구분이 필요하다.
- ◆ 지능형 건축물의 건축법 완화 적용조항 : 대지안의 조경, 용적률, 건축물의 높이
- ◆ 건축기계설비기술사의 설비설계협력대상 : 연면적 10,000㎡ 이상 (창고 제외)

1 건축설비기준

① 건축물에 설치하는 급수·배수·난방·환기·피뢰 등 건축설비의 설치에 관한 기술적 기준은 국토교통부령으로 정한다.
② 에너지 이용합리화와 관련된 건축설비와 기술적 기준에 관하여는 산업통상자원부장관과 협의하여 정한다.
③ 건축물에 설치하여야 하는 장애인관련시설 및 설비는 장애인·노인·임산부 등의 편의증진보장에 관한 법률이 정하는 바에 의한다.
④ 사업계획승인대상 공동주택 또는 바닥면적합계 5,000㎡ 이상인 업무시설, 숙박시설에는 과학기술정보부장관이 정하는 방송공동수신설비를 설치하여야 한다.
⑤ 연면적 500㎡ 이상인 경우에는 전기설비를 위한 배전공간을 다음과 같이 확보하여야 한다.

수전전압	전력수전 용량	확보면적
특고압 또는 고압	100kW 이상	가로 2.8m, 세로 2.8m
저압	75kW 이상~150kW 미만	가로 2.5m, 세로 2.8m
	150kW 이상~200kW 미만	가로 2.8m, 세로 2.8m
	200kW 이상~300kW 미만	가로 2.8m, 세로 4.6m
	300kW 이상	가로 2.8m 이상, 세로 4.6m 이상

학습POINT

■ 건축법이 정하는 설비기준의 범위
급수, 배수, 난방, 환기, 피뢰
※ 전기설비기준은 건축법에 의하지 않는다.

■ 방송공동수신 설비 설치대상
1. 공동주택
2. 5,000㎡ 이상인 업무시설
3. 5,000㎡ 이상인 숙박시설

2 지능형건축물

【1】 지능형건축물의 인증
① 국토교통부장관이 지능형건축물 인증제도를 실시한다.
② 국토교통부장관이 인증기관을 지정한다.

【2】 지능형건축물의 인증신청
당해 건축물의 건축주가 인증기관에 신청한다.

【3】 지능형건축물 인증기준
1. 인증기준 및 절차
2. 인증표시 홍보기준
3. 유효기간
4. 수수료
5. 인증등급 및 심사기준

【4】 지능형건축물 인증효력

완화조건	법 제42조(대지안의 조경)	$\frac{85}{100}$ 까지 적용
	법 제56조(용적률) 법 제60조(건축물의 높이제한)	$\frac{115}{100}$ 범위안에서 적용

3 관계전문기술자

【1】 관계전문기술자의 협력사유

(1) 설계자·공사감리자가 관계전문기술자의 협력을 받아야 하는 사유

내 용	사 유
대지의 안전	1. 대지의 안전 2. 건축설비의 설치설계 3. 건축물 구조상 안전 4. 설계, 공사감리시 안전상 필요한 경우 5. 관계법령이 정하는 경우 6. 계약 또는 감리계약에 의하여 건축주가 요청하는 경우
토지굴착부분에 대한 조치	
구조내력	
건축물의 피난시설·용도제한 등	
건축물의 내화구조·방화벽	
방화지구안의 건축물	
건축물의 내부마감재료	
건축설비의 기준	
승강기	
건축물의 열손실 방지 등	

■ 관계전문기술자
건축물의 구조·설비 등 건축물과 관련된 전문기술자격을 보유하고 설계 및 공사감리에 참여하여 설계자 및 공사감리자와 협력하는 자

(2) 절 차
① 협력한 관계전문기술자는 중감감리보고서 및 감리완료보고서에 설계자, 감리자와 함께 서명·날인해야 한다.
② 구조기술자가 확인한 구조설계도서는 설계자와 함께 서명·날인해야 한다.

【2】 관계전문기술사와의 협력

다음에 해당하는 경우에는 관계전문기술사의 협력을 받아야 한다.

관계전문기술자	건축물의 규모					협력사항	
1. 건축구조기술사	• 6층이상 건축물 • 경간 20m이상 건축물 • 무량판 구조인 층에서 기둥·내력벽의 전체 단면적 중 기둥 단면적이 1/4 이상인 건축물 • 다중이용 건축물 • 준다중이용건축물 • 내민구조 보·차양의 길이가 3m 이상인 건축물 • 3층 이상인 필로티 형식의 건축물 • 지진구역1 안의 중요도「특」인 건축물					• 구조안전의 확인	
2. 건축기계설비기술사 　공조냉동기술사 　건축전기설비기술사 　발송배전기술사 　가스기술사	① 연면적이 10,000㎡ 이상인 건축물 (창고시설 제외한 모든 용도 해당)					• 전기, 피뢰침, 승강기 전기분야	• 건축전기설비기술사 • 발송배전기술사
	② 에너지를 대량으로 소비하는 건축물	1. 냉동냉장시설·항온항습시설 또는 특수 청정시설로서 당해용도에 사용되는 바닥면적의 합계가 500㎡ 이상인 건축물				• 급수, 배수, 환기, 냉방, 난방, 오물처리설비 등	• 건축기계설비기술사 • 공조냉동기계기술사
		2.	• 아파트 및 연립주택				
		3.	• 목욕장 • 실내수영장 • 실내물놀이형 시설	용도 바닥면적 합계 500㎡			
		4.	• 기숙사(공동주택 중) • 의료시설 • 유스호스텔 • 숙박시설	용도 바닥면적 합계 2,000㎡		• 가스	• 가스기술사 • 건축기계설비기술사 • 공조냉동기계기술사
		5.	• 연구소 • 업무시설 • 판매시설	용도 바닥면적 합계 3,000㎡			
		6.	• 문화 및 집회시설(동·식물원 제외) • 종교시설 • 장례식장 • 교육연구시설(연구소 제외)	용도 바닥면적 합계 10,000㎡			
3. 토목시공기술사 　토목구조기술사 　토질 및 기초기술사 　지질 및 지반기술사	• 깊이 10m 이상 토지굴착공사 • 높이 5m 이상의 옹벽 등 공사					• 지질조사 • 토공사의 설계 및 감리 • 흙막이벽·옹벽설치 등에 관한 방지 및 기타 필요한 사항	

【3】 관계전문기술자의 자격

1. 기술사사무소를 개설등록한 자	기술사법에 따른 벌칙을 받은 후 2년이 경과되지 아니한 자는 제외한다.
2. 건설엔지니어링 사업자로 등록한 자	
3. 엔지니어링사업자의 신고한 자	
4. 설계업 및 감리업으로 등록한 자	

【4】 공사감리시 구조기술사의 협력

고층건물의 공사감리자는 감리업무수행 중에 건축물의 구조에 영향을 미치는 설계변경 등의 경우에는 건축구조기술사의 협력을 받아야 한다.

4 중앙집중 냉방방식

	용 도	규 모	설 계 기 준
①	• 목욕장(제1종 근린생활시설 중) • 실내물놀이형 시설 • 실내수영장(운동시설 중)	용도 바닥면적의 합계 1,000m² 이상	산업통상자원부장관이 국토교통부장관과 협의하여 정하는 바에 따라 축냉식 또는 가스 등을 이용할 중앙집중 냉방방식으로 하여야 한다.
②	• 기숙사(공동주택 중) • 의료시설 • 유스호스텔(수련시설 중) • 숙박시설	용도 바닥면적의 합계 2,000m² 이상	
③	• 연구소(교육연구시설 중) • 업무시설 • 판매시설	용도 바닥면적의 합계 3,000m² 이상	
④	• 문화 및 집회시설(동・식물원 제외) • 종교시설 • 장례식장 • 교육연구시설(연구소 제외)	용도 바닥면적의 합계 10,000m² 이상	

5 재료 등의 기준 관리

① 국토교통부장관은 기후 변화나 건축기술의 변화 등에 따라 건축물의 구조 및 재료 등에 관한 사항을 검토하는 모니터링을 3년마다 실시하여야 한다.

② 국토교통부장관은 다음과 같은 전문기관을 지정하여 건축모니터링을 하게 할 수 있다.

1. 인력	건축분야 기사 이상의 자격을 갖춘 인력 5명 이상
2. 조직	전담조직 편성

핵 심 문 제

■■■ 건축설비기준

1 다음과 같은 경우 연면적 1,000m²인 건축물의 대지에 확보하여야 하는 전기설비 설치공간의 면적기준은?

- 수전전압: 저압
- 전력수전 용량: 200kW

① 가로 2.5m, 세로 2.8m
② 가로 2.5m, 세로 4.6m
③ 가로 2.8m, 세로 2.8m
④ 가로 2.8m, 세로 4.6m

2 방송 공동수신설비를 설치하여야 하는 대상 건축물에 속하지 않는 것은?

① 공동주택
② 바닥면적의 합계가 5000m² 이상으로서 업무시설의 용도로 쓰는 건축물
③ 바닥면적의 합계가 5000m² 이상으로서 판매시설의 용도로 쓰는 건축물
④ 바닥면적의 합계가 5000m² 이상으로서 숙박시설의 용도로 쓰는 건축물

■■■ 관계전문기술자 협력

3 건축물을 건축하는 경우 해당 건축물의 설계자가 국토교통부령으로 정하는 구조기준 등에 따라 그 구조의 안전을 확인할 때, 건축구조기술사의 협력을 받아야 하는 대상 건축물 기준으로 틀린 것은?

① 다중이용건축물
② 6층 이상인 건축물
③ 3층 이상의 필로티형식 건축물
④ 기둥과 기둥 사이의 거리가 10m 이상인 건축물

4 건축기계설비기술사의 협력 대상 건축물의 기준에서 틀린 것은?

① 연면적의 합계가 500m²인 목욕장
② 연면적의 합계가 2,000m²인 숙박시설(중앙집중식 냉·난방설비 설치)
③ 연면적의 합계가 1,000m²인 실내수영장
④ 연면적의 합계가 2,000m²인 판매시설(중앙집중식 냉·난방설비 설치)

해 설

해설 1

수전전압	전력수전 용량	확보면적
특고압 또는 고압	100kW 이상	가로 2.8m, 세로 2.8m
저압	75kW 이상 ~150kW 미만	가로 2.5m, 세로 2.8m
	150kW 이상 ~200kW 미만	가로 2.8m, 세로 2.8m
	200kW 이상 ~300kW 미만	가로 2.8m, 세로 4.6m
	300kW 이상	가로 2.8m 이상, 세로 4.6m 이상

해설 2

방송 공동수신설비 설치 대상 건축물
1. 공동주택
2. 바닥면적합계 5,000m² 이상인 업무시설, 숙박시설

해설 3

설계자의 구조확인시 건축구조기술사 협력대상
① 6층이상 건축물
② 경간 20m이상 건축물
③ 다중이용 건축물
④ 준다중이용건축물
⑤ 내민구조 보·차양의 길이가 3m 이상인 건축물
⑥ 3층 이상인 필로티 형식의 건축물
⑦ 지진구역1 안의 중요도 「특」인 건축물
⑧ 무량판 구조인 층에서 기둥 단면적 1/4 이상인 건축물

해설 4

판매시설의 경우 3,000m² 이상인 경우

정답 1.④ 2.③ 3.④ 4.④

5 건축물에 가스, 급수, 배수, 환기설비를 설치하는 경우 건축기계설비기술사 또는 공조냉동기계기술사의 협력을 받아야 하는 대상 건축물에 속하지 않는 것은?

① 기숙사로서 해당 용도에 사용되는 바닥면적의 합계가 2,000m²인 건축물
② 판매시설로서 해당 용도에 사용되는 바닥면적의 합계가 2,000m²인 건축물
③ 의료시설로서 해당 용도에 사용되는 바닥면적의 합계가 2,000m²인 건축물
④ 숙박시설로서 해당 용도에 사용되는 바닥면적의 합계가 2,000m²인 건축물

6 급수·배수(配水)·배수(排水)·환기·난방 설비를 건축물에 설치하는 경우 관계전문 기술자(건축기계설비기술사 또는 공조냉동기계기술사)의 협력을 받아야 하는 대상 건축물에 속하지 않는 것은? (단, 해당 용도에 사용되는 바닥면적의 합계가 2,000m²인 건축물의 경우)

① 판매시설
② 연립주택
③ 숙박시설
④ 유스호스텔

7 건축물에 급수·배수·난방 및 환기설비를 설치하는 경우, 건축기계설비기술사 또는 공조냉동기계기술사의 협력을 받아야 하는 대상 건축물의 연면적 기준은? (단, 창고시설은 제외)

① 3,000m² 이상
② 5,000m² 이상
③ 10,000m² 이상
④ 15,000m² 이상

8 건축관계 공사의 관계 기술자와의 의무적 협력관계가 틀린 것은?

① 연면적 10,000m²의 중앙공급식 아파트 난방공사 - 건축기계설비기술사
② 깊이 9m의 토지굴착공사 - 토목분야 기술사
③ 높이 6m의 옹벽공사 - 토목분야 기술사
④ 연면적 10,000m²의 사무소 급배수 공사 - 공조냉동기계기술사

해 설

해설 5
판매시설 : 용도바닥면적 합계 3,000m² 이상

해설 7
연면적 10,000m² 이상인 경우 (창고시설 제외)

해설 8,9
토목분야 기술사 협력 대상
• 깊이 10m 이상의 토지굴착공사
• 높이 5m 이상의 옹벽공사

정답 5. ② 6. ① 7. ③ 8. ②

9 다음은 건축법령상 관계전문기술자와의 협력에 관한 기준 내용이다. (   ) 안에 알맞은 내용은?

> (   )를 수반하는 건축물의 설계자 및 공사감리자는 토지굴착 등에 관하여 국토교통부령이 정하는 바에 의하여 국가기술자격법에 의한 토목분야 기술사의 협력을 받아야 한다.

① 깊이 8m 이상의 토지굴착공사 또는 높이 3m 이상의 옹벽 등의 공사
② 깊이 8m 이상의 토지굴착공사 또는 높이 5m 이상의 옹벽 등의 공사
③ 깊이 10m 이상의 토지굴착공사 또는 높이 3m 이상의 옹벽 등의 공사
④ 깊이 10m 이상의 토지굴착공사 또는 높이 5m 이상의 옹벽 등의 공사

해 설

9. ④

출제예상문제

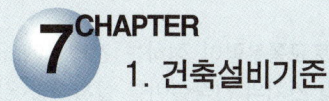

1. 건축설비기준

■■■ 건축설비기준

1. 건축법 및 건축물의 설비기준 등에 관한 규칙에 의한 건축설비가 아닌 것은?

① 오물처리설비
② 가스설비
③ 소화설비
④ 경보설비

[해설] 건축설비
① 건축물에 설치하는 전기, 전화, 가스, 급수, 배수(配水), 배수(排水), 환기, 난방, 소화, 배연설비
② 오물처리의 설비
③ 굴뚝, 승강기, 피뢰침, 국기게양대, 공동시청안테나, 유선방송수신시설, 우편물 수취함 등

2. 다음 중 건축법에서 정의하는 건축설비가 아닌 것은?

① 배연설비　　② 승강기
③ 주계단　　　④ 피뢰침

[해설] 주계단은 주요구조부로서 건축물의 부위에 해당된다.

■■■ 건축물의 에너지 이용

3. 지능형건축물에 대한 건축법 완화적용기준에 해당되지 않는 것은?

① 건축물의 용적률
② 건축물의 건폐율
③ 건축물 높이제한
④ 대지안의 조경

[해설] 완화기준

법 제42조(대지안의 조경)	$\frac{85}{100}$ 범위안에서 적용
법 제56조(용적률) 법 제60조(건축물의 높이제한)	$\frac{115}{100}$ 범위안에서 적용

■■■ 관계전문기술자

4. 건축 관계전문기술자에게 구조계산 등의 협력을 받아야 되는 대상이 아닌 것은?

① 층수가 5층 이상의 건축물
② 다중이용 건축물
③ 깊이 10m 이상의 토지굴착공사
④ 높이 5m 이상의 옹벽공사

[해설] 관계전문기술자의 협력을 받아야 하는 건축물

관계전문기술자	건축물의 규모	용　도
① 구조기술사	• 6층 이상 건축물 • 경간 20m 이상 건축물 • 다중이용 건축물 등	
② • 건축기계설비기술사 • 공조냉동기계기술사 • 가스기술사 등	• 연면적 10,000m² 이상	창고시설을 제외한 모든 건축물
	• 바닥면적의 합계 500m² 이상	냉동냉장시설, 항온항습시설, 특수청정시설
	• 에너지를 대량으로 사용하는 건축물	
③ 토목시공기술사, 토목구조기술사 등	• 깊이 10m 이상의 토지굴착공사 • 높이 5m 이상의 옹벽 등 공사	

5. 건축설계시 건축기계설비기술사 또는 공조냉동기계기술사의 협력을 받아야 하는 건축물은?

① 31층 이상의 건축물
② 연면적 10,000m² 이상인 건축물
③ 높이 41m 이상인 건축물
④ 기둥과 기둥사이가 30m 이상인 건축물

[해설] 일반원칙 : 연면적 10,000m² 이상의 건축물(창고시설 제외)

해답　1.④　2.③　3.②　4.①　5.②

6. 국토교통부령이 정하는 건축물에 급수·배수·난방 및 환기의 건축설비를 설치하는 경우에는 국토교통부령이 정하는 바에 의하여 국가기술자격법에 의한 건축기계설비기술사 또는 공조냉동기계기술사의 협력을 받아야 한다. 그 기준으로 적합한 것은?

① 연면적 5,000m² 이상인 건축물 또는 에너지를 대량으로 소비하는 건축물
② 연면적 10,000m² 이상인 건축물 또는 에너지를 대량으로 소비하는 건축물
③ 연면적 15,000m² 이상인 건축물 또는 에너지를 대량으로 소비하는 건축물
④ 연면적 20,000m² 이상인 건축물 또는 에너지를 대량으로 소비하는 건축물

7. 연면적 10,000m² 이상인 건축물의 설비설계시 건축기계설비기술사 또는 공조냉동기계기술사의 협력 대상분야가 아닌 것은?

① 가스
② 피뢰침
③ 난방
④ 소화

해설 전기전문기술사 협력범위

기술자격	설비분야
• 건축전기설비기술사 • 발송배전 기술사	전기, 피뢰침 및 승강기 (전기분야만 해당)

8. 건축법상 관계전문기술자와의 협력에 대한 규정 중 부적당한 것은?

① 깊이 10m 이상 토지굴착공사는 토목분야 기술사의 협력을 받아야 한다.
② 높이 5m 이상 옹벽공사 때 협력할 내용은 지질조사·토공사의 설계감리·흙막이벽·옹벽 설치 등에 관한 위해방지 등이다.
③ 관계전문기술자는 그가 작성한 설계도서·감리보고서에 설계자·감리자와 함께 서명날인을 해야 한다.
④ 구조기술사가 확인한 구조설계도서는 설계자·시공자와 함께 서명날인해야 한다.

해설 구조기술사는 설계자와 함께 서명날인한다.

9. 건축물의 설계자 및 공사감리자가 국가기술자격법에 의한 토목분야 기술사의 협력을 받아야 하는 토지굴착 등에 관한 공사의 기준은?

① 깊이 8m 이상의 토지굴착 또는 높이 3m 이상의 옹벽 등의 공사
② 깊이 8m 이상의 토지굴착 또는 높이 5m 이상의 옹벽 등의 공사
③ 깊이 10m 이상의 토지굴착 또는 높이 3m 이상의 옹벽 등의 공사
④ 깊이 10m 이상의 토지굴착 또는 높이 5m 이상의 옹벽 등의 공사

10. 기후변화나 건축기술의 변화 등에 따라 건축물의 구조 및 재료 등에 관한 기준의 적정여부를 검토하는 건축모니터링 기간으로 적정한 것은?

① 1년마다
② 2년마다
③ 3년마다
④ 5년마다

해설 국토교통부장관은 3년마다 건축모니터링을 실시하여야 한다.

해답 6. ② 7. ② 8. ④ 9. ④ 10. ③

2 승강설비 등

학습방향

6층 이상층 거실바닥면적의 합에 따라 설치하여야 하는 승용승강기 설치대상과 건축물 높이 31m를 넘는 부분 중 최대층 바닥면적에 따라 설치하는 비상용승강기의 설치기준을 정확히 학습하며, 이외의 배연설비, 피뢰설비 및 개별난방설비의 설비기준을 구분하여 정리하여야 한다.
- ◆ 비상용승강기 설치기준 : 31m를 초과하는 최대층 바닥면적을 기준으로 설치대수를 산정한다.
- ◆ 개별난방 오피스텔의 난방구획(내화구조의 벽·바닥) 개구부 : 60+, 60분 방화문
- ◆ 배연설비시 배연구의 최소면적 : 1m² 이상으로서 바닥면적의 1/100 이상
- ◆ 측면부 피뢰설비설치 대상 건축물 : 건축물 높이 60m 초과 건축물

1 승강기

【1】 승용승강기

(1) 승용승강기 설치대상

층수가 6층 이상으로서 연면적 2,000m² 이상인 건축물

예외 1. 층수가 6층인 건축물로서 각층 거실바닥면적 300m² 이내마다 1개소 이상 직통계단을 설치한 경우
2. 승용승강기가 설치되어 있는 건축물에 1개층을 증축하는 경우

(2) 승용승강기 설치기준

건축물의 용도 \ 6층이상의 거실면적의 합계(Am²)	3,000m² 이하	3,000m² 초과
• 공연장·집회장·관람장 • 판매시설 • 의료시설	2대	2대에 3,000m²를 초과하는 2,000m² 이내마다 1대의 비율로 가산한 대수이상
• 전시장 및 동·식물원 • 업무시설 • 위락시설 • 숙박시설	1대	1대에 3,000m²를 초과하는 2,000m² 이내마다 1대의 비율로 가산한 대수이상
• 기타시설	1대	1대에 3,000m²를 초과하는 3,000m² 이내마다 1대의 비율로 가산한 대수이상

비고 ※ 대수 산정시 8인승~15인승을 1대, 16인승 이상을 2대로 본다.
※ 대수 산정시 소수점 이하는 1대로 본다.

학습POINT

■ 승용승강기 설치기준이 가장 강화된 용도

• 공연장, 집회장, 관람장
• 판매시설
• 의료시설

■ 승용승강기 설치기준

용도	설치기준
• 공연장·집회장·관람장 • 판매시설 • 의료시설	$2대 + \dfrac{A - 3,000m^2}{2,000m^2}대$
• 전시장 및 동·식물원 • 업무시설 • 위락시설 • 숙박시설	$1대 + \dfrac{A - 3,000m^2}{2,000m^2}대$
• 기타시설	$1대 + \dfrac{A - 3,000m^2}{3,000m^2}대$

A : 6층 이상층 거실바닥면적의 합

(3) 승강기의 구조

승용승강기, 비상용승강기, 에스컬레이터의 구조는 「승강기 안전관리법」이 정하는 바에 의한다.

② 비상용승강기

(1) 비상용승강기 설치대상

대 상	예 외

높이 31m를 넘는 건축물	① 승용승강기를 비상용 승강기의 구조로 한 경우
	② 높이 31m를 넘는 부분이 다음에 해당하는 경우
	  1. 각층을 거실외의 용도로 쓰이는 건축물
	  2. 각층 바닥면적 합계가 500㎡ 이하인 건축물
	  3. 4개층 이하로서 당해 각층의 바닥면적합계 200㎡(500㎡)이내마다 방화구획한 건축물
	  ※ ( )안은 벽 및 반자가 실내에 접하는 부분의 마감을 불연재료로 한 경우임

■ 승강기 설치기준 면적의 구분

승용승강기	6층 이상 층 거실바닥면적의 합
비상용승강기	31m를 넘는 최대층 바닥면적

※ 거실바닥면적=층바닥면적×전용율

(2) 비상용승강기 설치기준

높이 31m를 넘는 각층의 바닥면적 중 최대바닥면적(A㎡)	설치대수	산정기준 (A면적은 31m를 넘는 층 중 최대바닥면적)
1,500㎡ 이하	1대이상	
1,500㎡ 초과	1대＋1,500㎡를 넘는 3,000㎡ 이내마다 1대씩 가산	$\dfrac{A-1,500㎡}{3,000㎡}+1$

비고 2대 이상의 비상용승강기를 설치하는 경우에는 화재시 소화에 지장이 없도록 일정한 간격을 유지할 것

(3) 비상용 승강기의 승강장 및 승강로의 구조

1) 비상용승강기의 승강장 구조
  ① 승강장은 건축물의 다른 부분과 내화구조의 바닥·벽으로 구획(창문·출입구 기타 개구부 제외)
    예외 공동주택의 경우에는 승강장과 특별피난계단의 부속실과의 겸용부분을 계단실과 별도로 구획하는 때에는 승강장을 특별피난계단의 부속실과 겸용할 수 있다.
  ② 승강장은 피난층을 제외한 각 층의 내부와 연결될 수 있도록 하되, 그 출입구(승강로의 출입구 제외)에는 60분+방화문 또는 60분 방화문을 설치할 것
  ③ 노대 또는 외부를 향하여 열 수 있는 창문이나 배연설비를 설치할 것
  ④ 벽 및 반자가 실내에 접하는 부분의 마감재료(마감을 위한 바탕포함)는 불연재료로 할 것
  ⑤ 채광이 되는 창문이 있거나 예비전원에 의한 조명설비를 할 것
  ⑥ 승강장의 바닥면적은 비상용승강기 1대에 대하여 6㎡ 이상으로 할 것
    예외 옥외에 승강장을 설치하는 경우

■ 비상용승강기 승강장구조
1. 일반건축물의 경우

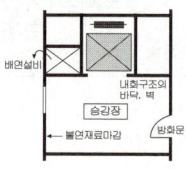

2. 공동주택의 경우

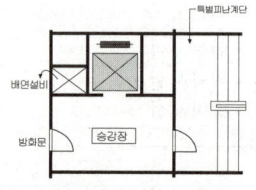

• 특별피난계단의 계단실과 별도로 구획하는 경우에는 승강장을 특별피난계단의 부속실과 겸용할 수 있다.

⑦ 피난층이 있는 승강장의 출입구(승강장이 없는 경우에는 승강로의 출입구)로 부터 도로 또는 공지에 이르는 거리가 30m 이하일 것
⑧ 승강장 출입구 부근의 잘 보이는 곳에 당해 승강기가 비상용승강기임을 알 수 있는 표시를 할 것

2) 비상용 승강기의 승강로 구조

1. 당해 건물의 다른 부분과 내화구조로 구획할 것
2. 전층을 단일구조로서 연결하여 설치할 것

■ 비상용 승강기 승강장 구조

• 출입구→도로	30m 이하
• 승강장 크기	6㎡/대당 (옥외승강장 제외)

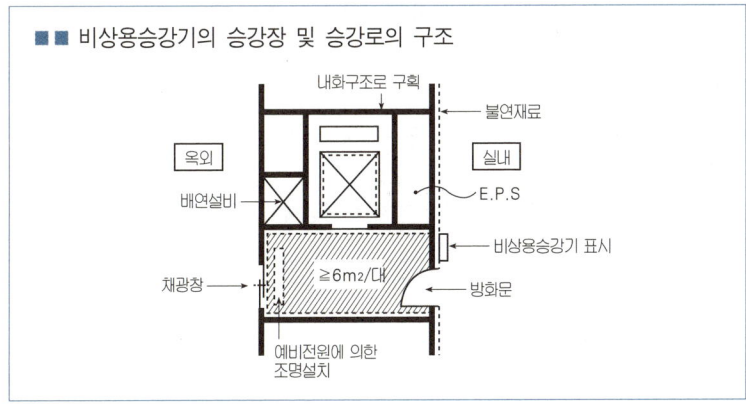

■■ 비상용승강기의 승강장 및 승강로의 구조

【3】 피난용 승강기

(1) 설치대상
고층건축물

(2) 설치기준
승용승강기 중 1대 이상

(3) 구조제한

1. 승강장	① 승강장의 출입구를 제외한 부분은 해당 건축물의 다른 부분과 내화구조의 바닥 및 벽으로 구획할 것
	② 승강장은 각 층의 내부와 연결될 수 있도록 하되, 그 출입구에는 60분+방화문 또는 60분 방화문을 설치할 것. 이 경우 방화문은 언제나 닫힌 상태를 유지할 수 있는 구조이어야 한다.
	③ 실내에 접하는 바닥, 벽 및 반자의 마감(마감을 위한 바탕을 포함한다)은 불연재료로 할 것
	④ 예비전원으로 작동하는 조명설비를 설치할 것
	⑤ 승강장의 바닥면적은 피난용승강기 1대에 대하여 6㎡ 이상으로 할 것
	⑥ 배연설비 또는 제연설비를 설치할 것

2. 승강로	① 승강로는 해당 건축물의 다른 부분과 내화구조로 구획할 것	
	② 각 층으로부터 피난층까지 이르는 승강로를 단일구조로 연결하여 설치할 것	
	③ 배연설비를 설치할 것	
3. 승강기 기계실	① 출입구를 제외한 부분은 해당 건축물의 다른 부분과 내화구조의 바닥 및 벽으로 구획할 것	
	② 출입구에는 60분+방화문 또는 60분 방화문을 설치할 것	
4. 전용예비 전원	① 정전시 피난용승강기, 기계실, 승강장 및 폐쇄회로 텔레비전 등의 설비를 작동할 수 있는 별도의 예비전원 설비를 설치할 것	
	② 예비전원은 초고층 건축물의 경우에는 2시간 이상, 준초고층 건축물의 경우에는 1시간 이상 작동이 가능한 용량일 것	
	③ 상용전원과 예비전원의 공급을 자동 또는 수동으로 전환이 가능한 설비를 갖출 것	
	④ 전선관 및 배선은 고온에 견딜 수 있는 내열성 자재를 사용하고, 방수조치를 할 것	

2 개별난방설비

【1】개별난방설비 기준

공동주택과 오피스텔의 난방설비를 개별난방방식으로 하는 경우에는 다음의 기준에 적합하여야 한다.

구 분	구조 및 설치내용
1. 보일러설치 위치	• 거실외의 곳에 설치 • 보일러실과 거실사이는 내화구조의 벽으로 구획(출입구 제외)
2. 보일러실의 환기	• 윗부분에 0.5m² 이상의 환기창 설치 • 지름 10cm 이상의 공기흡입구 및 배기구를 항상 개방상태로 외기에 접하도록 설치할 것 예외 전기보일러의 경우는 제외
3. 보일러실과 거실 사이의 출입구	• 출입구가 닫힌 경우에는 보일러가스가 거실에 들어갈 수 없는 구조로 할 것
4. 기름저장소	기름보일러의 기름저장소는 보일러실 외의 곳에 설치할 것
5. 보일러 연도	내화구조로서 공동연도로 설치할 것
6. 오피스텔난방 구획	방화구획으로 구획할 것

【2】 가스보일러에 의한 난방설비를 설치하고 가스를 중앙집중공급 방식을 공급하는 경우

① 상기【1】의 규정에도 불구하고 가스관계법령에 정하는 기준에 의한다.
② 오피스텔의 경우에는 난방구획마다 내화구조로 된 벽·바닥과 60분+방화문 또는 60분 방화문으로 된 출입문으로 구획한다.

3 배연설비

【1】 거실에 설치하는 배연설비기준

■ 배연설비 설치장소
- 6층이상 건축물의 특정용도 거실
- 특별피난계단의 전실 비상용승강기의 승강장

■ 배연창의 위치

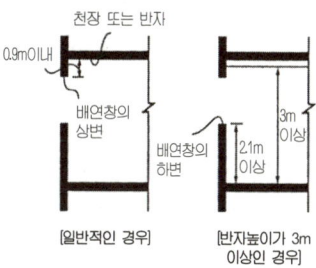

[일반적인 경우] [반자높이가 3m 이상인 경우]

규모	건축물의 용도	구분	구 조 기 준
① 6층 이상의 건축물	• 문화 및 집회시설 • 의료시설 • 운동시설 • 숙박시설 • 관광휴게시설 • 종교시설 • 운수시설 • 판매시설 • 연구소 • 아동관련시설 • 노인복지시설 • 유스호스텔 • 업무시설 • 위락시설 • 장례식장 • 다중생활시설(제2종 근린생활시설)	배연창의 위치	건축물에 방화구획이 설치된 경우 - 그 구획마다 1개소 이상의 배연창을 설치하되 배연창의 상변과 천장 또는 반자로부터 수직거리가 0.9m이내일 것 다만, 반자높이가 3m 이상인 경우 배연창의 하변이 바닥으로부터 2.1m 이상의 위치에 놓이도록 설치
		배연창의 유효면적	• 1m²이상으로서 바닥면적의 1/100 이상 예외 방화구획이 된 경우 거실바닥면적의 1/20이상으로 환기창을 설치한 거실의 바닥면적을 제외
② 모든 건축물	• 산후조리원 • 요양병원 • 정신병원 • 노인요양시설 • 장애인거주시설 • 장애인의료재활시설	배연구의 구조	• 연기감지기, 열감지기에 의해 자동으로 열 수 있는 구조로 하되 손으로 여닫을 수 있도록 할 것 • 예비전원에 의해 열 수 있도록 할 것
		기계식 배연설비	• 소방관계법령의 규정을 따른다.

예외 피난층의 경우 제외한다.

【2】특별피난계단 및 비상용·피난용승강기의 승강장 등에 설치하는 배연설비구조기준

구 분		구조기준
1. 배연구 및 배연풍도		불연재료로 하고, 화재가 발생한 경우 원활하게 배연시킬 수 있는 규모로서 외기 또는 평상시에 사용하지 아니하는 굴뚝에 연결할 것
2. 배연구 구조		배연구에 설치하는 수동개방장치 또는 자동개방장치는 손으로도 열고 닫을 수 있도록 할 것
		평상시에는 닫힌 상태를 유지하고, 연 경우에는 배연에 의한 기류로 인하여 닫히지 아니하도록 할 것
		배연구가 외기에 접하지 아니하는 경우에는 배연기를 설치할 것
3. 배연기	개폐 방식	배연구의 열림에 따라 자동적으로 작동하고, 충분한 공기배출 또는 가압능력이 있을 것
	전원	예비전원을 설치할 것
4. 공기유입방식		급기 가압방식 또는 급·배기방식으로 하는 경우 소방관계법령의 규정에 따를 것

【3】공동주택 등의 환기설비기준 대상

대 상		환기기준
•30세대 이상 공동주택 •주택이 30세대 이상이 되는 복합건축물	•신축 •리모델링	0.5회이상/시간당

【4】건축물의 냉방시설·환기시설 배기구 위치제한

상업지역, 주거지역에서 도로에 면한 배기구는 도로면으로부터 2m 이상의 위치에 설치하여야 한다.

4 배관설비

【1】설비기준

배관구분	기　　　준
① 급수·배수용 배관설비	• 배관설비를 콘크리트에 묻는 경우 부식의 우려가 있는 재료는 부식방지조치를 할 것 • 건축물의 주요부분을 관통하여 배관하는 경우에는 건축물의 구조내력에 지장이 없도록 할 것 • 승강기의 승강로 안에는 승강기의 운행에 필요한 배관설비외의 배관설비를 설치하지 아니할 것 • 압력탱크 및 급탕설비에는 폭발 등의 위험을 막을 수 있는 시설을 설치할 것
② 배수용 배관설비	• ①항의 구조기준에 충족할 것 • 배관설비의 오수에 접하는 부분은 내수재료를 사용할 것 • 우수관과 오수관은 분리하여 배관할 것 • 콘크리트 구조체에 배관을 매설하거나 배관이 콘크리트 구조체를 관통할 경우에는 구조체에 덧관을 미리 매설하는 등 배관의 부식을 방지하고 그 수선 및 교체가 용이하도록 할 것
③ 먹는 물용 배관설비	• ①항의 구조기준에 충족할 것 • 먹는 물 배관설비는 다른 용도의 배관설비와 직접연결하지 아니할 것 • 먹는 물의 급수관의 지름은 건축물의 용도 및 규모에 적정한 규격이상으로 할 것

【2】주거용 건축물의 급수관 지름

주거용 건축물은 당해 배관에 의하여 급수되는 가구수 또는 바닥면적의 합계에 따라 다음의 기준에 적합한 지름의 관으로 배관하여야 한다.

주거바닥면적에 따른 가구수	가구 또는 세대수	급수관 지름의 최소기준(mm)
1. 바닥면적 85m² 이하 : 1가구	1	15
2. 바닥면적 85m² 초과 150m² 이하 : 3가구	2~3	20
3. 바닥면적 150m² 초과 300m² 이하 : 5가구	4~5	25
	6~8	32
4. 바닥면적 300m² 초과 500m² 이하 : 16가구	9~16	40
5. 바닥면적 500m² 초과 : 17가구	17이상	50

예외 기구압력 0.7kg/cm² 이상일 경우 위 기준을 적용하지 않을 수 있다.

■ 급수관 단열재 두께

관경(mm, 외경) 설계용외기온도(°C)	20미만	200상~50미만
-10 미만	200	50
-5미만 ~ -10	100	40
0미만 ~ -5	40	25
0°C 이상유지	20	

5 물막이설비

다음에 해당되는 건축물에는 침수를 방지할 수 있는 물막이판 등을 설치하여야 한다.

구분	내용
1. 대상 건축물	• 방재지구 • 행정안전부장관의 고시 지역 중 바닥이 지표면 아래에 있는 건축물
2. 물막이설비 기준	• 건축물의 이용 및 피난에 지장이 없는 구조일 것 • 그 밖에 국토교통부장관이 정하여 고시하는 기준에 적합하게 설치할 것
3. 설치위치	• 지하층 및 1층 출입구(주차장 출입구 포함)

6 피뢰설비

【1】설치대상 : 높이 20m 이상의 건축물(공작물 포함) 또는 낙뢰의 우려가 있는 건축물

【2】피뢰설비의 구조기준

구 분	구 조 기 준	
1. 돌침의 설치	건축물의 맨 윗부분으로부터 25cm 이상 돌출할 것	
2. 피뢰설비 최소단면적 (피복이 없는 동선 기준)	• 수뢰부 • 인하도선 • 접지극	$50mm^2$ 이상
3. 측면 낙뢰방지 (60m초과 건축물)	• 60m 초과시	지면에서 건축물높이의 4/5되는 지점부터 측면에 수뢰부를 설치할 것
	• 150m 초과시	120m 지점부터 최상단까지의 측면에 수뢰부를 설치할 것
4. 철골(철근) 구조체를 인하도선으로 사용할 경우의 전기저항	• 구조체의 상단부와 하단부 사이의 전기저항을 0.2Ω(옴)이하로 할 것 • 전기적 연속성이 보장될 것	

핵 심 문 제

■■■ 승용승강기

1 다음은 승용 승강기의 설치에 관한 기준 내용이다. 밑줄 친 "대통령령으로 정하는 건축물"에 대한 기준 내용으로 옳은 것은?

> 건축주는 6층 이상으로서 연면적이 2천m² 이상인 건축물(대통령령으로 정하는 건축물은 제외한다)을 건축하려면 승강기를 설치하여야 한다.

① 층수가 6층인 건축물로서 각 층 거실의 바닥면적 300m² 이내마다 1개소 이상의 직통계단을 설치한 건축물
② 층수가 6층인 건축물로서 각 층 거실의 바닥면적 500m² 이내마다 1개소 이상의 직통계단을 설치한 건축물
③ 층수가 10층인 건축물로서 각 층 거실의 바닥면적 300m² 이내마다 1개소 이상의 직통계단을 설치한 건축물
④ 층수가 10층인 건축물로서 각 층 거실의 바닥면적 500m² 이내마다 1개소 이상의 직통계단을 설치한 건축물

[해설] **1** 승용승강기 예외규정
① 층수가 6층인 건축물로서 각층 거실바닥면적 300m² 이내마다 1개소 이상 직통계단을 설치한 경우
② 승용승강기가 설치되어 있는 건축물에 1개층을 증축하는 경우

2 승용승강기 설치 대상 건축물에서 승용승강기 설치 대수 산정에 직접적으로 이용되는 것은?

① 5층 이상의 바닥면적의 합계
② 6층 이상의 바닥면적의 합계
③ 5층 이상의 거실면적의 합계
④ 6층 이상의 거실면적의 합계

3 다음 중 6층 이상의 거실면적의 합계가 3,000m²인 경우, 설치하여야 하는 승용승강기의 최소 대수가 다른 것은? (단, 8인승 승용승강기의 경우)

① 업무시설   ② 의료시설
③ 숙박시설   ④ 교육연구시설

4 6층 이상의 거실면적의 합계가 3,000m²인 경우, 건축물의 용도별 설치하여야 하는 승용승강기의 최소 대수가 옳은 것은? (단, 15인승 승강기의 경우)

① 업무시설 - 2대   ② 의료시설 - 2대
③ 숙박시설 - 2대   ④ 위락시설 - 2대

[해설] **3,4**
1. 의료시설, 판매시설
$$N_1 = 2 + \frac{3,000 - 3,000}{2,000} = 2대$$
2. 업무시설, 숙박시설, 위락시설
$$N_2 = 1 + \frac{3,000 - 3,000}{2,000} = 1대$$
3. 교육연구시설
$$N_3 = 1 + \frac{3,000 - 3,000}{3,000} = 1대$$
[6층 이상층 거실바닥면적의 합계가 3,000m² 이하인 경우 최소대수만 설치하면 된다.]

정답 1. ① 2. ④ 3. ② 4. ②

5 승용승강기의 설치대수를 가장 많이 하여야 하는 용도는?

① 문화 및 집회시설 중 관람장
② 문화 및 집회시설 중 전시장
③ 교육연구시설
④ 위락시설

6 승용승강기 설치기준에서 6층 이상의 거실면적의 합계가 같을 때 설치대수가 다르게 적용되는 기준은?

① 건축물의 용도
② 건축물의 층수
③ 건축물의 연면적
④ 건축물의 높이

7 각층 바닥면적 2,000m²인 지하 3층 지상 10층의 사무소 건축에 있어 필요한 최소 승용승강기의 대수는? (단, 지하 1, 2층은 주차장, 지상 10층은 기계실이며, 각층 전용율은 80%이다.)

① 2대　　　　② 3대
③ 4대　　　　④ 5대

8 각 층의 거실 바닥면적이 3,000m²인 지하 3층 지상 10층의 숙박시설을 건축하고자 할 때, 설치하여야 하는 승용승강기의 최소 대수는? (단, 24인승 승용승강기를 설치하는 경우)

① 3대　　　　② 4대
③ 5대　　　　④ 7대

9 6층 이상의 거실면적의 합계가 12,000m²인 전시장 시설에 설치해야 할 승용승강기의 최소대수는? (단, 8인승 승강기 기준)

① 4대　　　　② 5대
③ 6대　　　　④ 7대

10 각 층의 거실면적이 1,000m²인 15층 아파트에 설치하여야 하는 승용승강기의 최소 대수는? (단, 승용승강기는 11인승임)

① 2대　　　　② 3대
③ 4대　　　　④ 5대

해 설

[해설] 5 승용승강기 최소 설치
- 공연장, 집회장, 관람장
- 판매시설　　　　　 ⎤ 2대 이상
- 의료시설　　　　　 ⎦
- 기타시설 - 1대 이상

[해설] 6
승용승강기는 건축물의 용도에 따라 그 설치 대수 기준이 달라진다.

[해설] 7
- 6층 이상층 거실바닥면적의 합 (A)
  A = 2,000 × 4개층(10층 기계실 제외) × 0.8 = 6,400m²
- 업무시설 승용승강기 설치대수 (N)

  $N = 1대 + \dfrac{6,400 - 3,000}{2,000} = 2.7대(3대)$

[해설] 8
승용승강기(N)
$= \dfrac{(3,000 \times 5) - 3,000}{2,000} + 1 \div 2 = 3.5 ≒ 4대$

[해설] 9
$N = \dfrac{12,000 - 3,000}{2,000} + 1 = 5.5 ≒ 6대$

[해설] 10
승강기 설치대수(N)
$= \dfrac{1,000 \times (15-5) - 3,000}{3,000} + 1$
$= 3.3 ≒ 4대$

정답 5. ①　6. ①　7. ②　8. ②
　　　 9. ③　10. ③

■■■ 비상용승강기

11 비상용 승강기를 설치해야 하는 대상 건축물 기준으로 옳은 것은?

① 높이 6m를 초과하는 건축물
② 높이 16m를 초과하는 건축물
③ 높이 31m를 초과하는 건축물
④ 높이 41m를 초과하는 건축물

12 비상용 승강기에 대한 설명 중 옳지 않은 것은?

① 높이 31m를 초과하는 건축물에는 비상용 승강기를 설치하는 것이 원칙이다.
② 높이 31m를 넘는 각 층을 거실 외의 용도로 쓰는 건축물에는 비상용 승강기를 설치하지 아니할 수 있다.
③ 높이 31m를 넘는 각층의 바닥면적의 합계가 400m²인 건축물에는 비상용 승강기를 설치하지 아니할 수 있다.
④ 높이 31m를 넘는 층수가 5개층으로서 당해 각층의 바닥면적의 합계 300m² 이내마다 방화구획으로 구획한 건축물에는 비상용 승강기를 설치하지 아니할 수 있다.

13 비상용승강기를 설치하지 아니할 수 있는 건축물에 관한 기준 내용이다. ( ) 안에 알맞은 것은?

> 높이 (㉮)m를 넘는 층수가 (㉯)개층 이하로서 해당 각층의 바닥면적의 합계 200m² 이내마다 방화구획으로 구획한 건축물

① ㉮ 31, ㉯ 4
② ㉮ 31, ㉯ 3
③ ㉮ 41, ㉯ 4
④ ㉮ 41, ㉯ 3

14 비상용 승강기를 설치하여야 하는 건축물에서 높이 31m를 넘는 각 층의 바닥면적 중 최대 바닥면적이 2,000m²일 때 비상용 승강기의 최소 설치대수는?

① 1대
② 2대
③ 3대
④ 4대

15 높이 31m를 넘는 각 층의 바닥면적 중 최대 바닥면적이 5,000m²인 업무시설에 원칙적으로 설치하여야 하는 비상용 승강기의 최소 대수는?

① 1대
② 2대
③ 3대
④ 4대

해 설

해설 11
건축물높이 31m를 초과하는 경우에 비상용승강기를 설치한다.

해설 12, 13 비상용승강기 설치대상

대상	예 외
높이 31m를 넘는 건축물	① 승용승강기를 비상용 승강기의 구조로 한 경우 ② 높이 31m를 넘는 부분이 다음에 해당하는 경우 1. 각층을 거실외의 용도로 쓰이는 건축물 2. 각 층 바닥면적 합계가 500m² 이하인 건축물 3. 4개층 이하로서 당해 각층의 바닥면적합계 200m²(500m²) 이내마다 방화구획한 건축물 ※ ( )안은 벽 및 반자가 실내에 접하는 부분의 마감을 불연재료로 한 경우임

해설 14
비상용승강기 설치대수(31m 넘는 층 최대바닥면적이 1,500m² 초과인 경우)

$$N = \frac{2,000-1,500}{3,000}+1 = 1.16$$

∴ 2대 (소수올림)

해설 15

$$N = \frac{5,000-1,500}{3,000}+1 = 2.16$$

∴ 3대 (소수올림)

정답
11. ③ 12. ④ 13. ① 14. ②
15. ③

16 비상용승강기의 승강장 및 승강로의 구조에 관한 규정에 기술되어 있지 아니한 것은?

① 승강장의 구조
② 승강로의 구조
③ 승강장의 바닥면적
④ 승강로의 면적

해설 16
승강장의 면적은 대당 6m² 이상으로 하되 승강로의 면적은 제한된 규정이 없다.

17 비상용승강기 승강장의 구조에 관한 기준 내용으로 옳지 않은 것은?

① 승강장은 각층의 내부와 연결될 수 있도록 할 것
② 벽 및 반자가 실내에 접하는 부분의 마감재료는 불연재료로 할 것
③ 옥내 승강장의 바닥면적은 비상용승강기 1대에 대하여 5m² 이상으로 할 것
④ 피난층이 있는 승강장의 출입구로부터 도로 또는 공지에 이르는 거리가 30m 이하일 것

해설 17
옥내승강장면적은 비상용승강기 1대당 6m² 이상으로 한다.

18 비상용 승강기에 대한 내용 중 옳지 않은 것은?

① 높이 31m를 초과하는 건축물에는 승용승강기 외에 비상용 승강기를 추가로 설치하여야 한다.
② 높이 31m를 넘는 각 층을 거실 외의 용도로 쓰는 건축물에는 비상용 승강기를 설치하지 않아도 된다.
③ 높이 31m를 넘는 각층의 바닥면적의 합계가 500m² 이하인 건축물에는 비상용 승강기를 설치하지 않아도 된다.
④ 높이 31m를 넘는 층수가 4개층 이하로서 당해 각층의 바닥면적의 합계가 300m²이내마다 방화구획으로 구획한 건축물은 비상용 승강기를 설치하지 않아도 된다.

해설 18
200m² 이하로 방화구획되어 있을 때 제외된다.

19 다음은 비상용승강기 승강장의 구조에 관한 기준 내용이다. ( ) 안에 알맞은 것은?

> 피난층이 있는 승강장의 출입구로부터 도로 또는 공지에 이르는 거리가 ( ) 이하일 것

① 10m
② 20m
③ 30m
④ 40m

해설 19
출입구로부터 공지까지 이르는 거리 : 30m 이하

정답 16. ④ 17. ③ 18. ④ 19. ③

20 다음은 비상용 승강기의 설치에 관한 기준 내용이다. ( ) 안에 알맞은 것은?

승강장의 바닥면적은 승강기 1대당 ( )m² 이상으로 할 것

① 5
② 6
③ 8
④ 10

21 비상용승강기의 승강장 및 승강로 구조에 관한 기준 내용으로 옳지 않은 것은?

① 옥내 승강장의 바닥면적은 비상용승강기 1대에 대하여 6m² 이상으로 한다.
② 각 층으로부터 피난층까지 이르는 승강로를 단일구조로 연결하여 설치하여야 한다.
③ 피난층이 있는 승강장의 출입구로부터 도로 또는 공지에 이르는 거리가 30m 이하로 한다.
④ 승강장에는 배연설비를 설치하여야 하며 외부를 향하여 열 수 있는 창문 등을 설치하여서는 안된다.

22 비상용승강기 승강장의 구조 기준에 관한 내용으로 틀린 것은?

① 승강장은 각층의 내부와 연결될 수 있도록 한다.
② 벽 및 반자가 실내에 접하는 부분의 마감 재료는 불연재료로 하여야 한다.
③ 피난층에 있는 승강장의 경우 내부와 연결되는 출입구에는 방화문을 반드시 설치하여야 한다.
④ 옥내에 설치하는 승강장의 바닥면적은 비상용승강기 1대에 대하여 6m² 이상으로 하여야 한다.

■■■ **피난용승강기**

23 피난용승강기의 승강장 및 승강로의 구조에 관한 기준 내용으로 옳지 않은 것은?

① 승강장은 각 층의 내부와 연결되지 않도록 할 것
② 승강로는 해당 건축물의 다른 부분과 내화구조로 구획할 것
③ 승강장의 바닥면적은 피난용승강기 1대에 대하여 6m² 이상으로 할 것
④ 각 층으로부터 피난층까지 이르는 승강로를 단일구조로 연결하여 설치할 것

해 설

해설 21
비상용승강기 승강장에는 배연설비를 설치하거나 외부를 향하여 열 수 있는 창문 등을 설치하여야 한다.

해설 22
승강장 출입구는 60+방화문 또는 60분 방화문으로 설치하되 피난층은 제외한다.

해설 23
승강장은 각층의 내부와 연결될 수 있도록 하여야 한다.

정답 20. ② 21. ④ 22. ③ 23. ①

■■■ 개별난방

24 공동주택과 오피스텔의 난방설비를 개별난방방식으로 하는 경우의 기준으로 옳은 것은?

① 보일러는 거실 외의 곳에 설치하되, 보일러를 설치하는 곳과 거실 사이의 경계벽은 출입구를 제외하고는 방화구조의 벽으로 구획할 것
② 보일러실의 윗부분에는 그 면적이 0.3m² 이상인 환기창을 설치하고, 보일러실의 윗부분과 아랫부분에는 각각 지름 10cm 이상의 공기흡입구 및 배기구를 항상 열려 있는 상태로 바깥공기에 접하도록 설치할 것
③ 기름보일러를 설치하는 경우에는 기름저장소를 보일러실 외의 다른 곳에 설치할 것
④ 오피스텔의 경우에는 난방구획마다 방화구조로 된 벽·바닥과 60+방화문 또는 60분 방화문으로 된 출입문으로 구획할 것

25 공동주택과 오피스텔의 난방설비를 개별난방방식으로 하는 경우에 관한 기준 내용으로 옳은 것은?

① 보일러의 연도는 내화구조로서 공동연도로 설치할 것
② 공동주택의 경우에는 난방구획을 방화구획으로 구획할 것
③ 보일러실의 윗부분에는 그 면적이 1m² 이상인 환기창을 설치할 것
④ 기름보일러를 설치하는 경우에는 기름저장소를 보일러실에 설치할 것

26 공동주택의 난방설비를 개별난방방식으로 하는 경우에 대한 기준 내용으로 옳지 않은 것은?

① 보일러의 윗부분에는 그 면적이 0.5m² 이상인 환기창을 설치할 것
② 기름보일러를 설치하는 경우에는 기름저장소를 보일러실외의 다른 곳에 설치할 것
③ 보일러는 거실외의 곳에 설치하되, 보일러를 설치하는 곳과 거실 사이의 경계벽은 출입구를 제외하고는 내화구조의 벽으로 구획할 것
④ 보일러실의 환기를 위하여 윗부분과 아랫부분에 지름 8cm 이상의 공기흡입구 및 배기구를 항상 열려있는 상태로 바깥공기로 접하도록 설치할 것

27 공동주택과 오피스텔의 난방설비를 개별난방 방식으로 하는 경우 보일러실의 윗부분에는 그 면적이 0.5m² 이상인 환기창을 설치하고, 보일러실의 윗부분과 아랫부분에는 각각 지름 최소 얼마 이상의 공기 흡입구 및 배기구를 항상 열려있는 상태로 바깥공기에 접하도록 설치하여야 하는가?

① 5cm ② 10cm
③ 15cm ④ 20cm

해 설

[해설] 24
① 내화구조의 벽으로 구획
② 0.5m² 이상의 환기창 설치
④ 오피스텔에서는 내화구조의 벽, 바닥으로 구획하여야 한다.(공동주택 제외)

[해설] 25
공동주택의 경우 난방구획 규정 없음.

[해설] 26
공기흡입구·배기구의 크기 : 직경 10cm 이상

[해설] 27, 28 보일러실의 환기
1. 윗부분에 0.5m² 이상의 환기창 설치
2. 지름 10cm 이상의 공기흡입구 및 배기구를 항상 개방상태로 외기에 접하도록 설치할 것

정답 24. ③ 25. ① 26. ④ 27. ②

28 공동주택과 오피스텔의 난방설비를 개별난방방식으로 하는 경우, 보일러실의 윗부분에는 면적이 최소 얼마 이상인 환기창을 설치하여야 하는가? (단, 전기보일러가 아닌 경우)

① 0.5m²
② 0.7m²
③ 1m²
④ 1.2m²

29 다음은 오피스텔의 난방설비를 개별난방방식으로 하는 경우에 대한 설명이다. ( )안에 알맞은 내용은?

> 오피스텔의 경우에는 난방구획마다 내화구조로 된 벽·바닥과 ( )으로 된 출입문으로 구획할 것

① 1급 방화문
② 2급 방화문
③ 60분 방화문
④ 30분 방화문

해설 29
오피스텔은 난방구획마다 내화구조의 벽, 바닥, 60분+방화문 또는 60분 방화문인 방화구획으로 구획하여야 한다.

■■■ 배연설비

30 배연설비를 하여야 하는 건축물에 설치하여야 하는 배연창의 유효면적은?

① 0.5m² 이상으로서 바닥면적의 1/1,000 이상
② 1m² 이상으로서 바닥면적의 1/1,000 이상
③ 0.5m² 이상으로서 바닥면적의 1/100 이상
④ 1m² 이상으로서 바닥면적의 1/100 이상

해설 30
배연창의 면적은 1m² 이상으로서 바닥면적의 1/100 이상일 것 (방화구획이 설치된 경우에는 그 구획된 부분의 바닥면적을 말함. 바닥면적 산정시 1/20 이상 환기창을 설치한 거실바닥면적 제외)

31 6층 이상인 건축물에 배연설비를 설치하도록 규정한 것이 아닌 것은?

① 가족호텔의 객실
② 관광휴게시설의 관망탑
③ 학교의 교실
④ 의료시설의 병실

해설 31,32,33 배연설비 설치대상

건축물의 용도	규모	설치장소
• 문화 및 집회시설, 종교시설, 판매시설, 운수시설, 의료시설 • 연구소, 아동관련시설, 노인복지시설, 유스호스텔 • 운동시설, 업무시설, 숙박시설, 위락시설, 관광휴게시설	6층 이상의 건축물	거실

32 다음 중 거실에 배연설비를 설치하여야 하는 대상 건축물에 속하지 않는 것은? (단, 6층 이상인 건축물의 경우)

① 판매시설
② 종교시설
③ 교육연구시설 중 학교
④ 운수시설

정답 28. ① 29. ③ 30. ④ 31. ③ 32. ③

33 건축물의 거실(피난층의 거실 제외)에 국토교통부령으로 정하는 기준에 따라 배연설비를 설치하여야 하는 대상 건축물에 속하지 않는 것은?

① 6층 이상인 건축물로서 종교시설의 용도로 쓰는 건축물
② 6층 이상인 건축물로서 판매시설의 용도로 쓰는 건축물
③ 6층 이상인 건축물로서 방송통신시설 중 방송국의 용도로 쓰는 건축물
④ 6층 이상인 건축물로서 교육연구시설 중 연구소의 용도로 쓰는 건축물

34 6층 이상의 건축물로서 숙박시설에 쓰이는 거실에 설치하는 배연설비에 관한 기준 내용 중 옳지 않은 것은?

① 배연창의 유효면적은 최소 2㎡ 이상이어야 한다.
② 배연구는 연기감지기 또는 열감지기에 의하여 자동으로 열 수 있는 구조로 하되, 손으로도 열고 닫을 수 있도록 한다.
③ 관련 규정에 의하여 건축물에 방화구획이 설치된 경우에는 그 구획마다 1개소 이상의 배연창을 설치한다.
④ 배연구는 예비전원에 의하여 열 수 있도록 한다.

[해설] **34**
배연창의 유효면적은 1㎡ 이상으로서 바닥면적의 1/100 이상으로 한다.

35 특별피난계단 및 비상용 승강기의 승강장에 설치하는 배연설비의 구조에 관한 기준으로 옳지 않은 것은?

① 배연구 및 배연풍도는 난연재료로 하고, 화재가 발생한 경우 원활하게 배연시킬 수 있는 규모로서 외기 또는 평상시에 사용하는 굴뚝에 연결할 것
② 배연구에 설치하는 수동개방장치 또는 자동개방장치는 손으로도 열고 닫을 수 있도록 할 것
③ 배연구가 외기에 접하지 아니하는 경우에는 배연기를 설치할 것
④ 배연기에는 예비전원을 설치할 것

[해설] **35**
배연구 및 배연풍도는 외기 또는 평상시에 사용하지 아니하는 굴뚝에 연결하여야 한다.

36 특별피난계단 및 비상용승강기의 승강장에 설치하는 배연설비에 관한 기준 내용으로 옳지 않은 것은?

① 배연기에는 예비전원을 설치할 것
② 배연구가 외기에 접하지 아니하는 경우에는 배연기를 설치할 것
③ 배연기는 배연구의 열림에 따라 자동적으로 작동하고, 충분한 공기 배출 또는 가압능력이 있을 것
④ 배연구는 평상시에 열린 상태를 유지하고, 닫힌 경우에는 배연에 의한 기류로 인하여 열리지 아니하도록 할 것

[해설] **36** 배연구의 구조

1. 배연구에 설치하는 수동개방장치 또는 자동개방장치는 손으로도 열고 닫을 수 있도록 할 것
2. 평상시에는 닫힌 상태를 유지하고, 연 경우에는 배연에 의한 기류로 인하여 닫히지 아니하도록 할 것
3. 배연구가 외기에 접하지 아니하는 경우에는 배연기를 설치할 것

정답 33. ③ 34. ① 35. ① 36. ④

■■■ 환기설비

37 다음은 공동주택의 환기설비에 관한 기준 내용이다. (   ) 안에 알맞은 것은? (단, 공동주택의 세대수가 30세대 이상인 경우)

> 신축 또는 리모델링하는 공동주택은 시간당 (   ) 이상의 환기가 이루어질 수 있도록 자연 환기설비 또는 기계환기설비를 설치하여야 한다.

① 0.5회
② 1회
③ 1.2회
④ 1.5회

38 신축공동주택 등의 기계환기설비의 설치 기준이 옳지 않은 것은?

① 세대의 환기량 조절을 위하여 환기설비의 정격풍량을 3단계 또는 그 이상으로 조절할 수 있는 체계를 갖추어야 한다.
② 적정 단계의 필요 환기량은 신축공동주택 등의 세대를 시간당 0.3회로 환기할 수 있는 풍량을 확보하여야 한다.
③ 기계환기설비에서 발생하는 소음의 측정은 한국산업규격(KS B 6361)에 따르는 것을 원칙으로 한다.
④ 기계환기설비는 주방 가스대 위의 공기배출장치, 화장실의 공기배출 송풍기 등 급속 환기 설비와 함께 설치할 수 있다.

39 공동주택의 신축시 시간당 0.5회 이상의 환기가 이루어질 수 있도록 자연환기설비 또는 기계환기설비를 설치하여야 하는 공동주택의 규모 기준은? (단, 기숙사는 제외)

① 30세대 이상
② 50세대 이상
③ 100세대 이상
④ 150세대 이상

40 상업지역 및 주거지역에서 도로(막다른 도로로서 그 길이가 10m 미만인 경우 제외)에 접한 대지의 건축물에 설치하는 냉방시설의 배기구 설치 높이는?

① 도로면으로부터 1.5m 이상
② 도로면으로부터 2.0m 이상
③ 건축물 1층 바닥에서 1.5m 이상
④ 건축물 1층 바닥에서 2.0m 이상

해 설

해설 37, 38 공동주택 등의 환기시설 기준

대 상		환기기준
• 30세대 이상 공동주택	• 신축	0.5회 이상 /시간당
• 주택이 30세대 이상이 되는 복합건축물	• 리모델링	

해설 39
신축 또는 리모델링하는 다음의 어느 하나에 해당하는 주택 또는 건축물은 시간당 0.5회 이상의 환기가 이루어질 수 있도록 자연환기설비 또는 기계환기설비를 설치하여야 한다.
1. 30세대 이상의 공동주택
2. 주택을 주택 외의 시설과 동일건축물로 건축하는 경우로서 주택이 30세대 이상인 건축물

해설 40
냉방시설·환기시설의 배기구는 도로면으로부터 2m 이상의 위치에 설치한다.

정답 37. ① 38. ② 39. ① 40. ②

■■■ 배관설비

41 다음은 주거용 건축물의 급수관의 지름에 관한 것이다. 부적합한 것은?

① 가구 또는 세대수가 1일 때 급수관 지름의 최소기준은 15mm이다.
② 가구 또는 세대수가 7일 때 급수관 지름의 최소기준은 25mm이다.
③ 가구 또는 세대수가 18일 때 급수관 지름의 최소기준은 50mm이다.
④ 가구 또는 세대수의 구분이 불분명한 건축물에 있어서 주거에 쓰이는 바닥면적 85m² 초과 150m² 이하는 3가구로 산정한다.

42 주거에 쓰이는 바닥면적 합계가 200m²인 주거용 건축물에 배관하여야 할 급수관의 최소 지름은?

① 15mm
② 20mm
③ 25mm
④ 32mm

43 다음 중 9세대로 구성된 다세대주택에서 급수관 지름의 최소 기준은?

① 32mm
② 40mm
③ 50mm
④ 60mm

44 배관설비로서 배수용으로 쓰이는 배관설비의 기준으로 옳지 않은 것은?

① 배출시키는 빗물 또는 오수의 양 및 수질에 따라 그에 적당한 용량 및 경사를 지게 하거나 그에 적합한 재질을 사용할 것
② 우수관과 오수관은 분리하여 배관할 것
③ 배관설비의 오수에 접하는 부분은 방수재료를 사용할 것
④ 지하실 등 공공하수도로 자연배수를 할 수 없는 곳에는 배수용량에 맞는 강제배수시설을 설치할 것

해 설

해설 41
가구 또는 세대수가 6~8일 때 급수관 지름의 최소기준은 32mm이다.

해설 42 음용수 급수관의 직경
(주거용 건축물)

바닥면적	급수관 지름의 최소기준(mm)
85m² 이하	15
150m² 이하	20
300m² 이하	25
500m² 이하	40
500m² 초과	50

해설 43 주거용 건축물의 음용수용 배관지름

가구 또는 세대수	1	2·3	4·5	6~8	9~16	17이상
급수관 지름의 최소기준(mm)	15	20	25	32	40	50

해설 44
배관설비의 오수에 접하는 부분은 내수재료를 사용할 것

정답 41. ② 42. ③ 43. ② 44. ③

■■■ 피뢰설비

45 건축물의 설비기준 등에 관한 규칙에 따라 피뢰설비를 설치하여야 하는 대상 건축물의 높이 기준은?

① 10m 이상
② 20m 이상
③ 30m 이상
④ 40m 이상

해 설
[해설] **45** 피뢰설비 설치 대상 높이 20m 이상 건축물 또는 낙뢰의 우려가 있는 건축물

46 건축물에 설치하는 피뢰설비에 관한 기준으로 옳지 않은 것은?

① 측면 낙뢰를 방지하기 위하여 높이가 60m를 초과하는 건축물 등에는 지면까지 건축물 높이의 5분의 3이 되는 지점부터 상단부분까지의 측면에 수뢰부를 설치할 것
② 피뢰설비의 인하도선을 대신하여 철골조의 철골구조물과 철근콘크리트조의 철근구조체 등을 사용하는 경우에는 전기적 연속성이 보장될 것
③ 피뢰설비의 재료는 최소 단면적이 피복이 없는 동선을 기준으로 수뢰부, 인하도선, 접지극을 각각 50mm² 이상이거나 이와 동등 이상의 성능을 갖출 것
④ 돌침은 건축물의 맨 윗부분으로부터 25cm 이상 돌출시켜 설치할 것

[해설] **46**
건축물 높이의 4/5되는 지점부터 측면부 수뢰부를 설치한다.

47 다음의 피뢰설비에 관한 기준 내용 중 ( ) 안에 알맞은 것은?

> 피뢰설비의 재료는 최소 단면적이 피복이 없는 ( )을 기준으로 수뢰부, 인하도선, 접지극을 각각 50mm² 이상이거나 이와 동등 이상의 성능을 갖출 것

① 동선
② 철선
③ 크롬선
④ 니켈선

정답 45. ② 46. ① 47. ①

출제예상문제

CHAPTER 7 2. 승강설비 등

■■■ 승용승강기

1. 건축법상 승용승강기를 설치하여야 하는 대상건축물의 원칙적인 기준은?

① 건축물의 용도와 거실바닥면적
② 층수와 연면적
③ 층수와 거실바닥면적의 합계
④ 건축물의 용도와 연면적

[해설] 건축물의 용도와 연면적은 승용승강기의 설치기준과는 관계가 없다.

2. 6층 이상의 거실면적의 합계가 3,000m²일 때 건축물의 용도별 설치하여야 하는 승용승강기의 최소 대수 기준이 옳지 않은 것은?(단, 8인승 승용승강기 기준)

① 의료시설 중 병원 : 1대
② 숙박시설 : 1대
③ 업무시설 : 1대
④ 공동주택 : 1대

[해설] 6층 이상층 바닥면적의 합계가 3,000m²일 때 의료시설의 경우 최소 승용승강기 설치댓수는 2대 이상으로 하여야 한다.

3. 다음 중 승용승강기의 설치 대수를 가장 많이 하여야 하는 용도는? (단, 6층 이상의 거실면적의 합계가 3,000m²인 경우)

① 문화 및 집회시설 중 집회장
② 문화 및 집회시설 중 전시장
③ 업무시설
④ 위락시설

4. 6층 이상의 거실면적의 합계가 18,000m²인 의료시설에 설치해야 할 승용 승강기의 최소 대수는?

① 6대
② 7대
③ 8대
④ 10대

[해설] 승용승강기의 설치
① 설치 대상 : 층수가 6층 이상으로서 연면적 2,000m² 이상인 건축물
(예외 : 층수가 6층인 건축물로서 각층 거실 바닥면적 300m²이내마다 1개소 이상 직통계단을 설치한 경우)
② 설치 기준

건축물의 용도	6층 이상의 거실 면적의 합계	
	3,000m² 이하	3,000m² 초과
• 공연장 • 집회장 • 관람장 • 판매시설 • 의료시설	2대	2대에 3,000m² 초과하는 경우에는 그 초과하는 매 2,000m² 이내마다 1대의 비율로 가산한 대수
• 전시장 • 동·식물원 • 업무시설 • 숙박시설 • 위락시설	1대	1대에 3,000m² 초과하는 경우에는 그 초과하는 매 2,000m² 이내마다 1대의 비율로 가산한 대수
기타시설	1대	1대에 3,000m² 초과하는 경우에는 그 초과하는 매 3,000m² 이내마다 1대의 비율로 가산한 대수

비고) 승강기 대수 기준은 8인승 이상 15인승 이하의 승강기는 위표에 의한 1대의 승강기로 보고 16인승 이상의 승강기는 2대로 본다.

※ 의료시설(병원)의 경우 승용승강기의 설치 대수(N)

$N = 2대 + \dfrac{A - 3,000m^2}{2,000m^2}(대)$ A : 6층 이상 거실면적의 합계

$= 2대 + \dfrac{18,000 - 3,000}{2,000} = 9.5대(10대)$

5. 각층 거실바닥 면적이 2,000m²인 아파트의 승용승강기의 최소대수는? (단, 층수가 20층으로 10층과 20층은 기계실이고, 10인승 기준으로 한다.)

① 8대
② 9대
③ 10대
④ 11대

[해설] $N = \dfrac{2,000 \times 13 - 3,000}{3,000} + 1 = 8.6 ≒ 9대$

(승용승강기의 설치기준은 6층 이상층 거실바닥면적의 합으로 한다. 따라서, 기계실 바닥면적은 제외된다.)

해답 1. ② 2. ① 3. ① 4. ④ 5. ②

6. 각 층별 바닥면적이 2,000m²이고 그 중 6층 이상 층 거실면적의 합계가 15,000m²이며 층수가 15층인 병원에 16인승 승용승강기를 설치하려고 할 때 필요한 최소대수는 얼마인가?

① 4대　　　　　② 6대
③ 8대　　　　　④ 10대

해설 • $2 + \dfrac{15,000 - 3,000}{2,000} = 8$대(8~15인승 기준)
　　• 16인승 이상은 2대로 봄 : 8/2 = 4대

■■■ 비상용승강기

7. 다음 중 비상용승강기를 설치해야 하는 건축물은?

① 높이 31m를 넘는 각층을 거실외의 용도로 쓰는 건축물
② 높이 31m를 넘는 각층의 바닥면적 합계가 500m²인 건축물
③ 높이 31m를 넘는 5개층의 각층 바닥면적 합계 300m² 이내마다 방화구획한 건축물
④ 높이 31m를 넘는 방화구획된 4개층의 바닥면적 합계가 200m²인 건축물

해설 예외의 기준 : 31m를 넘는 부분이 다음의 경우일 때
1. 각층을 거실외의 용도로 쓰이는 건축물
2. 각층 바닥면적 합계가 500m² 이하인 건축물
3. 4개층 이하로서 당해 각층의 바닥면적 합계 200m²(벽 및 반자가 실내에 접하는 부분의 마감을 불연재료로 한 경우 500m²) 이내마다 방화구획한 건축물

8. 비상용 승강기를 설치하여야 하는 건축물에서 높이 31m를 넘는 각 층의 바닥면적 중 최대 바닥면적이 6,000m²일 때, 비상용 승강기의 최소설치대수는?

① 2대　　　　　② 3대
③ 4대　　　　　④ 5대

해설 $N = \dfrac{6,000 - 1,500}{3,000} + 1 = 2.5$

∴ 비상용승강기 3대를 설치하여야 한다.

9. 비상용승강기의 승강장 구조의 설명으로 틀린 것은?

① 승강장의 창문·출입구 기타 개구부를 제외한 부분은 당해 건축물의 다른 부분과 내화구조의 바닥 및 벽으로 구획할 것
② 벽 및 반자가 실내에 접하는 부분의 마감재료는 불연재료로 할 것
③ 승강장은 피난층을 제외한 각 층의 내부와 연결될 수 있도록 하되, 그 출입구에는 강화문을 설치할 것
④ 피난층이 있는 승강장의 출입구로부터 도로 또는 공지에 이르는 거리가 30m 이하일 것

해설 승강장은 피난층을 제외한 각 층의 내부와 연결될 수 있도록 하되, 그 출입구(승강로의 출구 제외)에는 60분+방화문 또는 60분 방화문을 설치할 것

10. 비상용승강기 승강장의 바닥면적은 비상용승강기 1대에 대하여 최소 얼마 이상으로 하여야 하는가?

① 5m²　　　　　② 6m²
③ 7m²　　　　　④ 8m²

해설 승강장바닥면적은 비상용승강기 1대에 대하여 6m² 이상으로 하여야 한다.

■■■ 피난용승강기

11. 건축법령상 피난용승강기의 설치기준으로 가장 부적합한 것은?

① 피난용승강기의 전용 예비전원은 초고층 건축물의 경우 정전시 1시간 이상 작동가능한 용량을 갖추어야 한다.
② 피난용승강기 승강로는 해당 건축물의 다른 부분과 내화구조로 구획해야 한다.
③ 피난용승강기 승강장의 바닥면적은 피난용 승강기 1대당 6m² 이상이어야 한다.
④ 피난용승강기 기계실의 출입구에는 60분+방화문 또는 60분 방화문을 설치해야 한다.

해답　6. ①　7. ③　8. ②　9. ③　10. ②　11. ①

[해설] 예비전원확보
- 초고층 건축물 : 2시간 이상
- 준초고층 건축물 : 1시간 이상

12. 피난용승강기 설치기준 중 가장 적당한 것은?
① 피난용승강기는 초고층건축물에 대하여만 설치한다.
② 비상용승강기중 1대 이상을 피난용승강기로 설치한다.
③ 승강장의 실내에 접하는 부분(바닥제외)은 불연재료로 마감한다.
④ 승강장의 바닥은 피난용승강기 1대당 6m² 이상으로 한다.

[해설] ① 피난용승강기는 고층건축물에 설치한다.
② 피난용승강기는 승용승강기 중 1대 이상으로 한다.
③ 바닥, 벽, 반자 등 실내에 면한 모든 부분을 불연재료로 마감한다.

■■■ 개별난방설비

13. 공동주택과 오피스텔의 난방설비를 개별난방 설비방식으로 하는 경우 설비기준에 규정되어 있지 아니한 것은?
① 보일러의 설치장소
② 보일러실의 환기
③ 보일러의 연도
④ 기름보일러에 의한 난방설비용 공급방식

[해설] ①-거실이외의 곳에 설치
②-윗부분에 면적 0.5m² 이상의 환기창 설치
③-보일러의 연도는 내화구조로서 공동연도를 설치할 것
④-근거없음

14. 오피스텔에 개별난방을 설치하는 기준으로 옳지 않은 것은?
① 보일러는 거실 외의 곳에 설치하되, 보일러를 설치하는 곳과 거실 사이의 경계벽은 출입구를 제외하고는 내화구조의 벽을 구획할 것

② 보일러실의 윗부분에는 그 면적이 1m² 이상인 환기창을 설치할 것
③ 보일러실의 윗부분과 아랫부분에는 지름 10cm 이상의 공기흡입구 및 배기구를 항상 열려있는 상태로 바깥 공기에 접하도록 설치할 것
④ 기름보일러를 설치하는 경우에는 기름저장소를 보일러실 외의 다른 곳에 설치할 것

[해설] 환기창의 면적은 0.5m² 이상으로 한다.

15. 공동주택과 오피스텔의 난방설비를 개별난방 설비방식으로 하는 경우 설치기준과 거리가 먼 것은?
① 보일러실의 윗부분에는 0.5m²이상인 환기창을 설치할 것
② 보일러를 설치하는 곳과 거실 사이의 경계벽은 출입구를 제외하고는 방화구조의 벽으로 구획할 것
③ 보일러의 연도는 내화구조로서 공동연도로 설치할 것
④ 기름보일러를 설치하는 경우에는 기름 저장소를 보일러실 외의 다른 곳에 설치할 것

[해설] 보일러실과 거실사이는 내화구조의 벽으로 구획한다.

■■■ 배연설비

16. 다음 중 6층 이상인 건축물의 거실에 반드시 배연설비의 설치를 하여야 하는 건축물의 용도가 아닌 것은?
① 도서관
② 숙박시설
③ 위락시설
④ 아동 관련시설

[해설] 배연설비 설치

건축물의 용도	규 모	설치장소
• 문화 및 집회시설, 판매시설, 의료시설 • 연구소, 아동관련시설, 노인복지시설, 유스호스텔 • 운동시설, 업무시설, 숙박시설, 위락시설, 관광휴게시설 등	6층 이상인 건축물	거실

해답 12. ④   13. ④   14. ②   15. ②   16. ①

17. 배연설비에 대한 기술 중 잘못된 것은?

① 배연풍도는 불연재료를 사용해야 한다.
② 배연구는 연기감지기에 의하여 자동으로 열 수 있는 구조로 하되, 손으로도 열고 닫을 수 있도록 한다.
③ 배연구는 예비전원에 의하여 열 수 있도록 한다.
④ 배연구의 유효면적은 1m² 이상으로서 그 면적의 합계가 당해 건축물의 바닥면적의 50분의 1 이상으로 한다.

[해설] 배연설비의 구조 기준
① 건축물에 방화구획이 설치된 경우에는 그 구획마다 1개소 이상의 배연창을 반자높이 3m 이상인 경우 바닥에서 2.1m 이상의 높이에 설치할 것
② 배연창의 면적은 1m² 이상으로서 바닥면적의 1/100 이상일 것(방화구획이 설치된 경우에는 그 구획된 부분의 바닥면적을 말함. 바닥면적 산정시 1/20 이상 환기창을 설치한 거실바닥면 제외)

18. 특별피난계단 및 비상용승강기의 승강장에 설치하는 배연설비의 구조기준으로 옳지 않은 것은?

① 배연구는 평상시에 열린 상태를 유지하고, 닫힌 경우에는 배연에 의한 기류로 인하여 열리지 아니하도록 할 것
② 배연구가 외기에 접하지 아니하는 경우에는 배연기를 설치할 것
③ 배연기는 배연구의 열림에 따라 자동적으로 작동하고 충분한 공기배출 또는 가압능력이 있을 것
④ 배연기에는 예비전원을 설치할 것

[해설] 배연구는 평상시에 닫힌 상태를 유지하여야 한다.

■■■ 환기설비 등

19. 다음은 공동주택에 설치하는 환기설비에 관한 기준 내용이다. (   )안에 알맞은 것은? (단, 30세대 이상의 공동주택이다.)

| 신축 또는 리모델링하는 공동주택은 시간당 (   )회 이상의 환기가 이루어질 수 있도록 자연환기설비 또는 기계환기설비를 설치하여야 한다. |

① 0.5   ② 0.7
③ 1.0   ④ 1.2

[해설] 30세대 이상 공동주택 신축, 리모델링시 환기기준 : 시간당 0.5회 이상

20. 다음은 건축물의 냉방설비에 관한 기준 내용이다. (   )안에 알맞은 것은?

| 상업지역 및 주거지역에서 건축법의 규정에 의한 도로(막다른 도로로서 그 길이가 10미터 미만인 경우를 제외한다)에 접한 대지의 건축물에 설치하는 냉방시설 및 환기시설의 배기구는 도로면으로부터 (   )이상의 높이에 설치하거나 배기장치의 열기가 보행자에게 직접 닿지 아니하도록 설치하여야 한다. |

① 0.5m   ② 1.0m
③ 1.5m   ④ 2.0m

[해설] 건축물의 냉방설비 배기구 위치제한
상업지역, 주거지역에서 도로(길이 10m 미만 막다른 도로제외)에 면한 배기구는 도로면으로부터 2m 이상의 위치에 설치하여야 한다.

■■■ 배관설비

21. 배관설비로서 배수용으로 쓰이는 배관설비의 기준으로 옳지 않은 것은?

① 배출시키는 빗물 또는 오수의 양 및 수질에 따라 그에 적당한 용량 및 경사를 지게할 것

해답 17. ④ 18. ① 19. ① 20. ④ 21. ③

② 배관설비에는 배수 트랩, 통기관을 설치하는 등 위생에 지장이 없도록 할 것
③ 우수관과 오수관을 하나로 하여 배관할 것
④ 배관설비의 오수에 접하는 부분은 내수재료를 사용할 것

[해설] 우수관과 오수관은 분리하여 배관할 것

22. 주거용 건축물의 바닥면적의 합계가 500m²를 초과할 경우 급수관 지름의 최소 기준으로 가장 적합한 것은?

① 25mm 이상
② 32mm 이상
③ 40mm 이상
④ 50mm 이상

[해설] ① 공급 세대수에 따른 급수관 지름

가구 또는 세대수	급수관 지름의 최소 기준(mm)
1	15
2~3	20
4~5	25
6~8	32
9~16	40
17 이상	50

② 가구 또는 세대의 구분이 불분명한 건축물에 있어서는 주거에 쓰이는 바닥면적의 합계에 따라 다음과 같이 가구수를 산정한다.

바닥면적	가구수
85m²이하	1가구
85m²초과 150m²이하	3가구
150m²초과 300m²이하	5가구
300m²초과 500m²이하	16가구
500m²초과	17가구

23. 주거용 건축물에서 음용수 급수관의 최소 지름은? (단, 가구수는 15가구이다.)

① 50mm   ② 40mm
③ 30mm   ④ 20mm

■■■ 물막이설비

24. 물막이판 등 물막이설비 설치 대상 건축물에 해당되는 것은?

① 방화지구내 건축물
② 방재지구내 건축물
③ 수변지구내 건축물
④ 경관지구내 건축물

[해설] 물막이설비대상 건축물
- 방재지구
- 행정안전부장관의 고시지역

■■■ 피뢰설비

25. 건축관계법규에 따라 피뢰설비를 설치하여야 하는 대상 건축물의 높이 기준으로 옳은 것은?

① 10m
② 20m
③ 25m
④ 30m

[해설] 건축물 높이 20m 이상 또는 낙뢰의 우려가 있는 건축물에는 피뢰설비를 설치한다.

26. 피뢰설비의 구조기준 중 옳지 않은 것은?

① 돌침은 건축물의 맨 윗부분으로부터 25cm이상 돌출할 것
② 50m초과하는 건축물에는 측면 낙뢰방지 수뢰부를 설치할 것
③ 철골구조체를 인하도선으로 사용할 경우 구조체의 상단부와 하단부사이의 전기저항을 0.2Ω 이하로 할 것
④ 수뢰부의 동선 단면적은 50mm² 이상으로 할 것

[해설] 측면 낙뢰방지대상 건축물 : 60m 초과 건축물

해답   22. ④   23. ②   24. ②   25. ②   26. ②

27. 접지극 단면적으로 옳은 것은?

① 20mm² 이상
② 30mm² 이상
③ 40mm² 이상
④ 50mm² 이상

28. 60m 초과하는 건축물의 측면 수뢰부 설치 위치로 옳은 것은?

① 건축물 높이의 2/3 위치부터 최상단까지
② 건축물 높이의 1/2 위치부터 최상단까지
③ 건축물 높이의 4/5 위치부터 최상단까지
④ 건축물 높이의 3/5 위치부터 최상단까지

해답 27. ④ 28. ③

MEMO

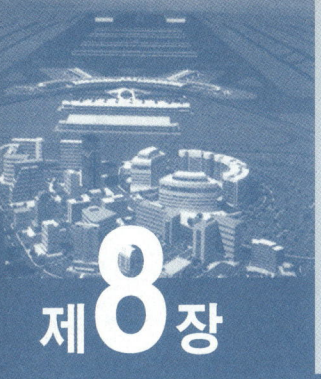

제8장 특별건축구역 등

출제경향분석

특별건축구역은 조화롭고 창의적인 건축물의 건축을 통하여 도시경관의 창출, 건설기술 수준향상 및 건축 관련 제도개선을 도모하기 위하여 이 법 또는 관계 법령에 따른 일부 규정을 적용하지 아니하거나 완화 또는 통합하여 적용할 수 있도록 특별히 지정하는 구역을 말한다.
따라서 특별건축구역, 특별가로구역 등의 지정절차와 건축법의 적용관계를 확인해 둘 필요가 있다.

세부목차

1. 특별건축구역
2. 특별가로구역
3. 건축협정
4. 결합건축

1 특별건축구역

학습방향

특별건축구역은 조화롭고 창의적인 건축물의 건축을 통하여 도시경관의 창출, 건설기술 수준향상 및 건축 관련 제도개선을 도모하기 위하여 국토교통부장관이 지정하는 구역으로서 다음과 같은 규정을 확인하여야 한다.
- ◆ 특별건축구역 지정 목적
- ◆ 특별건축구역 지정 대상 건축물
- ◆ 건축법의 적용배제 또는 통합설계 대상
- ◆ 특별가로구역 지정대상 및 특례
- ◆ 건축협정 대상, 협정내용 및 통합적용

1 특별건축구역

【1】특별건축구역의 지정

(1) 지정대상구역

대상 사업 구역		제외구역
(1) 관계 법령에 따른 국가 정책사업으로서 조화롭고 창의적인 건축을 위하여 지정하는 사업구역	1. 행정중심복합도시 안의 사업구역 2. 혁신도시 안의 사업구역 3. 경제자유구역 4. 택지개발사업구역 5. 공공주택지구 6. 도시개발구역 7. 국립아시아문화전당 건설사업구역 8. 지구단위계획구역 중 특별계획구역 등	• 개발제한 구역 • 자연공원 • 접도구역 • 보전산지
(2) 기타 사업 구역	1. 정비구역, 재정비촉진구역, 관광단지, 관광특구, 문화지구 2. 건축문화진흥을 위하여 국토교통부령으로 정하는 건축물 또는 공간환경을 조성하는 지역 3. 도시경관의 창출, 건설기술 수준향상 및 건축 관련 제도개선을 도모하기 위하여 특별건축구역의 지정이 필요하다고 국토교통부장관 또는 시·도지사가 인정하는 도시 또는 지역	

[비고] 군사기지 및 군사시설보호구역에서 특별건축구역을 지정할 때에는 지정권자가 국방부장관과 사전협의를 하여야 한다.

학습POINT

■ 특별건축구역 지정 목적 :
조화롭고 창의적인 건축물의 건축을 통하여 도시경관의 창출, 건설 기술 수준 향상 및 건축관련 제도개선을 도모하기 위함이다.

(2) 적용 대상건축물

1) 국가 등이 건축하는 다음의 건축물

1. 국가 또는 지방자치단체가 건축하는 건축물
2. 다음의 공공기관이 건축하는 건축물
   ① 한국토지주택공사　② 한국수자원공사　③ 한국도로공사
   ④ 한국철도공사　　　⑤ 국가철도공단　　⑥ 한국관광공사
   ⑦ 한국농어촌공사

2) 허가권자가 인정하는 다음의 건축물

용 도	규모 (연면적 또는 세대)
1. 문화 및 집회시설, 판매시설, 운수시설, 의료시설, 교육연구시설, 수련시설	2,000㎡ 이상
2. 운동시설, 업무시설, 숙박시설, 관광휴게시설, 방송통신시설	3,000㎡ 이상
3. 종교시설	-
4. 노유자시설	500㎡ 이상
5. 공동주택(복합건축물 포함)	100세대 이상
6. 단독주택	30동 이상
7. 한옥(한옥양식 포함)	10동 이상
8. 그 밖의 용도	1,000㎡ 이상

【2】 특별건축구역 지정절차

(1) 지정절차

지정신청기관	지정권자	지정절차
• 중앙행정기관의 장 • 시·도지사	국토교통부장관	지정신청이 접수된 날로부터 30일 이내에 건축위원회의 심의를 거쳐 지정한다.
• 시장, 군수, 구청장	특별시장, 광역시장, 도지사	

참고 특별건축구역의 지정 및 건축단계별 절차

(2) 지정해제

국토교통부장관 또는 시·도지사는 다음 각 호의 어느 하나에 해당하는 경우에는 특별건축구역의 전부 또는 일부에 대하여 지정을 해제할 수 있다.

1. 지정신청기관의 요청이 있는 경우
2. 거짓이나 그 밖의 부정한 방법으로 지정을 받은 경우
3. 특별건축구역 지정일로부터 5년 이내에 특별건축구역 지정목적에 부합하는 건축물의 착공이 이루어지지 아니하는 경우
4. 특별건축구역 지정요건 등을 위반하였으나 그에 대한 시정이 불가능한 경우

■ 특별건축구역 지정권자
1. 국토교통부장관
2. 특별시장
3. 광역시장
4. 특별자치도지사
5. 도지사

【3】지정제안

지정신청기관 외의 자는 토지소유자의 동의를 받아 관할 시·도지사에게 특별건축구역 지정을 제안할 수 있다.

(1) 지정제안 신청

① 지정제안자는 시장, 군수, 구청장에게 의견을 요청할 수 있다.
② 지정제안 신청시 필요한 토지소유자 동의 수

1. 대상 토지면적(국, 공유지 제외) 2/3 이상의 토지소유자
2. 국, 공유지의 재산관리청

(2) 결과 통보

① 시, 도지사는 제안을 받는 날부터 45일 이내에 건축위원회의 심의를 거쳐 지정여부를 결정해야 한다.
② 시, 도지사는 지정결정일로부터 14일 이내에 지정제안자에게 그 결과를 통보하여야 한다.

【4】건축물의 건축특례

(1) 적용의 배제

특별건축구역에 건축하는 건축물에 대하여는 다음 각 호의 규정을 적용하지 아니할 수 있다.

1. 대지의 조경
2. 건폐율
3. 용적률
4. 대지안의 공지
5. 건축물의 높이제한
6. 일조등의 확보를 위한 건축물의 높이제한
7. 주택법의 주택건설기준 중 대통령령으로 정하는 사항

■ 특례적용 건축물 신청시 제출 서식
1. 특례적용계획서
2. 개략설계도서
3. 배치도
4. 내화, 방화, 피난 또는 건축설비도
5. 적용 신기술의 세부설명자료

(2) 통합설계

특별건축구역에 건축하는 건축물에 대해서는 다음 규정을 통합하여 설계·시공할 수 있다.

1. 건축물에 대한 미술작품
2. 부설주차장의 설치
3. 공원의 설치

2 특별가로구역

【1】특별가로구역의 지정

1. 지정목적	도로에 인접한 건축물의 건축을 통한 조화로운 도시경관의 창출
2. 지정대상	경관지구 또는 지구단위계획구역 중 미관유지가 필요한 구역에서 다음의 도로에 접한 대지의 일정구역 ① 건축선을 후퇴한 대지에 접한 도로로서 허가권자가 건축조례로 정하는 도로 ② 허가권자가 리모델링 활성화가 필요하다고 인정하여 지정·공고한 지역안의 도로 ③ 보행자전용도로로서 도시미관 개선을 위하여 허가권자가 건축조례로 정하는 도로 ④ 「지역문화진흥법」에 따른 문화지구안의 도로 ⑤ 그 밖에 조화로운 도시경관 창출을 위하여 필요하다고 인정하여 국토교통부장관이 고시하거나 허가권자가 건축조례로 정하는 도로
3. 지정권자	국토교통부장관 및 허가권자
4. 지정절차	지정권자는 다음의 사안에 대한 건축위원회의 심의를 거쳐 지정(변경·해제포함)후 주민에게 알려야 한다. ① 특별가로구역의 위치·범위 및 면적 등에 관한 사항 ② 특별가로구역의 지정 목적 및 필요성 ③ 특별가로구역 내 건축물의 규모 및 용도 등에 관한 사항 ④ 건축물의 지붕 및 외벽의 형태나 색채 등에 관한 사항 ⑤ 건축물의 배치, 대지의 출입구 및 조경의 위치에 관한 사항 ⑥ 건축선 후퇴 공간 및 공개공지 등의 관리에 관한 사항

【2】특별가로구역내 건축기준 적용 특례

(1) 적용의 배제

1. 대지의 조경	
2. 건축물의 건폐율	지구단위계획구역 내에서는 적용함.
3. 용적률	
4. 대지 안의 공지	
5. 건축물의 높이 제한	
6. 일조 등의 확보를 위한 건축물의 높이 제한	
7. 「주택법」 주택건설기준 중 대통령령으로 정하는 규정	

(2) 적용의 완화

1. 건축물의 피난시설 및 용도제한 등
2. 건축물의 내화구조와 방화벽
3. 고층건축물의 피난 및 안전관리
4. 방화지구 안의 건축물
5. 건축물의 내부 마감재료
6. 실내건축
7. 지하층
8. 건축설비기준 등
9. 승강기
10. 건축물에 대한 효율적인 에너지 관리와 녹색건축물 건축의 활성화

(3) 민법 등의 배제

국토교통부장관 또는 허가권자가 건축물에 대한 배치기준을 따로 정하는 경우 다음의 기준을 적용하지 아니한다.

1. 건축법 제46조(건축선)
2. 민법 제242조(경계선 부근의 건축)

3 건축협정

【1】건축협정 의의

토지 또는 건축물의 소유자등이 관계법령에 일정한 완화를 받기 위하여 자율적으로 지역의 특성에 맞는 건축물의 건축방안을 행정청과 건축허가 전에 협약하는 제도이다.

【2】건축협정 대상지역

토지 또는 건축물의 소유자, 지상권자 및 소유자의 동의를 받은 이해관계자는 전원의 합의로 다음의 구역에서 건축물의 건축·대수선 또는 리모델링에 관한 협정을 체결할 수 있다.

1. 「국토의 계획 및 이용에 관한 법률」의 지구단위계획구역
2. 「도시 및 주거환경정비법」의 주거환경개선사업 정비구역
3. 「도시재정비 촉진을 위한 특별법」의 존치지역
4. 「도시재생 활성화 및 지원에 관한 특별법」의 도시재생활성화지역
5. 그 밖에 '건축협정인가권자'가 도시 및 주거환경개선이 필요하다고 인정하여 해당 지방자치단체의 조례로 정하는 구역

■ 건축협정 집중구역
1. 지구단위계획구역
2. 주거환경개선사업 정비구역
3. 존치지역
4. 도시재생활성화지역

【3】건축협정의 폐지

① 협정체결자 또는 건축협정운영회의 대표자는 건축협정을 폐지하려는 경우에는 협정체결자 과반수의 동의 받아 국토교통부령으로 정하는 건축협정인가권자의 인가를 받아야 한다.
② 특례를 적용한 건축협정인 경우에는 착공신고 후 20년이 경과되어야 협정인가 폐지신청을 할 수 있다.

【4】건축협정에 따는 특례

(1) 맞벽건축의 경우

건축협정을 체결하여 2이상의 건축물 벽을 맞벽으로 건축하려는 자는 다음과 같이 공동신청 등을 할 수 있다.

1. 건축허가 신청	공동신청
2. 건축허가 수수료	
3. 착공신고	개별건축물마다 적용하지 않고 신청건축물 전부 또는 일부를 대상으로 통합적용
4. 사용승인	
5. 건축물의 공사감리	

(2) 건축물 기준의 통합적용

건축협정의 인가를 받은 건축협정구역에서는 다음 각 호의 관계 법령의 규정을 개별 건축물마다 적용하지 아니하고 건축협정구역의 전부 또는 일부를 대상으로 통합하여 적용할 수 있다.

1. 건축법	대지의 조경
	대지와 도로와의 관계
	지하층의 설치
	건폐율
2. 주차장법	부설주차장의 설치
3. 하수도법	개인하수처리시설의 설치

(3) 경관협정과의 관계

건축협정은 인가받은 경우에는 「경관법」에 따른 경관협정의 인가를 받은 것으로 본다.

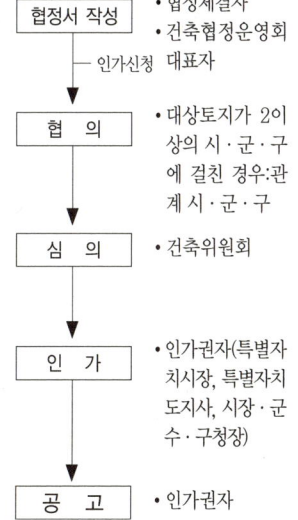

■ 건축협정 인가절차

■ 건축협정 인가권자 등
1. 건축협정인가권자 : 특별자치시장, 특별자치도지사, 시장, 군수, 구청장
2. 건축협정 대상지역 지정권자 : 시·도지사, 시장, 군수, 구청장

(4) 2 이상 건축물의 경계벽의 공유

건축협정을 체결하여 2이상의 건축물의 경계벽을 전체 또는 일부를 공유하여 건축하는 경우에는 다음과 같은 특례를 적용한다.

1. 맞벽건축의 특례와 통합적용의 특례를 적용한다.
2. 해당 대지를 하나의 대지로 보아 이 법의 기준을 개별 건축물마다 적용하지 아니하고 허가신청된 건축물의 전부 또는 일부를 대상으로 통합 적용할 수 있다.

(5) 건축법 기준 등의 완화

1. 건축법	• 대지의 조경(제42조)	120% 이내
	• 건폐율(제55조)	
	• 용적률(제56조)	
	• 높이제한(제60조) : 너비 6m 이상 도로에 접한 경우	120% 이내 (국토계획법의 최대한도 이하)
	• 일조 등의 확보를 위한 건축물 높이제한(제61조) : 대지 상호간에 공동주택을 건축하는 경우	
	• 대지안의 공지(제58조)	-
2. 주택법	• 주택건설기준(제35조)	-

4 결합건축

【1】결합건축 대상

(1) 결합건축의 취지

노후건축물이 밀집되어 정비가 필요한 구역에서 소규모 건축물 재건축 또는 리모델링시 건축주가 서로 합의한 경우 용적률을 개별 대지마다 적용하지 아니하고, 2개 이상의 대지간 통합하여 적용함으로서 사업성을 높일 수 있도록 지원하려는 제도이다.

(2) 결합건축 대상지

1) 2개 대지를 대상으로 하는 결합건축지

대상지역	적용대지
1. 상업지역 2. 역세권개발구역 3. 주거환경개선사업 구역 4. 건축협정구역 5. 특별건축구역 6. 리모델링활성화구역 7. 도시재생활성화 지역 8. 건축자산진흥구역	대지간의 최단거리가 100m 이내의 범위에서 다음의 요건을 모두 충족하는 2개의 대지 1. 2개의 대지 모두가 대상지역 중 동일한 지역에 속할 것 2. 2개의 대지 모두가 너비 12m 이상인 도로로 둘러싸인 하나의 구역안에 있을 것

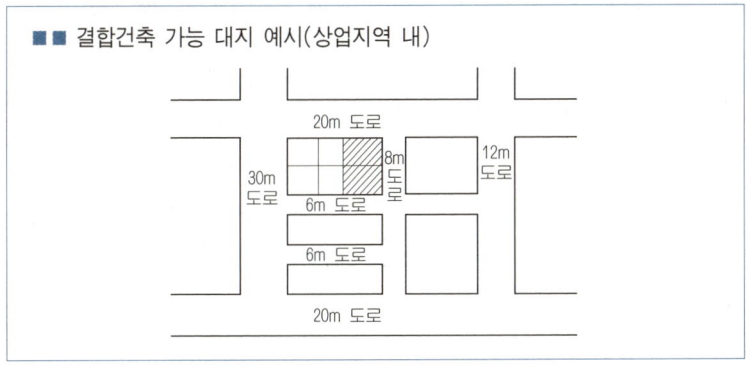

2) 3개 이상의 대지를 대상으로 하는 결합건축지

① 대상지역	1. 상업지역 2. 역세권개발구역 3. 주거환경개선사업 구역 4. 건축협정구역 5. 특별건축구역 6. 리모델링활성화구역 7. 도시재생활성화 지역 8. 건축자산진흥구역	각 대지는 같은 지역에 속할 것
② 대상 건축물	1. 국가, 지방자치단체, 공공기관이 소유 또는 관리하는 건축물과 결합건축하는 경우 2. 빈집 또는 빈 건축물을 철거하고 그 대지에 공원, 광장 등의 시설을 설치하는 경우 3. 민간 임대 공동주택 또는 마을회관, 어린이집 등 공동이용건축물과 결합건축하는 경우	
③ 적용대지	모든 대지 간 최단거리가 500m 이내일 것	

【2】 결합건축 절차

(1) 건축허가

결합건축을 하고자 하는 건축주는 건축허가를 신청하는 때에는 다음 각 호의 사항을 명시한 결합건축협정서를 첨부하여 허가권자에게 제출하여야 한다.

(2) 사용승인

① 허가권자는 결합건축과 관련된 건축물의 사용승인 신청이 있는 경우 해당 결합건축협정서상의 다른 대지에서 다음 중 어느 하나의 조치가 이행되었는지를 확인한 후 사용승인을 하여야 한다.

1. 착공신고
2. 공사 착수기간 연장신청(건축주의 귀책사유 아닌 경우만 해당됨)
3. 도시·군계획시설의 결정

② 결합건축협정서에 따른 협정체결 유지기간은 최소 30년으로 한다.

핵심문제

■■■ 특별건축구역

1 건축법상 '특별건축구역'의 지정 목적으로 가장 부적합한 것은?

① 도심의 과밀해소
② 도시경관의 창출
③ 건설기술 수준향상
④ 건축관련 제도개선

해설 1
조화롭고 창의적인 건축을 통하여 도시경관의 창출, 건설기술 수준 향상 및 건축관련 제도개선을 도모하기 위하여 특별건축구역을 지정한다.

2 특별건축구역의 지정권자가 아닌 자는?

① 국토교통부장관
② 광역시장
③ 대도시시장
④ 특별자치도지사

해설 2
국토교통부장관, 특별시장, 광역시장, 특별자치시장, 도지사 및 특별자치도지사가 지정신청이 접수된 날로부터 30일 이내에 건축위원회의 심의를 거쳐 지정한다.

3 국토교통부장관 또는 시·도지사는 도시나 지역의 일부가 특별건축구역으로 특례 적용이 필요하다고 인정하는 경우에는 특별건축구역을 지정할 수 있는데, 다음 중 국토교통부장관이 지정하는 경우에 속하는 것은? (단, 관계법령에 따른 국가정책사업의 경우는 고려하지 않는다.)

① 국가가 국제행사 등을 개최하는 도시 또는 지역의 사업구역
② 지방자치단체가 국제행사 등을 개최하는 도시 또는 지역의 사업구역
③ 관계법령에 따른 건축문화 진흥사업으로서 건축물 또는 공간환경을 조성하기 위하여 대통령령으로 정하는 사업구역
④ 관계법령에 따른 도시개발·도시재정비 사업으로서 건축물 또는 공간환경을 조성하기 위하여 대통령령으로 정하는 사업구역

해설 3
국가사업에 관한 특별건축구역은 국토교통부장관이 지정한다.

4 다음 중 특별건축구역으로 지정할 수 있는 사업구역에 속하지 않는 것은?

① 「도로법」에 따른 접도구역
② 「도시개발법」에 따른 도시개발구역
③ 「택지개발촉진법」에 따른 택지개발사업구역
④ 「공공기관 지방이전에 따른 혁신도시 건설 및 지원에 관한 특별법」에 따른 혁신도시의 사업구역

해설 4,5
특별건축구역 지정 제외구역
1. 개발제한구역
2. 자연공원
3. 접도구역
4. 보전산지

정답 1. ① 2. ③ 3. ① 4. ①

5 특별건축구역의 지정과 관련한 아래의 내용에서 밑줄 친 부분에 해당하지 않는 것은?

> 국토교통부장관 또는 시·도지사는 다음 각 호의 구분에 따라 도시나 지역의 일부가 특별 건축구역으로 특례 적용이 필요하다고 인정하는 경우에는 특별건축구역을 지정할 수 있다.
> 1. 국토교통부장관이 지정하는 경우
>   가. 국가가 국제행사 등을 개최하는 도시 또는 지역의 사업구역
>   나. <u>관계법령에 따른 국가정책사업으로서 대통령령으로 정하는 사업구역</u>

① 「도로법」에 따른 접도구역
② 「도시개발법」에 따른 도시개발구역
③ 「택지개발촉진법」에 따른 택지개발사업구역
④ 「혁신도시 조성 및 발전에 관한 특별법」에 따른 혁신도시의 사업구역

6 특별건축구역의 해제사유로 옳지 않은 것은?
① 지정신청기관의 요청이 있는 경우
② 부정한 방법으로 지정을 받은 경우
③ 지정일로부터 3년내에 목적건축물의 착공이 없는 경우
④ 위반된 사항의 시정이 불가능한 경우

해설 6
특별건축구역 지정일로부터 5년 이내에 특별건축구역 지정목적에 부합하는 건축물의 착공이 이루어지지 아니하는 경우 해제된다.

7 특별건축구역 내 건축물에 대한 통합설계 대상이 아닌 것은?
① 건축물에 대한 미술장식
② 대지내 조경
③ 부설주차장의 설치
④ 공원의 설치

해설 7 통합설계 대상
1. 건축물에 대한 미술장식
2. 부설주차장의 설치
3. 공원의 설치

정답 5. ① 6. ③ 7. ②

출제예상문제

CHAPTER 8 특별건축구역

■■■ 특별건축구역

1. 특별건축구역 지정대상이 아닌 것은?
① 경제자유구역
② 개발제한구역
③ 택지개발사업구역
④ 도시개발구역

[해설] 특별건축구역은 창의적 개발을 유도하기 위한 지역인데 비하여 개발제한구역은 개발을 억제하려는 구역이다.

2. 건축법령상 특별건축구역의 지정에 대한 설명으로 가장 적합한 것은?
① 지방자치단체가 국제행사 등을 개최하는 도시 또는 지역의 사업구역은 특별건축구역으로 지정할 수 있다.
② 도로법에 따른 접도구역은 특별건축구역으로 지정할 수 있다.
③ 자연공원법에 따른 자연공원은 특별건축구역으로 지정할 수 있다.
④ 산지관리법에 따른 보전산지는 특별건축구역으로 지정할 수 있다.

[해설] 특별건축구역지정 제외구역
 ① 개발제한구역
 ② 자연공원
 ③ 접도구역
 ④ 보전산지

3. 특별건축구역내 건축기준이 적용되는 건축물이 아닌것은?
① 연면적 3,000㎡ 인 숙박시설
② 연면적 2,000㎡ 인 업무시설
③ 연면적 500㎡ 인 노유자시설
④ 100세대인 아파트

[해설] 업무시설은 연면적 3,000㎡ 이상인 경우이다.

4. 특별건축구역에 관한 다음 기술 중 가장 부적당한 것은?
① 중앙행정기관장·시·도지사는 국토교통부장관에게 특별건축구역의 지정을 요청할 수 있다.
② 국토교통부장관은 지정신청이 접수된 날로부터 30일 이내 중앙건축위원회의 심의를 거쳐 특별건축구역을 지정하여야 한다.
③ 특별건축구역내에서 건축하고자 하는 건축주는 국토교통부장관에게 건축허가를 신청하여야 한다.
④ 국토교통부장관은 건축허가를 받은 건축물 중에서 모니터링 대상 건축물을 지정할 수 있다.

[해설] 특별건축구역내 건축물의 허가권자는 특별시장, 광역시장, 특별자치도지사, 시장, 군수, 구청장(일반적허가권자)이다.

5. 특별건축구역안의 건축물에 대하여 적용하지 아니하는 규정에 해당하지 않는 것은?
① 건폐율
② 대지분할제한
③ 대지안의 공지
④ 대지안의 조경

[해설] 특별건축구역안에서 적용이 배제되는 규정
 ① 대지의 조경
 ② 건폐율·용적률
 ③ 대지안의 공지
 ④ 건축물의 높이제한
 ⑤ 일조등의 확보를 위한 건축물의 높이제한
 ⑥ 주택건설기준 중 대통령령으로 정하는 사항

해답 1.② 2.① 3.② 4.③ 5.②

■■■ 특별가로구역

6. 특별가로구역지정에 관한 기준 중 가장 부적합한 것은?

① 특별가로구역을 경관지구내 일정구역에 대하여 국토교통부장관 및 시·도지사가 지정한다.
② 지정권자는 특별가로구역의 위치, 면적, 지정목적등에 관한 사항을 건축위원회의 심의를 받아야 한다.
③ 특별가로구역내의 건축물에 대해서는 건폐율, 대지안의 공지등에 관한 기준을 적용하지 아니할 수 있다.
④ 특별가로구역내의 건축물은 승강설비기준을 완화하여 적용할 수 있다.

[해설] 특별가로구역은 국토교통부장관 또는 허가권자가 지정한다.

7. 건축법에 따른 특별가로구역내에서 국토교통부장관 또는 허가권자가 건축물에 대한 배치기준을 따로 정하는 경우 당해 건축물에 대해서 적용되지 않는 기준은?

① 건축선 지정(법 제46조)
② 대지안의 공지 (법 제58조)
③ 건축물의 높이제한(법 제60조)
④ 건축물의 건폐율(법 제55조)

[해설] 적용배제 기준
 1. 건축선 지정(건축법 제46조)
 2. 경계선 부근의 건축(민법 제242조)

■■■ 건축협정

8. 건축협정대상지역에 해당되지 않는 것은?

① 지구단위계획구역
② 존치지역
③ 주거환경개선사업 정비구역
④ 도시개발구역

[해설] 도시개발법에 따른 도시개발구역은 원칙적으로 건축협정 대상지역에 포함되지 않는다.

9. 건축협정서의 내용이 해당되지 않는것은?

① 건축협정의 내용
② 건축협정의 유효기간
③ 건축협정체결 대상 토지의 등기부등본
④ 건축협정체결자의 성명, 주소, 생년월일

[해설] 토지 등의 등기부등본은 건축협정서의 내용에 해당되지 아니한다.

10. 건축협정구역의 전부 또는 일부를 대상으로 통합 적용할 수 있는 기준에 해당되지 않는 것은?

① 대지의 조경
② 건축물의 높이제한
③ 대지와 도로와의 관계
④ 부설주차장의 설치

[해설] 통합적용기준
 1. 대지의 조경
 2. 대지와 도로와의 관계
 3. 지하층의 설치
 4. 건폐율
 5. 부설주차장의 설치
 6. 개인하수처리시설의 설치

■■■ 결합건축

11. 건축법에 따른 결합건축 대상지역에 해당되지 않는 것은?

① 도시 및 주거환경 정비구역
② 역세권 개발구역
③ 리모델링 활성화구역
④ 도시재생활성화 지역

[해설] 결합건축대상지역
 1. 「국토의 계획 및 이용에 관한 법률」 제36조에 따라 지정된 상업지역
 2. 「역세권의 개발 및 이용에 관한 법률」 제4조에 따라 지정된 역세권개발구역
 3. 「도시 및 주거환경정비법」 제2조에 따른 정비구역 중 주거환경개선사업의 시행을 위한 구역
 4. 건축협정구역
 5. 특별건축구역

해답 6.① 7.① 8.④ 9.③ 10.② 11.①

6. 리모델링 활성화 구역
7. 「도시재생 활성화 및 지원에 관한 특별법」 제2조제1항제5호에 따른 도시재생활성화지역
8. 「한옥 등 건축자산의 진흥에 관한 법률」 제17조제1항에 따른 건축자산 진흥구역
   * 「도시 및 주거환경 정비법」에 따른 정비구역 중에서는 주거환경관리사업구역만 해당된다.

12. 건축법에 따른 결합건축협정체결 최소 유지기간으로 옳은 것은?

① 10년   ② 20년
③ 30년   ④ 40년

[해설] 협정체결 최소 유지기간 : 최소 30년 이상
 (용적률 기준을 종전대로 환원하여 신축, 개축, 재축하는 경우 예외)

해답 12. ③

제9장 보칙

출제경향분석

본장은 건축법 제9장 보칙으로 구성되어 있다.
건축법 9장 보칙의 내용에 있어서는 위반건축물에 대한 행정처분, 분쟁조정위원회, 권한의 위임규정의 학습에 유의하며 특히 이행강제금의 이행절차를 확인한다.

세부목차

1. 보칙

1 보칙

학습방향

보칙과 관련된 규정 중 권한의 위임 및 건축분쟁조정 절차와 관련된 기준을 중점적으로 정리한다.
◆ 위반건축물의 실태조사 : 매년 시장, 군수, 구청장이 실시 후 정비계획 수립
◆ 건축위원회 심의사항
◆ 구청장으로의 권한의 위임 : 6층 이하로서 연면적 2,000m² 이하인 건축물
◆ 건축분쟁조정처리기관 : 조정위원회(60일 이내), 재정위원회(120일 이내)

1 감독 등

【1】위반건축물 등에 대한 조치 등

(1) 위반건축물에 대한 조치사유

대지 또는 건축물이 건축법 또는 동법의 규정에 의한 명령이나 처분에 위반한 경우

(2) 위반건축물의 조치

허가권자는 대지 또는 건축물이 건축법 또는 건축법의 규정에 의한 명령이나 처분에 위반한 경우에는 다음의 조치를 명할 수 있다.

1) 1차적 조치

1. 건축허가 또는 승인의 취소
2. 건축주 등에게 공사의 중지명령
3. 상당한 기간을 정하여 건축물의 해체·개축·증축·수선·용도변경·사용금지·사용제한 기타 필요한 조치명령

2) 2차적 조치

1. 이행강제금의 부과
2. 당해 건축물을 사용하여 행할 다른 법령에 의한 영업 기타 행위의 허가를 하지 아니하도록 요청

학습 POINT

■ 위반건축물에 대한 조사 및 정비
① 위반건축물의 표지설치 (허가권자)
② 실태조사(매년 특별자치도지사·시장·군수·구청장 실시)
③ 정비계획(결과를 특별시·광역시·도에게 보고) : 시장·군수·구청장
④ 위반건축물 관리대장의 작성 비치 : 특별자치시장·특별자치도지사·시장·군수·구청장

【2】 권한의 위임

허가권자는 6층 이하로서 연면적 2,000m² 이하인 건축물의 건축·대수선·용도변경에 관한 권한과 기존 건축물 연면적의 3/10미만의 증축에 관한 권한을 자치구가 아닌 구청장에게 위임할 수 있다.

2 건축위원회

【1】 건축위원회의 설치

① 국토교통부장관, 시·도지사 및 시장·군수·구청장은 건축법 및 조례에 시행에 관한 중요사항을 조사·심의하기 위하여 각각 건축위원회를 두어야 한다.
② 국토교통부장관, 시·도지사 및 시장·군수·구청장은 건축위원회 심의 등을 효율적으로 수행하기 위하여 필요하면 자신이 설치하는 건축위원회에 다음 각 호의 전문위원회를 두어 운영할 수 있다.
  1. 건축분쟁전문위원회(국토교통부에 설치하는 건축위원회에 한정한다)
  2. 건축민원전문위원회(시·도 및 시·군·구에 설치하는 건축위원회에 한정한다)
  3. 건축계획·건축구조·건축설비 등 분야별 전문위원회
③ 전문위원회의 심의 등을 거친 사항은 건축위원회의 심의 등을 거친 것으로 본다.

【2】 건축위원회의 조직

구 분	중앙건축위원회	지방건축위원회
1. 설치	• 국토교통부	• 특별시·광역시·도·시·군 및 자치구
2. 위원	• 70인 이내(위원장 포함)	• 25명 이상 150명 이하(위원장 포함)
3. 위원장	• 국토교통부장관이 임명	• 시·도지사 및 시장·군수·구청장이 임명
4. 임기	• 2년으로 하되 1회 연임가능(공무원 제외)	• 3년 이내(공무원 제외)로 조례로 정하되 1회 연임 가능
5. 전문위원회	• 건축분쟁 전문위원회	• 건축민원 전문위원회

【3】건축위원회 심의사항

중앙건축위원회	지방건축위원회
• 법에 따른 표준설계도서의 인정에 관한 사항 • 분쟁의 조정 또는 재정에 관한 사항 • 법 및 시행령의 시행에 관한 사항 • 다른 법령에서 심의를 받도록 한 사항	• 건축조례의 재정·개정에 관한 사항 • 건축선의 지정에 관항 사항 • 다중이용건축물 및 특수구조건축물의 구조안전에 관한 사항 • 다른 법령에서 심의를 받도록 한 사항

■ 다중이용 건축물
① 16층 이상인 건축물
② 문화 및 집회시설(동·식물원 제외), 종교시설, 판매시설, 여객용 시설, 종합병원, 관광숙박시설의 용도에 쓰이는 바닥면적 합계가 5,000㎡ 이상인 건축물

3 건축분쟁조정

【1】건축분쟁전문위원회

(1) 조직의 설치

국토교통부 중앙 건축위원회에 건축분쟁전문위원회를 둔다.

(2) 위원의 구성

① 위원장과 부위원장 각 1인을 포함하여 15인 이내로 한다.
② 임기는 3년(공무원 제외)으로 하되 연임할 수 있다.

(3) 조정업무의 의결

분쟁위원회의 회의는 재적위원 과반수의 출석으로 열고 출석위원 과반수의 찬성으로 의결한다.

(4) 분쟁조정사항

1. 건축관계자와 인근주민 간의 분쟁	
2. 관계전문기술자와 인근주민 간의 분쟁	
3. 건축관계자와 관계전문기술자 간의 분쟁	건설산업기본법에 따른 분쟁은 제외
4. 건축관계자간의 분쟁	
5. 인근주민간의 분쟁	
6. 관계전문기술자간의 분쟁	
7. 기타 대통령령이 정하는 사항	

■ 분쟁조정위원
1. 위원의 자격
   ① 3급 상당 이상의 공무원으로 1년 이상 재직한 자
   ② 대학에서 건축공학이나 법률학을 가르치는 조교수 이상의 직(職)에 3년 이상 재직한 자
   ③ 판사, 검사 또는 변호사의 직에 6년 이상 재직한 자
   ④ 건축분야 기술사 또는 건축사사무소개설신고를 하고 건축사로 6년 이상 종사한 자
   ⑤ 건설공사나 건설업 분야에 15년 이상 종사한 자
2. 위원장, 부위원장
   국토교통부장관이 위원 중 위촉한다.

【2】분쟁조정절차

① 건축물의 건축등과 관련한 분쟁의 조정등을 신청하고자 하는 자는 관할 건축분쟁전문위원회에 조정등의 신청서를 제출하여야 한다.
② 조정신청은 당해 사건의 당사자 중 1인 이상이 하며, 제정신청은 당해 사건의 당사자간에 합의로 한다.

③ 조정은 3명의 위원으로 구성되는 조정위원회에서 하고, 재정은 5명의 위원으로 구성되는 재정위원회에서 한다.
④ 조정위원회와 재정위원회의 회의는 구성원 전원의 출석으로 열고 과반수의 찬성으로 의결한다.
⑤ 건축분쟁전문위원회는 당사자의 조정신청을 받은 때에는 60일 이내에, 재정신청을 받은 때에는 120일 이내에 그 절차를 완료하여야 한다.
⑥ 조정안을 제시받은 당사자는 그 제시를 받은 날부터 15일 이내에 그 수락 여부를 전문위원회에 통보하여야 한다.
⑦ 재정위원회가 재정을 행한 경우에 재정문서의 정본이 당사자에게 송달된 날부터 60일 이내에 당사자 쌍방 또는 일방으로부터 당해 재정의 대상인 건축물의 건축등의 분쟁을 원인으로 하는 소송이 제기되지 아니하거나 그 소송이 철회된 때에는 당사자간에 재정내용과 같은 내용의 재판상 화해와 동일한 효력을 갖는다.
⑧ 당사자가 제④항의 규정에 의하여 조정안을 수락하고 조정서에 기명날인한 때에는 당사자간에 조정서와 같은 내용의 재판상 화해와 동일한 효력을 갖는다.

■ 조정기한
1. 조정신청 : 60일
2. 재정신청 : 120일

4 지역건축안전센터

【1】설립 및 업무

① 지방자치단체의 장은 다음의 업무를 수행하기 위하여 관할구역에 지역건축안전센터를 설치할 수 있다.
단, 시·도 인구 50만명 이상 또는 5년간 연평균 건축허가면적·노후건축물 비율이 전국 상위 30% 이내인 시·군·구는 반드시 설치하여야 한다.

1. 건축허가(11조) 2. 건축신고(14조) 3. 허가와 신고사항의 변경(16조)	허가 또는 신고에 관한 업무
4. 착공신고 등(21조) 5. 건축물의 사용승인(22조) 6. 현장조사·검사 및 확인업무의 대행(27조) 7. 보고와 검사(87조)	기술적 사항에 대한 보고·확인, 검토·심사 및 점검
8. 건축물의 공사감리(25조)	공사감리에 대한 관리·감독
9. 기타 건축조례로 정하는 사항	

② 국토교통부장관은 지역건축안전센터를 설치해야 하는 지방자치단체를 5년마다 고시해야 한다.

【2】전문인력의 범위

지역건축안전센터에는 센터장 1명과 필요한 전문인력으로 구성한다.

1. 센터장	해당 지방자치단체 소속 공무원	
2. 전문인력	① 건축사	필수전문인력(1명 이상)
	② 건축구조기술사 ③ 건축구조분야 고급기술인 이상 자격자	필수전문인력 (②, ③ 중 1명 이상)
	④ 건축시공기술사	필수전문인력(1명 이상)
	⑤ 건축기계설비기술사 ⑥ 건축기계설비분야 고급기술인 이상 자격자 ⑦ 지질 및 지반기술사 ⑧ 토질 및 기초기술사 ⑨ 토질·지질분야 고급기술인 이상 자격자	

[비고] 법령으로 정한 사항 외의 조직 및 운영 등에 필요한 사항은 지방자치단체의 조례를 정한다.

■ 지역건축안전센터 전문인력
1. 건축사
2. 기술사
3. 고급기술인

5 이행강제금

【1】부과

명령, 처분에 위반한 대지 또는 건축물이 시정명령을 받은 후 시정 기간내에 시정을 이행하지 아니한 건축주에게 허가권자가 부과한다.

■ 이행강제금의 부과
허가권자는 최초의 시정명령이 있는 날을 기준으로 하여 1년에 2회이내의 범위에서 이행강제금을 부과할 수 있다.

【2】부과횟수

1. 1년에 2회 이내의 범위안에서 시정 시까지 부과할 수 있다.
2. 시정명령을 이행하는 경우 새로운 이행강제금의 부과를 중지하여야 한다.
3. 시정조치를 한 경우 일지라도 이미 부과된 이행강제금은 납부하여야 한다.

■ 50% 경감부과
연면적(공동주택의 경우에는 세대별 면적) $60m^2$ 이하인 주거용 건축물 등에 대해서는 부과금액의 1/2 범위안에서 경감할 수 있다.

【3】부과방법

1. 이행강제금의 부과를 문서로 계고한다.
2. 부과시에는 금액, 부과사유, 납부기간, 수납기관, 이의제기방법, 이의제기 기관 등을 명시하여야 한다.

【4】이행강제금 부과 및 징수절차

이행강제금의 부과 및 징수절차는 국고금관리법 시행규칙을 준용한다.

【5】강제징수

기간내에 이의를 제기하지 않고 이행 강제금을 납부하지 아니한 경우에는 지방행정제재·부과금의 징수 등에 관한 법률에 의하여 징수한다.

핵심문제

1 시장이 자치구가 아닌 구의 구청장에게 위임할 수 있는 건축물의 규모기준은?

① 연면적에 관계없이 층수가 6층 이하인 건축물
② 층수에 관계없이 연면적이 2,000㎡ 이하인 건축물
③ 층수가 6층 이하로서 연면적이 2,000㎡ 이하인 건축물
④ 층수가 6층 이상으로서 연면적이 2,000㎡ 이하인 건축물

2 다음 시설 중 지방건축위원회의 심의를 받지 않아도 되는 건축물은?

① 연면적 6,000㎡의 종합병원
② 17층의 사무소
③ 연면적 10,000㎡의 아파트
④ 16층의 관광호텔

3 지방건축위원회의 심의사항에 속하지 않는 것은?

① 건축선의 지정에 관한 사항
② 다중이용 건축물의 구조안전에 관한 사항
③ 특수구조 건축물의 구조안전에 관한 사항
④ 경관지구 내의 건축물의 건축에 관한 사항

4 다음 중 다중이용건축물에 해당되는 것은?

① 문화 및 집회시설 용도에 쓰이는 바닥면적의 합계가 4,000㎡ 이상인 건축물
② 판매시설 용도에 쓰이는 바닥면적의 합계가 3,000㎡ 이상인 건축물
③ 관광숙박시설 용도에 쓰이는 바닥면적의 합계가 6,000㎡ 이상인 건축물
④ 10층 이상인 건축물

5 다음 중 건축분쟁전문위원회에 관한 설명으로 옳지 않은 것은?

① 건축관계자 상호간의 분쟁, 인근주민 상호간의 분쟁도 조정한다.
② 위원장과 부위원장 각 1인을 포함한 15인 이내의 위원으로 구성한다.
③ 공무원이 아닌 위원의 임기는 2년으로 하되, 연임할 수 있다.
④ 회의는 재적위원 과반수의 출석으로 개의하고 출석위원 과반수는 찬성으로 의결한다.

해설

해설 1
시장의 권한을 자치구가 아닌 구청장에게 위임한 사항
6층 이하로서 연면적 2,000㎡ 이하인 건축물의 건축·대수선·용도변경

해설 2
지방건축위원회의 심의대상은 다중이용 건축물 등이다.

해설 3
경관지구내 건축은 심의사항에 해당되지 않는다.

해설 4 다중이용 건축물
1. 16층 이상인 건축물
2. 문화 및 집회시설(동·식물원 제외), 판매시설, 종교시설, 운수시설 중 여객용 시설, 종합병원, 관광숙박시설의 용도에 쓰이는 바닥면적의 합계가 5,000㎡ 이상인 건축물

해설 5
임기는 3년으로 하되 연임할 수 있다.

정답 1. ③ 2. ③ 3. ④ 4. ③ 5. ③

6 건축분쟁전문위원회의 분쟁 조정사항이 아닌 것은?

① 관계 전문기술자와 인근주민간의 분쟁
② 건축관계자와 관계 전문기술자간의 분쟁
③ 관계 전문기술자 상호간의 분쟁
④ 기타 국토교통부령으로 정하는 사항

7 과태료와 이행강제금을 모두 부과할 수 있는 사람은?

① 국토교통부장관
② 국토교통부장관, 특별시장, 광역시장, 도지사
③ 관계부처장관, 시·도지사
④ 특별자치도지사, 시장, 군수, 구청장

해 설

[해설] **6**
분쟁조정에 관한 기타 내용은 대통령령으로 정한다.

[해설] **7** 과태료 및 이행강제금의 부과 징수자

구 분	부과·징수자
과태료	국토교통부장관, 시·도지사, 시장·군수·구청장
이행강제금	허가권자(특별시장, 광역시장, 특별자치도지사 및 시장·군수·구청장)

6. ④ 7. ④

출제예상문제

9 CHAPTER 보칙

■■■ 감독 등

1. 위반건축물에 대한 허가권자의 조치내용이 아닌 것은?

① 건축허가 취소
② 공사중지 명령
③ 벌금 부과
④ 이행강제금 부과

[해설] 벌금의 부과는 허가권자의 고발에 따른 법원의 판결사항이다.

2. 위반건축물에 대한 건축물의 실태조사는 누가 하는가?

① 시장·군수·구청장
② 특별시장, 도지사
③ 국토교통부장관
④ 건축사

■■■ 권한의 위임

3. 자치구가 아닌 구의 구청장에게 건축물의 건축, 대수선 및 용도변경에 관한 권한을 위임할 수 있는 건축물의 규모는?

① 5층 이하로서 연면적이 2,000m² 이하
② 5층 이하로서 연면적이 3,000m² 이하
③ 6층 이하로서 연면적이 2,000m² 이하
④ 6층 이하로서 연면적이 3,000m² 이하

■■■ 건축위원회

4. 다음 중 중앙건축위원회의 위원장은 누가 임명하는가?

① 도지사
② 국토교통부장관
③ 시장, 군수
④ 위원중에서 선출된 자

[해설] 중앙건축위원회
① 설치의무자 : 국토교통부장관
② 설치 및 구성
 1. 설치 : 국토교통부
 2. 위원장 : 국토교통부장관이 임명, 위촉
 3. 위원수 : 국토교통부에 위원장 및 부위원장을 포함한 70인 이내의 위원
 4. 임기 : 2년으로 연임 가능(공무원이 아닌 위원)
 5. 자격 : 관계공무원과 건축에 관한 경험이 풍부한 사람 중 국토교통부장관이 임명

5. 다음 중 지방건축위원회의 심의를 통과하지 않아도 되는 사항은?

① 다중이용건축물의 건축에 관한 사항
② 건축조례의 제정, 개정에 관한 사항
③ 건축선 지정에 관한 사항
④ 공항지구안에서의 건축허가에 관한 사항

[해설] 지방건축위원회의 심의사항
1. 건축조례의 제정·개정에 관한 사항(당해 지방자치단체장이 발의하는 건축조례에 한함)
2. 건축선의 지정에 관한 사항
3. 다음의 다중이용건축물 구조안전에 관한 사항

규 모	용 도
옆의 용도로 쓰이는 바닥면적 합계 5,000m²이상 시설	• 문화 및 집회시설 (동·식물원 제외) • 종교시설 • 여객용 시설 • 판매시설 • 종합병원 • 관광숙박시설
16층 이상 건축물	용도무관

4. 특수구조건축물의 구조안전에 관한 사항

해답 1. ③ 2. ① 3. ③ 4. ② 5. ④

6. 지방건축위원회의 심의사항으로 가장 적합한 것은?

① 시행규칙의 제정, 개정에 관한 사항
② 다중이용건축물의 허가에 관한 사항
③ 다중이용건축물의 구조안전에 관한 사항
④ 다중이용건축물의 피난에 관한 사항

해설 다중이용건축물, 특수구조건축물의 구조안전에 관한 사항을 심의한다.

7. 원칙적으로 지방건축위원회에서 건축에 관한 사항을 심의할 수 없는 건축물의 용도는?

① 판매시설
② 의료시설 중 종합병원
③ 관광휴게시설
④ 문화 및 집회시설

해설 다중이용건축물

1	16층 이상 건축물	
2	바닥면적의 합계 5,000m² 이상인	문화 및 집회시설(동·식물원 제외)
		판매시설, 여객용시설, 종교시설
		종합병원
		관광숙박시설

8. 층수가 15층인 건축물에서 건축법상 다중이용건축물에 해당되는 것은?

① 바닥면적의 합계가 3,000m²인 관광숙박시설
② 바닥면적의 합계가 5,000m²인 운동시설
③ 바닥면적의 합계가 3,000m²인 교육연구시설
④ 바닥면적의 합계가 5,000m²인 종합병원

해설 1. 16층 이상인 건축물
2. 문화 및 집회시설(동·식물원 제외), 종교시설, 판매시설, 운수시설(여객용시설에 한한다), 종합병원, 관광숙박시설의 용도에 쓰이는 바닥면적의 합계가 5,000m² 이상인 건축물

9. 다중이용건축물에 해당되지 않는 것은?

① 운동시설 중 체육관 - 바닥면적의 합계 5,000m² 이상
② 문화 및 집회시설(동·식물원 제외) - 바닥면적의 합계 5,000m² 이상
③ 의료시설중 종합병원 - 바닥면적의 5,000m²이상
④ 판매시설 - 바닥면적의 합계 5,000m² 이상

해설 운동시설은 다중이용 건축물의 해당용도에 속하지 않는다.

■■■ 건축분쟁조정

10. 다음 중 건축분쟁전문위원회의 조정대상으로 부적합한 것은?

① 인근 주민상호간의 분쟁
② 건설업에 관한 발주자와 수급인간의 분쟁
③ 건축관계자와 피해를 입을 인근 주민간의 분쟁
④ 건축관계자 상호간의 분쟁

해설 건축분쟁조정사항
① 건축관계자와 인근 주민간의 분쟁
② 관계전문기술자와 인근 주민간의 분쟁
③ 건축관계자와 관계전문기술자간의 분쟁
④ 건축관계자 상호간의 분쟁
⑤ 인근주민 상호간의 분쟁
⑥ 관계전문기술자 상호간의 분쟁

11. 건축분쟁전문위원회에 대한 설명 중 부적합한 것은?

① 관계전문기술자와 인근 주민간의 분쟁도 조정대상이다.
② 조정위원회는 위원장과 부위원장 각 1인을 포함한 15인 이내의 위원으로 구성한다.
③ 조정위원회는 분쟁의 조정신청을 받은 날로부터 30일 이내에 이를 심사하여 조정안을 작성하여야 한다.
④ 조정서의 내용은 재판상의 화해와 동일한 효력을 가진다.

해설 분쟁전문위원회는 조정신청에 대하여는 60일 이내, 재정신청에 대하여는 120일 이내에 그 절차를 완료하여야 한다.

해답 6. ③ 7. ③ 8. ④ 9. ① 10. ② 11. ③

■■■ 이행강제금

12. 특별자치시장·특별자치도지사 및 시장·군수·구청장이 이행강제금을 부과할 때 원칙적으로 1년에 몇 회 이내로 하여야 적합한가?

① 1회
② 2회
③ 3회
④ 4회

[해설] 허가권자는 최초의 시정명령이 있는 날을 기준으로 하되 1년 2회 이내에 범위안에서 당해 시정명령이 이행될 때까지 반복하여 이행강제금을 부과·징수할 수 있다.

13. 이행강제금의 부과횟수 및 금액에 대한 특례가 인정되는 경우는?

① 건폐율 또는 용적률을 초과하여 건축된 경우
② 이행강제금 부과처분에 대하여 이의가 제기된 경우
③ 총 부과횟수가 5회를 초과하는 경우
④ 연면적 $60m^2$ 이하의 주거용 건축물인 경우

[해설] ④항의 경우 기준의 1/2 범위내에서 지방자치단체 조례로 따로 정할 수 있다.

14. 이행강제금에 관한 다음 기술 중 옳은 것은?

① 시장, 군수, 구청장이 법원을 통하여 부과한다.
② 1년에 4회 이내에 시정명령이 이행될 때까지 반복하여 부과할 수 있다.
③ 시정명령이 이행되면 이미 납부한 이행강제금은 환불한다.
④ 이의를 제기하지 않고 이행강제금을 납부하지 아니하면 지방세외 수입금의 징수 등에 관한 법률의 예에 의하여 징수한다.

[해설] 이행강제금의 부과·징수절차
① 계고
　허가권자는 이행강제금을 부과하기 전에 이행강제금을 부과·징수하는 뜻을 미리 문서로서 계고하여야 한다.

② 부과·징수기한
　허가권자는 최초의 시정명령이 있은 날을 기준으로 하여 1년 2회 이내의 범위안에서 당해 시정명령이 이행될 때까지 반복하여 이행강제금을 부과·징수할 수 있다.
③ 부과중지
　허가권자는 시정명령을 받은자가 시정명령을 이행한 경우에는 새로운 이행강제금의 부과를 즉시 중단하되 이미 부과된 이행강제금은 징수하여야 한다.

해답　12. ②　13. ④　14. ④

MEMO

제 10장 주차장법

출제경향분석

주차장법은 건축기사에서는 3~4문항이, 산업기사에서는 4~5문항까지 출제되는 범위이다.

특히, 주차장법은 노외주차장의 설비기준, 부설주차장의 주차대수 산정기준 및 기계식주차장의 안전도인정기준 등은 세세한 숫자에 의하여 그 기준이 운영되기 때문에, 수험생 입장에서 충분한 시간을 갖고 학습하여야 할 필요가 있다.

이외에 기준 중 주차전용 건축물에 대한 정의 및 건축법령의 완화기준, 주차구획크기, 노상주차장의 설치금지장소 등에 대한 충분한 이해가 있어야 한다.

세부목차

1. 총 칙
2. 노상주차장
3. 노외주차장
4. 부설주차장
5. 기계식주차장

1 총 칙

학습방향

주차장법의 규정내용과 주차전용건축물의 주차장 면적비율, 주차단위구획크기 및 주차장 형태에 대한 제한기준을 충분히 이해하여야 한다.

1. 주차전용 건축물의 정의

주차장이외의 용도	주차면적 비율
일반	95% 이상
근린, 자동차 문화 및 집회, 판매, 운동, 업무시설 등	70% 이상

2. 주차구획크기

주차형식	구획크기
일반주차(직각, 대향, 교차주차)	2.5m×5m
평행주차	2m×5m

1 주차장법의 목적 및 규정내용

【1】목 적

자동차 교통을 원활하게 하여 공중의 편의와 안전을 도모한다.

【2】규정내용

1. 주차장의 설치에 관한 규정
2. 주차장의 정비에 관한 규정
3. 주차장의 관리에 관한 규정

【3】주차장법상의 용어의 정의

주차장법에서의 용어는 다음과 같이 정의된다.

1. 노상주차장	도로의 노면, 교통광장 중 교차점 광장에 설치된 것
2. 노외주차장	노상주차장 설치장소 이외의 곳에 설치된 것
3. 부설주차장	건축물, 골프연습장 기타 주차수요를 유발하는 시설에 부대하여 설치되는 주차장
4. 기계식 주차장치	노외주차장 및 부설주차장에 설치하는 주차설비로서 기계장치에 의하여 자동차를 주차할 장소를 이동시키는 설비를 말한다.
5. 기계식주차장	기계식 주차장치를 설치한 노외주차장 및 부설주차장을 말한다.
6. 도로	건축법에 의한 도로로서 자동차의 통행이 가능한 것을 말한다.
7. 주차전용 건축물	건축물의 연면적 중 일정비율 이상이 주차장으로 제공되는 건축물을 말함

학습POINT

■ 목적(법 제1조)
이 법은 주차장의 설치·정비 및 관리에 관하여 필요한 사항을 정함으로써 자동차교통을 원활하게 하여 공중의 편의를 도모함을 목적으로 한다.

> ■■ 주차장법상의 도로는 건축법에 의한 도로로서 정의되지만 건축법과 다른 점은 자동차통행이 가능한 도로를 말한다.

【4】주차전용건축물의 주차면적비율

주차전용건축물의 원칙은 주차장으로 사용되는 비율이 연면적의 95% 이상인 것을 말한다. 다만, 주차장외의 용도를 사용되는 부분이 근린생활시설 등으로 사용되는 경우 70% 이상으로 할 수 있다.

■ 주차전용건축물
'주차전용건축물'이라 함은 건축물의 연면적 중 대통령령이 정하는 비율 이상이 주차장으로 사용되는 건축물을 말한다.

주차장이외 부분의 용도	주차장면적비율	비 고
• 일반용도	연면적 중 95% 이상	
• 제1종 및 제2종 근린생활시설 • 자동차 관련시설 • 단독주택 • 공동주택 • 문화 및 집회시설 • 판매시설 • 종교시설 • 운수시설 • 운동시설 • 업무시설 • 창고시설	연면적 중 70% 이상	특별시장, 광역시장, 특별자치도지사 또는 시장은 조례로 기타 용도의 구역별 제한가능

■■ 주차전용건축물의 연면적 산정기준

일반원칙	건축법의 규정에 의함
기계식주차장치	기계식주차장치에 의하여 자동차가 주차할 수 있는 면적과 기계실, 관리사무소 등의 면적을 합산하여 산정

2 주차장 설비기준 등

【1】주차장설치시 관할 경찰서장 등의 의견 청취

특별시장·광역시장, 시장·군수·구청장(자치구)은 노상주차장 또는 노외주차장을 설치하는 경우에는 도시·군관리계획 및 도시교통정비 기본계획에 따라야 하며 미리 관할 경찰서장과 소방서장의 의견을 들어야 한다.

【2】주차장의 형태

① 이동방식에 따른 구분

• 자주식	운전자가 직접 운전하여 주차하는 형식
• 기계식	기계식 주차장치에 의하여 주차되는 형식(노상주차장은 금지된다.)

② 주차장형식에 따른 설치형태의 제한

• 자주식	지하식, 지평식, 건축물식(공작물식 포함)
• 기계식	지하식, 건축물식(공작물식 포함)

■ 주차장 형태의 세분

자주식 주차장	지하식
	지평식
	건축물식(공작물식 포함)
기계식 주차장	지하식
	건축물식(공작물식 포함)

※ 기계식 주차장은 지표면 주차형식인 지평식으로 할 수 없으며, 또한 노상주차장에서도 채택할 수 없다.

【3】 주차장의 주차단위구획

구 분	주차방식		단위주차구획	
1. 일반형 주차장	평행주차식 이외의 경우	2.5m×5m이상	확장형 : 2.6m×5.2m이상	
	평행주차식인 경우	2m×6m이상	-	
		2m×5m이상	주거지역의 보도와 차도의 구분이 없는 도로인 경우	
2. 지체장애인 전용주차장	3.3m×5m이상 (평행주차식의 경우는 제외)		-	

• 주차단위구획은 흰색실선으로 표시하여야 한다. (단, 경형주차구획은 파란색실선)

[비고] 1. 경형자동차(1000cc 미만) 주차구획
 • 평행 : 1.7m×4.5m • 기타 : 2m×3.6m
 2. 이륜자동차 주차구획 : 1m×2.3m

■ 주차형식별 구획기준 (단위 : m)

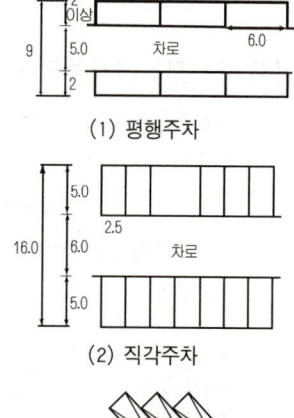

(1) 평행주차
(2) 직각주차
(3) 교차주차

【4】 주차환경개선지구

(1) 지정

지정권자	지정대상지역
시장, 군수, 구청장	• 주거지역 • 주거지역과 인접한 조례로 정한 지역

(2) 관리계획의 내용

1. 주차환경개선지구의 지정구역 및 지정의 필요성
2. 주차환경개선지구의 관리목표 및 방법
3. 주차장의 수급실태 및 이용특성
4. 장단기 주차수요에 대한 예측
5. 연차별 주차장 확충 및 재원조달 계획
6. 노외주차장 우선 공급 등 주차환경개선지구의 지정목적을 달성하기 위하여 필요한 조치

(3) 주차장 수급실태 및 안전관리 실태조사

① 조사 주기
 특별자치시장, 특별자치도지사·시장·군수·구청장이 3년마다 실시한다.
② 조사구역
 ㉠ 사각형 또는 삼각형 형태로 조사구역을 설정하되 조사구역 바깥 경계선의 최대거리 300m 이하
 ㉡ 각 조사구역은 「건축법」 규정에 의한 도로를 경계로 구분

핵 심 문 제

■■■ 목적

1 주차방법에 규정된 주된 내용이 아닌 것은?
① 주차장의 설치   ② 주차장의 이용
③ 주차장의 정비   ④ 주차장의 관리

해설 1
주차장법의 내용은 주차장의 설치·정비·관리에 관한 사항을 규정

■■■ 주차장 구분

2 주차장법상 다음과 같이 정의되는 것은?

> 도로의 노면 또는 교통광장(교차점광장만 해당)의 일정한 구역에 설치된 주차장으로서 일반의 이용에 제공되는 것

① 노외주차장
② 노면주차장
③ 노상주차장
④ 부설주차장

해설 2
1. 노상주차장 : 도로의 노면, 교차점 광장에 설치된 것
2. 노외주차장 : 노상주차장 이외의 장소에 설치된 것

3 주차장의 형태 중 기계식 주차장이 아닌 것은?
① 지하식   ② 지평식
③ 건축물식   ④ 공작물식

해설 3 주차장의 형태
• 자주식주차장 : 지하식, 지평식, 건축물식(공작물식 포함)
• 기계식주차장 : 지하식, 건축물식(공작물식 포함)

4 다음 중 자주식주차장의 분류에 속하지 않는 것은?
① 지하식   ② 지평식
③ 기계식   ④ 건축물식

해설 4
자주식 주차장은 지하식, 지평식, 건축물식(공작물식)포함으로 한다.

■■■ 주차전용건축물

5 다음은 주차전용건축물의 주차면적비율에 관한 기준 내용이다. (   )안에 알맞은 것은? (단, 주차장 이외 용도로 사용되는 부분이 의료시설인 경우)

> 주차전용건축물이란 건축물의 연면적 중 주차장으로 사용되는 부분의 비율이 (   ) 이상인 것을 말한다.

① 70%   ② 80%
③ 90%   ④ 95%

정답 1. ② 2. ③ 3. ② 4. ③ 5. ④

6 건축물의 연면적이 10,000m²로서 주차전용건축물에서 주차장 외의 부분을 판매 시설로 사용하고자 할 때 주차장으로 사용되는 부분의 비율이 최소한 얼마 이상 되어야 하는가?

① 60%
② 70%
③ 80%
④ 90%

7 주차장의 용도와 제1종 근린생활시설이 복합된 연면적 20,000m²인 건축물이 주차전용건축물로 인정받기 위해서는 주차장으로 사용되는 부분의 면적이 최소 얼마 이상이어야 하는가?

① 6,000m²
② 10,000m²
③ 14,000m²
④ 19,000m²

8 다음은 주차전용건축물의 주차면적비율에 관한 기준 내용이다. ( ) 안에 포함되지 않는 건축물의 용도는?

> 주차장 외의 용도로 사용되는 부분의 ( )인 경우에는 주차장으로 사용되는 부분의 비율이 70퍼센트 이상인 것을 말한다.

① 공동주택　　② 의료시설
③ 종교시설　　④ 업무시설

9 다음 중 주차전용건축물에 해당하지 않는 것은?

① 주차장으로 사용되는 부분의 비율이 70%이며, 주차장 외의 용도로 사용되는 부분이 숙박시설인 건축물
② 주차장으로 사용되는 부분의 비율이 70%이며, 주차장 외의 용도로 사용되는 부분이 업무시설인 건축물
③ 주차장으로 사용되는 부분의 비율이 70%이며, 주차장 외의 용도로 사용되는 부분이 제1종 근린생활시설인 건축물
④ 주차장으로 사용되는 부분의 비율이 70%이며, 주차장 외의 용도로 사용되는 부분이 제2종 근린생활시설인 건축물

해 설

[해설] **5, 6, 7, 8, 9** 주차전용건축물의 주차면적비율

주차장이외 부분의 용도	주차장 면적비율
• 일반용도	연면적 중 95% 이상
• 제1종 및 제2종 근린생활시설 • 자동차관련시설 • 문화 및 집회시설 • 판매시설, 종교시설, 운수시설, 운동시설, 업무시설 등	연면적 중 70% 이상

정답　6. ②　7. ③　8. ②　9. ①

■■■ 주차구획

10 다음의 주차장의 주차단위구획에 관한 기준 내용 중 빈칸에 알맞은 것은? (단, 평행주차형식의 경우)

구 분	너 비	길 이
경 형	①	②
일반형	2.0m 이상	6.0m 이상

① ① 1.8m 이상, ② 4.0m 이상
② ① 1.8m 이상, ② 4.5m 이상
③ ① 1.7m 이상, ② 5.0m 이상
④ ① 1.7m 이상, ② 4.5m 이상

11 주차장 주차단위구획의 크기 기준으로 옳은 것은? (단, 일반형으로 평행주차형식 외의 경우)

① 너비 1.7m 이상, 길이 4.5m 이상
② 너비 2.0m 이상, 길이 6.0m 이상
③ 너비 2.5m 이상, 길이 5.0m 이상
④ 너비 2.3m 이상, 길이 5.0m 이상

12 다음 중 주차대수 1대에 대한 최소 주차단위구획면적이 가장 넓은 것은? (단, 평행주차형식 외의 경우)

① 경형
② 일반형
③ 확장형
④ 장애인전용

13 주차장 주차단위구획의 최소 크기로 옳지 않은 것은? (단, 평행주차형식 외의 경우)

① 경형: 너비 2.0m, 길이 3.6m
② 일반형: 너비 2.0m, 길이 6.0m
③ 확장형: 너비 2.6m, 길이 5.2m
④ 장애인전용: 너비 3.3m, 길이 5.0m

해 설

[해설] 10, 11 경형자동차 주차구획
• 평행주차방식 : 1.7m×4.5m
• 기타방식 : 2m×3.6m

[해설] 12 주차구획기준(평행주차방식 이외)
1. 원칙 : 2.5m×5m
2. 확장형 : 2.6m×5.2m
3. 장애인전용 : 3.3m×5m
4. 경형 : 2m×3.6m

[해설] 13
일반형 : 2.5m×5m

정답 10. ④ 11. ③ 12. ④ 13. ②

14 다음 중 주차장의 주차구획시 주차대수 한 대당 가장 작게 구획할 수 있는 면적은?

① 10.0m²
② 11.5m²
③ 12.5m²
④ 13.75m²

해설	14

주거지역 보·차도 구분이 없는 경우(평행주차형식) : 2m×5m

15 주차장에서 장애인 전용 주차단위구획의 면적은 최소 얼마 이상이어야 하는가? (단, 평행주차형식 외의 경우)

① 7.2m²
② 11.5m²
③ 12m²
④ 16.5m²

해설	15 장애인 전용주차구획

• 평행주차방식
 : 2m×6m=12m²
 (주거지역 보차도 미구분시
 2m×5m=10m²)
• 평행주차 이외의 방식
 : 3.3m×5m=16.5m²

16 주차장의 주차단위구획 기준으로 옳지 않은 것은? (단, 평행주차형식으로 일반형인 경우)

① 너비 1.0m 이상, 길이 2.3m 이상
② 너비 1.7m 이상, 길이 4.5m 이상
③ 너비 2.0m 이상, 길이 6.0m 이상
④ 너비 2.0m 이상, 길이 5.0m 이상

해설	16 평행주차단위구획

1. 일반형	2m×6m 이상
2. 주거지역 보·차도 구분이 없는 경우	2m×5m 이상
3. 경형자동차	1.7m×4.5m 이상

■■■ **주차장 수급실태**

17 다음은 주차장 수급 실태 조사의 조사구역에 관한 설명이다. ( ) 안에 알맞은 것은?

사각형 또는 삼각형 형태로 조사구역을 설정하되 조사구역 바깥 경계선의 최대거리가 ( )를 넘지 아니하도록 한다.

① 100m
② 200m
③ 300m
④ 400m

해설	17, 18

특별자치도지사, 시장, 군수, 구청장은 3년마다 조사구역 바깥 경계선 최대거리 300m 이내로 실태조사를 실시한다.

정답 14. ① 15. ④ 16. ① 17. ③

18 주차장 수급 실태 조사의 조사구역 설정에 관한 기준 내용으로 옳지 않은 것은?

① 실태조사의 주기는 3년으로 한다.
② 사각형 또는 삼각형 형태로 조사구역을 설정한다.
③ 각 조사 구역은 「건축법」에 따른 도로를 경계로 구분한다.
④ 조사구역 바깥 경계선의 최대거리가 500m를 넘지 않도록 한다.

19 주차장의 수급 실태를 조사하려는 경우, 조사 구역의 설정 기준으로 옳지 않은 것은?

① 원형 형태로 조사구역을 설정한다.
② 각 조사구역은 「건축법」에 따른 도로를 경계로 구분한다.
③ 조사구역 바깥 경계선의 최대거리가 300m를 넘지 아니하도록 한다.
④ 주거기능과 상업·업무기능이 섞여 있는 지역의 경우에는 주차시설 수급의 적정성, 지역적 특성 등을 고려하여 같은 특성을 가진 지역별로 조사구역을 설정한다.

해 설

해설 **19**
사각형 또는 삼각형으로 조사구역을 설정한다.

정답 18. ④ 19. ①

출제예상문제

10 CHAPTER 1. 총 칙

■■■ 주차장법의 목적 및 내용

1. 주차장법의 목적에서 필요한 사항을 정하지 않은 것은?

① 주차장의 관리
② 주차장의 설치
③ 주차장의 정비
④ 주차장의 위치

[해설] 주차장법의 목적
  주차장 설치, 정비 및 관리에 관하여 필요한 사항을 정함으로서 자동차 교통을 원활하게 하여 공중의 편의를 도모함을 목적으로 함.

■■■ 주차장의 형태

2. 주차장의 형태는 자주식주차장과 기계식주차장으로 구분할 수 있다. 다음 중 기계식 주차장에 속하지 않는 것은?

① 지하식
② 지평식
③ 건축물식
④ 공작물식

[해설] 주차장의 형태

| • 자주식 | 지하식, 지평식, 건축물식(공장물식 포함) |
| • 기계식 | 지하식, 건축물식(공작물식 포함) |

3. 주차장법에 의한 주차장 형태가 아닌 것은?

① 자주식주차장 – 건축물식
② 자주식주차장 – 공작물식
③ 기계식주차장 – 지하식
④ 기계식주차장 – 지평식

■■■ 주차전용건축물

4. 주차장 전용 건축물에서 당해 건축물의 연면적에 대한 주차장외의 용도로 사용되는 부분의 비율이 가장 적은 용도는?

① 근린생활시설   ② 업무시설
③ 숙박시설   ④ 운동시설

[해설] 주차전용 건축물
① 주차전용 건축물의 주차면적 비율(주차전용 건축물의 연면적 중 주차장으로 사용되는 비율)

원칙	단서 규정
95% 이상	70% 이상 [주차장이외의 용도로 사용되는 부분이 아래 용도일 경우 • 제1종, 제2종 근린생활시설 • 단독주택 • 공동주택 • 문화 및 집회시설 • 판매시설 • 종교시설 • 운수시설 • 운동시설 • 업무시설 • 창고시설 • 자동차관련시설]

② 주차전용 건축물의 연면적 산정은 건축법의 규정에 의한다. (단, 기계식 주차장의 연면적 산정은 기계식 주차에 의하여 자동차를 주차할 수 있는 면적과 기계실, 관리사무소 등의 면적을 합산하여 계산한다.)

5. 주차전용 건축물에서 당해 건축물의 연면적에 대한 주차장 외의 용도로 사용되는 부분의 비율이 70% 이상에 해당되지 않는 용도는?

① 제1종 근린생활시설
② 자동차관련시설
③ 판매시설
④ 숙박시설

해답 1.④ 2.② 3.④ 4.③ 5.④

6. 주차전용 건축물에 기계장치를 이용할 경우 주차장의 연면적 산정에 해당되지 않는 것은?

① 기계실
② 부속실
③ 자동차 주차면적
④ 관리사무소

[해설] 기계장치를 이용한 주차장 연면적의 산정은 기계장치에 의하여 자동차가 주차할 수 있는 면적과 기계실, 관리사무소 등의 면적을 합산하여 계산한다.

■■■ 주차장의 주차구획

7. 주차단위 1대에 대한 주차장의 주차단위 구획이 잘못 기술된 것은? (단, 주차구획은 너비×길이 임)

① 일반주차장 : 2.5m×5.0m 이상
② 지체장애인 전용주차장 : 3.3m×5.0m 이상
③ 평행주차형식 : 2.0m×6.0m 이상
④ 주거지역의 보도와 차도의 구분이 없는 도로에서의 평행주차형식 : 2.3m×5.0m 이상

[해설] 주차장의 주차단위 구획
 (1) 일반주차장
  ① 평행주차 이외의 주차 - 2.5m×5m 이상
  ② 평행주차장일 때 - 2m×6m 이상
   (주거지역에서 보도와 차도의 구분이 없는 도로에서의 평행주차구획 - 2m×5m 이상)
 (2) 장애인 전용주차장 : 3.3m×5m 이상
 ※ 주차단위구획은 백색실선으로 표시하여야 함.

8. 주차장법령상 평행주차 형식의 주차단위 구획으로 가장 부적합한 것은?

구 분	너비	길이
① 경형	1.7m 이상	4.5m 이상
② 일반형	2.0m 이상	6.0m 이상
③ 보도와 차도의 구분이 없는 주거지역의 도로	2.0m 이상	4.0m 이상
④ 이륜자동차 전용	1.0m 이상	2.3m 이상

[해설] 보차도 구분이 없는 주거지역 평행주차구획 : 2m×5m 이상

9. 주차대수 1대에 대한 주차장의 주차면적을 가장 넓게 하여야 하는 것은?

① 직각주차
② 지체장애인의 전용주차장
③ 평행주차
④ 주거지역의 보도와 차도의 구분이 없는 도로상의 직각주차

[해설] ① 직각주차형식 : 2.5m×5m
 ② 지체장애인용 : 3.3m×5m
 ③ 평행주차형식 : 2m×6m
 ④ 주거지역평행주차형식 : 2m×5m

10. 지체장애인의 전용주차장에 직각주차 형식인 주차단위 구획을 할 경우 주차대수 1대당 최소 면적은?

① 21.45m²
② 19.8m²
③ 16.5m²
④ 11.5m²

[해설] 지체장애인 전용주차장의 경우 3.3m×5m=16.5m² 이상으로 하여야 한다.

■■■ 주차 환경 개선지구

11. 주차장법에 따른 주차환경개선지구에 관한 기준 중 가장 부적합한 것은?

① 주차환경개선지구는 상업지역에 대하여 지정한다.
② 주차환경개선지구 지정을 위한 실태조사는 3년마다 실시한다.
③ 주차환경개선지구의 지정은 시장, 군수, 구청장에 의한다.
④ 주차환경개선지구 관리계획의 내용에는 연차별 주차장 확충 및 재원조달계획이 포함되어야 한다.

[해설] 주차환경개선지구 지정

지정권자	지정대상지역
시장, 군수, 구청장	• 주거지역 • 주거지역과 인접한 조례로 정한 지역

해답 6.② 7.④ 8.③ 9.② 10.③ 11.①

2 노상주차장

학습방향

노상주차장은 도로의 노면 또는 교통광장의 일정한 구역에 특별시장·광역시장, 시장·군수·구청장이 설치하는 주차장으로 건축물과의 관련성은 노외주차장이나 부설주차장보다는 제한규정이 완화된다. 또한 원활한 도로교통의 소통을 위하여 항시 폐지가 가능하도록 하고 있다.

1. 노상주차장의 관리수탁자의 자격 : 조례에서 정한다.
2. 노상주차장의 설치금지장소
   - 너비 6m 미만의 도로
   - 종단 기울기 4%를 초과하는 도로 등
3. 장애인 전용주차구획의 설치 : 총 주차대수 20대 이상 50대 미만일 경우 1면 이상(50대 이상 2~4%)

1 노상주차장의 설치 및 폐지

【1】설 치

노상주차장은 특별시장·광역시장, 시장·군수 또는 구청장이 이를 설치한다. 이 경우 국토의 계획 및 이용에 관한 법률에 의한 도시·군계획시설설치에 관한 규정은 이를 적용하지 아니한다.

【2】폐 지

다음의 경우 특별시장·광역시장, 시장·군수·구청장은 지체없이 노상주차장을 폐지하여야 한다.
① 주차로 인하여 대중교통수단의 운행 장애를 유발하는 경우
② 주차로 인하여 교통소통에 장애를 주는 경우
③ 노상주차장에 대체되는 노외주차장의 설치로 노상주차장이 필요 없게 된 경우
④ 어린이보호구역으로 지정된 경우

2 노상주차장의 관리

【1】관리자

노상주차장의 관리자는 다음과 같다.

1. 설치자(특별시장·광역시장·시장·군수 및 구청장)
2. 설치자로부터 위탁받은 자

- 노상주차장 관리수탁자의 자격 기타 노상주차장의 관리에 관한 사항은 지방자치단체의 조례로 정한다.

학습POINT

■ 도시·군계획시설의 설치
도시·군계획구역안의 지상·수상·공중·수중·지하에 도시기반시설을 설치하고자 할 때는 그 시설의 종류·명칭·위치·규모 등을 미리 도시·군관리계획으로 결정하여야 한다.

【2】전용주차구획의 설치

'전용주차구획'이란 경형자동차(輕型自動車)등 일정한 자동차에 한정하여 주차가 허용되는 주차구획을 말한다.

■ 경형주차구획
1. 평행주차방식 : 1.7m×4.5m
2. 기타방식 : 2m×3.6m
* 경형자동차 : 배기량 1000cc 미만

【3】노상주차장의 주차요금의 징수

① 노상주차장의 관리자는 주차장에 자동차를 주차하는 자로부터 주차요금을 받을 수 있다. (긴급자동차 주차시 예외)
② 주차요금의 요율 및 징수방법은 지방자치단체의 조례로 정한다.

3 노상주차장의 설비기준

【1】노상주차장을 설치할 수 없는 경우

다음의 경우 노상주차장의 설치가 금지된다.

설치금지 장소	예 외
① 주간선도로	분리대, 기타 도로의 부분으로서 도로교통에 지장을 초래하지 않는 부분
② 너비 6m미만의 도로	보행자의 통행이나 연도의 이용애 지장이 없는 경우로서 당해 지방자치단체의 조례로 따로 정하는 경우
③ 종단경사도가 4%를 초과하는 도로	종단경사도가 6% 이하로서 보도와 차도의 구별이 되어 있고, 차도의 너비가 13m 이상인 경우
	종단경사도가 6% 이하의 도로로서 시장·군수·구청장이 안전에 지장이 없다고 인정하는 도로의 주거지역에 설치된 노상주차장으로서 인근주민의 자동차를 위한 경우
④ 고속도로·자동차전용도로·고가도로	
⑤ 주·정차 금지구역에 해당하는 도로의 부분(도로교통법)	

【2】장애인 전용주차구획의 설치

① 주차대수 규모가 20대 이상 50대 미만인 경우	한 면 이상
② 주차대수 규모가 50대 이상인 경우	주차대수의 2%부터 4%까지의 범위에서 장애인의 주차 수요를 고려하여 해당 지방자치단체의 조례로 정하는 비율 이상

핵심문제

■■■ 설비기준

1 노상주차장의 구조·설비기준에 관한 내용 중 옳지 않은 것은?

① 고가도로에 설치하여서는 아니된다.
② 너비 6m 미만의 도로에 설치하지 않는 것이 원칙이다.
③ 종단경사도가 4%를 초과하는 도로에 설치하지 않는 것이 원칙이다.
④ 주차대수 10대 마다 장애인전용주차구획을 1면씩 확보하여야 한다.

2 노상주차장에 관한 설명이 잘못된 것은?

① 주차대수규모가 20대 이상인 경우에는 장애인 전용 주차계획을 최소 1면 이상 설치하여야 한다.
② 종단기울기가 4% 미만인 도로에는 노상주차장을 설치할 수 있다.
③ 주간선도로에는 노상주차장을 항시 설치할 수 있다.
④ 고속도로 자동차용 전용도로 또는 고가도로에는 노상 주차장을 설치하여서는 아니된다.

■■■ 설치금지 등

3 다음 중 노상주차장을 설치할 수 있는 곳은?

① 고속도로
② 자동차전용도로
③ 고가도로
④ 종단 경사도가 3%인 도로

4 노상주차장의 구조 및 설비에 관한 기준 내용으로 옳은 것은?

① 너비 6m 이상의 도로에 설치하여서는 아니된다.
② 종단경사도가 3퍼센트를 초과하는 도로에 설치하여서는 아니된다.
③ 고속도로, 자동차전용도로 또는 고가도로에 설치하여서는 아니된다.
④ 주차대수 규모가 20대인 경우, 장애인 전용주차 구획을 최소 2면 이상 설치하여야 한다.

해 설

해설 1 장애인 전용주차구획 설치기준

1. 노상주차장		•20대 이상 50대 미만 1대 이상
		•50대 이상 2~4%
2. 노외 주차장	행정청 설치	총주차대수 50대 이상시 2~4%
	비행정청 설치	-
3. 부설주차장		총주차대수 2~4%(10대 미만의 경우 제외)

해설 2
분리대, 기타 도로로써 도로교통에 크게 지장을 가져오지 아니하는 부분에 한하여 예외 인정함

해설 3,4 노상주차장 설치 금지장소

1. 주간선도로
2. 너비 6m미만의 도로
3. 종단 기울기가 4%를 초과하는 도로
4. 고속도로·자동차전용도로 또는 고가도로
5. 도로교통법상 주·정차금지장소에 해당하는 도로의 부분

정답 1. ④ 2. ③ 3. ④ 4. ③

5 노상주차장의 구조·설비에 관한 기준 내용으로 옳지 않은 것은?

① 고속도로에 설치하여서는 아니된다.
② 자동차전용도로에 설치하여서는 아니된다.
③ 너비 8m 미만의 도로에 설치하여서는 아니된다.
④ 주차대수 규모가 20대 이상인 경우에는 장애인 전용 주차구획을 최소 한 면 이상 설치하여야 한다.

6 노상주차장에서 주차대수규모가 얼마 이상인 경우에 장애인전용주차구획을 최소 1면 이상 설치하여야 하는가?

① 20대
② 30대
③ 40대
④ 50대

해 설

해설 5
노상주차장은 너비 6m 미만의 도로에 설치할 수 없다.

해설 6
주차대수 20대 이상인 노상주차장에는 최소 1면 이상(50대 이상인 경우 총 주차대수의 2~4%)을 장애인전용 주차구획으로 하여야 한다.

정답 5. ③ 6. ①

출제예상문제

10 CHAPTER
2. 노상주차장

■■■ 노상주차장의 설비기준 등

1. 원칙적으로 노상주차장 설치금지장소가 잘못된 것은?

① 주간선도로
② 너비 8m 미만의 도로
③ 종단 기울기가 4%를 초과하는 도로
④ 고가도로

[해설] 노상주차장 설치금지장소

| 1. 주 간선도로 |
| 2. 폭 6m 미만의 도로 |
| 3. 종단 기울기 4% 초과도로(6% 이하로서 차도폭 13m 이상시 예외) |
| 4. 고속도로 · 자동차전용도로 · 고가도로 |
| 5. 도로교통법 주정차 금지구역에 해당하는 도로의 구분 |

*4% 초과시이므로 4%는 설치가능함.

2. 노상주차장의 설비기준에 관한 내용 중 옳지 않은 것은?

① 종단 기울기가 4%를 초과하는 도로에 설치해서는 아니된다.
② 주차대수 20대마다 장애인 전용주차구획을 최소 1면씩 확보한다.
③ 너비 6m 미만의 도로에 설치해서는 아니된다.
④ 고가도로에 설치하여서는 아니된다.

[해설] 1. 20대 이상인 경우 1면 이상
2. 50대 이상인 경우 총 주차대수의 2~4%

3. 노상주차장의 구조 및 설비기준으로 틀린 것은?

① 자동차전용도로 또는 고가도로에 설치하여서는 아니된다.
② 주간선도로에 설치하여서는 아니된다.
③ 너비 6m 미만의 도로에 설치하여서는 아니된다.
④ 종단 기울기가 6%를 초과하는 도로에 설치하여서는 아니된다.

[해설] 종단 기울기 4% 초과

4. 노상주차장의 구조 · 설비기준에 관한 내용 중 옳지 않은 것은?

① 종단 기울기가 4%를 초과하는 도로에 설치하여서는 아니된다.
② 고속도로 · 자동차 전용도로 또는 고가도로에 설치하여서는 아니된다.
③ 주차대수규모가 30대 이상인 경우에는 장애인 전용 주차구획을 1면 이상 설치하여야 한다.
④ 주간선도로에 설치하여서는 아니된다.

[해설] 20대 이상의 경우 장애인 전용주차구획을 설치한다.

해답 1. ② 2. ② 3. ④ 4. ③

3 노외주차장

학습방향

노외주차장은 도로의 노면 또는 교통광장 외의 장소에 설치된 주차장으로서 주차전용건축물에 대한 특례, 노외주차장의 설치 및 설비기준은 출제비중이 상당히 높은 중요기준이 된다.

1. 주차전용건축물에 대한 건축법의 특례

건폐율	용적율	대지면적 최소한도	높이제한의 비율	
90%	1500%	45m²	12m미만도로	3배
			12m이상도로	$\frac{36}{도로폭}$ 배

2. 차로 폭의 크기 순서 : 직각주차 > 60°대향 > 45°대향＝교차주차 > 평행주차
3. 차로의 구조

차로의 높이	주차부분의 높이
2.3m이상	2.1m이상

1 노외주차장의 설치 또는 폐지

노외주차장을 설치 또는 폐지한 자는 설치하거나 폐지한 날부터 30일 이내에 주차장소재지 관할 시장·군수·구청장에게 통보하여야 한다.

2 노외주차장의 관리기준

① 노외주차장은 당해 노외주차장을 설치한 자가 원칙적으로 관리한다.
② 특별시장·광역시장·시장·군수·구청장의 위탁을 받아 노외주차장을 관리할 수 있는자의 자격은 당해 지방자치단체의 조례로 정한다.
③ 노외주차장을 관리하는 자는 주차장에 자동차를 주차하는 자로부터 주차요금을 받을 수 있다.
④ 특별시장·광역시장·시장·군수·구청장이 설치한 노외주차장의 주차요금 요율과 징수방법에 관하여 필요한 사항은 당해 지방자치단체의 조례로 정한다.

학습POINT

■ 노외주차장 부설주차장 설치제한지역

• 상업지역
• 준주거지역
• 교통혼잡 특별관리구역

＊ 조례로 제한지역을 정한다.

3 노외주차장인 주차전용건축물에 대한 특례

노외주차장인 주차전용건축물의 건폐율, 용적률, 대지면적의 최소한도 등은 다음의 범위내에서 특별시·광역시·시 또는 군의 조례로 정한다.

1. 건폐율	90/100 이하	
2. 용적률	1,500% 이하	
3. 대지면적의 최소한도	45m² 이상	
4. 높이제한 (대지가 2이상의 도로에 접할 경우에는 가장 넓은 도로를 기준으로 한다.)	대지가 접한 도로의 폭	건축물의 각 부분의 높이
	가. 12m미만인 경우	그 부분으로부터 대지에 접한 도로의 반대쪽 경계선까지의 수평거리의 3배
	나. 12m이상인 경우	그 부분으로부터 대지에 접한 도로의 반대쪽 경계선까지의 수평거리의 $\frac{36}{\text{도로의 폭}}$배. 다만, 배율이 1.8배 미만인 경우 1.8배로 한다.

4 단지조성사업 등에 따른 노외주차장

단지조성사업 등으로서 도시교통정비촉진법의 규정에 의한 교통영향평가 대상인 경우 일정규모 이상의 노외주차장을 설치하여야 한다.

(1) 단지조성사업 등의 종류(일정규모 이상의 노외주차장 설치)

① 택지개발사업, 산업단지개발사업, 항만배후단지개발사업, 도시재개발사업, 도시철도건설사업, 기타 단지조성사업
② 단지조성사업 등의 종류와 규모, 노외주차장의 규모와 관리방법은 해당 지방자치단체의 조례로 정한다.

(2) 경형자동차, 영유아동반자동차 등 및 환경친화적 자동차전용주차구획

경형자동차 및 환경친화적 자동차를 위한 전용주차구획을 다음 각 호의 비율이 모두 충족되도록 설치해야 한다.

1. 경형자동차를 위한 전용주차구획과 환경친화적 자동차를 위한 전용주차구획을 합한 주차구획 : 총 주차대수의 100분의 10이상
2. 환경친화적 자동차를 위한 전용주차구획 : 총 주차대수의 100분의 5 이상

■ 영유아동반 자동차 등
영유아와 동반하여 탑승하거나 임산부가 탑승한 자동차

5 노외주차장의 설치에 대한 계획기준

【1】설치대상지역

노외주차장은 녹지지역이 아닌 지역에 설치하여야 하나, 다음에 해당하는 경우에는 자연녹지지역내에도 설치 가능하다.

1. 하천구역 및 공유수면 (단, 주차장 설치로 인해 하천 및 공유수면의 관리에 지장이 없는 경우)
2. 토지의 형질변경 없이 주차장 설치가 가능한 지역
3. 주차장 설치를 목적으로 토지의 형질변경 허가를 받은 지역
4. 특별시장, 광역시장, 시장, 군수 또는 구청장(자치구)이 특히 주차장의 설치가 필요하다고 인정하는 지역

【2】노외주차장의 출구 및 입구의 설치기준

① 노외주차장의 입구와 출구를 설치할 수 없는 곳

1. 육교 및 지하 횡단보도를 포함한 횡단보도에서 5m 이내의 도로부분
2. 종단 기울기 10%를 초과하는 도로
3. 유아원, 유치원, 초등학교, 특수학교, 노인복지시설, 장애인 복지시설 및 아동전용시설 등의 출입구로부터 20m 이내의 도로부분
4. 폭 4m 미만의 도로
   예외 주차대수 200대 이상인 경우에는 폭 6m 미만의 도로에는 설치할 수 없다.
5. 도로교통법에 의한 주·정차금지 장소

② 출구 및 입구의 설치위치

노외주차장과 연결되는 도로가 2이상인 경우에는 자동차 교통에 미치는 지장이 적은 도로에 노외주차장의 출구와 입구를 설치하여야 한다.
예외 보행자의 교통에 지장을 가져올 우려가 있거나 기타 특별한 이유가 있는 경우에는 예외

【3】장애인 전용주차구획 설치

특별시장·광역시장, 시장·군수 또는 구청장이 설치하는 노외주차장의 주차대수 규모가 50대 이상인 경우에는 주차대수의 2% 부터 4% 까지의 범위에서 장애인의 주차수요를 고려하여 지방자치단체의 조례로 정하는 비율 이상의 장애인 전용주차구획을 설치하여야 한다.

■ 노외주차장 설치 계획기준
1. 노외주차장의 유치권은 노외주차장을 설치하고자 하는 지역에 있어서의 토지이용현황, 노외주차장이용자의 보행거리 및 보행자를 위한 도로상황등을 참작하여 이용자의 편의를 도모할 수 있도록 정하여야 한다.
2. 노외주차장의 규모는 유치권 안에 있어서의 전반적인 주차수요와 이미 설치되었거나 장래에 설치할 계획인 자동차의 주차에 사용하는 시설 또는 장소와의 연관성을 참작하여 적정한 규모로 하여야 한다.
3. 노외주차장은 녹지지역이 아닌 지역에 설치한다. 다만, 자연녹지지역내에서는 설치 가능하다.

■ 녹지지역의 세분
1. 자연녹지지역
2. 생산녹지지역
3. 보전녹지지역

6 노외주차장의 구조 및 설비기준

【1】노외주차장(일반적인 경우)의 구조 및 설비기준

(1) 출입구

① 노외주차장의 입구와 출구는 자동차의 회전을 용이하게 하기 위해 필요할 때는 차로와 도로가 접하는 부분의 각지를 곡선형으로 하여야 한다.
② 출구로부터 2m 후퇴한 차로의 중심선상 1.4m의 높이에서 도로의 중심선에 직각으로 향한 좌우측 각 60°의 범위 안에서 당해 도로를 통행하는 자의 존재를 확인할 수 있어야 한다.
③ 노외주차장의 출입구의 폭은 3.5m 이상으로 하여야 한다.
④ 주차대수 규모가 50대 이상인 경우에는 출구와 입구를 분리하거나 폭 5.5m이상의 출입구를 설치하여 소통이 원활하도록 하여야 한다.
⑤ 출구와 입구의 분리설치
주차대수 400대를 초과하는 규모의 노외주차장의 경우에는 노외주차장의 출구와 입구는 각각 따로 설치하여야 한다.
　예외　출입구 너비의 합이 5.5m 이상으로서 출구와 입구가 차선등으로 분리되는 경우에는 출입구를 함께 설치할 수 있다.

■ 주차대수에 따른 출입구의 구조
① 원칙 : 3.5m 이상
② 50대 이상
  1. 폭 3.5m 이상의 출구와 입구 분리설치
  2. 폭 5.5m 이상의 출입구 설치
③ 400대 초과
  폭 3.5m 이상의 출구와 입구 분리설치

(2) 차로의 구조기준

① 주차부분의 장·단변 중 1변 이상이 차로에 접하여야 한다.
② 차로의 너비는 주차형식에 따라 다음 표에 의한 기준 이상으로 하여야 한다.

주차형식	차로의 너비	
	출입구가 2개 이상인 경우	출입구가 1개인 경우
평행주차	3.3m	5.0m
45°대향주차 교차주차	3.5m	5.0m
60°대향주차	4.5m	5.5m
직각주차	6.0m	6.0m

■ 이륜자동차 주차 차로너비

형식	차로너비	
	출입구2개	출입구1개
평행	2.25m	3.5m
직각	4m	4m
기타	2.3m	3.5m

(3) 노외주차장내 주차부분의 높이

노외주차장의 주차부분의 높이는 주차 바닥면으로부터 2.1m 이상으로 하여야 한다.

(4) 노외주차장 내부공간의 환기

실내 일산화탄소(CO) 농도는 차량이용이 빈번한 전·후 8시간의 평균치가 50ppm 이하가 되도록 한다. (다중이용시설 : 25ppm 이하)

(5) 경보장치

자동차 출입 또는 도로교통의 안전확보를 위한 필요 경보장치를 출입구로부터 3m 이내에 경광과 50db 이상의 경보음이 발생하도록 설치하여야 한다.

(6) 과속방지턱

주차대수 400대를 초과하는 규모의 노외주차장의 경우에는 주차장 내에서 안전한 보행을 위하여 과속방지턱, 차량의 일시정지선 등 보행안전을 확보하기 위한 시설을 설치해야 한다.

【2】 자주식주차장으로서 지하식 또는 건축물식에 의한 노외주차장

(1) 노외주차장 바닥조도(벽면에서 50cm 이내 바닥제외)

구 분	최소조도	최대조도
1. 주차구획 및 차로	10룩스 이상	최소조도의 10배 이내
2. 주차장 출·입구	300룩스 이상	규정 없음
3. 사람출입통로	50룩스 이상	

(2) 차로의 구조

① 노외주차장의 차로의 구조기준을 적용한다.(6 -【1】-(2)참조)
② 높이 : 주차 바닥면으로부터 2.3m 이상으로 하여야 한다.
③ 진입로 굴곡부 : 자동차가 6m 이상의 내변반경으로 회전이 가능하도록 하여야 한다. 단, 총 주차대수가 50대 이하인 경우에는 5m 이상으로 한다.
④ 경사로(진입로)의 차로 폭

1. 직선인 경우	3.3m 이상(2차로인 경우 6m 이상)
2. 곡선인 경우	3.6m 이상(2차로인 경우 6.5m 이상)

⑤ 경사로(진입로)의 종단 기울기

1. 직선부분	17% 이하
2. 곡선부분	14% 이하

■ 경사로의 양측벽면으로부터 30cm의 거리를 띄어 높이 10~15cm의 연석을 설치해야 한다.
■ 경사로의 노면은 거친면으로 하여야 한다.

⑥ 오르막 경사로의 종단경사도 도로와 접하는 부분으로부터 3m 이내인 경사로의 종단경사도는 다음과 같다.

1. 직선인 경우	8.5% 이하
2. 곡선인 경우	7% 이하

⑦ 주차대수 규모가 50대 이상인 경우의 경사로는 너비 6m 이상인 2차선의 차로를 확보하거나 진입차로와 진출차로를 분리하여야 한다.

(3) 감시설비

주차대수 30대 초과시 주차장 내부전체를 볼 수 있는 폐쇄회로 텔레비전(녹화장치를 포함) 및 네트워크 카메라의 방범설비를 주차장 바닥면에서 170cm에 있는 사물의 식별이 가능하도록 설치하여 1개월 이상 보관하여야 한다.

(4) 자동차용 승강기의 설치

자동차용 승강기로 운반된 자동차가 주차구획까지 자주식으로 들어가는 노외주차장의 경우에는 주차대수 30대마다 1대의 자동차용 승강기를 설치하여야 한다.

(5) 추락방지용 안전시설

2층 이상의 건축물식 및 특별시장, 광역시장, 특별자치도지사 시장, 군수가 정하여 고시하는 주차장에는 자동차의 추락을 방지하기 위한 안전시설을 다음의 기준에 따라 설치하여야 한다.

1. 2ton 차량이 시속 20km의 주행속도로 정면충돌하는 경우에 견딜 수 있는 강도의 구조물로서 구조계산에 의해 안전하다고 확인된 구조물
2. 2ton 차량이 시속 20km의 주행속도로 정면충돌하는 경우에 견딜 수 있는 강도의 구조물로서 한국도로공사, 한국교통안전공단, 그 밖에 국토교통부장관이 정하여 고시하는 전문연구기관에서 인정하는 제품
3. 「도로법」에 따른 방호울타리
4. 그 밖에 국토교통부장관이 정하여 고시하는 추락방지 안전시설

(6) 주차단위 구획의 설치장소 등

① 노외주차장의 주차단위구획은 평평한 장소에 설치하여야 한다.
  예외 경사도가 7% 이하인 경우로서 시장·군수 또는 구청장이 안전에 지장이 없다고 인정하는 경우 제외

② 노외주차장에는 확장형 주차단위구획을 총주차단위구획수(평행주차형식의 주차단위구획수 제외)의 30% 이상 설치하여야 하며, 환경친화적 자동차의 전용주차구획을 총 주차대수의 5% 이상 설치하여야 한다.

■ 특수목적 주차구획 기준
1. 확장형 : 30% 이상
2. 환경친화형 : 5% 이상

7 노외주차장에 설치할 수 있는 부대시설

노외주차장에 설치할 수 있는 부대시설은 다음과 같다. 다만, 그 설치하는 부대시설(전기자동차 충전시설 제외)의 총면적은 주차장 총 시설면적의 20%를 초과하여서는 아니된다.

1. 관리사무소·휴게소 및 공중화장실
2. 간이매점, 자동차 장식품판매점, 전기자동차 충전시설, 주유소, 태양광발전시설, 집배송시설
3. 노외주차장의 관리, 운영상 필요한 편의시설
4. 특별자치도·시·군 또는 구(자치구)의 조례가 정하는 이용자의 편의시설

■ 부대시설의 설치
공공시설에 설치하는 노외주차장에 대한 부대시설의 종류 및 주차장 총 시설면적 중 부대시설이 차지하는 비율(40%를 초과할 수 없다)에 대하여는 특별시, 광역시, 시·군 또는 구의 조례로 따로 정할 수 있다.

핵 심 문 제

■■■ 주차전용건축물 특례

1 노외주차장인 주차전용 건축물을 건축할 때 특별시, 광역시, 시 또는 군의 조례로서 건축규제를 완화할 수 있는 기준으로 틀린 것은?

① 건폐율 : 90/100 이하
② 용적률 : 1,500% 이하
③ 대지면적의 최소한도 : 50m² 이상
④ 높이제한 : 대지가 너비 12m 미만의 도로에 접하는 경우 건축물의 각 부분의 높이는 그 부분으로부터 대지에 접한 도로의 반대쪽 경계선까지의 수평거리의 3배 이하

해설 1
대지면적의 최소한도 : 45m² 이상

2 택지개발사업, 산업단지개발사업, 도시재개발사업, 도시철도건설사업, 그 밖에 단지 조성 등을 목적으로 하는 사업을 시행할 때에는 일정 규모 이상의 노외주차장을 설치하여야 한다. 이 때 설치되는 노외주차장에는 경형자동차를 위한 전용주차구획과 환경친화적 자동차를 위한 전용주차구획을 합한 주차구획이 노외주차장 총주차대수의 최소 얼마 이상이 되도록 하여야 하는가?

① 100분의 5
② 100분의 10
③ 100분의 15
④ 100분의 20

해설 2
단지조성사업의 경형자동차 등의 전용주차구획은 노외주차장 총 주차면적의 10% 이상으로 한다.

■■■ 설치대상지역

3 자연녹지지역으로서 노외주차장을 설치할 수 있는 지역에 속하지 않는 것은?

① 토지의 형질변경 없이 주차장의 설치가 가능한 지역
② 주차장 설치를 목적으로 토지의 형질변경 허가를 받은 지역
③ 택지개발사업 등의 단지조성사업 등에 따라 주차 수요가 많은 지역
④ 하천구역 및 공유수면으로서 주차장이 설치되어도 해당 하천 및 공유수면의 관리에 지장을 주지 아니하는 지역

해설 3 자연녹지안에서 설치허용 사유

1. 하천구역 및 공유수면
2. 토지의 형질변경 없이 주차장 설치가 가능한 지역
3. 주차장 설치를 목적으로 토지의 형질변경 허가를 받은 지역
4. 시장 등이 특히 주차장의 설치가 필요하다고 인정하는 지역

정답 1. ③ 2. ② 3. ③

■■■ 차로기준

4 다음의 노외주차장의 구조 및 설비에 관한 기준 내용 중 ( )안에 알맞은 것은?

> 노외주차장의 출구 부근의 구조는 해당 출구로부터 2m를 후퇴한 노외주차장의 차로의 중심선상 1.4m의 높이에서 도로의 중심선에 직각으로 향한 왼쪽 오른쪽 각각 ( )의 범위에서 해당 도로를 통행하는 자를 확인할 수 있어야 한다.

① 15도 ② 30도
③ 45도 ④ 60도

5 노외주차장의 주차 형식에 따른 차로의 너비 기준으로 옳지 않은 것은? (단, 출입구가 1개인 경우)

① 평행주차 : 5.0m
② 직각주차 : 6.0m
③ 교차주차 : 5.0m
④ 60° 대향주차 : 6.0m

6 노외주차장에 설치하여야 하는 차로의 최소 너비가 가장 작은 주차형식은? (단, 이륜자동차 전용 외의 노외주차장으로 출입구가 2개 이상인 경우)

① 교차주차 ② 60° 대향주차
③ 직각주차 ④ 평행주차

7 출입구의 개수에 관계없이 노외주차장의 차로의 너비를 6m로 하여야 하는 주차형식은?

① 평행주차 ② 직각주차
③ 대향주차 ④ 교차주차

8 노외주차장의 차로의 최소 너비가 작은 것에서 큰 것 순으로 올바르게 나열한 것은? (단, 이륜자동차전용 외의 노외주차장으로서 출입구가 2개 이상인 경우)

① 평행주차 < 직각주차 < 교차주차
② 평행주차 < 교차주차 < 직각주차
③ 45° 대향주차 < 60° 대향주차 < 교차주차
④ 45° 대향주차 < 평행주차 < 60° 대향주차

해 설

[해설] **4**
노외주차장 출구기준(시선확보)
: 좌우측 60° 범위안에서 시선 개방

[해설] **5, 6** 노외주차장 차로의 기준

주차형식	차로의 폭	
	출입구가 2개 이상인 경우	출입구가 1개인 경우
평행주차	3.3m	5.0m
45° 대향주차	3.5m	5.0m
교차주차	3.5m	5.0m
60° 대향주차	4.5m	5.5m
직각주차	6.0m	6.0m

[해설] **7**
차로의 너비 [( ) 안은 출입구가 1개인 경우]
• 평행주차 : 3.3m(5m) 이상
• 직각주차 : 6m(6m) 이상

[해설] **8** 차로 너비 기준
(출입구 2개 이상의 경우)

평행주차	3.3m
45° 대향주차	3.5m
교차주차	
60° 대향주차	4.5m
직각주차	6.0m

정답 4. ④ 5. ④ 6. ④ 7. ② 8. ②

9 다음 중 이륜자동차전용 외의 노외주차장으로서 출입구가 1개인 경우 차로의 너비가 다른 주차형식은?

① 평행주차
② 교차주차
③ 45° 대향주차
④ 60° 대향주차

■■■ 출입구 설치 금지

10 다음 중 노외주차장의 출구 및 입구를 설치할 수 있는 장소에 해당되는 것은?

① 횡단보도에서 4m 떨어진 도로의 부분
② 너비 3m인 도로
③ 종단 기울기가 10%인 도로
④ 유치원 출입구로부터 15m 떨어진 도로의 부분

11 다음 중 노외주차장의 출구 및 입구를 설치할 수 있는 곳은?

① 초등학교의 출입구로부터 20m의 도로의 부분
② 종단 기울기가 12%인 도로의 부분
③ 육교에서 3m 떨어진 도로의 부분
④ 유치원의 출입구로부터 25m에 있는 도로의 부분

12 노외주차장의 출구와 입구(노외주차장의 차로의 노면이 도로의 노면에 접하는 부분)를 설치하여서는 안되는 도로의 종단 기울기의 기준은?

① 종단 기울기가 3%를 초과하는 도로
② 종단 기울기가 5%를 초과하는 도로
③ 종단 기울기가 7%를 초과하는 도로
④ 종단 기울기가 10%를 초과하는 도로

13 다음 중 노외주차장의 출구 및 입구를 설치할 수 없는 장소에 속하지 않는 것은?

① 너비가 3m인 도로(주차장의 주차대수가 100대인 경우)
② 횡단보도에서 3m 떨어진 도로의 부분
③ 종단 기울기가 8%인 도로
④ 장애인복지시설의 출입구로부터 15m 떨어진 도로의 부분

해 설

[해설] **9** 차로의 너비
(출입구가 1개인 경우)

1. 직각주차	6.0m
2. 60° 대향주차	5.5m
3. 기타	5.0m

[해설] **10, 11, 12** 노외주차장의 입구와 출구를 설치할 수 없는 곳

1. 육교 및 지하 횡단보도를 포함한 횡단보도에서 5m이내의 도로부분
2. 종단 기울기 10%를 초과하는 도로
3. 유아원, 유치원, 초등학교, 특수학교, 노인복지시설, 장애인 복지시설 및 아동전용시설 등의 출입구로부터 20m이내의 도로부분
4. 폭 4m미만의 도로 [예외] 주차대수 200대 이상인 경우에는 폭 6m미만의 도로에는 설치할 수 없다.

[해설] **13**
종단 기울기 10% 초과의 경우 설치할 수 없다.

정답 9. ④ 10. ③ 11. ④ 12. ④ 13. ③

14 노외주차장의 설치에 대한 계획기준으로 옳지 않은 것은?

① 횡단보도에서 5m 이내의 도로의 부분에는 출구 및 입구를 설치하여서는 아니된다.
② 너비 4m 미만의 도로와 종단 기울기가 10%를 초과하는 도로에는 출구 및 입구를 설치하여서는 아니된다.
③ 유치원·초등학교의 출입구로부터 20m 이내의 도로의 부분에는 출구 및 입구를 설치하여서는 아니된다.
④ 주차대수 200대를 초과하는 규모의 노외주차장에는 출구와 입구를 각각 따로 설치하여야 한다.

| 해설 | 14 |

주차대수 400대를 초과하는 경우 출입구를 분리하여 설치하여야 한다.

■■■ 출입구 기준

15 주차대수 규모가 50대 미만인 노외주차장 출입구의 최소 너비는?

① 3.3m
② 3.5m
③ 4.5m
④ 5.5m

| 해설 | 15,16,17,18 노외주차장 출입구 기준폭

원칙	3.5m 이상 출입구 설치
50대 이상	① 3.5m 이상의 출구와 입구 각각 설치 ② 5.5m 이상의 출입구 설치
400대 초과	3.5m 이상의 출구와 입구 각각 설치

16 주차대수 규모가 50대 이상인 노외주차장 출입구의 최소 너비는? (단, 출구와 입구를 분리하지 않은 경우)

① 3.3m
② 3.5m
③ 4.5m
④ 5.5m

17 다음은 노외주차장의 구조·설비에 관한 기준 내용이다. ( ) 안에 알맞은 것은?

노외주차장의 출입구 너비는 (㉠) 이상으로 하여야 하며, 주차대수 규모가 50대 이상인 경우에는 출구와 입구를 분리하거나 너비 (㉡) 이상의 출입구를 설치하여 소통이 원활하도록 하여야 한다.

① ㉠ 2.5m, ㉡ 4.5m
② ㉠ 2.5m, ㉡ 5.5m
③ ㉠ 3.5m, ㉡ 4.5m
④ ㉠ 3.5m, ㉡ 5.5m

정답 14. ④ 15. ② 16. ④ 17. ④

18 다음은 노외주차장의 설치에 대한 계획기준 내용이다. ( )안에 알맞은 것은?

> 주차대수 ( )를 초과하는 규모의 노외주차장의 경우에는 노외주차장의 출구와 입구를 각각 따로 설치하여야 한다. 다만, 출입구의 너비의 합이 5.5m 이상으로서 출구와 입구가 차선 등으로 분리되는 경우에는 함께 설치할 수 있다.

① 100대　　② 200대
③ 300대　　④ 400대

해설 18,19 노외주차장 출입구 기준
- 출, 입구의 폭 : 3.5m 이상
- 주차대수 50대 이상인 경우
  - 출구와 입구 분리
  - 출입구의 폭 : 5.5m 이상
- 주차대수 400대 초과 : 출구와 입구 분리

■■■ 설비기준

19 노외주차장의 구조·설비에 관한 기준 내용으로 옳지 않은 것은?
① 출입구의 너비는 3.0m 이상으로 하여야 한다.
② 주차구획선의 긴 변과 짧은 변 중 한 변 이상의 차로에 접하여야 한다.
③ 지하식인 경우 차로의 높이는 주차바닥면으로부터 2.3m 이상으로 하여야 한다.
④ 주차에 사용되는 부분의 높이는 주차바닥면으로부터 2.1m 이상으로 하여야 한다.

■■■ 차로기준

20 지하식 또는 건축물식 노외주차장의 차로에 관한 기준내용으로 옳지 않은 것은?
① 높이는 주차바닥면적으로부터 2.3m 이상으로 하여야 한다.
② 경사로의 종단 경사도는 직선 부분에서는 17%를 초과하여서는 아니된다.
③ 주차대수 규모가 50대 이상인 경우의 경사로는 너비 6m 이상인 2차로를 확보하거나 진입차로와 진출차로를 분리하여야 한다.
④ 경사로의 차로가 1차로일 때, 차로의 너비는 직선형인 경우 3m 이상으로 하고 곡선형인 경우에는 3.3m 이상으로 하여야 한다.

해설 20
경사로의 차로가 1차로일 때, 차로의 너비는 직선형인 경우 3.3m 이상으로 하고 곡선형인 경우에는 3.6m 이상으로 한다.

정답 18. ④　19. ①　20. ④

21 다음의 노외주차장의 설치에 대한 계획기준 내용 중 ( ) 안에 알맞은 것은?

> 자동차용승강기로 운반된 자동차가 주차구획까지 자주식으로 들어가는 노외주차장의 경우에는 주차대수 ( )마다 1대의 자동차용승강기를 설치하여야 한다.

① 20
② 30
③ 40
④ 50

22 자동차용 승강기로 운반된 자동차가 주차구획까지 자주식으로 들어가는 노외주차장에 주차대수 200대를 설치한다면 자동차용 승강기는 몇 대를 설치하여야 하는가?

① 10대
② 9대
③ 8대
④ 7대

23 지하식 또는 건축물식 노외주차장의 차로에 관한 기준 내용으로 옳지 않은 것은?

① 경사로의 노면은 이를 거친 면으로 하여야 한다.
② 높이는 주차바닥면으로부터 2.3m 이상으로 하여야 한다.
③ 경사로의 종단경사도는 직선부분에서는 14%를 초과하여서는 아니 된다.
④ 주차대수규모가 50대 이상인 경우의 경사로는 너비 6m 이상인 2차로의 차로를 확보하거나 진입차로와 진출차로를 분리하여야 한다.

24 지하식 또는 건축물식 노외주차장에서 경사로가 직선형인 경우, 경사로의 차로 너비는 최소 얼마 이상으로 하여야 하는가? (단, 2차로인 경우)

① 5m
② 6m
③ 7m
④ 8m

해 설

해설 21 자동차용 승강기의 설치
자동차용 승강기로 운반된 자동차가 주차구획까지 자주식으로 들어가는 노외주차장의 경우에는 주차대수 30대마다 1대의 자동차용 승강기를 설치하여야 한다.

해설 22
200÷30＝6.6 ≒ 7대

해설 23 경사로(진입로)의 종단 기울기

1. 직선부분	17% 이하
2. 곡선부분	14% 이하

해설 24 경사로(진입로)의 차로 폭

1. 직선인 경우	3.3m 이상 (2차로인 경우 6m 이상)
2. 곡선인 경우	3.6m 이상 (2차로인 경우 6.5m 이상)

정답 21. ② 22. ④ 23. ③ 24. ②

25 노외주차장 내부 공간의 일산화탄소 농도는 주차장을 이용하는 차량이 가장 빈번한 시각의 앞뒤 8시간의 평균치가 최대 얼마 이하로 유지되어야 하는가? (단, 다중이용시설 등의 실내공기질관리법에 따른 실내주차장이 아닌 경우)

① 30ppm
② 40ppm
③ 50ppm
④ 60ppm

해설 25 노외주차장 내부공간의 환기 실내 일산화탄소(CO) 농도는 차량 이용이 빈번한 전·후 8시간의 평균치가 50ppm 이하가 되도록 한다. (다중이용시설 : 25ppm 이하)

■■■ 장애인전용주차구획

26 다음의 노외주차장의 설치에 대한 계획기준 내용 중 ( ) 안에 알맞은 것은?

> 특별시장·광역시장·시장·군수 또는 구청장이 설치하는 노외주차장에는 주차대수 ( )대마다 총 주차대수의 2~4% 이상의 비율로 장애인 전용주차구획을 설치하여야 한다.

① 20
② 30
③ 40
④ 50

해설 26, 27 장애인 전용주차구획 설치기준

1. 노상주차장		• 20대 이상 50대 미만 1대 이상 • 50대 이상 2~4%
2. 노외주차장	행정청 설치	총주차대수 50대 이상시 2~4%
	비행정청 설치	—
3. 부설주차장		총주차대수 2~4% (10대 미만의 경우 제외)

27 다음은 노외주차장의 설치에 관한 계획기준 내용이다. ( ) 안에 알맞은 것은?

> 특별시장·광역시장, 시장·군수 또는 구청장이 설치하는 노외주차장의 주차대수 규모가 (㉠) 이상인 경우에는 주차대수의 (㉡)의 범위에서 장애인의 주차수요를 고려하여 지방자치단체의 조례로 정하는 비율 이상의 장애인 전용주차구획을 설치하여야 한다.

① ㉠ 50대, ㉡ 1%부터 3%까지
② ㉠ 50대, ㉡ 2%부터 4%까지
③ ㉠ 100대, ㉡ 1%부터 3%까지
④ ㉠ 100대, ㉡ 2%부터 4%까지

정답 25. ③ 26. ④ 27. ②

28 특별시장·광역시장·시장·군수 또는 구청장이 설치하는 노외주차장의 주차대수 규모가 500대일 경우, 설치하여야 하는 장애인 전용주차구획의 최소 규모는?

① 50면
② 25면
③ 20면
④ 10면

해설 28 노외주차장 장애인 전용주차구획 설치
1. 주차대수 2~4% 장애인 전용주차구획을 설치하여야 한다.
2. 500대 × 0.02대 = 10면

■■■ **부대시설**

29 다음은 노외주차장의 구조 설비기준 내용이다. ( ) 안에 알맞은 것은?

> 노외주차장에 설치하는 부대시설의 총면적은 주차장 총시설면적(주차장으로 사용되는 면적과 주차장 외의 용도로 사용되는 면적을 합한 면적)의 ( )를 초과하여서는 아니된다.

① 5%
② 10%
③ 15%
④ 20%

해설 29, 30 부대시설 설치

허용되는 부대시설	허용면적
• 관리사무소·휴게소 및 공중변소 • 간이매점 및 자동차의 장식품판매점 • 전기자동차 충전시설 • 노외주차장의 관리, 운영상 필요한 편의시설 등	20% 이하

30 노외주차장에 설치할 수 있는 부대시설의 종류에 속하지 않는 것은? (단, 특별자치도·시·군 또는 자치구의 조례로 정하는 이용자 편의시설은 제외)

① 휴게소
② 관리사무소
③ 고압가스 충전소
④ 전기자동차 충전시설

31 노외주차장의 구조 및 설비기준이다. 부적합한 것은?

① 노외주차장의 출입구의 너비는 3.5m 이상으로 하여야 하며, 주차대수규모가 50대 이상인 경우에는 출구와 입구를 분리하거나 너비 5.5m 이상의 출입구를 설치하여 소통이 원활하도록 하여야 한다.
② 노외주차장의 주차에 사용되는 부분의 높이는 주차바닥면으로부터 2.1m 이상으로 하여야 한다.
③ 사람이 출입하는 통로바닥의 조도는 50룩스 이상으로 하여야 한다.
④ 노외주차장에 설치하는 부대시설의 총면적은 주차장 총 시설면적의 30%를 초과하여서는 아니된다.

해설 31
노외주차장의 부대시설면적은 주차장 총시설면적의 20%를 초과하여서는 안된다.

정답 28. ④ 29. ④ 30. ③ 31. ④

출제예상문제

CHAPTER 10 · 3. 노외주차장

■■■ 노외주차장인 주차전용건축물

1. 노외주차장인 주차전용 건축물에 대해 지방자치단체의 조례에서 정할 수 있는 규정의 최대값으로 옳은 것은?

	건폐율	용적률	대지면적의 최소한도
①	90/100	1,300%이하	45m² 이상
②	95/100	1,500%이하	50m² 이상
③	80/100	1,300%이하	40m² 이상
④	90/100	1,500%이하	45m² 이상

[해설] 노외주차장인 주차전용 건축물에 대한 특례

1. 건폐율	90/100 이하	
2. 용적률	1,500% 이하	
3. 대지면적의 최소한도	45m² 이상	
	대지가 접한 도로의 폭	건축물의 각 부분의 높이
4. 높이제한(대지가 2이상의 도로에 접할 경우에는 가장 넓은 도로를 기준으로 한다.)	가. 12m미만인 경우	그 부분으로부터 대지에 접한 도로의 반대쪽 경계선까지의 수평거리의 3배
	나. 12m이상인 경우	그 부분으로부터 대지에 접한 도로의 반대쪽 경계선까지의 수평거리의 36/도로의 폭 배. 다만, 배율이 1.8배 미만인 경우 1.8배로 한다.

2. 주차전용건축물의 대지면적의 최소한도는?

① 20m² 이상
② 30m² 이상
③ 45m² 이상
④ 60m² 이상

3. 노외주차장인 주차전용건축물에 대한 제한으로 옳지 않은 것은?

① 대지가 너비 12m 미만의 도로에 접하는 경우 건축물의 각 부분의 높이는 그 부분으로부터 대지에 접한 도로의 반대쪽 경계선까지의 수평거리의 3배로 한다.
② 대지면적의 최소한도는 45m² 이상으로 한다.
③ 대지가 2이상의 도로에 접하는 경우에는 이들 도로 중 가장 좁은 도로를 기준으로 하여 건축물의 높이를 제한한다.
④ 건폐율은 100분의 90 이하이다.

[해설] 대지가 2이상의 도로에 접하는 경우에는 이들 도로 중 가장 넓은 도로를 기준으로 하여 높이를 제한함

4. 노외주차장인 그림과 같은 주차전용 건축물을 건축할 경우 A점의 최고 높이는?

① 15m
② 18m
③ 24m
④ 36m

[해설] 12m이내의 도로이므로 높이제한은 3배 이내의 규정을 적용한다.
∴ (10+2)×3=36m

■■■ 단지조성사업 등에 따른 노외주차장

5. 단지조성사업을 할 경우 노외주차장 중 경형자동차 및 환경친화적 자동차의 주차비율은?

① 노외주차장 면적의 1% 이상
② 노외주차장 면적의 3% 이상
③ 노외주차장 면적의 5% 이상
④ 노외주차장 면적의 10% 이상

해답 1. ④ 2. ③ 3. ③ 4. ④ 5. ④

[해설] 경형주차장의 규모
경형자동차 등을 위한 전용주차장 면적은 노외주차장 총 주차대수의 10% 이상으로 한다.

■■■ 노외주차장 출·입구 설치기준

6. 노외주차장의 출구와 입구를 설치할 수 있는 장소는?

① 횡단보도에서 5m 되는 도로의 부분
② 폭 4m 미만의 도로의 부분
③ 종단 기울기가 10%인 도로의 부분
④ 노인복지시설의 출입구로부터 20m 되는 도로의 부분

[해설] 노외주차장의 설치계획 기준
① 횡단보도 (육교 및 지하횡단보도 포함)에서 5m 이내의 도로의 부분
② 너비 4m 미만의 도로 (주차대수 200대 이상인 경우에는 너비 6m 미만의 도로)
③ 종단 기울기가 10%를 초과하는 도로
④ 유아원, 유치원, 초등학교, 특수학교, 노인복지시설, 장애인복지시설 및 아동전용시설의 출입구로부터 20m 이내의 도로부분

7. 노외주차장의 출구 및 입구를 설치할 수 있는 곳은?

① 유치원의 출입구로부터 21m에 있는 도로부분
② 종단 기울기가 12%인 도로부분
③ 육교에서 5m 떨어진 도로부분
④ 초등학교 출입구로부터 20m의 도로의 부분

[해설] 유치원, 초등학교 출입구로부터 20m 이내의 부분에서는 노외주차장의 출·입구를 설치할 수 없다.

8. 다음은 노외주차장의 구조 및 설비기준이다. A, B, C에 맞는 것은?

"노외주차장의 출구부분의 구조는 당해 출구로 부터 (A)m를 후퇴한 노외주차장의 차로의 (B)m의 높이에서 도로의 중심선에 직각으로 향한 좌·우측 각 (C)도의 범위안에서 당해 도로를 통행하는 자를 확인할 수 있어야 한다."

① A - 1, B - 1, 2, C - 70
② A - 2, B - 1, 4, C - 60
③ A - 3, B - 1, 6, C - 60
④ A - 4, B - 1, 2, C - 70

9. 노외주차장의 출구와 입구를 각각 따로 설치하여야 하는 주차대수 규모 기준은?

① 300대를 초과하는 규모
② 350대를 초과하는 규모
③ 400대를 초과하는 규모
④ 450대를 초과하는 규모

[해설] 노외주차장 출입구 기준폭

원칙	3.5m 이상 출입구 설치
50대 이상	① 3.5m 이상의 출구와 입구 각각 설치 ② 5.5m 이상의 출입구 설치
400대 초과	3.5m 이상의 출구와 입구 각각 설치

10. 출구와 입구를 구분하지 않고 주차대수의 규모가 60대인 노외주차장을 설치하는 경우에 당해 주차장 출입구의 최소 너비는?

① 3.5m
② 4.5m
③ 5.5m
④ 6.5m

[해설] 주차대수 50대 이상인 주차장의 출입구기준
① 폭 3.5m 이상으로 출구와 입구를 분리 설치
② 폭 5.5m 이상의 출입구 설치

해답 6. ③ 7. ① 8. ② 9. ③ 10. ③

■■■ **노외주차장의 설치기준**

11. 노외주차장에 관한 사항 중 옳지 않은 것은?

① 직각주차의 차로너비는 6.0m 이상이다.
② 출입구의 너비는 원칙적으로 3.5m 이상이다.
③ 자주식주차장의 차로 높이는 2.1m 이상이다.
④ 주차대수 1대의 주차단위구획은 평행주차가 아닐 때 2.5m×5m 이상이다.

해설 노외주차장의 구조 및 설비 기준
① 차로부분의 높이는 2.3m 이상, 주차에 사용되는 부분의 높이는 2.1m 이상
② 굴곡부의 내변반경 : 6m 이상
③ 경사로의 차로 폭 : 직선인 경우 1차선은 3.3m 이상, 2차선은 6m 이상 (곡선인 경우 1차선은 3.6m 이상, 2차선은 6.5m 이상)
④ 경사로의 종단 기울기 : 직선 부분 17% 이하 (곡선 부분 14% 이하)
⑤ 주차대수 50대 이상인 경우 경사로는 너비 6m 이상인 2차선 차로를 확보하거나 진입 진출 차로를 분리할 것
⑥ 자동차용 승강기로 운반된 자동차가 주차구획까지 자주식으로 들어가는 노외주차장은 주차대수 30대마다 1대의 자동차용 승강기를 설치할 것
⑦ 노외주차장의 일산화탄소의 농도는 주차장을 이용하는 차량이 가장 빈번한 시각의 전후 8시간의 평균치가 50ppm 이하로 할 것

12. 노외주차장 주차구획 및 차로의 최대조도로 적합한 것은?

① 10룩스　　　② 50룩스
③ 100룩스　　　④ 300룩스

해설 주차구획 및 차로 조도
- 최소조도 : 10룩스 이상
- 최대조도 : 최소조도의 10배 이내

13. 노외주차장의 구조 및 설비기준에 관한 설명이 잘못된 것은?

① 노외주차장의 출입구의 최소너비는 3.5m이다.
② 노외주차장의 출입구의 너비를 5.5m 이상으로 하여야 하는 주차대수의 최소규모는 100대이다.
③ 자동차용 승강기로 운반된 자동차가 주차구획까지 자주식으로 들어가는 노외주차장의 경우에는 주차대수 30대마다 1대의 자동차용 승강기를 설치하여야 한다.
④ 주차장 출입구 바닥의 조도는 300룩스 이상이어야 한다.

해설 주차댓수 50대 이상인 경우 출입구의 너비를 5.5m 이상으로 하거나 3.5m 이상의 출구와 입구를 각각 설치한다.

14. 다음의 노외주차장에 관한 기준 내용 중 (　)안에 알맞은 것은?

노외주차장의 내부공간의 일산화탄소의 농도는 주차장을 이용하는 차량이 가장 빈번한 시각의 전후 8시간의 평균치가 (　　)이하로 유지되어야 한다.

① 20 ppm　　　② 30 ppm
③ 50 ppm　　　④ 70 ppm

15. 자동차용 승강기로 운반된 자동차가 주차구획까지 자주식으로 들어가는 노외주차장에 주차대수 200대를 설치한다면 자동차용 승강기는 몇 대를 설치하여야 하는가?

① 10대　　　② 9대
③ 8대　　　④ 7대

해설 주차대수 30대마다 1대의 승강기 설치
200 ÷ 30 ≒ 6.67 = 7대

16. 노외주차장에서 주차장내부를 볼 수 있는 폐쇄회로 텔레비전 및 녹화장치를 설치해야 되는 주차대수 최소규모는?

① 21대　　　② 31대
③ 41대　　　④ 51대

해설 폐쇄회로 감시설비 설치 대상 : 주차대수 30대 초과

해답　11. ③　12. ③　13. ②　14. ③　15. ④　16. ②

17. 주차장법에 의한 추락방지 안전시설 기준에 적합한 것은?

> 2층 이상의 건축물식 주차장에는 자동차의 추락을 방지하기 위한 안전시설은 (A)ton 차량이 시속 (B)km의 주행속도로 정면충돌하는 경우에 견딜 수 있는 강도의 구조물로 하여야 한다.

① A:5, B:20　　② A:5, B:10
③ A:2, B:20　　④ A:2, B:10

[해설] 안전시설 기준
① 2ton 차량이 시속 20km의 주행속도로 정면충돌하는 경우에 견딜 수 있는 강도의 구조물
② 「도로법」에 따른 방호울타리
③ 그 밖에 국토교통부장관이 정하여 고시하는 추락방지 안전시설

■■■ **차로 설비기준**

18. 출입구가 2개 있는 노외주차장에서 차로의 너비를 가장 크게 요하는 주차형식은?

① 45° 대향주차　　② 직각주차
③ 교차주차　　　　④ 60° 대향주차

[해설] 차로의 너비

주차형식	차로의 폭	
	출입구가 2개 이상인 경우	출입구가 1개 이상인 경우
평행주차	3.3m	5.0m
45° 대향주차	3.5m	5.0m
교차주차	3.5m	5.0m
60° 대향주차	4.5m	5.5m
직각주차	6.0m	6.0m

19. 노외주차장에 설치하는 차로의 너비가 가장 적은 주차형식은? (단, 출입구가 2개 이상인 경우)

① 평행주차
② 교차주차
③ 45° 대향주차
④ 60° 대향주차

20. 노외주차장의 차로의 최소 너비가 가장 작은 것에서 큰 것 순으로 올바르게 나열한 것은? (출입구가 2개 이상일 때)

① 평행주차 - 직각주차 - 교차주차
② 45° 대향주차 - 평행주차 - 60° 대향주차
③ 45° 대향주차 - 60° 대향주차 - 교차주차
④ 평행주차 - 교차주차 - 직각주차

21. 노외주차장의 경우 출입구의 개수와 상관없이 차로의 너비가 일정한 주차형식은?

① 60° 대향주차
② 평행주차
③ 교차주차
④ 직각주차

22. 다음의 자주식 주차장으로서 지하식 또는 건축물식에 의한 노외주차장의 차로 기준 내용 중 (　)안에 들어갈 말로 알맞은 것은?

> 주차대수규모가 (　)이상인 경우의 경사로는 너비 6m 이상인 2차로의 차로를 확보하거나 진입차로와 진출차로를 분리하여야 한다.

① 30대　　② 50대
③ 100대　　④ 300대

23. 자주식주차장으로서 지하식 노외주차장의 차로구조에 관한 기술 중 틀린 것은?

① 경사로의 종단 기울기는 직선부분에서는 14%를 초과하여서는 아니된다.
② 굴곡부는 자동차가 6m 이상의 내변반경으로 회전이 가능하도록 하여야 한다.
③ 높이는 주차바닥면으로부터 2.3m 이상으로 하여야 한다.
④ 주차대수규모가 50대 이상인 경우의 경사로는 너비 6m 이상인 2차로의 차로를 확보하거나 진입차로와 진출차로를 분리하여야 한다.

해답　17. ③　18. ②　19. ①　20. ④　21. ④　22. ②　23. ①

해설 진입로의 종단 기울기
- 직선부 – 17% 이하
- 곡선부 – 14% 이하

24. 지하에 자주식 주차장의 설치시 차로에 관한 기술에서 틀린 것은?

① 차로의 높이 – 2.3m 이상
② 내변회전반경 – 6m 이상
③ 경사로의 종단 구배 – 직선부분 14% 이하
④ 경사로의 양측 벽면 – 30cm 거리에 10cm~15cm 높이의 연석 설치

■■■ 장애인 전용주차구획

25. 노외주차장에는 최소 주차대수 몇 대인 경우 장애인 전용주차구획을 설치하여야 하는가?

① 20대
② 30대
③ 40대
④ 50대

해설 행정청이 설치하는 노외주차장에는 주차대수 50대 이상시 총주차대수의 2~4%에 해당되는 장애인 전용주차구획을 설치하여야 한다.

26. 노외주차장의 설치에 대한 계획기준으로 옳지 않은 것은?

① 노외주차장의 출구 및 입구는 특수학교 출입구로부터 20m 이내의 도로의 부분에 설치하여서는 아니된다.
② 주차대수 400대수를 초과하는 규모의 노외주차장의 경우에는 노외주차장의 출구와 입구는 각각 따로 설치하여야 한다.
③ 특별시장·광역시장·시장·군수 또는 구청장이 설치하는 노외주차장에는 주차대수 20대마다 1면의 장애인 전용주차구획을 설치하여야 한다.
④ 노외주차장의 출구 및 입구는 횡단보도에서 5m 이내의 도로에 부분에 설치하여서는 아니된다.

해설 주차대수 50대 이상인 경우 2~4%의 장애인 전용주차구획을 설치하여야 한다.

■■■ 노외주차장에 설치가능한 부대시설

27. 노외주차장에 설치할 수 있는 부대시설의 총 면적 기준으로 옳은 것은?

① 주차장 총 시설면적의 5% 이하
② 주차장 총 시설면적의 10% 이하
③ 주차장 총 시설면적의 15% 이하
④ 주차장 총 시설면적의 20% 이하

해설 ① 부대시설의 총면적
  주차장 총 시설면적의 20% 이하
② 설치할 수 있는 부대시설의 범위
  1. 관리사무소·휴게소 및 공중변소
  2. 간이매점 및 자동차장식품 판매점
  3. 노외주차장의 관리·운영상 필요한 편의시설
  4. 시·군·구의 조례가 정하는 이용자 편의시설

해답 24. ③ 25. ④ 26. ③ 27. ④

4 부설주차장

학습방향

부설주차장은 건축물·골프연습장 기타 주차수요를 유발하는 시설에 부대하여 설치된 주차장으로서 부설주차장의 구조 및 설비기준의 규정은 대부분의 경우 노외주차장의 구조 및 설비기준 규정을 준용하는 것에 유의하여야 한다.

1. 부설주차장 설치기준

위락시설	100m²당 1대
업무, 판매, 의료, 문화 및 집회	150m²당 1대
숙박, 근린생활	200m²당 1대

2. 장애인 전용주차구획의 설치
   - 총 주차대수 중 2~4% 범위내에서 조례로 정한다.
   - 총 주차대수 10대 미만의 경우 제외
3. 300대 이하인 부설주차장의 인근 설치거리 기준

대지경계선으로 부터	직선거리	300m 이내
	도보거리	600m 이내

1 부설주차장의 설치

【1】 부설주차장의 설치대상 및 이용자의 범위

설치대상지역	설치대상	설치위치	사용자의 범위
• 도시지역 • 지구단위계획구역 • 지방자치단체가 조례로 정하는 관리지역	• 건축물 • 시설물	당해 시설물의 내부 또는 부지안	• 당해 시설물 이용자 • 일반인 이용자

【2】 부설주차장의 설치기준

부설주차장을 설치하여야 할 시설물의 종류와 부설주차장의 설치기준은 다음과 같다.

(1) 부설주차장의 설치대상 종류 및 부설주차장 설치기준

시설물	설치기준
1. 위락시설	시설면적 100m²당 1대
2. • 문화 및 집회시설(관람장 제외) • 판매시설 • 종교시설 • 운수시설 • 의료시설(정신병원·요양소 및 격리병원 제외) • 운동시설(골프장·골프연습장 및 옥외수영장 제외) • 업무시설(외국공관 및 오피스텔 제외) • 방송국 • 장례식장	시설면적 150m²당 1대

3. • 제1종 근린생활시설
  예외 • 지역자치센터 · 지구대 · 파출소 · 소방소 · 우체국 · 전신전화국 · 방송국 · 보건소 · 공공도서관 · 지역의료보험조합 등 동일 건축물안에서 당해 용도로 쓰이는 바닥면적 합계 1,000m² 미만인 것
  • 마을공회당 · 마을공동작업소 · 마을공동구판장 등
• 제2종 근린생활시설
• 숙박시설
	시설면적 200m²당 1대	

4. 단독주택(다가구주택 제외)	• 시설면적 50m² 초과 150m² 이하는 1대 • 시설면적 150m² 초과의 경우에는 1대에 150m²를 초과하는 100m²당 1대를 더한 대수	■ 단독주택 부설주차장 설치댓수 (150m² 초과시) $N = 1 + \dfrac{시설면적-150}{100}$
5. • 공동주택(기숙사 제외) • 다가구주택 • 업무시설 중 오피스텔	주택법규정준용	
6. • 골프장 • 골프연습장 • 옥외수영장 • 관람장	골프장 1홀당 10대, 골프연습장 1타석당 1대, 옥외수영장 정원 15인당 1대, 관람장 정원 100인당 1대	
7. • 수련시설 • 공장(아파트형 제외) • 발전시설	시설면적 350m²당 1대	
8. • 창고시설 • 학생용 기숙사	시설면적 400m²당 1대	
9. 그 밖의 건축물	시설면적 300m²당 1대	
10. 방송통신시설 중 데이터센터	시설면적 400m²당 1대	

(2) 부설주차장의 설치대수 및 시설면적 산정기준

구 분	내 용	비 고
1. 시설물의 시설면적	바닥면적의 합계로 한다. - 주차를 위한 시설의 바닥면적 제외	하나의 부지내에 2이상의 시설물이 있는 경우에는 각 시설면적의 합계로서 산정
2. 복합용도의 시설물	각 시설물 별로 설치기준에 의하여 산정한 소수점 첫째자리까지의 주차대수를 합하여 산정	-
3. 용도변경 또는 증축의 경우	용도변경 부분 또는 증축으로 인하여 면적이 증가하는 부분에 대하여만 적용	-
4. 장애인전용 주차구획의 설치	총 주차대수의 2%~4%범위내에서 조례로 정함 단, 총 주차대수가 10대 미만인 경우에는 설치 안할 수 있음	
5. 소수점 이하인 경우 설치기준은 소수점 이하의 수가 0.5 이상인 경우에는 이를 1로 본다. (단, 총 주차대수가 1대 미만인 경우에는 0으로 한다.)		
6. 경형자동차 전용 주차구획은 전체 주차구획의 10% 까지 설치한다.		

■ 장애인 전용주차구획 설치기준

1. 노상주차장		• 20대 이상 50대 미만 1대 이상 • 50대 이상 2~4%
2. 노외주차장	행정청 설치	총주차대수 50대 이상시 2~4%
	비행정청 설치	-
3. 부설주차장		총주차대수 2~4% (10대 미만의 경우 제외)

(3) 부설주차장 설치계획서의 내용

1. 부설주차장의 배치도
2. 공사설계도서(공사가 필요한 경우에 한한다.)
3. 축척 1,200분의 1 이상의 지형도
4. 토지의 지번·지목 및 면적이 기재된 토지조서
5. 토지등기부등본(건축물식인 경우에는 건물등기부등본포함)

(4) 부설주차장 설치의 예외

다음의 시설물을 건축또는 설치하고자 하는 경우 부설주차장을 설치하지 아니할 수 있다.

1. 제1종 근린생활시설 중 변전소·양수장·정수장·대피소·공중화장실 기타 이와 유사한 시설
2. 종교시설 중 수도원·수녀원·제실 및 사당
3. 동물 및 식물관련시설(도축장 및 도계장을 제외한다.)
4. 방송통신시설(방송국·전신전화국·통신용시설 및 촬영소에 한한다) 중 송신·수신 및 중계시설
5. 노외주차장인 주차전용건축물에 주차장외의 용도로 설치하는 시설물 (쇼핑센터, 예식장, 백화점, 전시장, 영화관 등은 제외한다.)
6. 도시철도법에 의한 역사
7. 전통한옥

【3】 용도변경에 따른 부설주차장 설치

(1) 원칙

용도변경시 해당부분 면적만 산정하여 추가로 부설주차장을 확보한다.

(2) 예외

일정한 건축물에서의 용도변경은 다음의 기준에 따른다.

추가설치가 불필요한 용도변경	추가설치가 필요한 용도변경	
1. 사용승인 후 5년이 경과한 연면적 1,000m²미만 시설물의 용도변경	• 위락시설 • 공연장 • 집회장 • 관람장 • 다세대주택 • 다가구주택	으로의 건축물의 용도변경시에는 부설주차장을 추가 확인하여야 한다.
2. 당해 시설물안에서 용도 상호간의 용도변경	부설주차장 설치기준이 높은 용도의 면적이 증가하는 경우 제외	

비고 용도변경시 산정대수가 소수점 이하인 경우 주차대수를 0으로 본다.
다만, 주차대수의 합(2회 이상 나누어 용도변경하는 경우에는 합산된 합)이 1대 이상인 경우에는 소수 반올림.

2 개방주차장의 설치

시장, 군수, 구청장은 주차난 해소를 위하여 공공기관 등의 시설물 부설주차장을 일반이 이용할 수 있는 개방주차장으로 지정할 수 있다.

3 부설주차장의 인근설치

【1】대상

부설주차장이 300대 이하인 때에는 시설물의 부지인근에 단독 또는 공동으로 부설주차장을 설치할 수 있다.

【2】부지인근의 범위

시설물의 부지인근의 범위는 다음 범위 안에서 특별자치도, 시·군·구의 조례로 정한다.

1. 당해부지 경계선으로부터 부설주차장의 경계선까지 • 직선거리 - 300m 이내 • 도보거리 - 600m 이내
2. 당해 시설물의 소재하는 동·리(행정 동·리를 말함)
3. 당해 시설물과의 통행여건이 편리하다고 인정되는 인접 동·리(행정 동·리를 말함)

■ 설치계획서 제출
1. 부설주차장의 배치도
2. 공사설계도서
3. 지형도(축척 1/1200 이상)
4. 토지조서
5. 건물조서(건축물식인 경우)

4 부설주차장의 설치의무 면제

① 다음 기준에 해당하는 경우에는 당해 주차장의 설치에 소요되는 비용을 시장, 군수·구청장에게 납부함으로써 부설주차장의 설치를 면제받을 수 있다.

1. 부설주차장의 규모	• 주차대수 300대 이하 • 차량통행이 금지된 장소에서는 부설주차장 설치기준에 의하여 산정한 주차대수에 상당하는 규모	
2. 시설의 용도 및 규모	• 연면적 10,000m²이상의 판매시설, 운수시설에 해당하지 않는 경우	• 차량통행이 금지된 장소의 시설물인 경우에는 건축법이 정하는 용도별 건축허용 연면적의 범위안에서 설치하는 시설물을 말한다.
	• 연면적 15,000m²이상의 공연장, 집회장, 관람장·위락시설·숙박시설 또는 업무시설에 해당하지 않는 시설물	

② 시장·군수는 납부된 비용을 노외주차장 설치외의 목적으로 사용할 수 없다.

5 부설주차장의 용도변경 금지

부설주차장은 주차장이외의 용도로 사용할 수 없다.

6 부설주차장의 구조 및 설비기준

【1】부설주차장의 구조 및 설비기준

단독주택 및 다세대주택으로 시장·군수·구청장이 인정하는 주택의 부설주차장을 제외한 부설주차장은 노외주차장의 구조 및 설비기준을 준용한다.

【2】부설 주차장의 조명 및 방범설비

건축물의 용도	조명설비	방범설비
① 30대를 초과하는 지하식, 건축물식의 자주식 주차장으로 판매시설·숙박시설·운동시설·위락시설·문화 및 집회시설, 종교시설, 업무시설	벽면에서부터 50cm 이내를 제외한 바닥면의 최소 조도(照度)와 최대조도를 다음과 같이 한다. ① 주차구획 및 차로:최소 조도는 10룩스 이상, 최대 조도는 최소 조도의 10배 이내	폐쇄회로 텔레비전 및 녹화장치설치
상기용도와 다른 용도가 복합된 건축물의 주차장으로 각각 시설에 대한 부설주차장이 구분되지 않은 경우		
② 상기 ①이 아닌 용도(단독 및 다세대주택 제외)	② 주차장 출구 및 입구:최소 조도는 300룩스 이상, 최대 조도는 없음 ③ 사람이 출입하는 통로: 최소 조도는 50룩스 이상, 최대 조도는 없음	-

③ 50대 이상인 경우 주차구획총수(평행주차 형식제외)의 30% 이상을 확장형 주차구획으로 하여야 한다.

【3】자주식 부설주차장의 주차대수가 8대 이하인 경우의 별도기준

① 차로의 너비는 2.5m 이상으로 하되 주차 단위구획과 접하여 있는 차로의 너비는 다음 표에 의한다.

주차형식	차로의 너비
평행주차	3.0m이상
직각주차	6.0m이상
60°대향주차	4.0m이상
45°대향주차	3.5m이상
교차주차	

② 보도와 차로의 구분이 없는 너비 12m 미만인 도로에 접한 부설주차장은 그 도로를 차로로 하여 다음과 같이 주차단위구획을 배치할 수 있다.
   1. 차로의 너비 : 6m 이상(평행주차 4m 이상)
   2. 도로의 범위 : 중앙선(중앙선이 없는 경우에는 반대측 경계선)
③ 보도와 차도의 구분이 있는 12m 이상의 도로에 접하여 있고 주차대수가 5대 이하인 경우에 한하여 그 도로를 차로로 하여 직각주차형식으로 주차단위구획을 배치할 수 있다.
④ 주차대수 5대 이하의 주차단위구획은 차로를 기준으로 하여 세로로 2대까지 접하여 배치할 수 있다.
⑤ 보행인의 통행로가 필요한 경우에는 시설물과 주차단위구획 사이에 0.5m 이상의 거리를 두어야 한다.
⑥ 출입구 너비 : 3m 이상(막다른 도로에 접한 경우로서 시장·군수·구청장이 차량소통에 지장이 없다고 인정하는 경우 2.5m 이상)

핵심문제

■■■ 설치대상

1 부설주차장 설치 대상 시설물 종류 및 설치기준이 잘못된 것은?

① 제2종 근린생활시설 - 시설면적 200m^2당 1대
② 위락시설 - 시설면적 150m^2당 1대
③ 판매시설 - 시설면적 150m^2당 1대
④ 수련시설 - 시설면적 350m^2당 1대

2 부설주차장의 설치대상 시설물의 종류에 따른 설치기준이 옳지 않은 것은?

① 골프장 - 1홀당 10대
② 위락시설 - 시설면적 150m^2당 1대
③ 판매시설 - 시설면적 150m^2당 1대
④ 숙박시설 - 시설면적 200m^2당 1대

3 부설주차장을 가장 많이 설치하여야 하는 시설물은? (단, 시설면적이 1,000m^2인 경우)

① 숙박시설
② 종교시설
③ 판매시설
④ 위락시설

4 다음 중 부설주차장에 설치하여야 하는 최소 주차대수가 가장 많은 시설물은?

① 10타석을 갖춘 골프연습장
② 정원이 100명인 옥외수영장
③ 시설면적이 700m^2인 위락시설
④ 시설면적이 1,000m^2인 판매시설

5 부설주차장설치기준에서 시설물과 설치기준의 연결이 잘못된 것은?

① 위락시설 - 시설면적당
② 관람장 - 시설면적당
③ 옥외수영장 - 정원당
④ 골프장 - 1홀당

해설

해설 1,2
• 위락시설 : 시설면적 100m^2당 1대

해설 3
• 숙박시설 : 1대 / 200m^2
• 종교시설, 판매시설 : 1대 / 150m^2
• 위락시설 : 1대 / 100m^2

해설 4
① 골프연습장 : 1타석당 1대 - 10대
② 옥외수영장 : 15인당 1대 - 7대
③ 위락시설 : 100m^2당 1대 - 7대
④ 판매시설 : 150m^2당 1대 - 7대

해설 5
관람장 - 관람장 정원 100인당 1대

정답 1. ② 2. ② 3. ④ 4. ① 5. ②

6 시설면적이 30,000m²이고, 정원이 40,000명인 관람장의 부설주차장 주차 대수는?

① 150대
② 200대
③ 300대
④ 400대

해설 6
관람장 부설 주차대수 : 관람장 정원 100인당 1대
∴ 설치대수 $N = \dfrac{40,000}{100} = 400$대

7 부설주차장 설치대상 시설물인 옥외수영장의 연면적이 15,000m², 정원이 1,800명인 경우 설치해야 하는 부설 주차장의 최소 주차대수는?

① 75대
② 100대
③ 120대
④ 150대

해설 7
주차대수(N) : 정원 15인당 1대
$N = 1,800 \div 15 = 120$대

8 상업지역내에 각 층 바닥면적 1,500m² 인 건축물을 신축할 경우 부설주차장의 최소 주차대수는 얼마인가? (단, 지상1~2층 : 위락시설, 지상 3~5층 : 숙박시설)

① 45대
② 50대
③ 53대
④ 60대

해설 8
주차댓수 $N = \dfrac{1,500 \times 2}{100} + \dfrac{1,500 \times 3}{200}$
$= 52.5 ≒ 53$대

9 설치하여야 하는 부설주차장의 최소 규모(설치 대수)의 크기 관계가 옳은 것은?

㉠ 시설면적이 600m²인 위락시설
㉡ 시설면적이 800m²인 숙박시설
㉢ 타석수가 5타석인 골프연습장
㉣ 시설면적이 900m²인 판매시설

① ㉠ = ㉣ > ㉢ > ㉡
② ㉠ > ㉣ = ㉢ > ㉡
③ ㉢ > ㉣ > ㉠ > ㉡
④ ㉢ > ㉣ = ㉠ > ㉡

해설 9 부설주차장 설치규모
ㄱ. 600÷100=6대
ㄴ. 800÷200=4대
ㄷ. 5×1=5대
ㄹ. 900÷150=6대

10 시설면적이 1,900m²인 제2종 근린생활시설에 설치하여야 하는 부설주차장의 최소 대수는?

① 7대
② 10대
③ 11대
④ 13대

해설 10
부설주차장 설치(2종 근린생활시설 : 200m²당 1대)
$N = \dfrac{1,900}{200} = 9.5$
= 10대(소수반올림)

정답 6. ④ 7. ③ 8. ③ 9. ①
10. ②

11 부설주차장 설치대상 시설물이 위락시설인 경우, 부설주차장 설치기준 내용으로 옳은 것은?

① 시설면적 100㎡당 1대
② 시설면적 150㎡당 1대
③ 시설면적 200㎡당 1대
④ 시설면적 300㎡당 1대

12 부설주차장 설치대상 시설물이 숙박시설인 경우, 부설주차장 설치기준으로 옳은 것은?

① 시설면적 100㎡당 1대
② 시설면적 150㎡당 1대
③ 시설면적 200㎡당 1대
④ 시설면적 300㎡당 1대

13 부설주차장을 설치하지 아니하고 단독주택을 건축할 수 있는 시설면적 기준은? (단, 다가구주택 제외)

① 50㎡ 이하
② 100㎡ 이하
③ 130㎡ 이하
④ 150㎡ 이하

해설 **13**
단독주택 부설주차장 설치기준 : 50㎡ 초과 150㎡ 이하 : 1대(150㎡ 초과의 경우 150㎡ 초과되는 시설 바닥면적 100㎡ 당 1대를 추가)

■■■ 적용의 제외

14 다음 중 규정에 의해 부설주차장을 설치하지 아니할 수 있는 건축물은?

① 교회
② 수녀원
③ 다가구주택
④ 기도원

해설 **14, 15** 부설주차장 설치의 예외

1. 제1종 근린생활시설 중 변전소·양수장·정수장·대피장·공중화장실 기타 이와 유사한 시설
2. 종교시설 중 수도원·수녀원·제실 및 사당
3. 동물 및 식물관련(도축장 및 도제장을 제외한다) 등

정답 11. ① 12. ③ 13. ① 14. ②

15 주차장법령상 건축물 설치 시 부설주차장을 설치하지 않을 수 있는 시설물은?

① 종교시설 중 교회
② 종교시설 중 성당
③ 종교시설 중 사찰
④ 종교시설 중 수녀원

■■■ 인근설치

16 부설주차장의 인근설치에 관한 설명 중 잘못된 것은?

① 원칙적으로 시설물의 부지인근에 단독으로 설치할 수 있는 주차대수는 300대 이하이다.
② 원칙적으로 시설물의 부지인근에 공동으로 설치할 수 있는 주차대수는 600대 이하이다.
③ 시설물이 있는 부지경계선에서 부설주차장까지의 직선거리는 300m 이내이다.
④ 시설물이 있는 부지경계선에서 부설주차장까지의 도보거리는 600m 이내이다.

17 다음의 부설주차장의 설치에 관한 기준 내용 중 밑줄 친 "대통령령으로 정하는 규모"로 옳은 것은?

> 부설주차장이 <u>대통령령으로 정하는 규모</u> 이하이면 시설물의 부지인근에 단독 또는 공동으로 부설주차장을 설치할 수 있다.

① 주차대수 100대의 규모
② 주차대수 200대의 규모
③ 주차대수 300대의 규모
④ 주차대수 400대의 규모

18 부설주차장의 인근설치 규정에서 시설물의 부지 인근의 범위(해당부지의 경계선으로부터 부설 주차장의 경계선까지의 거리) 기준으로 옳은 것은?

① 직선거리 : 100m 이내, 도보거리 : 500m 이내
② 직선거리 : 100m 이내, 도보거리 : 600m 이내
③ 직선거리 : 300m 이내, 도보거리 : 500m 이내
④ 직선거리 : 300m 이내, 도보거리 : 600m 이내

해 설

해설 16
부설주차장의 인근설치 대상은 원칙적으로 총 주차대수 300대 이하인 경우이다.

해설 17
300대 이하인 부설주차장은 시설물의 부지인근에 단독 또는 공동으로 부설주차장을 설치할 수 있다.

해설 18
당해부지 경계선으로부터 부설주차장의 경계선까지의
• 직선거리 – 300m 이내
• 도보거리 – 600m 이내

정답 15. ④ 16. ② 17. ③ 18. ④

■■■ 용도변경시 추가 확보

19 다음 중 부설주차장을 추가로 확보하지 아니하고 건축물의 용도를 변경할 수 있는 경우에 해당되는 것은? (단, 문화 및 집회시설 중 공연장·집회장·관람장, 위락시설 및 주택 중 다세대주택·다가구주택의 용도로 변경하는 경우를 제외)

① 사용승인 후 3년이 경과된 연면적 1,000m² 미만의 건축물의 용도를 변경하는 경우
② 사용승인 후 3년이 경과된 연면적 22,000m² 미만의 건축물의 용도를 변경하는 경우
③ 사용승인 후 5년이 경과된 연면적 1,000m² 미만의 건축물의 용도를 변경하는 경우
④ 사용승인 후 5년이 경과된 연면적 2,000m² 미만의 건축물의 용도를 변경하는 경우

20 건축물의 용도를 변경하는 경우 변경 후 용도의 주차대수와 변경 전 용도의 주차대수의 차이에 해당하는 부설주차장을 추가로 확보하지 아니하고 용도를 변경할 수 있는 경우에 속하지 않는 것은? (단, 사용승인 후 5년이 지난 연면적 1,000m² 미만의 건축물의 용도를 변경하는 경우)

① 종교시설의 용도로 변경하는 경우
② 판매시설의 용도로 변경하는 경우
③ 다세대주택의 용도로 변경하는 경우
④ 문화 및 집회시설 중 전시장의 용도로 변경하는 경우

■■■ 소규모 부설주차장 설비기준 완화

21 총 주차대수 규모가 8대 이하인 경우 부설주차장의 구조 및 설비기준을 완화할 수 있는 주차장의 형태는?

① 자주식 주차장 (총 주차 규모 5대)
② 자주식 주차장 (총 주차 규모 10대)
③ 기계식 주차장 (총 주차 규모 5대)
④ 기계식 주차장 (총 주차 규모 10대)

22 총 주차대수 규모가 8대 이하인 부설주차장(자주식주차장)의 구조 및 설비기준으로 옳지 않은 것은?

① 차로의 너비는 2.4m 이상으로 한다.
② 보도와 차도의 구분이 있는 12m 이상의 도로에 접하여 있고 주차대수가 5대 이하인 부설주차장은 당해주차장의 이용에 지장이 없는 경우에 한하여 그 도로를 차로로 하여 직각주차형식으로 주차단위구획을 배치할 수 있다.

해 설

해설 19, 20

부설주차장을 추가로 확보하지 않고 용도변경 할 수 있는 경우

용도변경 행위	예 외

사용승인 후 5년이 경과된 연면적 1,000m² 미만의 건축물의 용도를 변경하는 경우	• 문화 및 집회시설 중
	  – 공연장
	  – 집회장
	  – 관람장
	• 위락시설
	• 주택 중 다세대주택·다가구 주택

해설 21

자주식 부설주차장의 주차대수가 8대 이하인 경우 부설주차장의 설비기준은 완화하여 적용할 수 있다.

해설 22

차로의 너비는 2.5m 이상

정답 19. ③ 20. ③ 21. ① 22. ①

③ 주차대수 5대 이하인 주차단위계획은 차로를 기준으로 하여 세로로 2대까지 접하여 배치할 수 있다.
④ 보행인의 통행로가 필요한 경우에는 시설물과 주차단위구획 사이에 0.5m 이상의 거리를 두어야 한다.

해 설

23 부설주차장의 주차단위구획과 접하여 있는 차로의 너비를 4m 이상으로 하여야 하는 주차형식은? (단, 총 주차대수 규모가 8대 이하인 자주식 주차장인 경우)
① 평행주차
② 교차주차
③ 45° 대향주차
④ 60° 대향주차

해설 **23**
자주식 부설주차장의 주차대수가 8대 이하인 경우의 차로의 너비

주차형식	차로의 너비
평행주차	3.0m 이상
직각주차	6.0m 이상
60° 대향주차	4.0m 이상
45° 대향주차	3.5m 이상
교차주차	

24 부설주차장의 총 주차대수 규모가 8대 이하인 자주식주차장의 구조 및 설비 기준 내용으로 옳지 않은 것은?
① 출입구의 너비는 2.0m 이상으로 한다.
② 주차단위구획과 접하여 있지 않은 차로의 너비는 2.5m 이상으로 한다.
③ 평행주차형식인 경우 주차단위구획과 접하여 있는 차로의 너비는 3.0m 이상으로 한다.
④ 주차대수 5대 이하의 주차단위구획은 차로를 기준으로 하여 세로로 2대까지 접하여 배치할 수 있다.

해설 **24**
소규모부설주차장 출입구의 너비 : 3m 이상(막다른 도로의 경우 2.5m)

정답 23. ④ 24. ①

출제예상문제

10 CHAPTER
4. 부설주차장

■■■ **부설주차장의 설치기준**

1. 부설주차장의 설치대상 지역에 속하지 않는 것은?

① 국토의 계획 및 이용에 관한 법의 규정에 의한 도시지역
② 국토의 계획 및 이용에 관한 법의 규정에 의한 농림지역
③ 국토의 계획 및 이용에 관한 법의 규정에 의한 지구단위계획구역
④ 지방자치단체의 조례가 정하는 관리지역

[해설] 부설주차장의 설치
① 설치대상지역
 1. 국토의 계획 및 이용에 관한 법에 의한 도시지역, 지구단위계획구역
 2. 지방자치단체가 정하는 관리지역
② 설치대상 시설물
 1. 건축물
 2. 골프연습장 등 주차수요를 유발하는 시설물의 설치

2. 다음의 시설물 중 부설주차장을 가장 많이 설치하여야 하는 것은?

① 위락시설
② 판매시설
③ 제2종 근린생활시설
④ 숙박시설

[해설] 부설주차장 설치기준
• 위락시설 : $100m^2$ 당 1대
• 판매시설 : $150m^2$ 당 1대
• 2종근린생활시설·숙박시설 : $200m^2$ 당 1대

3. 부설주차장의 설치기준에서 설치대수의 산정기준을 시설면적으로 하지 않는 시설물은?

① 위락시설
② 업무시설
③ 관람장
④ 단독주택

[해설] 부설주차장 설치기준

• 골프장	골프장 1홀당 10대
• 골프연습장	골프연습장 1타석당 1대
• 옥외수영장	옥외수영장 정원 15인당 1대
• 관람장	관람장 정원 100인당 1대

4. 다음 시설물의 부설주차장 설치기준이 잘못된 것은?

① 관람장 - 정원 100인당 1대
② 골프장 - 1홀당 10대
③ 골프연습장 - 1타석당 1대
④ 옥외수영장 - 정원 20인당 1대

[해설] 옥외수영장 : 정원 15인당 1대

5. 바닥면적의 합계가 $3,000m^2$인 의료시설(정신병원·요양소 및 격리병원을 제외한다)을 건축할 경우 주차장법 시행령에서 규정한 최소한의 부설주차장 주차대수는?

① 10대   ② 15대
③ 20대   ④ 30대

[해설] 의료시설의 경우 시설면적 $150m^2$ 당 1대 이상으로 한다.
∴ 주차대수 $N = \dfrac{3000}{150} = 20$대

6. 총연면적(시설면적) $40,000m^2$인 호텔에 설치해야 할 부설주차장의 최소 주차대수는 몇 대인가? (단, 호텔내에는 부대시설로서 18홀 골프장이 설치되어 있다.)

① 150대   ② 220대
③ 330대   ④ 380대

[해설] ① 호텔부설 주차장 $N_1 = 40000 \div 200 = 200$대($200m^2$ 당 1대)
② 골프장 부설 주차장 $N_2 = 18 \times 10 = 180$대(1홀당 10대)
∴ 총 주차 대수 $N = 380$대

해답   1. ②   2. ①   3. ③   4. ④   5. ③   6. ④

7. 시설면적 5,000m²인 버스터미널이 확보하여야 할 최소 주차대수는?

① 25대
② 33대
③ 42대
④ 50대

[해설] 판매시설 : 시설면적 150m²로 환산함
∴ 5,000m² ÷ 150m² = 33.3대 ≒ 33대
(소수점 0.5이상인 경우 1대로 보아 환산함)

■■■ 부설주차장 설치계획서

8. 부설주차장의 설치계획서 제출시 서류와 도면으로 옳지 않은 것은?

① 부설주차장의 배치도
② 공사설계도서(공사가 필요한 경우)
③ 토지이용상황을 판단할 수 있는 축척 1/1,200 이하의 지형도
④ 토지등기부등본(건축물식주차장인 경우 건물등기부 등본 포함)

[해설] 부설주차장 설치계획서의 도면
1. 배치도
2. 1/1,200 이상의 지형도
3. 공사설계도서
4. 토지조서(토지등기부등본 등)

9. 부설주차장을 설치하지 아니할 수 있는 건축물은?

① 교회
② 수녀원
③ 교육원
④ 기도원

[해설] 부설주차장 예외 적용 건축물
변전소·양수장·수도원·수도원·동물 및 식물 관련 시설 등

■■■ 부설주차장의 인근설치

10. 부설주차장의 인근설치에 관한 설명 중 옳지 않은 것은?

① 원칙적으로 시설물의 부지인근에 단독으로 설치할 수 있는 주차대수는 300대 이하이다.
② 원칙적으로 시설물의 부지인근에 공동으로 설치할 수 있는 주차대수는 600대 이하이다.
③ 시설물이 있는 부지경계선에서 부설주차장까지의 직선거리는 300m 이내이다.
④ 시설물이 있는 부지경계선에서 부설주차장까지의 도보거리는 600m 이내이다.

[해설] 부설주차장의 인근설치
1. 대상시설물의 규모
   주차대수 300대 이하
2. 부지인근의 범위
   당해부지 경계선으로부터 부설주차장의 경계선까지
   • 직선거리 - 300m이내
   • 도보거리 - 600m이내

11. 부설주차장의 인근설치의 당해부지의 경계선으로부터 부설주차장의 경계선까지의 최대거리로 옳은 것은?

① 직선거리 200m 이내
② 도보거리 400m 이내
③ 직선거리 300m 이내
④ 도보거리 300m 이내

12. 원칙적으로 부설주차장의 설치의무를 면제받을 수 있는 최대 주차대수는?

① 100대
② 200대
③ 300대
④ 제한이 없다.

[해설] 부설주차장 설치의 무면제 대상
1. 주차대수 300대 이하
2. 차량통행이 금지된 장소에서는 부설주차장 설치기준에 의하여 산정한 주차대수에 상당하는 규모

해답 7. ② 8. ③ 9. ② 10. ② 11. ③ 12. ③

13. 다음 중 부설주차장의 설치 의무가 면제될 수 있는 시설물은?

① 연면적 10,000m²인 판매시설
② 연면적 10,000m²인 문화 및 집회시설 중 공연장
③ 연면적 15,000m²인 숙박시설
④ 연면적 15,000m²인 업무시설

[해설] 면제 대상에서 포함되지 않는 건축물
- 연면적 10,000m² 이상인 판매시설, 운수시설
- 연면적 15,000m² 이상인 공연장, 집회장, 관람장, 위락, 숙박, 업무시설

■■■ **부설주차장의 구조 및 설비기준**

14. 부설주차장의 출구와 입구를 각각 따로 설치하여야 할 노외주차장의 규모는 주차대수 얼마를 초과하여야 하는가?

① 400대
② 600대
③ 800대
④ 1000대

[해설] 부설주차장의 구조 및 설비기준

단독주택 및 다세대주택으로서 시장·군수가 인정하는 주택의 부설주차장을 제외한 부설주차장은 아래와 같이 노외주차장의 구조 및 설비기준을 준용한다.
① 부설주차장과 연결되는 도로가 2 이상인 경우에는 자동차 교통이 적은 도로에 주차장의 출구와 입구를 설치해야 한다.
② 주차대수 400대를 초과하는 경우에는 출구와 입구를 따로 설치해야 한다.

15. 부설주차장에서 주차단위구획과 접하여 있는 차로의 너비를 큰 것부터 나열한 주차형식은?

① 60°대향주차 – 교차주차 – 직각주차
② 직각주차 – 45°대향주차 – 평행주차
③ 직각주차 – 교차주차 – 60°대향주차
④ 교차주차 – 60°대향주차 – 평행주차

[해설] 주차단위구획과 접하여 있는 차로의 너비

주차형식	차로의 너비
평행주차	3.0m 이상
직각주차	6.0m 이상
60°대향주차	4.0m 이상
45°대향주차	3.5m 이상
교차주차	

16. 숙박시설로서 주차대수 50대인 부설주차장으로 건축물식에 의한 자주식 주차장의 구조 및 설비기준에 관한 사항 중 옳지 않은 것은?

① 폐쇄회로 텔레비전 및 녹화장치를 포함하는 방범설비의 설치
② 일정조도 이상을 유지할 수 있는 조명장치의 설치
③ 부설주차장의 출구입구의 분리설치의무
④ 자동차 출입의 안전을 확보하기 위한 경보장치의 설치의무

[해설] 주차장의 출구·입구분리의무는 400대 초과시 해당됨

17. 부설주차장에서 주차구획 부분의 바닥의 최소 조도기준은?

① 10룩스 이상
② 30룩스 이상
③ 50룩스 이상
④ 70룩스 이상

[해설] 1. 주차구획, 차로 : 10룩스
2. 주차장 출·입구 : 300룩스
3. 사람의 출입통로 : 50룩스

해답 13. ② 14. ① 15. ② 16. ③ 17. ①

■■■ **소규모 부설주차장 설비기준**

18. 주차단위구획과 접하지 아니한 차로의 너비를 2.5m 이상으로 할 수 있는 조건과 관계 없는 것은?

① 부설주차장
② 자주식주차장
③ 건축물식
④ 총 주차대수의 규모가 8대 이하

[해설] 부설주차장 설비기준의 완화 대상 : 자주식, 부설 주차장의 주차대수 8대 이하인 경우

19. 부설주차장의 총 주차대수가 규모가 8대 이하인 자주식주차장의 구조 및 설비기준으로 옳지 않은 것은?

① 차로의 너비는 2.5m 이상으로 한다.
② 주차대수 5대 이하인 주차단위구획은 차로를 기준으로 세로로 2대까지 접하여 배치할 수 있다.
③ 출입구의 너비는 3.5m 이상으로 한다.
④ 보행인의 통행로가 필요한 경우에는 시설물과 주차단위구획 사이에 0.5m 이상의 거리를 두어야 한다.

[해설]
- 출입구의 너비는 3m 이상으로 한다. (막다른 도로에 접한 경우로서 시장·군수·구청장이 차량 소통에 지장이 없다고 인정하는 경우 2.5m 이상)
- 경사로의 종단 기울기는 17% 이하로 한다.
- 차로의 너비는 2.5m 이상으로 하되 주차단위구획과 접하여 있는 차로의 너비는 다음에 의한다.

20. 막다른 도로가 아닌 도로에 접하여 있는 부설주차장의 출입구 최소너비는? (단, 총 주차대수가 8대 이하인 자주식 부설주차장임)

① 2.5m
② 3.0m
③ 3.5m
④ 4.5m

21. 부설주차장의 총주차대수 규모가 8대 이하인 자주식 주차장의 구조 및 설비기준으로 옳지 않은 것은?

① 보도와 차도의 구분이 없는 너비 12m 미만의 도로에 접하여 있는 부설주차장은 그 도로를 차로로 하여 주차단위구획을 배치할 수 있다.
② 보도와 차도의 구분이 있는 12m 이상의 도로에 접하여 있고 주차대수가 5대 이하인 부설주차장은 당해 주차장의 이용에 지장이 없는 경우에 한하여 그 도로를 차로로 하여 직각주차형식으로 주차단위구획을 배치할 수 있다.
③ 출입구의 너비는 2.5m 이상으로 한다. 다만, 막다른 도로에 접하여 있는 부설주차장으로서 시장·군수 또는 구청장이 차량의 소통에 지장이 없다고 인정하는 경우에는 2m 이상으로 할 수 있다.
④ 보행인의 통행로가 필요한 경우에는 시설물과 주차 단위구획 사이에 0.5m 이상의 거리를 두어야 한다.

[해설] 출입구의 너비는 3m 이상으로 하여야 한다. (막다른 도로의 일정한 경우에는 2.5m 이상으로 할 수 있다.)

해답 18. ③ 19. ③ 20. ② 21. ③

5 기계식주차장

학습방향

노외주차장 및 부설주차장에 설치할 수 있는 기계식주차장은 기계식주차장치를 설치한 것으로서 건축물 내부 등의 제한된 공간에서도 매우 효율적으로 주차대수를 확보할 수 있어 그 규정의 이해는 매우 중요하다.

1. 기계식주차장 출입구의 전면공지

구 분	전면공지	방향전환판
중형 주차장	8.1m×9.5m	직경 4m
대형 주차장	10m×11m	직경 4.5m

2. 정류장의 설치 : 주차대수 20대를 초과하는 20대마다 1대분의 비율
3. 기계식 주차장치의 안전기준

• 출입구의 크기	중형	2.3m×1.6m
	대형	2.4m×1.9m
• 출입통로(보행용)		0.5m×1.8m

4. 기계식주차장 검사유효기간

사용검사	3년
정기검사	2년

1 기계식주차장의 설치기준

기계식주차장의 설치기준은 다음과 같다.

【1】 기계식주차장의 설비기준

노외주차장 설비기준(규칙 제6조)을 준용한다.
단, 주차형식에 따른 차로의 너비, 주차부분의 높이, 일산화탄소 농도 기준은 제외한다.

【2】 출입구의 전면공지 또는 방향전환장치 설치

기계식주차장치 출입구의 전면에는 자동차의 회전을 위한 전면공지 또는 방향전환장치를 설치하여야 한다.

주차장 종류	전면공지	방향전환장치
1. 중형 기계식 주차장	8.1m×9.5m이상 (너비)(길이)	직경 4m 이상 및 이에 접한 너비 1m 이상의 여유공지
2. 대형 기계식 주차장	10m×11m이상 (너비)(길이)	직경 4.5m 이상 및 이에 접한 너비 1m 이상의 여유공지

【3】 정류장(자동차 대기장소)의 설치

기계식주차장의 진입로 또는 정류장을 다음과 같이 설치하여야 한다.

학습POINT

■ 중형식기계식주차장
- 길이 5.05m 이하, 너비 1.9m 이하, 높이 1.55m 이하, 무게 1,850kg 이하인 자동차를 주차할 수 있는 기계식주차장

■ 대형기계식주차장
- 길이 5.75m 이하, 너비 2.15m 이하, 높이 1.85m 이하, 무게 2,200kg 이하인 자동차를 주차할 수 있는 기계식주차장

1. 정류장 확보	주차대수가 20대를 초과하는 매 20대마다 1대분의 정류장 확보
2. 정류장 규모	중형기계주차장 : 5.05m(길이)×1.9m(너비)
	대형기계주차장 : 5.3m(길이)×2.15m(너비)
3. 완화규정	• 주차장의 출구와 입구가 따로 설치되어 있거나 • 종단 경사도가 6%이하인 진입로의 너비가 6m이상인 경우 진입로 6m마다 1대분의 정류장을 확보한 것으로 인정

【4】기계식주차장 바닥면 조도

1. 주차구획	최소조도 50럭스 이상
2. 출입구	최소조도 150럭스 이상

비고 벽면으로부터 50cm 이내의 바닥면 제외

【5】주차관리인 배치

20대 이상의 기계식주차장치가 설치된 때에는 기계식주차장치 관리인을 두어야 한다.

2 기계식주차장치의 안정도 인증 등

【1】안전도 인증신청

기계식주차장치를 설치하고자 하는 자는 당해 기계식주차장치의 안전도에 관하여 국토교통부장관의 인증을 받아야 하며, 국토교통부장관은 안전기준에 적합하다고 인정되는 경우에는 제작자 등에게 기계식주차장치의 안전도인증서를 교부하여야 한다.

【2】기계식주차장치의 안전기준

1. 사용재료	한국산업표준 또는 그 이상으로 할 것
2. 출입구의 크기	중형기계식주차장 : 2.3m(너비)×1.6m(높이) 이상 대형기계식주차장 : 2.4m(너비)×1.9m(높이) 이상 비고 사람이 통행하는 기계식주차장치의 출입구의 높이는 1.8m 이상
3. 주차구획크기	중형기계식주차장 : 2.2m(너비)×1.6m(높이)×5.15m(길이) 대형기계식주차장 : 2.3m(너비)×1.9m(높이)×5.3m(길이) 비고 차량의 길이가 5.1m이상인 경우에는 주차구획의 길이는 차량의 길이보다 최소 0.2m이상을 확보하여야 한다.
4. 운반기의 크기(자동차가 들어가는 바닥의 너비)	중형기계식주차장 : 1.9m 이상 대형기계식주차장 : 1.95m 이상
5. 자동차를 입출고하는 사람의 출입통로	0.5m(너비)×1.8m(높이)이상

3 기계식주차장의 사용검사 등

- 기계식주차장을 설치하고자 하는 때에는 안전도 인증을 받은 기계식주차장치를 사용하여야 한다.
- 기계식주차장을 설치한 자 또는 당해 기계식주차장의 관리자는 당해 기계식주차장에 대하여 시장, 군수, 구청장이 실시하는 검사를 받아야 한다.

■ 사용검사 절차

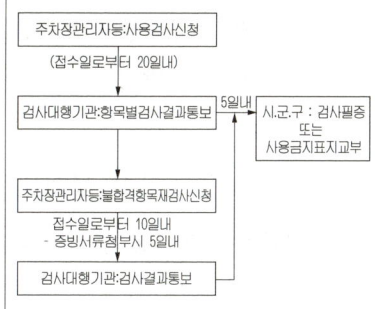

【1】 기계식주차장의 검사종류

종 류	검 사 내 용	유효기간
1. 사용검사	기계식주차장의 설치를 완료하고 이를 사용하기 전에 실시하는 검사	3년
2. 정기검사	사용검사의 유효기간이 지난 후 계속하여 사용하고자 하는 경우에 주기적으로 실시하는 검사	2년
3. 수시검사	• 기계식 주요구동부 부품 등 변경시 • 시장, 군수, 구청장 또는 관리자의 요청시	

【2】 기계식주차장의 정밀안전검사

기계식주차장이 설치된 날부터 10년이 지난 경우에는 정밀안전검사를 받고 당해검사를 받은 날부터 4년마다 정기적으로 실시한다.

4 기계식주차장치의 철거

① 기계식주차장 관계자 등은 부설주차장에 설치된 기계식주차장치가 다음에 해당하는 경우에는 철거할 수 있다.

1. 설치한 날로부터 5년 이상 경과되어 기계식주차장치의 노후·고장 등으로 인하여 작동이 불가능한 경우
2. 건축물의 구조 또는 안전상 철거가 불가피한 경우

② 기계식주차장치를 철거하고자 하는 자는 국토교통부령이 정하는 바에 의하여 시장·군수 또는 구청장에게 이를 신고하여야 한다.

■ 기계식 주차장치 철거에 따라 주차기준 미달시 조치
1. 비용납부
2. 인근 부지에 주차장 확보

5 기계식주차장치 보수업

【1】 정의

'기계식 주차장치 보수업'이란 기계식주차장치의 고장을 수리하거나 고장을 예방하기 위하여 정비를 하는 사업을 말한다.

【2】등록

기계식주차장치 보수업을 하려는 자는 시장·군수 또는 구청장에게 등록하여야 한다.

6 노외주차장 설치비용 보조

【1】노외주차장 설치비용의 보조

노외주차장의 설치자	주차용도에 제공되는 면적	보조범위	
		원 칙	국·공유지의 점유허가를 받아 설치하는 경우
1. 시장(특별시장 광역시장 포함)·군수·구청장	면적에 무관	설치비용 전부	
2. 행정청이 아닌 자	2,000m² 이상	설치비용의 1/2	설치비용의 1/3
	1,000m² 이상 2,000m² 미만	설치비용의 1/3	설치비용의 1/5

【2】주차장 특별회계의 설치

주차장의 효율적인 설치 및 관리운영을 위해 지방세에 따른 재산세의 10% 등으로 주차장특별회계를 설치할 수 있다.

7 이행강제금

1. 부과권자	시장·군수·구청장	
2. 부과사유	원상회복명령을 받은 후 그 시정기간 이내에 그 원상회복명령을 이행하지 아니한 시설물의 소유자 또는 부설주차장의 관리책임이 있는 자에게 부과할 수 있다.	
3. 부과금액	• 부설주차장을 주차장외의 용도로 사용하는 경우	위반주차구획설치 비용의 20% 이내
	• 부설주차장 본래의 기능을 유지하지 아니하는 경우	위반주차구획설치 비용의 10% 이내
4. 부과횟수	1년에 2회 이내 단, 총부과횟수는 5회를 초과할 수 없다.	

비고 1. 이행강제금 총부과횟수 : 해당 시설물의 소유자 또는 부설주차장의 관리책임이 있는 자의 변경 여부와 관계없이 5회를 초과할 수 없다.
2. 이행강제금의 징수
시장·군수 또는 구청장은 이행강제금 부과처분을 받은 자가 이행강제금을 기한까지 내지 아니하면 지방세외 수익금의 징수 등에 관한 법률에 따라 징수한다.

핵 심 문 제

■■■ 설비기준

1 기계식 주차장에 관한 기술이 잘못된 것은?

① 중형기계식주차장의 전면공지는 8.1m, 길이 9.5m 이상이다.
② 자동차를 입출고하는 사람이 출입하는 통로는 너비 0.5m 이상, 높이는 1.8m 이상으로 한다.
③ 주차대수가 20대를 초과하는 매 20대마다 1대분의 정류장을 확보해야 한다.
④ 대형 기계식 주차장의 방향전환장치는 직경이 4m 이상, 여유공지의 너비는 1m 이상이다.

2 대형 기계식주차장에 있어서 출입구 전면에 확보하여야 할 전면공지의 크기 기준으로 옳은 것은?

① 너비 8.1m 이상, 길이 9.5m 이상
② 너비 8.7m 이상, 길이 9.8m 이상
③ 너비 10m 이상, 길이 11m 이상
④ 너비 10.3m 이상, 길이 11m 이상

3 중형 기계식주차장에 주차할 수 있는 자동차의 최대 무게는?

① 1,300kg
② 1,850kg
③ 1,900kg
④ 2,200kg

4 다음의 기계식주차장의 설치기준에 관한 내용 중 ( )안에 알맞은 것은?

> 기계식주차장에는 진입로 또는 전면공지와 접하는 장소에 정류장을 설치하여야 한다. 이 경우 주차대수가 ( )대를 초과하는 매 ( )대마다 1대분의 정류장을 확보하여야 한다.

① 10　　② 20
③ 30　　④ 40

해 설

[해설] 1
직경 4.5m 이상으로 한다.

[해설] 2 전면공지 등의 설치기준

주차장 종류	전면공지	방향전환장치
1. 중형 기계식 주차장	8.1m×9.5m이상 (너비) (길이)	직경 4m 이상 및 이에 접한 너비 1m 이상의 여유공지
2. 대형 기계식 주차장	10m×11m이상 (너비) (길이)	직경 4.5m 이상 및 이에 접한 너비 1m 이상의 여유공지

[해설] 3 기계식주차장 이용차량의 구분

	중형기계식 주차장	대형기계식 주차장
길이	5.05m이하	5.75m이하
너비	1.9m이하	2.15m이하
높이	1.55m이하	1.85m이하
무게	1850kg이하	2200kg이하

[해설] 4
주차대수가 20대를 초과하는 매 20대마다 1대분의 정류장 확보

정답 1. ④　2. ③　3. ②　4. ②

5 주차대수가 300대인 기계식 주차장의 진입로 또는 전면공지와 접하는 장소에 확보하여야 하는 정류장의 최소 규모는?
① 12대 ② 13대
③ 14대 ④ 15대

해설 **5** 정류장 댓수(N)
$$N = \frac{300-20}{20} = 14대$$

6 기계식 주차장치의 안전기준에 대한 기술 중 틀린 것은?
① 기계식 주차장치 출입구 크기는 중형 기계식 주차장의 경우에는 너비 2.4m 이상, 높이 1.6m 이상으로 할 것
② 주차구획의 크기는 중형 기계식 주차장의 경우 너비 2.2m 이상, 높이 1.6m 이상, 길이 5.15m 이상으로 할 것
③ 운반기의 크기는 자동차가 들어가는 바닥의 너비를 중형 기계식 주차장의 경우에는 1.9m 이상으로 할 것
④ 자동차를 입출고하는 사람이 출입하는 통로의 너비는 50cm이상, 높이는 1.8m 이상으로 할 것

해설 **6**
중형 기계식 주차장치 출입구 크기
: 너비 2.3m이상, 높이 1.6m이상

7 기계식 주차장치의 안전기준에서 대형기계식주차장의 출입구의 너비와 높이 기준은?
① 2.3m(너비)이상×1.6m(높이)이상
② 2.4m(너비)이상×1.6m(높이)이상
③ 2.5m(너비)이상×1.9m(높이)이상
④ 2.4m(너비)이상×1.9m(높이)이상

해설 **7**
기계식 주차장 출입구의 크기
(너비×높이)
중형 : 2.3m×1.6m
대형 : 2.4m×1.9m

8 기계식주차장의 사용검사의 유효기간과 정기검사의 유효기간은?
① 사용검사 : 2년, 정기검사 : 2년
② 사용검사 : 2년, 정기검사 : 3년
③ 사용검사 : 3년, 정기검사 : 2년
④ 사용검사 : 3년, 정기검사 : 3년

해설 **8** 기계식주차장 검사 유효기간
• 사용검사 : 3년
• 정기검사 : 2년

정답 5. ③ 6. ① 7. ④ 8. ③

출제예상문제

CHAPTER 10 — 5. 기계식주차장

■■■ 기계식주차장

1. 기계식주차장의 사용검사와 정기검사의 유효기간으로 옳은 것은?

① 사용검사와 정기검사 모두 2년
② 사용검사는 3년, 정기검사는 2년
③ 사용검사는 2년, 정기검사는 3년
④ 사용검사는 정기검사 모두 3년

[해설] 기계식주차장의 검사종류

기계식주차장을 설치한 자 또는 당해 기계식주차장의 관리자는 당해 기계식주차장에 대하여 실시하는 다음 각호의 검사를 받아야 한다.

종 류	검 사 내 용	유효기간
1. 사용검사	기계식주차장의 설치를 완료하고 이를 사용하기 전에 실시하는 검사	3년
2. 정기검사	사용검사의 유효기간이 지난 후 계속하여 사용하고자 하는 경우에 주기적으로 실시하는 검사	2년

2. 기계식주차장의 설치기준에 대한 내용 중 옳지 않은 것은?

① 중형 기계식주차장의 전면공지는 너비 8.1m 이상, 길이 9.5m 이상
② 대형 기계식주차장의 방향전환장치는 직경 4.5m 이상
③ 주차대수가 20대를 초과하는 매 20대마다 1대분의 정류장 확보
④ 중형 기계식주차장의 정류장 규모는 길이 5.75m 이상, 너비 2.05m 이상

[해설] 기계식주차장의 설치기준
① 출입구의 전면공지 또는 방향전환장치 설치

주차장 종류	길이×너비×높이	전면공지	방향전환장치
1. 중형 기계식 주차장	5.05×1.9×1.55m (무게 1,850kg 이하인 자동차 주차용)	8.1m×9.5m이상 (너비) (길이)	직경 4m 이상 및 이에 접한 너비 1m 이상의 여유공지
2. 대형 기계식 주차장	5.75×2.15×1.85m (무게 2,200kg 이하인 자동차 주차용)	10m×11m이상 (너비) (길이)	직경 4.5m 이상 및 이에 접한 너비 1m 이상의 여유공지

② 정류장(자동차 대기장소)의 설치

1. 정류장 확보	주차대수가 20대를 초과하는 매 20대마다 1대분의 정류장 확보
2. 정류장 규모	• 중형기계주차장 : 5.05m(길이)×1.9m(너비) • 대형기계주차장 : 5.3m(길이)×2.15m(너비)
3. 완화규정	• 주차장의 출구와 입구가 따로 설치되어 있거나 • 종단 기울기가 6%이하인 진입로의 너비가 6m 이상인 경우 진입로 6m마다 1대분의 정류장을 확보한 것으로 인정

3. 기계식 주차장에는 도로에서 기계식 주차장치 출입구까지의 차로 또는 전면공지와 접하는 장소에 자동차가 대기할 수 있는 장소, 즉 정류장을 설치하여야 하는데 그 규모로 적합한 것은?

① 중형 기계식 주차장 : 길이 5.05m이상, 너비 1.9m 이상
② 대형 기계식 주차장 : 길이 5.55m이상, 너비 2.05m이상
③ 중형 기계식 주차장 : 길이 5.35m이상, 너비 1.85m이상
④ 대형 기계식 주차장 : 길이 5.75m이상, 너비 2.05m이상

[해설] • 중형 : (길이) 5.05m×(너비) 1.9m
• 대형 : (길이) 5.3m×(너비) 2.15m

4. 주차대수가 300대인 기계식주차장의 진입로 또는 전면공지와 접하는 장소에 정류장을 확보하여야 하는 규모는?

① 7대
② 10대
③ 14대
④ 15대

[해설] (300−20)÷20=14(대)

해답 1.② 2.④ 3.① 4.③

5. 기계식주차장의 설치 기준 중 옳지 않은 것은?

① 중형 기계식 주차장은 너비 8.1m이상, 길이 9.5m이상의 전면공지를 확보해야 한다.
② 주차대수가 30대를 초과하는 매 20대마다 1대분의 정류장을 확보하여야 한다.
③ 기계식 주차장에서 자동차의 정류장의 규모는 대형인 경우 길이 5.3m이상, 너비 2.15m이상으로 한다.
④ 정류장은 전면공지와 접하는 장소에 자동차가 대기 할 수 있는 장소이다.

[해설] 정류장의 확보 : 주차대수가 20대를 초과하는 매 20대마다 1대분의 정류장 확보

6. 중형기계식주차장의 경우에 기계식주차장치 출입구의 크기로 옳은 것은? (단, 사람이 통행하지 않는 경우)

① 너비 2.3m 이상, 높이 1.6m 이상
② 너비 2.4m 이상, 높이 1.6m 이상
③ 너비 2.3m 이상, 높이 1.9m 이상
④ 너비 2.4m 이상, 높이 1.9m 이상

[해설] 기계식주차장치의 안전기준

① 사용재료	한국산업규격 또는 그 이상으로 할 것
② 출입구의 크기	중형기계식주차장 : 2.3m(너비)×1.6m(높이)이상 대형기계식주차장 : 2.4m(너비)×1.9m(높이)이상 [비고] 사람이 통행하는 기계식주차장치의 출입구의 높이는 1.8m이상
③ 주차구획 크기	중형기계식주차장 : 2.2m(너비)×1.6m(높이)×5.15m(길이) 대형기계식주차장 : 2.3m(너비)×1.9m(높이)×5.3m(길이)
④ 운반기의 크기(자동차가 들어가는 바닥의 너비)	중형기계식주차장 : 1.9m이상 대형기계식주차장 : 1.95m이상
⑤ 자동차를 입출고하는 사람의 출입통로	0.5m(너비)×1.8m(높이)이상

7. 사람이 통행하는 기계식 주차장 출입구의 높이는 얼마인가?

① 1.5m 이상
② 1.8m 이상
③ 2.1m 이상
④ 2.3m 이상

8. 대형 기계식 주차장에 있어서 출입구 전면에 확보하여야 할 전면공지의 크기(너비×길이)는 얼마인가?

① 8.1m×9.5m 이상
② 8.7m×9.8m 이상
③ 10.0m×11.0m 이상
④ 10.3m×11.0m 이상

해답 5. ② 6. ① 7. ② 8. ③

제11장 국토의 계획 및 이용에 관한 법

출제경향분석

국토의 계획 및 이용에 관한 법은 전국토를 대상으로 도시지역, 관리지역, 농림지역 및 자연환경보전지역으로 용도지역을 구분하여 국토의 이용, 개발, 보전을 위한 계획의 수립 및 집행에 관한 사항을 규정한 법으로서 그 제한기준의 범위가 상당히 넓으나, 우선 다음과 관계되는 사항을 중점적으로 학습하는 것이 효과적이다.

- 용어의 정의 – 행정계획의 구분, 도시기반시설
- 도시·군기본계획, 광역도시계획 – 수립지역·절차 및 수립권자
- 도시·군관리계획 – 입안자, 효력발생, 효력상실·내용
- 지구단위계획 – 지구단위계획구역대상, 지구단위계획내용
- 지역, 지구, 구역 – 지정목적, 건축제한의 기준
- 건폐율, 용적율 – 기준값 운영
- 개발행위허가 – 허가의 기준

세부목차

1. 총 칙
2. 광역도시계획 및 도시·군기본계획
3. 도시·군관리계획
4. 건축제한
5. 개발행위의 허가 등

1 총 칙

> **학습방향**
>
> 국토의 계획 및 이용에 관한 법은 전국토를 대상으로 국토의 이용·개발·보전을 위한 도시·군계획 등의 수립 및 집행을 위한 법이다.
> 따라서, 총칙에 대한 학습은 이법의 적용범위를 설정하는 용어의 정의와 국토의 용도지역 구분 범위 및 지정목적이 충분히 확인되어야 한다.
> ◆ 도시·군계획의 종류 및 도시·군관리계획과 지구단위계획의 차이점
> ◆ 기반시설의 범위 : 주차장, 시장, 유원지 등
> ◆ 광역시설의 범위 : • 걸치는 시설 — 도로, 수도, 열공급설비 등
>   • 공동으로 이용하는 시설 — 공항, 공원, 도축장 등
> ◆ 용도지역의 구분 : 도시지역, 관리지역, 농림지역, 자연환경보전지역
> ◆ 지역의 지정목적 : • 양호한 주거환경 — 전용주거(단독주택중심 : 1종, 공동주택중심 : 2종)
>   • 편리한 주거환경 — 일반주거(저층 : 1종, 중층 : 2종, 중고층 : 3종)

1 목적

국토의 이용·개발 및 보전을 위한 계획의 수립 및 집행 등에 관하여 필요한 사항을 정함으로써 공공복리의 증진과 국민의 삶의 질을 향상하게 함을 목적으로 한다.

적용대상	규제내용	목 적
국토	이용·개발 보전 → 계획의 수립 및 집행	• 공공복리의 증진 • 국민의 삶의 질 향상

2 용어의 정의

【1】 광역도시계획

광역계획권의 장기발전방향을 제시하는 계획을 말한다.

【2】 도시·군계획

(1) 정의

특별시·광역시·특별자치도·시 또는 군의 관할구역에 대하여 수립하는 공간구조와 발전방향에 대한 계획으로써 다른 법률에 의한 토지의 이용·개발 및 보전에 관한 계획의 기본이 된다.

학습POINT

■ 광역계획권
2 이상의 특별시·광역시·시 또는 군의 공간구조 및 기능을 상호 연계시키고 환경을 보전하며 광역시설을 체계적으로 정비하기 위하여 필요한 경우 국토교통부장관 또는 도지사가 지정한다.

(2) 종류

① 도시·군기본계획	시(특별자치도 포함) 또는 군의 관할구역 및 생활권에 대하여 기본적인 공간구조와 장기발전방향을 제시하는 종합계획으로서 도시·군관리계획수립의 지침이 되는 계획을 말한다.
② 도시·군관리계획	시(특별자치도 포함) 또는 군의 개발·정비 및 보전을 위한 계획을 말한다.

【3】 지구단위계획

도시·군계획 수립대상 지역안의 일부에 대하여 토지이용을 합리화하고 그 기능을 증진시키며 미관을 개선하고 양호한 환경을 확보하며, 당해 지역을 체계적·계획적으로 관리하기 위하여 수립하는 도시·군관리계획을 말한다.

【4】 공간재구조화계획

토지의 이용 및 건축물이나 그 밖의 시설의 용도·건폐율·용적률·높이 등을 완화하는 용도구역의 효율적이고 계획적인 관리를 위하여 수립하는 계획을 말한다.

【5】 도시혁신계획

창의적이고 혁신적인 도시공간의 개발을 목적으로 도시혁신구역에서의 토지의 이용 및 건축물의 용도·건폐율·용적률·높이 등의 제한에 관한 사항을 따로 정하기 위하여 공간재구조화계획으로 결정하는 도시·군관리계획을 말한다.

【6】 복합용도계획

주거·상업·산업·교육·문화·의료 등 다양한 도시기능이 융복합된 공간의 조성을 목적으로 복합용도구역에서의 건축물의 용도별 구성비율 및 건폐율·용적률·높이 등의 제한에 관한 사항을 따로 정하기 위하여 공간재구조화계획으로 결정하는 도시·군관리계획을 말한다.

【7】 성장관리계획

성장관리계획구역에서의 난개발을 방지하고 계획적인 개발을 유도하기 위하여 수립하는 계획을 말한다.

【8】 국가계획

중앙행정기관이 법률에 의하여 수립하거나 국가의 정책적인 목적달성을 위하여 수립하는 계획 중 도시·군관리계획으로 결정하여야 할 사항이 포함된 계획을 말한다.

3 도시·군 계획시설

【1】기반시설

(1) 기반시설의 분류

구 분	기반시설의 범위		
① 교통시설	·도로 ·항만 ·궤도	·주차장 ·철도 ·차량검사 및 면허시설	·자동차정류장 ·공항
② 공간시설	·광장 ·유원지	·공원 ·공공공지	·녹지
③ 유통 및 공급시설	·시장 ·공동구 ·열공급설비	·유통업무설비 ·전기공급설비 ·유류저장 및 송유설비	·수도공급설비 ·가스공급설비 ·방송·통신시설
④ 공공·문화 체육시설	·공공청사 ·문화시설 ·공공직업훈련시설	·학교 ·사회복지시설 ·체육시설	·연구시설 ·청소년 수련시설
⑤ 방재시설	·하천 ·방수설비 ·방조설비	·저수지 ·방화설비 ·유수지	·방풍설비 ·사방설비
⑥ 보건위생시설	·도축장	·장사시설	·종합의료시설
⑦ 환경기초시설	·하수도 ·폐기물처리 및 재활용시설	·폐차장	·수질오염방지시설 ·빗물저장 및 이용시설

■ 기반시설 등의 구분
1. 기반시설
   도시기능유지를 위하여 대통령령으로 정한 시설
2. 광역시설
   광역적 정비체계를 위하여 기반시설 중 대통령령으로 정한 시설
3. 도시·군계획시설
   하나의 도시기능을 위하여 기반시설중 당해 도시·군관리계획으로 정한 시설
4. 공공시설
   대통령령으로 정한 공공용시설

(2) 기반시설의 세분

구 분	세 분 내 용		
1. 도로	·일반도로 ·자전거전용도로 ·보행자우선도로	·자동차전용도로 ·고가도로	·보행자전용도로 ·지하도로
2. 광장	·교통광장 ·건축물부설광장	·경관광장 ·일반광장	·지하광장
3. 자동차정류장	·여객자동차터미널 ·공동차고지 ·화물자동차휴게소	·물류터미널 ·복합환승센터	·공영차고지 ·환승센터

【2】도시·군계획시설

기반시설 중 도시·군관리계획으로 결정된 시설을 말한다.

【3】 광역시설

(1) 정의

기반시설 중 광역적인 정비체계가 필요한 대통령령으로 정한 시설을 말한다.

(2) 광역시설의 구분

① 2 이상의 특별시·광역시·시·군 (광역시의 관리구역에 있는 군을 제외)의 관할구역에 걸치는 시설	도로, 철도, 광장, 녹지, 수도, 전기공급설비, 가스공급설비, 방송·통신시설, 공동구, 유류저장 및 송유설비, 열공급설비, 하천, 하수도(하수종말처리시설을 제외한다)
② 2 이상의 특별시·광역시·시 또는 군의 공동으로 이용하는 시설	항만, 공항, 자동차정류장, 공원, 유원지, 유통업무설비, 운동장, 유수지, 하수종말처리시설, 장사시설, 폐기물처리 및 재활용시설, 도축장, 수질오염방지시설, 폐차장, 문화시설, 체육시설, 사회복지시설, 공공직업훈련시설, 청소년수련시설

【4】 공공시설

대통령령으로 정하는 공공용시설을 말한다.

① 공공용시설	도로, 공원, 철도, 수도, 항만, 공항, 광장, 녹지, 공공공지, 공동구, 하천, 유수지, 방화설비, 방풍설비, 방수설비, 사방설비, 방조설비, 하수도, 구거(溝渠:도랑)
② 행정청이 설치한 시설에 한하여 공공시설로 간주하는 시설	주차장, 저수지
③ 스마트도시의 조성 및 산업진흥 등에 관한 법률	유비쿼터스 도시통합운영센터

【5】 공동구

(1) 정의

지하매설물(전기·가스·수도·통신·하수도시설 등)을 공동수용하기 위하여 지하에 설치하는 시설물을 말한다.

(2) 설치 목적

1. 미관의 개선
2. 도로구조의 보전
3. 도로교통의 원활한 소통

4 국토의 용도구분

【1】 국토이용 및 관리의 기본원칙

국토는 자연환경의 보전 및 자원의 효율적 활용을 통하여 환경적으로 건전하고 지속가능한 발전을 이루기 위하여 다음의 목적을 달성할 수 있도록 이용 및 관리되어야 한다.

1. 국민생활과 경제활동에 필요한 토지 및 각종 시설물의 효율적 이용과 원활한 공급
2. 자연환경 및 경관의 보전과 훼손된 자연환경 및 경관의 개선 및 복원
3. 교통·수자원·에너지 등 국민생활에 필요한 각종 기초서비스의 제공
4. 주거 등 생활환경 개선을 통한 국민의 삶의 질의 향상
5. 지역의 정체성과 문화유산의 보전
6. 지역간 협력 및 균형발전을 통한 공동번영의 추구
7. 지역경제의 발전 및 지역간·지역내 적정한 기능배분을 통한 사회적 비용의 최소화
8. 기후변화에 대한 대응 및 풍수해 저감을 통한 국민의 생명과 재산의 보호
9. 저출산, 인구의 고령화에 따른 대응과 새로운 기술변화를 적용한 최적의 생활환경 제공

【2】 용도지역

(1) 지정

국토교통부장관 또는 시·도지사·대도시시장이 토지를 경제적·효율적으로 이용하고 공공복리의 증진을 도모하기 위하여 서로 중복되지 아니하게 도시·군관리계획으로 결정한다.

■ 지역·지구의 지정목적

지역	• 토지의 경제적, 효율적 이용 • 공공복리증진
지구	• 지역의 기능 증진 • 미관, 안전, 경관 도모

■ 용도지역의 구분
1. 도시지역
2. 관리지역
3. 농림지역
4. 자연환경보전지역

(2) 구분 및 지정목적

1. 도시지역	정의		인구와 산업이 밀집되어 있거나 밀집이 예상되어 당해 지역에 대하여 체계적인 개발·정비·관리·보전 등이 필요한 지역
	구분	주거지역	거주의 안녕과 건전한 생활환경의 보호를 위하여 필요한 지역
		상업지역	상업 그 밖에 업무의 편익증진을 위하여 필요한 지역
		공업지역	공업의 편익증진을 위하여 필요한 지역
		녹지지역	자연환경·농지 및 산림의 보호, 보건위생, 보안과 도시의 무질서한 확산을 방지하기 위하여 녹지의 보전이 필요한 지역
	세분	주거지역 전용주거지역 (양호한 주거환경의 보호를 위함)	• 1종 전용주거지역 (단독주택중심의 양호한 주거환경을 보호하기 위하여 필요한 지역) • 2종전용주거지역 (공동주택중심의 양호한 주거환경을 보호하기 위하여 필요한 지역)

			일반주거지역 (편리한 주거 환경의 조성 을 위함)	• 제1종일반주거지역 (저층주택을 중심으로 편리한 주거환경을 조성하기 위하여 필요한 지역)
				• 제2종일반주거지역 (중층주택을 중심으로 편리한 주거환경을 조성하기 위하여 필요한 지역)
				• 제3종일반주거지역 (중고층주택을 중심으로 편리한 주거환경을 조성하기 위하여 필요한 지역)
			준주거지역	주거기능을 위주로 이를 지원하는 상업·업무기능을 보완하기 위함
		상업지역	중심상업지역	도심·부도심의 업무 및 상업기능의 확충을 위함
			일반상업지역	일반적인 상업 및 업무기능을 담당하게 하기 위함
			근린상업지역	근린지역에서의 일용품 및 서비스의 공급을 위함
			유통상업지역	도시내 및 지역간 유통기능의 증진을 위함
		공업지역	전용공업지역	주로 중화학공업·공해성 공업 등을 수용하기 위함
			일반공업지역	환경을 저해하지 아니하는 공업의 배치를 위함
			준공업지역	경공업 기타 공업을 수용하되, 주거·상업·업무기능의 보완을 위함
		녹지지역	보전녹지지역	도시의 자연환경·경관·산림 및 녹지공간을 보전할 필요가 있는 지역
			생산녹지지역	주로 농업적 생산을 위하여 개발을 유보할 필요가 있는 지역
			자연녹지지역	도시의 녹지공간의 확보, 도시확산의 방지, 장래 도시용지의 공급 등을 위하여 보전할 필요가 있는 지역으로서 불가피한 경우에 한하여 제한적인 개발이 허용되는 지역
2. 관리지역	정의	도시지역의 인구와 산업을 수용하기 위하여 도시지역에 준하여 체계적으로 관리하거나 농림업의 진흥, 자연환경 또는 산림의 보전을 위하여 농림지역 또는 자연환경보전지역에 준하여 관리가 필요한 지역		

	구분	보전관리지역	자연환경보호, 산림보호, 수질오염방지, 녹지공간 확보 및 생태 보전 등을 위하여 보전이 필요하거나, 주변의 용도지역과의 관계 등을 고려할 때 자연환경보전지역으로 지정하여 관리하기가 곤란한 지역
		생산관리지역	농업·임업·어업생산 등을 위하여 관리가 필요하나, 주변의 용도지역과의 관계 등을 고려할 때 농림지역으로 지정하여 관리하기가 곤란한 지역
		계획관리지역	도시지역으로의 편입이 예상되는 지역 또는 자연환경을 고려하여 제한적인 이용·개발을 하려는 지역으로서 계획적·체계적인 관리가 필요한 지역
3. 농림지역	정의		도시지역에 속하지 아니하는 농지법에 의한 농업진흥지역 또는 산지관리법에 위한 보전산지 등으로서 농림업의 진흥과 산림의 보전을 위하여 필요한 지역
4. 자연환경보전지역	정의		자연환경·수자원·해안·생태계·상수원 및 국가유산의 보전과 수산자원의 보호·육성 등을 위하여 필요한 지역

【3】 용도지구

(1) 지정

국토교통부장관 또는 시·도지사·대도시시장이 용도지역의 기능을 증진시키고 경관, 안전 등을 도모하기 위하여 도시·군관리계획으로 결정한다.

(2) 구분 및 지정목적

구 분		지 정 목 적
1. 경관지구	경관의 보전, 관리 및 형성을 위하여 필요한 지구	① 자연경관지구 (산지·구릉지 등 자연경관을 보호하거나 유지하기 위하여 필요한 지구)
		② 시가지경관지구 (지역 내 주거지, 중심지 등 시가지의 경관을 보호 또는 유지하거나 형성하기 위하여 필요한 지구)
		③ 특화경관지구 (지역내 주요 수계의 수변 또는 문화적 보존가치가 큰 건축물 주변의 경관 등 특별한 경관을 보호 또는 유지하거나 형성하기 위하여 필요한 지구)
2. 방재지구	풍수해, 산사태, 지반의 붕괴, 그 밖의 재해를 예방하기 위하여 필요한 지구	① 시가지방재지구 (건축물·인구가 밀집되어 있는 지역으로서 시설 개선 등을 통하여 재해예방이 필요한 지구)
		② 자연방재지구 (토지의 이용도가 낮은 해안변, 하천변, 급경사지 주변 등의 지역으로서 건축제한 등을 통하여 재해 예방이 필요한 지구)

3. 보호지구	국가유산, 중요시설물 (항만, 공항 등) 및 문화적·생태적으로 보존가치가 큰 지역의 보호와 보존을 위하여 필요한 지구	① 역사문화환경보호지구(국가유산·전통사찰 등 역사·문화적으로 보존가치가 큰 시설 및 지역의 보호와 보존을 위하여 필요한 지구)
		② 중요시설물보호지구(중요시설물의 보호와 기능의 유지 및 증진 등을 위하여 필요한 지구)
		③ 생태계보호지구(야생동식물서식처 등 생태적으로 보존가치가 큰 지역의 보호와 보존을 위하여 필요한 지구)
4. 취락지구	녹지지역·관리지역·농림지역·자연환경보전지역, 개발제한구역 또는 도시자연공원구역의 취락을 정비하기 위한 지구	① 자연취락지구(녹지지역·관리지역·농림지역 또는 자연환경보전지역안의 취락을 정비하기 위하여 필요한 지구)
		② 집단취락지구(개발제한구역안의 취락을 정비하기 위하여 필요한 지구)
		③ 보호취락지구(녹지지역, 관리지역, 농림지역 또는 자연환경보전지역 안의 취락을 농촌의 주거환경보호와 주거기능 강화를 목적으로 정비하기 위한 지구)
5. 개발진흥지구	주거기능·상업기능·공업기능·유통물류기능·관광기능·휴양기능 등을 집중적으로 개발·정비할 필요가 있는 지구	① 주거개발진흥지구(주거기능을 중심으로 개발·정비할 필요가 있는 지구)
		② 산업·유통개발진흥지구(공업기능 및 유통·물류기능을 중심으로 개발·정비할 필요가 있는 지구)
		③ 관광·휴양개발진흥지구(관광·휴양기능을 중심으로 개발·정비할 필요가 있는 지구)
		④ 복합개발진흥지구(주거기능, 공업기능, 유통·물류기능 및 관광·휴양기능중 2 이상의 기능을 중심으로 개발·정비할 필요가 있는 지구)
		⑤ 특정개발진흥지구(주거기능, 공업기능, 유통·물류기능 및 관광·휴양기능 외의 기능을 중심으로 특정한 목적을 위하여 개발·정비할 필요가 있는 지구)
6. 고도지구	쾌적한 환경조성 및 토지의 효율적 이용을 위하여 건축물 높이의 최고한도를 규제할 필요가 있는 지구	
7. 방화지구	화재의 위험을 예방하기 위하여 필요한 지구	
8. 특정용도 제한지구	주거 및 교육 환경 보호나 청소년 보호 등의 목적으로 오염물질 배출시설, 청소년 유해시설 등 특정시설의 입지를 제한할 필요가 있는 지구	
9. 복합용도지구	지역의 토지이용상황, 개발수요 및 주변여건 등을 고려하여 효율적이고 복합적인 토지이용을 도모하기 위하여 특정시설의 입지를 완화할 필요가 있는 지구 (일반주거지역, 일반공업지역, 계획관리지역 안에서 지정함)	
10. 그 밖의 대통령령으로 정하는 지구		

【4】 용도구역

(1) 지정

토지의 이용 및 건축물의 용도·건폐율·용적률·높이 등에 대한 용도지역 및 용도지구의 제한을 강화하거나 완화하여 따로 정함으로써 시가지의 무질서한 확산방지, 계획적이고 단계적인 토지이용의 도모, 혁신적이고 복합적인 토지활용의 촉진, 토지이용의 종합적 조정·관리 등을 위하여 도시·군관리계획으로 결정하는 지역을 말한다.

(2) 구분 및 지정목적

1. 개발제한구역

1) 지정절차
국토교통부장관이 도시·군관리계획으로 결정한다.

2) 지정목적

1. 도시의 무질서한 확산방지	2. 도시주변의 자연환경 보전
3. 도시민의 건전한 생활환경 확보	4. 국방부장관의 보안상의 요청

3) 관리
개발제한구역의 지정 또는 변경에 관하여 필요한 사항은 개발제한구역의 지정 및 관리에 관한 특별조치법이 정하는 바에 따른다.

2. 시가화조정구역

1) 지정절차
시·도지사가 직접 또는 관계 행정기관장의 요청을 받아 도시·군관리계획으로 결정한다.
단, 국가계획과 관련된 경우에는 국토교통부장관이 결정

2) 지정목적

1. 무질서한 시가화방지
2. 계획적·단계적 개발도모

3) 시가화유보기간
① 5년 이상 20년 이하의 기간으로 지정권자가 도시·군관리계획으로 정한다.
② 시가화유보기간이 만료된 다음날로부터 시가화조정구역 지정의 효력은 상실된다.

3. 수산자원보호구역

1) 지정절차

해양수산부장관이 직접 또는 관계행정기관의 장의 요청을 받아 도시·군관리계획으로 결정한다.

2) 지정목적 및 대상구역

지 정 목 적	대 상 구 역
수산자원의 보호·육성	공유수면·공유수면에 인접한 토지

4. 도시자연공원구역

1) 지정절차

시·도지사·대도시시장이 도시·군관리계획으로 정한다.

2) 지정목적

1. 도시의 자연환경 및 경관을 보호
2. 도시민에게 건전한 여가·휴식공간을 제공
3. 도시지역안의 식생이 양호한 산지의 개발을 제한

■ 공유수면
바다, 호수, 하천 등과 이에 속하는 시설부지를 말한다.

【5】 지구단위계획구역 등

(1) 지구단위계획구역

1) 지정

국토교통부장관 또는 시·도지사·대도시시장이 도시·군관리계획으로 지정한다.

2) 지정목적 및 대상구역

지 정 목 적	대 상 구 역
• 토지이용의 합리화 • 토지기능의 증진 • 미관개선 • 양호한 환경 확보	도시·군관리계획 수립대상 지역안의 일부지역

(2) 개발밀도관리구역

1) 지정

지정권자	특별시장·광역시장·특별자치시장·특별자치도지사·시장·군수
지정대상	주거·상업 또는 공업지역에서의 개발행위로 인하여 기반시설의 처리·공급 또는 수용능력이 부족할 것으로 예상되는 지역중 기반시설의 설치가 곤란한 지역을 대상으로 지정할 수 있다.
지정효과	건폐율·용적률의 기준 강화(용적률 : 최대값의 50% 이내)
지정절차	도시계획위원회의 심의를 거쳐 지정 또는 변경·고시

2) 지정기준

1. 당해 지역의 도로율이 용도지역별 도로율에 20% 이상 미달하는 지역
2. 향후 2년 이내에 당해 지역의 수도에 대한 수요량이 수도시설의 시설용량을 초과할 것으로 예상되는 지역
3. 향후 2년 이내에 당해 지역의 하수발생량이 하수시설의 시설용량을 초과할 것으로 예상되는 지역
4. 향후 2년 이내에 당해 지역의 학생수가 학교수용능력을 20% 이상 초과할 것으로 예상되는 지역 등

(3) 기반시설부담구역

1) 기반시설부담구역의 지정

지정	• 개발밀도관리지역 외의 지역으로서 개발로 인하여 도로, 공원, 녹지 등 대통령령으로 정하는 기반시설의 설치가 필요한 지역 • 도시계획위원회의 심의를 거쳐 특별시장, 광역시장, 특별자치시장, 특별자치도지사, 시장·군수가 지정하여야 한다. • 지구단위계획구역으로 결정고시된 지역은 기반시설부담구역으로 지정된 것으로 간주한다.
지정대상	• 건축물의 건축등 개발행위가 집중되는 지역 • 전년도 개발행위건수 또는 인구증가율이 전전년도보다 20% 이상 높은 지역 • 10만㎡ 이상의 형질변경 대상지역 및 그 주변지역

2) 기반시설설치계획

수립절차	주민의견청취 → 협의 → 심의 → 수립고시 　　　　　　• 행정기관　• 도시계획위원회　• 특별시장, 광역시장, 특별자치시장, 특별자치도지사, 시장·군수
수립기한	기반시설부담구역 지정고시일로부터 1년 이내에 수립고시되지 아니하면 그 1년이 되는 다음날에 기반시설부담구역 지정은 해제된다.

3) 기반시설 설치비용 부과대상

기반시설 부담구역 안에서 연면적 200㎡(기존 건축물의 연면적 포함)을 초과하는 건축물의 신축, 증축 행위로 한다.

　예외　1. 국가 또는 지방자치단체가 건축하는 건축물
　　　　2. 공장
　　　　3. 건축물 부속용도의 주차장
　　　　4. 다가구주택
　　　　5. 종교집회장
　　　　6. 어린이집 등

핵심문제

■■■ 목 적

1 국토의 계획 및 이용에 관한 법의 목적으로 타당하지 못한 것은 다음 중 어느 것인가?
① 공공복리의 증진
② 도시의 개발 및 보전
③ 주거생활안정 및 주거수준 향상
④ 도시계획의 입안, 결정, 집행

■■■ 용어의 정의

2 국토의 계획 및 이용에 관한 법률에 규정된 용어의 정의로서 가장 부적당한 것은?
① 도시·군계획시설사업이라 함은 도시·군계획시설을 설치·정비 또는 개량하는 사업을 말한다.
② 기반시설이라 함은 지하매설물을 공동수용함으로써 미관의 개선, 도로구조의 보전 및 교통의 원활한 소통을 기하기 위하여 지하에 설치하는 시설물을 말한다.
③ 도시·군기본계획이라 함은 특별시·광역시·시 또는 군의 관할구역에 대하여 기본적인 공간구조와 장기발전방향을 제시하는 종합계획으로서 도시·군관리계획수립의 지침이 되는 계획을 말한다.
④ 공공시설이라 함은 도로·공원·철도·수도 등의 공공용 시설을 말한다.

3 국토의 계획 및 이용에 관한 법의 용어이 정의 중 가장 부적합한 것은?
① 도시·군계획시설 중 광역적인 정비체계가 필요한 시설을 광역시설이라 한다.
② 전기·가스 등을 공동수용하기 위하여 지하에 설치하는 매설물을 공동구라 한다.
③ 도시·군계획시설을 설치·정비 또는 개량하는 사업을 도시·군계획시설사업이라 한다.
④ 도시지역의 일부에 대하여 토지이용을 합리화하고 도시의 기능·미관을 증진시키며 양호한 환경을 확보하기 위하여 수립하는 도시계획을 지구단위계획이라 한다.

해 설

해설 1 국토의 계획 및 이용에 관한 법의 목적

적용대상	규제내용	목 적
국토	이용·개발·보전 → 계획의 수립 및 집행	• 공공복리의 증진 • 국민의 삶의 질 향상

• ③항은 주택법의 목적이다.

해설 2
기반시설 : 도시의 기능증진을 위하여 대통령령으로 정한 시설

해설 3
광역시설은 기반시설 중 광역도시계획으로 결정하여 도시·군관리계획으로 설치한다.

정답 1. ③ 2. ② 3. ①

4 국토의 계획 및 이용에 관한 법률상 다음과 같이 정의되는 것은?

> 도시·군계획 수립 대상지역의 일부에 대하여 토지 이용을 합리화하고 그 기능을 증진시키며 미관을 개선하고 양호한 환경을 확보하며, 그 지역을 체계적·계획적으로 관리하기 위하여 수립하는 도시·군관리계획

① 광역도시계획
② 지구단위계획
③ 도시·군기본계획
④ 입지규제최소구역계획

5 토지이용을 합리화·구체화하고, 도시 또는 농·산·어촌의 기능의 증진, 미관의 개선 및 양호한 환경을 확보하기 위하여 수립하는 계획으로 정의되는 것은?

① 지구단위계획
② 도시·군관리계획
③ 광역도시계획
④ 도시·군기본계획

■■■ 기반시설

6 국토의 계획 및 이용에 관한 법령에 따른 기반시설에 속하지 않는 것은?

① 아파트
② 방재시설
③ 공간시설
④ 환경기초시설

7 국토의 계획 및 이용에 관한 법령상 기반시설로 볼 수 없는 것은?

① 운동장
② 보건위생시설
③ 주차장
④ 주거시설

해 설

해설 **4,5**
1. 광역도시계획
   광역계획권의 장기발전 방향을 제시하는 계획을 말한다.
2. 도시·군기본계획
   시 또는 군의 관할구역에 대하여 기본적인 공간구조와 장기발전 방향을 제시하는 종합계획으로서 도시·군관리계획수립의 지침이 되는 계획을 말한다.
3. 도시·군 관리계획
   시 또는 군의 개발·정비 및 보전을 위한 계획을 말한다.

해설 **6,7** 기반시설의 종류

구 분	종 류
1. 교통시설	도로, 철도, 항만, 공항, 주차장, 자동차 정류장, 궤도, 삭도, 차량검사 및 면허시설
2. 공간시설	광장, 공원, 녹지, 유원지, 공공공지
3. 유통 및 공급시설	유통업무설비, 수도, 전기 및 가스공급설비, 방송·통신시설, 공동구, 시장, 유류저장 및 송유설비, 열공급설비
4. 공공문화 체육시설	학교, 운동장, 공공청사, 문화시설, 도서관, 연구시설, 사회복지시설, 공공직업훈련시설, 청소년 수련시설
5. 방재시설	하천, 저수지, 방화설비, 유수지, 방풍설비, 방수설비, 사방설비, 방조설비
6. 보건위생시설	도축장, 장사시설, 종합의료시설
7. 환경기초시설	하수도, 폐기물처리시설, 폐차장 등

정답 4. ② 5. ① 6. ① 7. ④

8 국토의 계획 및 이용에 관한 법령상 광장·공원·녹지·유원지·공공공지가 속하는 기반시설은?

① 교통시설　　　　　② 공간시설
③ 환경기초시설　　　④ 보건위생시설

9 국토의 계획 및 이용에 관한 법령에 따른 기반시설 중 공간시설에 속하지 않는 것은?

① 녹지　　　　　② 유원지
③ 유수지　　　　④ 공공공지

10 국토의 계획 및 이용에 관한 법령상 기반시설 중 도로의 세분에 해당하지 않는 것은?

① 일반도로
② 고가도로
③ 고속도로
④ 보행자전용도로

11 국토의 계획 및 이용에 관한 법률에 의한 기반시설 중 광장의 종류에 속하지 않는 것은?

① 교통광장　　　　② 전시광장
③ 지하광장　　　　④ 경관광장

12 국토의 계획 및 이용에 관한 법령에 따른 기반 시설 중 자동차 정류장의 세분에 속하지 않는 것은?

① 고속터미널　　　　② 물류터미널
③ 공영차고지　　　　④ 여객자동차터미널

13 다음 중 국토의 계획 및 이용에 관한 법령에 따른 광역시설에 속하지 않는 것은? (단, 둘 이상의 특별시·광역시·특별자치시·특별자치도·시 또는 군이 공동으로 이용하는 시설)

① 운동장
② 봉안시설
③ 수질오염방지시설
④ 하수도(하수종말처리시설 제외)

해 설

해설 8
① 교통시설 : 도로, 철도, 주차장 등
③ 환경기초시설 : 하수도, 폐차장 등
④ 보건위생시설 : 도축장, 장사시설

해설 9
유수지는 방재시설에 해당된다

해설 10 도로의 세분
1. 일반도로
2. 자동차전용도로
3. 보행자전용도로
4. 보행자우선도로
5. 자전거전용도로
6. 고가도로
7. 지하도로

해설 11 광장의 범위
1. 교통광장
2. 경관광장
3. 지하광장
4. 건축물부설광장
5. 일반광장

해설 12 정류장의 범위
1. 여객자동차터미널
2. 물류터미널
3. 공영차고지
4. 공동차고지
5. 복합환승센터
6. 환승센터
7. 화물자동차휴게소

해설 13 광역시설의 구분

① 2 이상의 특별시·광역시·시·군 (광역시의 관리구역에 있는 군을 제외한)의 관할구역에 걸치는 시설	도로, 철도, 광장, 녹지, 수도, 전기공급설비, 가스공급설비, 방송·통신시설, 공동구, 유류저장 및 송유설비, 열공급설비, 하천, 하수도(하수종말처리시설을 제외한다.
② 2 이상의 특별시·광역시·시 또는 군의 공통으로 이용하는 시설	항만, 공항, 자동차정류장, 공원, 유원지, 유통업무설비, 운동장, 유수지, 하수종말처리시설, 장사시설, 폐기물처리 및 재활용시설, 도축장, 수질오염방지시설, 폐차장, 문화시설, 체육시설, 사회복지시설, 공공직업훈련시설, 청소년수련시설

※ 하수종말처리시설을 제외한 하수도는 2이상의 시·군에 걸치는 시설이다.

정답　8. ②　9. ③　10. ③　11. ②
　　　12. ①　13. ④

14 다음 중 국토의 계획 및 이용에 관한 법률상 공공시설에 속하지 않는 것은?

① 행정청이 설치한 공동구
② 행정청이 설치한 주차장
③ 행정청이 설치하지 아니한 광장
④ 행정청이 설치하지 아니한 저수지

15 다음 중 도시·군관리계획 결정에 의한 공동구의 설치목적이 아닌 것은?

① 도시미관의 개선
② 도로구조의 보전
③ 교통의 원활한 소통
④ 유수지의 충분한 확보

■■■ **용도지역**

16 국토의 계획 및 이용에 관한 법률에 따른 국토의 용도지역구분에 속하지 않는 것은?

① 도시지역
② 농림지역
③ 관리지역
④ 보전지역

17 주거지역 중 단독주택 중심의 양호한 주거환경을 보호하기 위하여 지정하는 지역은?

① 제1종 전용주거지역
② 제2종 전용주거지역
③ 제1종 일반주거지역
④ 제2종 일반주거지역

18 주거지역의 세분 중 공동주택 중심의 양호한 주거환경을 보호하기 위하여 필요한 지역은?

① 제1종 전용주거지역
② 제2종 전용주거지역
③ 제1종 일반주거지역
④ 제2종 일반주거지역

해 설

해설 14
도로, 공원, 철도, 수도 등의 시설로서 대통령령으로 정하는 공공용시설을 말한다.

① 공공용시설	항만, 공항, 광장, 녹지, 공공공지, 공동구, 하천, 유수지, 방화설비, 방풍설비, 방수설비, 사방설비, 방조설비, 하수도, 구거
② 행정청이 설치한 시설에 한하여 공공시설로 간주하는 시설	주차장, 저수지

해설 15 공동구의 설치목적
• 도시미관 개선
• 도로구조의 보전
• 교통의 원활한 소통

해설 16 용도지역의 구분
1. 도시지역 2. 관리지역
3. 농림지역 4. 자연환경 보전지역

해설 17
주거전용지역(양호한 주거환경 조성)
• 1종 : 단독주택 중심
• 2종 : 공동주택 중심

해설 18

양호한 주거환경 조성	전용주거지역	1종	단독주택 중심
		2종	공동주택 중심
편리한 주거환경 조성	일반주거지역		

정답 14. ④ 15. ④ 16. ④ 17. ① 18. ②

19 주거지역의 세분 중 중층주택을 중심으로 편리한 주거환경을 조정하기 위하여 필요한 지역은?

① 제1종 전용주거지역
② 제2종 전용주거지역
③ 제1종 일반주거지역
④ 제2종 일반주거지역

20 용도지역의 세분에 있어서 중고층주택을 중심으로 편리한 주거환경을 조성하기 위하여 필요한 지역은?

① 제1종 일반주거지역
② 제2종 일반주거지역
③ 제3종 일반주거지역
④ 준주거지역

21 일반적으로 제2종 일반주거지역에서 건축할 수 있는 건축물의 최대 층수는?

① 저층
② 중층
③ 고층
④ 중·고층

22 주거기능을 위주로 이를 지원하는 일부 상업지역 및 업무기능을 보완하기 위하여 지정하는 주거지역의 세분은?

① 준주거지역
② 제1종 전용주거지역
③ 제1종 일반주거지역
④ 제2종 일반주거지역

23 도심·부도심의 상업기능 및 업무기능의 확충을 위하여 지정하는 상업지역의 세분은?

① 중심상업지역
② 일반상업지역
③ 근린상업지역
④ 유통상업지역

해 설

해설 19 일반주거지역의 세분
- 제1종 – 저층주택 중심의 편리한 주거환경의 조성
- 제2종 – 중층주택 중심의 편리한 주거환경의 조성
- 제3종 – 중·고층주택 중심의 편리한 주거환경의 조성

해설 20 국토의 용도구분 중 주거지역 세분

주거지역	전용주거지역	제1종: 단독주택 중심의 양호한 주거환경을 보호
		제2종: 공동주택 중심의 양호한 주거환경을 보호
	일반주거지역	제1종: 저층주택을 중심으로 편리한 주거환경 조성
		제2종: 중층주택을 중심으로 편리한 주거환경 조성
		제3종: 중고층주택을 중심으로 편리한 주거환경 조성
	준주거지역	주거기능을 위주로 이를 지원하는 일부 상업업무 기능을 보완하기 위함

해설 21 건축물의 층수제한
1. 1종 일반주거지역 : 저층
2. 2종 일반주거지역 : 중층
3. 3종 일반주거지역 : 중·고층

해설 22
1. 전용주거지역 : 양호한 주거환경 조성
2. 일반주거지역 : 편리한 주거환경 조성

해설 23

1. 중심상업지역	도심·부도심의 업무 및 상업기능의 확충을 위함
2. 일반상업지역	일반적인 상업 및 업무기능을 담당하게 하기 위함
3. 근린상업지역	근린지역에서의 일용품 및 서비스의 공급을 위함
4. 유통상업지역	도시내 및 지역간 유통기능의 증진을 위함

정답 19. ④ 20. ③ 21. ② 22. ① 23. ①

24 국토의 계획 및 이용에 관한 법령에 따른 상업 지역의 세분에 속하지 않는 것은?
① 일반상업지역
② 전용상업지역
③ 유통상업지역
④ 근린상업지역

해 설

해설 **24** 상업지역의 세분
1. 중심상업지역
2. 일반상업지역
3. 근린상업지역
4. 유통상업지역

25 국토의 계획 및 이용에 관한 법령상 공업지역의 세분에 속하지 않는 것은?
① 준공업지역
② 중심공업지역
③ 일반공업지역
④ 전용공업지역

해설 **25** 공업지역의 세분
1. 전용공업지역
2. 일반공업지역
3. 준공업지역

26 다음 중 녹지지역의 세분에 해당하지 않는 것은?
① 일반녹지지역
② 보전녹지지역
③ 생산녹지지역
④ 자연녹지지역

해설 **26** 녹지지역의 세분
1. 보전녹지지역
2. 생산녹지지역
3. 자연녹지지역

27 다음의 각종 용도지역의 세분에 관한 설명 중 옳지 않은 것은?
① 근린상업지역 : 근린지역에서의 일용품 및 서비스의 공급을 위하여 필요한 지역
② 중심상업지역 : 도심·부도심의 상업기능 및 업무기능의 확충을 위하여 필요한 지역
③ 제1종 일반주거지역 : 단독주택을 중심으로 양호한 주거환경을 조성하기 위하여 필요한 지역
④ 준주거지역 : 주거기능을 위주로 이를 지원하는 일부 상업기능 및 업무기능을 보완하기 위하여 필요한 지역

해설 **27**
제1종 일반주거지역 : 저층주택 중심의 편리한 주거환경 조성

정답 24. ② 25. ② 26. ① 27. ③

■■■ 용도지구

28 토지의 이용 및 건축물의 용도·건폐율·용적률·높이 등에 대한 용도지역의 제한을 강화 또는 완화하여 적용함으로써 용도지역의 기능을 증진시키고 경관·안전 등을 도모하기 위하여 도시·군관리계획으로 결정하는 지역은?

① 용도구역
② 용도지구
③ 광역구역
④ 도시·군계획지역

해설 28	용도지역, 용도지구의 정의
① 용도지역	• 토지의 경제적, 효율적 이용 • 공공복리증진
② 용도지구	• 지역의 기능 증진 • 안전, 경관 도모

29 국토의 계획 및 이용에 관한 법에 의한 지구의 내용으로 옳지 않은 것은?

① 주차장정비지구
② 방재지구
③ 고도지구
④ 복합용도지구

해설 29
주차장정비지구는 국토의 계획 및 이용에 관한 법률에 의한 10개 법정지구에 해당되지 않는다.

30 국토의 계획 및 이용에 관한 법령에 따른 용도지구에 속하지 않는 것은?

① 보호지구
② 취락지구
③ 미관지구
④ 특정용도제한지구

해설 30
용도지구는 보호지구, 개발진흥지구 등 10개 종으로 구분된다.

31 국토의 계획 및 이용에 관한 법률의 용도지구의 지정에서 세분되어 있지 않은 지구는?

① 경관지구
② 방재지구
③ 방화지구
④ 취락지구

해설 31 세분되는 용도지구
• 경관·보호·방재
• 취락·개발진흥지구

32 다음 중 보호지구의 지정 목적으로 가장 알맞은 것은?

① 경관을 보호·형성하기 위하여
② 국가유산, 중요 시설물 및 문화적·생태적으로 보존가치가 큰 지역의 보호와 보존을 위하여
③ 쾌적한 환경조성 및 토지의 효율적 이용을 위하여 필요한 지구
④ 주거기능 보호나 청소년 보호 등의 목적으로 청소년 유해시설 등 특정시설의 입지를 제한하기 위하여

해설 32
① 경관지구
③ 고도지구
④ 특정용도제한지구

정답 28. ② 29. ① 30. ③ 31. ③ 32. ②

33 국가유산·전통사찰 등 역사·문화적으로 보존가치가 큰 시설 및 지역의 보호 및 보존을 위하여 필요한 지구는?

① 생태계보호지구
② 역사문화미관지구
③ 중요시설보호지구
④ 역사문화환경보호지구

34 다음 설명에 알맞은 용도지구의 세분은?

> 산지·구릉지 등 자연경관을 보호하거나 유지하기 위하여 필요한 지구

① 자연경관지구
② 자연방재지구
③ 특화경관지구
④ 생태계보호지구

35 다음 설명에 알맞은 용도지구의 세분은?

> 건축물·인구가 밀집되어 있는 지역으로서 시설 개선 등을 통하여 재해 예방이 필요한 지구

① 일반방재지구
② 시가지방재지구
③ 중요시설물보호지구
④ 역사문화환경보호지구

■■■ 용도구역

36 시가화 조정구역안에 관한 설명으로 옳지 않은 것은?

① 시가화 유보기간이 만료되면 지정에 관한 효력은 시·도지사의 고시가 없더라도 당연히 상실된다.
② 시가화 유보기간은 20년 이내의 범위안에서 결정한다.
③ 도시의 계획적·단계적 개발을 목적으로 지정한다.
④ 시가화 조정구역은 시·도지사가 도시·군관리계획으로 지정한다.

해설 35 방재지구의 세분
1. 시가지방재지구
 (건축물·인구가 밀집되어 있는 지역으로서 시설개선 등을 통하여 재해예방이 필요한 지구)
2. 자연방재지구
 (토지의 이용도가 낮은 해안변, 하천변, 급격사지 주변 등의 지역으로서 건축제한 등을 통하여 재해예방이 필요한 지구)

해설 36
시가화유보기간은 5년 이상 20년 이내의 기간으로 지정권자가 정한다.

정답 33. ④ 34. ① 35. ② 36. ②

37 시가화조정구역의 지정에 관한 설명으로 옳지 않은 것은?

① 시가화조정구역의 지정에 관한 도시·군관리계획의 결정은 시가화 유보기간이 만료된 날의 15일 후부터 그 효력을 잃는다.
② 시가화 유보기간은 5년 이상 20년 이내의 범위안에서 결정한다.
③ 도시지역과 그 주변지역의 무질서한 시가화를 방지하고 도시의 계획적·단계적인 개발을 도모하기 위하여 지정한다.
④ 시·도지사는 시가화조정구역의 지정을 도시·군관리계획으로 결정할 수 있다.

해설 **37**
시가화유보기간의 만료된 다음날 실효된다.

38 시가화조정구역에서 시가화유 보기간으로 정하는 기간 기준은?

① 1년 이상 5년 이내
② 3년 이상 10년 이내
③ 5년 이상 20년 이내
④ 10년 이상 30년 이내

■■■ 개발밀도관리구역·기반시설부담구역

39 국토의 계획 및 이용에 관한 법령상 다음과 같이 정의되는 용어는?

> 개발로 인하여 기반시설이 부족할 것으로 예상되나 기반시설을 설치하기 곤란한 지역을 대상으로 건폐율이나 용적률을 강화하여 적용하기 위하여 지정하는 구역

① 시가화조정구역
② 개발밀도관리구역
③ 기반시설부담구역
④ 지구단위계획구역

40 기반시설부담구역에서 기반시설설치비용의 부과대상인 건축행위의 기준으로 옳은 것은?

① 100제곱미터(기존 건축물의 연면적 포함)를 초과하는 건축물의 신축·증축
② 100제곱미터(기존 건축물의 연면적 제외)를 초과하는 건축물의 신축·증축
③ 200제곱미터(기존 건축물의 연면적 포함)를 초과하는 건축물의 신축·증축
④ 200제곱미터(기존 건축물의 연면적 제외)를 초과하는 건축물의 신축·증축

정답 37. ① 38. ③ 39. ② 40. ③

출제예상문제

CHAPTER 11   1. 총 칙

■■■ 목 적

1. 국토의 계획 및 이용에 관한 법의 규정내용으로 타당하지 않은 것은?

① 국토의 개발　　② 국토의 보안
③ 국토의 보전　　④ 국토의 이용

[해설] 국토의 이용·개발·보전을 위한 도시·군 관리계획의 수립 및 집행을 규정한다.

■■■ 용 어

2. 다음 중 용어의 설명이 부적합한 것은?

① 도시·군기본계획-시 또는 군의 기본적인 공간구조와 장기발전 방향을 제시하는 종합계획으로서 도시·군관리계획수립의 지침이 되는 계획
② 국가계획-중앙행정기관이 수립한 계획 중 도시·군관리계획을 결정하여야 할 사항이 포함된 계획
③ 지구단위계획-토지이용을 합리화하고 도시의 기능·미관을 증진시키며 양호한 환경을 확보하기 위하여 수립하는 도시·군기본계획
④ 도시·군계획시설-기반시설 중 도시·군관리계획의 결정규정에 의하여 도시·군관리계획으로 결정된 시설

[해설] 지구단위계획은 도시·군계획수립 대상지역 일부에 대하여 수립하는 도시·군관리계획이다.

3. 국토의 계획 및 이용에 관한 법령의 용어의 정의 중 가장 부적합한 것은?

① 광역도시계획은 광역계획권의 장기발전 방향을 제시하는 계획이다.
② 도시·군계획시설 중 광역적인 정비체계가 필요한 시설을 광역시설이라 한다.
③ 도시·군계획시설을 설치·정비 또는 개량하는 사업을 도시·군계획시설사업이라 한다.
④ 도시·군계획 수립대상 지역의 일부에 대하여 토지이용을 합리화하고 도시의 기능·미관을 증진시키며 양호한 환경을 확보하기 위하여 수립하는 도시·군관리계획을 지구단위계획이라 한다.

[해설] 광역시설은 기반시설 중 광역도시계획으로 결정한다.

4. 국토의 계획 및 이용에 관한 법률에서 정하는 기반시설이 아닌 것은?

① 교통시설　　② 방재시설
③ 유통·공급시설　　④ 종교시설

[해설] 기반시설의 종류
교통시설·공간시설·유통 및 공급시설·공공문화체육시설·방재시설·보건위생시설·환경기초시설

5. 다음은 기반시설 중 광장을 세분한 것이다. 이중 옳지 않은 것은 어느 것인가?

① 교통광장　　② 경관광장
③ 지하광장　　④ 도시광장

[해설] 광장의 세분

1. 교통광장	3. 지하광장
2. 경관광장	4. 건축물 부설광장

6. 광역시설이 아닌 것은 다음 중 어느 것인가?

① 방조설비　　② 유통업무설비
③ 유원지　　④ 운동장

[해설] 광역시설의 범주

| ① 2이상의 특별시·광역시·시 또는 읍(광역시의 관리구역에 있는 군을 제외)의 관할구역에 걸치는 시설 | 도로, 철도, 광장, 녹지, 수도, 전기공급설비, 가스공급설비, 방송·통신시설, 공동구, 유류저장 및 송유설비, 열공급설비, 하천, 하수도(하수종말처리시설을 제외한다) |

해답　1.②　2.③　3.②　4.④　5.④　6.①

② 2이상의 특별시·광역시·시 또는 군의 공통으로 이용하는 시설	항만, 공항, 자동차정류장, 공원, 유원지, 유통업무설비, 운동장, 유수지, 하수도(하수종말처리시설에 한한다), 도축장, 수질오염방지시설, 폐차장 등

7. 국토의 계획 및 이용에 관한 법의 규정에 의한 도시·군계획사업의 종류에 대한 다음 기술 중 옳지 않은 것은?

① 리모델링사업
② 도시·군계획시설사업
③ 도시개발사업
④ 도시 및 주거환경 정비사업

[해설] 도시·군계획사업의 범위

1. 도시·군계획시설사업
2. 도시개발사업
3. 도시 및 주거환경 정비사업

■■■ 국토관리

8. 국토의 계획 및 이용에 관한 법령상 국토이용 및 관리의 기본원칙이 아닌 것은?

① 자연환경 및 경관의 보전과 훼손된 자연환경 및 경관의 개선과 복원
② 저탄소 녹색성장을 통한 국민의 생명과 재산의 보호
③ 지역 간 협력 및 균형발전을 통한 공동번영의 추구
④ 주거 등 생활환경개선을 통한 국민의 삶의 질 향상

[해설] 국토이용 및 관리의 기본원칙
1. 국민생활과 경제활동에 필요한 토지 및 각종 시설물의 효율적 이용과 원활한 공급
2. 교통·수자원·에너지 등 국민생활에 필요한 각종 기초서비스의 제공
3. 지역이 정체성과 문화유산의 보전
4. 지역경제의 발전 및 지역 간, 지역 내 적정한 기능배분을 통한 사회적 비용의 최소화 등

■■■ 용도지역

9. 주거지역의 세분 중 중층주택을 중심으로 편리한 주거환경을 조성하기 위하여 필요한 지역은?

① 제1종 일반주거지역   ② 제2종 일반주거지역
③ 제1종 전용주거지역   ④ 제2종 전용주거지역

[해설] 일반주거지역의 세분

제1종 일반주거지역	저층주택 중심
제2종 일반주거지역	중층주택 중심
제3종 일반주거지역	중·고층주택 중심

10. 공동주택중심의 양호한 주거환경을 보호하기 위하여 지정하는 지역으로 적합한 것은?

① 1종 전용주거지역   ② 2종 전용주거지역
③ 1종 일반주거지역   ④ 2종 일반주거지역

[해설] 전용주거지역의 구분

1종 전용주거지역	단독주택 중심
2종 전용주거지역	공동주택 중심

11. 용도지역의 세분에 있어 주거기능을 위주로 이를 지원하는 일부 상업기능 및 업무기능을 보완하기 위하여 필요한 지역은?

① 전용주거지역   ② 준주거지역
③ 일반주거지역   ④ 유통상업지역

[해설] 준주거지역 : 주거기능을 위주로 이를 지원하는 일부 상업기능 및 업무기능을 보완하기 위하여 필요한 지역

12. 국토의 계획 및 이용에 관한 법에서 인정하고 있는 용도지역을 옳게 연결한 것은?

① 일반주거지역 - 주거기능을 주로 하되 상업적 기능의 보안
② 전용주거지역 - 일상의 주거기능의 보호
③ 근린상업지역 - 일반적인 상업 및 업무기능의 담당
④ 보전녹지지역 - 도시의 자연환경·경관·산림 및 녹지의 보전

해답 7. ① 8. ② 9. ② 10. ② 11. ② 12. ④

해설 지역의 지정목적	
전용주거지역	양호한 주거환경의 보호를 위함
일반주거지역	편리한 주거환경의 조성을 위함
근린상업지역	근린지역에서의 일용품 및 서비스의 공급을 위함
전용공업지역	주로 중화학공업·공해성 공업 등을 수용하기 위함

13. 관리지역이 범위에 속하지 아니하는 것은?

① 계획관리지역
② 생산관리지역
③ 성장관리지역
④ 보전관리지역

해설 관리지역의 세분
① 계획관리지역
② 생산관리지역
③ 보전관리지역

■■■ 용도지구

14. 국토의 계획 및 이용에 관한 법령상 지구에 포함되지 않는 것은?

① 보호지구
② 방화지구
③ 취락지구
④ 시설용지지구

15. 주거기능·상업기능·공업기능을 집중적으로 개발·정비할 필요가 있는 지구는?

① 방재지구
② 보호지구
③ 취락지구
④ 개발진흥지구

16. 국토의 계획 및 이용에 관한 법령상 용도지구에 대한 설명 중 가장 적합하지 않은 것은?

① 고도지구 : 쾌적한 환경조성 및 토지이 효율적 이용을 위하여 건축물 높이의 최고한도를 규제할 필요가 있는 지구

② 취락지구 : 녹지지역·관리지역·농림지역·자연환경보전지역·개발제한구역 또는 도시자연공원구역의 취락을 정비하기 위한 지구
③ 방화지구 : 풍수해, 산사태, 지반의 붕괴 위험을 예방하기 위한 지구
④ 경관지구 : 경관을 보전·관리 및 형성하기 위하여 필요한 지구

해설 방화지구
화재위험을 예방하기 위하여 필요한 지구

■■■ 용도구역

17. 개발제한구역의 지정목적에 해당되지 않는 것은?

① 도시의 무질서한 확산방지
② 도시의 계획적 개발도모
③ 도시민의 건전한 생활환경 확보
④ 국방부장관의 보안상 요청

해설 ②항은 시가화조정구역의 지정목적이다.

18. 시가화조정구역의 지정 및 변경에 관한 설명으로 옳지 않은 것은?

① 시가화조정구역의 지정에 관한 도시·군관리계획의 결정은 시가화 유보기간이 만료된 날의 15일 후부터 그 효력을 잃는다.
② 도시지역과 그 주변지역의 무질서한 시가화를 방지하고 계획적·단계적인 개발을 도모하기 위하여 지정한다.
③ 시·도지사는 시가화조정구역의 변경을 도시·군관리계획으로 결정할 수 있다.
④ 시·도지사는 시가화조정구역의 지정을 도시·군관리계획으로 결정할 수 있다.

해설 시화가조정구역의 효력은 시가화유보기간이 만료된 다음날부터 상실된다.

해답 13. ③ 14. ④ 15. ④ 16. ③ 17. ② 18. ①

19. 시가화조정구역의 시가화 유보기간으로 정할 수 있는 범위는?

① 3년 이상 10년 이내
② 3년 이상 20년 이내
③ 5년 이상 10년 이내
④ 5년 이상 20년 이내

해설 시가화조정구역
시가화조정구역에서의 시가화 유보기간은 당해구역 안의 인구의 동태·토지의 이용상황 및 산업발전 상황등을 고려하여 5년 이상 20년 이내의 범위안에서 도시·군관리계획으로 지정권자가 정한다.

■■■ 개발밀도관리구역 등

20. 국토의 계획 및 이용에 관한 법에 의한 도시·군 관리계획으로 결정 및 관리할 수 있는 구역으로 적합한 것은?

① 개발제한구역
② 재해위험구역
③ 상수원보호구역
④ 개발밀도관리구역

해설 도시·군관리계획으로 지정하는 용도구역
① 개발제한구역
② 시가화조정구역
③ 수산자원보호구역
④ 도시자연공원구역

21. 국토의 계획 및 이용에 관한 법령에 의한 개발밀도관리구역의 지정권자가 아닌 것은?

① 광역시장　　　② 특별시장
③ 도지사　　　　④ 군수

해설 개발밀도관리구역

지정권자	지정사유	지정효과
특별시장 광역시장 특별자치시장 특별자치도지사 시장·군수	주거·상업 또는 공업지역에서의 개발행위로 인하여 기반시설의 처리·공급 또는 수용능력이 부족할 것으로 예상되는 지역중 기반시설의 설치가 곤란한 지역	건폐율·용적율의 기준 강화함.

22. 개발밀도관리구역 지정 기준에 부족한 것은?

① 당해지역의 도로율이 용도지역별 도로율에 30% 이상 미달하는 지역
② 향후 2년 이내에 당해지역의 수도 수요량이 시설용량을 초과할 것으로 예상되는 지역
③ 향후 2년 이내에 당해지역의 하수 발생량이 시설용량을 초과할 것으로 예상되는 지역
④ 향후 2년 이내에 당해지역의 학생수가 학생수용 능력을 20% 이상 초과할 것으로 예상되는 지역

해설 도로율이 용도지역별 도로율에 20% 미달되는 지역

23. 「국토의 계획 및 이용에 관한 법령」상 기반시설 부담구역에 대한 설명으로 틀린 것은?

① 기반시설부담구역이란 개발밀도관리구역 외의 지역으로서 개발로 인하여 기반시설의 설치가 필요한 지역 등을 대상으로 기반시설의 설치 등을 위해서 지정하는 지역을 말한다.
② 기반시설 설치비용의 부과대상인 건축행위는 단독주택 및 숙박시설 등 대통령령으로 정하는 시설로서 $200m^2$를 초과하는 건축물의 신·증축 행위로 한다.
③ 당해 지역의 전년도 개발행위허가 건수가 전전년도보다 20% 이상 증가한 지역은 기반시설 부담구역으로 지정하여야 한다.
④ 기반시설부담구역의 지정·고시일로부터 2년 이내에 기반시설 설치계획이 수립·고시되어야 하며 그러하지 않을 경우 2년이 되는 날의 다음날에 그 지정이 해제된 것으로 본다.

해설 기반시설부담구역지정 고시일로부터 1년 이내에 기반시설설치계획이 수립·고시되어야 한다.

해답　19. ④　20. ①　21. ③　22. ①　23. ④

2 광역도시계획 및 도시·군기본계획

학습방향

도시의 발전 방향을 제시하는 도시·군기본계획과 2 이상의 도시의 기능을 상호연계하기 위한 광역도시계획의 승인절차와 내용에 대한 학습이 필요하다.

◆ 도시·군기본계획의 수립 : 원칙적으로 관할 특별시장·광역시장·특별자치시장·특별자치도지사·시장 및 군수가 장기계획으로 수립한다.
◆ 도시·군기본계획의 승인 : 시장·군수가 수립한 기본계획은 도지사의 승인을 받아 5년마다 타당성 검토
◆ 국토교통부장관의 광역도시계획 수립 : • 국가계획과 관련된 경우
　　　　　　　　　　　　　　　　　　 • 광역계획권 지정 3년 경과시까지 광역도시계획 승인 신청이 없는 경우
◆ 광역도시계획의 승인 : 장기계획으로 작성된 광역도시계획을 국토교통부장관 또는 도지사가 승인한다.
◆ 도시·군기본계획과 광역도시계획의 내용이 다를 때 : 광역도시계획의 내용을 우선한다.

1 광역도시계획

【1】광역계획권

구 분	기 준
1. 지정사유	2 이상의 특별시·광역시·시 또는 군의 공간구조 및 기능을 상호 연계시키고 환경을 보전하며 광역시설을 체계적으로 정비하기 위하여 필요한 경우
2. 대상구역	인접한 2 이상의 특별시·광역시·시 또는 군의 관할구역 전부 또는 일부
3. 지정권자	• 국토교통부장관은 시·도지사·시장·군수의 의견청취 후 중앙도시계획위원회의 심의를 거쳐야 한다. • 도지사는 관계 중앙행정기관의 장 및 관계 시, 도지사, 시장, 군수의 의견을 들은 후 지방도시계획위원회의 심의를 거쳐야 한다.

【2】광역도시계획의 수립권자

(1) 도지사가 광역계획권을 지정한 경우

구 분		수립권자
원칙		관할 시장, 군수 공동수립 (도지사 승인대상)
예외	광역계획권 지정한 날로부터 3년이 경과할 때까지 관할 시장, 군수로부터 광역도시계획에 대한 승인신청이 없을 시	도지사 수립
	관할 시장, 군수의 요청이 있을 경우	관할 시장, 군수 및 도지사 공동수립

[비고] 관할 시장, 군수는 조정신청에 따른 도지사의 조정을 받아 광역도시계획을 수립할 수 있다.

학습POINT

■ 광역계획권의 지정

광역계획권 범위	지정권자
2개 이상의 시,도에 걸칠 때	국토교통부장관
동일한 도에 속할때	도지사

■ 광역도시계획의 성격
• 2 이상의 도시의 공간구조 및 기능의 상호연계를 위한 행정계획
• 국토교통부장관의 승인을 받는다.

(2) 국토교통부장관이 광역계획권을 지정한 경우

구 분		수립권자
원칙		관할 시·도지사 공동수립 (국토교통부장관 승인대상)
예외	• 국가계획과 관련 • 광역계획권을 지정한 날로부터 3년이 경과할 때까지 광역도시계획에 대한 승인신청이 없을 시	국토교통부장관 수립
	• 시·도지사의 요청이 있는 경우 • 국토교통부장관이 필요하다고 인정한 경우	국토교통부장관과 관할 시·도지사 공동 수립
비고	관할 시·도지사는 조정 신청에 따른 국토교통부장관의 조정을 받아 광역도시계획을 수립할 수 있다.	

【3】 광역도시계획의 내용

작성단위기간	내 용
장기계획	1. 광역계획권의 공간구조와 기능분담에 관한 사항 2. 광역계획권의 녹지관리체계와 환경보전에 관한 사항 3. 광역시설의 배치, 규모, 설치에 관한 사항 4. 경관계획에 관한 사항 5. 광역계획권의 교통 및 물류유통체계에 관한 사항 6. 광역계획권의 문화 여가공간 및 방재에 관한 사항

【4】 광역도시계획의 승인

수립자	승인권자
1. 시장·군수	도지사
2. 특별시장, 광역시장, 도지사	국토교통부장관

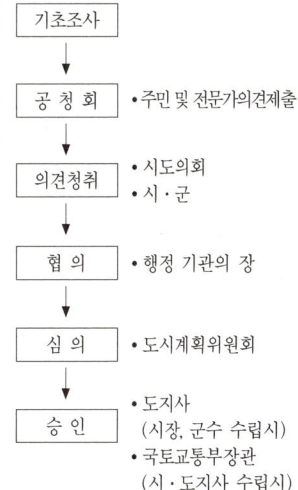

■ 광역도시계획의 승인절차

2 도시·군기본계획

【1】 도시·군기본계획의 수립권자와 수립대상지역

수립권자	수립대상지역	비 고
특별시장, 광역시장, 특별자치시장, 특별자치도지사, 시장, 군수	• 관할구역 예외 1. 광역도시계획이 수립되어 있는 경우 2. 수도권에 속하지 아니하고 광역시와 경계를 같이하지 아니한 시 또는 군으로서 인구 10만명 이하인 시·군	-
	• 인접한 관할구역 전부 또는 일부 포함	인접한 관할구역의 특별시장, 광역시장, 특별자치시장, 특별자치도지사, 시장 또는 군수와 협의하여야 한다.

■ 도시·군기본계획의 승인

수립권자	승인권자
시장·군수	도지사
특별시장, 광역시장, 특별자치시장, 특별자치도지사	수립 후 확정

【2】 도시·군기본계획작성의 기준

① 장기계획으로 작성하며, 5년마다 그 타당성을 검토하여 도시·군기본계획에 반영한다.
② 도시·군기본계획은 광역도시계획에 부합되어야 한다.
③ 도시·군기본계획의 내용이 광역도시계획의 내용과 다른 때에는 광역도시계획의 내용이 우선한다.

【3】 도시·군기본계획의 내용

1. 지역적 특성 및 계획의 방향·목표에 관한 사항
2. 공간구조 및 인구의 배분에 관한 사항
3. 생활권의 설정과 생활권역별 개발·정비 및 보존 등에 관한 사항
4. 토지의 이용 및 개발에 관한 사항
5. 토지의 용도별 수요 및 공급에 관한 사항
6. 환경의 보전 및 관리에 관한 사항
7. 기반시설에 관한 사항
8. 공원·녹지·경관에 관한 사항
9. 기후변화 대응 및 에너지절약에 관한 사항
10. 방재·방범 등 및 안전에 관한 사항
11. 도심 및 주거환경의 정비, 보전에 관한 사항
12. 다른 법률에 따라 도시·군기본계획에 반영되어야 하는 사항
13. 도시·군기본계획의 시행을 위하여 필요한 재원조달에 관한 사항
14. 제2호 내지 제10호에 규정된 사항의 단계별 추진에 관한 사항
15. 그 밖에 도시·군기본계획 승인권자가 필요하다고 인정하는 사항

■ 도시·군기본계획의 성격
• 도시의 발전방향을 제시하는 행정계획
• 도시성격 규명에 적합
• 도시·군관리계획수립의 지침이 되는 계획
• 5년마다 타당성 검토

【4】도시 · 군 기본계획의 수립 및 승인절차

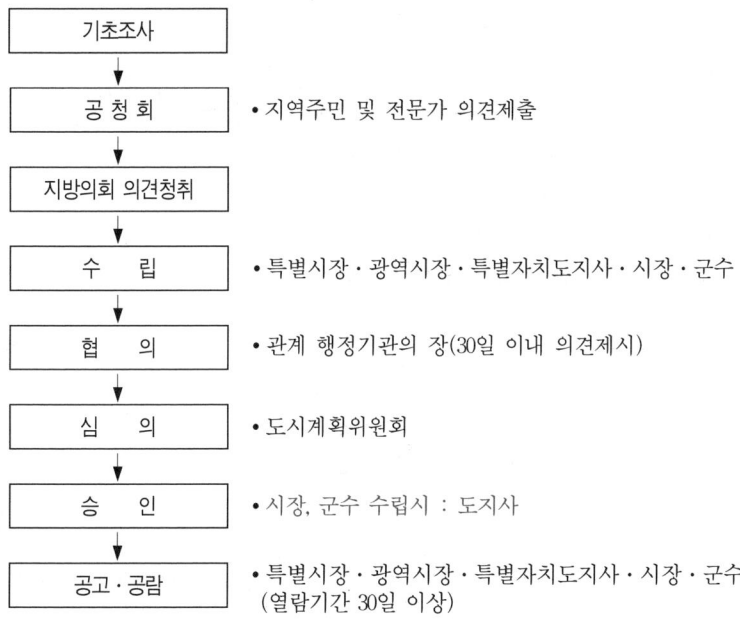

3 생활권계획

1. 지정목적	생활권역별 개방 · 정비 및 보전을 위하여 도시 · 군 기본계획으로 정한다.
2. 수립권자 및 수립절차	도시 · 군기본계획과 동일하다.
3. 효력	생활권계획의 수립 또는 승인은 도시 · 군기본계획의 수립 또는 변경으로 간주한다.

핵심문제

■■■ 광역도시계획

1 광역도시계획에 관한 내용으로 틀린 것은?

① 인접한 둘 이상의 특별시·광역시·특별자치시·특별자치도·시 또는 군의 관할 구역 전부 또는 일부를 광역계획권으로 지정할 수 있다.
② 군수가 광역도시계획을 수립하는 경우 도지사의 승인을 생략한다.
③ 광역계획권의 공간 구조와 기능 분담에 관한 정책 방향이 포함되어야 한다.
④ 광역도시계획을 공동으로 수립하는 시·도지사는 그 내용에 관하여 서로 협의가 되지 아니하면 공동이나 단독으로 국토교통부장관에게 조정을 신청할 수 있다.

해설 1
시장, 군수가 광역도시계획을 수립하게 되면 도지사의 승인을 받아야 한다.

2 광역도시계획의 수립권자 기준에 대한 내용으로 틀린 것은?

① 광역계획권이 같은 도의 관할 구역에 속하여 있는 경우, 관할 시장 또는 군수가 공동으로 수립한다.
② 국가계획과 관련된 광역도시계획의 수립이 필요한 경우 국토교통부장관이 수립한다.
③ 광역계획권을 지정한 날로부터 2년이 지날 때까지 관할 시장 또는 군수로부터 광역도시계획의 승인 신청이 없는 경우 국토교통부장관이 수립한다.
④ 광역계획권이 둘 이상의 시·도의 관할 구역에 걸쳐 있는 경우, 관할 시·도지사가 공동으로 수립한다.

해설 2 광역계획권 지정일로부터 3년이 지난 경우 광역도시계획 수립권자

1. 관할 시장, 군수 미수립시	도지사
2. 관할 시, 도지사 미수립시	국토교통부장관

■■■ 도시·군기본계획

3 도시·군기본계획의 내용에 포함되지 않는 정책방향 사항은?

① 환경의 보전 및 관리에 관한 사항
② 공원·녹지에 관한 사항
③ 공간구조, 생활권의 설정 및 인구의 배분에 관한 사항
④ 주택건설 촉진에 관한 사항

해설 3 도시·군기본계획의 내용
1. 지역적 특성 및 계획의 방향·목표에 관한 사항
2. 공간구조, 생활권의 설정 및 인구의 배분에 관한 사항
3. 토지의 이용 및 개발에 관한 사항
4. 토지의 용도별 수요 및 공급에 관한 사항
5. 환경의 보전 및 관리에 관한 사항
6. 기반시설에 관한 사항
7. 공원·녹지에 관한 사항
8. 경관에 관한 사항
9. 방재 및 안전에 관한 사항
10. 제2호 내지 제9호 규정된 사항의 단계별 추진에 관한 사항 등

정답 1. ② 2. ③ 3. ④

4 국토의 계획 및 이용에 관한 법률상 도시·군기본계획에 포함되어야 하는 내용이 아닌 것은?
① 토지의 이용 및 개발에 관한 사항
② 토지의 용도별 수요 및 공급에 관한 사항
③ 공원·녹지에 관한 사항
④ 주차장의 설치·정비 및 관리에 관한 사항

해설 4
주차장의 설치·정비 및 관리에 관한 사항은 주차장법의 규정이다.

5 도시·군기본계획에 관한 다음 설명 중 틀린 것은 어느 것인가?
① 도시·군기본계획의 내용이 광역도시계획의 내용과 다른 때에는 도시·군기본계획의 내용이 우선한다.
② 시장·군수는 도시·군기본계획에 대하여 5년마다 그 타당성 여부를 검토하여 도시·군기본계획에 반영하여야 한다.
③ 도시·군기본계획 수립시 시장·군수는 공청회를 열어 의견을 청취하여야 한다.
④ 시장·군수는 도시·군기본계획수립 전에 기초조사를 실시하여야 한다.

해설 5
도시·군기본계획과 광역도시계획의 내용이 서로 다를 때에는 광역도시계획의 내용이 우선한다.

6 도시·군기본계획의 정비는 몇 년 단위로 하는가?
① 5년
② 10년
③ 15년
④ 20년

해설 6
도시·군기본계획은 장기계획으로 관할 특별시장, 광역시장, 특별자치도지사, 시장 및 군수가 5년마다 타당성을 검토한다.

정답 4. ④ 5. ① 6. ①

출제예상문제

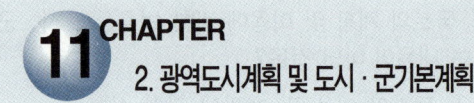

■■■ 광역계획권

1. 광역계획권의 지정에 관한 기준 중 가장 부적합한 것은?

① 광역계획권은 국토교통부장관 또는 도지사가 지정한다.
② 2이상의 도시기능이 상호연계를 위하여 관계 시장, 군수는 협의에 의하여 당해 지역을 광역계획권으로 지정할 수 있다.
③ 광역계획권의 지정범위는 시 또는 군의 관할 구역 단위로 하여야 한다.
④ 환경보전 및 광역시설의 체계적인 정비는 광역계획권 지정의 목적에 포함된다.

[해설] 관할 시장, 군수는 광역도시계획을 수립할 수 있으나 광역계획권을 지정할 수는 없다.

■■■ 광역도시계획

2. 광역도시계획수립시 조건에 의한 수립권자의 연결이 부적합한 것은?

① 동일한 도의 관할 구역 – 관할 시장, 군수가 공동으로 수립
② 국가계획과 관련 – 국토교통부장관 수립
③ 2이상의 도에 걸치는 경우 – 관할도지사가 공동으로 수립
④ 광역계획권 지정일로부터 2년이 경과한 때 – 국토교통부장관 수립

[해설]

광역계획권의 범위	수립권자
• 동일한 도의 관할구역	관할 시장, 군수가 공동으로 수립
• 2이상의 특별시, 광역시 또는 도에 걸치는 경우	관할 시·도지사가 공동으로 수립
• 국가계획과 관련 • 광역계획권을 지정한 날로부터 3년이 경과할 때까지 광역도시계획에 대한 승인신청이 없을 시	국토교통부장관
• 시·도지사의 요청이 있는 경우 • 국토교통부장관이 필요하다고 인정한 경우	국토교통부장관과 관할 시·도지사가 공동으로 수립

3. 광역도시계획에 관한 내용 중 가장 옳지 못한 것은?

① 광역계획권의 지정목적 달성에 필요한 사항에 대한 정책방향을 정한다.
② 광역도시계획의 수립을 위한 기초조사 및 공청회를 거쳐야 한다.
③ 수립 때 지방자치단체의 의견청취를 요한다.
④ 광역계획권이 2 이상의 특별시·광역시·도의 관할구역에 걸치는 경우 수립권자는 국토교통부장관이다.

[해설] 2개 이상의 시·도에 걸치는 경우 관할 시·도지사가 공동으로 수립한다.

■■■ 도시·군기본계획

4. 도시·군기본계획의 수립권자로 볼 수 없는 것은?

① 특별시장   ② 광역시장
③ 도지사   ④ 시장

[해설] 도시·군기본계획 수립권자

수립권자	수립대상지역
특별시장, 광역시장, 특별자치도지사, 시장, 군수	관할구역 [예외] 1. 광역도시계획이 수립되어 있는 경우 2. 경기도외의 지역에 있는 시로서 인구 10만명 이하인 시
	• 관할구역의 일부 • 인접한 관할구역 일부포함

5. 도시·군기본계획수립을 위한 기초조사사항에 해당되지 않는 것은?

① 공시지가 동향
② 풍수해등 재해 발생현황
③ 도시기반시설 현황
④ 인구변동의 상황

해답 1.② 2.④ 3.④ 4.③ 5.①

[해설] 기초조사사항
① 인구, 경제, 사회, 문화, 교통, 환경, 토지이용
② 기후·지형·자원·생태 등 자연적 여건
③ 기반시설 및 주거수준의 현황과 전망
④ 풍수해·지진 기타 재해의 발생현황 및 추이

6. 도시·군기본계획의 수립 내용이 아닌 것은?
① 환경의 보전 및 관리에 관한 사항
② 공원·녹지에 관한 사항
③ 주택건설 촉진에 관한 사항
④ 공간구조, 생활권의 설정 및 인구의 배분에 관한 사항

[해설] 주택건설 촉진에 관한 사항은 주택법에 관한 사항이다.

7. 국토의 계획 및 이용에 관한 법령상 도시·군기본계획에 포함되어야 할 사항 중 가장 부적합한 것은?
① 기후변화 대응 및 에너지절약에 관한 사항
② 용도지역의 지정에 관한 사항
③ 기반시설에 관한 사항
④ 경관에 관한 사항

[해설] 용도지역의 지정에 관한 사항은 도시·군관리계획의 내용이다.

8. 국토의 계획 및 이용에 관한 법령상 도시·군기본계획에 포함되어야 하는 내용으로 옳은 것을 모두 고른 것은?

| ㄱ. 토지의 용도별 수요 및 공급에 관한 사항 |
| ㄴ. 환경의 보전 및 관리에 관한 사항 |
| ㄷ. 기후변화 대응에 관한 사항 |
| ㄹ. 기반시설에 관한 사항 |

① ㄱ, ㄴ
② ㄴ, ㄷ
③ ㄱ, ㄴ, ㄷ
④ ㄱ, ㄴ, ㄷ, ㄹ

해답　6. ③　7. ②　8. ④

3 도시·군관리계획

> **학습방향**
>
> 국토의 계획 및 이용에 관한 법의 목적은 도시·군관리계획의 결정에 따른 집행에 의해서 이루어진다.
> 국토의 계획 및 이용에 관한 법의 적용은 결국 도시·군관리계획의 결정내용이므로 도시·군관리계획과 관련된 법 기준을 포괄적으로 학습하여야 한다.
> ◆ 도시·군관리계획의 입안 : 시 또는 군의 지역을 관할하는 시장, 군수가 입안함을 원칙으로 한다.
> ◆ 도시·군관리계획의 결정권자 : 특별시장, 광역시장, 도지사, 대도시 시장, 국토교통부장관, 해양수산부장관
> ◆ 도시·군관리계획의 효력 : •효력발생 – 도시·군관리계획 결정고시일
> ◆ 지구단위계획의 내용 : 건축물의 배치, 형태, 색채, 용도, 건폐율, 용적율 높이 및 건축선

1 도시·군관리계획

【1】 도시·군관리계획의 의의

(1) 정의

① 특별시·광역시·특별자치시·시 또는 군의 개발·정비 및 보전을 위한 계획을 말한다.
② 도시·군관리계획은 광역도시관리계획 및 도시·군기본계획, 생활권계획에 부합되어야 한다.

(2) 내용

1. 용도지역·용도지구의 지정 또는 변경에 관한 계획
2. 개발제한구역·도시자연공원구역·시가화조정구역·수산자원보호구역의 지정 또는 변경에 관한 계획
3. 기반시설의 설치·정비 또는 개량에 관한 계획
4. 도시개발사업 또는 정비사업에 관한 계획
5. 지구단위계획구역의 지정 또는 변경에 관한 계획과 지구단위계획
6. 도시혁신구역의 지정 또는 변경에 관한 계획과 도시혁신계획
7. 복합용도구역의 지정 또는 변경에 관한 계획과 복합용도계획
8. 도시·군계획시설입체복합구역의 지정 또는 변경에 관한 계획

학습POINT

■ 도시·군관리계획의 성질
- 광역도시계획 또는 도시·군기본계획, 생활권계획의 내용을 구체적으로 시행할 수 있는 실시계획이다.
- 행정청뿐만 아니라 국민에 대한 직접적인 규제의 효력을 발생한다.
- 중·단기계획으로 작성되나 그 계획기간이 법률에 정해져 있지 않다.

■ 입지규제최소구역 지정
국토교통부장관은 도시지역에서 복합적인 토지이용을 증진시켜 도시 정비를 촉진하고 지역거점을 육성할 필요가 있다고 인정되면 지역과 그 주변지역의 전부 또는 일부를 입지규제최소구역으로 지정할 수 있다.

(3) 입안서식

① 계획도서

　1. 계획도
- 축척 1/1000 ~ 1/5000 지형도면을 이용
- 지형도가 간행되지 않았을 시 해도·해저 지형도 사용 가능
- 계획도가 2매 이상인 경우 축척 1/50000 이상의 도시·군관리계획 총괄도 사용

　2. 계획조서

② 계획설명서
　　기초조사결과, 재원조달방안 및 경관계획의 내용 등을 포함한다.

【2】도시·군관리계획의 입안권자

도시·군관리계획의 내용	입안권자	
• 일반적 내용	관할 특별시장, 광역시장, 특별자치시장, 특별자치도지사, 시장, 군수	
• 지역여건상 필요 또는 도시·군기본계획과 관련되어 인접한 시·군과 연계하여 수립되는 경우	관계 특별시장, 광역시장, 특별자치시장·특별자치도지사, 시장, 군수가 협의하여 공동으로 입안하거나 입안할 자를 정한다.	
	협의가 이루어지지 않을 경우에는 다음의 자가 입안할 자를 지정하고 이를 고시한다. 1. 같은 도의 관할구역에 속할 때 : 도지사 2. 다른 시·도의 관할구역에 걸칠 때 : 국토교통부장관	
• 국가계획과 관련된 경우 • 2 이상의 시·도에 걸쳐 지정되는 용도지역 등과 2 이상의 시·도에 걸쳐 이루어지는 사업의 계획 중 도시·군관리계획으로 결정하여야 할 사항이 있는 경우	국토교통부장관	• 직접 또는 관계중앙행정기관의 장의 요청에 의하여 • 관할 시·도지사, 시장, 군수의 의견을 들은 후 입안
• 2 이상의 시·군에 걸쳐 지정되는 용도지역 등과 2 이상의 시·군에 걸쳐 이루어지는 사업의 계획 중 도시·군관리계획으로 결정하여야 할 사항이 포함되어 있는 경우 • 도지사가 직접 수립하는 사업의 계획으로서 도시·군관리계획으로 결정하여야 할 사항이 포함되어 있는 경우	도지사	• 직접입안 • 시장·군수의 요청에 의하여 입안

【3】 도시·군관리계획의 입안 절차

(1) 기초조사
① 도시·군관리계획입안을 위한 기초조사는 광역도시계획수립시의 기초조사규정을 준용한다.
② 도시·군관리계획의 내용이 경미한 경우에는 기초조사과정을 생략할 수 있다.

(2) 주민 의견청취
입안권자가 도시·군관리계획을 입안할 경우 주민의 의견을 청취하여야 하며, 그 의견이 타당하다고 인정되는 경우 도시·군관리계획에 반영하여야 한다.

(3) 지방의회 의견청취
입안권자는 도시·군관리계획입안시 해당 지방의회의 의견을 들어야 한다.
  예외 관계 중앙행정기관의 장의 요청이 있는 국방상 기밀을 요하는 경우와 경미한 사항에 대해서는 주민의 의견청취와 지방의회의 의견청취를 생략할 수 있다.

■ 기초조사 등의 절차생략이 가능한 경미한 변경
1. 도시·군관리계획
 • 5% 미만의 면적의 증감
 • 도시·군계획시설의 근소한 위치변경
 • 도시·군계획시설의 세부시설 결정
2. 지구단위계획
 • 가구면적 10% 이내
 • 건축물 높이 20% 이내
 • 획지면적 30% 이내
 • 건축선 1m 후퇴 등

■ 의견청취 열람 등
1. 열람기간 : 14일 이상
2. 결과 통보기간 : 열람기간 종료된 날부터 60일 이내

【4】 도시·군관리계획의 결정

(1) 도시·군관리계획의 결정권자

도시·군관리계획의 내용	결 정 권 자
• 일반적인 경우	특별시장·광역시장·특별자치시장·도지사·대도시시장【시장·군수가 입안한 지구단위계획(구역)은 해당 시장·군수가 직접 결정】
1. 국토교통부장관이 입안한 도시·군관리계획 2. 개발제한구역의 지정 및 변경에 관한 도시·군관리계획	국토교통부장관
• 시가화조정구역의 지정 및 변경에 관한 도시·군관리계획	시·도지사(국가계획시 국토교통부장관)
• 수산자원보호구역의 지정 및 변경에 관한 도시·군관리계획	해양수산부장관

■ 도시·군관리계획의 입안 및 결정절차

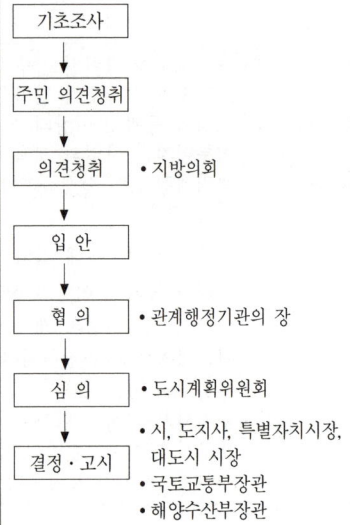

(2) 도시·군관리계획결정에 따른 효력 발생
도시·군관리계획에 따른 지형도면 고시일로부터 효력이 발생한다.

【5】도시·군관리계획의 정비 및 실효

(1) 도시·군관리계획의 정비

결정된 도시·군관리계획에 대해서 시장, 군수 등은 계획의 타당성여부를 다음과 같이 재검토하여 정비를 하여야 한다.

검토사유	정비기간	정비의무자
1. 일반적인 도시·군관리계획인 경우	결정·고시일로부터 5년 마다	• 특별시장 • 광역시장 • 특별자치시장 • 특별자치도지사 • 시장 • 군수
2. 도시·군계획사업의 일부 또는 전부가 시행되지 아니한 경우	결정·고시일로부터 3년 이내	

(2) 도시·군계획시설결정의 실효

도시·군관리계획에 의하여 결정 고시된 도시·군계획시설에 대하여 그 결정·고시일로부터 20년이 경과될 때까지 당해 시설의 설치에 관한 도시·군계획시설설치사업이 시행되지 아니하는 경우 그 도시·군관리계획의 결정은 그 결정·고시일부터 20년이 되는 날의 다음날에 효력을 잃는다.

2 지구단위계획

【1】용어의 정의

(1) 지구단위계획구역
지구단위계획이 집행될 도시·군계획 수립 대상 지역의 일부지역

(2) 지구단위계획
지구단위계획구역에 대한 도시·군관리계획(토지이용에 관한 계획)

【2】지구단위계획구역 및 지구단위계획의 결정절차

(1) 결정절차
도시·군관리계획의 입안 및 결정절차에 따라 지구단위계획구역을 지정한 후 3년 이내에 지구단위계획을 결정한다.

(2) 결정권자
국토교통부장관, 시·도지사 시장 또는 군수가 도시·군관리계획 절차에 따라 지구단위계획구역 및 지구단위계획을 결정한다.

■ 지구단위계획(구역) 결정권자
1. 국토교통부장관
2. 특별시장
3. 광역시장
4. 특별자치시장
5. 도지사
6. 시장
7. 군수

(3) 지구단위계획구역의 지정에 관한 도시·군관리계획결정의 실효

① 지구단위계획구역의 지정에 관한 도시·군관리계획결정의 고시일로부터 3년 이내에 당해 지구단위계획구역에 관한 지구단위계획이 결정·고시되지 아니하는 경우에는 그 3년이 되는 날의 다음날에 당해 지구단위계획구역의 지정에 관한 도시·군관리계획결정은 그 효력을 잃는다.

② 주민제안에 따른 지구단위계획 결정·고시일로부터 5년 이내에 사업에 착수하지 아니하면 그 5년이 되는 날의 다음날에 지구단위계획결정은 그 효력을 잃는다.

■ 지구단위계획 등의 실효
1. 지구단위계획구역 실효
지구단위계획구역 지정고시 3년 이내에 지구단위계획이 미결정된 경우 3년이 지난 그 다음날
2. 지구단위계획실효
지구단위계획결정고시 5년 이내에 사업미착수시 5년이 지난 그 다음날

【3】 지구단위계획구역의 지정

(1) 임의지정

국토교통부장관, 시·도지사 시장 또는 군수는 일정 도시지역 안에서 다음 각 호의 어느 하나에 해당하는 지역의 전부 또는 일부에 대하여 지구단위계획구역을 지정할 수 있다.

1. 용도지구
2. 도시개발구역
3. 정비구역
4. 택지개발지구
5. 대지조성사업지구
6. 산업단지 및 준산업단지
7. 관광단지 및 관광특구
8. 개발행위허가 제한구역
9. 주택재건축사업에 의하여 공동주택을 건축하는 지역
10. 개발제한구역, 도시자연공원구역, 시가화조정구역 또는 공원에서 해제되는 구역
11. 녹지지역에서 주거·상업·공업지역으로 변경되는 지역
12. 도시지역 내 5,000㎡ 이상으로 조례로 정하는 면적이상의 유휴토지 또는 시설이전부지
13. 세 개 이상의 노선이 교차하는 대중교통 결절지로부터 1km 이내의 지역 등

■ 도시지역내 지구단위계획구역 지정 대상지역
1. 일반주거지역
2. 준주거지역
3. 준공업지역
4. 상업지역

(2) 의무지정

국토교통부장관, 시·도지사, 시장 또는 군수는 다음 각 호의 어느 하나에 해당하는 지역은 지구단위계획구역으로 지정하여야 한다.

1. 정비구역	시행사업이 끝난 후 10년이 지난 지역
2. 택지개발지구	
3. 시가화조정구역 또는 공원에서 해제되는 지역	해당되는 면적 30만㎡ 이상인 지역
4. 녹지지역에서 주거지역·상업지역 또는 공업지역으로 변경되는 지역	

(3) 도시지역 외의 지역에서 지구단위계획구역 임의지정

1) 대상지역

1. 계획관리지역(생산관리지역 또는 보전관리지역의 면적이 총 구역면적의 50/100 미만인 경우 포함)	
2. 개발진흥지구	

[비고] 지구단위계획구역에 보전관리지역 포함 면적제한

전체 지구단위계획구역 면적	보전관리지역 포함 면적
10만㎡ 이하	전체 지구단위계획 면적의 20% 이내
10만㎡ 초과 20만㎡ 이하	2만㎡
20만㎡ 초과	전체 지구단위계획 면적의 10% 이내

2) 사업목적에 따른 구역지정 최소면적

1. 아파트·연립주택건설사업지	30만㎡ 이상 (수도권 자연보전권역의 경우 : 10만㎡ 이상)
2. 기타 건설사업지	3만㎡ 이상

■ 관리지역의 종류
1. 보전관리지역
2. 생산관리지역
3. 계획관리지역

■ 계획관리지역
도시지역으로의 편입이 예상되는 지역 또는 자연환경을 고려하여 제한적인 이용·개발을 하려는 지역으로서 계획적·체계적인 관리가 필요한 지역

■ 개발진흥지구
주거기능·상업기능·공업기능·유통물류기능·관광기능·휴양기능 등을 집중적으로 개발·정비할 필요가 있는 지구

【4】 지구단위계획

(1) 지구단위계획의 내용

내 용	작성범위
1. 용도지역 또는 용도지구를 세분하거나 변경하는 사항	
2. 기반시설의 배치와 규모	
3. 도로로 둘러싸인 일단의 지역 또는 계획적인 개발·정비를 위하여 계획된 일단의 토지의 규모와 조성계획	2호·4호의 사항을 반드시 포함하여야 하며, 이외의 사항은 필요에 따라 포함시킬 수 있다.
4. 건축물의 용도제한·건축물의 건폐율 또는 용적률·건축물의 높이의 최고한도 또는 최저한도	
5. 건축물의 배치·형태·색채 또는 건축선에 관한 계획	
6. 환경관리계획 또는 경관계획	
7. 교통처리계획	
8. 토지이용의 합리화, 도시 또는 농·산·어촌의 기능증진 등에 필요한 사항	

■ 지구단위계획의 주요내용
1. 건축물 등의 용도제한, 건축물이 건폐율 및 용적률과 높이의 최고한도 및 최저한도
2. 건축물의 배치, 형태, 색채와 건축선에 관한 계획
3. 교통처리계획
4. 경관계획
5. 기반시설의 배치와 규모 등

(2) 지구단위계획구역 안에서의 완화적용

다음의 기준에 대하여 대통령령으로 정하는 범위 안에서 지구단위계획으로 정하는 바에 따라 완화하여 적용할 수 있다.

1. 국토의 계획 및 이용에 관한 법	건폐율
	용적률
	용도지역 안에서의 건축제한
2. 건축법	대지의 조경
	공개공지등의 확보
	대지와 도로와의 관계
	건축물의 높이제한
	일조등의 확보를 위한 건축물의 높이제한
3. 주차장법	부설주차장의 설치
	부설주차장 설치 계획서

비고 건폐율·용적률에 대한 최대 완화 :
해당용도지역·용도지구 적용 기준값에 대비하여
- 건폐율 : 150% 이내
- 용적률 : 200% 이내

3 공간재구조화계획

【1】 공간재구조화계획

토지의 이용 및 건축물이나 그 밖의 시설의 용도·건폐율·용적률·높이 등을 완화하는 용도구역의 효율적이고 계획적인 관리를 위하여 수립하는 계획을 말한다.

【2】 입안대상지역

1. 도시혁신구역 및 도시혁신계획
2. 복합용도구역 및 복합용도계획
3. 도시·군계획시설입체복합구역

【3】 입안권자

(1) 원칙

특별시장, 광역시장, 특별자치시장, 특별자치도지사, 시장 또는 군수

(2) 시장, 군수 요청시 국토교통부장관

(수산자원보호구역인 경우 해양수산부장관)

【4】계획내용

1. 용도구역 지정 위치 및 용도구역에 대한 계획 등에 관한 사항
2. 공간재구조화계획의 범위 설정에 관한 사항
3. 공간재구조화계획 기본구상 및 토지이용계획
4. 도시혁신구역 및 복합용도구역 내의 도시·군기본계획 변경 및 도시·군관리계획 결정·변경에 관한 사항
5. 도시혁신구역 및 복합용도구역 외의 지역에 대한 주거·교통·기반시설 등에 미치는 영향 및 이에 대한 관리방안
6. 환경관리계획 또는 경관계획
7. 그 밖에 국토교통부장관이 정하는 사항

【5】결정권자

1. 시·도지사
2. 국토교통부장관, 해양수산부장관

■ 결정권자의 범위
1. 특별시장
2. 광역시장
3. 특별자치시장
4. 도지사
5. 특별자치도지사
6. 국토교통부장관
7. 해양수산부장관

【6】효력발생

공간재구조화계획 결정의 효력은 지형도면을 고시한 날부터 발생한다. 다만, 지형도면이 필요 없는 경우에는 계획결정을 고시한 날부터 효력이 발생한다.

4 도시혁신구역

【1】도시혁신계획

창의적이고 혁신적인 도시공간의 개발을 목적으로 도시혁신구역에서의 토지의 이용 및 건축물의 용도·건폐율·용적률·높이 등의 제한에 관한 사항을 따로 정하기 위하여 공간재구조화계획으로 결정하는 도시·군관리계획을 말한다.

【2】도시혁신구역 지정

대상지역	결정권자
1. 도시·군기본계획에 따른 도심·부도심 또는 생활권의 중심지역 2. 주요 기반시설과 연계하여 지역의 거점 역할을 수행할 수 있는 지역 3. 유휴토지·대규모시설 이전부지 4. 시·도의 도시·군계획 조례로 정한 지역	시·도지사 국토교통부장관 해양수산부장관

【3】 지정의 고려사항

1. 도시혁신구역의 지정 목적
2. 해당 지역의 용도지역·기반시설 등 토지이용 현황
3. 도시·군기본계획 등 상위계획과의 부합성
4. 주변 지역의 기반시설, 경관, 환경 등에 미치는 영향 및 도시환경 개선·정비 효과
5. 도시의 개발 수요 및 지역에 미치는 사회적·경제적 파급효과

【4】 계획의 내용

1. 용도지역·용도지구, 도시·군계획시설 및 지구단위계획의 결정에 관한 사항
2. 주요 기반시설의 확보에 관한 사항
3. 건축물의 건폐율·용적률·높이에 관한 사항
4. 건축물의 용도·종류 및 규모 등에 관한 사항
5. 다른 법률 규정 적용의 완화 또는 배제에 관한 사항
6. 도시혁신구역 내 개발사업 및 개발사업의 시행자 등에 관한 사항
7. 그 밖에 도시혁신구역의 체계적 개발과 관리에 필요한 사항

【5】 준용

도시혁신계획의 입안 및 결정은 도시·군관리계획의 기준으로 한다.

5 복합용도구역

【1】 복합용도계획

주거·상업·산업·교육·문화·의료 등 다양한 도시기능이 융복합된 공간으 조성을 목적으로 복합용도구역에서의 건축물의 용도별 구성비율 및 건폐율·용적률·높이 등의 제한에 관한 사항을 따로 정하기 위하여 공간재구조화계획으로 결정하는 도시·군관리계획을 말한다.

【2】복합용도구역 지정

대상지역	결정권자
1. 산업구조 또는 경제활동의 변화로 복합적 토지이용이 필요한 지역 2. 노후 건축물 등이 밀집하여 단계적 정비가 필요한 지역 3. 복합용도구역으로 지정하려는 지역이 둘 이상의 용도지역에 걸치는 경우로서 토지를 효율적으로 이용하기 위해 건축물의 용도, 종류 및 규모 등을 통합적으로 관리할 필요가 있는 지역 4. 복합된 공간이용을 촉진하고 다양한 도시공간을 조성하기 위해 계획적 관리가 필요하다고 인정되는 해당 시·도의 도시·군계획조례로 정하는 지역	시·도지사 국토교통부장관 해양수산부장관

【3】지정의 고려사항

1. 복합용도구역의 지정 목적
2. 해당 지역의 용도지역·기반시설 등 토지이용 현황
3. 도시·군기본계획 등 상위계획과의 부합성
4. 주변 지역의 기반시설, 경관, 환경 등에 미치는 영향 및 도시환경 개선·정비 효과

【4】계획의 내용

1. 용도지역·용도지구, 도시·군계획시설 및 지구단위계획의 결정에 관한 사항
2. 주요 기반시설의 확보에 관한 사항
3. 건축물의 용도별 복합적인 배치비율 및 규모 등에 관한 사항
4. 건축물의 건폐율·용적률·높이에 관한 사항
5. 특별건축구역계획에 관한 사항
6. 그 밖에 복합용도구역의 체계적 개발과 관리에 필요한 사항

【5】준용

① 복합용도구역의 지정 및 변경과 복합용도계획은 공간재구조화계획으로 결정한다.
② "지구단위계획구역"은 "복합용도구역"으로, "지구단위계획"은 "복합용도계획"으로 본다.
③ 복합용도구역은 도시혁신구역으로 본다.

6 도시·군계획시설 입체복합구역

【1】지정

(1) 지정권자

　도시·군관리계획의 결정권자

(2) 대상지역

1. 도시·군계획시설 준공 후 10년이 경과한 경우로서 해당 시설의 개량 또는 정비가 필요한 경우	
2. 주변지역 정비 또는 지역경제 활성화를 위하여 기반시설의 복합적 이용이 필요한 경우	
3. 첨단기술을 적용한 새로운 형태의 기반시설 구축 등이 필요한 경우	
4. 시·도 또는 대도시의 도시·군계획 조례로 정하는 경우	

【2】효력

1. 건폐율	해당 용도지역별 최대한도의 150% 이하
2. 용적율	해당 용도지역별 최대한도의 200% 이하
3. 건축물 높이	법60조 제한높이의 150% 이하
4. 일조권	법61조② 제한높이의 200% 이하
5. 건축물의 용도, 종류, 규모 등의 제한을 완화할 수 있다.	

핵 심 문 제

■■■ 도시·군관리계획

1 다음 중 도시·군관리계획에 포함되지 않는 것은?
① 도시개발사업이나 정비사업에 관한 계획
② 광역계획권의 장기발전방향을 제시하는 계획
③ 기반시설의 설치·정비 또는 개량에 관한 계획
④ 용도지역·용도지구의 지정 또는 변경에 관한 계획

해설 1 도시·군관리계획의 내용
1. 용도지역·용도지구의 지정 또는 변경에 관한 계획
2. 개발제한구역·시가화조정구역·수산자원보호구역 및 도시자연공원구역의 지정 또는 변경에 관한 계획
3. 기반시설의 설치·정비 또는 개량에 관한 계획
4. 도시개발산업 또는 정비사업에 관한 계획
5. 지구단위계획구역의 지정 또는 변경에 관한 계획과 지구단위계획

2 국토의 계획 및 이용에 관한 법률상 도시·군관리계획의 내용에 속하지 않는 것은?
① 투기과열지구의 지정 또는 변경에 관한 계획
② 개발제한구역의 지정 또는 변경에 관한 계획
③ 기반시설의 설치·정비 또는 개량에 관한 계획
④ 용도지역·용도지구의 지정 또는 변경에 관한 계획

해설 **2**
투기과열지구에 관한 사항은 주택법으로 정한다.

3 도시·군관리계획의 수립에 관한 다음 기술 중 잘못된 것은 어느 것인가?
① 국가계획과 관련된 경우 국토교통부장관이 입안할 수 있다.
② 관계시장 또는 군수간에 입안에 대한 합의가 이루어지지 않은 경우 도지사가 입안자를 지정할 수 있다.
③ 입안하고자 하는 구역이 2 이상의 시·군에 걸쳐 있는 경우 인구가 많은 시·군의 시장·군수가 입안한다.
④ 국토교통부장관, 도지사가 입안자를 지정하고 고시할 수 있다.

해설 **3**
2개 이상이 시·군에 걸쳐있는 경우 관계 시장·군수가 공동으로 입안하는 것이 원칙이다.

4 다음의 도시·군관리계획 중 국토교통부장관만의 결정을 요하지 않는 것은?
① 국토교통부장관이 도시·군관리계획을 입안한 경우
② 개발제한구역의 지정 및 변경에 관한 경우
③ 지구단위계획구역의 지정 및 변경에 관한 경우
④ 국가계획에 따른 시가화 조정구역의 지정 및 변경에 관한 경우

해설 **4**
지구단위계획구역이 지정 및 변경에 관한 사항은 시·도지사·시장·군수의 결정사항이다.

정답 1. ② 2. ① 3. ③ 4. ③

5 도시·군계획시설 결정이 고시된 도시·군관리계획에 대하여 그 결정·고시일부터 20년이 경과될 때까지 당해 시설의 설치에 관한 도시·군계획시설사업이 시행되지 아니하는 경우 효력상실의 시기는?

① 20년이 되는 날
② 20년이 되는 날의 다음날
③ 20년이 되는 날의 5일 후
④ 20년이 되는 날의 7일 후

해설 5
도시·군계획시설결정이 고시된 도시·군관리계획에 대하여 그 결정·고시일부터 20년이 경과될 때까지 당해 시설의 설치에 관한 도시·군계획시설사업이 시행되지 아니하는 경우 그 도시·군관리계획결정은 그 결정·고시일부터 20년이 되는 날의 다음날에 그 효력을 잃는다.

6 다음은 도시·군관리계획도서 중 계획도에 관한 기준 내용이다. (   ) 안에 알맞은 것은? (단, 모든 축척의 지형도가 간행되어 있는 경우)

> 도시·군관리계획도서 중 계획도는 (   )의 지형도에 도시·군관리계획사항을 명시한 도면으로 작성하여야 한다.

① 축척 100분의 1 또는 축척 500분의 1
② 축척 500분의 1 또는 축척 2천분의 1
③ 축척 1천분의 1 또는 축척 5천분의 1
④ 축척 3천분의 1 또는 축척 1만분의 1

해설 6 계획도
1. 축척 1/1000~1/5000 지형도면을 이용
2. 지형도가 간행되지 않았을 시 해도·해저 지형도 사용 가능
3. 계획도가 2매 이상인 경우 축척 1/50000 이상의 도시·군관리계획 총괄도 사용

7 도시·군관리계획결정의 고시가 있을 때 지적이 표시된 지형도에 도시·군관리계획사항을 명시한 도면을 작성하여야 하는데, 이 도면의 축척 기준은?

① 축척 3천분의 1 내지 5천분의 1
② 축척 1천500분의 1 내지 3천분의 1
③ 축척 500분의 1 내지 1천500분의 1
④ 축척 250분의 1 내지 500분의 1

해설 7 지형도면의 작성
1. 원칙 : 축척 1/500~1/1500 지형도
2. 녹지지역안의 임야, 관리지역, 농림지역, 자연환경보전지역 : 1/3000~1/6000 지형도
3. 총괄도(지형도면의 2개 이상인 경우) : 1/5000~1/50000

■■■ 지구단위계획

8 지구단위계획구역 및 지구단위계획을 결정하는 계획은?

① 국가계획
② 광역도시계획
③ 도시·군기본계획
④ 도시·군관리계획

해설 8
지구단위계획(구역)은 도시·군관리계획으로 정한다.

9 지구단위계획구역의 지정대상에 속하지 않는 것은?

① 대지조성사업지구
② 개발제한구역
③ 관광특구
④ 택지개발지구

해설 9 지구단위계획구역 지정대상
1. 용도지구·시범도시
2. 기반시설부담구역
3. 도시개발구역
4. 재개발구역
5. 택지개발지구 등

정답 5. ② 6. ③ 7. ③ 8. ④ 9. ②

10 국토교통부장관, 시·도지사는 시행되는 사업이 완료된 후 10년이 경과된 때에는 이를 지구단위계획구역으로 지정해야 한다. 이에 해당되지 않는 구역은?

① 주택재개발사업구역
② 택지개발지구
③ 주택재건축사업구역
④ 국가산업단지

11 국토의 계획 및 이용에 관한 법에 의한 지구단위계획구역의 다음 내용 중 옳지 않은 것은?

① 도시·군관리계획으로 결정하여 지정한다.
② 국토교통부장관, 시·도지사 대도시시장이 지정한다.
③ 토지이용의 합리화, 구체화, 도시기능 및 미관증진, 도시의 양호한 환경확보를 목적으로 한다.
④ 지구단위계획구역의 지정에 관한 도시·군관리계획결정의 고시일로부터 5년 이내에 지구단위계획이 결정고시되지 아니한 경우에는 5년이 되는 다음날 효력을 잃는다.

12 지구단위계획 중 관계 행정기관의 장과의 협의, 국토교통부장관과의 협의 및 중앙도시계획위원회 또는 지방도시계획위원회의 심의를 거치지 아니하고 변경할 수 있는 사항에 관한 기준 내용으로 옳은 것은?

① 건축선의 2m 이내의 변경인 경우
② 획지면적의 30% 이내의 변경인 경우
③ 가구면적의 20% 이내의 변경인 경우
④ 건축물 높이의 30% 이내의 변경인 경우

13 지구단위계획구역의 내용 중 지구단위계획의 지정목적 달성에 필요한 사항이 아닌 것은?

① 건축물의 용도제한
② 건축물의 건폐율 및 용적률
③ 대지와 도로와의 관계
④ 건축물 높이의 최고한도 및 최저한도

해 설

[해설] 10
국토교통부장관, 시·도지사·대도시시장은 다음의 대상지역에 대해서는 시행되는 사업이 완료된 후 10년이 경과된 때에는 이를 지구단위계획구역으로 지정하여야 한다.

지정대상	예 외
1. 도시 및 주거환경 정비사업구역	관계법률에 의하여 당해 구역 등에 토지이용 및 건축에 관한 계획이 수립되어 있는 때에는 그러하지 아니하다.
2. 택지개발지구	

[해설] 11
지구단위계획구역 지정고시 3년 이내에 지구단위계획이 결정고시 되어야 한다.

[해설] 12 심의 등의 생략이 가능한 변경기준
1. 건축선 : 1m 이내
2. 가구면적 : 10% 이내
3. 건축물 높이 : 20% 이내

[해설] 13, 14 지구단위계획의 내용
1. 건축물의 용도제한, 건폐율, 용적률
2. 건축물의 최고, 최저 높이한도
3. 건축물의 배치, 형태, 색채
4. 건축선에 관한 계획
5. 용도지역, 용도지구의 세분, 변경 등

정답 10. ④ 11. ④ 12. ② 13. ③

14 지구단위계획구역의 지정목적을 이루기 위하여 지구단위계획에 포함될 수 있는 내용이 아닌 것은?
① 용도지역이나 용도지구를 대통령령으로 정하는 범위에서 세분하거나 변경하는 사항
② 건축물 높이의 최고한도 또는 최저한도
③ 도시·군관리계획 중 정비사업에 관한 계획
④ 대통령령으로 정하는 기반시설의 배치와 규모

15 지구단위계획의 내용에 포함되어야 하는 사항이 아닌 것은?
① 교통처리계획
② 건축물의 용도제한
③ 건축물의 사선제한
④ 건축물의 건폐율 또는 용적률

해설 **15**
건축물의 사선제한은 건축법 제60조(건축물 높이제한)에 관한 내용이다.

16 지구단위계획구역안에서 건축할 경우 대지의 일부를 공공시설 부지로 제공했을 경우라 하더라도 완화하여 적용받을 수 없는 항목은?
① 건폐율
② 조경면적
③ 용적률
④ 높이제한

해설 **16** 공공시설 부지 제공시 완화되는 법규정
1. 건폐율
2. 용적률
3. 건축물의 높이제한

17 다음 중 지구단위계획에 관한 설명으로 옳지 않은 것은?
① 지구단위계획구역 및 지구단위계획은 도시·군관리계획으로 결정한다.
② 토지이용을 합리화·구체화하기 위하여 수립하는 계획이다.
③ 도시 또는 농·산·어촌의 기능의 증진, 미관의 개선 및 양호한 환경을 확보하기 위하여 수립하는 계획이다.
④ 시장·군수·구청장이 지정한다.

해설 **17** 지구단위계획(구역) 지정권자
1. 국토교통부장관
2. 특별시장
3. 광역시장
4. 특별자치시장
5. 도지사
6. 시장
7. 군수
(구청장은 지정권자에 해당되지 않는다.)

18 국토의 계획 및 이용에 관한 법률상 다음과 같이 정의되는 것은?

> 용도구역의 효율적이고 계획적인 관리를 위하여 토지의 이용 및 건축물이나 그 밖의 시설의 용도, 건폐율, 용적률, 높이 등을 완화하는 계획

① 도시혁신계획
② 지구단위계획
③ 공간재구조화계획
④ 복합용도계획

정답 14. ③ 15. ③ 16. ② 17. ④ 18. ③

19 도시·군계획시설 입체복합구역에서의 법 기준 완화범위로 옳지 않은 것은?

① 건폐율 : 150% 이하
② 용적률 : 150% 이하
③ 건축물 높이 : 150% 이하
④ 일조 등의 확보를 위한 높이제한 : 200% 이하

해 설

[해설] **19**
용적률 : 200% 이하

19. ②

출제예상문제

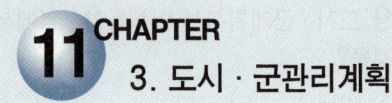

■■■ 도시·군관리계획의 내용

1. 도시·군관리계획의 내용에 해당되지 않은 것은?

① 지역·지구의 지정에 관한 계획
② 개발제한구역의 지정에 관한 계획
③ 수산자원보호구역 지정에 관한 계획
④ 공개공지의 지정에 관한 계획

[해설] 도시·군관리계획의 내용

1. 용도지역·용도지구의 지정 또는 변경에 관한 계획
2. 개발제한구역·시가화조정구역·수산자원보호구역·도시자연공원 구역의 지정 또는 변경에 관한 계획
3. 기반시설의 설치·정비 또는 개량에 관한 계획
4. 도시개발사업 또는 정비사업에 관한 계획
5. 지구단위계획구역의 지정 또는 변경에 관한 계획과 지구단위계획
6. 입지규제최소구역(계획)에 관한 계획

2. 국토의 계획 및 이용에 관한 법률상 도시·군관리계획의 내용에 속하지 않는 것은?

① 투기과열지구의 지정 또는 변경에 관한 계획
② 개발제한구역의 지정 또는 변경에 관한 계획
③ 기반시설의 설치·정비 또는 개량에 관한 계획
④ 용도지역·용도지구의 지정 또는 변경에 관한 계획

[해설] 투기과열지구는 주택법규정에 따라 국토교통부장관이 지정한다.

■■■ 도시·군관리계획의 입안

3. 도시·군관리계획 입안권자에 대한 기준 중 가장 부적합한 것은?

① 도시·군관리계획은 관할 특별시장·광역시장·시장 또는 군수가 입안한다.
② 국가계획과 관련되는 도시·군관리계획은 국토교통부장관이 입안한다.
③ 광역도시계획과 관련된 도시·군관리계획의 경우 관계 시장·군수가 공동으로 입안한다.
④ 광역도시계획과 관련된 도시·군관리계획의 경우 관계 시장·군수의 합의가 이루어지지 않을 경우 국토교통부장관이 입안한다.

[해설] 도시·군관리계획 입안자

• 광역도시계획과 관련	관계 특별시장, 광역시장, 시장, 군수 등이 협의하여 공동으로 입안하거나 입안할 자를 정한다.
	합의가 이루어지지 않을 경우에는 다음의 자가 입안할 자를 지정하고 이를 고시한다. 1. 같은 도의 관할구역에 속할 때 : 도지사 2. 다른 시·도의 관할구역에 걸칠 때 : 국토교통부장관

4. 도시·군관리계획 입안의 제안을 받은 시장 등이 그 처리결과를 제안자에게 통보하여야 할 기간으로 적합한 것은?

① 30일 이내
② 45일 이내
③ 60일 이내
④ 80일 이내

■■■ 도시·군관리계획 절차

5. 관계행정기관장의 장과 협의를 거치지 아니하고도 지구단위계획을 변경할 수 있는 사항은?

① 건축물높이 30% 변경
② 획지면적 20% 변경
③ 가구면적 20% 변경
④ 건축선 2m 변경

[해설] 다음과 같은 경미한 변경의 경우에는 협의 및 심의를 생략할 수 있다.
1. 가구면적 10% 이내의 변경
2. 건축물 높이 20% 이내의 변경
3. 획지면적 30% 이내의 변경
4. 건축선 1m 이내의 변경 등

해답 1. ④ 2. ① 3. ④ 4. ② 5. ②

6. 다음의 도시·군관리계획 중 국토교통부장관만의 결정을 요하지 않는 것은?

① 국토교통부장관이 도시·군관리계획을 입안한 경우
② 개발제한구역의 지정 및 변경에 관한 경우
③ 지구단위계획구역의 지정 및 변경에 관한 경우
④ 국가계획과 관계된 시가화 조정구역의 지정 및 변경에 관한 경우

[해설] 지구단위계획구역의 지정 및 변경에 관한 사항은 국토교통부장관 또는 시·도지사·대도시시장 및 시장·군수의 결정사항이다.

7. 도시·군관리계획결정에 따른 효력발생일로 적합한 것은?

① 도시·군관리계획결정고시일
② 지형도면 고시일
③ 도시·군관리계획결정고시 7일 후
④ 지형도면고시 15일 후

[해설] 도시·군관리계획은 지형도면 고시로써 효력이 발생된다.

8. 도시·군계획시설 설치 위하여 결정·고시된 도시·군관리계획의 재정비 기간으로 적합한 것은?

① 3년 ② 5년
③ 10년 ④ 20년

[해설] 도시·군관리계획재정비기간
  ① 일반적 내용 : 5년
  ② 도시·군계획시설 설치에 관한 내용 : 3년

9. 도시·군계획시설 결정이 고시된 도시·군관리계획에 대하여 그 결정·고시일부터 20년이 경과될 때까지 당해 시설의 설치에 관한 도시·군계획시설사업이 시행되지 아니하는 경우 효력상실의 시기는?

① 20년이 되는 날
② 20년이 되는 날의 다음날
③ 20년이 되는 날의 5일 후
④ 20년이 되는 날의 7일 후

[해설] 도시·군계획시설결정이 고시된 도시·군관리계획에 대하여 그 결정·고시일부터 20년이 경과될 때까지 당해 시설의 설치에 관한 도시·군계획시설사업이 시행되지 아니하는 경우 그 도시·군관리계획결정은 그 결정·고시일부터 20년이 되는 날의 다음날에 그 효력을 잃는다.

■■■ 지구단위계획구역

10. 지구단위계획구역의 지정대상에 속하지 않는 것은?

① 관광특구
② 주택재건축사업구역
③ 개발제한구역
④ 도시개발구역

[해설] 지정대상구역
 1. 용도지구
 2. 도시개발구역(도시개발법)
 3. 정비구역(정비법)
 4. 대지조성사업지구(주택법)
 5. 택지개발지구(택지개발촉진법)
 6. 국가산업단지, 일반산업단지(산업입지 및 개발에 관한 법률)
 7. 관광특구(관광진흥법) 등

11. 지구단위계획구역을 지정할 수 있는 지역이 아닌 것은?

① 도시 및 주거환경정비법의 규정에 의하여 지정된 정비사업구역
② 관광진흥법의 규정에 의하여 지정된 관광특구
③ 주거환경개선지구
④ 관리지역

[해설] 관리지역 중 계획관리지역에 대해서 원칙적으로 지구단위계획구역을 지정할 수 있다.

해답 6. ③ 7. ② 8. ① 9. ② 10. ③ 11. ④

12. 택지개발지구 등에서 사업시행완료후 일정기간이 지나면 국토교통부장관 또는 시·도지사·대도시시장은 지구단위계획구역으로 지정하여야 하는 바, 이 기준에 적합한 일정기간은?

① 2년　　　　　② 3년
③ 5년　　　　　④ 10년

[해설] 국토교통부장관, 시·도지사·대도시시장은 다음의 대상지역에 대해서는 시행되는 사업이 완료된 후 10년이 경과된 때에는 이를 지구단위계획구역으로 지정하여야 한다.

지정대상	예 외
1. 정비구역 2. 택지개발지구	관계법률에 의하여 당해 구역 등에 토지이용 및 건축에 관한 계획이 수립되어 있는 때에는 그러하지 아니하다.

13. 도시지역 이외의 지역으로서 지구단위계획구역 지정이 원칙적으로 가능한 지역으로서의 조합이 옳은 것은?

A. 계획관리지역	B. 보전관리지역
C. 개발진흥지구	D. 시설보호지구

① A·C　　　　② A·D
③ B·C　　　　④ B·D

[해설] 도시지역외 지역에서 지구단위계획구역 지정이 가능한 지역
1. 계획관리지역
2. 개발진흥지구

14. 도시지역이외의 지역에서 아파트 또는 연립주택 건설을 위한 지구단위계획구역 지정시 필요한 최소 사업지 면적은?

① 3만㎡ 이상
② 10만㎡ 이상
③ 30만㎡ 이상
④ 100만㎡ 이상

[해설] 도시지역외 지역에서의 구역지정 최소면적

• 아파트, 연립주택 건설사업지	30만㎡ 이상 (수도권 자연보전권역의 경우:10만㎡ 이상)
• 기타 건설사업지	3만㎡ 이상

15. 지구단위계획구역 지정에 관한 기준 중 가장 부적당한 것은?

① 정비구역 사업시행이 끝난 후 10년이 지난 지역은 지구단위계획구역으로 지정하여야 한다.
② 시가화조정구역에서 해제되는 면적이 30만㎡ 이상인 지역은 지구단위 계획구역으로 지정하여야 한다.
③ 계획관리지역에서 아파트 건설사업지 30만㎡ 이상인 경우에는 지구단위계획구역으로 지정하여야 한다.
④ 계획관리지역과 개발진흥지구에서는 지구단위계획구역을 지정할 수 있다.

[해설] 계획관리지역에서 아파트건설사업지 30만㎡ 이상인 경우 지구단위계획구역은 지정할 수 있는 임의규정이다.

16. 지구단위계획구역의 지정에 관한 도시·군관리계획결정 고시일 이후 일정기간내에 지구단위계획이 결정고시되지 않으면 이미 결정고시된 지구단위계획구역지정의 도시·군관리계획은 실효되는 바, 이때의 일정기간으로 가장 적합한 것은?

① 결정고시일로부터 2년 이내
② 효력발생일로부터 2년 이내
③ 결정고시일로부터 3년 이내
④ 효력발생일로부터 3년 이내

[해설] 지구단위계획구역지정고시(결정고시)일로부터 3년 이내에 지구단위계획이 결정고시되어야 한다.

해답　12. ④　13. ①　14. ③　15. ③　16. ③

▣▣▣ 지구단위계획

17. 지구단위계획의 내용에 해당되지 않는 것은?

① 건축물 배치·형태·색채 또는 건축선에 관한 계획
② 경관계획
③ 교통처리계획
④ 건축물의 안전에 관한 계획

[해설] 지구단위계획 내용
① 용도지역, 지구 세분, 변경
② 기반시설 배치
③ 일단의 토지규모
④ 건축물의 용도, 건폐율, 용적률, 높이
⑤ 건축물의 배치, 형태, 색채, 건축선
⑥ 환경, 경관계획
⑦ 교통처리계획

18. 국토의 계획 및 이용에 관한 법령상 지구단위계획의 내용에 포함되지 않는 것은?

① 환경관리계획 또는 경관계획
② 교통처리계획
③ 건축물의 용도제한, 건폐율, 용적률
④ 재건축·재개발에 관한 계획

19. 지구단위계획구역 안에서 해당 대지의 일부를 공공시설 부지로 제공하는 경우 완화할 수 있는 항목이 아닌 것은?

① 건폐율
② 대지면적이 최소한도
③ 용적률
④ 건축물의 높이

[해설] 공공시설부지를 제공했을 경우의 완화대상
① 건폐율
② 용적률
③ 건축물의 높이제한

20. 「국토의 계획 및 이용에 관한 법률」상 지구단위계획에 관한 설명 중 부적합한 것은?

① 지구단위계획은 도시·군계획 수립대상지역 일부에 대하여 토지이용을 합리화하기 위한 것으로 도시·군관리계획으로 결정한다.
② 지구단위계획구역의 결정·고시가 있는 경우 3년 이내에 지구단위계획을 수립하여야 하며, 3년 이내에 지구단위계획이 결정·고시되지 아니한 경우 지구단위계획구역의 지정은 3년이 되는 날에 그 효력을 잃는다.
③ 계획관리지역 또는 개발진흥지구를 체계적으로 개발하기 위하여 용적률 등을 완화하여 수립하는 계획이다.
④ 지구단위계획구역의 지정은 도시·군관리계획의 결정절차에 따라 국토교통부장관, 시·도지사 또는 시장·군수가 결정한다.

[해설] 지구단위계획구역 결정고시 3년 이내에 지구단위계획이 결정·고시되지 아니한 경우 3년이 되는 그 다음날 효력을 잃는다.

해답 17. ④ 18. ④ 19. ② 20. ②

4 건축제한

> **학습방향**
> 도시·군관리계획으로 결정된 용도지역에 있어서 건폐율·용적율에 대한 기준을 충분히 확인하여야 한다.

1 건폐율

【1】 건폐율의 정의

건폐율은 대지면적에 대한 건축면적의 비율을 말한다.

$$건폐율 = \frac{건축면적 \begin{pmatrix} 대지에\ 2이상의\ 건축물이\ 있는\ 경우 \\ 이들\ 건축면적의\ 합계로\ 한다 \end{pmatrix}}{대지면적} \times 100(\%)$$

【2】 지역별 건폐율의 기준

(1) 지역별 건폐율의 최고한도

지 역	지역의 세분	건폐율의 최대값
1. 도시지역	주거지역	70% 이하
	상업지역	90% 이하
	공업지역	70% 이하
	녹지지역	20% 이하
2. 관리지역	보전관리지역	20% 이하
	생산관리지역	
	계획관리지역	40% 이하
3. 농림지역		20% 이하
4. 자연환경보전지역		

학습POINT

(2) 지역별 건폐율의 세분

지 역	지역의 세분	건폐율의 세분(이하)
1. 주거지역	제1종 전용주거지역	50%
	제2종 전용주거지역	
	제1종 일반주거지역	60%
	제2종 일반주거지역	
	제3종 일반주거지역	50%
	준주거지역	70%
2. 상업지역	근린상업지역	70%
	일반상업지역	80%
	유통상업지역	
	중심상업지역	90%
3. 공업지역	전용공업지역	70%
	일반공업지역	
	준공업지역	
4. 녹지지역	보전녹지지역	20%
	생산녹지지역	
	자연녹지지역	
5. 관리지역	보전관리지역	20%
	생산관리지역	
	계획관리지역	40%
6. 농림지역・자연환경보전지역		20%

2 용적률

【1】용적률의 정의

$$용적률 = \frac{건축물의 연면적 \begin{pmatrix} 대지에\ 2이상의\ 건축물이\ 있는\ 경우에는 \\ 이들\ 연면적의\ 합계로\ 한다 \end{pmatrix}}{대지면적} \times 100(\%)$$

■ 건축법에 의한 연면적의 정의
하나의 건축물에 있어서 각 개층 (지하층 및 지상층) 바닥면적의 합

※ 용적률 산정시의 연면적은 건축법의 산정기준에 따른다.
  다만, 지하층바닥면적, 고층 건축물의 피난안전구역 면적과 지상층의 주차부분 및 경사지붕아래 대피공간 바닥면적은 용적률 산정시 제외한다.

【2】 지역별 용적률의 기준

(1) 지역별 용적율의 최대한도

지 역	지역의 세분	용적률의 최대값
1. 도시지역	주거지역	500% 이하
	상업지역	1,500% 이하
	공업지역	400% 이하
	녹지지역	100% 이하
2. 관리지역	보전관리지역	80% 이하
	생산관리지역	
	계획관리지역	100% 이하
3. 농지지역		80% 이하
4. 자연환경보전지역		

(2) 지역별 용적률의 세분

지 역	지역의 세분	용적률의 세분
1. 주거지역	제1종 전용주거지역	50~100%
	제2종 전용주거지역	50~150%
	제1종 일반주거지역	100~200%
	제2종 일반주거지역	100~250%
	제3종 일반주거지역	100~300%
	준주거지역	200~500%
2. 상업지역	중심상업지역	200~1,500%
	일반상업지역	200~1,300%
	근린상업지역	200~900%
	유통상업지역	200~1,100%
3. 공업지역	전용공업지역	150~300%
	일반공업지역	150~350%
	준공업지역	150~400%
4. 녹지지역	보전녹지지역	50~80%
	생산녹지지역	50~100%
	자연녹지지역	
5. 관리지역	보전관리지역	50~80%
	생산관리지역	
	계획관리지역	50~100%
6. 농림지역, 자연환경보전지역		50~80%

[비고] 방재지구의 재해예방시설은 각 용도지역 해당 용적률의 1.4배 이하의 범위에서 조례로 정할 수 있다.

핵 심 문 제

■■■ 건폐율

1 다음의 용도지역안에서의 건폐율 기준이 옳지 않은 것은?
① 제3종 일반주거지역 : 50% 이하
② 중심상업지역 : 90% 이하
③ 제1종 전용주거지역 : 50% 이하
④ 준주거지역 : 60% 이하

[해설] 1
준주거지역기준건폐율 : 70% 이하

2 국토의 계획 및 이용에 관한 법률에 따른 용도 지역의 건폐율 기준으로 옳지 않은 것은?
① 주거지역 : 70% 이하
② 상업지역 : 80% 이하
③ 공업지역 : 70% 이하
④ 녹지지역 : 20% 이하

[해설] 2
상업지역 기준 건폐율 : 90% 이하

3 다음 중 국토의 계획 및 이용에 관한 법령에 따른 용도지역안에서의 건폐율 최대 한도가 가장 높은 것은?
① 준주거지역
② 중심상업지역
③ 일반상업지역
④ 유통상업지역

[해설] 3
① 준주거지역 : 70% 이하
② 중심상업지역 : 90% 이하
③ 일반상업지역 : 80% 이하
④ 유통상업지역 : 80% 이하

4 용도지역에 따른 최대 건폐율이 옳지 않은 것은?
① 농림지역 : 20%
② 중심상업지역 : 90%
③ 제1종 일반주거지역 : 60%
④ 제2종 전용주거지역 : 70%

[해설] 4
제2종 전용주거지역 : 50% 이하

5 제1종 전용주거지역안에서 그림과 같은 대지에 건축할 수 있는 최대 건축면적은?
① 114m²
② 142.5m²
③ 171m
④ 199.5m²

[해설] 5
1. 대지면적의 산정
   종도로의 폭이 4m 이하 이므로
   $(20-1) \times 15 = 285m^2$
2. 제1종 전용주거지역의 건폐율 - 50% 이하
   따라서, 최대 건축면적
   $= 285 \times 50\% = 142.5m^2$

정답 1. ④ 2. ② 3. ② 4. ④ 5. ②

■■■ 용적률

6 다음 중 용적률이 높은 것부터 낮은 순서로 되어 있는 것은? (단, 최대한 도이다.)

① 일반상업지역 – 준주거지역 – 제1종 전용주거지역
② 전용공업지역 – 준주거지역 – 제1종 전용주거지역
③ 자연녹지지역 – 제3종 일반주거지역 – 제1종 전용주거지역
④ 일반상업지역 – 제3종 일반주거지역 – 준주거지역

7 국토의 계획 및 이용에 관한 법률에 따른 용도지역에서의 용적률 최대한도 기준이 옳지 않은 것은? (단, 도시지역의 경우)

① 주거지역: 500% 이하
② 녹지지역: 100% 이하
③ 공업지역: 400% 이하
④ 상업지역: 1,000% 이하

해 설

[해설] **6** 용적률
1. 일반상업지역 : 1,300%
2. 준주거지역 : 500%
3. 제1종 전용주거지역 : 100%

[해설] **7**
상업지역 : 1,500% 이하

정답 6. ① 7. ④

출제예상문제

CHAPTER 11
4. 건축제한

■■■ 건폐율

1. 보기의 지역에서 건폐율의 최대한도가 높은 지역에서 낮은 지역 순으로 올바르게 나열된 것은? (단, 건폐율은 용도지역에 따라 건축조례로 정한 비율임)

```
(1) 2종 전용주거지역    (2) 1종 일반주거지역
(3) 녹지지역           (4) 근린상업지역
(5) 중심상업지역
```

① (5) - (4) - (2) - (1) - (3)
② (5) - (4) - (1) - (3) - (2)
③ (5) - (4) - (1) - (2) - (3)
④ (4) - (5) - (2) - (1) - (3)

2. 용도지역안에서 정할 수 있는 건폐율이 잘못된 것은?

① 유통상업지역 - 80% 이하
② 제2종 전용주거지역 - 60% 이하
③ 보전녹지지역 - 20% 이하
④ 계획관리지역 - 40% 이하

[해설] 제2종 전용주거지역 - 50%

■■■ 용적률

3. 조례로 정할 수 있는 용적률의 범위가 가장 높게 국토의 계획 및 이용에 관한 법령상 규정된 지역은 다음 중 어느 것인가?

① 제3종 일반주거지역
② 전용공업지역
③ 일반공업지역
④ 생산녹지지역

4. 면적이 500m²인 대지상에 다음과 같은 건축물을 2동(A, B동) 건축할 경우에 용적률 계산이 올바른 것은 어느 것인가?

(단위 : m²)

구 분		A동	B동
건축면적		100	150
바닥면적의 합계	지상	300	600
	지하	100	300

① 50%
② 80%
③ 180%
④ 240%

[해설] ① 용적률 산정시 지하층 면적은 제외함.
② 대지에 2 이상의 건축물이 있는 경우 이들 연면적의 합계로 함.
따라서, 연면적 = 300+600 = 900m²
대지면적 500m²

$$용적률 = \frac{연면적}{대지면적} \times 100 = \frac{900}{500} \times 100 = 180\%$$

5. 대지면적 1,000m²의 1층 바닥면적 100m², 2층 바닥면적이 100m², 지하층 바닥면적 50m²인 건축물을 건축할 용적률로서 맞는 것은?

① 10%   ② 15%
③ 20%   ④ 25%

[해설] $용적률 = \frac{연면적}{대지면적} \times 100\%$

용적률 산정시 지하층 면적은 연면적에서 제외함.
연면적 = 100+100 = 200m², 대지면적은 1,000m²

$$용적률 = \frac{연면적}{대지면적} \times 100\% = \frac{200m²}{1,000m²} \times 100\% = 20\%$$

해답 1.① 2.② 3.③ 4.③ 5.③

5 개발행위의 허가 등

> **학습방향**
> ◆ 개발행위에 관한 허가대상, 허가절차에 관한 사항을 확인한다.
> ◆ 도시계획위원회 구성에 관한 기준을 확인한다.

1 개발행위

【1】허가대상

다음의 각 호의 1에 해당하는 행위를 하고자 하는 자는 특별시장·광역시장·특별자치시장·특별자치도지사·시장·군수의 허가를 받아야 한다.

1. 건축물의 건축 또는 공작물의 설치
2. 토지의 형질변경(경작을 위한 토지의 형질 변경을 제외한다.)
3. 토석채취
4. 토지분할(건축법에 의한 건축물이 있는 대지에서의 분할을 제외한다.)
5. 녹지지역·관리지역·자연환경보전지역 안에서 물건을 1개월 이상 쌓아놓는 행위

【2】허가기준

① 특별시장·광역시장·특별자치시장·특별자치도지사·시장 또는 군수는 개발행위허가의 신청내용이 적합한 경우에 한하여 신청서 접수일로부터 15일 이내(심의·협의기간 제외)에 개발행위허가를 하여야 한다.

② 개발행위 허가규모

1. 도시지역	주거지역 상업지역 자연녹지지역 생산녹지지역	1만m² 미만
	공업지역	3만m² 미만
	보전녹지지역	5,000m² 미만
2. 관리지역·농림지역		3만m² 미만
3. 자연환경 보전지역		5,000m² 미만

학습POINT

■ 대지분할의 제한면적(건축법 제57조)

주거지역	60m² 이상
상업지역	150m² 이상
공업지역	
녹지지역	200m² 이상

■ 형질변경행위에 관한 심의기관

형질변경면적	심의기관
1km² 이상	중앙도시계획위원회
30만m² 이상 1km² 미만	시·도 도시계획 위원회
30만m² 미만	시·군·구 도시계획 위원회

■ 토지형질변경 범위
• 절토(땅깎기)
• 성토(흙쌓기)
• 정지(땅고르기)
• 포장(땅덮기) 등

2 성장관리계획구역

1. 지정목적	• 난개발방지 • 계획적 개발 유도
2. 지정권자	특별시장, 광역시장, 특별자치시장, 특별자치도지사, 시장·군수
3. 대상지역	① 개발수요가 많아 무질서한 개발이 진행되고 있거나 진행될 것으로 예상되는 지역 ② 주변의 토지이용이나 교통여건 변화 등으로 향후 시가화가 예상되는 지역 ③ 주변지역과 연계하여 체계적인 관리가 필요한 지역 ④ 그 밖에 위①~③에 준하는 지역으로서 도시·군계획조례로 정하는 지역 등
4. 성장관리 계획내용	성장관리방안에는 다음의 사항 중 ①과 ②를 포함한 둘 이상의 사항이 포함되어야 한다. ① 도로, 공원 등 기반시설의 배치와 규모에 관한 사항 ② 건축물의 용도제한, 건축물의 건폐율 또는 용적률 ③ 건축물의 배치·형태·색채·높이 ④ 환경관리계획 또는 경관계획 ⑤ 그 밖에 난개발을 방지하고 계획적 개발을 유도하기 위하여 필요한 사항으로서 도시·군계획조례로 정하는 사항

■ 성장관리계획
성장관리계획구역에서의 난개발을 방지하고 계획적인 개발을 유도하기 위하여 수립하는 계획으로 지정권자가 수립한다.

3 시범도시

【1】 시범도시 지정의 목적

도시의 경제, 사회·문화적인 특성을 살려 개성있고 지속가능한 발전을 촉진하기 위하여 필요한 경우 국토교통부장관이 지정한다.

【2】 지정권자

지정권자	지정절차
국토교통부장관	• 직접지정 • 관계중앙행정기관의 장·시·도지사의 요청에 의하여 지정

4 도시계획위원회

【1】중앙도시계획위원회

1. 설치	국토교통부	
2. 조직	위원장	국토교통부장관이 위원 중에서 임명 또는 위촉
	부위원장	국토교통부장관이 위원 중에서 임명 또는 위촉
	위원수	위원장 1인, 부위원장 1인 위원 : 25~30인(위원장, 부위원장 각 1인을 포함)
3. 분과위원회	중앙도시계획위원회에서 위임하는 사항 등을 효율적으로 심의하기 위하여 설치	
4. 전문위원	도시·군계획 등에 관한 중요사항을 조사·연구하게 하기 위하여 전문위원을 둘 수 있다.	

【2】지방도시계획위원회

구 분	시·도 도시계획위원회	시·군·구 도시계획위원회
1. 설치목적	시·도지사가 결정하는 도시·군관리계획 등의 심의 또는 자문	도시·군관리계획과 관련된 사항의 심의 및 시장·군수 또는 구청장에 대한 자문
2. 구성 및 운영	① 위원장 및 부위원장 각 1인을 포함한 25인 이상 30인 이하의 위원으로 구성한다. ② 위원장은 시, 도지사가 위원중에서 임명(위촉)하며, 부위원장은 위원중에서 호선한다.	① 위원장 및 부위원장 각 1인을 포함한 15일 이상 25인 이하의 위원으로 구성한다.다만, 대도시에 설치하는 경우에는 그 위원의 수를 20명 이상 25명 이하까지로 할 수 있다. ② 위원장은 시장 등이 위원중에서 임명(위촉)하며, 부위원장은 위원중에서 호선한다.
3. 분과위원회	지방도시계획위원회의 심의를 위하여 설치할 수 있다.	
4. 도시·군계획 상임 기획단	당해 지방자치단체의 조례에 의하여 지방도시계획위원회에 설치	

핵 심 문 제

■■■ 개발행위

1 국토의 계획 및 이용에 관한 법의 규정에 의한 개발행위 허가에 대한 내용이다. 이중 옳지 않은 것은?

① 허가권자는 국토교통부장관, 특별시장·광역시장, 특별자치시장, 특별자치도지사, 시장·군수이다.
② 도시·군계획사업으로 하는 행위는 허가와 무관하다.
③ 사업기간을 단축하는 경우는 허가를 받지 않아도 된다.
④ 개발행위허가를 받은 사항의 변경은 다시 허가를 받아야 한다.

해설 1
국토교통부장관은 허가권자에 속하지 않는다.

2 면적이 1km² 이상인 토지의 형질변경은 어디서 심의를 거쳐야 하는가?

① 시·군·구 도시계획위원회
② 시·도 도시계획위원회
③ 중앙도시계획위원회
④ 국토교통부장관

해설 2 형질변경행위에 대한 심의기관

형질변경면적	심의기관
1km² 이상	중앙도시계획위원회
30만m² 이상 1km² 미만	시·도 도시계획위원회
30만m² 미만	시·군·구도시계획위원회

3 국토의 계획 및 이용에 관한 법령상 개발행위 허가를 받지 아니하여도 되는 경미한 행위기준으로 틀린 것은?

① 지구단위계획구역에서 무게 100t 이하, 부피 50m³ 이하, 수평투영면적 25m² 이하인 공작물의 설치
② 조성이 완료된 기존 대지에 건축물이나 그 밖의 공작물을 설치하기 위한 토지의 형질변경(절토 및 성토 제외)
③ 지구단위계획구역에서 채취면적이 25m² 이하인 토지에서의 부피 50m³ 이하의 토석 채취
④ 녹지지역에서 물건을 쌓아놓는 면적이 25m² 이하인 토지에 전체무게 50t 이하, 전체부피 50m³ 이하로 물건을 쌓아놓는 행위

해설 3
지구단위계획구역에서 무게 50t 이하, 부피 50m³ 이하 수평투영면적 50m² 이하인 공작물 설치인 경우 허가를 받지 아니한다.

■■■ 시범도시 등

4 시범도시의 지정에 관한 기준 중 가장 부적합한 것은?

① 관계행정기관의 장은 시범도시의 지정을 신청할 수 있다.
② 시·도지사는 시·도 도시계획위원회의 자문을 거쳐 시범도시의 지정을 신청할 수 있다.
③ 시범도시는 중앙도시계획위원회의 심의를 거쳐 국토교통부장관이 지정한다.
④ 시범도시사업의 시행계획은 시·도지사가 수립한다.

해설 4 시범도시사업의 시행에 관한 계획수립시행

시범도시의 범위	계획수립 시행자	계획수립시 절차
① 시, 군, 구의 관할구역에 한정되어 있는 경우	관할시장, 군수, 구청장	※주민의 의견청취 및 국토교통부장관(또는 지정을 요청한 기관)과 협의하여야 한다.
② 기타의 경우	특별시장, 광역시장	

정답 1.① 2.③ 3.① 4.④

■■■ 도시계획위원회

5 중앙도시계획위원회에 대한 설명 중 옳지 않은 것은?
① 중앙도시계획위원회는 위원장·부위원장 각 1인을 포함한 25인 이상 30인 이내의 위원으로 구성한다.
② 지방자치단체의 장이 입안한 광역도시계획 등을 검토하기 위해 도시계획상임기획단을 설치한다.
③ 규정에 의한 용도지역 등의 변경계획에 관한 사항 등을 효율적으로 심의하기 위하여 분과위원회를 둘 수 있다.
④ 회의는 재적위원 과반수의 출석으로 개의하고, 출석위원 과반수의 찬성으로 의결한다.

6 중앙도시계획위원회에 관한 설명으로 틀린 것은?
① 위원장 및 부위원장은 위원 중에서 국토교통부장관이 임명하거나 위촉한다.
② 공무원이 아닌 위원의 수는 10명 이상으로 하고, 그 임기는 2년으로 한다.
③ 위원장·부위원장 각 1명을 포함한 15명 이상 50명 이내의 위원으로 구성한다.
④ 회의는 재적위원 과반수의 출석으로 개의하고, 출석 위원 과반수의 찬성으로 의결한다.

해 설

[해설] **5**
도시계획상임기획단은 지방도시계획위원회에 설치하는 기구이다.

[해설] **6**
25명 이상 30명 이내의 위원(위원장 및 부위원장 포함)으로 구성한다.

정답 5. ② 6. ③

출제예상문제

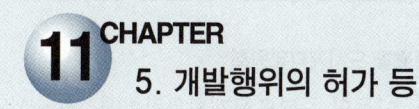

■■■ 개발행위의 허가

1. 도시·군계획사업에 의하지 아니하고 다음의 행위를 할 때 특별시장·광역시장·특별자치시장·특별자치도지사·시장 또는 군수의 허가를 받아야 하는 내용이 아닌 것은?

① 공작물의 설치
② 토석채취
③ 주거지역안에서 물건을 1월 이상 쌓아놓는 행위
④ 토지의 형질변경

[해설] 도시·군계획사업에 의하지 아니하고 다음의 행위를 할 때에는 특별시장·광역시장·특별자치도지사·시장·군수의 허가를 받아야 한다.
1. 건축물의 건축 또는 공작물의 설치
2. 토지의 형질변경(경작을 위한 토지의 형질변경 제외)
3. 토석채취
4. 토지분할(건축물의 있는 대지에서의 분할 제외)
5. 녹지지역·관리지역·자연환경보전지역안에서 물건을 1개월 이상 쌓아놓는 행위

2. 국토의 계획 및 이용에 관한 법령상 허가를 받아야 하는 개발행위 중 용도지역별 토지의 형질변경 면적 규모로 가장 적합하게 조합된 것은?

① 주거지역 : 10,000m² 미만
② 자연녹지지역 : 10,000m² 미만
③ 공업지역 : 50,000m² 미만
④ 상업지역 : 50,000m² 미만

① ①, ②
② ②, ③
③ ③, ④
④ ①, ④

[해설] 형질변경 기준면적

도시지역	공업지역	3만m² 미만
	보전녹지지역	5천m² 미만
	이외의 지역	1만m² 미만
관리지역·농림지역		3만m² 미만
자연환경보전지역		5천m² 미만

3. 면적이 20만m²인 토지의 형질변경은 어디서 심의를 거쳐야 하는가?

① 시·군·구 도시계획위원회
② 시·도 도시계획위원회
③ 중앙도시계획위원회
④ 국토교통부장관

[해설] 형질변경행위에 대한 심의기관

형질변경면적	심의기관
1km² 이상	중앙도시계획위원회
30만m² 이상 1km² 미만	시·도 도시계획위원회
30만m² 미만	시·군·구도시계획위원회

4. 개발행위에 관한 성장관리방안에 해당되지 않는 것은?

① 기반시설의 배치와 규모
② 용도지구의 세분
③ 건축물의 형태, 색채
④ 환경관리

[해설] 용도지구에 관한 내용은 도시·군관리계획에 따른다.

해답 1. ③ 2. ① 3. ① 4. ②

■■■ 도시계획위원회

5. 다음의 중앙도시계획위원회에 관한 설명 중 옳지 않은 것은?

① 위원장·부위원장 각 1명을 포함한 15명 이상 50명 이내의 위원으로 구성한다.
② 공무원이 아닌 위원의 수는 10명 이상으로 하고, 그 임기는 2년으로 한다.
③ 회의의 재적위원 과반수의 출석으로 개의하고, 출석위원 과반수의 찬성으로 의결한다.
④ 위원장 및 부위원장은 위원 중에서 국토교통부장관이 임명하거나 위촉한다.

[해설] 중앙도시계획위원회

설치		국토교통부
조직	위원장	국토교통부장관이 위원 중에서 임명 또는 위촉
	부위원장	국토교통부장관이 위원 중에서 임명 또는 위촉
	위원수	위원장 1인, 부위원장 1인
		위원 : 25~30인(위원장, 부위원장 각 1인을 포함)

해답 5. ①

부록 과년도출제문제
건축법규

건축기사

- 2023. 2.23   시행 출제문제해설 및 정답
- 2023. 5.13   시행 출제문제해설 및 정답
- 2023. 9. 2   시행 출제문제해설 및 정답
- 2024. 2.15   시행 출제문제해설 및 정답
- 2024. 5. 9   시행 출제문제해설 및 정답
- 2024. 7. 5   시행 출제문제해설 및 정답
- 2025. 2. 7   시행 출제문제해설 및 정답
- 2025. 5.10   시행 출제문제해설 및 정답
- 2025. 8. 9   시행 출제문제해설 및 정답

건축산업기사

- 2023. 2.23   시행 출제문제해설 및 정답
- 2023. 5.14   시행 출제문제해설 및 정답
- 2023. 7. 8   시행 출제문제해설 및 정답
- 2024. 2.15   시행 출제문제해설 및 정답
- 2024. 5. 9   시행 출제문제해설 및 정답
- 2024. 7. 5   시행 출제문제해설 및 정답
- 2025. 2. 7   시행 출제문제해설 및 정답
- 2025. 5.10   시행 출제문제해설 및 정답
- 2025. 8. 9   시행 출제문제해설 및 정답

CBT 실전테스트

- CBT 건축기사 10회분 실전테스트
- CBT 건축산업기사 10회분 실전테스트

CBT 대비 건축기사, 건축산업기사 실전테스트는 홈페이지(www.inup.co.kr)에서 CBT 모의 TEST로 함께 체험하실 수 있습니다.

과년도출제문제 (CBT 시험문제)

23 건축기사 2. 23 시행 출제문제

※ 본 기출문제는 수험자의 기억을 바탕으로 하여 복원한 문제이므로 실제 문제와 다를 수 있음을 미리 알려드립니다.

1. 건축법령에 따른 고층건축물의 정의로 옳은 것은?
① 층수가 30층 이상이거나 높이가 90m 이상인 건축물
② 층수가 30층 이상이거나 높이가 120m 이상인 건축물
③ 층수가 50층 이상이거나 높이가 150m 이상인 건축물
④ 층수가 50층 이상이거나 높이가 200m 이상인 건축물

2. 건축법령에 따라 건축물의 경사지붕 아래에 설치하는 대피공간에 관한 기준 내용으로 옳지 않은 것은?
① 특별피난계단 또는 피난계단과 연결되도록 할 것
② 관리사무소 등과 긴급 연락이 가능한 통신시설을 설치할 것
③ 대피공간의 면적은 지붕 수평투영면적의 20분의 1 이상일 것
④ 출입구는 유효너비 0.9m 이상으로 하고, 그 출입구에는 60+방화문 또는 60분방화문을 설치할 것

3. 다음 중 주요구조부에 속하지 않는 것은?
① 기둥   ② 지붕틀
③ 바닥   ④ 옥외 계단

4. 전용주거지역이나 일반주거지역에서 건축물을 건축하는 경우, 건축물의 높이 10m 이하의 부분은 정북(正北) 방향으로의 인접 대지경계선으로부터 원칙적으로 최소 얼마 이상의 거리를 띄어야 하는가?
① 1m   ② 1.5m
③ 2m   ④ 3m

5. 다음은 대지의 조경에 관한 기준 내용이다. (   ) 안에 알맞은 것은?

> 면적이 (   ) 이상인 대지에 건축을 하는 건축주는 용도지역 및 건축물의 규모에 따라 해당 지방자치단체의 조례로 정하는 기준에 따라 대지에 조경이나 그 밖에 필요한 조치를 하여야 한다.

① 100m^2 ② 200m^2
③ 300m^2 ④ 500m^2

6. 다음 중 증축에 속하는 것은?
① 부속건축물만 있는 대지에 새로 주된 건축물을 축조하는 것
② 기존 건축물이 있는 대지에서 높이를 증가시키는 것
③ 기존 건축물이 멸실된 대지 위에 건축물을 축조하는 것
④ 건축물의 주요구조부를 해체하지 아니하고 같은 대지의 다른 위치로 옮기는 것

7. 주차장법령상 다음과 같이 정의되는 주차장의 종류는?

> 도로의 노면 또는 교통광장(교차점광장만 해당)의 일정한 구역에 설치된 주차장으로서 일반(一般)의 이용에 제공되는 것

① 노외주차장
② 노상주차장
③ 부설주차장
④ 공영주차장

8. 방송 공동수신설비를 설치하여야 하는 대상 건축물에 속하지 않는 것은?

① 다가구주택
② 다세대주택
③ 바닥면적의 합계가 5,000m²으로서 업무시설의 용도로 쓰는 건축물
④ 바닥면적의 합계가 5,000m²으로서 숙박시설의 용도로 쓰는 건축물

9. 토지이용을 합리화·구체화하고, 도시 또는 농·산·어촌의 기능의 증진, 미관의 개선 및 양호한 환경을 확보하기 위하여 수립하는 계획으로 정의되는 것은?

① 지구단위계획
② 도시·군관리계획
③ 광역도시계획
④ 도시·군기본계획

10. 용도지역에 따른 건폐율의 최대한도로 옳지 않은 것은? (단, 도시지역의 경우)

① 녹지지역 : 30% 이하
② 주거지역 : 70% 이하
③ 공업지역 : 70% 이하
④ 상업지역 : 90% 이하

11. 막다른 도로의 길이가 15m일 때, 이 도로가 건축법령상 도로이기 위한 최소 폭은?

① 2m   ② 3m
③ 4m   ④ 6m

12. 다음 중 상업지역의 세분에 속하지 않는 것은?

① 중심상업지역
② 근린상업지역
③ 유통상업지역
④ 전용산업지역

13. 비상용승강기를 설치하지 아니할 수 있는 건축물에 관한 기준 내용이다. (   ) 안에 알맞은 것은?

> 높이 (㉮)m를 넘는 층수가 (㉯)개층 이하로서 해당 각층의 바닥면적의 합계 200m² 이내마다 방화구획으로 구획한 건축물

① ㉮ 31, ㉯ 4
② ㉮ 31, ㉯ 3
③ ㉮ 41, ㉯ 4
④ ㉮ 41, ㉯ 3

14. 부설주차장 설치 대상 시설물로서 시설면적이 1,400m²인 제2종 근린생활시설에 설치하여야 하는 부설주차장의 최소 대수는?

① 7대
② 9대
③ 10대
④ 14대

15. 노외주차장의 주차형식에 따른 차로의 최소 너비가 옳게 연결된 것은? (단, 출입구가 2개 이상인 경우)

① 평행주차 - 5.0m
② 60도 대향주차 - 5.0m
③ 교차주차 - 3.5m
④ 직각주차 - 5.5m

16. 다음 중 공동주택의 개별난방설비 설치기준으로 옳지 않은 것은?

① 보일러의 연도는 내화구조로서 공동연도로 설치할 것
② 보일러실 윗부분에는 그 면적이 최소 1.0m² 이상인 환기창을 설치할 것
③ 보일러를 설치하는 곳과 거실 사이의 경계벽은 출입구를 제외하고는 내화구조의 벽으로 구획할 것
④ 기름보일러를 설치하는 경우에는 기름저장소를 보일러실 외의 다른 곳에 설치할 것

17. 대지 및 건축물관련 건축기준의 허용오차 범위에 대한 설명으로 옳지 않은 것은?

① 건축선의 후퇴거리는 3% 이내이다.
② 건축물의 벽체 두께는 3% 이내이다.
③ 건축물의 높이는 1m를 초과할 수 없다.
④ 건축물의 평면 길이는 0.5m를 초과할 수 없다.

18. 다음 중 건축물식 노외주차장의 차로에 관한 기준 내용으로 옳지 않은 것은?

① 경사로의 종단경사도는 직선부분에서는 17%를, 곡선부분에서는 14%를 초과하여서는 아니된다.
② 높이는 주차바닥면으로부터 2.3m 이상으로 하여야 한다.
③ 경사로의 노면은 이를 거친 면으로 하여야 한다.
④ 경사로의 차로 너비는 곡선형인 경우에 3.3m 이상으로 하여야 한다.

19. 다음 중 주요구조부를 내화구조로 하여야 하는 대상 건축물에 속하지 않는 것은?

① 문화 및 집회시설(전시장 및 동·식물원 제외)의 용도에 쓰이는 건축물로서 옥내 관람석 또는 집회실의 바닥면적의 합계가 300m^{2}인 건축물
② 관광휴게시설의 용도에 쓰이는 건축물로서 그 용도에 쓰이는 바닥면적의 합계가 600m^{2}인 건축물
③ 공장의 용도에 쓰이는 건축물로서 그 용도에 사용하는 바닥면적의 합계가 1,000m^{2}인 건축물
④ 건축물의 2층이 숙박시설의 용도에 쓰이는 건축물로서 그 용도에 쓰이는 바닥면적의 합계가 400m^{2}인 건축물

20. 면적 등의 산정방법에 대한 기본 원칙으로 옳지 않은 것은?

① 대지면적은 대지의 수평투영면적으로 한다.
② 건축면적은 건축물의 외벽의 중심선으로 둘러싸인 부분의 수평투영면적으로 한다.
③ 바닥면적은 건축물의 각 층 또는 그 일부로서 벽, 기둥, 그 밖에 이와 비슷한 구획의 중심선으로 둘러싸인 부분의 수평투영면적으로 한다.
④ 용적률 산정 시 적용하는 연면적은 지하층을 포함하여 하나의 건축물 각 층의 바닥면적의 합계로 한다.

해설 및 정답

1. 고층건축물 등의 구분

1. 고층 건축물	• 30층 이상이거나 건축물 높이 120m 이상인 건축물
2. 초고층 건축물	• 50층 이상이거나 건축물 높이 200m 이상인 건축물
3. 준초고층 건축물	• 고층건축물 중 초고층 건축물에 해당되지 않는 건축물 ① 건축물 층수 30층 이상 49층 이하인 것 ② 건축물 높이 120m 이상 200m 미만인 것

2. 대피공간은 지붕 수평투영면적의 1/10 이상이다.

3. 주계단(옥외계단 제외)이 주요구조부에 해당된다.

4. 지역에 따른 일조권

건축물 높이(h)	띄움거리(D)
10m 이하	1.5m 이상
10m 초과	H/2m 이상

6. ① 신축
   ② 재축
   ③ 이전

8. 방송 공동수신설비 설치대상 건축물
   1. 공동주택
   2. 바닥면적합계 5,000m² 이상인 업무시설, 숙박시설

10. 녹지지역 : 20% 이하

11. 막다른 도로의 기준폭

막다른 도로의 길이	도로의 너비
10m 미만	2m 이상
10m 이상 35m 미만	3m 이상
35m 이상	6m(도시지역이 아닌 읍·면 지역에서는 4m) 이상

12. 상업지역 세분

1. 중심상업지역
2. 근린상업지역
3. 유통상업지역

14. 부설주차 댓수(N)

$$N = \frac{1,400}{200} = 7(대)$$

15. 차로너비기준(출입구 2개 이상의 경우)

주차형식	차로의 너비
평행주차	3.3m
45° 대향주차	3.5m
교차주차	
60° 대향주차	4.5m
직각주차	6.0m

16. 환기창의 크기 : 0.5m² 이상

17. 건축물 평면길이 허용오차
   2% 이내로서 1m를 초과할 수 없다.

18. 경사로 차로너비

직선인 경우	3.3m 이상(2차로인 경우 6m 이상)
곡선인 경우	3.6m 이상(2차로인 경우 6.5m 이상)

19. 공장은 용도바닥면적 합계 2,000m² 이상이 해당된다.

20. 용적률 산정시 연면적에는 지하층 바닥면적을 포함하지 않는다.

1. ②	2. ③	3. ④	4. ②	5. ②
6. ②	7. ②	8. ①	9. ①	10. ①
11. ②	12. ④	13. ①	14. ①	15. ③
16. ②	17. ④	18. ④	19. ③	20. ④

과년도출제문제 (CBT 시험문제)

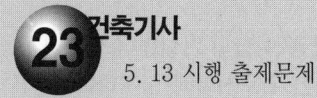

※ 본 기출문제는 수험자의 기억을 바탕으로 하여 복원한 문제이므로 실제 문제와 다를 수 있음을 미리 알려드립니다.

1. 건축물의 용도를 변경하는 경우 변경 후 용도의 주차대수와 변경 전 용도의 주차대수의 차이에 해당하는 부설주차장을 추가로 확보하지 아니하고 용도를 변경할 수 있는 경우에 속하지 않는 것은? (단, 사용승인 후 5년이 지난 연면적 1,000m² 미만의 건축물의 용도를 변경하는 경우)

① 종교시설의 용도로 변경하는 경우
② 판매시설의 용도로 변경하는 경우
③ 다세대주택의 용도로 변경하는 경우
④ 문화 및 집회시설 중 전시장의 용도로 변경하는 경우

2. 노외주차장인 주차전용건축물의 건폐율, 용적률, 대지면적의 최소한도 및 높이 제한에 관한 기준 내용으로 옳지 않은 것은?

① 건폐율 : 100분의 90 이하
② 용적률 : 1,500% 이하
③ 대지면적의 최소한도 : 45m² 이상
④ 높이 제한(대지가 너비 12m 미만의 도로에 접하는 경우) : 건축물의 각 부분의 높이는 그 부분으로부터 대지에 접한 도로의 반대쪽 경계선까지의 수평거리의 4배

3. 다음 중 바닥면적에 산입되는 것은?

① 층고가 1.5m인 다락방
② 다세대주택의 편복도
③ 공동주택의 필로티 부분
④ 공동주택의 지상층에 설치한 기계실

4. 건축물의 건축주가 착공신고를 할 때, 해당 건축물의 설계자로부터 받은 구조안전의 확인서류를 허가권자에게 제출하여야 하는 대상 건축물 기준으로 옳지 않은 것은? (단, 허가대상 건축물인 경우)

① 높이가 11m 이상인 건축물
② 처마높이가 9m 이상인 건축물
③ 국토교통부령으로 정하는 지진구역 안의 건축물
④ 기둥과 기둥 사이의 거리가 10m 이상인 건축물

5. 상업지역에서 건축물에 설치하는 냉방시설 및 환기시설의 배기구는 도로면으로부터 최소 얼마 이상의 높이에 설치하여야 하는가?

① 1m
② 1.5m
③ 2m
④ 2.5m

6. 건축물의 주요구조부를 내화구조로 하여야 하는 대상 건축물에 속하지 않는 것은?

① 공장의 용도로 쓰는 건축물로서 그 용도로 쓰는 바닥면적 합계가 500m²인 건축물
② 판매시설의 용도로 쓰는 건축물로서 그 용도로 쓰는 바닥면적 합계가 500m²인 건축물
③ 창고시설의 용도로 쓰는 건축물로서 그 용도로 쓰는 바닥면적 합계가 500m²인 건축물
④ 문화 및 집회시설 중 전시장의 용도로 쓰는 건축물로서 그 용도로 쓰는 바닥면적 합계가 500m²인 건축물

7. 출입구의 개소에 관계없이 노외주차장의 차로의 너비를 최소 6m 이상으로 하여야 하는 주차형식은? (단, 이륜자동차전용 외의 노외주차장의 경우)

① 평행주차
② 직각주차
③ 교차주차
④ 45도 대향주차

8. 6층 이상의 거실면적 합계가 9,000m²인 층수가 10층인 업무시설에 설치하여야 하는 승용승강기의 최소 대수는? (단, 8인승 승강기의 경우)
① 2대　　② 3대
③ 4대　　④ 5대

9. 국토의 계획 및 이용에 관한 법령상 광장·공원·녹지·유원지·공공공지가 속하는 기반시설은?
① 교통시설
② 공간시설
③ 환경기초시설
④ 보건위생시설

10. 건축법령상 공동주택에 속하지 않는 것은?
① 기숙사　　② 연립주택
③ 다가구주택　④ 다세대주택

11. 다음 중 건축물관련 건축기준의 허용되는 오차의 범위(%)가 가장 큰 것은?
① 평면길이　　② 출구너비
③ 반자높이　　④ 바닥판두께

12. 다음은 건축법상 리모델링에 대비한 특례 등에 관한 내용이다. (　) 안에 알맞은 것은?

> 리모델링이 쉬운 구조의 공동주택의 건축을 촉진하기 위하여 공동주택을 대통령령으로 정하는 구조로 하여 건축허가를 신청하면 제56조, 제60조 및 제61조에 따른 기준을 (　　)의 범위에서 대통령령으로 정하는 비율로 완화하여 적용할 수 있다.

① 100분의 110
② 100분의 120
③ 100분의 140
④ 100분의 150

13. 다음 중 신고대상에 속하는 용도변경은?
① 영업시설군에서 문화 및 집회시설군으로 용도변경
② 근린생활시설군에서 주거업무시설군으로 용도변경
③ 산업 등의 시설군에서 자동차관련시설군으로 용도변경
④ 교육 및 복지시설군에서 전기통신시설군으로 용도변경

14. 면적의 산정방법 중 건축물의 외벽(외벽이 없는 경우에는 외곽 부분의 기둥)의 중심선으로 둘러싸인 부분의 수평투영면적으로 하는 것은?
① 연면적　　　② 대지면적
③ 건축면적　　④ 거실면적

15. 주거지역 중 단독주택 중심의 양호한 주거환경을 보호하기 위하여 지정하는 지역은?
① 제1종 전용주거지역　② 제2종 전용주거지역
③ 제1종 일반주거지역　④ 제2종 일반주거지역

16. 국토교통부장관이 정한 범죄예방 기준에 따라 건축하여야 하는 대상 건축물에 속하지 않는 것은?
① 수련시설
② 교육연구시설 중 도서관
③ 업무시설 중 오피스텔
④ 숙박시설 중 다중생활시설

17. 건축물의 출입구에 설치하는 회전문의 구조에 대한 설명으로 옳지 않은 것은?
① 계단이나 에스컬레이터로부터 2m 이상의 거리를 둘 것
② 틈 사이를 고무와 고무펠트의 조합체 등을 사용하여 신체나 물건 등에 손상이 없도록 할 것
③ 출입에 지장이 없도록 일정한 방향으로 회전하는 구조로 할 것
④ 회전문의 회전속도는 분당회전수가 10회를 넘지 아니하도록 할 것

18. 허가권자가 가로구역별로 건축물의 높이를 지정·공고할 때 고려하지 않아도 되는 사항은?

① 도시·군관리계획의 토지이용계획
② 해당 가로구역에 접하는 대지의 너비
③ 도시미관 및 경관계획
④ 해당 가로구역의 상수도 수용능력

19. 건축물이 있는 대지의 분할 제한 최소 기준이 옳은 것은? (단, 상업지역의 경우)

① 100m²
② 150m²
③ 200m²
④ 250m²

20. 지하식 또는 건축물식 노외주차장의 차로에 관한 기준내용으로 옳지 않은 것은? (단, 이륜자동차전용 노외주차장이 아닌 경우)

① 높이는 주차 바닥면으로부터 2.3m 이상으로 하여야 한다.
② 경사로의 종단경사도는 직선부분에서는 17%를 초과하여서는 아니된다.
③ 곡선 부분은 자동차가 4m 이상의 내변반경으로 회전할 수 있도록 하여야 한다.
④ 주차대수 규모가 50대 이상인 경우의 경사로는 너비 6m 이상인 2차로를 확보하거나 진입차로와 진출차로를 분리하여야 한다.

해설 및 정답

1. 용도변경에 따른 부설주차장 설치
  ① 원칙
    용도변경시 해당부분 면적만 산정하여 추가로 부설주차장을 확보한다.
  ② 예외

추가설치가 불필요한 용도변경	추가설치가 필요한 용도변경
사용승인 후 5년이 경과한 연면적 1,000m² 미만 시설물의 용도변경	• 위락시설 • 공연장 • 집회장 • 관람장 • 다세대주택 • 다가구주택 — 으로의 건축물의 용도 변경시에는 부설주차장을 추가 확인하여야 한다.

2. ④ 수평거리의 3배로 한다.

3. 복도, 계단 등 통로부분도 바닥면적에 포함된다.

4. 건축물 높이 13m 이상인 건축물이 해당된다.

5. 상업지역, 주거지역에서 도로에 면한 냉방, 환기시설 배기구는 도로면으로부터 2m 이상의 위치에 설치하여야 한다.

6. 공장 : 용도바닥면적 합계 2,000m² 이상

7. 노외주차장 차로의 기준

주차형식	차로의 폭	
	출입구가 2개 이상인 경우	출입구가 1개 이상인 경우
평행주차	3.3m	5.0m
45° 대향주차	3.5m	5.0m
교차주차	3.5m	5.0m
60° 대향주차	4.5m	5.5m
직각주차	6.0m	6.0m

8. 승용승강기 설치댓수(N)
$$N = \frac{9,000 - 3,000}{2,000} + 1 = 4(대)$$

9. ① 교통시설 : 도로, 철도 등
  ② 환경기초시설 : 하수도, 폐차장 등
  ③ 보건위생시설 : 도축장, 장사시설, 종합의료시설

10. 다가구주택 – 단독주택

11. 허용오차 범위

항 목	허용오차
1. 건축물의 높이	
2. 출구너비	
3. 반자높이	2% 이내
4. 평면길이	
5. 벽체두께	3% 이내
6. 바닥판 두께	

13. 용도변경 행정절차
  • 오름차순 : 허가대상
  • 내림차순 : 신고대상
  ① 영업시설군(⑤항) → 문화 및 집회시설군(④항)
  ② 산업등의 시설군(②항) → 자동차관련시설군(①항)
  ③ 교육 및 복지시설군(⑥항) → 전기통신시설군(③항)

15. 주거전용지역(양호한 주거환경 조성)
  • 1종 : 단독주택 중심
  • 2종 : 공동주택 중심

16. 범죄예방 대상 건축물

| 1. 아파트, 연립, 다세대, 다가구 |
| 2. 1종 근린생활시설 중 일용품 판매소매점 |
| 3. 문화 및 집회시설(동·식물원 제외) |
| 4. 교육연구시설(연구소, 도서관 제외) |
| 5. 노유자시설 |
| 6. 수련시설 |
| 7. 다중생활시설 |
| 8. 오피스텔 |

17. 회전문 회전속도 분당 8회 이하

해설 및 정답

18. 높이 지정시 고려사항

1. 도시·군관리계획 등의 토지이용계획
2. 해당 가로구역이 접하는 도로의 너비
3. 해당 가로구역의 상·하수도 등 시설의 수용능력
4. 도시미관 및 경관계획
5. 당해 도시의 장래발전계획

20. 진입로 굴곡부 내변반경 : 6m 이상

1. ③	2. ④	3. ②	4. ①	5. ③
6. ①	7. ②	8. ③	9. ②	10. ③
11. ④	12. ②	13. ②	14. ③	15. ①
16. ②	17. ④	18. ②	19. ②	20. ③

과년도출제문제 (CBT 시험문제)

23 건축기사 9. 2 시행 출제문제

※ 본 기출문제는 수험자의 기억을 바탕으로 하여 복원한 문제이므로 실제 문제와 다를 수 있음을 미리 알려드립니다.

1. 국토의 계획 및 이용에 관한 법률상 도시·군관리계획의 내용에 속하지 않는 것은?
① 투기과열지구의 지정 또는 변경에 관한 계획
② 개발제한구역의 지정 또는 변경에 관한 계획
③ 기반시설의 설치·정비 또는 개량에 관한 계획
④ 용도지역·용도지구의 지정 또는 변경에 관한 계획

2. 대형건축물의 건축허가 사전승인신청서 제출도서 중 설계설명서에 표시하여야 할 사항에 속하지 않는 것은?
① 시공방법
② 동선계획
③ 개략공정계획
④ 각부 구조계획

3. 부설주차장 설치대상 시설물이 문화 및 집회시설 중 예식장으로서 시설면적이 1,200m²인 경우, 설치하여야 하는 부설주차장의 최소 대수는?
① 8대
② 10대
③ 15대
④ 20대

4. 건축물에 설치하는 지하층의 구조 및 설비에 관한 기준 내용으로 옳지 않은 것은?
① 거실의 바닥면적의 합계가 1,000m² 이상인 층에는 환기설비를 설치할 것
② 거실의 바닥면적이 30m² 이상인 층에는 피난층으로 통하는 비상탈출구를 설치할 것
③ 지하층의 바닥면적이 300m² 이상인 층에는 식수 공급을 위한 급수전을 1개소 이상 설치할 것
④ 문화 및 집회시설 중 공연장의 용도에 쓰이는 층으로서 그 층의 거실의 바닥면적의 합계가 50m² 이상인 건축물에는 직통계단을 2개소 이상 설치할 것

5. 비상용승강기 승강장의 구조에 관한 기준 내용으로 옳지 않은 것은?
① 벽 및 반자가 실내에 접하는 부분의 마감재료는 불연재료로 할 것
② 옥내 승강장의 바닥면적은 비상용승강기 1대에 대하여 6m² 이상으로 할 것
③ 채광을 위한 창문 등을 설치하여서는 안되며 예비전원에 의한 조명설비를 할 것
④ 피난층이 있는 승강장의 출입구로부터 도로 또는 공지에 이르는 거리가 30m 이하일 것

6. 다음은 공사감리에 관한 기준 내용이다. 밑줄 친 "공사의 공정이 대통령령으로 정하는 진도에 다다른 경우"에 속하지 않는 것은? (단, 건축물의 구조가 철근콘크리트조인 경우)

> 공사감리자는 국토교통부령으로 정하는 바에 따라 감리일지를 기록·유지하여야 하고, <u>공사의 공정(工程)이 대통령령으로 정하는 진도에 다다른 경우</u>에는 감리중간보고서를 작성하여 건축주에게 제출하여야 한다.

① 지붕슬래브배근을 완료한 경우
② 기초공사 시 철근배치를 완료한 경우
③ 기초공사에서 주춧돌의 설치를 완료한 경우
④ 지상 5개 층마다 상부 슬래브배근을 완료한 경우

7. 다음은 대지와 도로의 관계에 관한 기준 내용이다. ( ) 안에 알맞은 것은? (단, 축사, 작물 재배사, 그 밖에 이와 비슷한 건축물로서 건축조례로 정하는 규모의 건축물은 제외)

> 연면적의 합계가 2,000m²(공장인 경우에는 3,000m² 이상인 건축물의 대지는 너비 (㉠) 이상의 도로에 (㉡) 이상 접하여야 한다.

① ㉠ 2m, ㉡ 4m
② ㉠ 4m, ㉡ 2m
③ ㉠ 4m, ㉡ 6m
④ ㉠ 6m, ㉡ 4m

8. 국토의 계획 및 이용에 관한 법령상 제1종 일반주거지역 안에서 건축할 수 있는 건축물에 속하지 않는 것은?

① 아파트
② 단독주택
③ 노유자시설
④ 교육연구시설 중 고등학교

9. 다음의 직통계단의 설치에 관한 기준 내용 중 밑줄 친 "다음 각 호의 어느 하나에 해당하는 용도 및 규모의 건축물"의 기준 내용으로 옳지 않은 것은?

> 법 제49조제1항에 따라 피난층 외의 층이 <u>다음 각 호의 어느 하나에 해당하는 용도 및 규모의 건축물</u>에는 국토교통부령으로 정하는 기준에 따라 피난층 또는 지상으로 통하는 직통계단을 2개소 이상 설치하여야 한다.

① 지하층으로서 그 층 거실의 바닥면적의 합계가 200m² 이상인 것
② 종교시설의 용도로 쓰는 층으로서 그 층에서 해당 용도로 쓰는 바닥면적의 합계가 200m² 이상인 것
③ 숙박시설의 용도로 쓰는 3층 이상의 층으로서 그 층의 해당 용도로 쓰는 거실의 바닥면적의 합계가 200m² 이상인 것
④ 업무시설 중 오피스텔의 용도로 쓰는 층으로서 그 층의 해당 용도로 쓰는 거실의 바닥면적의 합계가 200m² 이상인 것

10. 국토의 계획 및 이용에 관한 법률상 용도지역에서의 용적률 기준이 옳지 않은 것은? (단, 도시지역의 경우)

① 주거지역 : 500% 이하
② 상업지역 : 1,200% 이하
③ 공업지역 : 400% 이하
④ 녹지지역 : 100% 이하

11. 허가권자가 가로구역별로 건축물의 최고높이를 지정·공고할 때 고려하여야 할 사항이 아닌 것은?

① 도시미관 및 경관계획
② 해당 도시의 장래발전계획
③ 해당 가로구역이 접하는 도로의 길이
④ 도시·군관리계획 등의 토지이용계획

12. 지하식 또는 건축물식 노외주차장의 차로에 관한 기준 내용으로 옳지 않은 것은? (단, 이륜자동차전용 노외주차장이 아닌 경우)

① 높이는 주차바닥면으로부터 2.3m 이상으로 하여야 한다.
② 경사로의 종단경사도는 직선 부분에서는 17%를 초과하여서는 아니된다.
③ 곡선 부분은 자동차가 4m 이상의 내변반경으로 회전할 수 있도록 하여야 한다.
④ 주차대수 규모가 50대 이상인 경우의 경사로는 너비 6m 이상인 2차로를 확보하거나 진입차로와 진출차로를 분리하여야 한다.

13. 공동주택 중심의 양호한 주거환경을 보호하기 위하여 주거지역을 세분하여 지정하는 지역은?

① 제1종 전용주거지역
② 제2종 전용주거지역
③ 제1종 일반주거지역
④ 제2종 일반주거지역

14. 주차장의 수급 실태를 조사하려는 경우, 조사 구역의 설정 기준으로 옳지 않은 것은?
① 원형 형태로 조사구역을 설정한다.
② 각 조사구역은 「건축법」에 따른 도로를 경계로 구분한다.
③ 조사구역 바깥 경계선의 최대거리가 300m를 넘지 아니하도록 한다.
④ 주거기능과 상업·업무기능이 섞여 있는 지역의 경우에는 주차시설 수급의 적정성, 지역적 특성 등을 고려하여 같은 특성을 가진 지역별로 조사구역을 설정한다.

15. 면적 등의 산정방법에 대한 기본 원칙으로 옳지 않은 것은?
① 대지면적은 대지의 수평투영면적으로 한다.
② 건축면적은 건축물의 외벽의 중심선으로 둘러싸인 부분의 수평투영면적으로 한다.
③ 바닥면적은 건축물의 각 층 또는 그 일부로서 벽, 기둥, 그 밖에 이와 비슷한 구획의 중심선으로 둘러싸인 부분의 수평투영면적으로 한다.
④ 용적률 산정 시 적용하는 연면적은 지하층을 포함하여 하나의 건축물 각 층의 바닥면적의 합계로 한다.

16. 다음은 건축법령상 다세대주택의 정의이다. ( )안에 알맞은 것은?

> 주택으로 쓰는 1개 동의 바닥면적 합계가 (㉠) 이하이고, 층수가 (㉡) 이하인 주택(2개 이상의 동을 지하주차장으로 연결하는 경우에는 각각의 동으로 본다.)

① ㉠ 330m², ㉡ 3개층
② ㉠ 330m², ㉡ 4개층
③ ㉠ 660m², ㉡ 3개층
④ ㉠ 660m², ㉡ 4개층

17. 공작물을 축조할 때 특별자치시장·특별자치도지사 또는 시장·군수·구청장에게 신고를 하여야 하는 대상 공작물에 속하지 않는 것은? (단, 건축물과 분리하여 축조하는 경우)
① 높이 3m인 담장
② 높이 5m인 굴뚝
③ 높이 5m인 광고탑
④ 높이 5m인 광고판

18. 대지 면적이 1,000m²인 건축물의 옥상에 조경 면적을 90m² 설치한 경우, 대지에 설치하여야 하는 최소 조경 면적은? (단, 조경설치기준은 대지면적의 10%)
① 10m²
② 40m²
③ 50m²
④ 100m²

19. 높이가 31m를 넘는 각 층의 바닥면적 중 최대 바닥면적이 4,500m²인 건축물에 원칙적으로 설치하여야 하는 비상용 승강기의 최소 대수는?
① 1대
② 2대
③ 3대
④ 5대

20. 건축물의 거실에 국토교통부령으로 정하는 기준에 따라 배연설비를 하여야 하는 대상 건축물에 속하지 않는 것은? (단, 피난층의 거실은 제외하며, 6층 이상인 건축물의 경우)
① 종교시설
② 판매시설
③ 위락시설
④ 방송통신시설

해설 및 정답

1. 투기과열지구의 지정·변경에 관한 계획은 주택법이 정한 절차에 따른다.

2. 설계설명서의 내용
  1. 공사개요
  2. 사전조사사항
  3. 건축계획(배치, 평면, 동선 등 포함)
  4. 시공방법
  5. 개략공정계획
  6. 주요설비계획
  7. 주요자재 사용계획

3. 부설주차장 최소 대수(N)

$$N = \frac{1,200}{150} = 8 (대)$$

4. 층 거실바닥면적 $50m^2$ 이상인 지하층에는 비상탈출구 등을 설치하여야 한다.

5. 비상용승강기 승강장에는 노대 또는 외부를 향하여 열 수 있는 창문이나 배연설비를 설치할 것

6. 중간감리보고서 제출시기

공정	공사의 진도
기초공사	기초철근 배치를 완료한 때
지붕공사	지붕슬라브 배근을 완료한 때
5층이상 건축물	지상 5개층마다 상부슬래브 배근을 완료한 때

* 기초공사 주춧돌 설치 완료시 중간감리보고서 제출은 목조건축물의 경우이다.

8. 공동주택 중 아파트는 건축이 제한된다.

9. 오피스텔 : 해당층 거실 바닥면적의 합 $300m^2$ 이상인 경우

10. 상업지역 : 1,500% 이하

11. 해당 가로구역이 접하는 도로의 너비를 고려하여야 한다.

12. 6m 이상의 내변반경을 확보하여야 한다.

13. 전용주거지역의 세분

양호한 주거환경 조성	1종	단독주택 중심
	2종	공동주택 중심

14. 사각형 또는 삼각형으로 조사구역을 설정한다.

15. 용적률의 산정시의 연면적에는 지하층 바닥면적을 제외한다.

17. 굴뚝 : 높이 6m를 넘는 것

18. 조경면적 산정
  1. 법이 정한 조경면적(A)
     $A = 1,000 \times 0.1 = 100m^2$
  2. 법이 인정하는 옥상조경면적(A_1)
     (실제 식수된 옥상조경면적의 2/3를 인정하되 법이 정한 조경면적 A의 1/2을 넘지 못한다.)
     $A_1 = 90 \times 2/3 = 60m^2 > 50m^2$
  3. 실제 필요한 지표면 조경면적(A_2)
     $A_2 = A - A_1 = 100 - 50 = 50m^2$

19. 비상용승강기 설치대수(N)

$$N = \frac{4,500 - 1,500}{3,000} + 1 = 2 (대)$$

해설 및 정답

20. 배연설비 설치대상

건축물의 용도	규 모	설치장소
• 문화 및 집회시설, 종교시설, 판매시설, 운수시설, 의료시설 • 연구소, 아동관련시설, 노인복지시설, 유스호스텔 • 운동시설, 업무시설, 숙박시설, 위락시설, 관광휴게시설	6층 이상인 건축물	거실

1. ①	2. ④	3. ①	4. ②	5. ③
6. ③	7. ④	8. ①	9. ④	10. ②
11. ③	12. ③	13. ②	14. ①	15. ④
16. ④	17. ②	18. ③	19. ②	20. ④

과년도출제문제 (CBT 시험문제)

24 건축기사 2. 15 시행 출제문제

※ 본 기출문제는 수험자의 기억을 바탕으로 하여 복원한 문제이므로 실제 문제와 다를 수 있음을 미리 알려드립니다.

1. 다음 중 건축법이 적용되는 건축물은?
① 역사(驛舍)
② 고속도로 통행료 징수시설
③ 철도의 선로 부지에 있는 플랫폼
④ 「문화재보호법」에 따른 가지정(假指定) 문화재

2. 건축법령상 다중이용건축물에 해당하지 않는 것은? (단, 해당하는 용도로 쓰이는 바닥면적의 합계가 5,000m²인 건축물인 경우)
① 종교시설
② 판매시설
③ 업무시설
④ 의료시설 중 종합병원

3. 급수, 배수, 환기, 난방설비를 설치하는 경우 건축기계설비기술사 또는 공조냉동기계기술사의 협력을 받아야 하는 대상 건축물에 속하지 않는 것은?
① 아파트
② 연립주택
③ 기숙사로서 해당 용도에 사용되는 바닥면적의 합계가 2,000m²인 건축물
④ 업무시설로서 해당 용도에 사용되는 바닥면적의 합계가 2,000m²인 건축물

4. 주거에 쓰이는 바닥면적의 합계가 200m²인 주거용 건축물에 배관하여야 할 급수관의 최소지름은?
① 15mm
② 20mm
③ 25mm
④ 32mm

5. 부설주차장 설치대상 시설물이 문화 및 집회시설 중 예식장으로서 시설면적이 1,200m²인 경우, 설치하여야 하는 부설주차장의 최소 대수는?
① 8대
② 10대
③ 15대
④ 20대

6. 주차장에서 장애인용 주차단위구획의 최소 크기는? (단, 평행주차형식 외의 경우)
① 2.3×5.0m
② 2.5×5.1m
③ 3.3×5.0m
④ 2.0×6.0m

7. 특별피난계단의 구조에 관한 기준 내용으로 옳지 않은 것은?
① 계단은 내화구조로 하되, 피난층 또는 지상까지 직접 연결되도록 한다.
② 계단실 및 부속실의 실내에 접하는 부분의 마감은 불연재료로 한다.
③ 출입구의 유효너비는 0.9m 이상으로 하고 피난의 방향으로 열 수 있도록 한다.
④ 건축물의 내부에서 노대 또는 부속실로 통하는 출입구에는 60+방화문, 60분방화문 또는 30분방화문을 설치하고, 노대 또는 부속실로부터 계단실로 통하는 출입구에는 60+방화문, 60분방화문을 설치하도록 한다.

8. 다음의 대지와 도로의 관계에 관한 기준 내용 중 ( ) 안에 알맞은 것은?

> 연면적의 합계가 2천제곱미터 (공장인 경우에는 3천제곱미터) 이상인건축물 (축사, 작물재배사, 그 밖에 이와 비슷한 건축물로서 건축 조례로 정하는 규모의 건축물은 제외한다.)의 대지는 너비 (㉠) 이상의 도로에 (㉡) 이상 접하여야 한다.

① ㉠ 4m, ㉡ 2m
② ㉠ 6m, ㉡ 4m
③ ㉠ 8m, ㉡ 6m
④ ㉠ 8m, ㉡ 4m

9. 특별시나 광역시에 건축물을 건축하려는 경우, 특별시장 또는 광역시장의 허가를 받아야 하는 대상 건축물의 층수기준은?

① 6층 이상
② 16층 이상
③ 21층 이상
④ 30층 이상

10. 토지이용을 합리화하고 그 기능을 증진시키며 미관을 개선하고 양호한 환경을 확보하며, 그 지역을 체계적·계획적으로 관리하기 위하여 수립하는 계획으로 정의 되는 것은?

① 지구단위계획
② 도시·군관리계획
③ 광역도시계획
④ 도시·군기본계획

11. 다음의 시가화조정구역의 지정과 관련된 기준 내용 중 밑줄 친 대통령령으로 정하는 기간으로 옳은 것은?

> 시·도지사는 직접 또는 관계 행정기관의 장의 요청을 받아 도시지역과 그 주변지역의 무질서한 시가화를 방지하고 계획적·단계적인 개발을 도모하기 위하여 <u>대통령령으로 정하는 기간</u> 동안 시가화를 유보할 필요가 있다고 인정되면 시가화조정구역의 지정 또는 변경을 도시·군 관리계획으로 결정할 수 있다.

① 5년 이상 10년 이내의 기간
② 5년 이상 20년 이내의 기간
③ 7년 이상 10년 이내의 기간
④ 7년 이상 10년이내의 기간

12. 국토교통부령으로 정하는 기준에 따라 채광 및 환기를 위한 창문 등이나 설비를 설치하여야 하는 대상에 속하지 않는 것은?

① 의료시설의 병실
② 숙박시설의 객실
③ 업무시설 중 사무소의 사무실
④ 교육연구시설 중 학교의 교실

13. 건축법상 공사감리자의 업무내용으로 가장 부적합한 것은?

① 시공계획 및 공사관리의 적정여부의 확인
② 상세시공도면의 작성·검토
③ 공정표의 검토
④ 설계변경여부의 검토·확인

14. 그림과 같은 일반 건축물의 건축면적은? (단, 평면도 건물 치수는 두께 300mm인 외벽의 중심치수이고, 지붕선 치수는 지붕외곽선 치수임)

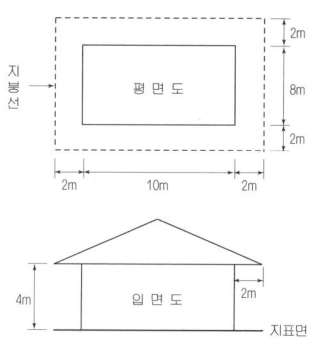

① 80m²
② 100m²
③ 120m²
④ 168m²

15. 다음의 용도변경 중 허가대상에 속하지 않는 것은?
① 영업시설군에서 주거업무시설군으로 용도변경
② 교육 및 복지시설군에서 영업시설군으로 용도변경
③ 주거업무시설군에서 문화 및 집회시설군으로 용도변경
④ 교육 및 복지시설군에서 문화 및 집회시설군으로 용도변경위락시설

16. 비상용승강기의 승강장 구조에 관한 기준 내용으로 옳지 않은 것은?
① 승강장은 각 층의 내부와 연결될 수 있도록 할것
② 벽 및 반자가 실내에 접하는 부분의 마감재료는 불연재료로 할 것
③ 옥내 승강장의 바닥면적은 비상용승강기 1대에 대하여 5m² 이상으로 할것
④ 피난층에 있는 승강장의 출입구로부터 도로 또는 공지에 이르는 거리가 30m 이하 일것

17. 주거지역의 세분 중 공동주택 중심의 양호한 주거환경을 보호하기 위하여 필요한 지역은?
① 제1종 전용주거지역
② 제2종 전용주거지역
③ 제1종 일반주거지역
④ 제2종 일반주거지역

18. 다음 중 주요구조부에 속하지 않는 것은?
① 기둥   ② 지붕틀
③ 바닥   ④ 옥외계단

19. 다음은 지하층과 피난층 사이의 개방공간 설치에 관한 기준 내용이다. (   ) 안에 알맞은 것은?

> 바닥면적의 합계가 (   ) 이상인 공연장·집회장·관람장 또는 전시장을 지하층에 설치하는 경우 각 실에 있는 자가 지하층 각 층에서 건축물 밖으로 피난하여 옥외계단 또는 경사로 등을 이용하여 피난층으로 대피할 수 있도록 천장이 개방된 외부공간을 설치하여야 한다.

① 1,000m²
② 2,000m²
③ 3,000m²
④ 4,000m²

20. 전용주거지역 또는 일반주거지역안에서 건축물을 건축하는 경우 건축물의 높이 10m 이하인 부분은 정북방향으로의 인접대지경계선으로부터 최소 얼마이상 띄어 건축하여야 하는가?
① 1m   ② 1.5m
③ 3m   ④ 5m

해설 및 정답

1. 철도·궤도 선로부지 안에 있는 운전보안시설·보행시설·플랫폼·급수·급탄·급유시설이 제외된다.

2. 다중이용건축물

1) 16층 이상인 건축물
2) 다음의 어느 하나에 해당되는 용도로 쓰는 바닥면적의 합계가 5,000m² 이상인 건축물 ① 문화 및 집회시설(동물원, 식물원 제외) ② 종교시설 ③ 판매시설 ④ 여객용시설 ⑤ 종합병원 ⑥ 관광숙박시설

3. 용도바닥면적 3,000m² 이상인 업무시설이 해당된다.

4. 음용수 급수관의 직경(주거용)

바닥면적	급수관 지름의 최소기준(mm)
85m² 이하	15
150m² 이하	20
300m² 이하	25
500m² 이하	40
500m² 초과	50

5. 주차대수(N)
N = 1,200 ÷ 150 = 8대

6. 장애인용 주차단위구획
1. 평행주차방식 : 2m × 6m = 12m²
 (주거지역 보차도 미구분시 2m × 5m = 10m²)
2. 평행주차 이외의 방식 : 3.3m × 5m = 16.5m²

7. 1. 내부 → 노대, 부속실 : 60분+방화문, 60분 방화문
2. 노대·부속실 → 계단실 : 60+방화문, 60분 방화문, 30분 방화문

9. 21층 이상 또는 연면적 합계 10만m² 이상인 경우 등이 해당된다.

10. 행정계획의 구분
1. 광역도시계획 : 2 이상의 도시·군의 공간구조 및 기능의 상호연계를 위한 행정계획
2. 도시·군기본계획 : 도시·군 지역의 발전방향을 제시하는 행정계획
3. 도시·군관리계획 : 특별시·광역시·특별자치시·시 또는 군의 개발·정비 및 보전을 위한 행정계획

12. 채광 및 환기대상
주택의 거실, 학교의 교실, 의료시설의 병실, 숙박시설의 객실

13. 상세시공도면의 작성은 시공자의 업무이다.

14. 건축면적 산정시 내민구조의 처마 등은 단부로부터 1m를 후퇴한 안목면적으로 산정한다.
∴ 건축면적(A) = {(2−1)+10+(2−1)} × {(2−1)+8+(2−1)}
= 12 × 10 = 120m²

15. 영업시설군(⑤군) → 주거업무시설군(⑧군) 내림차순이므로 신고대상이다.

16. 승강장의 바닥면적은 비상용승강기 1대에 대하여 6m² 이상으로 한다.

17. 주거지역 구분

양호한 주거환경 조성	전용주거지역	1종	단독주택 중심
		2종	공동주택 중심
편리한 주거환경 조성	일반주거지역		

18. 계단은 주요구조부에 속하나 옥외계단은 제외한다.

해설 및 정답

20. 일조 등의 확보

높이 10m 이하인 부분	1.5m 이상
높이 10m를 초과하는 부분	인접대지경계선으로부터 당해건축물의 각 부분이 높이의 1/2 이상

1. ①	2. ③	3. ③	4. ③	5. ①
6. ③	7. ④	8. ②	9. ③	10. ①
11. ②	12. ③	13. ②	14. ③	15. ①
16. ③	17. ②	18. ④	19. ③	20. ②

과년도출제문제 (CBT 시험문제)

24 건축기사
5. 9 시행 출제문제

※ 본 기출문제는 수험자의 기억을 바탕으로 하여 복원한 문제이므로 실제 문제와 다를 수 있음을 미리 알려드립니다.

1. 건축법령상 건축물의 대지에 공개공지 또는 공개공간을 확보하여야 하는 대상 건축물에 속하지 않는 것은? (단, 해당 용도로 쓰는 바닥면적의 합계가 5,000m²인 건축물의 경우)

① 종교시설　　② 의료시설
③ 업무시설　　④ 숙박시설

2. 지구단위계획 중 관계 행정기관의 장과의 협의, 국토교통부장관과의 협의 및 중앙도시계획위원회·지방도시계획위원회 또는 공동위원회의 심의를 거치지 않고 변경할 수 있는 사항에 관한 기준 내용으로 옳은 것은?

① 건축선의 2m 이내의 변경인 경우
② 획지면적의 30% 이내의 변경인 경우
③ 가구면적의 20% 이내의 변경인 경우
④ 건축물 높이의 30% 이내의 변경인 경우

3. 다음은 건축선에 따른 건축제한에 관한 기준 내용이다. (　) 안에 알맞은 것은?

> 도로면으로부터 높이 (　) 이하에 있는 출입구, 창문, 그 밖에 이와 유사한 구조물은 열고 닫을 때 건축선의 수직면을 넘지 아니하는 구조로 하여야 한다.

① 1.5m　　② 2.5m
③ 3.5m　　④ 4.5m

4. 건축물로부터 바깥쪽으로 나가는 출구를 국토교통부령으로 정하는 기준에 따라 설치하여야 하는 대상 건축물에 속하지 않는 것은?

① 종교시설
② 의료시설 중 종합병원
③ 교육연구시설 중 학교
④ 문화 및 집회시설 중 관람장

5. 건축물의 거실에 국토교통부령으로 정하는 기준에 따라 배연설비를 하여야 하는 대상 건축물에 속하지 않는 것은? (단, 피난층의 거실은 제외하며, 6층 이상인 건축물의 경우)

① 종교시설
② 판매시설
③ 위락시설
④ 방송통신시설

6. 건축물 관련 건축기준의 허용오차 범위 기준이 2% 이내가 아닌 것은?

① 출구너비　　② 반자높이
③ 평면길이　　④ 벽체두께

7. 다음 중 제2종 일반주거지역 안에서 건축할 수 없는 건축물은? (단, 도시·군계획 조례가 정하는 바에 따라 건축할 수 있는 경우는 고려하지 않는다.)

① 종교시설
② 운수시설
③ 노유자시설
④ 제1종 근린생활시설

8. 공동주택과 오피스텔의 난방설비를 개별난방 방식으로 하는 경우의 기준으로 틀린 것은?

① 보일러실의 윗부분에는 그 면적이 0.5m² 이상인 환기창을 설치할 것
② 보일러는 거실 외의 곳에 설치하되, 보일러를 설치하는 곳과 거실사이의 경계벽은 출입구를 제외하고는 내화구조의 벽으로 구획할 것
③ 보일러의 연도는 방화구조로서 개별연도로 설치할 것
④ 기름보일러를 설치하는 경우 기름 저장소를 보일러실외의 다른 곳에 설치할 것

9. 건축물의 층수 산정에 관한 기준이 틀린 것은?
① 지하층은 건축물의 층수에 산입하지 아니한다.
② 층의 구분이 명확하지 아니한 건축물은 그 건축물의 높이 4m 마다 하나의 층으로 보고 그 층수를 산정한다.
③ 건축물이 부분에 따라 그 층수가 다른 경우에는 바닥면적에 따라 가중평균한 층수를 그 건축물의 층수로 본다.
④ 계단탑으로서 그 수평투영면적의 합계가 해당 건축물 건축면적의 8분의 1 이하인 것은 건축물의 층수에 산입하지 아니한다.

10. 다음 중 내화구조에 속하지 않는 것은?
① 철근콘크리트조 기둥의 경우 그 작은 지름이 20cm인 것
② 철근콘크리트조 바닥의 경우 두께가 10cm인 것
③ 철근콘크리트조로 된 보
④ 철근콘크리토조로 된 지붕

11. 계단의 설치 기준으로 옳은 것은?
① 계단을 대체하여 설치하는 경사로는 그 경사로가 1 : 8을 넘어야 하며, 표면을 거친 면으로 미끄러지지 아니하는 재료로 마감하여야 한다.
② 모든 공동주택의 주계단, 피난계단 또는 특별피난계단에 설치하는 난간 및 바닥은 아동의 이용에 안전하고 노약자 및 신체장애인의 이용에 편리한 구조로 하여야 한다.
③ 업무시설의 주계단, 피난계단 또는 특별피난계단에 설치하는 난간 손잡이는 벽 등으로부터 5cm 이상 떨어지도록 하고, 계단으로부터의 높이는 85cm가 되도록 한다.
④ 돌음계단의 단너비는 그 넓은 너비의 끝부분으로부터 30cm의 위치에서 측정한다.

12. 출입구의 개소에 관계없이 노외주차장의 차로의 너비를 최소 6m 이상으로 하여야 하는 주차형식은? (단, 이륜자동차전용 외의 노외주차장의 경우)
① 평행주차
② 직각주차
③ 교차주차
④ 45도 대향주차

13. 건축허가신청에 필요한 설계도서 중 건축계획서에 표시하여야 할 사항으로 옳지 않은 것은?
① 주차장규모
② 토지형질변경계획
③ 건축물의 용도별 면적
④ 지역·지구 및 도시계획사항

14. 국토의 계획 및 이용에 관한 법령에 따른 기반시설 중 공간시설에 속하지 않는 것은?
① 녹지
② 유원지
③ 유수지
④ 공공공지

15. 관련 규정에 의하여 건축물에 설치하는 지하층의 구조 및 설비에 관한 기준 내용으로 옳지 않은 것은?
① 거실의 바닥면적이 50m² 이상인 층에는 직통계단 외에 피난층 또는 지상으로 통하는 비상탈출구 및 환기통을 설치할 것
② 바닥면적이 1,000m² 이상인 층에는 피난층 또는 지상으로 통하는 직통계단을 방화구획으로 구획되는 각 부분마다 1개소 이상 설치하되, 이를 피난계단 및 특별피난계단의 구조로 할 것
③ 거실의 바닥면적의 합계가 1,000m² 이상인 층에는 환기설비를 설치할 것
④ 지하층의 바닥면적이 200m² 이상인 층에는 식수공급을 위한 급수전을 1개소 이상 설치할 것

16. 높이 31m를 넘는 각 층의 바닥면적 중 최대 바닥면적이 4,500m²인 종합병원에 설치하여야 할 비상용 승강기 최소대수는?

① 1대　　　　② 2대
③ 3대　　　　④ 4대

17. 건축법령상 용어의 정의가 옳지 않은 것은?

① 초고층 건축물이란 층수가 50층 이상이거나 높이가 200m 이상인 건축물을 말한다.
② 증축이란 기존 건축물이 있는 대지에서 건축물의 건축면적, 연면적, 층수 또는 높이를 늘리는 것을 말한다.
③ 개축이란 건축물이 천재지변이나 그 밖의 재해로 멸실된 경우 그 대지에 종전과 같은 규모의 범위에서 다시 축조하는 것을 말한다.
④ 부속건축물이란 같은 대지에서 주된 건축물과 분리된 부속용도의 건축물로서 주된 건축물을 이용 또는 관리하는 데에 필요한 건축물을 말한다.

18. 건축지도원에 관한 내용으로 틀린 것은?

① 건축지도원은 특별자치시·특별자치도 또는 시·군·구에 근무하는 건축직렬의 공무원과 건축에 관한 학식이 풍부한 자 중에서 지정한다.
② 건축지도원의 자격과 업무 범위는 건축조례로 정한다.
③ 건축설비가 법령 등에 적합하게 유지·관리되고 있는지 확인·지도 및 단속한다.
④ 허가를 받지 아니하거나 신고를 하지 아니하고 건축하거나 용도 변경한 건축물을 단속한다.

19. 건축물이 있는 대지의 분할 제한 조건과 관련이 없는 규정은?

① 대지와 도로의 관계
② 건축물의 피난시설·용도제한규정
③ 대지안의 공지
④ 일조 등의 확보를 위한 건축물의 높이제한

20. 지하식 또는 건축물식 노외주차장의 차로에 관한 기준 내용으로 옳지 않은 것은? (단, 이륜자동차 전용 노외주차장이 아닌 경우)

① 높이는 주차바닥면으로부터 2.3m 이상으로 하여야 한다.
② 경사로의 종단경사도는 직선부분에서는 17%를 초과하여서는 아니된다.
③ 곡선부분은 자동차가 4m 이상의 내변반경으로 회전할 수 있도록 하여야 한다.
④ 주차대수 규모가 50대 이상인 경우의 경사로는 너비 6m 이상인 2차로를 확보하거나 진입차로와 진출차로를 분리하여야 한다.

해설 및 정답

1. 공개공지 확보대상 건축물의 용도범위

1. 문화 및 집회시설	
2. 판매시설(농·수산물 유통시설은 제외)	용도바닥 면적의 합계 5,000m² 이상
3. 업무시설	
4. 숙박시설	
5. 종교시설	
6. 운수시설(여객용시설만 해당)	
7. 다중이 이용하는 시설로서 건축조례가 정하는 건축물	

2. 협의·심의 생략의 범위

1. 가구면적 10% 이내의 변경
2. 건축물 높이 20% 이내의 변경
3. 획지면적 30% 이내의 변경
4. 건축선 1m 이내의 변경 등

4. 옥외로의 출구 제한 적용대상

1. 문화 및 집회시설(전시장, 동·식물원 제외)
2. 종교시설
3. 판매시설
4. 국가 또는 지방자치단체의 청사
5. 장례시설
6. 위락시설
7. 학교
8. 연면적 5,000m² 이상인 창고시설
9. 300m² 이상인 공연장·종교집회장·인터넷컴퓨터게임 시설제공업소
10. 승강기를 설치해야 하는 건축물

5. 배연설비 설치대상

1. 문화 및 집회시설, 종교시설, 판매시설, 운수시설, 의료시설
2. 연구소, 아동관련시설, 노인복지시설, 유스호스텔
3. 운동시설, 업무시설, 숙박시설, 위락시설, 관광휴게시설

6. 벽체두께 : 3% 이내

7. 2종 일반주거지역내 허용건축물

1. 단독주택
2. 공동주택
3. 제1종 근린생활시설
4. 유치원·초등학교·중학교 및 고등학교
5. 노유자시설
6. 종교시설

8. 보일러의 연도는 내화구조로 한다.

9. 최대층수를 기준으로 한다.

10. 철근콘크리트조 기둥은 짧은 지름 25cm 이상이다.

11. ① 경사로 : 1:8 이하
② 공동주택 중 기숙사 제외
③ 좁은 부위로부터 30cm 떨어진 곳

12. 노외주차장 차로의 기준

주차형식	차로의 폭	
	출입구가 2개 이상인 경우	출입구가 1개 이상인 경우
평행주차	3.3m	5.0m
45° 대향주차	3.5m	5.0m
교차주차	3.5m	5.0m
60° 대향주차	4.5m	5.5m
직각주차	6.0m	6.0m

13. 건축계획서 표시사항

1. 개요(위치, 대지면적 등)
2. 지역·지구 및 도시·군계획 사항
3. 건축물의 규모(건축면적, 연면적, 층수 높이 등)
4. 건축물의 용도별 면적
5. 주차장 규모
6. 에너지절약계획서(해당건축물에 한한다.)

해설 및 정답

14. 공간시설의 범위
　1. 광장, 공원, 녹지
　2. 유원지, 공공공지

15. 300m² 이상인 경우 급수전을 설치한다.

16. 비상용승강기 설치대수(N)
$$N = \frac{4,500 - 1,500}{3,000} + 1 = 2(대)$$

17. 천재지변 등으로 인한 종전규모 이하로의 건축은 재축에 해당된다.

18. 건축지도원의 자격은 대통령령으로 정한다.

19. 대지분할 제한기준 범위

1. 대지와 도로의 관계
2. 건폐율
3. 용적률
4. 건축물의 높이제한
5. 일조 등의 확보를 위한 건축물의 높이제한
6. 대지안의 공지

20. 6m 이상의 내변반경으로 한다.

1. ②	2. ②	3. ④	4. ②	5. ④
6. ④	7. ②	8. ③	9. ③	10. ①
11. ③	12. ②	13. ②	14. ③	15. ④
16. ②	17. ③	18. ②	19. ②	20. ③

과년도출제문제 (CBT 시험문제)

24. 7. 5 시행 출제문제

※ 본 기출문제는 수험자의 기억을 바탕으로 하여 복원한 문제이므로 실제 문제와 다를 수 있음을 미리 알려드립니다.

1. 범죄예방 기준에 따라 건축하여야 하는 대상 건축물에 속하지 않는 것은?
① 수련시설
② 업무시설 중 오피스텔
③ 숙박시설 중 일반숙박시설
④ 아파트

2. 면적 등의 산정방법에 대한 기본 원칙으로 옳지 않은 것은?
① 대지면적은 대지의 수평투영면적으로 한다.
② 건축면적은 건축물의 외벽의 중심선으로 둘러싸인 부분의 수평투영면적으로 한다.
③ 바닥면적은 건축물의 각 층 또는 그 일부로서 벽, 기둥, 그 밖에 이와 비슷한 구획의 중심선으로 둘러싸인 부분의 수평투영면적으로 한다.
④ 용적률 산정 시 적용하는 연면적은 지하층을 포함하여 하나의 건축물 각 층의 바닥면적의 합계로 한다.

3. 다음과 같은 경우 연면적 1,000m²인 건축물의 대지에 확보하여야 하는 전기설비 설치공간의 면적기준은?

- 수전전압 : 저압
- 전력수전 용량 : 200kW

① 가로 2.5m, 세로 2.8m
② 가로 2.5m, 세로 4.6m
③ 가로 2.8m, 세로 2.8m
④ 가로 2.8m, 세로 4.6m

4. 다음 중 건축법상 건축물의 용도 구분에 속하지 않는 것은? (단, 대통령령으로 정하는 세부 용도는 제외)
① 공장
② 교육시설
③ 묘지 관련 시설
④ 자원순환 관련 시설

5. 다음 중 내화구조에 해당하지 않는 것은?
① 벽의 경우 철재로 보강된 콘크리트블록조·벽돌조 또는 석조로서 철재에 덮은 콘크리트 블록 등의 두께가 3cm 이상인 것
② 기둥의 경우 철근콘크리트구조로서 그 작은 지름이 25cm 이상인 것
③ 바닥의 경우 철근콘크리트조로서 두께가 10cm 이상인 것
④ 철근콘크리트조로 된 보

6. 시가화조정구역의 지정과 관련된 기준 내용 중 밑줄 친 "대통령령으로 정하는 기간"으로 옳은 것은?

> 시·도지사는 직접 또는 관계 행정기관의 장의 요청을 받아 도시지역과 그 주변 지역의 무질서한 시가화를 방지하고 계획적·단계적인 개발을 도모하기 위하여 <u>대통령령으로 정하는 기간</u> 동안 시가화를 유보할 필요가 있다고 인정되면 시가화 조정구역의 지정 또는 변경을 도시·군 관리계획으로 결정할 수 있다.

① 5년 이상 10년 이내의 기간
② 5년 이상 20년 이내의 기간
③ 7년 이상 10년 이내의 기간
④ 7년 이상 20년 이내의 기간

7. 설치하여야 하는 부설주차장의 최소 규모(설치 대수)의 크기 관계가 옳은 것은?

- ㉠ 시설면적이 600m²인 위락시설
- ㉡ 시설면적이 800m²인 숙박시설
- ㉢ 타석수가 5타석인 골프연습장
- ㉣ 시설면적이 900m²인 판매시설

① ㉠ = ㉣ > ㉢ > ㉡
② ㉠ > ㉣ = ㉢ > ㉡
③ ㉢ > ㉣ > ㉠ > ㉡
④ ㉢ > ㉣ = ㉠ > ㉡

8. 지하식 또는 건축물식 노외주차장에서 경사로가 직선형인 경우, 경사로의 차로 너비는 최소 얼마 이상으로 하여야 하는가? (단, 2차로인 경우)

① 5m
② 6m
③ 7m
④ 8m

9. 급수, 배수, 환기, 난방 설비를 건축물에 설치하는 경우, 건축기계설비기술사 또는 공조냉동기계기술사의 협력을 받아야 하는 대상 건축물에 속하지 않는 것은?

① 아파트
② 연립주택
③ 기숙사로서 해당 용도에 사용되는 바닥면적의 합계가 2,000m²인 건축물
④ 업무시설로서 해당 용도에 사용되는 바닥면적의 합계가 2,000m²인 건축물

10. 다음의 피난계단의 설치에 관한 기준 내용 중 ( ) 안에 알맞은 것은?

5층 이상 또는 지하 2층 이하인 층에 설치하는 직통계단은 피난계단 또는 특별피난계단으로 설치하여야 하는데, ( )의 용도로 쓰는 층으로부터의 직통계단은 그 중 1개소 이상을 특별피난계단으로 설치하여야 한다.

① 의료시설
② 숙박시설
③ 판매시설
④ 교육연구시설

11. 대지 면적이 1,000m²인 건축물의 옥상에 조경 면적을 90m² 설치한 경우, 대지에 설치하여야 하는 최소 조경 면적은? (단, 조경설치기준은 대지면적의 10%)

① 10m²
② 40m²
③ 50m²
④ 100m²

12. 지구단위계획 중 관계 행정기관의 장과의 협의, 국토교통부장관과의 협의 및 중앙도시계획위원회·지방도시계획위원회 또는 공동위원회의 심의를 거치지 아니하고 변경할 수 있는 사항에 관한 기준 내용으로 옳은 것은?

① 건축선의 2m 이내의 변경인 경우
② 획지면적의 30% 이내의 변경인 경우
③ 가구면적의 20% 이내의 변경인 경우
④ 건축물 높이의 30% 이내의 변경인 경우

13. 건축법령에 따른 리모델링이 쉬운 구조에 속하지 않는 것은?

① 구조체가 철골구조로 구성되어 있을 것
② 구조체에서 건축설비, 내부 마감재료 및 외부 마감재료를 분리할 수 있을 것
③ 개별 세대 안에서 구획된 실의 크기, 개수 또는 위치 등을 변경할 수 있을 것
④ 각 세대는 인접한 세대와 수직 또는 수평방향으로 통합하거나 분할할 수 있을 것

14. 국토의 계획 및 이용에 관한 법령상 제2종 전용주거지역안에서 건축할 수 있는 건축물에 속하지 않는 것은?

① 공동주택
② 판매시설
③ 노유자시설
④ 교육연구시설 중 · 고등학교

15. 건축지도원에 관한 설명으로 틀린 것은?

① 허가를 받지 아니하고 건축하거나 용도변경한 건축물의 단속 업무를 수행한다.
② 건축지도원은 시장, 군수, 구청장이 지정할 수 있다.
③ 건축지도원의 자격과 업무범위는 국토교통부령으로 정한다.
④ 건축신고를 하고 건축 중에 있는 건축물의 시공지도와 위법 시공 여부의 확인 · 지도 및 단속 업무를 수행한다.

16. 건축물로부터 바깥쪽으로 나가는 출구를 국토교통부령으로 정하는 기준에 따라 설치하여야 하는 대상 건축물에 속하지 않는 것은?

① 종교시설
② 의료시설 중 종합병원
③ 교육연구시설 중 학교
④ 문화 및 집회시설 중 관람장

17. 피난층 이외 층으로서 피난층 또는 지상으로 통하는 직통계단을 2개소 이상 설치하여야 하는 대상기준으로 옳지 않은 것은?

① 지하층으로서 그 층 거실의 바닥면적의 합계가 200m² 이상인 것
② 종교시설의 용도로 쓰는 층으로서 그 층에서 해당 용도로 쓰는 바닥면적의 합계가 200m² 이상인 것
③ 판매시설의 용도로 쓰는 3층 이상의 층으로서 그 층의 해당 용도로 쓰는 거실의 바닥면적의 합계가 200m² 이상인 것
④ 업무시설 중 오피스텔의 용도로 쓰는 층으로서 그 층의 해당 용도로 쓰는 거실의 바닥면적의 합계가 200m² 이상인 것

18. 주거용 건축물 급수관의 지름 산정에 관한 기준 내용으로 틀린 것은?

① 가구 또는 세대수가 1일 때 급수관 지름의 최소기준은 15mm이다.
② 가구 또는 세대수가 7일 때 급수관 지름의 최소기준은 25mm이다.
③ 가구 또는 세대수가 18일 때 급수관 지름의 최소기준은 50mm이다.
④ 가구 또는 세대의 구분이 불분명한 건축물에 있어서는 주거에 쓰이는 바닥면적의 합계가 85m² 초과 150m² 이하인 경우는 3가구로 산정한다.

19. 다음 중 도시 · 군관리계획에 포함되지 않는 것은?

① 도시개발사업이나 정비사업에 관한 계획
② 광역계획권의 장기발전방향을 제시하는 계획
③ 기반시설의 설치 · 정비 또는 개량에 관한 계획
④ 용도지역 · 용도지구의 지정 또는 변경에 관한 계획

20. 건축허가신청에 필요한 설계도서의 종류 중 건축계획서에 표시하여야 할 사항이 아닌 것은?

① 주차장규모
② 대지의 종 · 횡 단면도
③ 건축물의 용도별 면적
④ 지역 · 지구 및 도시계획사항

해설 및 정답

1. 범죄예방 대상 건축물

1. 아파트, 연립, 다세대, 다가구
2. 1종 근린생활시설 중 일용품 판매소매점
3. 문화 및 집회시설(동·식물원 제외)
4. 교육연구시설(연구소, 도서관 제외)
5. 노유자시설
6. 수련시설
7. 다중생활시설(고시원)
8. 오피스텔

2. 용적률 산정시 지하층 바닥면적은 포함되지 않는다.

3. 전기설비 설치
1. 대상 : 연면적 500m² 이상
2. 배전공간

수전전압	전력수전 용량	확보면적
특고압 또는 고압	100kW 이상	가로 2.8m, 세로 2.8m
저압	75kW 이상 ~150kW 미만	가로 2.5m, 세로 2.8m
	150kW 이상 ~200kW 미만	가로 2.8m, 세로 2.8m
	200kW 이상 ~300kW 미만	가로 2.8m, 세로 4.6m
	300kW 이상	가로 2.8m 이상, 세로 4.6m 이상

4. 교육연구시설이 건축물 용도 구분 범위이다.

5. 콘크리트블록, 벽돌, 석재의 피복두께는 5cm 이상이다.

6. 시가화조정구역
국토교통부장관은 직접 또는 관계 행정기관의 장의 요청을 받아 도시지역과 그 주변지역의 무질서한 시가화를 방지하고 계획적·단계적인 개발을 도모하기 위하여 5년 이상 20년 이내 동안 시가화를 유보할 필요가 있다고 인정되면 시가화조정구역의 지정 또는 변경을 도시·군관리계획으로 결정할 수 있다.

7. 부설주차대수
① 위락시설 $N_1 = 600 \div 100 = 6$대
② 숙박시설 $N_2 = 800 \div 200 = 4$대
③ 골프연습장 $N_3 = 5 \times 1 = 5$대
④ 판매시설 $N_4 = 900 \div 150 = 6$대

8. 직선 경사로 차로너비

1차로	2차로
3.3m 이상	6m 이상

9. 업무시설 : 3,000m² 이상

11.
① 법 요구 조경면적 $A_1 = 1,000 \times 0.1 = 100m^2$
② 옥상조경면적 중 인정면적

$$A_2 = 90 \times \frac{2}{3} = 60m^2 \leq 50m^2$$

단, 옥상조경면적은 법 요구면적의 50% 이하만 인정된다.
∴ 지표면 조경면적 $A_3 = 100 - 50 = 50m^2$

12. 심의 등의 생략이 가능한 변경기준

1. 건축선 : 1m 이내
2. 가구면적 : 10% 이내
3. 건축물 높이 : 20% 이내

13. 구조체에 대한 사용재료 제한기준은 없다.

14. 제2종 전용주거지역 내 허용용도

1. 단독주택
2. 공동주택
3. 제1종 근린생활시설(당해 용도에 쓰이는 바닥면적의 합계가 1,000m² 미만인 것에 한한다.)

해설 및 정답

15. 건축지도원의 업무범위는 대통령령으로 정한다.

16. 건축물 옥외출구 제한 대상
다음에 해당하는 건축물의 옥외로의 출구는 국토교통부령에 정하는 바에 따라 피난층 거실로부터 일정거리 이내에 설치하여야 한다.

1. 문화 및 집회시설(전시장, 동·식물원 제외)
2. 종교시설
3. 판매시설
4. 국가 또는 지방자치단체의 청사
5. 장례시설
6. 위락시설
7. 학교
8. 연면적 5,000m² 이상인 창고시설 등

17. 오피스텔(업무시설) : 3층 이상의 층으로 400m² 이상이다.

18. 6~8가구, 세대수 : 32mm 이상이다.

19. 광역계획권의 장기발전방향은 광역도시계획으로 정한다.

20. 대지의 종·횡 단면도는 배치도 표시사항이다.

1. ③	2. ④	3. ④	4. ②	5. ①
6. ②	7. ①	8. ②	9. ④	10. ③
11. ③	12. ②	13. ①	14. ②	15. ③
16. ②	17. ④	18. ②	19. ②	20. ②

과년도출제문제 (CBT 시험문제)

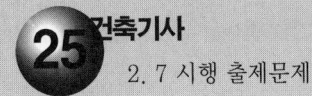

※ 본 기출문제는 수험자의 기억을 바탕으로 하여 복원한 문제이므로 실제 문제와 다를 수 있음을 미리 알려드립니다.

1. 6층 이상의 거실면적 합계가 9,000m²인 층수가 10층인 업무시설에 설치하여야 하는 승용승강기의 최소 대수는? (단, 8인승 승강기의 경우)

① 2대
② 3대
③ 4대
④ 5대

2. 지하식 또는 건축물식 노외주차장의 차로에 관한 기준 내용으로 옳지 않은 것은? (단, 이륜자동차전용 노외주차장이 아닌 경우)

① 높이는 주차바닥면으로부터 2.3m 이상으로 하여야 한다.
② 경사로의 종단경사도는 직선 부분에서는 17%를 초과하여서는 아니 된다.
③ 곡선 부분은 자동차가 4m 이상의 내변반경으로 회전할 수 있도록 하여야 한다.
④ 주차대수 규모가 50대 이상인 경우의 경사로는 너비 6m 이상인 2차로를 확보하거나 진입차로와 진출차로를 분리하여야 한다.

3. 건축물의 지하층에 비상탈출구를 설치하여야 하는 경우, 설치되는 비상탈출구에 관한 기준 내용으로 옳지 않은 것은? (단, 주택이 아닌 경우)

① 비상탈출구의 유효너비는 0.75m 이상으로 할 것
② 비상탈출구의 유효높이는 1.5m 이상으로 할 것
③ 비상탈출구는 출입구로부터 3m 이상 떨어진 곳에 설치할 것
④ 비상탈출구의 문은 피난방향으로 열리도록 하고, 실내에서 비상시에만 열 수 있는 구조로 할 것

4. 건축법 제61조 제2항에 따른 높이를 산정할 때, 공동주택을 다른 용도와 복합하여 건축하는 경우 건축물의 높이 산정을 위한 지표면 기준은?

> 건축법 제61조(일조 등의 확보를 위한 건축물의 높이 제한)
> ② 다음 각 호의 어느 하나에 해당하는 공동주택(일반상업지역과 중심상업지역에 건축하는 것은 제외한다)은 채광(採光) 등의 확보를 위하여 대통령령으로 정하는 높이 이하로 하여야 한다.
> 1. 인접 대지경계선 등의 방향으로 채광을 위한 창문 등을 두는 경우
> 2. 하나의 대지에 두 동(棟) 이상을 건축하는 경우

① 전면도로의 중심선
② 인접 대지의 지표면
③ 공동주택의 가장 낮은 부분
④ 다른 용도의 가장 낮은 부분

5. 국토의 계획 및 이용에 관한 법령에 따른 도시 · 군관리계획의 내용에 속하지 않는 것은?

① 광역계획권의 장기발전방향에 관한 계획
② 도시개발사업이나 정비사업에 관한 계획
③ 기반시설의 설치 · 정비 또는 개량에 관한 계획
④ 용도지역 · 용도지구의 지정 또는 변경에 관한 계획

6. 다음은 주차장 수급실태 조사의 조사구역에 관한 설명이다. ( ) 안에 알맞은 것은?

> 사각형 또는 삼각형 형태로 조사구역을 설정하되 조사구역 바깥 경계선의 최대거리가 ( )를 넘지 아니하도록 한다.

① 100m
② 200m
③ 300m
④ 400m

7. 건축허가신청에 필요한 기본설계도서 중 건축계획서에 표시하여야 할 사항으로 옳지 않은 것은?

① 주차장 규모
② 공개공지 및 조경계획
③ 건축물의 용도별 면적
④ 지역·지구 및 도시계획사항

8. 제1종 일반주거지역 안에서 건축할 수 있는 건축물에 속하지 않는 것은?

① 노유자시설
② 제1종 근린생활시설
③ 공동주택 중 아파트
④ 교육연구시설 중 고등학교

9. 특별건축구역의 지정과 관련한 아래의 내용에서 밑줄 친 부분에 해당하지 않는 것은?

> 국토교통부장관 또는 시·도지사는 다음 각 호의 구분에 따라 도시나 지역의 일부가 특별 건축구역으로 특례 적용이 필요하다고 인정하는 경우에는 특별건축구역을 지정할 수 있다.
> 1. 국토교통부장관이 지정하는 경우
>   가. 국가가 국제행사 등을 개최하는 도시 또는 지역의 사업구역
>   나. <u>관계법령에 따른 국가정책사업으로서 대통령령으로 정하는 사업구역</u>

① 「도로법」에 따른 접도구역
② 「도시개발법」에 따른 도시개발구역
③ 「택지개발촉진법」에 따른 택지개발사업구역
④ 「혁신도시 조성 및 발전에 관한 특별법」에 따른 혁신도시의 사업구역

10. 부설주차장의 설치대상 시설물 종류와 설치기준의 연결이 옳은 것은?

① 판매시설 – 시설면적 100㎡당 1대
② 위락시설 – 시설면적 150㎡당 1대
③ 종교시설 – 시설면적 200㎡당 1대
④ 숙박시설 – 시설면적 200㎡당 1대

11. 국토의 계획 및 이용에 관한 법률상 다음과 같이 정의되는 것은?

> 도시·군계획 수립 대상지역의 일부에 대하여 토지 이용을 합리화하고 그 기능을 증진시키며 미관을 개선하고 양호한 환경을 확보하며, 그 지역을 체계적·계획적으로 관리하기 위하여 수립하는 도시·군관리계획

① 광역도시계획
② 지구단위계획
③ 도시·군기본계획
④ 입지규제최소구역계획

12. 다음 중 철골조로 하였을 경우, 피복과 관계없이 그 자체만으로 내화구조에 속하는 것은?

① 벽
② 기둥
③ 지붕
④ 계단

13. 범죄예방 기준에 따라 건축하여야 하는 대상 건축물에 속하지 않는 것은?

① 수련시설
② 업무시설 중 오피스텔
③ 숙박시설 중 일반숙박시설
④ 아파트

14. 너비 8m 미만인 도로의 모퉁이에 위치한 대지의 도로모퉁이 부분의 건축선은 그 대지에 접한 도로경계선의 교차점으로부터 도로경계선에 따라 다음의 표에 따른 거리를 각각 후퇴한 두 점을 연결한 선으로 한다. ( )안의 숫자로 옳은 것은? (단, 도로의 교차각이 90° 미만인 경우)

해당 도로의 너비	교차되는 도로의 너비
6m 이상 8m 미만	
(㉠)m	6m 이상 8m 미만
(㉡)m	4m 이상 6m 미만

① ㉠ 2, ㉡ 2
② ㉠ 3, ㉡ 2
③ ㉠ 3, ㉡ 3
④ ㉠ 4, ㉡ 3

15. 다음의 용도변경 중 허가대상에 속하지 않는 것은?

① 영업시설군에서 주거업무시설군으로 용도변경
② 교육 및 복지시설군에서 영업시설군으로 용도변경
③ 주거업무시설군에서 문화 및 집회시설군으로 용도변경
④ 교육 및 복지시설군에서 문화 및 집회시설군으로 용도변경

16. 전용주거지역이나 일반주거지역에서 건축물을 건축하는 경우에는 건축물의 각 부분을 정북 방향으로의 인접대지경계선으로부터 일정 거리 이상을 띄어 건축하여야 하는데, 높이 10m 이하인 부분은 원칙적으로 인접대지경계선으로부터 최소 얼마 이상 띄어야 하는가?

① 0.5m
② 1.0m
③ 1.5m
④ 2.0m

17. 대지면적이 600m²인 건축물의 옥상에 조경면적을 60m² 설치한 경우, 대지에 설치하여야 하는 최소 조경면적은? (단, 조경설치기준은 대지면적의 10%)

① 10m²
② 20m²
③ 30m²
④ 40m²

18. 주거기능을 위주로 이를 지원하는 일부 상업지역 및 업무기능을 보완하기 위하여 지정하는 주거지역의 세분은?

① 준주거지역
② 제1종 전용주거지역
③ 제1종 일반주거지역
④ 제2종 일반주거지역

19. 건축물의 면적, 높이 및 층수 산정의 기본 원칙으로 옳지 않은 것은?

① 대지면적은 대지의 수평투영면적으로 한다.
② 연면적은 하나의 건축물 각 층의 거실면적의 합계로 한다.
③ 건축면적은 건축물의 외벽(외벽이 없는 경우에는 외곽 부분의 기둥)의 중심선으로 둘러싸인 부분의 수평투영면적으로 한다.
④ 바닥면적은 건축물의 각 층 또는 그 일부로서 벽, 기둥, 그 밖에 이와 비슷한 구획의 중심선으로 둘러싸인 부분의 수평투영면적으로 한다.

20. 건축물로부터 바깥쪽으로 나가는 출구를 국토교통부령으로 정하는 기준에 따라 설치하여야 하는 대상 건축물에 속하지 않는 것은?

① 종교시설
② 의료시설 중 종합병원
③ 교육연구시설 중 학교
④ 문화 및 집회시설 중 관람장

해설 및 정답

1. 문화 및 집회시설(전시장, 동·식물원), 업무시설, 숙박시설, 위락시설의 용도 경우 3,000m² 이하까지 1대, 3,000m² 초과하는 2,000m²당 1대를 가산한 대수로 하므로 $1 + \frac{9{,}000 - 3{,}000}{2{,}000} = 4$대

※ 8인승 이상 15인승 이하를 기준으로 산정하며 16인승 이상의 승강기는 2대로 산정한다.

2. 내변반경

6m(50대 이하인 경우 5m) 이상

3. 비상탈출구의 방향은 피난방향으로 열리도록 하고, 실내에서 항상 열 수 있는 구조로 하며 내부 및 외부에는 비상탈출구의 표시를 설치하여야 한다.

4. 법 61조② 기준 적용(일조권 제한)

전용주거지역 일반주거지역이 아닌 지역에서 공동주택을 다른 용도와 복합하여 건축하는 경우 건축물의 지표면 산정에는 공동주택의 가장 낮은 부분을 지표면으로 본다.

5. 도시·군관리계획의 내용

1. 용도지역·용도지구의 지정 또는 변경에 관한 계획
2. 개발제한구역·도시자연공원·구역시가화조정구역·수산자원보호구역의 지정 또는 변경에 관한 계획
3. 기반시설의 설치·정비 또는 개량에 관한 계획
4. 도시개발사업 또는 정비사업에 관한 계획
5. 지구단위계획구역의 지정 또는 변경에 관한 계획과 지구단위계획
6. 입지규제최소구역의 지정 또는 변경에 관한 계획과 입지규제최소구역계획

7. 공개공지 및 조경계획은 기본설계도서 중 배치도의 범위에 해당된다.

8. 일반주거지역 내 아파트의 건축

제1종	금지
제2종	허용
제3종	

9. 대상 구역의 제외

1. 개발제한구역
2. 자연공원
3. 접도구역
4. 보전산지

10. 부설주차장의 설치기준(시설면적에 따른 기준)

1. 위락시설 : 시설면적 100m² 당 1대
2. 판매시설 : 시설면적 150m² 당 1대

12. 철골조의 계단은 피복두께와 상관없이 내화구조로 본다.

13. 숙박시설 중 다중생활시설이 해당된다.

15. 허가대상 및 신고대상의 용도변경

분 류
㉠ 자동차관련 시설군
㉡ 산업등 시설군
㉢ 전기통신시설군
㉣ 문화집회시설군
㉤ 영업시설군
㉥ 교육 및 복지시설군
㉦ 근린생활시설군
㉧ 주거업무시설군
㉨ 기타 시설군

※ 절차 :
1. 허가대상 : 상위시설군(오름차순)에 해당하는 용도로 변경하는 행위
2. 신고대상 : 하위 시설군(내림차순)에 해당하는 용도로 변경하는 행위
3. 건축물대장 기재변경 신청 : 동일한 시설군내에서 용도 변경하는 행위

해설 및 정답

16. 전용주거지역 · 일반주거지역 안에서 인접대지경계선으로부터 정북방향으로 띄우는 거리

1. 높이 10m 이하인 부분 : 인접대지경계선으로부터 1.5m 이상
2. 높이 10m를 초과하는 건축물 : 인접대지경계선으로부터 해당 건축물의 각 부분 높이의 1/2 이상

17. 조경면적의 산출
1. 법 요구 조경면적=600m²×0.1=60m²(전체조경면적)
2. 옥상조경면적=60×2/3=40m²(옥상조경면적의 2/3를 대지안의 조경면적으로 산정한다.)
3. 대지 안의 조경면적으로 산정하는 옥상조경면적은 전체조경면적의 50/100를 초과할 수 없으므로 60×1/2 = 30m²만 인정
∴ 추가 설치 대지내 조경면적(A)
A = 법 요구면적 − 옥상조경면적 중 인정면적
 = 60−30 = 30m²

18. 주거지역

전용주거지역	제1종	단독주택중심의 양호한 주거환경을 보호
	제2종	공동주택중심의 양호한 주거환경을 보호
일반주거지역	제1종	저층주택을 중심으로 편리한 주거환경을 조성
	제2종	중층주택을 중심으로 편리한 주거환경을 조성
	제3종	중고층주택을 중심으로 편리한 주거환경을 조성
준주거지역		주거기능을 위주로 이를 지원하는 일부 상업 · 업무기능을 보완

19. 연면적은 하나의 건축물 각 층 바닥면적의 합계이다.

20. 건축물 바깥쪽으로의 출구 설치 대상

1. 문화 및 집회시설(전시장 및 동 · 식물원을 제외)
2. 판매시설
3. 교육연구시설 중 학교
4. 종교시설
5. 위락시설 등

※ 의료시설은 해당되지 않는다.

1. ③	2. ③	3. ④	4. ③	5. ①
6. ③	7. ②	8. ③	9. ①	10. ④
11. ②	12. ④	13. ③	14. ④	15. ①
16. ③	17. ③	18. ①	19. ②	20. ②

과년도출제문제 (CBT 시험문제)

25 건축기사
5. 10 시행 출제문제

※ 본 기출문제는 수험자의 기억을 바탕으로 하여 복원한 문제이므로 실제 문제와 다를 수 있음을 미리 알려드립니다.

1. 특별피난계단의 구조에 관한 기준 내용으로 옳지 않은 것은?

① 계단은 내화구조로 하되, 피난층 또는 지상까지 직접 연결되도록 한다.
② 계단실 및 부속실의 실내에 접하는 부분의 마감은 불연재료로 한다.
③ 출입구의 유효너비는 0.9m 이상으로 하고 피난의 방향으로 열 수 있도록 한다.
④ 건축물의 내부에서 노대 또는 부속실로 통하는 출입구에는 60+방화문, 60분 방화문 또는 30분 방화문을 설치하고, 노대 또는 부속실로부터 계단실로 통하는 출입구에는 60+방화문, 60분 방화문을 설치하도록 한다.

2. 건축물의 필로티 부분을 건축법령상의 바닥면적에 산입하는 경우에 속하는 것은?

① 공중의 통행에 전용되는 경우
② 차량의 주차에 전용되는 경우
③ 업무시설의 휴식공간으로 전용되는 경우
④ 공동주택의 놀이공간으로 전용되는 경우

3. 건축법령상 일반주거지역, 준주거지역, 상업지역 또는 준공업지역의 환경을 쾌적하게 조성하기 위하여 대지에 공개 공지 또는 공개 공간을 확보하여야 하는 대상 건축물에 속하지 않는 것은? (단, 건축조례로 정하는 건축물 제외)

① 숙박시설로서 해당 용도로 쓰는 바닥면적의 합계가 5,000m² 이상인 건축물
② 의료시설로서 해당 용도로 쓰는 바닥면적의 합계가 5,000m² 이상인 건축물
③ 업무시설로서 해당 용도로 쓰는 바닥면적의 합계가 5,000m² 이상인 건축물
④ 종교시설로서 해당 용도로 쓰는 바닥면적의 합계가 5,000m² 이상인 건축물

4. 건축법령상 다중이용건축물에 속하지 않는 것은?

① 층수가 16층인 판매시설
② 층수가 20층인 관광숙박시설
③ 종합병원으로 쓰는 바닥면적의 합계가 3,000m²인 건축물
④ 종교시설로 쓰는 바닥면적의 합계가 5,000m²인 건축물

5. 국토교통부령으로 정하는 기준에 따라 거실에 배연설비를 설치하여야 하는 대상 건축물에 속하지 않는 것은? (단, 6층 이상의 건축물)

① 의료시설
② 위락시설
③ 수련시설 중 유스호스텔
④ 교육연구시설 중 대학교

6. 비상용승강기의 승강장 및 승강로의 구조에 관한 기준 내용으로 옳지 않은 것은?

① 승강장은 각층의 내부와 연결될 수 있도록 할 것
② 각층으로부터 피난층까지 이르는 승강로는 단일구조로 연결하여 설치할 것
③ 옥내 승강장의 바닥면적은 비상용승강기 1대에 대하여 6m² 이상으로 할 것
④ 피난층이 있는 승강장의 출입구로부터 도로 또는 공지에 이르는 거리가 50m 이하일 것

7. 도시지역에서 복합적인 토지이용을 증진시켜 도시정비를 촉진하고 지역 거점을 육성할 필요가 있다고 인정되는 지역을 대상으로 지정하는 구역은?

① 개발제한구역
② 시가화조정구역
③ 입지규제최소구역
④ 도시자연공원구역

8. 건축허가신청에 필요한 기본설계도서 중 건축계획서에 표시하여야 할 사항으로 옳지 않은 것은?

① 주차장 규모
② 공개공지 및 조경계획
③ 건축물의 용도별 면적
④ 지역·지구 및 도시계획사항

9. 건축물의 주요구조부를 내화구조로 하여야 하는 대상 건축물에 속하지 않는 것은?

① 공장의 용도로 쓰는 건축물로서 그 용도로 쓰는 바닥면적의 합계가 500m²인 건축물
② 판매시설의 용도로 쓰는 건축물로서 그 용도로 쓰는 바닥면적의 합계가 500m²인 건축물
③ 창고시설의 용도로 쓰는 건축물로서 그 용도로 쓰는 바닥면적의 합계가 500m²인 건축물
④ 문화 및 집회시설 중 전시장의 용도로 쓰는 건축물로서 그 용도로 쓰는 바닥면적의 합계가 500m²인 건축물

10. 노외주차장의 출입구가 2개인 경우 주차형식에 따른 차로의 최소 너비가 옳지 않은 것은? (단, 이륜자동차전용 외의 노외주차장의 경우)

① 직각주차 : 6.0m
② 평행주차 : 3.3m
③ 45도 대향주차 : 3.5m
④ 60도 대향주차 : 5.0m

11. 다음의 대지와 도로의 관계에 관한 기준 내용 중 (   ) 안에 알맞은 것은?

> 연면적의 합계가 2천 제곱미터(공장인 경우에는 3천 제곱미터) 이상인 건축물(축사, 작물 재배사, 그 밖에 이와 비슷한 건축물로서 건축조례로 정하는 규모의 건축물은 제외한다)의 대지는 너비 (㉠) 이상의 도로에 (㉡) 이상 접하여야 한다.

① ㉠ 4m, ㉡ 2m
② ㉠ 6m, ㉡ 4m
③ ㉠ 8m, ㉡ 6m
④ ㉠ 8m, ㉡ 4m

12. 건축물의 연면적 중 주차장으로 사용되는 비율이 70퍼센트인 경우, 주차전용건축물로 볼 수 있는 주차장 외의 용도에 속하지 않는 것은?

① 의료시설
② 운동시설
③ 제1종 근린생활시설
④ 제2종 근린생활시설

13. 급수, 배수, 환기, 난방 설비를 건축물에 설치하는 경우, 건축기계설비기술사 또는 공조냉동기계기술사의 협력을 받아야 하는 대상 건축물에 속하지 않는 것은?

① 아파트
② 연립주택
③ 기숙사로서 해당 용도에 사용되는 바닥면적의 합계가 2,000m²인 건축물
④ 업무시설로서 해당 용도에 사용되는 바닥면적의 합계가 2,000m²인 건축물

14. 다음 중 해당 용도로 사용되는 바닥면적의 합계에 의해 건축물의 용도 분류가 다르게 되지 않는 것은?

① 오피스텔
② 종교집회장
③ 골프연습장
④ 휴게음식점

15. 설치하여야 하는 부설주차장의 최소 규모(설치 대수)의 크기 관계가 옳은 것은?

> ㉠ 시설면적이 600㎡인 위락시설
> ㉡ 시설면적이 800㎡인 숙박시설
> ㉢ 타석수가 5타석인 골프연습장
> ㉣ 시설면적이 900㎡인 판매시설

① ㉠ = ㉣ > ㉢ > ㉡
② ㉠ > ㉣ = ㉢ > ㉡
③ ㉢ > ㉣ > ㉠ > ㉡
④ ㉢ > ㉣ = ㉠ > ㉡

16. 건축법령에 따라 건축물의 경사지붕 아래에 설치하는 대피공간에 관한 기준 내용으로 옳지 않은 것은?

① 특별피난계단 또는 피난계단과 연결되도록 할 것
② 관리사무소 등과 긴급 연락이 가능한 통신시설을 설치할 것
③ 대피공간의 면적은 지붕 수평투영면적의 20분의 1 이상일 것
④ 출입구는 유효너비 0.9m 이상으로 하고, 그 출입구에는 갑종방화문을 설치할 것

17. 주거기능을 위주로 이를 지원하는 일부 상업기능 및 업무기능을 보완하기 위하여 지정하는 주거지역의 세분은?

① 준주거지역
② 제1종 전용주거지역
③ 제1종 일반주거지역
④ 제2종 일반주거지역

18. 6층 이상의 거실면적 합계가 9,000㎡인 층수가 10층인 업무시설에 설치하여야 하는 승용승강기의 최소 대수는? (단, 8인승 승강기의 경우)

① 2대   ② 3대
③ 4대   ④ 5대

19. 다음 중 도시·군관리계획에 포함되지 않는 것은?

① 도시개발사업이나 정비사업에 관한 계획
② 광역계획권의 장기발전방향에 관한 계획
③ 기반시설의 설치·정비 또는 개량에 관한 계획
④ 용도지역·용도지구의 지정 또는 변경에 관한 계획

20. 제2종 일반주거지역 안에서 건축할 수 있는 건축물에 속하지 않는 것은?

① 아파트
② 노유자시설
③ 문화 및 집회시설 중 전시장
④ 문화 및 집회시설 중 관람장

해설 및 정답

1. 특별피난계단의 출입구 설치

1. 건축물의 안쪽으로부터 노대, 부속실로 통하는 출입구에는 60+방화문, 60분 방화문을 설치할 것
2. 노대, 부속실로부터 계단실로 통하는 출입구에는 60+방화문, 60분 방화문 또는 30분 방화문을 설치할 것

2. 필로티 부분이 바닥면적에서 제외되는 경우

1. 공중의 통행에 전용되는 경우
2. 차량의 주차에 전용되는 경우
3. 공동주택의 경우

3. 공개공지 확보 대상 건축물

1. 문화 및 집회시설
2. 종교시설
3. 판매시설(농수산물 유통시설 제외)
4. 운수시설(여객용시설만 해당)
5. 업무시설
6. 숙박시설

4. 종합병원 – 바닥면적 합계 5,000㎡ 이상

5. 교육연구시설 중에서는 연구소만 해당된다.

6. 피난층이 있는 승강장의 출입구로부터 도로 또는 공지에 이르는 거리가 30m 이하일 것

8. 공개공지 및 조경계획은 기본설계도서 중 배치도의 범위에 해당된다.

9. 공장 – 바닥면적 합계 2,000㎡ 이상

10. 60° 대향주차 – 4.5m 이상

11. 건축물의 대지가 도로에 접해야 하는 길이

연면적 합계	기 준
2,000㎡ 미만 건축물	대지는 도로에 2m 이상 접해야 한다.
2,000㎡(공장은 3,000㎡) 이상인 건축물	대지는 너비 6m 이상 도로에 4m 이상 접해야 한다. (공장 : 4m 이상)

12. 근린생활시설, 운동시설 – 95% 이상

13. 업무시설 – 3,000㎡ 이상

14.
② 종교집회장 : 제2종 근린생활시설(500㎡ 미만), 종교시설 (500㎡ 이상)
③ 골프연습장 : 제2종 근린생활시설(500㎡ 미만), 운동시설 (500㎡ 이상)
④ 휴게음식점 : 제1종 근린생활시설(300㎡ 미만), 제2종 근린생활시설 (300㎡ 이상)

15.
㉠ 시설면적이 600㎡인 위락시설(100㎡/대)=600㎡÷100㎡=6대
㉡ 시설면적이 800㎡인 숙박시설(200㎡/대)=800㎡÷200㎡=4대
㉢ 타석수가 5타석인 골프연습장(1타석당 1대)=5타석×1대=5대
㉣ 시설면적이 900㎡인 판매시설(150㎡/대)=900㎡÷150㎡=6대

16. 대피공간의 면적은 지붕 수평투영면적의 1/10 이상일 것

17. 주거지역

전용주거지역	제1종	단독주택중심의 양호한 주거환경을 보호
	제2종	공동주택중심의 양호한 주거환경을 보호
일반주거지역	제1종	저층주택을 중심으로 편리한 주거환경을 조성
	제2종	중층주택을 중심으로 편리한 주거환경을 조성
	제3종	중고층주택을 중심으로 편리한 주거환경을 조성
준주거지역		주거기능을 위주로 이를 지원하는 일부 상업·업무기능을 보완

해설 및 정답

18. 업무시설 승용승강기 설치대수(N)

$N = 1 + \dfrac{9{,}000 - 3{,}000}{2{,}000} = 4$(대)

※ 8인승 이상 15인승 이하를 기준으로 산정하며 16인승 이상의 승강기는 2대로 산정한다.

19. 광역계획권의 장기발전방향은 광역도시계획으로 정한다.

20. 제2종 일반주거지역 안에서 아파트, 노유자시설, 문화 및 집회시설(관람장 제외)은 건축이 허용된다.

1. ④	2. ③	3. ②	4. ③	5. ④
6. ④	7. ③	8. ②	9. ①	10. ④
11. ②	12. ①	13. ④	14. ①	15. ①
16. ③	17. ①	18. ③	19. ②	20. ④

과년도출제문제 (CBT 시험문제)

25 건축기사 8.9 시행 출제문제

※ 본 기출문제는 수험자의 기억을 바탕으로 하여 복원한 문제이므로 실제 문제와 다를 수 있음을 미리 알려드립니다.

1. 급수, 배수, 환기, 난방 설비를 건축물에 설치하는 경우, 건축기계설비기술사 또는 공조냉동기계기술사의 협력을 받아야 하는 대상 건축물에 속하지 않는 것은?

① 아파트
② 연립주택
③ 기숙사로서 해당 용도에 사용되는 바닥면적의 합계가 2,000m²인 건축물
④ 업무시설로서 해당 용도에 사용되는 바닥면적의 합계가 2,000m²인 건축물

2. 건축법 제61조 제2항에 따른 높이를 산정할 때, 공동주택을 다른 용도와 복합하여 건축하는 경우 건축물의 높이 산정을 위한 지표면 기준은?

> 건축법 제61조(일조 등의 확보를 위한 건축물의 높이 제한)
> ② 다음 각 호의 어느 하나에 해당하는 공동주택(일반상업지역과 중심상업지역에 건축하는 것은 제외한다)은 채광(採光) 등의 확보를 위하여 대통령령으로 정하는 높이 이하로 하여야 한다.
> 1. 인접 대지경계선 등의 방향으로 채광을 위한 창문 등을 두는 경우
> 2. 하나의 대지에 두 동(棟) 이상을 건축하는 경우

① 전면도로의 중심선
② 인접 대지의 지표면
③ 공동주택의 가장 낮은 부분
④ 다른 용도의 가장 낮은 부분

3. 도시 · 군계획 수립 대상지역의 일부에 대하여 토지 이용을 합리화하고 그 기능을 증진시키며 미관을 개선하고 양호한 환경을 확보하며, 그 지역을 체계적 · 계획적으로 관리하기 위하여 수립하는 도시 · 군관리계획은?

① 광역도시계획
② 지구단위계획
③ 지구경관계획
④ 택지개발계획

4. 지하식 또는 건축물식 노외주차장의 차로에 관한 기준 내용으로 옳지 않은 것은? (단, 이륜자동차전용 노외주차장이 아닌 경우)

① 높이는 주차바닥면으로부터 2.3m 이상으로 하여야 한다.
② 경사로의 종단경사도는 직선 부분에서는 17%를 초과하여서는 아니된다.
③ 곡선 부분은 자동차가 4m 이상의 내변반경으로 회전할 수 있도록 하여야 한다.
④ 주차대수 규모가 50대 이상인 경우의 경사로는 너비 6m 이상인 2차로를 확보하거나 진입차로와 진출차로를 분리하여야 한다.

5. 건축물의 지하층에 비상탈출구를 설치하여야 하는 경우, 설치되는 비상탈출구에 관한 기준 내용으로 옳지 않은 것은? (단, 주택이 아닌 경우)

① 비상탈출구의 유효너비는 0.75m 이상으로 할 것
② 비상탈출구의 유효높이는 1.5m 이상으로 할 것
③ 비상탈출구는 출입구로부터 3m 이상 떨어진 곳에 설치할 것
④ 비상탈출구의 문은 피난방향으로 열리도록 하고, 실내에서 비상시에만 열 수 있는 구조로 할 것

6. 다음은 주차장 수급 실태 조사의 조사구역에 관한 설명이다. (   ) 안에 알맞은 것은?

> 사각형 또는 삼각형 형태로 조사구역을 설정하되 조사구역 바깥 경계선의 최대거리가 (   )를 넘지 아니하도록 한다.

① 100m
② 200m
③ 300m
④ 400m

7. 건축법령상 건축허가신청에 필요한 설계도서에 속하지 않는 것은?

① 조감도
② 배치도
③ 건축계획서
④ 소방설비도

8. 일반상업지역에 건축할 수 없는 건축물에 속하지 않는 것은?

① 묘지 관련 시설
② 자원순환 관련 시설
③ 운수시설 중 철도시설
④ 자동차 관련 시설 중 폐차장

9. 6층 이상의 거실면적의 합계가 3,000m²인 경우, 건축물의 용도별 설치하여야 하는 승용승강기의 최소 대수가 옳은 것은? (단, 15인승 승강기의 경우)

① 업무시설 – 2대
② 의료시설 – 2대
③ 숙박시설 – 2대
④ 위락시설 – 2대

10. 부설주차장의 설치대상 시설물 종류에 따른 설치기준이 틀린 것은?

① 골프장 – 1홀당 10대
② 위락시설 – 시설면적 80m²당 1대
③ 판매시설 – 시설면적 150m²당 1대
④ 숙박시설 – 시설면적 200m²당 1대

11. 국토의 계획 및 이용에 관한 법률에 따른 용도 지역에서의 용적률 최대 한도 기준이 옳지 않은 것은? (단, 도시지역의 경우)

① 주거지역: 500퍼센트 이하
② 녹지지역: 100퍼센트 이하
③ 공업지역: 400퍼센트 이하
④ 상업지역: 1000퍼센트 이하

12. 그림과 같은 대지의 도로 모퉁이 부분의 건축선으로서 도로 경계선의 교차점에서의 거리 "A"로 옳은 것은?

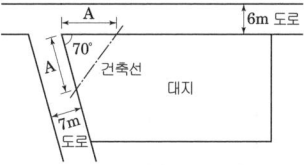

① 1m
② 2m
③ 3m
④ 4m

13. 다음 중 건축물의 용도 분류가 옳은 것은?

① 식물원 – 동물 및 식물관련시설
② 동물병원 – 의료시설
③ 유스호스텔 – 수련시설
④ 장례식장 – 묘지관련시설

14. 다음의 직통계단의 설치에 관한 기준 내용 중 밑줄 친 "다음 각 호의 어느 하나에 해당하는 용도 및 규모의 건축물"의 기준 내용으로 옳지 않은 것은?

> 법 제49조제1항에 따라 피난층 외의 층이 <u>다음 각 호의 어느 하나에 해당하는 용도 및 규모의 건축물</u>에는 국토교통부령으로 정하는 기준에 따라 피난층 또는 지상으로 통하는 직통계단을 2개소 이상 설치하여야 한다.

① 지하층으로서 그 층 거실의 바닥면적의 합계가 200m² 이상인 것
② 종교시설의 용도로 쓰는 층으로서 그 층에서 해당 용도로 쓰는 바닥면적의 합계가 200m² 이상인 것
③ 숙박시설의 용도로 쓰는 3층 이상의 층으로서 그 층의 해당 용도로 쓰는 거실의 바닥면적의 합계가 200m² 이상인 것
④ 업무시설 중 오피스텔의 용도로 쓰는 층으로서 그 층의 해당 용도로 쓰는 거실의 바닥면적의 합계가 200m² 이상인 것

15. 다음은 일조 등의 확보를 위한 건축물의 높이제한에 관한 기준 내용이다. ( ) 안에 알맞은 것은?

( ) 안에서 건축하는 건축물의 높이는 일조등의 확보를 위하여 정북방향의 인접 대지 경계선으로부터의 거리에 따라 대통령령으로 정하는 높이 이하로 하여야 한다.

① 일반주거지역과 준주거지역
② 전용주거지역과 일반주거지역
③ 중심상업지역과 일반상업지역
④ 일반상업지역과 근린상업지역

16. 다음 중 허가대상에 속하는 용도변경은?
① 숙박시설에서 의료시설로의 용도변경
② 판매시설에서 문화 및 집회시설로의 용도변경
③ 제1종 근린생활시설에서 업무시설로의 용도변경
④ 제1종 근린생활시설에서 공동주택으로의 용도변경

17. 대통령령으로 정하는 용도와 규모의 건축물에 대해 일반이 사용할 수 있도록 소규모 휴식시설 등의 공개공지 또는 공개공간을 설치하여야 하는 대상지역에 속하지 않는 것은?
① 준주거지역   ② 준공업지역
③ 일반주거지역   ④ 전용주거지역

18. 다음의 각종 용도지역의 세분에 관한 설명 중 옳지 않은 것은?
① 근린상업지역 : 근린지역에서의 일용품 및 서비스의 공급을 위하여 필요한 지역
② 중심상업지역 : 도심·부도심의 상업기능 및 업무기능의 확충을 위하여 필요한 지역
③ 제1종일반주거지역 : 단독주택을 중심으로 양호한 주거환경을 조성하기 위하여 필요한 지역
④ 준주거지역 : 주거기능을 위주로 이를 지원하는 일부 상업기능 및 업무기능을 보완하기 위하여 필요한 지역

19. 건축물의 면적, 높이 및 층수 등의 산정 방법에 관한 설명으로 옳은 것은?
① 건축물의 높이 산정 시 건축물의 대지에 접하는 전면도로의 노면에 고저차가 있는 경우에는 그 건축물이 접하는 범위의 전면 도로부분의 수평거리에 따라 가중평균한 높이의 수평면을 전면도로면으로 본다.
② 용적률 산정 시 연면적에는 지하층의 면적과 지상층의 주차용으로 쓰는 면적을 포함시킨다.
③ 건축면적은 건축물의 내벽의 중심선으로 둘러싸인 부분의 수평투영면적으로 한다.
④ 건축물의 층수는 지하층을 포함하여 산정하는 것이 원칙이다.

20. 주요구조부를 내화구조로 해야 하는 대상 건축물 기준으로 옳은 것은?
① 장례시설의 용도로 쓰는 건축물로서 집회실의 바닥면적의 합계가 $150m^2$ 이상인 건축물
② 판매시설의 용도로 쓰는 건축물로서 그 용도로 쓰는 바닥면적의 합계가 $300m^2$ 이상인 건축물
③ 운수시설의 용도로 쓰는 건축물로서 그 용도로 쓰는 바닥면적의 합계가 $400m^2$ 이상인 건축물
④ 문화 및 집회시설 중 전시장의 용도로 쓰는 건축물로서 그 용도로 쓰는 바닥면적의 합계가 $500m^2$ 이상인 건축물

해설 및 정답

1. 업무시설 - 3,000m² 이상

3. 광역도시계획
광역계획권의 지정의 규정에 의하여 지정된 광역계획권의 장기발전방향을 제시

4. 내변반경

| 1. 원칙 : 6m 이상 |
| 2. 총 주차대수 50대 이하 : 5m 이상 |

5. 비상탈출구 구조
비상탈출구의 방향은 피난방향으로 열리도록 하고, 실내에서 항상 열 수 있는 구조로 하며 내부 및 외부에는 비상탈출구의 표시를 설치하여야 한다.

7. 설계도서

| 1. 건축계획서 |
| 2. 배치도 |
| 3. 평면도 |
| 4. 입면도 |
| 5. 단면도 |
| 6. 구조도 |
| 7. 구조계산서 |
| 8. 소방설비도 |

8. 일반상업지역 안에서 운수시설 중 철도시설은 허용건축물에 해당된다.

9. 승용승강기 최소 설치대수(N)

| 1. 업무시설, 숙박시설, 위락시설 : 1대 이상 |
| 2. 의료시설 : 2대 이상 |

10. 위락시설 - 100m²당 1대

11. 상업지역 - 1,500% 이하

12. 가각전제

도로의 교차각	해당 도로의 너비		교차되는 도로의 너비
	6m 이상, 8m 미만	4m 이상, 6m 미만	
90° 미만	4m	3m	6m 이상, 8m 미만
	3m	2m	4m 이상, 6m 미만

13. 용도분류
① 식물원 - 문화 및 집회시설
② 동물병원 - 제2종 근린생활시설
④ 장례식장 - 장례시장

14. 오피스텔(업무시설) - 300m² 이상

16. 허가대상 및 신고대상의 용도변경

분류	시설군
㉠ 자동차관련시설군	• 자동차관련시설
㉡ 산업등시설군	• 운수시설 • 창고시설 • 공장 • 위험물저장 및 처리시설 • 자원순환관련시설 • 묘지관련시설 • 장례식장
㉢ 전기통신시설군	• 방송통신시설 • 발전시설
㉣ 문화집회시설군	• 문화및집회시설 • 종교시설 • 위락시설 • 관광휴게시설
㉤ 영업시설군	• 판매시설 • 운동시설 • 숙박시설 • 제2종근린생활시설 중 다중생활시설
㉥ 교육및복지시설군	• 의료시설 • 교육연구시설 • 노유자시설 • 수련시설 • 야영장시설
㉦ 근린생활시설군	• 제1종근린생활시설 • 제2종근린생활시설(다중생활시설은 제외)
㉧ 주거업무시설군	• 단독주택 • 공동주택 • 업무시설 • 교정 및 군사시설
㉨ 기타 시설군	• 동물 및 식물관련시설

※ 절차 :
1. 허가대상 : 상위시설군(오름차순)에 해당하는 용도로 변경하는 행위
2. 신고대상 : 하위시설군(내림차순)에 해당하는 용도로 변경하는 행위

해설 및 정답

17. 공개공지 확보 대상지역

1. 일반주거지역
2. 준주거지역
3. 상업지역
4. 준공업지역

18. 제1종 일반주거지역 – 저층주택 중심으로 편리한 주거환경

19. ② 용적률 산정시 연면적 산정 시 지하층 면적은 연면적에서 제외한다.
③ 건축면적은 건축물의 외벽의 중심선으로 둘러싸인 부분으로 산정한다.
④ 지하층은 건축물의 층수에 산입하지 아니한다.

20. 내화구조 대상

① 장례식장 : 200m² 이상
② 판매시설 : 500m² 이상
③ 운수시설 : 500m² 이상

1. ④	2. ③	3. ②	4. ③	5. ④
6. ③	7. ①	8. ③	9. ②	10. ②
11. ④	12. ④	13. ③	14. ④	15. ②
16. ②	17. ④	18. ③	19. ①	20. ④

과년도출제문제 (CBT 시험문제)

23 건축산업기사
2. 23 시행 출제문제

※ 본 기출문제는 수험자의 기억을 바탕으로 하여 복원한 문제이므로 실제 문제와 다를 수 있음을 미리 알려드립니다.

1. 다음 중 건축법상의 숙박시설에 해당되지 않는 것은?

① 휴양 콘도미니엄 ② 가족 호텔
③ 여인숙 ④ 유스호스텔

2. 부설주차장의 인근 설치와 관련하여 시설물의 부지 인근의 범위(해당 부지의 경계선으로부터 부설주차장의 경계선까지의 거리) 기준으로 옳은 것은?

① 직선거리 100m 이내 또는 도보거리 500m 이내
② 직선거리 100m 이내 또는 도보거리 600m 이내
③ 직선거리 300m 이내 또는 도보거리 500m 이내
④ 직선거리 300m 이내 또는 도보거리 600m 이내

3. 부설주차장 설치대상 시설물이 숙박시설인 경우, 부설주차장 설치기준으로 옳은 것은?

① 시설면적 100m²당 1대
② 시설면적 150m²당 1대
③ 시설면적 200m²당 1대
④ 시설면적 300m²당 1대

4. 다음 중 주요구조부를 내화구조로 하여야 하는 대상 건축물에 속하지 않는 것은?

① 문화 및 집회시설(전시장 및 동·식물원 제외)의 용도에 쓰이는 건축물로서 옥내 관람석 또는 집회실의 바닥면적의 합계가 300m²인 건축물
② 관광휴게시설의 용도에 쓰이는 건축물로서 그 용도에 쓰이는 바닥면적의 합계가 600m²인 건축물
③ 공장의 용도에 쓰이는 건축물로서 그 용도에 사용하는 바닥면적의 합계가 1,000m²인 건축물
④ 건축물의 2층이 숙박시설의 용도에 쓰이는 건축물로서 그 용도에 쓰이는 바닥면적의 합계가 400m²인 건축물

5. 태양열을 주된 에너지원으로 이용하는 주택의 건축면적 산정의 기준이 되는 것은?

① 외벽 중 내측 내력벽의 중심선
② 외벽 중 외측 비내력벽의 중심선
③ 외벽 중 내측 내력벽의 외측 외곽선
④ 외벽 중 외측 비내력벽의 외측 외곽선

6. 건축물의 층수가 23층이고 각 층의 거실면적이 1,000m²인 숙박시설에 설치하여야 하는 승용승강기의 최소 대수는? (단, 8인승 승용승강기의 경우)

① 7대 ② 8대
③ 9대 ④ 10대

7. 다음은 옥상광장 등의 설치에 관한 기준 내용이다. ( ) 안에 알맞은 것은?

옥상광장 또는 2층 이상인 층에 있는 노대등[노대(露臺)나 그 밖에 이와 비슷한 것을 말한다]의 주위에는 높이 ( ) 이상의 난간을 설치하여야 한다. 다만, 그 노대등에 출입할 수 없는 구조인 경우에는 그러하지 아니하다.

① 0.9m ② 1.2m
③ 1.5m ④ 1.8m

8. 건축물의 거실(피난층의 거실 제외)에 국토교통부령으로 정하는 기준에 따라 배연설비를 하여야 하는 대상 건축물의 용도에 속하지 않는 것은? (단, 6층 이상인 건축물의 경우)

① 공동주택
② 판매시설
③ 숙박시설
④ 위락시설

9. 건축허가 대상 건축물이라 하더라도 신고를 함으로써 건축허가를 받은 것으로 보는 경우에 해당하지 않는 것은?

① 바닥면적의 합계가 85m² 이내의 증축
② 연면적 300m² 미만이고 5층 미만인 건축물의 대수선
③ 연면적의 합계가 100m² 이하인 건축물의 건축
④ 바닥면적의 합계가 85m² 이내의 재축

10. 건축물의 출입구에 설치하는 회전문의 설치 기준으로 틀린 것은?

① 계단이나 에스컬레이터로부터 2m 이상의 거리를 둘 것
② 회전문의 회전속도는 분당회전수가 15회를 넘지 아니하도록 할 것
③ 출입에 지장이 없도록 일정한 방향으로 회전하는 구조로 할 것
④ 회전문의 중심축에서 회전문과 문틀 사이의 간격을 포함한 회전문 날개 끝부분까지의 길이는 140cm 이상이 되도록 할 것

11. 국토의 계획 및 이용에 관한 법률에 따른 용도 지역의 건폐율 기준으로 옳지 않은 것은?

① 주거지역: 70% 이하
② 상업지역: 80% 이하
③ 공업지역: 70% 이하
④ 녹지지역: 20% 이하

12. 비상용승강기를 설치하지 아니할 수 있는 건축물에 관한 기준 내용이다. ( ) 안에 알맞은 것은?

> 높이 (㉮)m를 넘는 층수가 (㉯)개층 이하로서 해당 각층의 바닥면적의 합계 200m² 이내마다 방화구획으로 구획한 건축물

① ㉮ 31, ㉯ 4   ② ㉮ 31, ㉯ 3
③ ㉮ 41, ㉯ 4   ④ ㉮ 41, ㉯ 3

13. 다음 중 공동주택의 개별난방설비 설치기준으로 옳지 않은 것은?

① 보일러의 연도는 내화구조로서 공동연도로 설치할 것
② 보일러실 윗부분에는 그 면적이 최소 1.0m² 이상인 환기창을 설치할 것
③ 보일러를 설치하는 곳과 거실 사이의 경계벽은 출입구를 제외하고는 내화구조의 벽으로 구획할 것
④ 기름보일러를 설치하는 경우에는 기름저장소를 보일러실 외의 다른 곳에 설치할 것

14. 건축물의 대지에 공개 공지 또는 공개 공간을 확보해야 하는 대상 건축물에 속하지 않는 것은? (단, 일반주거지역이며, 해당 용도로 쓰는 바닥 면적의 합계가 5,000m² 이상인 건축물인 경우)

① 운동시설
② 숙박시설
③ 업무시설
④ 문화 및 집회시설

15. 문화 및 집회시설 중 집회장의 용도에 쓰이는 건축물의 집회실로서 그 바닥면적이 200m² 이상인 경우, 반자 높이는 최소 얼마 이상이어야 하는가? (단, 기계환기장치를 설치하지 않은 경우)

① 1.8m
② 2.1m
③ 2.7m
④ 4.0m

16. 주거지역의 세분으로 저층주택을 중심으로 편리한 주거환경을 조성하기 위하여 지정하는 지역은?

① 제1종전용주거지역
② 제2종전용주거지역
③ 제1종일반주거지역
④ 제2종일반주거지역

17. 건축물의 면적 · 높이 및 층수 등의 산정 기준으로 틀린 것은?

① 대지면적은 대지의 수평투영면적으로 한다.
② 건축면적은 건축물의 외벽의 중심선으로 둘러싸인 부분의 수평투영면적으로 한다.
③ 바닥면적은 건축물의 각 층 또는 그 일부로서 벽, 기둥, 그 밖에 이와 비슷한 구획의 중심선으로 둘러싸인 부분의 수평투영면적으로 한다.
④ 연면적은 하나의 건축물 각 층의 거실면적의 합계로 한다.

18. 건축법상 2 이상의 필지를 하나의 대지로 할 수 있는 토지가 아닌 것은?

① 각 필지의 지번지역이 서로 다른 경우
② 토지의 소유자가 다르고 소유권 외의 권리관계는 같은 경우
③ 각 필지의 도면의 축척이 다른 경우
④ 상호 인접하고 있는 필지로서 각 필지의 지반이 연속되지 아니한 경우

19. 주차전용건축물이란 건축물의 연면적 중 주차장으로 사용되는 부분의 비율이 최소 얼마 이상인 건축물을 말하는가? (단, 주차장 외의 용도로 사용되는 부분이 자동차 관련 시설인 건축물의 경우)

① 70%
② 80%
③ 90%
④ 95%

20. 건축물을 건축하는 경우 해당 건축물의 설계자가 국토교통부령으로 정하는 구조기준 등에 따라 그 구조의 안전을 확인할 때, 건축구조기술사의 협력을 받아야 하는 대상 건축물 기준으로 틀린 것은?

① 다중이용건축물
② 6층 이상인 건축물
③ 3층 이상의 필로티형식 건축물
④ 기둥과 기둥 사이의 거리가 10m 이상인 건축물

해설 및 정답

1. 유스호스텔 : 수련시설

4. 공장 : 용도바닥면적 합계 2,000m² 이상

5. 이중벽인 경우는 벽체두께 합인 이중벽 전체 두께의 중심선으로 하지만 태양열을 이용하는 주택은 내측 내력벽두께의 중심선으로 건축면적을 산정한다.

6. 승용승강기 설치대수(N)

$$N=\frac{(1,000\times18)-3,000}{2,000}+1=8.5=9(대)$$

8. 공동주택(5층 이상)은 해당되지 않는다.

9. 연면적 200m² 미만이고 3층 미만인 건축물의 대수선이 신고대상에 해당된다.

10. 회전속도는 분당 8회 이하로 한다.

11. 상업지역 : 90% 이하

13. 환기창은 0.5m² 이상으로 한다.

14. 공개공지 등 설치대상 건축물의 용도

1. 문화 및 집회시설
2. 판매시설(농·수산물 유통시설은 제외)
3. 업무시설
4. 숙박시설
5. 종교시설
6. 운수시설(여객용시설만 해당)

15. 200m² 이상 집회실의 반자높이 4m 이상
  (노대아랫부분 : 2.7m 이상)

16. 일반주거지역 세분

제1종	저층주택 중심의 편리한 주거환경의 조성
제2종	중층주택 중심의 편리한 주거환경의 조성
제3종	중·고층주택 중심의 편리한 주거환경의 조성

17. 연면적 : 각층 바닥면적의 합계

18. 당해 토지에 대한 소유권을 포함한 권리관계가 동일인에게 귀속되어 있을 때 2개 이상의 필지를 하나의 대지로 인정할 수 있다.

19. 주차전용 건축물의 주차장 이용 비율

원 칙	예 외	
95% 이상	• 근린생활시설 • 자동차관련시설 등	70% 이상

20. 기둥과 기둥 사이의 거리(경간) 20m 이상인 건축물

1. ④	2. ④	3. ③	4. ③	5. ①
6. ③	7. ②	8. ①	9. ②	10. ②
11. ②	12. ①	13. ②	14. ①	15. ④
16. ③	17. ④	18. ②	19. ①	20. ④

과년도출제문제 (CBT 시험문제)

23 건축산업기사 5. 14 시행 출제문제

※ 본 기출문제는 수험자의 기억을 바탕으로 하여 복원한 문제이므로 실제 문제와 다를 수 있음을 미리 알려드립니다.

1. 같은 건축물 안에 공동주택과 위락시설을 함께 설치하고자 하는 경우, 공동주택의 출입구와 위락시설의 출입구는 서로 그 보행거리가 최소 얼마 이상이 되도록 설치하여야 하는가?

① 10m
② 20m
③ 30m
④ 50m

2. 다음은 대지의 조경에 관한 기준 내용이다. ( )안에 알맞은 것은?

> 면적이 ( ) 이상인 대지에 건축을 하는 건축주는 용도지역 및 건축물의 규모에 따라 해당 지방자치단체의 조례로 정하는 기준에 따라 대지에 조경이나 그 밖에 필요한 조치를 하여야 한다.

① 100m^2
② 200m^2
③ 300m^2
④ 500m^2

3. 주차장법령상 다음과 같이 정의되는 주차장의 종류는?

> 도로의 노면 또는 교통광장(교차점 광장만 해당)의 일정한 구역에 설치된 주차장으로서 일반(一般)의 이용에 제공되는 것

① 노외주차장
② 노상주차장
③ 부설주차장
④ 공영주차장

4. 다중이용건축물에 속하지 않는 것은? (단, 층수가 10층이며, 해당 용도로 쓰는 바닥면적의 합계가 5,000m^{2}인 건축물의 경우)

① 업무시설
② 종교시설
③ 판매시설
④ 숙박시설 중 관광숙박시설

5. 대통령령으로 정하는 용도와 규모의 건축물에 대해 일반이 사용할 수 있도록 소규모 휴식시설 등의 공개공지 또는 공개공간을 설치하여야 하는 대상 지역에 속하지 않는 것은?

① 준주거지역
② 준공업지역
③ 일반주거지역
④ 전용주거지역

6. 피난용승강기의 설치에 관한 기준 내용으로 옳지 않은 것은?

① 예비전원으로 작동하는 조명설비를 설치할 것
② 승강장의 바닥면적은 승강기 1대당 5m^2 이상으로 할 것
③ 각 층으로부터 피난층까지 이르는 승강로를 단일구조로 연결하여 설치할 것
④ 승강장 출입구 부근의 잘 보이는 곳에 해당 승강기가 피난용승강기임을 알리는 표지를 설치할 것

7. 평행주차형식으로 일반형인 경우 주차장의 주차 단위구획의 크기 기준으로 옳은 것은?

① 너비 1.7m 이상, 길이 5.0m 이상
② 너비 1.7m 이상, 길이 6.0m 이상
③ 너비 2.0m 이상, 길이 5.0m 이상
④ 너비 2.0m 이상, 길이 6.0m 이상

8. 국토의 계획 및 이용에 관한 법률상 다음과 같이 정의되는 것은?

> 도시·군계획 수립 대상지역의 일부에 대하여 토지이용을 합리화하고 그 기능을 증진시키며 미관을 개선하고 양호한 환경을 확보하며, 그 지역을 체계적·계획적으로 관리하기 위하여 수립하는 도시·군관리계획

① 광역도시계획
② 지구단위계획
③ 도시·군기본계획
④ 입지규제최소구역계획

9. 노외주차장의 구조·설비에 관한 기준 내용으로 옳지 않은 것은?

① 출입구의 너비는 3.0m 이상으로 하여야 한다.
② 주차구획선의 긴 변과 짧은 변 중 한 변 이상이 차로에 접하여야 한다.
③ 지하식인 경우 차로의 높이는 주차바닥 면으로부터 2.3m 이상으로 하여야 한다.
④ 주차에 사용되는 부분의 높이는 주차바닥 면으로부터 2.1m 이상으로 하여야 한다.

10. 연면적 200m²를 초과하는 오피스텔에 설치하는 복도의 유효너비는 최소 얼마 이상이어야 하는가? (단, 양옆에 거실이 있는 복도)

① 1.2m
② 1.5m
③ 1.8m
④ 2.4m

11. 건축법령 상 초고층 건축물의 정의로 옳은 것은?

① 층수가 30층 이상이거나 높이가 90m 이상인 건축물
② 층수가 30층 이상이거나 높이가 120m 이상인 건축물
③ 층수가 50층 이상이거나 높이가 150m 이상인 건축물
④ 층수가 50층 이상이거나 높이가 200m 이상인 건축물

12. 일반주거지역 내에서 건축물을 건축하는 경우 건축물의 높이 5m인 부분은 정북방향의 인접대지경계선으로부터 원칙적으로 최소 얼마 이상을 띄어 건축하여야 하는가?

① 1.0m
② 1.5m
③ 2.0m
④ 3.0m

13. 공동주택과 오피스텔의 난방설비를 개별난방방식으로 하는 경우에 관한 기준 내용으로 옳은 것은?

① 보일러의 연도는 내화구조로서 공동연도로 설치할 것
② 공동주택의 경우에는 난방구획을 방화구획으로 구획할 것
③ 보일러실의 윗부분에는 그 면적이 1m² 이상인 환기창을 설치할 것
④ 기름보일러를 설치하는 경우에는 기름저장소를 보일러실에 설치할 것

14. 건축허가신청에 필요한 설계도서의 종류 중 건축계획서에 표시하여야 할 사항이 아닌 것은?

① 주차장규모
② 공개공지 및 조경계획
③ 건축물의 용도별 면적
④ 지역·지구 및 도시계획사항

15. 바닥면적 산정 기준에 관한 내용으로 틀린 것은?

① 층고가 2.0m인 다락은 바닥면적에 산입하지 아니한다.
② 승강기탑, 계단탑은 바닥면적에 산입하지 아니한다.
③ 공동주택으로서 지상층에 설치한 기계실의 면적은 바닥면적에 산입하지 아니한다.
④ 벽·기둥의 구획이 없는 건축물은 그 지붕 끝부분으로부터 수평거리 1m를 후퇴한 선으로 둘러싸인 수평투영면적으로 한다.

16. 다음 용도지역 안에서의 건폐율 기준이 틀린 것은?

① 준주거지역 : 60퍼센트 이하
② 중심상업지역 : 90퍼센트 이하
③ 제3종일반주거지역 : 50퍼센트 이하
④ 제1종전용주거지역 : 50퍼센트 이하

17. 피뢰설비를 설치하여야 하는 건축물의 높이 기준은?

① 15m 이상
② 20m 이상
③ 31m 이상
④ 41m 이상

18. 다음은 부설주차장의 인근 설치에 관한 기준 내용이다. 밑줄 친 "대통령령으로 정하는 규모" 기준으로 옳은 것은?

> 부설주차장이 대통령령으로 정하는 규모 이하이면 시설물의 부지 인근에 단독 또는 공동으로 부설주차장을 설치할 수 있다.

① 주차대수 100대의 규모
② 주차대수 200대의 규모
③ 주차대수 300대의 규모
④ 주차대수 400대의 규모

19. 도심·부도심의 상업기능 및 업무기능의 확충을 위하여 지정하는 상업지역의 세분은?

① 중심상업지역
② 일반상업지역
③ 근린상업지역
④ 유통상업지역

20. 공동주택의 거실 반자의 높이는 최소 얼마 이상으로 하여야 하는가?

① 2.0m
② 2.1m
③ 2.7m
④ 3.0m

해설 및 정답

1. 공장주택등과 위락시설 등의 필요조치
1. 출입구는 서로 그 보행거리가 30m 이상되도록 설치
2. 내화구조의 바닥 및 벽으로 구획하여 차단(출입통로 포함)
3. 서로 이웃하지 않게 배치할 것
4. 건축물의 주요구조부를 내화구조로 할 것 등

3.
- 노상주차장 : 도로의 노면, 교통광장 중 교차점 광장에 설치된 것
- 노외주차장 : 노상주차장 설치장소 이외의 곳에 설치된 것

4. 다중이용건축물
1. 16층 이상인 건축물
2. 다음의 어느 하나에 해당되는 용도로 쓰는 바닥면적의 합계가 5,000m² 이상인 건축물
① 문화 및 집회시설(동물원, 식물원 제외)
② 종교시설
③ 판매시설
④ 여객용시설
⑤ 종합병원
⑥ 관광숙박시설

5. 공개공지 설치 대상지역

1. 일반주거지역
2. 준주거지역
3. 상업지역
4. 준공업지역

6. 승강장 바닥면적은 1대당 6m² 이상

9. 출입구의 너비 : 3.5m 이상

10. 오피스텔 복도 너비
- 중복도(양옆에 거실) : 1.8m 이상
- 기타 : 1.2m 이상

12. 일조권 제한

건축물 높이(h)	띄움거리(D)
10m 이하	1.5m 이상
10m 초과	H/2m 이상

13. ② 공동주택에서는 적용되지 않는다.(오피스텔만 적용)
③ 0.5m 이상으로 한다.
④ 기름보일러는 기름저장소 이외의 장소에 설치한다.

14. 공개공지 및 조경계획은 배치도에 표기

15. 층고 1.5m(경사진 형태의 경우 1.8m) 이하인 다락방의 경우 바닥면적 산정에서 제외된다.

16. 준주거지역 건폐율 : 70% 이하

19. 상업지역 세분

1. 중심상업지역	도심·부도심의 업무 및 상업기능의 확충을 위함
2. 일반상업지역	일반적인 상업 및 업무기능을 담당하게 하기 위함
3. 근린상업지역	근린지역에서의 일용품 및 서비스의 공급을 위함
4. 유통상업지역	도시내 및 지역간 유통기능의 증진을 위함

20. 반자높이

원 칙	2.1m 이상
예외(200m² 이상 관람실, 집회실)	4m 이상

1. ③	2. ②	3. ②	4. ①	5. ④
6. ②	7. ④	8. ②	9. ①	10. ③
11. ④	12. ②	13. ①	14. ②	15. ①
16. ①	17. ②	18. ③	19. ①	20. ①

과년도출제문제 (CBT 시험문제)

23 건축산업기사
7. 8 시행 출제문제

※ 본 기출문제는 수험자의 기억을 바탕으로 하여 복원한 문제이므로 실제 문제와 다를 수 있음을 미리 알려드립니다.

1. 연면적이 200m²를 초과하는 건축물에 설치하는 복도의 유효너비는 최소 얼마 이상으로 하여야 하는가? (단, 건축물은 초등학교이며, 양옆에 거실이 있는 복도의 경우)

① 1.2m ② 1.5m
③ 1.8m ④ 2.4m

2. 다음은 건축법령상 다세대주택의 정의이다. ( )안에 알맞은 것은?

> 주택으로 쓰는 1개 동의 바닥면적 합계가 (㉠) 이하이고, 층수가 (㉡) 이하인 주택(2개 이상의 동을 지하주차장으로 연결하는 경우에는 각각의 동으로 본다.)

① ㉠ 330m², ㉡ 3개 층
② ㉠ 330m², ㉡ 4개 층
③ ㉠ 660m², ㉡ 3개 층
④ ㉠ 660m², ㉡ 4개 층

3. 건축물의 바깥쪽에 설치하는 피난계단의 구조에 관한 기준 내용으로 옳지 않은 것은?

① 계단의 유효너비는 0.9m 이상으로 할 것
② 계단실에는 예비전원에 의한 조명설비를 할 것
③ 계단은 내화구조로 하고 지상까지 직접 연결되도록 할 것
④ 건축물의 내부에서 계단으로 통하는 출입구에는 60+방화문 또는 60분방화문을 설치할 것

4. 주거용 건축물 급수관의 지름 산정에 관한 기준 내용으로 틀린 것은?

① 가구 또는 세대수가 1일 때 급수관 지름의 최소 기준은 15mm이다.
② 가구 또는 세대수가 7일 때 급수관 지름의 최소 기준은 25mm이다.
③ 가구 또는 세대수가 18일 때 급수관 지름의 최소 기준은 50mm이다.
④ 가구 또는 세대의 구분이 불분명한 건축물에 있어서는 주거에 쓰이는 바닥면적의 합계가 85m² 초과 150m² 이하인 경우는 3가구로 산정한다.

5. 다음은 노외주차장의 구조 설비기준 내용이다. ( ) 안에 알맞은 것은?

> 노외주차장에 설치하는 부대시설의 총면적은 주차장 총시설면적(주차장으로 사용되는 면적과 주차장 외의 용도로 사용되는 면적을 합한 면적)의 ( )를 초과하여서는 아니 된다.

① 5% ② 10%
③ 15% ④ 20%

6. 건축물의 대지에 공개 공지 또는 공개 공간을 확보해야 하는 대상 건축물에 속하지 않는 것은?(단, 일반주거지역이며, 해당 용도로 쓰는 바닥면적의 합계가 5,000m² 이상인 건축물인 경우)

① 운동시설 ② 숙박시설
③ 업무시설 ④ 문화 및 집회시설

7. 부설주차장의 총주차대수 규모가 8대 이하인 자주식 주차장의 주차형식에 따른 차로의 너비 기준으로 옳은 것은? (단, 주차장은 지평식이며, 주차단위구획과 접하여 있는 차로의 경우)

① 평행주차 : 2.5m 이상
② 직각주차 : 5.0m 이상
③ 교차주차 : 3.5m 이상
④ 45도 대향주차 : 3.0m 이상

8. 건축물관련 건축기준의 허용오차가 옳지 않은 것은?

① 반자 높이: 2% 이내
② 출구 너비: 2% 이내
③ 벽체 두께: 2% 이내
④ 바닥판 두께: 3% 이내

9. 다음은 같은 건축물 안에 공동주택과 위락시설을 함께 설치하고자 하는 경우에 관한 기준 내용이다. ( ) 안에 알맞은 것은?

> 공동주택의 출입구와 위락시설의 출입구는 서로 그 보행거리가 (　) 이상이 되도록 설치할 것

① 10m　　② 20m
③ 30m　　④ 50m

10. 건축법령상 의료시설에 속하지 않는 것은?

① 치과의원
② 한방병원
③ 요양병원
④ 마약진료소

11. 국토의 계획 및 이용에 관한 법령상 공동주택 중심의 양호한 주거환경을 보호하기 위하여 지정하는 지역은?

① 제1종 전용주거지역
② 제2종 전용주거지역
③ 제1종 일반주거지역
④ 제2종 일반주거지역

12. 경형자동차용 주차단위구획의 최소 크기는? (단, 평행주차형식 외의 경우)

① 너비 1.7m, 길이 4.5m
② 너비 2.0m, 길이 5.0m
③ 너비 2.0m, 길이 3.6m
④ 너비 2.3m, 길이 5.0m

13. 건축허가 대상 건축물이라 하더라도 국토해양부령으로 정하는 바에 따라 신고를 하면 건축허가를 받은 것으로 보는 경우에 해당하지 않는 것은?

① 바닥면적의 합계 $50m^2$의 증축
② 바닥면적의 합계 $80m^2$의 재축
③ 바닥면적의 합계 $60m^2$의 개축
④ 연면적 $200m^2$이고 층수가 3층인 건축물의 대수선

14. 6층 이상의 거실면적의 합계가 $3,000m^2$인 경우, 다음 건축물 중 설치하여야 하는 승용승강기의 최소 대수가 가장 많은 것은? (단, 8인승 승강기의 경우)

① 판매시설
② 업무시설
③ 숙박시설
④ 위락시설

15. 신축 또는 리모델링하는 경우, 시간당 0.5회 이상의 환기가 이루어질 수 있도록 자연환기 설비 또는 기계환기설비를 설치하여야 하는 대상 공동주택의 최소 세대수는?

① 30세대
② 50세대
③ 100세대
④ 200세대

16. 급수, 배수, 환기 난방 등의 건축설비를 설치하는 경우 건축기계설비기술사 또는 공조냉동기계기술사의 협력을 받아야 하는 대상 건축물에 속하지 않는 것은?

① 아파트
② 기숙사로서 해당 용도에 사용되는 바닥면적의 합계가 $2,000m^2$인 건축물
③ 판매시설로서 해당 용도에 사용되는 바닥면적의 합계가 $2,000m^2$인 건축물
④ 의료시설로서 해당 용도에 사용되는 바닥면적의 합계가 $2,000m^2$인 건축물

17. 다음은 건축물 층수 산정에 관한 기준 내용이다. ( ) 안에 알맞은 것은?

> 층의 구분이 명확하지 아니한 건축물은 그 건축물의 높이 ( )마다 하나의 층으로 보고 그 층수를 산정한다.

① 3m
② 3.5m
③ 4m
④ 4.5m

18. 다음 중 노외주차장의 출구 및 입구를 설치할 수 있는 장소는?

① 육교로부터 4m 거리에 있는 도로의 부분
② 지하횡단보도에서 10m 거리에 있는 도로의 부분
③ 초등학교 출입구로부터 15m 거리에 있는 도로의 부분
④ 장애인 복지시설 출입구로부터 15m 거리에 있는 도로의 부분

19. 문화 및 집회시설 중 공연장의 개별관람석 바닥면적이 2,000m²일 경우 개별관람석의 출구는 최소 몇 개소 이상 설치하여야 하는가? (단, 각 출구의 유효너비를 2m로 하는 경우)

① 3개소
② 4개소
③ 5개소
④ 6개소

20. 제1종 일반주거지역안에서 건축할 수 없는 건축물은?

① 종교시설
② 노유자시설
③ 제1종 근린생활시설
④ 공동주택 중 아파트

해설 및 정답

1. 초등학교 복도 기준너비
- 양옆이 거실 : 2.4m 이상
- 기타 : 1.8m 이상

3. 옥외 피난계단에는 계단실의 채광과 관계되는 제한은 적용되지 않는다.(예비전원 조명설비 설치 : 옥내 피난계단에는 적용)

4. 가구 또는 세대수가 6~8일 때 급수관 지름의 최소기준은 32mm이다.

6. 공개공지 등 설치대상 건축물 용도

| 1. 문화 및 집회시설 |
| 2. 판매시설(농·수산물 유통시설은 제외) |
| 3. 업무시설 |
| 4. 숙박시설 |
| 5. 종교시설 |
| 6. 운수시설(여객용시설만 해당) |

7. 8대 이하 부설주차장 차로너비

주차형식	차로의 너비
평행주차	3.0m 이상
직각주차	6.0m 이상
60° 대향주차	4.0m 이상
45° 대향주차	3.5m 이상
교차주차	

8. 벽체두께 : 3% 이내

10. 치과의원 : 제1종근린생활시설

11. 주거전용지역(양호한 주거환경 조성)
- 1종 : 단독주택 중심
- 2종 : 공동주택 중심

12. 경형자동차(1,000cc 미만) 주차구획
 1. 평행 : 1.7m × 4.5m
 2. 기타 : 2m × 3.6m

13. 연면적 200m² 미만으로 3층 미만인 건축물의 대수선이 신고대상이다.

14. 승용승강기 최소 설치대수(N)
 ① 판매시설 : 최소 2대
 ② 업무시설 ┐
 ③ 숙박시설 ├ 최소 1대
 ④ 위락시설 ┘

15. 공동주택 환기설비 기준

| • 30세대 이상 공동주택
• 주택이 30세대 이상이 되는 복합건축물 | • 신축
• 리모델링 | 0.5회이상/시간당 |

16. 판매시설 : 3,000m² 이상

18. 지하 횡단보도로부터 5m 이내의 도로부분에는 노외주차장 출·입구를 설치할 수 없다.

19. 출구수 (N)
 1. 출구 유효너비의 합(L)
 $$L = \frac{2,000}{100} \times 0.6 = 12m$$
 2. 출구개소(N)
 $$L = \frac{12}{2} = 6개소(출구너비 2m를 기준)$$

20. 1종 일반주거지역에서의 건축물은 4층 이하로 제한된다. (아파트 : 5층 이상)

1. ④	2. ④	3. ②	4. ②	5. ④
6. ①	7. ③	8. ③	9. ③	10. ①
11. ②	12. ③	13. ④	14. ①	15. ①
16. ③	17. ③	18. ②	19. ④	20. ④

과년도출제문제 (CBT 시험문제)

24 건축산업기사 2. 15 시행 출제문제

※ 본 기출문제는 수험자의 기억을 바탕으로 하여 복원한 문제이므로 실제 문제와 다를 수 있음을 미리 알려드립니다.

1. 다음의 초고층 건축물의 정의에 관한 기준 내용 중 ( ) 안에 알맞은 것은?

"초고층건축물"이란 층수가 (①) 층 이상이거나 높이가 (②)미터 이상인 건축물을 말한다.

① ① 50, ② 150
② ① 50, ② 200
③ ① 60, ② 150
④ ① 60, ② 200

2. 제2종 일반주거지역 안에서 건축할 수 있는 건축물에 속하지 않는 것은?

① 공동주택 중 아파트
② 교육연구시설 중 대학교
③ 자동차관련시설 중 주차장
④ 제1종 근린생활시설로서 당해 용도에 쓰이는 바닥면적의 합계가 1,000m² 미만인 것

3. 태양열을 주된 에너지원으로 이용하는 주택의 건축면적 산정시 기준이 되는 것은?

① 건축물 외벽의 외곽선
② 건축물 외벽의 전체 중심선
③ 건축물 외벽 중 외측벽 중심선
④ 건축물 외벽 중 내측 내력벽의 중심선

4. 주거에 쓰이는 바닥면적의 합계가 550m²인 주거용 건축물에 배관하여야 할 급수관의 최소지름은?

① 15mm
② 20mm
③ 40mm
④ 50mm

5. 부설주차장 설치대상 시설물이 숙박시설인 경우, 부설주차장 설치기준으로 옳은 것은?

① 시설면적 100m²당 1대
② 시설면적 150m²당 1대
③ 시설면적 200m²당 1대
④ 시설면적 300m²당 1대

6. 노외주차장인 주차전용 건축물을 건축할 때, 특별시, 광역시, 시 또는 군의 조례로서 건축규제를 완화 할 수 있는 기준으로 틀린 것은?

① 건폐율 : 90/100이하
② 용적률 : 1,500% 이하
③ 대지면적의 최소한도 : 50m² 이상
④ 높이제한 : 대지가 너비 12m미만의 도로에 접하는 경우 건축물의 각 부분의 높이는 그 부분으로부터 대지에 접한 도로의 반대쪽 경계선까지의 수평거리의 3배 이하

7. 공동주택의 거실에 설치하는 반자의 높이는 최소 얼마이상으로 하여야 하는가?

① 2.1m
② 2.4m
③ 2.7m
④ 4.0m

8. 다음은 건축법령상 다세대주택의 정의이다. ( ) 안에 알맞은 것은?

주택으로 쓰는 1개 동의 바닥면적의 합계가 (㉠) 이하이고, 층수가 (㉡) 이하인 주택 (2개이상의 동을 지하주차장으로 연결하는 경우에는 각각의 동으로 본다.)

① ㉠ 330m², ㉡ 3개 층
② ㉠ 330m², ㉡ 4개 층
③ ㉠ 660m², ㉡ 3개 층
④ ㉠ 660m², ㉡ 4개 층

9. 건축물의 건축에 있어 건축물 관련 건축기준의 허용오차 범위로 옳지 않은 것은?

① 출구너비 : 3% 이내
② 반자너비 : 2% 이내
③ 벽체두께 : 3% 이내
④ 바닥판두께 : 3% 이내

10. 국토의 계획 및 이용에 관한 법령에 따른 상업지역의 세분에 속하지 않는 것은?

① 일반상업지역
② 전용상업지역
③ 유통상업지역
④ 근린상업지역

11. 건축허가신청에 필요한 기본설계도서 중 배치도에 표시하여야 할 사항에 속하지 않는 것은?

① 축척 및 방위
② 대지의 종·횡단면도
③ 방화구획 및 방화문의 위치
④ 대지에 접한 도로의 길이 및 너비

12. 다음 중 6층 이상의 거실면적의 합계가 3,000m²인 경우, 설치하여야 하는 승용승강기의 최소대수가 다른 것은? (단, 8인승 승용승강기의 경우)

① 업무시설
② 의료시설
③ 숙박시설
④ 교육연구시설

13. 구조기준 및 구조계산에 따라 구조의 안전을 확인하여야 하는 건축물의 기준으로 옳지 않은 것은?

① 층수 : 2층 이상
② 높이 : 12m 이상
③ 처마높이 : 9m 이상
④ 연면적 : 200m² 이상

14. 층의 구분이 명확하지 않은 건축물의 층수 산정방법으로 옳은 것은?

① 건축물의 높이 3m 마다 하나의 층으로 보고 층수를 산정한다.
② 건축물의 높이 4m 마다 하나의 층으로 보고 층수를 산정한다.
③ 건축물의 높이 4.5m 마다 하나의 층으로 보고 층수를 산정한다.
④ 건축물의 높이 5.5m 마다 하나의 층으로 보고 층수를 산정한다.

15. 다음의 옥상광장 등의 설치에 관한 기준 내용 중 (   ) 안에 알맞은 것은?

> 옥상광장 또는 2층 이상인 층에 있는 노대나 그 밖에 이와 비슷한 것의 주위에는 높이 (   ) 이상의 난간을 설치하여야 한다. 다만, 그 노대 등에 출입할 수 없는 구조인 경우에는 그러하지 아니하다.

① 1.0m   ② 1.2m
③ 1.5m   ④ 1.8m

16. 공동주택과 오피스텔의 난방설비를 개별난방방식으로 하는 경우에 관한 기준 내용으로 옳은 것은?

① 보일러의 연도는 내화구조로서 공동연도로 설치할 것
② 공동주택의 경우에는 난방구획을 방화구획으로 구획할 것
③ 보일러실의 윗부분에는 그 면적이 1m² 이상인 환기창을 설치할 것
④ 기름보일러를 설치하는 경우에는 기름저장소를 보일러실에 설치할 것

17. 노외주차장의 주차형식에 따른 차로의 최소 너비가 옳지 않은 것은? (단, 이륜자동차전용 외의 노외주차장으로서 출입구가 2개 이상인 경우)

① 평행주차 : 3.5m
② 교차주차 : 3.5m
③ 직각주차 : 6.0m
④ 60도 대향주차 : 4.5m

18. 주차장의 형태 중 기계식 주차장이 아닌 것은?

① 지하식
② 지평식
③ 건축물식
④ 공작물식

19. 다음은 건축물이 있는 대지의 분할제한에 관한 기준 내용이다. 밑줄 친 "대통령령으로 정하는 범위" 기준으로 옳지 않은 것은?

> 건축물이 있는 대지는 <u>대통령령으로 정하는 범위</u>에서 해당 지방자치 단체의 조례로 정하는 면적에 못 미치게 분할 할 수 없다.

① 주거지역 : 100m² 이상
② 상업지역 : 150m² 이상
③ 공업지역 : 150m² 이상
④ 녹지지역 : 200m² 이상

20. 대지면적이 600m²이고 조경면적이 대지면적의 15%로 정해진 지역에 건축물을 신축할 경우, 옥상에 조경을 90m² 시공하였다면, 지표면의 조경면적은 최소 얼마 이상이어야 하는가?

① 0m²
② 30m²
③ 45m²
④ 60m²

해설 및 정답

2. 제2종 일반주거지역 허용 건축물

1. 단독·공동주택
2. 제1종 근린생활시설
3. 유치원·초등학교·중학교 및 고등학교
4. 노유자시설
5. 종교시설

4. 주거용 건축물 최소 급수관경

바닥면적(m^2)	관경(mm)
$85m^2$ 이하	15
$150m^2$ 이하	20
$300m^2$ 이하	25
$500m^2$ 이하	40
$500m^2$ 초과	50

6. 대지면적의 최소한도 : $45m^2$ 이상

9. 출구너비 : 2% 이하

10. 상업지역의 범위
 일반상업지역, 중심상업지역, 근린상업지역, 유통상업지역

11. 방화구획 및 방화문의 위치는 평면도에 표시한다.

12. 3,000m^2 이하인 건축물 승용승강기 설치

1. 공연장, 집회장, 관람장, 판매시설, 의료시설	2대
2. 기타시설	1대

13. 건축물 높이 13m 이상인 경우가 해당된다.

16. 개별연도로 설치하여야 한다.

17. 평행주차 : 3.3m 이상

18. 기계식주차장의 형태
 1. 지하식
 2. 건축물식(공작물식 해당)

19. 주거지역 : $60m^2$ 이상

20. 조경면적(A)
 1. 법 요구면적(A_1)
  $A_1 = 600 \times 0.15 = 90m^2$
 2. 법 인정 옥상조경면적(A_2) : 옥상 시공면적의 2/3 로서 법 요구면적의 1/2 이하
  $A_2 = 90 \times \dfrac{2}{3} = 60m^2 \leq 45m^2$
  ∴ $A_2 = 45m^2$
 3. 지표면 최소 조경면적(A_3)
  $A_1 - A_2 = 90 - 45 = 45m^2$

1. ②	2. ②	3. ④	4. ④	5. ③
6. ③	7. ①	8. ④	9. ①	10. ②
11. ③	12. ②	13. ②	14. ②	15. ②
16. ①	17. ①	18. ②	19. ①	20. ③

과년도출제문제 (CBT 시험문제)

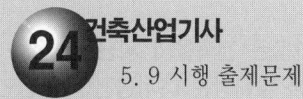

※ 본 기출문제는 수험자의 기억을 바탕으로 하여 복원한 문제이므로 실제 문제와 다를 수 있음을 미리 알려드립니다.

1. 가구·세대 등 간 소음 방지를 위하여 건축물의 층간바닥(화장실 바닥은 제외)을 국토교통부령으로 정하는 기준에 따라 설치하여야 하는 대상 건축물에 속하지 않는 것은?

① 단독주택 중 다중주택
② 업무시설 중 오피스텔
③ 숙박시설 중 다중생활시설
④ 제2종 근린생활시설 중 다중생활시설

2. 건축물의 주요구조부를 해체하지 아니하고 같은 대지의 다른 위치로 옮기는 것을 의미하는 것은?

① 증축
② 이전
③ 개축
④ 신축

3. 건축물의 층수가 23층이고 각 층의 거실면적이 1,000m²인 숙박시설에 설치하여야 하는 승용승강기의 최소 대수는? (단, 8인승 승용승강기의 경우)

① 7대
② 8대
③ 9대
④ 10대

4. 다음은 대지의 조경에 관한 기준 내용이다. (   ) 안에 알맞은 것은?

> 면적의 (   ) 이상인 대지에 건축을 하는 건축주는 용도지역 및 건축물의 규모에 따라 해당 지방자치 단체의 조례로 정하는 기준에 따라 대지에 조경이나 그 밖에 필요한 조치를 하여야 한다.

① 100m²
② 150m²
③ 180m²
④ 200m²

5. 건축물의 거실에 국토교통부령으로 정하는 기준에 따라 배연설비를 하여야 하는 대상 건축물에 속하지 않는 것은? (단, 피난층의 거실은 제외하며, 6층 이상인 건축물의 경우)

① 숙박시설
② 판매시설
③ 위락시설
④ 공동주택

6. 지표면으로부터 건축물의 지붕틀 또는 이와 비슷한 수평재를 지지하는 벽·깔도리 또는 기둥의 상단까지의 높이로 산정되는 것은?

① 층고
② 처마높이
③ 반자높이
④ 바닥높이

7. 허가권자가 가로구역을 단위로 하여 건축물의 최고 높이를 지정·공고할 때 고려하여야 하는 사항에 속하지 않는 것은?

① 도시미관 및 경관계획
② 해당 가로구역이 접하는 도로의 너비
③ 해당 가로구역을 통과하는 모든 차량의 통행량
④ 해당 가로구역의 상·하수도 등 간선시설의 수용능력

8. 같은 건축물 안에 공동주택과 위락시설을 함께 설치하고자 하는 경우에 관한 기준 내용으로 옳지 않은 것은?

① 건축물의 주요구조부를 내화구조로 할 것
② 공동주택과 위락시설은 서로 이웃하도록 배치할 것
③ 공동주택과 위락시설은 내화구조로 된 바닥 및 벽으로 구획하여 서로 차단할 것
④ 공동주택의 출입구와 위락시설의 출입구는 서로 그 보행거리가 30m 이상이 되도록 설치할 것

9. 다음은 건축물의 피난·안전을 위하여 건축물 중간층에 설치하는 대피공간인 피난안전구역에 관한 기준 내용이다. ( ) 안에 알맞은 것은?

> 초고층 건축물에는 피난층 또는 지상으로 통하는 직통계단과 직접 연결되는 피난안전구역을 지상층으로부터 최대 ( ) 층마다 1개소 이상 설치하여야 한다.

① 10개 ② 20개
③ 30개 ④ 40개

10. 다음 중 건축법령상 숙박시설에 해당되지 않는 것은?

① 여관
② 가족호텔
③ 휴양콘도미니엄
④ 유스호스텔

11. 국토의 계획 및 이용에 관한 법령상 다음과 같이 정의되는 용어는?

> 도시·군계획 수립 대상지역의 일부에 대하여 토지 이용을 합리화 하고 그 기능을 증진시키며 미관을 개선하고 양호한 환경을 확보하며, 그 지역을 체계적·계획적으로 관리하기 위하여 수립하는 도시·군관리계획

① 광역도시계획
② 지구단위계획
③ 도시·군기본계획
④ 입지규제최소구역계획

12. 건축물의 용도 변경과 관련된 시설군 중 영업시설군에 속하지 않는 건축물의 용도는?

① 판매시설
② 업무시설
③ 운동시설
④ 숙박시설

13. 건축물의 설비기준 등에 관한 규칙에 따라 피뢰설비를 설치하여야 하는 대상 건축물의 높이 기준은?

① 20m 이상 ② 30m 이상
③ 40m 이상 ④ 50m 이상

14. 국토의 계획 및 이용에 관한 법률에 따른 용도지역의 건폐율기준으로 옳지 않은 것은?

① 주거지역 : 70% 이하
② 공업지역 : 70% 이하
③ 상업지역 : 80% 이하
④ 녹지지역 : 20% 이하

15. 특별시나 광역시에 건축하려고 하는 경우, 특별시장이나 광역시장의 허가를 받아야 하는 대상 건축물의 연면적 기준은?

① 연면적의 합계가 1만 제곱미터 이상인 건축물
② 연면적의 합계가 5만 제곱미터 이상인 건축물
③ 연면적의 합계가 10만 제곱미터 이상인 건축물
④ 연면적의 합계가 20만 제곱미터 이상인 건축물

16. 노외주차장의 구조 및 설비기준에 따라 노외주차장의 출입구를 설치할 경우 출입구의 최소너비는?

① 3.5m ② 5.0m
③ 5.5m ④ 6.0m

17. 지하식 또는 건축물식 노외주차장의 차로에 관한 기준 내용으로 옳지 않은 것은?

① 경사로의 노면은 거친 면으로 하여야 한다.
② 높이는 주차바닥면으로부터 2.3m 이상으로 하여야 한다.
③ 경사로의 종단경사도는 곡선 부분에서는 17%를 초과하여서는 아니된다.
④ 주차대수 규모가 50대 이상인 경우의 경사로는 너비 6m 이상인 2차로를 확보하거나 진입차로와 진출차로를 분리하여야 한다.

18. 부설주차장의 인근설치 규정에서 시설물의 부지인근의 범위 (해당부지의 경계선으로부터 부설주차장의 경계선까지의 거리) 기준으로 옳은 것은?

① 직선거리 : 100m이내, 도보거리 : 500m이내
② 직선거리 : 100m이내, 도보거리 : 600m이내
③ 직선거리 : 300m이내, 도보거리 : 500m이내
④ 직선거리 : 300m이내, 도보거리 : 600m이내

19. 건축지도원에 관한 내용으로 틀린 것은?

① 건축지도원은 특별자치시·특별자치도 또는 시·군·구에 근무하는 건축직렬의 공무원과 건축에 관한 학식이 풍부한 자 중에서 지정한다.
② 건축지도원의 자격과 업무 범위는 건축조례로 정한다.
③ 건축설비가 법령 등에 적합하게 유지·관리되고 있는지 확인·지도 및 단속한다.
④ 허가를 받지 아니하거나 신고를 하지 아니하고 건축하거나 용도 변경한 건축물을 단속한다.

20. 다음은 주차전용건축물의 주차면적비율에 관한 기준 내용이다. (   ) 안에 알맞은 것은? (단, 주차장 이외 용도로 사용되는 부분이 의료시설인 경우)

> 주차전용건축물이란 건축물의 연면적 중 주차장으로 사용되는 부분의 비율이 (   ) 이상인 것을 말한다.

① 70% ② 80%
③ 90% ④ 95%

해설 및 정답

1. 층간바닥구조제한 대상

1. 단독주택 중 다가구주택
2. 공동주택
3. 다중이용시설
4. 오피스텔

3. 승강기 설치대수(N)

$$N = \frac{\{1,000 \times (23-5)\} - 3,000}{2,000} + 1 = 8.5 ≒ 9대$$

5. 주택의 경우에는 배연설비 의무규정을 적용하지 않는다.

7. 높이 지정시 고려사항

1. 도시·군관리계획 등의 토지이용계획
2. 해당 가로구역이 접하는 도로의 너비
3. 해당 가로구역의 상·하수도 등 시설의 수용능력
4. 도시미관 및 경관계획
5. 당해 도시의 장래발전계획

8. 공동주택과 위락시설은 동일건물 안에 함께 설치할 수 없다.

10. 유스호스텔은 수련시설에 해당된다.

12. 영업시설군의 범위

1. 판매시설
2. 운동시설
3. 숙박시설
4. 다중생활시설

13. 피뢰설비 대상

1. 건축물 높이 20m 이상
2. 낙뢰의 우려가 있는 건축물

14. 상업지역 건폐율 : 90% 이하

15. 특별시장, 광역시장 허가대상

1. 21층 이상 건축물
2. 연면적의 합계가 100,000m² 이상인 건축물
3. 연면적의 3/10 이상의 증축으로 인하여 층수가 21층 이상으로 되거나 연면적의 합계가 100,000m² 이상인 건축물의 건축

16. 출입구의 최소너비

1. 원칙 : 3.5m 이상
2. 50대 이상 ① 폭 3.5m 이상의 출구와 입구 분리설치 ② 폭 5.5m 이상의 출입구 설치
3. 400대 초과 폭 3.5m 이상의 출구와 입구 분리설치

17. 곡선부분 경사로 종단 경사로 : 14% 이하

19. 건축지도원의 자격은 대통령령으로 정한다.

1. ①	2. ②	3. ③	4. ④	5. ④
6. ②	7. ③	8. ②	9. ③	10. ④
11. ②	12. ②	13. ①	14. ③	15. ③
16. ①	17. ③	18. ④	19. ②	20. ④

과년도출제문제 (CBT 시험문제)

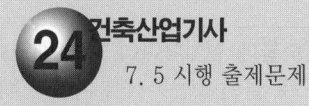

※ 본 기출문제는 수험자의 기억을 바탕으로 하여 복원한 문제이므로 실제 문제와 다를 수 있음을 미리 알려드립니다.

1. 건축물의 면적 산정방법의 기본 원칙으로 옳지 않은 것은?
① 대지면적은 대지의 수평투영면적으로 한다.
② 연면적은 하나의 건축물 각 층의 거실면적의 합계로 한다.
③ 건축면적은 건축물의 외벽의 중심선으로 둘러싸인 부분의 수평투영면적으로 한다.
④ 바닥면적은 건축물의 각 층 또는 그 일부로서 벽, 기둥, 그 밖에 이와 비슷한 구획의 중심선으로 둘러싸인 부분의 수평투영면적으로 한다.

2. 급수, 배수, 환기 난방 등의 건축설비를 설치하는 경우 건축기계설비기술사 또는 공조냉동기계기술사의 협력을 받아야 하는 대상 건축물에 속하지 않는 것은?
① 아파트
② 기숙사로서 해당 용도에 사용되는 바닥면적의 합계가 2,000m^2인 건축물
③ 판매시설로서 해당 용도에 사용되는 바닥면적의 합계가 2,000m^2인 건축물
④ 의료시설로서 해당 용도에 사용되는 바닥면적의 합계가 2,000m^2인 건축물

3. 다음은 건축물이 있는 대지의 분할제한에 관한 기준 내용이다. 밑줄 친 "대통령령으로 정하는 범위" 기준으로 옳지 않은 것은?

> 건축물이 있는 대지는 <u>대통령령으로 정하는 범위</u>에서 해당 지방자치단체의 조례로 정하는 면적에 못 미치게 분할할 수 없다.

① 주거지역 : 100m^2 이상
② 상업지역 : 150m^2 이상
③ 공업지역 : 150m^2 이상
④ 녹지지역 : 200m^2 이상

4. 지역의 환경을 쾌적하게 조성하기 위하여 대통령령으로 정하는 용도와 규모의 건축물에 일반이 사용할 수 있도록 대통령령으로 정하는 기준에 따라 소규모 휴식시설 등의 공개 공지 또는 공개 공간을 설치하여야 하는 대상 지역에 속하지 않는 것은?
① 준주거지역
② 준공업지역
③ 전용주거지역
④ 일반주거지역

5. 건축법령상 다중이용건축물에 속하지 않는 것은? (단, 16층 미만으로, 해당 용도로 쓰는 바닥면적의 합계가 5,000m^2인 건축물인 경우)
① 종교시설
② 판매시설
③ 의료시설 중 종합병원
④ 숙박시설 중 일반숙박시설

6. 도시·군계획 수립 대상지역의 일부에 대하여 토지 이용을 합리화하고 그 기능을 증진시키며 미관을 개선하고 양호한 환경을 확보하여, 그 지역을 체계적·계획적으로 관리하기 위하여 수립하는 도시·군관리계획은?
① 광역도시계획
② 지구단위계획
③ 국토종합계획
④ 도시·군기본계획

7. 건축법령상 의료시설에 속하지 않는 것은?
① 치과의원
② 한방병원
③ 요양병원
④ 마약진료소

8. 건축물에 설치하여야 하는 배연설비에 관한 기준 내용으로 틀린 것은? (단, 기계식 배연설비를 하지 않는 경우)

① 배연구는 예비전원에 의하여 열 수 있도록 할 것
② 배연구는 연기감지기 또는 열감지기에 의하여 자동으로 열 수 있는 구조로 할 것
③ 건축물이 방화구획으로 구획된 경우에는 그 구획마다 1개소 이상의 배연창을 설치할 것
④ 배연창의 유효면적은 0.7m² 이상으로서 그 면적의 합계가 당해 건축물의 바닥면적의 200분의 1 이상이 되도록 할 것

9. 그림과 같은 대지조건에서 도로 모퉁이에서의 건축선에 의한 공제 면적은?

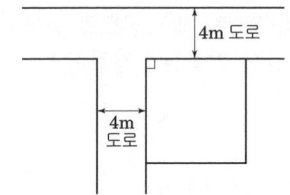

① 2m² ② 3m²
③ 4.5m² ④ 8m²

10. 대지면적이 600m²이고 조경면적이 대지면적의 15%로 정해진 지역에 건축물을 신축할 경우, 옥상에 조경을 90m² 시공하였다면, 지표면의 조경면적은 최소 얼마 이상이어야 하는가?

① 0m² ② 30m²
③ 45m² ④ 60m²

11. 부설주차장의 설치대상 시설물에 따른 설치 기준이 옳지 않은 것은?

① 골프장 - 1홀당 5대
② 위락시설 - 시설면적 100m²당 1대
③ 종교시설 - 시설면적 150m²당 1대
④ 숙박시설 - 시설면적 200m²당 1대

12. 건축 분야의 건축사보 한 명 이상을 전체 공사기간 동안 공사현장에서 감리업무를 수행하게 하여야 하는 대상 건축공사에 속하지 않은 것은? (단, 건축 분야의 건축공사의 설계·시공·시험·검사·공사감독 또는 감리업무 등에 2년 이상 종사한 경력이 있는 건축사보의 경우)

① 16층 아파트의 건축공사
② 준다중이용 건축물의 건축공사
③ 바닥면적 합계가 5,000m²인 의료시설 중 종합병원의 건축공사
④ 바닥면적 합계가 2,000m²인 숙박시설 중 일반 숙박시설의 건축공사

13. 국토의 계획 및 이용에 관한 법률에 따른 용도 지역의 건폐율 기준으로 옳지 않은 것은?

① 주거지역 : 70% 이하
② 상업지역 : 80% 이하
③ 공업지역 : 70% 이하
④ 녹지지역 : 20% 이하

14. 주차장에서 장애인전용 주차단위구획의 면적은 최소 얼마 이상이어야 하는가? (단, 평행주차형식 외의 경우)

① 11.5m² ② 12m²
③ 15m² ④ 16.5m²

15. 주요구조부를 내화구조로 하여야 하는 대상 건축물에 속하지 않는 것은? (단, 지붕틀은 제외)

① 종교시설의 용도로 쓰는 건축물로서 집회실의 바닥면적의 합계가 400m²인 건축물
② 판매시설의 용도로 쓰는 건축물로서 그 용도로 쓰는 바닥면적의 합계가 500m²인 건축물
③ 문화 및 집회시설 중 전시장의 용도로 쓰는 건축물로서 그 용도로 쓰는 바닥면적의 합계가 400m²인 건축물
④ 문화 및 집회시설 중 공연장의 용도로 쓰는 건축물로서 옥내관람석의 바닥면적의 합계가 500m²인 건축물

16. 가구·세대 등 간 소음 방지를 위하여 건축물의 층간바닥(화장실 바닥은 제외)을 국토교통부령으로 정하는 기준에 따라 설치하여야 하는 대상 건축물에 속하지 않는 것은?

① 단독주택 중 다중주택
② 업무시설 중 오피스텔
③ 숙박시설 중 다중생활시설
④ 제2종 근린생활시설 중 다중생활시설

17. 문화 및 집회시설 중 공연장의 개별관람석의 출구에 관한 설명으로 옳은 것은? (단, 개별관람석의 바닥면적은 900m² 이다.)

① 각 출구의 유효너비는 1.2m 이상이어야 한다.
② 관람석별로 최소 4개소 이상 설치하여야 한다.
③ 관람석으로부터 바깥쪽으로의 출구로 쓰이는 문은 안여닫이로 하여야 한다.
④ 개별관람석 출구의 유효너비 합계는 최소 5.4m 이상으로 하여야 한다.

18. 건축물의 피난층 또는 피난층의 승강장으로부터 건축물의 바깥쪽에 이르는 통로에, 관련 기준에 따른 경사로를 설치하여야 하는 대상 건축물에 속하지 않는 것은? (단, 건축물의 층수가 5층인 경우)

① 교육연구시설 중 학교
② 연면적이 5,000m²인 종교시설
③ 연면적이 5,000m²인 판매시설
④ 연면적이 5,000m²인 운수시설

19. 지하식 또는 건축물식 노외주차장의 차로에 관한 기준 내용으로 옳지 않은 것은?

① 경사로의 노면은 거친 면으로 하여야 한다.
② 높이는 주차바닥면으로부터 2.3m 이상으로 하여야 한다.
③ 경사로의 종단경사도는 곡선 부분에서는 17%를 초과하여서는 아니된다.
④ 주차대수 규모가 50대 이상인 경우의 경사로는 너비 6m 이상인 2차로를 확보하거나 진입차로와 진출차로를 분리하여야 한다.

20. 다음 중 6층 이상의 거실면적의 합계가 10,000m²인 경우 설치하여야 하는 승용승강기의 최소 대수가 가장 많은 것은? (단, 15인승 승용승강기의 경우)

① 의료시설
② 숙박시설
③ 노유자시설
④ 교육연구시설

해설 및 정답

1. 연면적은 하나의 건축물 각 층 바닥면적의 합계이다.

2. 판매시설 : 3,000m² 이상

3. 주거지역 : 60m² 이상

4. 공개공지 설치 대상지역

| 1. 일반주거지역 |
| 2. 준주거지역 |
| 3. 상업지역 |
| 4. 준공업지역 |

5. 숙박시설 중 관광숙박시설이 용도에 해당된다.

7. 치과의원 : 제1종 근린생활시설

8. 배연창의 유효면적 : 1m² 이상으로서 바닥면적의 1/100 이상

9. 90°로 교차되는 2개의 도로 중 어느 하나의 도로폭이 4m인 경우 공제면적은 2m² 이다.

10. 1. 법 요구 조경면적 $A_1 = 600 \times 0.15 = 90m^2$
 2. 옥상조경면적의 인정
 $A_2 = 90 \times \dfrac{2}{3} = 60m^2 \leq 45m^2$
 3. 지표면 최소 조경면적 $A_3 = 90 - 45 = 45m^2$

11. 골프장 : 1홀당 10대

12. 건축사보 상주 감리대상

| 1. 바닥면적 5,000m² 이상의 건축 등 공사 |
| 2. 연속된 5개층 이상으로서 바닥면적의 합계 3,000m² 이상의 건축 등 공사 |
| 3. 아파트의 건축공사 |
| 4. 준다중이용건축물건축공사 |

13. 상업지역 : 90% 이하

14. 장애인전용주차구획

| 1. 평행주차방식 : 2m×6m=12m² (주거지역 보차도 미구분시 2m×5m=10m²) |
| 2. 평행주차 이외의 방식 : 3.3m×5m=16.5m² |

15. 전시장 용도바닥면적 500m² 이상인 경우에 해당된다.

16. 층간 바닥 구조제한 대상

| 1. 단독주택 중 다가구주택 |
| 2. 공동주택 |
| 3. 다중생활시설 |
| 4. 오피스텔 |

17. ① 출구 유효너비 1.5m 이상
② 최소 2개소 이상 출구 설치
③ 출구는 피난의 방향으로 개폐

18. 경사로 설치대상

| 1. 연면적 5,000m²인 판매시설, 운수시설 |
| 2. 제1종 근린생활시설 |
| 3. 학교 |
| 4. 청사 및 외국공간 |
| 5. 승강기 설치대상 건축물 |

19. 경사로(진입로)의 종단 기울기

| 1. 직선부분 | 17% 이하 |
| 2. 곡선부분 | 14% 이하 |

20. ① 의료시설 : 10,000÷150=66.6≒67대(소수 반올림)
② 숙박시설 : 10,000÷200=50대
③ 노유자시설, 교육연구시설 : 10,000÷300=33.3≒33대

1. ②	2. ③	3. ①	4. ③	5. ④
6. ②	7. ①	8. ④	9. ①	10. ③
11. ①	12. ④	13. ②	14. ④	15. ③
16. ①	17. ④	18. ②	19. ③	20. ①

과년도 출제문제 (CBT 시험문제)

25 건축산업기사
2. 7 시행 출제문제

※ 본 기출문제는 수험자의 기억을 바탕으로 하여 복원한 문제이므로 실제 문제와 다를 수 있음을 미리 알려드립니다.

1. 다음의 시설물 중 설치하여야 하는 부설주차장의 최소 주차대수가 가장 많은 것은? (단, 시설면적이 600m²인 경우)

① 위락시설
② 판매시설
③ 업무시설
④ 제2종 근린생활시설

2. 다음은 노외주차장의 구조·설비에 관한 기준 내용이다. ( ) 안에 알맞은 것은?

> 노외주차장의 출입구 너비는 ( ) 이상으로 하여야 하며, 주차대수 규모가 50대 이상인 경우에는 출구와 입구를 분리하거나 너비 5.5m 이상의 출입구를 설치하여 소통이 원활하도록 하여야 한다.

① 2.5m
② 3.0m
③ 3.5m
④ 4.0m

3. 층수가 15층이고, 6층 이상의 거실면적의 합계가 10,000m²인 업무시설에 설치하여야 하는 승용승강기의 최소 대수는? (단, 8인승 승강기의 경우)

① 4대
② 5대
③ 6대
④ 7대

4. 대통령령으로 정하는 용도와 규모의 건축물에 일반이 사용할 수 있도록 대통령령으로 정하는 기준에 따라 소규모 휴식시설 등의 공개 공지 또는 공개 공간을 설치하여야 하는 대상 지역에 속하지 않는 것은?

① 상업지역
② 준주거지역
③ 준공업지역
④ 일반공업지역

5. 대지면적이 600m²이고 조경면적이 대지면적의 15%로 정해진 지역에 건축물을 신축할 경우, 옥상에 조경을 90m² 시공하였다면, 지표면의 조경면적은 최소 얼마 이상이어야 하는가?

① 0m²
② 30m²
③ 45m²
④ 60m²

6. 리모델링이 쉬운 구조의 공동주택 건축을 촉진하기 위하여 공동주택을 리모델링이 쉬운 구조로 할 경우 100분의 120의 범위에서 완화하여 적용받을 수 없는 것은?

① 건축물의 건폐율
② 건축물의 용적률
③ 건축물의 높이제한
④ 일조 등의 확보를 위한 건축물의 높이제한

7. 건축물의 주요구조부를 내화구조로 하여야 하는 대상 건축물에 속하지 않는 것은? (단, 해당 용도로 쓰는 바닥면적의 합계가 500m²인 경우)

① 판매시설
② 수련시설
③ 업무시설 중 사무소
④ 문화 및 집회시설 중 전시장

8. 배연설비의 설치에 관한 기준 내용으로 옳지 않은 것은?

① 배연창의 유효면적은 최소 2m² 이상으로 할 것
② 배연구는 예비전원에 의하여 열 수 있도록 할 것
③ 관련 규정에 의하여 건축물에 방화구획이 설치된 경우에는 그 구획마다 1개소 이상의 배연창을 설치할 것
④ 배연구는 연기감지기 또는 열감지기에 의하여 자동으로 열 수 있는 구조로 하되, 손으로도 열고 닫을 수 있도록 할 것

9. 문화 및 집회시설 중 공연장의 개별관람석의 출구에 관한 설명으로 옳은 것은? (단, 개별관람석의 바닥면적은 900m² 이다.)

① 각 출구의 유효너비는 1.2m 이상이어야 한다.
② 관람석별로 최소 4개소 이상 설치하여야 한다.
③ 관람석으로부터 바깥쪽으로의 출구로 쓰이는 문은 안여닫이로 하여야 한다.
④ 개별관람석 출구의 유효너비 합계는 최소 5.4m 이상으로 하여야 한다.

10. 주차장법령상 노외주차장의 구조 및 설비기준에 관한 아래 설명에서, ⓐ~ⓒ에 들어갈 내용이 모두 옳은 것은?

> 노외주차장의 출구 부근의 구조는 해당 출구로부터 (ⓐ)미터(이륜자동차전용 출구의 경우에는 1.3미터)를 후퇴한 노외주차장의 차로의 중심선상 (ⓑ)미터의 높이에서 도로의 중심선에 직각으로 향한 왼쪽·오른쪽 각각 (ⓒ)도의 범위에서 해당 도로를 통행하는 자를 확인할 수 있도록 하여야 한다.

① ⓐ 1, ⓑ 1.2, ⓒ 45
② ⓐ 2, ⓑ 1.4, ⓒ 60
③ ⓐ 3, ⓑ 1.6, ⓒ 60
④ ⓐ 2, ⓑ 1.2, ⓒ 45

11. 건축법령상 허가권자가 가로구역별 건축물의 높이를 지정·공고할 때 고려하여야 할 사항에 속하지 않는 것은?

① 도시미관 및 경관계획
② 도시·군관리계획 등의 토지이용계획
③ 해당 가로구역이 접하는 도로의 통행량
④ 해당 가로구역의 상·하수도 등 간선시설의 수용능력

12. 거실의 반자높이를 최소 4m 이상으로 하여야 하는 대상에 속하지 않는 것은? (단, 기계환기장치를 설치하지 않은 경우)

① 종교시설의 용도에 쓰이는 건축물의 집회실로서 그 바닥면적이 200m² 이상인 것
② 위락시설 중 유흥주점의 용도에 쓰이는 건축물의 집회실로서 그 바닥면적이 200m² 이상인 것
③ 문화 및 집회시설 중 전시장의 용도에 쓰이는 건축물의 집회실로서 그 바닥면적이 200m² 이상인 것
④ 문화 및 집회시설 중 공연장의 용도에 쓰이는 건축물의 관람석으로서 그 바닥면적이 200m² 이상인 것

13. 피난용승강기의 설치에 관한 기준 내용으로 옳지 않은 것은?

① 예비전원으로 작동하는 조명설비를 설치할 것
② 승강장의 바닥면적은 승강기 1대당 5m² 이상으로 할 것
③ 각 층으로부터 피난층까지 이르는 승강로를 단일구조로 연결하여 설치할 것
④ 승강장의 출입구 부근의 잘 보이는 곳에 해당 승강기가 피난용승강기임을 알리는 표지를 설치할 것

14. 노외주차장에 설치할 수 있는 부대시설의 종류에 속하지 않는 것은? (단, 특별자치도·시·군 또는 자치구의 조례로 정하는 이용자 편의시설은 제외)

① 휴게소
② 관리사무소
③ 고압가스 충전소
④ 전기자동차 충전시설

15. 다음 용도지역 안에서의 건폐율 기준이 틀린 것은?

① 준주거지역 : 60퍼센트 이하
② 중심상업지역 : 90퍼센트 이하
③ 제3종일반주거지역 : 50퍼센트 이하
④ 제1종전용주거지역 : 50퍼센트 이하

16. 건축법령상 다가구주택이 갖추어야 할 요건에 해당하지 않는 것은?

① 독립된 주거의 형태가 아닐 것
② 19세대 이하가 거주할 수 있는 것
③ 주택으로 쓰이는 층수(지하층은 제외)가 3개층 이하일 것
④ 1개 동의 주택으로 쓰는 바닥면적(부설주차장 면적은 제외)의 합계가 660m² 이하일 것

17. 도시·군계획 수립 대상지역의 일부에 대하여 토지이용을 합리화하고 그 기능을 증진시키며 미관을 개선하고 양호한 환경을 확보하여, 그 지역을 체계적·계획적으로 관리하기 위하여 수립하는 도시·군관리계획은?

① 광역도시계획
② 지구단위계획
③ 국토종합계획
④ 도시·군기본계획

18. 건축물의 면적 산정방법의 기본 원칙으로 옳지 않은 것은?

① 대지면적은 대지의 수평투영면적으로 한다.
② 연면적은 하나의 건축물 각 층의 거실면적의 합계로 한다.
③ 건축면적은 건축물의 외벽의 중심선으로 둘러싸인 부분의 수평투영면적으로 한다.
④ 바닥면적은 건축물의 각 층 또는 그 일부로서 벽, 기둥, 그 밖에 이와 비슷한 구획의 중심선으로 둘러싸인 부분의 수평투영면적으로 한다.

19. 건축물에 급수, 배수, 환기, 난방 설비 등의 건축설비를 설치하는 경우 건축기계설비기술사 또는 공조냉동기계기술사의 협력을 받아야 하는 대상 건축물의 연면적 기준은? (단, 창고시설을 제외)

① 연면적 5천 제곱미터 이상인 건축물
② 연면적 1만 제곱미터 이상인 건축물
③ 연면적 5만 제곱미터 이상인 건축물
④ 연면적 10만 제곱미터 이상인 건축물

20. 건축허가를 하기 전에 건축물의 구조안전과 인접대지의 안전에 미치는 영향 등을 평가하는 건축물 안전영향평가를 실시하여야 하는 대상 건축물 기준으로 옳은 것은?

① 고층 건축물
② 초고층 건축물
③ 준초고층 건축물
④ 다중이용 건축물

해설 및 정답

1. 부설주차장의 설치기준(시설면적에 따른 기준)

| 1. 위락시설 : 시설면적 100m²당 1대 → 600÷100=6대 |
| 2. 판매시설 : 시설면적 150m²당 1대 → 600÷150=4대 |
| 3. 업무시설 : 시설면적 150m²당 1대 → 600÷150=4대 |
| 4. 제2종 근린생활시설 : 시설면적 200m²당 1대
→ 600÷200=3대 |

3. 문화 및 집회시설(전시장, 동·식물원), 업무시설, 숙박시설, 위락시설의 용도 경우 3,000m² 이하까지 1대, 3,000m² 초과하는 2,000m² 당 1대를 가산한 대수로 하므로 $1 + \dfrac{10,000 - 3,000}{2,000} = 4.5 ≒ 5대$

(소수점 이하는 1대로 본다.)

※ 8인승 이상 15인승 이하를 기준으로 산정하며 16인승 이상의 승강기는 2대로 산정한다.

4. 적용 대상지역

| 1. 일반주거지역 |
| 2. 준주거지역 |
| 3. 상업지역 |
| 4. 준공업지역 |

5. 조경면적(A)
  1. 법 요구 조경면적(A)
     $A_1 = 600 × 0.15 = 90m^2$
  2. 옥상조경면적에 대한 지표 조경면적 인정범위(A_1)
     $A_1 = 90 × \dfrac{2}{3} ≤ A × \dfrac{1}{2} = ≤ 45m^2$
     ① 옥상조경면적의 2/3를 법 요구 조경면적으로 산정한다.
     ② 옥상조경면적은 법 요구 조경면적의 50/100를 초과할 수 없다.
  3. 지표면에 설치하여야 할 최소 조경면적(A_2)
     $A_2 = A - A_1 = 90 - 45 = 45m^2$

6. 리모델링에 대비한 특례

1. 용적률	120/100 범위 안에서 완화하여 적용
2. 건축물의 높이제한	
3. 일조권	

7. 업무시설은 주요구조부 내화구조 기준에 적용되지 않는다.

8. 배연창의 유효면적은 1m² 이상으로서 바닥면적의 1/100 이상으로 한다.

9. 1. 관람석별로 2개소 이상 설치할 것
    2. 각 출구의 유효폭은 1.5m 이상일 것
    3. 관람석으로부터 바깥쪽으로의 출구로 쓰이는 문은 안여닫이로 하여서는 안된다.

11. 가로구역별 건축물의 높이 지정
허가권자는 가로구역(도로로 둘러쌓인 일단의 지역)을 단위로 다음 사항을 고려하여 건축물의 높이를 지정·공고할 수 있다.

| 1. 도시·군관리계획 등의 토지이용계획 |
| 2. 해당 가로구역이 접하는 도로의 너비 |
| 3. 해당 가로구역의 상·하수도 등 간선시설의 수용능력 |
| 4. 도시미관 및 경관계획 |
| 5. 해당 도시의 장래 발전계획 |

12. 문화 및 집회시설에 대한 반자높이 기준

| 1. 공연장, 집회장, 관람장 : 4m 이상 |
| 2. 전시장, 동·식물원 : 2.1m 이상 |

13. 승강장의 바닥면적은 피난용승강기 1대에 대하여 6m² 이상으로 할 것

14. 부대시설의 종류

| 1. 관리사무소, 휴게소, 공중화장실 |
| 2. 간이매점, 자동차의 장식품 판매점, 전기자동차 충전시설, 태양광발전시설, 집배송시설, 주유소 |

해설 및 정답

15. 준주거지역 건폐율은 70% 이하일 것

16. 다가구주택은 독립된 주거형태일 것

17. 행정계획

| 1. 광역도시계획 : 광역계획권의 지정의 규정에 의하여 지정된 광역계획권의 장기발전방향을 제시하는 계획을 말한다. |
| 2. 도시·군기본계획 : 특별시·광역시·특별자치시·특별자치도·시 또는 군의 관할 구역에 대하여 기본적인 공간구조와 장기발전방향을 제시하는 종합계획으로서 도시·군관리계획 수립의 지침이 되는 계획을 말한다. |

18. 연면적
하나의 건축물의 각층 바닥면적 합계로 한다.

20. 건축물 안전영향평가를 실시하여야 하는 대상 건축물

| 1. 초고층 건축물 |
| 2. 건축물 한동의 연면적 10만m² 이상으로서 층수가 16층 이상인 건축물 |

1. ①	2. ③	3. ②	4. ④	5. ③
6. ①	7. ③	8. ①	9. ④	10. ②
11. ③	12. ③	13. ②	14. ③	15. ①
16. ①	17. ②	18. ②	19. ②	20. ②

과년도출제문제 (CBT 시험문제)

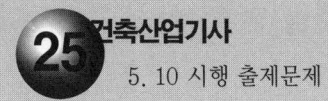

5. 10 시행 출제문제

※ 본 기출문제는 수험자의 기억을 바탕으로 하여 복원한 문제이므로 실제 문제와 다를 수 있음을 미리 알려드립니다.

1. 문화 및 집회시설 중 공연장의 개별관람석의 출구에 관한 설명으로 옳은 것은?(단, 개별관람석의 바닥면적은 900m²이다.)

① 각 출구의 유효너비는 1.2m 이상이어야 한다.
② 관람석별로 최소 4개소 이상 설치하여야 한다.
③ 관람석으로부터 바깥쪽으로의 출구로 쓰이는 문은 안여닫이로 하여야 한다.
④ 개별관람석 출구의 유효너비 합계는 최소 5.4m 이상으로 하여야 한다.

2. 대지면적이 600m²이고 조경면적이 대지면적의 15%로 정해진 지역에 건축물을 신축할 경우, 옥상에 조경을 90m² 시공하였다면, 지표면의 조경면적은 최소 얼마 이상이어야 하는가?

① 0m² ② 30m²
③ 45m² ④ 60m²

3. 다음의 지하층과 피난층 사이의 개방공간 설치에 관한 기준 내용 중 ( ) 안에 알맞은 것은?

바닥면적의 합계가 ( ) 이상인 공연장·집회장·관람장 또는 전시장을 지하층에 설치하는 경우에는 각 실에 있는 자가 지하층 각 층에서 건축물 밖으로 피난하여 옥외계단 또는 경사로 등을 이용하여 피난층으로 대피할 수 있도록 천장이 개방된 외부공간을 설치하여야 한다.

① 1,000m²
② 2,000m²
③ 3,000m²
④ 4,000m²

4. 다음은 주차전용건축물에 관한 기준 내용이다. ( ) 안에 속하지 않는 건축물의 용도는?

주차전용건축물이란 건축물의 연면적 중 주차장으로 사용되는 부분의 비율이 95% 이상인 것을 말한다. 다만, 주차장 외의 용도로 사용되는 부분이 ( )인 경우에는 주차장으로 사용되는 부분의 비율이 70% 이상인 것을 말한다.

① 단독주택
② 종교시설
③ 교육연구시설
④ 문화 및 집회시설

5. 건축허가신청에 필요한 기본설계도서 중 배치도에 표시하여야 할 사항에 속하지 않는 것은?

① 주차장 규모
② 공개공지 및 조경계획
③ 대지에 접한 도로의 길이 및 너비
④ 건축선 및 대지경계선으로부터 건축물까지의 거리

6. 다음 중 다중이용건축물에 속하지 않는 것은? (단, 층수가 10층인 건축물의 경우)

① 판매시설의 용도로 쓰는 바닥면적의 합계가 5,000m²인 건축물
② 종교시설의 용도로 쓰는 바닥면적의 합계가 5,000m²인 건축물
③ 의료시설 중 종합병원의 용도로 쓰는 바닥면적의 합계가 5,000m²인 건축물
④ 숙박시설 중 일반숙박시설의 용도로 쓰는 바닥면적의 합계가 5,000m²인 건축물

7. 부설주차장 설치대상 시설물인 옥외수영장의 연면적이 15,000m², 정원이 1,800명인 경우 설치해야 하는 부설 주차장의 최소 주차대수는?

① 75대
② 100대
③ 120대
④ 150대

8. 건축물의 면적 산정방법의 기본 원칙으로 옳지 않은 것은?

① 대지면적은 대지의 수평투영면적으로 한다.
② 연면적은 하나의 건축물 각 층의 거실면적의 합계로 한다.
③ 건축면적은 건축물의 외벽의 중심선으로 둘러싸인 부분의 수평투영면적으로 한다.
④ 바닥면적은 건축물의 각 층 또는 그 일부로서 벽, 기둥, 그 밖에 이와 비슷한 구획의 중심선으로 둘러싸인 부분의 수평투영면적으로 한다.

9. 생산녹지지역과 자연녹지지역 안에서 모두 건축할 수 없는 건축물은?

① 아파트
② 수련시설
③ 노유자시설
④ 방송통신시설

10. 급수·배수(配水)·배수(排水)·환기·난방 설비를 건축물에 설치하는 경우 관계전문기술자(건축기계설비기술사 또는 공조냉동기계기술사)의 협력을 받아야 하는 대상 건축물에 속하지 않는 것은? (단, 해당 용도에 사용되는 바닥면적의 합계가 2,000m²인 건축물의 경우)

① 판매시설
② 연립주택
③ 숙박시설
④ 유스호스텔

11. 건축허가를 하기 전에 건축물의 구조안전과 인접 대지의 안전에 미치는 영향 등을 평가하는 건축물 안전영향평가를 실시하여야 하는 대상 건축물 기준으로 옳은 것은?

① 고층 건축물
② 초고층 건축물
③ 준초고층 건축물
④ 다중이용 건축물

12. 건축물의 층수가 23층이고 각 층의 거실면적이 1,000m²인 숙박시설에 설치하여야 하는 승용승강기의 최소 대수는? (단, 8인승 승용승강기의 경우)

① 7대
② 8대
③ 9대
④ 10대

13. 다음은 노외주차장의 구조·설비에 관한 기준 내용이다. ( ) 안에 알맞은 것은?

> 노외주차장의 출입구 너비는 (㉠) 이상으로 하여야 하며, 주차대수 규모가 50대 이상인 경우에는 출구와 입구를 분리하거나 너비 (㉡) 이상의 출입구를 설치하여 소통이 원활하도록 하여야 한다.

① ㉠ 2.5m, ㉡ 4.5m
② ㉠ 2.5m, ㉡ 5.5m
③ ㉠ 3.5m, ㉡ 4.5m
④ ㉠ 3.5m, ㉡ 5.5m

14. 지역의 환경을 쾌적하게 조성하기 위하여 대통령령으로 정하는 용도와 규모의 건축물에 일반이 사용할 수 있도록 대통령령으로 정하는 기준에 따라 소규모 휴식시설 등의 공개 공지 또는 공개 공간을 설치하여야 하는 대상 지역에 속하지 않는 것은?

① 준주거지역
② 준공업지역
③ 보전녹지지역
④ 일반주거지역

15. 주거지역의 세분으로 저층주택을 중심으로 편리한 주거환경을 조성하기 위하여 지정하는 지역은?

① 제1종전용주거지역
② 제2종전용주거지역
③ 제1종일반주거지역
④ 제2종일반주거지역

16. 건축법령상 의료시설에 속하지 않는 것은?

① 치과의원
② 한방병원
③ 요양병원
④ 마약진료소

17. 거실의 반자높이를 최소 4m 이상으로 하여야 하는 대상에 속하지 않는 것은? (단, 기계환기장치를 설치하지 않은 경우)

① 종교시설의 용도에 쓰이는 건축물의 집회실로서 그 바닥면적이 200m² 이상인 것
② 위락시설 중 유흥주점의 용도에 쓰이는 건축물의 집회실로서 그 바닥면적이 200m² 이상인 것
③ 문화 및 집회시설 중 전시장의 용도에 쓰이는 건축물의 집회실로서 그 바닥면적이 200m² 이상인 것
④ 문화 및 집회시설 중 공연장의 용도에 쓰이는 건축물의 관람석으로서 그 바닥면적이 200m² 이상인 것

18. 다음은 건축물이 있는 대지의 분할 제한에 관한 기준 내용이다. 밑줄 친 대통령령으로 정하는 범위 내용으로 옳지 않은 것은?

> 건축물이 있는 대지는 <u>대통령령으로 정하는 범위</u>에서 해당 지방자치단체의 조례로 정하는 면적에 못 미치게 분할할 수 없다.

① 주거지역 : 50m² 이상
② 상업지역 : 150m² 이상
③ 공업지역 : 150m² 이상
④ 녹지지역 : 200m² 이상

19. 다음 중 노외주차장에 설치하여야 하는 차로의 최소 너비가 가장 작은 주차형식은? (단, 이륜자동차전용 외의 노외주차장으로 출입구가 2개 이상인 경우)

① 직각주차
② 교차주차
③ 평행주차
④ 60도 대향주차

20. 다음 중 허가 대상에 속하는 용도변경은?

① 수련시설에서 업무시설로의 용도변경
② 숙박시설에서 위락시설로의 용도변경
③ 장례시설에서 의료시설로의 용도변경
④ 관광휴게시설에서 판매시설로의 용도변경

해설 및 정답

1. ① 출구 유효너비 : 1.5m 이상
② 출구 설치 : 2개소 이상
③ 출구 개폐 : 안여닫이 금지

2. 지상층의 조경면적=600m²×0.15=90m²(전체조경면적)
옥상조경면적의 2/3를 대지안의 조경면적으로 산정한다.
옥상조경면적=90×2/3=60m²
그러나, 대지 안의 조경면적으로 산정하는 옥상조경면적은 전체조경면적의 50/100를 초과할 수 없으므로 90×1/2=4m²만 인정받을 수 있다.
∴ 지표면 조경면적=90m²−45m²=45m²

4. 70% 이상 저층 대상용도 건축물
단독주택, 공동주택, 제1종 및 제2종 근린생활시설, 문화 및 집회시설, 종교시설, 판매시설, 운수시설, 운동시설, 업무시설, 창고시설, 자동차관련시설인 경우

5. 주차장 규모 − 건축계획서 내용

6. 숙박시설 중 관광숙박시설이 해당된다.

7. 옥외수영장(정원 15인당 1대) 주차대수(N)
$$N = \frac{1,800}{15} = 120대$$

8. 연면적은 건축물 각층 바닥면적의 합

9. 녹지지역은 4층 이하의 일정용도 건축물 건축이 가능하다.(아파트 : 5층 이상)

10. 판매시설 − 3,000m² 이상

11. 건축물 안전영향평가를 실시하여야 하는 대상 건축물

| 1. 초고층 건축물 |
| 2. 건축물 한동의 연면적 10만m² 이상으로서 층수가 16층 이상인 건축물 |

12. 숙박시설 승용승강기 설치(N)
$$N = 1 + \frac{(1,000 \times 18) - 3,000}{2,000} = 8.5(대) = 9대$$
(소수점 이하는 이하는 1대로 본다.)

14. 공개공지 설치 대상지역

| 1. 일반주거지역 |
| 2. 준주거지역 |
| 3. 상업지역 |
| 4. 준공업지역 |

15. 주거지역

전용주거지역	제1종	단독주택중심의 양호한 주거환경을 보호
	제2종	공동주택중심의 양호한 주거환경을 보호
일반주거지역	제1종	저층주택을 중심으로 편리한 주거환경을 조성
	제2종	중층주택을 중심으로 편리한 주거환경을 조성
	제3종	중고층주택을 중심으로 편리한 주거환경을 조성
준주거지역		주거기능을 위주로 이를 지원하는 일부 상업·업무기능을 보완

16. 치과의원 − 제1종 근린생활시설

17. 반자높이
문화 및 집회시설
• 공연장, 집회장, 관람장 : 4m 이상
• 전시장, 동·식물원 : 2.1m 이상

18. 주거지역 − 60m² 이상

19. 차로의 최소너비

주차형식	출입구가 2개 이상인 경우
평행주차	3.3m
직각주차	6.0m
60° 대향주차	4.5m
45° 대향주차	3.5m
교차주차	

해설 및 정답

20. 허가대상 및 신고대상의 용도변경

분 류	시설군
㉠ 자동차관련시설군	• 자동차관련시설
㉡ 산업등시설군	• 운수시설 • 창고시설 • 공장 • 위험물저장 및 처리시설 • 자원순환관련시설 • 묘지관련시설 • 장례식장
㉢ 전기통신시설군	• 방송통신시설 • 발전시설
㉣ 문화집회시설군	• 문화및집회시설 • 종교시설 • 위락시설 • 관광휴게시설
㉤ 영업시설군	• 판매시설 • 운동시설 • 숙박시설 • 제2종근린생활시설 중 다중생활시설
㉥ 교육및복지시설군	• 의료시설 • 교육연구시설 • 노유자시설 • 수련시설 • 야영장시설
㉦ 근린생활시설군	• 제1종근린생활시설 • 제2종근린생활시설(다중생활시설은 제외)
㉧ 주거업무시설군	• 단독주택 • 공동주택 • 업무시설 • 교정 및 군사시설
㉨ 기타 시설군	• 동물 및 식물관련시설

※ 절차 :
 1. 허가대상 : 상위시설군(오름차순)에 해당하는 용도로 변경하는 행위
 2. 신고대상 : 하위시설군(내림차순)에 해당하는 용도로 변경하는 행위

1. ④	2. ③	3. ③	4. ③	5. ①
6. ④	7. ③	8. ②	9. ①	10. ①
11. ②	12. ③	13. ④	14. ③	15. ③
16. ①	17. ③	18. ①	19. ③	20. ②

과년도출제문제 (CBT 시험문제)

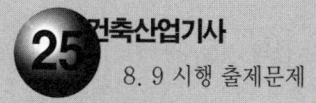

※ 본 기출문제는 수험자의 기억을 바탕으로 하여 복원한 문제이므로 실제 문제와 다를 수 있음을 미리 알려드립니다.

1. 다음 중 주요구조부를 내화구조로 하여야 하는 건축물은?

① 종교시설의 용도로 쓰는 건축물로서 집회실의 바닥면적의 합계가 300m² 인 건축물
② 공장의 용도로 쓰는 건축물로서 그 용도로 쓰는 바닥면적의 합계가 1,000m² 인 건축물
③ 판매시설의 용도로 쓰는 건축물로서 그 용도로 쓰는 바닥면적의 합계가 300m² 인 건축물
④ 관광휴게시설의 용도로 쓰는 건축물로서 그 용도로 쓰는 바닥면적의 합계가 400m² 인 건축물

2. 다음 용도지역 안에서의 건폐율 기준이 틀린 것은?

① 준주거지역 : 60퍼센트 이하
② 중심상업지역 : 90퍼센트 이하
③ 제3종일반주거지역 : 50퍼센트 이하
④ 제1종전용주거지역 : 50퍼센트 이하

3. 건축법령상 제2종 근린생활시설에 속하는 것은?

① 무도장
② 한의원
③ 도서관
④ 일반음식점

4. 다음은 피난계단의 설치에 관한 기준 내용이다. ( ) 안에 알맞은 것은? (단, 갓복도식 공동주택 제외)

공동주택의 (㉠)층 이상인 층(바닥면적이 400m² 미만인 층은 제외한다) 또는 지하 (㉡)층 이하인 층(바닥면적이 400² 미만인 층은 제외한다)으로부터 피난층 또는 지상으로 통하는 직통계단은 특별피난계단으로 설치하여야 한다.

① ㉠ 11, ㉡ 3
② ㉠ 11, ㉡ 5
③ ㉠ 16, ㉡ 3
④ ㉠ 16, ㉡ 5

5. 건축법령상 준초고층 건축물의 정의로 옳은 것은?

① 고층건축물 중 초고층 건축물이 아닌 것
② 층수가 30층 이상이거나 높이가 120m 이상인 건축물
③ 층수가 40층 이상이거나 높이가 160m 이상인 건축물
④ 층수가 50층 이상이거나 높이가 200m 이상인 건축물

6. 생산녹지지역과 자연녹지지역 안에서 모두 건축할 수 없는 건축물은?

① 아파트
② 수련시설
③ 노유자시설
④ 방송통신시설

7. 건축법령상 허가권자가 가로구역별 건축물의 높이를 지정·공고할 때 고려하여야 할 사항에 속하지 않는 것은?

① 도시미관 및 경관계획
② 도시·군관리계획 등의 토지이용계획
③ 해당 가로구역이 접하는 도로의 통행량
④ 해당 가로구역의 상·하수도 등 간선시설의 수용능력

8. 주거에 쓰이는 바닥면적의 합계가 550m²인 주거용 건축물의 음용수용 급수관 지름은 최소 얼마 이상이어야 하는가?

① 20mm
② 30mm
③ 40mm
④ 50mm

9. 각 층의 거실 바닥면적이 3,000m²인 지하 3층 지상 12층의 숙박시설을 건축하고자 할 때, 설치하여야 하는 승용승강기의 최소 대수는? (단, 16인승 승용승강기를 설치하는 경우)

① 4대   ② 5대
③ 9대   ④ 10대

10. 다음 중 건축물의 대지에 공개 공지 또는 공개 공간을 확보하여야 하는 대상 건축물에 속하지 않는 것은? (단, 해당 용도로 쓰는 바닥면적의 합계가 5,000m²인 건축물의 경우)

① 종교시설
② 의료시설
③ 업무시설
④ 문화 및 집회시설

11. 비상용승강기의 승강장에 설치하는 배연설비의 구조에 관한 기준 내용으로 옳지 않은 것은?

① 배연기에는 예비전원을 설치할 것
② 배연구가 외기에 접하지 아니하는 경우에는 배연기를 설치할 것
③ 배연구는 평상시에는 열린 상태를 유지하고, 배연에 의한 기류에 의해 닫히도록 할 것
④ 배연기는 배연구의 열림에 따라 자동적으로 작동하고, 충분한 공기배출 또는 가압능력이 있을 것

12. 건축물의 높이가 100m일 때 건축물의 건축 과정에서 허용되는 건축물 높이 오차의 범위는?

① ±1.0m 이내   ② ±1.5m 이내
③ ±2.0m 이내   ④ ±3.0m 이내

13. 부설주차장 설치 대상 시설물이 숙박시설인 경우, 설치 기준으로 옳은 것은?

① 시설면적 100m²당 1대
② 시설면적 150m²당 1대
③ 시설면적 200m²당 1대
④ 시설면적 350m²당 1대

14. 노외주차장에 설치할 수 있는 부대시설의 종류에 속하지 않는 것은? (단, 특별자치도·시·군 또는 자치구의 조례로 정하는 이용자 편의시설은 제외)

① 휴게소
② 관리사무소
③ 고압가스 충전소
④ 전기자동차 충전시설

15. 주거지역의 세분으로 저층주택을 중심으로 편리한 주거환경을 조성하기 위하여 지정하는 지역은?

① 제1종전용주거지역
② 제2종전용주거지역
③ 제1종일반주거지역
④ 제2종일반주거지역

16. 건축물을 건축하고자 하는 자가 사용승인을 받는 즉시 건축물의 내진능력을 공개하여야 하는 대상 건축물의 연면적 기준은? (단, 목구조 건축물이 아닌 경우)

① 100m² 이상
② 200m² 이상
③ 300m² 이상
④ 400m² 이상

17. 건축물의 연면적 중 주차장으로 사용되는 비율이 70%인 경우, 주차전용건축물로 볼 수 있는 주차장 외의 용도에 속하지 않는 것은?

① 제1종 근린생활시설
② 제2종 근린생활시설
③ 의료시설
④ 운동시설

18. 건축허가 대상 건축물이라 하더라도 미리 특별자치시장·특별자치도지사 또는 시장·군수·구청장에게 국토교통부령으로 정하는 바에 따라 신고를 하면 건축허가를 받은 것으로 보는 경우에 속하지 않는 것은?

① 층수가 2층인 건축물에서 바닥면적의 합계 50m²의 증축
② 층수가 2층인 건축물에서 바닥면적의 합계 60m²의 개축
③ 층수가 2층인 건축물에서 바닥면적의 합계 80m²의 재축
④ 연면적이 300m²이고 층수가 3층인 건축물의 대수선

19. 문화 및 집회시설 중 공연장의 관람석과 접하는 복도의 유효너비는 최소 얼마 이상으로 하여야 하는가? (단, 당해 층의 바닥면적의 합계가 400m²인 경우)

① 1.2m ② 1.5m
③ 1.8m ④ 2.4m

20. 건축물의 면적 산정방법의 기본 원칙으로 옳지 않은 것은?

① 대지면적은 대지의 수평투영면적으로 한다.
② 연면적은 하나의 건축물 각 층의 거실면적의 합계로 한다.
③ 건축면적은 건축물의 외벽의 중심선으로 둘러싸인 부분의 수평투영면적으로 한다.
④ 바닥면적은 건축물의 각 층 또는 그 일부로서 벽, 기둥, 그 밖에 이와 비슷한 구획의 중심선으로 둘러싸인 부분의 수평투영면적으로 한다.

해설 및 정답

1. 내화구조 대상

② 공장 : 바닥면적의 합계가 2,000m² 이상
③ 판매시설 : 바닥면적의 합계가 500m² 이상
④ 관광휴게시설 : 바닥면적의 합계가 500m² 이상

2. 준주거지역 - 70% 이하

3. 용도분류

① 무도장 : 위락시설
② 한의원 : 제1종 근린생활시설
③ 도서관 : 교육연구시설

5.

초고층 건축물	층수가 50층 이상이거나 높이가 200m 이상인 건축물
준초고층 건축물	고층건축물 중 초고층 건축물이 아닌 것
고층 건축물	층수가 30층 이상이거나 높이가 120m 이상인 건축물

6. 생산녹지지역, 자연녹지지역은 4층 이하의 일정용도 건축물 건축이 가능(아파트 : 5층 이상)

7. 해당 가로구역이 접하는 도로의 너비가 해당된다.

8. 주거용 건축물 급수관의 지름 기준

가구 또는 세대수	1	2~3	4~5	6~8	9~16	17 이상
급수관 최소지름	15	20	25	32	40	50

(바닥면적 500m² 초과 : 17가구)

9. 숙박시설 승용승강기 설치대수(N)

$N = 1 + \dfrac{(3{,}000 \times 7) - 3{,}000}{2{,}000} = 10(대) \div 2 = 5대$

※ 8인승 이상 15인승 이하를 기준으로 산정하며 16인승 이상의 승강기는 2대로 산정한다.

10. 공개공지 설치대상

1. 문화 및 집회시설
2. 종교시설
3. 판매시설(농·수산물 유통시설은 제외)
4. 운수시설(여객용시설만 해당)
5. 업무시설
6. 숙박시설

11. 배연구는 평상시에는 닫힌 상태를 유지하고, 연 경우에는 배연에 의한 기류로 인하여 닫히지 아니하도록 할 것

12. 허용오차

건축물의 높이는 2% 이내로서 1m를 초과할 수 없다.
∴ 100m × 0.02 = 2.0m > 1.0m 이므로 허용하는 최대오차는 1.0m 이다.

14. 부대시설의 범위

1. 관리사무소, 휴게소, 공중화장실
2. 간이매점, 자동차의 장식품 판매점, 전기자동차 충전시설, 태양광발전시설, 집배송시설, 주유소
3. 기타 노외주차장의 관리, 운영상 필요한 편의시설 등

15. 주거지역

전용주거지역	제1종	단독주택중심의 양호한 주거환경을 보호
	제2종	공동주택중심의 양호한 주거환경을 보호
일반주거지역	제1종	저층주택을 중심으로 편리한 주거환경을 조성
	제2종	중층주택을 중심으로 편리한 주거환경을 조성
	제3종	중고층주택을 중심으로 편리한 주거환경을 조성
준주거지역		주거기능을 위주로 이를 지원하는 일부 상업·업무기능을 보완

해설 및 정답

16. 내진능력 공개대상

1. 연면적	200m² (목구조의 경우 500m²) 이상 (창고, 축사, 작물재배사 제외)
2. 층수	2층 이상(기둥과 보가 목재인 목구조의 경우 3층 이상)
3. 건축물높이	13m 이상
4. 처마높이	9m 이상
5. 경간	10m 이상
6. 단독주택 및 공동주택	
7. 국가적 문화유산으로서 보존가치가 있는 연면적 합계 5,000m² 이상인 박물관, 기념관 등	

17. 주차비율 70% 이상인 용도

단독주택, 공동주택, 제1종 및 제2종 근린생활시설, 문화 및 집회시설, 종교시설, 판매시설, 운수시설, 운동시설, 업무시설, 창교시설, 자동차관련시설인 경우

18. 연면적이 200m² 미만이고 3층 미만인 건축물의 대수선인 경우 신고대상이다.

19. 공연장 등의 복도 유효너비

해당 층의 바닥면적의 합계	복도의 유효너비
500m² 미만	1.5m 이상
500m² 이상 1,000m² 미만	1.8m 이상
1,000m² 이상	2.4m 이상

20. 연면적은 하나의 건축물 각층 바닥면적의 합계로 한다.

1. ①	2. ①	3. ④	4. ③	5. ①
6. ①	7. ③	8. ④	9. ②	10. ②
11. ③	12. ①	13. ③	14. ③	15. ③
16. ②	17. ③	18. ④	19. ②	20. ②

건축기사 대비 **건축법규** 5

定價 27,000원

저 자 현정기 · 조영호
　　　 한웅규 · 김주석
발행인 이　종　권

2000年 12月 13日 초판1쇄 발행
2020年 1月 20日 20차개정1쇄 발행
2021年 1月 12日 21차개정1쇄 발행
2022年 1月 10日 22차개정1쇄 발행
2023年 1月 19日 23차개정1쇄 발행
2024年 1月 5日 24차개정1쇄 발행
2025年 1月 14日 25차개정1쇄 발행
2026年 1月 6日 26차개정1쇄 발행

發行處 (주)**한솔아카데미**

(우)06775 서울시 서초구 마방로10길 25 트윈타워 A동 2002호
TEL : (02)575-6144/5　FAX : (02)529-1130
〈1998. 2. 19 登錄 第16-1608號〉

※ 본 교재의 내용 중에서 오타, 오류 등은 발견되는 대로 한솔아카데미 인터넷 홈페이지를 통해 공지하여 드리며 보다 완벽한 교재를 위해 끊임없이 최선의 노력을 다하겠습니다.

※ 파본은 구입하신 서점에서 교환해 드립니다.

www.inup.co.kr / www.bestbook.co.kr

ISBN 979-11-6654-758-4 13540